U0153795

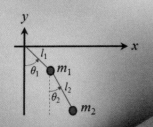

高等
工程數學

譚建國　著

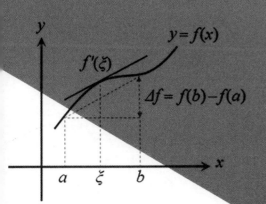

$$f'(\xi)=\frac{f(b)-f(a)}{b-a} \Leftrightarrow f(b)=f(a)+(b-a)f'(\xi)$$

成大出版社
National Cheng Kung University Press

目錄

第5章　複變函數理論與應用　329

序言

　　良好的數學修養對科技研究者之重要性如同充沛的體力對運動員一樣，不可或缺。工程數學為工學院的基礎科目，坊間不乏經典的工程數學外文書籍，但少有優良的中文教本。本書是根據作者歷年來講授高等工程數學課程的講義綜理成章，編撰而成，旨在提供一本適合大學部高年級生與研究生簡明嚴謹而深入淺出的中文課本。

　　作者從事工程數學與應用力學相關領域的教學研究四十餘年，深知講義與授課應以啟發為重；理念多非突如其來，定理與公式以及解析方法與應用亦非孤立的環節。有鑒於此，本書著重闡明基本概念與延伸的理論，以及解析數理問題的思路與方法，兼顧章節的連貫性，起承轉合與前後呼應。全書共六章：第 1 章〈多變數函數與向量微積分概要〉、第 2 章〈曲線座標〉、第 3 章〈傅立葉級數與傅立葉變換〉、第 4 章〈偏微分方程式與數理問題之解析〉、第 5 章〈複變函數理論與應用〉、第 6 章〈變分法與應用〉。取材以解析工程物理問題的偏微分方程式數學模式、複變函數理論以及變分法與應用為主，前三章為有關的數學預備知識，書中的專有名詞係參照國家教育研究院頒布的中英文數學詞彙訂定。本書設定讀者具備解析常微分方程式、矩陣運算與向量分析等大學部基本工程數學基礎，必要的數學知識將在各章節適時補充闡明，習題多為輔助理解內文的問題與註解，以期溫故知新，有助融會貫通，並啟發讀者研習的興趣。

　　本書之撰寫與出版得力於成功大學土木系徐德修教授與方中教授之鼓勵；曾維德博士與蘇于琪博士詳閱初稿，並協助繪製插圖；成大出版社編輯吳儀君小姐盡心盡力不厭其煩地執行嚴謹的書稿審查作業與編排校對事宜，謹此致謝。歷年修課學生提出疑問，得以改進授課與講義不明處，教學相長，誠不虛也。

　　感謝吾妻與家人在本書寫作過程中，默默支持，使我心無旁騖，專心致志，謹將本書獻給他們。

譚建國 謹識
2022 年 10 月

第 1 章

多變數函數與
向量微積分概要

　　工程物理問題之物理量與變數的關係通常是以函數表示，普通微積分偏重單變數函數之理論與應用，而影響物理變化的因素通常不止一個；系統的物理變化往往與時間以及質點的位置有關，亦即系統的物理量多半是時間與參考座標的函數。由於工程物理問題所涉及的函數往往有兩個以上的變數，因此必須將單變數函數之微積分推廣至多變數函數。

　　本章首先回顧單變數函數微積分之要義，再推廣至多變數函數；推導其偏微分連鎖律 (chian rule) 與求隱函數 (implicit functions) 偏微分之 Jacobian 行列式方法；說明多變數函數之泰勒級數 (Taylor series) 與解析多變數函數極值問題之 Lagrange 乘子法，以及萊布尼茲法則 (Leibniz's rule) 與應用；其次扼要回顧向量分析的基本運算與意義，以及若干重要的向量積分定理與恆等式；最後推展聯立線性常微分方程式的矩陣解法，以供相關章節參考引用之需。

1.1. 單變數函數之微分

1. 導數與基本微分公式

　　定義函數 $f(x)$ 在 $x = x_0$ 的導數 (derivative) 或稱微分 (differentiation) 為

$$f'(x_0) \equiv \frac{df}{dx}\bigg|_{x=x_0} = \lim_{\Delta x \to 0} \frac{f(x_0 + \Delta x) - f(x_0)}{\Delta x} \tag{1.1}$$

　　若此極限存在，則 $f(x)$ 在 $x = x_0$ 是可微分的 (differentiable)，簡稱可微；若此極限在 (a, b) 區間每一點皆存在，則 $f(x)$ 在 (a, b) 區間可微。函數 $f(x)$ 在 $x = x_0$ 可微的條件為 $f(x)$ 在 $x = x_0$ 附近必須連續，微積分以 $\varepsilon - \delta$ 的術語對連續函數有嚴謹的定義，茲不贅述。簡言之，若 $f(x)$ 在 $x = x_0$ 附近連續，必須

$$\lim_{x \to x_0^-} f(x) = \lim_{x \to x_0^+} f(x) = f(x_0)$$

　　由導數之定義知：$f'(x) \equiv df/dx$ 表示函數 $f(x)$ 代表的物理量受自變數 x 影響的變率；例如：物體之位置 $r(t)$ 隨時間的變率 dr/dt 為瞬時速度 $v(t)$；速度隨時間的變率 dv/dt 為瞬時加速度；壓力 $P(T)$ 受溫度 T 影響的變率為 dP/dT；若連續

函數 $y = y(x)$ 表示平面上的曲線，$y'(x_0)$ 為該曲線上點 $x = x_0$ 之斜率。

連續函數 $y = y(x)$ 的微分量為 $y(x)$ 之導數乘以自變數 x 的微分量，可記之為 $dy = y'(x)dx$；一般而言，函數 $y(x)$ 之微分與導數指的都是 $dy/dx \equiv y'(x)$。若干基本函數的微分運算公式如下：

$$\frac{d}{dx}(x^n) = nx^{n-1}; \qquad \frac{d}{dx}(e^{ax}) = ae^{ax};$$

$$\frac{d}{d\theta}(\sin a\theta) = a\cos a\theta; \qquad \frac{d}{d\theta}(\cos a\theta) = -a\sin a\theta;$$

$$\frac{d}{dx}(\ln x) = \frac{1}{x}; \qquad \frac{d}{dx}(a^x) = \frac{d}{dx}(e^{x\ln a}) = (\ln a)e^{x\ln a} = (\ln a)a^x$$

函數乘積的微分： $(uv)' = uv' + u'v$

函數相除的微分： $\left(\dfrac{u}{v}\right)' = (uv^{-1})' = u'v^{-1} + u(v^{-1})' = \dfrac{u'v - uv'}{v^2}$

例： $y = y(x) = x^3\sin x \implies \dfrac{dy}{dx} \equiv y'(x) = 3x^2\sin x + x^3\cos x$

$y = y(x) = \dfrac{\sin x}{x} \implies \dfrac{dy}{dx} \equiv y'(x) = \dfrac{x\cos x - \sin x}{x^2}$

$\dfrac{d}{d\theta}(\tan\theta) = \dfrac{d}{d\theta}\left(\dfrac{\sin\theta}{\cos\theta}\right) = \dfrac{\cos\theta(\cos\theta) - \sin\theta(-\sin\theta)}{\cos^2\theta} = \dfrac{1}{\cos^2\theta} = \sec^2\theta$

2. 隱函數之微分

當因變數與自變數的關係是以顯函數 $y = y(x)$ 表示時，直接對 $y(x)$ 微分即可得 dy/dx。若方程式 $F(x, y) = c$ 表示 x, y 的隱函數關係，將 $F(x, y) = c$ 兩邊對 x 微分，稍加運算，可求得 y 受自變數 x 影響的變率 dy/dx。

例： 由 x, y 的隱函數關係：$x^3 - 3xy + y^2 = 2\cos x$，決定 dy/dx。

將以上方程式兩邊對 x 微分： $\dfrac{d}{dx}(x^3 - 3xy + y^2) = \dfrac{d}{dx}(2\cos x)$，得

$$3x^2 - \left(3y + 3x\dfrac{dy}{dx}\right) + 2y\dfrac{dy}{dx} = -2\sin x$$

$$\Rightarrow \quad \dfrac{dy}{dx} = \dfrac{3(x^2 - y) + 2\sin x}{3x - 2y}$$

3. 微分連鎖律

設 $f = f(u), \quad u = u(x)$，函數 f 對自變數 x 之微分為

$$\dfrac{df}{dx} = \lim_{\Delta x \to 0} \left[\dfrac{f(u + \Delta u) - f(u)}{u(x + \Delta x) - u(x)}\right]\left[\dfrac{u(x + \Delta x) - u(x)}{\Delta x}\right]$$

$$= \lim_{\Delta u \to 0}\left(\dfrac{\Delta f}{\Delta u}\right)\lim_{\Delta x \to 0}\left(\dfrac{\Delta u}{\Delta x}\right) = \dfrac{df}{du}\dfrac{du}{dx} \tag{1.2}$$

此微分連鎖律表示 f 代表的物理量受自變數 x 影響的變率 df/dx 為 $f(u)$ 受 u 直接影響的變率 df/du 乘以 $u(x)$ 受 x 直接影響的變率 du/dx，其意義與直觀相符。

例： 設 $f = u^2 + 1, \ u = \sin 3\theta + 2$，則

$$\dfrac{df}{d\theta}\dfrac{du}{dx} = \dfrac{df}{du}\dfrac{du}{d\theta} = (2u)(3\cos 3\theta) = 6(\sin 3\theta + 2)\cos 3\theta$$

例： 令 $x = 1/t$，將以下常微分方程式以變數 t 表示：

$$\dfrac{d^2y}{dx^2} + a(x)\dfrac{dy}{dx} + b(x) = 0 \tag{1.3}$$

作變數變換：$x = 1/t$，則 $y = y(x) \equiv Y(t)$，以微分連鎖律將式 (1.3) 中函數 y 對 x 之微分變為 $Y(t)$ 對 t 之微分如下：

$$\dfrac{dy(x)}{dx} = \dfrac{dY(t)}{dt}\dfrac{dt}{dx} = \dfrac{dY(t)}{dt}\left(-\dfrac{1}{x^2}\right) = -t^2\dfrac{dY(t)}{dt} \quad \Rightarrow \quad \left(\dfrac{d}{dx}\right)y(x) = \left(-t^2\dfrac{d}{dt}\right)Y(t)$$

$$\therefore \frac{d^2y}{dx^2} = \left(\frac{d}{dx}\right)\left(\frac{d}{dx}\right) y(x) = \left(-t^2\frac{d}{dt}\right)\left(-t^2\frac{d}{dt}\right)Y(t) = t^2\left(t^2\frac{d^2}{dt^2} + 2t\frac{d}{dt}\right)Y(t)$$

將以上各式代入式 (1.3)，令待定函數 $y = Y(t)$，稍加運算得

$$t^4\frac{d^2y}{dt^2} + t^2[2t - A(t)]\frac{dy}{dt} + B(t) = 0 \tag{1.4}$$

其中 $A(t) = a(1/t), \quad B(t) = b(1/t)$。

例： 證明變數變換 $x = \cos\theta$，可將常微分方程式

$$\frac{1}{\sin\theta}\frac{d}{d\theta}\left[\sin\theta\frac{df}{d\theta}\right] + n(n + 1)f = 0 \tag{1.5}$$

變為標準的 Legendre 方程式：

$$(1 - x^2)\frac{d^2f}{dx^2} - 2x\frac{df}{dx} + n(n + 1)f = 0 \tag{1.6}$$

令 $x = \cos\theta$，則 $\sin\theta = (1 - x^2)^{1/2}, \quad f = f(\theta) \equiv F(x)$，運用微分連鎖律，將式 (1.5) 的未知函數 f 對 θ 之微分變為對 x 微分：

$$\frac{df(\theta)}{d\theta} = \frac{dF(x)}{dx}\frac{dx}{d\theta} = \frac{dF(x)}{dx}(-\sin\theta) = -(1 - x^2)^{1/2}\frac{dF(x)}{dx}$$

$$\therefore \sin\theta\frac{df(\theta)}{d\theta} = -(1 - x^2)\frac{dF(x)}{dx}, \qquad \frac{d}{d\theta}f(\theta) = \left[-(1 - x^2)^{1/2}\frac{d}{dx}\right]F(x)$$

將以上各式代入式 (1.5)，得

$$\frac{1}{(1 - x^2)^{1/2}}\left[-(1 - x^2)^{1/2}\frac{d}{dx}\right]\left[-(1 - x^2)\frac{dF(x)}{dx}\right] + n(n + 1)F(x) = 0$$

$$\Rightarrow \quad \frac{d}{dx}\left[(1 - x^2)\frac{dF(x)}{dx}\right] + n(n + 1)F(x) = 0$$

令待定函數 $f = F(x)$，稍加運算即得 Legendre 方程式：

$$(1 - x^2)\frac{d^2f}{dx^2} - 2x\frac{df}{dx} + n(n + 1)f = 0$$

1.2. 單變數函數之積分

1. 基本積分定理

$$考慮 \quad F(x) = \int_a^x f(u)du$$

其中 $f(x)$ 為連續函數，$F(x)$ 為連續可微。

$$\therefore F(x + \Delta x) = \int_a^{x+\Delta x} f(u)du = \int_a^x f(u)du + \int_x^{x+\Delta x} f(u)du = F(x) + \int_x^{x+\Delta x} f(u)du$$

$$\therefore \frac{dF(x)}{dx} = \lim_{\Delta x \to 0} \frac{F(x+\Delta x) - F(x)}{\Delta x} = \lim_{\Delta x \to 0} \left[\frac{1}{\Delta x}\int_x^{x+\Delta x} f(u)du \right] = f(x)$$

$$\Rightarrow \quad \frac{dF(x)}{dx} = \frac{d}{dx}\left[\int_a^x f(u)du \right] = f(x) \tag{1.7}$$

此定理表明積分與微分為反運算關係，若連續可微函數 $F(x)$ 之微分為連續函數 $f(x)$，則 $f(x)$ 之積分為 $F(x)$。

2. 基本積分運算公式

設函數 $f(x)$ 在 $a \leq x \leq b$ 連續，則 $f(x)$ 可積分的 (integrable)，簡稱可積，列舉基本積分公式如下：

$$\int_a^b f(x)dx = -\int_b^a f(x)dx$$

$$\int_a^b f(x)dx = \int_a^c f(x)dx + \int_c^b f(x)dx \quad (a < c < b)$$

$$\int x^n dx = \frac{x^{n+1}}{n+1} + c; \qquad \int e^{ax}dx = \frac{1}{a}e^{ax} + c; \qquad \int \frac{1}{x}dx = \ln x + c;$$

$$\int \frac{a}{x^2 + a^2} \, dx = \tan^{-1} \frac{x}{a} + c; \qquad \int \frac{f'(x)}{f(x)} \, dx = \ln f(x) + c;$$

$$\int \cos ax \, dx = \frac{1}{a} \sin ax + c; \qquad \int \sin ax \, dx = -\frac{1}{a} \cos ax + c;$$

$$\int \cos ax \sin^n ax \, dx = \frac{\sin^{n+1} ax}{a(n+1)} + c; \qquad \int \sin ax \cos^n ax \, dx = -\frac{\cos^{n+1} ax}{a(n+1)} + c$$

3. 分部積分 (integration by parts)

連續函數 $u = u(x)$ 與 $v = v(x)$ 乘積之微分公式為

$$\frac{d}{dx}(uv) = u \frac{dv}{dx} + \frac{du}{dx} v \;\; \Rightarrow \;\; u \frac{dv}{dx} = \frac{d}{dx}(uv) - \frac{du}{dx} v \tag{1.8}$$

將此式兩邊對 x 積分，得分部積分公式：

$$\int u \frac{dv}{dx} \, dx = uv - \int v \frac{du}{dx} \, dx \qquad 簡寫為 \qquad \int u \, dv = uv - \int v \, du \tag{1.9}$$

例： $I = \displaystyle\int x \sin x \, dx$

令 $u = x, \quad dv = \sin x \, dx \quad \therefore \ du = dx, \quad v = -\cos x$

$$\Rightarrow \quad I = \int x \sin x \, dx = (-x \cos x) - \int (-\cos x) dx = -x \cos x + \sin x + c$$

若令 $u = \sin x, \quad dv = x \, dx$，分部積分反而會使積分變得複雜。

例： $I = \displaystyle\int x^2 e^{-x} dx$

令 $u = x^2, \quad dv = e^{-x} dx \quad \therefore \ du = 2x \, dx, \qquad v = -e^{-x}$

由分部積分得 $I = \displaystyle\int x^2 e^{-x} dx = -x^2 e^{-x} + 2\int xe^{-x} dx + c_1$

對此式第二項再度使用分部積分：

令 $u = x$, $\quad dv = e^{-x}dx$ $\quad \therefore$ $du = dx$, $\quad v = -e^{-x}$

則 $\quad \displaystyle\int_0^\infty xe^{-x}dx = -xe^{-x} + \int e^{-x}dx = -xe^{-x} - e^{-x} + c_2$

$\Rightarrow\quad I = -x^2e^{-x} + c_1 + 2(-xe^{-x} - e^{-x} + c_2) = -e^{-x}(x^2 + 2x + 2) + c$

例： $\quad I = \displaystyle\int_0^\infty x^n e^{-ax}dx$

令 $u = x^n$, $\qquad dv = e^{-ax}dx$ $\quad \therefore$ $du = nx^{n-1}dx$, $\qquad v = -e^{-ax}/a$

則 $I = \displaystyle\int_0^\infty x^n e^{-ax}dx = \left[-\frac{1}{a}x^n e^{-ax}\right]_0^\infty + \frac{1}{a}\int_0^\infty nx^{n-1}e^{-ax}dx = \frac{n}{a}\int_0^\infty x^{n-1}e^{-ax}dx$

$$\Rightarrow\quad I = \frac{n}{a}\int_0^\infty x^{n-1}e^{-ax}dx \qquad\qquad (a)$$

對式 (a) 使用分部積分：

令 $u = x^{n-1}$, $\qquad dv = e^{-ax}dx$ $\quad \therefore$ $du = (n-1)x^{n-2}dx$, $\qquad v = -e^{-ax}/a$

$I = \dfrac{n}{a}\displaystyle\int_0^\infty x^{n-1}e^{-ax}dx = \frac{n}{a}\left[-\frac{1}{a}x^{n-1}e^{-ax}\right]_0^\infty + \frac{n(n-1)}{a^2}\int_0^\infty x^{n-2}e^{-ax}dx$

$$= \frac{n(n-1)}{a^2}\int_0^\infty x^{n-2}e^{-ax}dx \qquad\qquad (b)$$

經分部積分 n 次，由式(a)與式(b)推得

$$I = \frac{n!}{a^n}\int_0^\infty e^{-ax}dx = \frac{n!}{a^n}\left[-\frac{1}{a}e^{-ax}\right]_0^\infty = \frac{n!}{a^{n+1}}$$

例： $\quad I = \displaystyle\int e^{ax}\cos bx\,dx$

令 $u = e^{ax}$, $\qquad dv = \cos bx\,dx$ $\quad \therefore$ $du = ae^{ax}dx$, $\qquad v = \sin bx/b$

$I = \displaystyle\int e^{ax}\cos bx\,dx = (e^{ax})\frac{1}{b}\sin bx - \int\left(\frac{1}{b}\sin bx\right)ae^{ax}dx$

$$= \frac{1}{b} e^{ax} \sin bx - \frac{a}{b} \int_0^\infty e^{ax} \sin bx \, dx \qquad\qquad (c)$$

其中的積分項再使用分部積分如下：

令 $u = e^{ax}$, $\quad dv = \sin bx \, dx$ $\quad \therefore \quad du = ae^{ax}dx$, $\quad v = -\cos bx/b$

$$\int e^{ax} \sin bx \, dx = -\frac{1}{b} e^{ax} \cos bx + \frac{a}{b} \int e^{ax} \cos bx \, dx = -\frac{1}{b} e^{ax} \cos bx + \frac{a}{b} I$$

將此式代入式(c)，得

$$I = \frac{1}{b} e^{ax} \sin bx - \frac{a}{b} \left(-\frac{1}{b} e^{ax} \cos bx + \frac{a}{b} I \right)$$

整理此式得

$$I = \int e^{ax} \cos bx \, dx = \frac{e^{ax}}{a^2 + b^2} (a \cos bx + b \sin bx) + c \qquad\qquad (1.10)$$

將式(1.10)對 x 微分得 $e^{ax} \cos bx$，證實積分與微分為反運算關係。

仿照此例，以分部積分得

$$I = \int e^{ax} \sin bx \, dx = \frac{e^{ax}}{a^2 + b^2} (a \sin bx - b \cos bx) + c \qquad\qquad (1.11)$$

1.3. 瑕積分

有限區間定積分存在的條件為被積分函數 (integrand) 須連續且可積；若積分上下限兩者之一為無窮大，或者被積分函數在積分區間內有奇異點，這種異常的定積分稱為瑕積分 (improper integral)。

當連續函數定積分之上限或下限為無窮大，得以參數取代無窮大作積分運算，再令結果中該參數趨近於無窮大，若極限存在，則該無窮積分為收斂；若極限不存在，則該無窮積分為發散。

設函數 $f(x)$ 為連續且可積，考慮 $f(x)$ 之無窮積分，在積分區間任取一點 c，

令　$I = \int_{-\infty}^{\infty} f(x)\,dx = \lim_{a \to -\infty} \int_{a}^{c} f(x)dx + \lim_{\beta \to \infty} \int_{c}^{\beta} f(x)dx$　　　　　　(1.12)

若以上兩極限皆存在，則該無窮積分收斂於所得積分值；若極限不存在，則該無窮積分為發散。

例：　$I = \int_{-\infty}^{\infty} xe^{-x^2}dx = \lim_{a \to -\infty} \int_{a}^{c} xe^{-x^2}\,dx + \lim_{\beta \to \infty} \int_{c}^{\beta} xe^{-x^2}\,dx$

$$= \lim_{a \to -\infty} \left[-\frac{1}{2}e^{-x^2} \right]_{a}^{c} + \lim_{\beta \to \infty} \left[-\frac{1}{2}e^{-x^2} \right]_{c}^{\beta} = 0$$

設函數 $f(x)$ 在區間 $a \le x \le b$ 為連續且可積，在區間內有奇異點 $x = c$，考慮瑕積分：

$$\int_{a}^{b} f(x)dx = \lim_{\varepsilon \to 0} \int_{a}^{c-\varepsilon} f(x)dx + \lim_{\varepsilon \to 0} \int_{c+\varepsilon}^{b} f(x)dx \qquad (1.13)$$

若以上兩極限皆存在，則該瑕積分收斂於所得積分值，稱之為 Cauchy 主值 (Cauchy's principal value)，以 P 標記之；若極限不存在，則該瑕積分為發散。

例：　以下定積分在積分區間內 $x = 2$ 為奇異點，瑕積分為

$$P\int_{-2}^{2} \frac{1}{(2-x)^{1/2}}\,dx = \lim_{\varepsilon \to 0} \int_{-2}^{2-\varepsilon} \frac{1}{(2-x)^{1/2}}\,dx = \lim_{\varepsilon \to 0} [-2(2-x)^{1/2}]_{-2}^{2-\varepsilon}$$

$$= \lim_{\varepsilon \to 0} [(-2\varepsilon^{1/2}) + 4] = 4$$

此瑕積分之 Cauchy 主值為 4。

例：　以下定積分在積分區間內 $x = 0$ 為奇異點，瑕積分為

$$P\int_{-1}^{2} \frac{1}{x^3}\,dx = \lim_{\varepsilon \to 0} \left(\int_{-1}^{-\varepsilon} \frac{1}{x^3}\,dx + \int_{\varepsilon}^{2} \frac{1}{x^3}\,dx \right) = \lim_{\varepsilon \to 0} \left[\left(-\frac{1}{2x^2} \right) \Big|_{-1}^{-\varepsilon} + \left(-\frac{1}{2x^2} \right) \Big|_{\varepsilon}^{2} \right] = \frac{3}{8}$$

此瑕積分之 Cauchy 主值為 3/8。

例：　以下定積分在積分區間內 $x = 1$ 為奇異點，瑕積分為

$$\int_{-1}^{2} \frac{1}{(x-1)^2}\, dx = \lim_{\varepsilon \to 0} \int_{-2}^{1-\varepsilon} \frac{1}{(x-1)^2}\, dx + \lim_{\varepsilon \to 0} \int_{1+\varepsilon}^{2} \frac{1}{(x-1)^2}\, dx$$

$$= \lim_{\varepsilon \to 0} \left[-\frac{1}{(x-1)} \right]_{-2}^{1-\varepsilon} + \lim_{\varepsilon \to 0} \left[-\frac{1}{(x-1)} \right]_{1+\varepsilon}^{2} \to \infty$$

此定積分之極限不存在，故此瑕積分為發散。

　　某些類型有奇異點的實函數之瑕積分可運用複變函數之路徑積分求值，在第 5 章複變函數理論與應用將詳加說明。

1.4. 均值定理

1. 微分均值定理 (mean-value theorem of differentiation)

　　設函數 $f(x)$ 在閉區間 (closed interval) $a \leq x \leq b$ 連續，在開區間 (open interval) $a < x < b$ 可微，則在 $a < x < b$ 必存在一點 ξ，使得

$$f'(\xi) = \frac{f(b) - f(a)}{b - a} \quad \Leftrightarrow \quad f(b) = f(a) + (b-a)f'(\xi) \tag{1.14a}$$

以數學符號表示閉區間 $a \leq x \leq b$ 為 $[a, b]$；開區間 $a < x < b$ 則為 (a, b)。

　　微分均值定理的幾何意義是：在平面上連續函數 $y = f(x)$ 所代表的曲線兩端點間，必有一點 ξ 的切線斜率等於兩端點連線的斜率，如圖 1.1 所示。

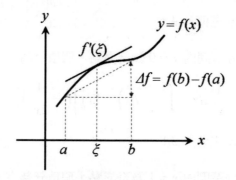

圖 1.1　微分均值定理示意圖

若令式 (1.14a) 中，$b = x + \Delta x, \quad a = x, \quad \Delta x \to 0$，則

$$f(x + \Delta x) = f(x) + f'(x)\Delta x \tag{1.14b}$$

以微分元素推導物理問題之數學模式經常運用式 (1.14b) 表示物理量隨位置變化之關係。微分均值定理適用於連續可微函數，稍後說明的泰勒級數要求函數之 n 階導數皆連續可微，條件較嚴。

2. 積分均值定理 (mean-value theorem of integration)

設函數 $f(x)$ 在區間 $a \le x \le b$ 為連續且可積，且函數 $g(x)$ 在積分區間不變號，則在區間 $a \le x \le b$ 存在一點 ξ，使得下式成立：

$$\int_a^b f(x)g(x)dx = f(\xi)\int_a^b g(x)dx \tag{1.15}$$

令 $g(x) = 1$，則在積分區間必存在一點 ξ，使得下式成立：

$$\int_a^b f(x)dx = (b-a)f(\xi) \tag{1.16a}$$

簡言之，積分均值定理的幾何意義是：在積分區間必存在一點 $x = \xi$，使高為 $y = f(\xi)$ 底為 $(b-a)$ 之矩形面積與在積分區間曲線 $y = f(x)$ 與 x 軸構成之區域的面積相等，如圖 1.2 所示。

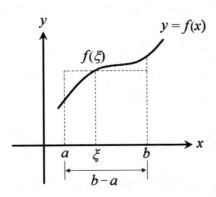

圖 1.2　積分均值定理示意圖

若令式 (1.16a) 中，$b = x + \Delta x, \quad a = x, \quad \Delta x \to 0$，則

$$\int_x^{x+\Delta x} f(x)dx = f(x)\Delta x \tag{1.16b}$$

均值定理是微積分的基本定理，在數學推理、判別函數性質、簡化積分與估計定積分值等方面皆有應用，以下推導泰勒級數即將用到積分均值定理。

1.5. 單變數函數之泰勒級數

眾所周知，由冪函數 (power function) 構成的多項式性質良好，其運算也很簡易。泰勒級數 (Taylor series) 是由冪函數構成的無窮級數，第 3 章的傅立葉級數 (Fourier series) 則是以三角函數 $\sin x$, $\cos x$ 構成的無窮級數。基於以多項式模擬連續函數之思路可推導出泰勒展開式與泰勒級數。

設函數 $f(x)$ 為 n 階導數連續可微，欲以多項式

$$P(x) = c_0 + c_1 x + c_2 x^2 + \cdots + c_n x^n \tag{1.17}$$

在 $x = 0$ 附近區間模擬函數 $f(x)$。

令 $P(x)$ 滿足以下 $n + 1$ 個條件：

$$P(0) = f(0), \quad P'(0) = f'(0), \quad P''(0) = f''(0), \quad \cdots, \quad P^{(n)}(0) = f^{(n)}(0) \tag{1.18}$$

將以上條件代入 $P(x)$，令 $x = 0$，得 $c_0 = P(0) = f(0)$；將式 (1.17) 兩邊對 x 微分，令 $x = 0$，得 $c_1 = P'(0) = f'(0)$；將式 (1.17) 兩邊對 x 微分兩次，令 $x = 0$，得 $c_2 = P''(0) = f''(0)$；以此類推，可得

$$c_k = \frac{f''(0)}{k!} \quad (k = 0, 1, 2, \cdots, n) \quad \Rightarrow \quad P(x) = \sum_{k=0}^{n} \frac{f^{(k)}(0)}{k!} x^k \tag{1.19}$$

若以多項式在 $x = a$ 附近區間模擬函數 $f(x)$，可設 $P(x)$ 為 n 次多項式：

$$P(x) = c_0 + c_1(x - a) + c_2(x - a)^2 + \cdots + c_n(x - a)^n \tag{1.20}$$

令　$P(a) = f(a),\ P'(a) = f'(a),\ P''(a) = f''(a),\ \cdots,\ P^{(n)}(a) = f^{(n)}(a)$,

可得 $f(x)$ 在 $x = a$ 之泰勒展開式 $P_n(x)$ 如下：

$$P_n(x) = \sum_{k=0}^{n} \frac{f^{(k)}(a)}{k!} (x-a)^k \tag{1.21}$$

令　$f(x) = P_n(x) + R_n(x)$，$R_n(x)$ 稱為 $f(x)$ 之餘項，則

$$f(x) = \sum_{k=0}^{n} \frac{f^{(k)}(a)}{k!} (x-a)^k + R_n(x) \tag{1.22}$$

式 (1.22) 為 $f(x)$ 之泰勒展開式，不含近似成分，亦未涉及收斂與否。探討以泰勒展開式模擬 $f(x)$ 是否適用，餘項 $R_n(x)$ 至關重要；而以多項式模擬函數方式推導 $f(x)$ 之泰勒展開式，未能求得 $R_n(x)$ 之顯式。

以下由對 $f(x)$ 之 n 階導數逐步積分的方式來推導泰勒展開式與餘項 $R_n(x)$ 之顯式，從而求得 $f(x)$ 之泰勒級數表示。

考慮 $f(x)$ 在 (a, b) 區間為 n 階可微函數，則

$$\int_a^x f^{(n)}(x)dx = f^{(n-1)}(x) - f^{(n-1)}(a) \tag{1.23}$$

將此式連續積分，得

$$\int_a^x\int_a^x f^{(n)}(x)dx\,dx = \int_a^x [f^{(n-1)}(x) - f^{(n-1)}(a)]dx = f^{(n-2)}(x) - f^{(n-2)}(a) - (x-a)f^{(n-1)}(a)$$

$$\int_a^x\int_a^x\int_a^x f^{(n)}(x)dx\,dx\,dx = \int_a^x [f^{(n-2)}(x) - f^{(n-2)}(a) - (x-a)f^{(n-1)}(a)]\,dx$$

$$= f^{(n-3)}(x) - f^{(n-3)}(a) - (x-a)f^{(n-2)}(a) - \frac{(x-a)^2}{2} f^{(n-1)}(a)$$

類此，積分 n 次，可得

$$\int_a^x \cdots \int_a^x f^{(n)}(x)(dx)^n = f(x) - f(a) - (x-a)f'(a) - \frac{(x-a)^2}{2!} f''(a)$$

$$- \frac{(x-a)^3}{3!} f'''(a) - \cdots - \frac{(x-a)^{n-1}}{(n-1)!} f^{(n-1)}(a)$$

將此式移項,得

$$f(x) = f(a) + (x-a)f'(a) + \frac{(x-a)^2}{2!}f''(a) + \frac{(x-a)^3}{3!}f'''(a) + \cdots + R_n(x) \qquad (1.24)$$

其中餘項 $R_n(x)$ 為

$$R_n(x) = \int_a^x \cdots \int_a^x f^{(n)}(x)(dx)^n \qquad (1.25)$$

式中的 $(x-a)^n$ 在積分區間中未變號,且在區間內 $f^{(n)}(x)$ 為連續,根據積分均值定理:

$$\int_a^x f^{(n)}(x)dx = (x-a)f^{(n)}(\xi) \qquad (1.26)$$

其中 ξ 為介於 a 與 x 區間之點。

將式 (1.26) 代入式 (1.25),積分 n 次,得

$$R_n(x) = \frac{(x-a)^n}{n!}f^{(n)}(\xi) \qquad (1.27)$$

餘項 $R_n(x)$ 與泰勒展開式各項之形式相似,只是 $f^{(n)}(\xi)$ 為 $f(x)$ 之 n 階導數在 (a, x) 區間某點之值。

$$\text{若} \quad \lim_{n \to \infty} R_n(x) = \lim_{n \to \infty} \frac{(x-a)^n}{n!}f^{(n)}(\xi) = 0 \qquad (1.28)$$

則 $f(x)$ 對 $x = a$ 之泰勒展開式為 $f(x)$ 對 $x = a$ 之泰勒級數:

$$f(x) = \sum_{k=0}^n \frac{f^{(k)}(a)}{k!}(x-a)^k$$

$$= f(a) + (x-a)f'(a) + \frac{(x-a)^n}{2!}f''(a) + \frac{(x-a)^3}{3!}f'''(a) + \cdots \qquad (1.29)$$

令 $x = x_0 + \Delta x, \quad a = x_0$,得 $f(x)$ 對 $x = x_0$ 之泰勒級數:

$$f(x_0 + \Delta x) = f(x_0) + f'(x_0)\Delta x + \frac{f''(x_0)}{2!}(\Delta x)^2 + \frac{f'''(x_0)}{3!}(\Delta x)^3 + \cdots \qquad (1.30)$$

令式 (1.29) 中 $a = 0$，則得 $f(x)$ 對 $x = 0$ 之泰勒級數，即 Maclaurin 級數：

$$f(x) = \sum_{k=0}^{n} \frac{f^{(k)}(0)}{k!} x^k = f(0) + f'(0)x + f''(0)\frac{x^2}{2!} + f'''(0)\frac{x^3}{3!} + \cdots \tag{1.31}$$

值得一提，微分均值定理

$$f(x) = f(a) + (x - a)f'(\xi)$$

與式 (1.29) 之前兩項相似，然而，泰勒級數要求函數之 n 階導數皆連續可微，微分均值定理僅要求函數本身為連續可微。

下列函數及其複合函數為基本函數：

1. 冪函數　x^n $(n = 0, 1, 2, \cdots, m)$

2. 冪函數構成的多項式　$a_0 + a_1 x + a_2 x^2 + \cdots + a_n x^n$

3. 三角函數及其反函數　$\sin x$; $\cos x$; $\sin^{-1} x$; $\cos^{-1} x$

4. 指數函數及其反函數（對數函數）　e^{ax}, $\ln x$

三角函數與指數函數對 $x = 0$ 之泰勒級數表示如下：

$$\sin x = x - \frac{x^3}{3!} + \frac{x^5}{5!} - \frac{x^7}{7!} + - \cdots \tag{1.32}$$

$$\cos x = 1 - \frac{x^2}{2!} + \frac{x^4}{4!} - \frac{x^6}{6!} + - \cdots \tag{1.33}$$

$$e^x = 1 + x + \frac{x^2}{2!} + \frac{x^3}{3!} + \frac{x^4}{4!} + \cdots \tag{1.34}$$

由這三個無窮級數的餘項可證明 $\sin x$, $\cos x$, e^x 在整個實數域收斂。

例：　將 $f(x) = \ln(1 + x)$ 以對 $x = 0$ 之泰勒級數表示。

$$f'(x) = \frac{1}{1 + x}, \quad f''(x) = -\frac{1}{(1 + x)^2}, \quad \cdots, \quad f^{(n)}(x) = (-1)^{n-1}\frac{(n-1)}{(1 + x)^n}$$

$$\therefore f'(0) = 1, \quad f''(x) = -1, \cdots, \quad f^{(n)}(x) = (-1)^{n-1}(n - 1)$$

$$\Rightarrow \quad \ln(1+x) = \sum_{k=0}^{\infty} \frac{f^{(k)}(0)}{k} x^k = x - \frac{x^2}{2} + \frac{x^3}{3} - \frac{x^4}{4} + -\cdots + R_n$$

其中餘項為

$$R_n = \frac{x^n}{n} f^{(k)}(\xi) \le \frac{x^n}{n} \quad (0 \le \xi \le x) \quad \therefore \lim_{n \to \infty} R_n = 0 \quad (0 \le x \le 1)$$

$$\Rightarrow \quad \ln(1+x) = x - \frac{x^2}{2} + \frac{x^3}{3} - \frac{x^4}{4} + -\cdots \quad (0 \le x \le 1) \tag{1.35}$$

例： 將 $f(x) = (1+x)^n$ 以對 $x = 0$ 之泰勒級數表示，從而推求二項式定理。

$$f'(x) = n(1+x)^{n-1}, \qquad f''(x) = n(n-1)(1+x)^{n-2}, \cdots$$

$$f^{(m)}(x) = n(n-1)\cdots(n-m+1)(1+x)^{n-m}$$

$$\therefore f'(0) = n, \qquad f''(0) = n(n-1), \quad \cdots, \quad f^{(m)}(0) = n(n-1)\cdots(n-m+1)$$

$$\Rightarrow \quad (1+x)^n = \sum_{k=0}^{\infty} \frac{f^{(k)}(0)}{k!} x^k = 1 + nx + \frac{n(n-1)}{2!} x^2 + \cdots + R_m$$

其中餘項為

$$R_m = \frac{x^m}{m!} n(n-1)\cdots(n-m+1)(1+\xi)^{n-m} \quad (0 \le \xi \le x)$$

若 $m > n$, $(1+\xi)^{n-m}$ 之最大值為 1

$$\therefore R_m \le \frac{x^m}{m!} n(n-1)\cdots(n-m+1), \qquad \lim_{m \to \infty} R_m = 0 \quad (|x| < 1)$$

$$\Rightarrow \quad (1+x)^n = 1 + nx + \frac{n(n-1)}{2!} x^2 + \frac{n(n-1)(n-2)}{3!} x^3 + \cdots \quad (|x| < 1) \tag{1.36}$$

由推導單變數函數之泰勒級數的過程可知泰勒級數具有以下優良性質：

1. 收斂性：函數之泰勒級數的收斂範圍可由級數的餘項來決定。

2. 逐項運算性：若無窮級數有逐項運算性，可逐項運算後再求積，亦即

$$f(x) \pm g(x) = \sum_{n=0}^{\infty} \phi_n(x) \pm \sum_{n=0}^{\infty} \varphi_n(x) = \sum_{n=0}^{\infty} [\phi_n(x) \pm \varphi_n(x)]$$

$$f(x)g(x) = \sum_{n=0}^{\infty} \phi_n(x) \sum_{n=0}^{\infty} \varphi_n(x) = \sum_{m=0}^{\infty} \sum_{n=0}^{\infty} [\phi_m(x)\varphi_n(x)]$$

$$\frac{d}{dx} f(x) = \frac{d}{dx} \sum_{n=0}^{\infty} \phi_n(x) = \sum_{n=0}^{\infty} \frac{d}{dx} [\phi_n(x)]$$

一個無窮級數是否能逐項運算，取決於此級數是否為均勻收斂，第 3 章 3.10 節將說明無窮級數的均勻收斂性及其判別方法。

3. 唯一性 (uniqueness)：若函數 $f(x)$ 為 n 階可微，則 $f(x)$ 可表示為泰勒級數，而此泰勒級數必定代表該函數；$f(x)$ 與其泰勒級數為 1 對 1 的關係。

一般而言，數學模式的近似解法基本上是以預設的無窮級數表示問題的待定函數，確定了未知函數的形式，僅須設法決定其中的係數，問題即大為簡化。變係數常微分方程式之級數解法就是基於預設微分方程式的解可以用冪級數表示而發展出來的。級數解成敗的關鍵在於所選取的無窮級數是否適當；若無窮級數無唯一性或不能逐項運算，則不為近似解法所取。由於泰勒級數具唯一性，可逐項運算，可依設定的精度取捨項數，故常為近似解法採用。

1.6. 單變數函數之極值

設函數 $f(x)$ 在考慮區間 $x_1 \leq x \leq x_2$ 連續且各高階導數存在且連續，若 $f(x)$ 在 $x = x_0$ 有極值，由 $f(x)$ 之泰勒展開式得

$$f(x_0 + \Delta x) - f(x_0) = f'(x_0)\Delta x + f''(x_0) \frac{(\Delta x)^2}{2} + f'''(x_0) \frac{(\Delta x)^3}{3!} + \cdots \tag{1.37}$$

當 $f(x)$ 在 $x = x_0$ 為相對極大 (relative maximum)，則必

$$f(x_0 + \Delta x) - f(x_0) \leq 0 \tag{1.38}$$

$$\Rightarrow \quad f'(x_0)\Delta x + f''(x_0)\frac{(\Delta x)^2}{2} + f'''(x_0)\frac{(\Delta x)^3}{3!} + \cdots \leq 0 \tag{1.39}$$

其中 Δx 為任意值。令 $\Delta x \to 0$，Δx 可正可負，故上式恆成立的必要條件為

$$f'(x_0) = 0 \tag{1.40}$$

當 $f(x)$ 在 $x = x_0$ 為相對極小 (relative minimum)，則必

$$f(x_0 + \Delta x) - f(x_0) \geq 0 \tag{1.41}$$

$$\Rightarrow \quad f'(x_0)\Delta x + f''(x_0)\frac{(\Delta x)^2}{2} + f'''(x_0)\frac{(\Delta x)^3}{3!} + \cdots \geq 0 \tag{1.42}$$

同理，式 (1.42) 恆成立的必要條件亦為式 (1.40)，故函數 $f(x)$ 在 $x = x_0$ 有極值的必要條件為 $f'(x_0) = 0$。

函數 $f(x)$ 有極值之臨界點 (critical point) $x = x_0$ 可由必要條件 $f'(x) = 0$ 決定。當 $f'(x_0) = 0$，在臨界點之函數值是相對極大或相對極小取決於式 (1.39) 與式 (1.42) 的 Δx 平方項，而 $(\Delta x)^2$ 恆為正，由此可推知 $f(x)$ 在 $x = x_0$ 有極值的充分條件為

$$f''(x_0) < 0 \quad 則 \quad f(x_0) 為相對極大 \tag{1.43}$$

$$f''(x_0) > 0 \quad 則 \quad f(x_0) 為相對極小 \tag{1.44}$$

$$f''(x_0) = 0 \quad 則 \quad x = x_0 為反曲點 \tag{1.45}$$

必要條件是限制性的，無之必不可；充分條件是保障性的，有之則必可，統稱充要條件。

值得注意：以上充要條件僅適用於決定局部的相對極大與相對極小。事實上，尋求函數極值之主要目的在求得絕對極大 (absolute maximum) 與絕對極小

(absolute maximum)，一旦找出了函數所有的相對極大與相對極小，比較相對極值與邊界值之大小，即可決定目標函數在考慮區域之絕對極大與絕對極小了。

1.7. 多變數函數之偏導數與全微分

推廣單變數函數的導數定義於多變數函數，定義 $f(x, y, z)$ 對變數 x 之偏導數 (partial derivative) 或稱偏微分 (partial differentiation) 為

$$f_x = \frac{\partial f}{\partial x} = \lim_{\Delta x \to 0} \frac{f(x + \Delta x, y, z) - f(x, y, z)}{\Delta x} \tag{1.46}$$

其中視 y, z 為常數，保持不變，僅 x 變動。

類此，對變數 y, z 之偏導數分別為

$$f_y = \frac{\partial f}{\partial y} = \lim_{\Delta y \to 0} \frac{f(x, y + \Delta y, z) - f(x, y, z)}{\Delta y} \tag{1.47}$$

$$f_z \equiv \frac{\partial f}{\partial z} = \lim_{\Delta z \to 0} \frac{f(x, y, z + \Delta z) - f(x, y, z)}{\Delta z} \tag{1.48}$$

多變數函數對自變數的偏導數的意義是：函數所代表的物理量受該自變數影響的變率；f_x 表示函數 $f(x, y, z)$ 受 x 影響的變率，餘類推。根據偏導數之定義，可知其運算與單變數函數之微分運算法則基本相同。

考慮兩個變數的函數 $f(x, y)$，以符號 Δ 表示相差量，則

$$\Delta f = f(x + \Delta x, y + \Delta y) - f(x, y)$$

$$= f(x + \Delta x, y + \Delta y) - f(x, y + \Delta y) + f(x, y + \Delta y) - f(x, y)$$

$$= \frac{f(x + \Delta x, y + \Delta y) - f(x, y + \Delta y)}{\Delta x} \Delta x + \frac{f(x, y + \Delta y) - f(x, y)}{\Delta y} \Delta y \tag{1.49}$$

令 $\Delta x \to 0,\ \Delta y \to 0$，則

$$\lim_{\Delta x \to 0} \frac{f(x + \Delta x,\ y + \Delta y) - f(x,\ y + \Delta y)}{\Delta x} = \frac{\partial f}{\partial x}$$

$$\lim_{\Delta y \to 0} \frac{f(x,\ y + \Delta y) - f(x,\ y)}{\Delta y} = \frac{\partial f}{\partial y}$$

由式 (1.49) 之極限，定義函數 $f(x, y)$ 之全微分 (total differential) 為

$$df = \frac{\partial f}{\partial x}\, dx + \frac{\partial f}{\partial y}\, dy \tag{1.50}$$

不論 x 與 y 是否為獨立變數，此式恆成立。

推廣至連續函數 $f(x, y, z)$，其全微分為

$$df = \frac{\partial f}{\partial x}\, dx + \frac{\partial f}{\partial y}\, dy + \frac{\partial f}{\partial z}\, dz \tag{1.51}$$

由全微分之定義可知：$\partial f / \partial x$ 為 $f(x, y, z)$ 受 x 影響的變率；$(\partial f / \partial x)dx$ 為 $f(x, y, z)$ 因 x 之微變量所導致的變量；全微分 df 表示 $f(x, y, z)$ 因 x, y, z 之微變量所導致的總變量。

同理，函數 $f(x_1, x_2, \cdots, x_n)$ 之全微分為

$$df = \frac{\partial f}{\partial x_1}\, dx_1 + \frac{\partial f}{\partial x_2}\, dx_2 + \cdots + \frac{\partial f}{\partial x_n}\, dx_n \tag{1.52}$$

例： $f = \sin(xy) + e^{-xyz} + 1$

$$\frac{\partial f}{\partial x} = y\cos(xy) - yze^{-xyz}, \qquad \frac{\partial f}{\partial y} = x\cos(xy) - xze^{-xyz}, \qquad \frac{\partial f}{\partial z} = -xye^{-xyz}$$

$$\Rightarrow \quad df = [y\cos(xy) - yze^{-xyz}]dx + [x\cos(xy) - xze^{-xyz}]dy - xye^{-xyz}dz$$

1.8. 偏微分連鎖律

函數 f 對自變數的導數表示 f 受自變數影響的變化率，函數對因變數的導數無意義，因而不存在。若多變數函數 $f(x, y, z)$ 之變數 x, y, z 不全為自變數，推求 $f(x, y, z)$ 對自變數的偏導數需偏微分連鎖律。

以下說明若干多變數函數之偏微分連鎖律。

1. $f = f(x, y, z), \quad x = x(t), \quad y = y(t), \quad z = z(t)$；$t$ 為自變數，x, y, z 為因變數，則 $f = f[x(t), y(t), z(t)] \equiv F(t)$。

將 $f(x, y, z)$ 之全微分量：$\Delta f = \dfrac{\partial f}{\partial x} \Delta x + \dfrac{\partial f}{\partial y} \Delta y + \dfrac{\partial f}{\partial z} \Delta z$ 兩邊同除以 Δt，令

$\Delta t \to 0$，取 $\Delta f / \Delta t$ 之極限得

$$\frac{dF}{dt} \equiv \frac{df}{dt} = \frac{\partial f}{\partial x} \frac{dx}{dt} + \frac{\partial f}{\partial y} \frac{dy}{dt} + \frac{\partial f}{\partial z} \frac{dz}{dt} \tag{1.53}$$

相同物理量以相同符號代表為宜，除非在自變數與因變數容易混淆的情況下，無需以兩個符號表示一個物理量。

例： $f = \sin(xy) + e^{-xyz} + 1, \quad x = t + 1, \quad y = t^3 + 1, \quad z = t^2$，求 df/dt

$$df = [y \cos(xy) - yze^{xyz}]dx + [x \cos(xy) - xze^{-xyz}]dy - xye^{-xyz}dz$$

$$\frac{df}{dt} = [y \cos(xy) - yze^{-xyz}] \frac{dx}{dt} + [x \cos(xy) - xze^{-xyz}] \frac{dy}{dt} - xye^{xyz}\frac{dz}{dt}$$

$$= [y \cos(xy) - yze^{-xyz}](t) + [x \cos(xy) - xze^{-xyz}](3t^2) - xye^{-xyz}(2t)$$

$$= t[y \cos(xy) - yze^{-xyz}] + 3t^2[x \cos(xy) - xze^{-xyz}] - 2txye^{-xyz}$$

2. $f = f(x, y, z)$, $x = x(s, t)$, $y = y(s, t)$, $z = z(s, t)$; s、t 為自變數，x, y, z 為因變數，則 $f = f[x(s, t), y(s, t), z(s, t)] \equiv F(s, t)$。

將 $f(x, y, z)$ 之全微分量：$\Delta f = \dfrac{\partial f}{\partial x} \Delta x + \dfrac{\partial f}{\partial y} \Delta y + \dfrac{\partial f}{\partial z} \Delta z$ 兩邊同除以 Δs 與 Δt，

令 $\Delta s \to 0$, $\Delta t \to 0$，取 $\Delta f/\Delta s$ 與 $\Delta f/\Delta t$ 之極限得

$$\frac{\partial F}{\partial s} \equiv \frac{\partial f}{\partial s} = \frac{\partial f}{\partial x}\frac{\partial x}{\partial s} + \frac{\partial f}{\partial y}\frac{\partial y}{\partial s} + \frac{\partial f}{\partial z}\frac{\partial z}{\partial s} \tag{1.54}$$

$$\frac{\partial F}{\partial t} \equiv \frac{\partial f}{\partial t} = \frac{\partial f}{\partial x}\frac{\partial x}{\partial t} + \frac{\partial f}{\partial y}\frac{\partial y}{\partial t} + \frac{\partial f}{\partial z}\frac{\partial z}{\partial t} \tag{1.55}$$

其中微分符號記以 ∂ 而非 d，表示函數之自變數不只一個。

例： $f = e^{xy}$, $x = \ln(u + v)$, $y = \tan^{-1}\left(\dfrac{u}{v}\right)$，求 $\dfrac{\partial f}{\partial u}$, $\dfrac{\partial f}{\partial v}$

$$df = ye^{xy}dx + xe^{xy}dy$$

$$\frac{\partial f}{\partial u} = ye^{xy}\frac{\partial x}{\partial u} + xe^{xy}\frac{\partial y}{\partial u} = ye^{xy}\frac{1}{u + v} + xe^{xy}\frac{v}{u^2 + v^2}$$

$$\frac{\partial f}{\partial v} = ye^{xy}\frac{\partial x}{\partial v} + xe^{xy}\frac{\partial y}{\partial v} = ye^{xy}\frac{1}{u + v} - xe^{xy}\frac{u}{u^2 + v^2}$$

例： $f = x^2 + y^2 + z^2$, $x = \cos\theta$, $y = r\sin\theta$, $z = z$，求 $\dfrac{\partial f}{\partial r}$, $\dfrac{\partial f}{\partial \theta}$, $\dfrac{\partial f}{\partial z}$

$$df = 2xdx + 2ydy + 2zdz$$

$$\frac{\partial f}{\partial r} = 2x\frac{\partial x}{\partial r} + 2y\frac{\partial y}{\partial r} + 2z\frac{\partial z}{\partial r} = 2x\cos\theta + 2y\sin\theta = 2r\cos^2\theta + 2r\sin^2\theta = 2r$$

$$\frac{\partial f}{\partial \theta} = 2x\frac{\partial x}{\partial \theta} + 2y\frac{\partial y}{\partial \theta} + 2z\frac{\partial z}{\partial \theta} = 2x(-r\sin\theta) + 2y(r\cos\theta)$$

$$= -2r^2\cos\theta\sin\theta + 2r^2\sin\theta\cos\theta = 0$$

$$\frac{\partial f}{\partial z} = 2x\frac{\partial x}{\partial z} + 2y\frac{\partial y}{\partial z} + 2z\frac{\partial z}{\partial z} = 2x(0) + 2y(0) + 2z(1) = 2z$$

3. $f = f(x, y, z), y = y(x), z = z(x)$；$x$ 為自變數，y, z 為因變數，則

$$f = f[x, y(x), z(x)] \equiv F(x)$$

將 $f(x, y, z)$ 之全微分量：$\Delta f = \dfrac{\partial f}{\partial x}\Delta x + \dfrac{\partial f}{\partial y}\Delta y + \dfrac{\partial f}{\partial z}\Delta z$ 兩邊同除以 Δx，令 $\Delta x \to 0$，取 $\Delta f/\Delta x$ 之極限得

$$\frac{dF}{dx} \equiv \frac{df}{dx} = \frac{\partial f}{\partial x}\frac{dx}{dx} + \frac{\partial f}{\partial y}\frac{dy}{dx} + \frac{\partial f}{\partial z}\frac{dz}{dx} = \frac{\partial f}{\partial x} + \frac{\partial f}{\partial y}\frac{df}{dx} + \frac{\partial f}{\partial z}\frac{df}{dx} \qquad (1.56)$$

其中等號左邊之 df/dx 為 $F(x)$ 對自變數 x 之導數；等號右邊之 $\partial f/\partial x$ 為 $f(x, y, z)$ 對 x 之偏導數，$df/dx \neq \partial f/\partial x$。

例： $f = e^{xyz} + xyz, \quad y = x^2 + 1, \quad z = \sin x$

$$df = (yze^{xyz} + yz)dx + (xze^{xyz} + xz)dy + (xye^{xyz} + xy)dz$$

$$\frac{df}{dx} = (yze^{xyz} + yz)\frac{dx}{dx} + (xze^{xyz} + xz)\frac{dy}{dx} + (xye^{xyz} + xy)\frac{dz}{dx}$$

$$= yze^{xyz} + 2x^2z(e^{xyz} + 1) + xy(e^{xyz} + 1)\cos x$$

4. $f = f(x, y, z), z = z(x, y)$；$x, y$ 為自變數，z 為因變數，則

$$f = f[x, y, z(x, y)] \equiv F(x, y)$$

將 $f(x, y, z)$ 之全微分量：$\Delta f = \dfrac{\partial f}{\partial x}\Delta x + \dfrac{\partial f}{\partial y}\Delta y + \dfrac{\partial f}{\partial z}\Delta z$ 兩邊同除以 Δx 與 Δy，令 $\Delta x \to 0, \quad \Delta y \to 0$，取 $\Delta f/\Delta x$ 與 $\Delta f/\Delta y$ 之極限得

$$\frac{\partial F}{\partial x} \equiv \frac{\partial f}{\partial x} = \frac{\partial f}{\partial x}\frac{dx}{dx} + \frac{\partial f}{\partial y}\frac{dy}{dx} + \frac{\partial f}{\partial z}\frac{\partial z}{\partial x} = \frac{\partial f}{\partial x} + \frac{\partial f}{\partial z}\frac{\partial z}{\partial x} \qquad (a)$$

$$\frac{\partial F}{\partial y} \equiv \frac{\partial f}{\partial y} = \frac{\partial f}{\partial x}\frac{dx}{dy} + \frac{\partial f}{\partial y}\frac{dy}{dy} + \frac{\partial f}{\partial z}\frac{\partial z}{\partial y} = \frac{\partial f}{\partial y} + \frac{\partial f}{\partial z}\frac{\partial z}{\partial y} \tag{b}$$

式 (a) 與式 (b) 等號左邊之 f 係自變數 x, y 之函數，不含 z，等號右邊視 f 為 x, y, z 之函數，兩者易生混淆，必須用其他標記加以區別，因而改為

$$\frac{\partial F}{\partial x} \equiv \left(\frac{\partial f}{\partial x}\right)_y = \frac{\partial f}{\partial x} + \frac{\partial f}{\partial z}\frac{\partial z}{\partial x} \tag{1.57}$$

$$\frac{\partial F}{\partial y} \equiv \left(\frac{\partial f}{\partial y}\right)_x = \frac{\partial f}{\partial y} + \frac{\partial f}{\partial z}\frac{\partial z}{\partial y} \tag{1.58}$$

例： $f = x^2 + y^2 + z^2, \quad z = e^{xy} + \sin(xy)$

$df = 2xdx + 2ydy + 2zdz$

$$\frac{\partial F}{\partial x} \equiv \left(\frac{\partial f}{\partial x}\right)_y = 2x\frac{dx}{dx} + 2y\frac{dy}{dx} + 2z\frac{\partial z}{\partial x} = 2x + 2z[ye^{xy} + y\cos(xy)]$$

$$\frac{\partial F}{\partial y} \equiv \left(\frac{\partial f}{\partial y}\right)_x = 2x\frac{dx}{dy} + 2y\frac{dy}{dy} + 2z\frac{\partial z}{\partial y} = 2y + 2z[xe^{xy} + x\cos(xy)]$$

5. $f = f(x, y, u, v), \quad u = u(x, y), \quad v = v(x, y)$；$x, y$ 為自變數，u, v 為因變數，則 $f = f[x, y, u(x, y), v(x, y)] \equiv F(x, y)$。

將 $f(x, y, u, v)$ 之全微分量：$\Delta f = \frac{\partial f}{\partial x}\Delta x + \frac{\partial f}{\partial y}\Delta y + \frac{\partial f}{\partial u}\Delta u + \frac{\partial f}{\partial v}\Delta v$ 兩邊同除 以 Δx 與 Δy，令 $\Delta x \to 0, \quad \Delta y \to 0$，取 $\Delta f/\Delta x$ 與 $\Delta f/\Delta y$ 之極限得

$$\frac{\partial F}{\partial x} \equiv \left(\frac{\partial f}{\partial x}\right)_y = \frac{\partial f}{\partial x} + \frac{\partial f}{\partial u}\frac{\partial u}{\partial x} + \frac{\partial f}{\partial v}\frac{\partial v}{\partial x} \tag{1.59}$$

$$\frac{\partial F}{\partial y} \equiv \left(\frac{\partial f}{\partial y}\right)_x = \frac{\partial f}{\partial y} + \frac{\partial f}{\partial u}\frac{\partial u}{\partial y} + \frac{\partial f}{\partial v}\frac{\partial v}{\partial y} \tag{1.60}$$

例： $f = x^2 + y^2 + u^2 + v^2, \quad u = e^{xy}, \quad v = \sin(xy)$

$$df = 2xdx + 2ydy + 2udu + 2vdv$$

$$\left(\frac{\partial f}{\partial x}\right)_y = 2x + 2u\,\frac{\partial u}{\partial x} + 2v\,\frac{\partial v}{\partial x} = 2x + 2uye^{xy} + 2vy\cos(xy)$$

$$\left(\frac{\partial f}{\partial y}\right)_x = 2y + 2u\,\frac{\partial u}{\partial y} + 2v\,\frac{\partial v}{\partial y} = 2y + 2uxe^{xy} + 2vx\cos(xy)$$

習題一

1. 設 $f = f(x, y) = (x^2 + y^2)^{1/2} + \ln(x^2 + y^2) + \tan^{-1}\dfrac{y}{x}$

    求 $\dfrac{\partial f}{\partial x}$, $\dfrac{\partial f}{\partial y}$, $\dfrac{\partial^2 f}{\partial x^2}$, $\dfrac{\partial^2 f}{\partial y^2}$；驗證 $\dfrac{\partial^2 f}{\partial x^2} + \dfrac{\partial^2 f}{\partial y^2} = 0$。

2. 令 $x = e^t$，則 $t = \ln x$，常微分方程式 $xy'' + 2xy' - n(n+1)y = 0$ 變為

    $a\,\dfrac{d^2 y}{dt^2} + b\,\dfrac{dy}{dt} + cy = 0$ 決定 a, b, c，從而解此微分方程式。

3. 設 $f = f(x, y, z) = (x - y) + (y - z)(z - x)$, $\dfrac{\partial f}{\partial x} + \dfrac{\partial f}{\partial y} + \dfrac{\partial f}{\partial z} = k$，求 k 值。

4. 設 $f = f(u, v)$, $u = (x^2 + y^2)^{1/2}$, $v = \tan^{-1}(y/x)$，求 $\partial f/\partial x$, $\partial f/\partial y$。

5. 令 $x = r\cos\theta$, $y = r\sin\theta$，則

    $y\,\dfrac{\partial f}{\partial x} - x\,\dfrac{\partial f}{\partial y} = 0$ 變為 $a\,\dfrac{\partial f}{\partial r} + b\,\dfrac{\partial f}{\partial \theta} = 0$，決定 a, b。

6. 證明 $z = f(x^2 + y^2)$ 為 $y\,\dfrac{\partial z}{\partial x} - x\,\dfrac{\partial z}{\partial y} = 0$ 之解。

7. 證明 $z = f(u, v)$, $u = x + at$, $v = y + bt$ 適合以下偏微分方程式：

    $$\frac{\partial z}{\partial t} = a\,\frac{\partial z}{\partial x} + b\,\frac{\partial z}{\partial y}$$

8. 證明 $z = xf(y/x) + yg(y/x)$ 適合以下偏微分方程式：

$$x^2 \frac{\partial^2 z}{\partial x^2} + 2xy \frac{\partial^2 z}{\partial x \partial y} + y^2 \frac{\partial^2 z}{\partial y^2} = 0$$

9. (a) 證明兩可微分函數 f, g 乘積之全微分為 $d(fg) = gdf + fdg$。

   (b) 可微分函數 f 之相對誤差定義為 $\varepsilon = df/f$，證明兩可微分函數乘積之相對誤差為各函數相對誤差之和。

10. 設質點的速度向量為 $\boldsymbol{u} = \boldsymbol{u}(r, t) = u(t)\mathbf{i} + v(t)\mathbf{j} + w(t)\mathbf{k}, (u, v, w)$ 為直角座標之速度分量，t 為時間。當座標隨時間移動，質點的位置向量為

$$\boldsymbol{r} = x(t)\mathbf{i} + y(t)\mathbf{j} + z(t)\mathbf{k}$$

證明：$\boldsymbol{a}(r, t) = \dfrac{d\boldsymbol{u}}{dt} = \dfrac{\partial \boldsymbol{u}}{\partial t} + \boldsymbol{u} \cdot \nabla \boldsymbol{u}$

此式表明在移動座標下，加速度 $\boldsymbol{a}(r, t)$ 為質點隨時間的局部導數與位變導數之和，稱之為速度的隨質點導數 (material derivative)。

1.9. 高階偏導數、偏微分運算子

本節以多變數函數 $f(x, y, z)$ 為例，展示如何以偏微分運算子求函數之高階偏導數。

二階偏導數為一階偏導數對變數之偏導數：

$$f_{xx} \equiv \frac{\partial^2 f}{\partial x^2} = \frac{\partial}{\partial x}\Big(\frac{\partial f}{\partial x}\Big), \quad f_{xy} \equiv \frac{\partial^2 f}{\partial x \partial y} = \frac{\partial}{\partial x}\Big(\frac{\partial f}{\partial y}\Big), \quad f_{yy} \equiv \frac{\partial^2 f}{\partial y^2} = \frac{\partial}{\partial y}\Big(\frac{\partial f}{\partial y}\Big)$$

若 $f(x, y, z)$ 及其二階偏導數連續，其二階偏導數不因變數之微分先後順序而改變，則

$$f_{xy} = \frac{\partial^2 f}{\partial x \partial y} = \frac{\partial^2 f}{\partial y \partial x}, \quad f_{xz} = \frac{\partial^2 f}{\partial x \partial z} = \frac{\partial^2 f}{\partial z \partial x}$$

以下假設 $f(x, y, z)$ 及其二階偏導數連續，說明 $f(x, y, z)$ 的二階偏導數之運算。

1. $f(x, y, z)$,　$z = z(x, y)$，則 $f = f[x, y, z(x, y)] \equiv F(x, y)$。

已知 f 的一階偏導數之微分連鎖律為

$$\frac{\partial F}{\partial x} \equiv \left(\frac{\partial f}{\partial x}\right)_y = \frac{\partial f}{\partial x} + \frac{\partial f}{\partial z}\frac{\partial z}{\partial x} \tag{1.61}$$

求函數 f 的二階偏導數可運用偏微分連鎖律對 f 的一階偏導數運算如下：

$$\frac{\partial^2 F}{\partial x^2} = \frac{\partial}{\partial x}\left(\frac{\partial F}{\partial x}\right) = \frac{\partial}{\partial x}\left(\frac{\partial F}{\partial x}\right) + \frac{\partial}{\partial z}\left(\frac{\partial F}{\partial x}\right)\frac{\partial z}{\partial x}$$

$$= \frac{\partial}{\partial x}\left(\frac{\partial f}{\partial x} + \frac{\partial f}{\partial z}\frac{\partial z}{\partial x}\right) + \frac{\partial}{\partial z}\left(\frac{\partial f}{\partial x} + \frac{\partial f}{\partial z}\frac{\partial z}{\partial x}\right)\frac{\partial z}{\partial x}$$

$$= \frac{\partial^2 f}{\partial x^2} + \frac{\partial}{\partial x}\left(\frac{\partial f}{\partial z}\frac{\partial z}{\partial x}\right) + \left[\frac{\partial^2 f}{\partial z\partial x} + \frac{\partial}{\partial z}\left(\frac{\partial f}{\partial z}\frac{\partial z}{\partial x}\right)\right]\frac{\partial z}{\partial x}$$

$$= \frac{\partial^2 f}{\partial x^2} + \left(\frac{\partial^2 f}{\partial x\partial z}\frac{\partial z}{\partial x} + \frac{\partial f}{\partial z}\frac{\partial^2 z}{\partial x^2}\right) + \left[\frac{\partial^2 f}{\partial x\partial z} + \left(\frac{\partial^2 f}{\partial z^2}\frac{\partial z}{\partial x} + \frac{\partial f}{\partial z}\frac{\partial^2 z}{\partial z\partial x}\right)\right]\frac{\partial z}{\partial x}$$

$$= \frac{\partial^2 f}{\partial x^2} + 2\frac{\partial z}{\partial x}\frac{\partial^2 f}{\partial x\partial z} + \frac{\partial^2 z}{\partial x^2}\frac{\partial f}{\partial z} + \left(\frac{\partial z}{\partial x}\right)^2\frac{\partial^2 f}{\partial z^2} \tag{1.62}$$

連續運用偏微分連鎖律求函數之高階偏導數，既複雜又容易出錯。若定義偏微分運算子以求高階偏導數，則運算較為簡便，展示如下：

設　$f(x, y, z)$,　$z = z(x, y)$，則 $f = f[x, y, z(x, y)] \equiv F(x, y)$。

$$\frac{\partial F}{\partial x} \equiv \left(\frac{\partial}{\partial x}\right)_y f = \frac{\partial f}{\partial x} + \frac{\partial f}{\partial z}\frac{\partial z}{\partial x} = \frac{\partial f}{\partial x} + \frac{\partial z}{\partial x}\frac{\partial f}{\partial z} = \left(\frac{\partial}{\partial x} + \frac{\partial z}{\partial x}\frac{\partial}{\partial z}\right)f$$

$$\frac{\partial F}{\partial y} \equiv \left(\frac{\partial}{\partial y}\right)_x f = \frac{\partial f}{\partial y} + \frac{\partial f}{\partial z}\frac{\partial z}{\partial y} = \frac{\partial f}{\partial y} + \frac{\partial z}{\partial y}\frac{\partial f}{\partial z} = \left(\frac{\partial}{\partial y} + \frac{\partial z}{\partial y}\frac{\partial}{\partial z}\right)f$$

定義此例的偏微分運算子為

$$\left(\frac{\partial}{\partial x}\right)_y = \frac{\partial}{\partial x} + \frac{\partial z}{\partial x}\frac{\partial}{\partial z}, \qquad \left(\frac{\partial}{\partial y}\right)_x = \frac{\partial}{\partial y} + \frac{\partial z}{\partial y}\frac{\partial}{\partial z} \tag{1.63}$$

將偏微分運算子以乘法展開，按微分順序運算，可得 f 的二階偏導數如下：

$$\frac{\partial^2 F}{\partial x^2} = \left(\frac{\partial}{\partial x}\right)_y \left(\frac{\partial}{\partial x}\right)_y f = \left(\frac{\partial}{\partial x} + \frac{\partial z}{\partial x}\frac{\partial}{\partial z}\right)\left(\frac{\partial}{\partial x} + \frac{\partial z}{\partial x}\frac{\partial}{\partial z}\right)f$$

$$= \left[\frac{\partial}{\partial x}\left(\frac{\partial}{\partial x}\right) + \frac{\partial}{\partial x}\left(\frac{\partial z}{\partial x}\frac{\partial}{\partial z}\right) + \frac{\partial z}{\partial x}\frac{\partial}{\partial z}\left(\frac{\partial}{\partial x}\right) + \frac{\partial z}{\partial x}\frac{\partial}{\partial z}\left(\frac{\partial z}{\partial x}\frac{\partial}{\partial z}\right)\right]f$$

$$= \left[\frac{\partial^2}{\partial x^2} + \left(\frac{\partial^2 z}{\partial x^2}\frac{\partial}{\partial z} + \frac{\partial z}{\partial x}\frac{\partial^2}{\partial x\partial z}\right) + \frac{\partial z}{\partial x}\frac{\partial^2}{\partial z\partial x} + \frac{\partial z}{\partial x}\left(\frac{\partial^2 z}{\partial z\partial x}\frac{\partial}{\partial z} + \frac{\partial z}{\partial x}\frac{\partial^2}{\partial z^2}\right)\right]f$$

$$= \frac{\partial^2 f}{\partial x^2} + 2\frac{\partial z}{\partial x}\frac{\partial^2 f}{\partial z\partial x} + \frac{\partial^2 z}{\partial x^2}\frac{\partial f}{\partial z} + \left(\frac{\partial z}{\partial x}\right)^2\frac{\partial^2 f}{\partial z^2} \tag{1.64}$$

此式與式 (1.62) 完全相同。

以相同方式可求 f_{xy}, f_{yy} 如下：

$$\frac{\partial^2 F}{\partial x\partial y} = \left(\frac{\partial}{\partial x}\right)_y \left(\frac{\partial}{\partial y}\right)_x f = \left(\frac{\partial}{\partial x} + \frac{\partial z}{\partial x}\frac{\partial}{\partial z}\right)\left(\frac{\partial}{\partial y} + \frac{\partial z}{\partial y}\frac{\partial}{\partial z}\right)f \tag{1.65}$$

$$\frac{\partial^2 F}{\partial y^2} = \left(\frac{\partial}{\partial y}\right)_x \left(\frac{\partial}{\partial y}\right)_x f = \left(\frac{\partial}{\partial y} + \frac{\partial z}{\partial y}\frac{\partial}{\partial z}\right)\left(\frac{\partial}{\partial y} + \frac{\partial z}{\partial y}\frac{\partial}{\partial z}\right)f \tag{1.66}$$

以乘法展開式 (1.65) 與式 (1.66)，再按微分順序運算，即可求得 f_{xy}, f_{yy}。必須注意，運算子之微分順序不可任意顛倒，例如：

$$\left(\frac{\partial}{\partial x} + \frac{\partial z}{\partial x}\frac{\partial}{\partial z}\right)\left(\frac{\partial}{\partial x} + \frac{\partial z}{\partial x}\frac{\partial}{\partial z}\right) \neq \left(\frac{\partial}{\partial x}\right)^2 + 2\left(\frac{\partial}{\partial x}\right)\left(\frac{\partial z}{\partial x}\frac{\partial}{\partial z}\right) + \left(\frac{\partial z}{\partial x}\frac{\partial}{\partial z}\right)^2$$

2. $f(u, v)$, $u = u(x, y)$, $v = v(x, y)$，則 $f = f[u(x, y), v(x, y)] \equiv F(x, y)$。

$$\frac{\partial F}{\partial x} \equiv \left(\frac{\partial}{\partial x}\right)_y f = \frac{\partial f}{\partial u}\frac{\partial u}{\partial x} + \frac{\partial f}{\partial v}\frac{\partial v}{\partial x} = \left(u_x\frac{\partial}{\partial u} + v_x\frac{\partial}{\partial v}\right)f \tag{1.67}$$

$$\frac{\partial F}{\partial y} \equiv \left(\frac{\partial}{\partial y}\right)_x f = \frac{\partial f}{\partial u}\frac{\partial u}{\partial y} + \frac{\partial f}{\partial v}\frac{\partial v}{\partial y} = \left(u_y\frac{\partial}{\partial u} + v_y\frac{\partial}{\partial v}\right)f \tag{1.68}$$

$$\frac{\partial^2 F}{\partial x\partial y} = \left(\frac{\partial}{\partial x}\right)_y \left(\frac{\partial}{\partial y}\right)_x f = \left(u_x\frac{\partial}{\partial u} + v_x\frac{\partial}{\partial v}\right)\left(u_y\frac{\partial}{\partial u} + v_y\frac{\partial}{\partial v}\right)f$$

$$= \left[u_x \frac{\partial}{\partial u} \left(u_y \frac{\partial}{\partial u} \right) + v_x \frac{\partial}{\partial v} \left(u_y \frac{\partial}{\partial u} \right) + u_x \frac{\partial}{\partial u} \left(v_y \frac{\partial}{\partial v} \right) + v_x \frac{\partial}{\partial v} \left(v_y \frac{\partial}{\partial v} \right) \right] f$$

$$= \left[u_x \left(\frac{\partial u_y}{\partial u} \frac{\partial}{\partial u} + u_y \frac{\partial^2}{\partial u^2} \right) + v_x \left(\frac{\partial u_y}{\partial v} \frac{\partial}{\partial u} + u_y \frac{\partial^2}{\partial v \partial u} \right) \right.$$

$$\left. + u_x \left(\frac{\partial v_y}{\partial u} \frac{\partial}{\partial v} + v_y \frac{\partial^2}{\partial u \partial v} \right) + v_x \left(\frac{\partial v_y}{\partial v} \frac{\partial}{\partial v} + v_y \frac{\partial^2}{\partial v^2} \right) \right] f$$

$$= u_x u_y \frac{\partial^2 f}{\partial u^2} + \left(u_x v_y + v_x u_y \right) \frac{\partial^2 f}{\partial u \partial v} + v_x v_y \frac{\partial^2 f}{\partial v^2}$$

$$+ \left(\frac{\partial u_y}{\partial u} u_x + \frac{\partial u_y}{\partial v} v_x \right) \frac{\partial f}{\partial u} + \left(\frac{\partial v_y}{\partial u} u_x + \frac{\partial v_y}{\partial v} v_x \right) \frac{\partial f}{\partial v}$$

$$= u_x u_y \frac{\partial^2 f}{\partial u^2} + \left(u_x v_y + v_x u_y \right) \frac{\partial^2 f}{\partial u \partial v} + v_x v_y \frac{\partial^2 f}{\partial v^2} + u_{xy} \frac{\partial f}{\partial u} + v_{xy} \frac{\partial f}{\partial v} \qquad (1.69)$$

偏微分連鎖律常用於將直角座標之偏微分方程式轉換為以曲線座標表示。例如：直角座標之 Laplace 方程式為

$$\nabla^2 \phi = \frac{\partial^2 \phi}{\partial x^2} + \frac{\partial^2 \phi}{\partial y^2} + \frac{\partial^2 \phi}{\partial z^2} = 0 \qquad (1.70)$$

圓柱座標 (r, θ, z) 與直角座標 (x, y, z) 之關係為

$$x = r \cos\theta, \qquad y = r \sin\theta, \qquad z = z \qquad (1.71)$$

$$r = (x^2 + y^2)^{1/2}, \qquad \theta = \tan^{-1} \frac{y}{x}, \qquad z = z \qquad (1.72)$$

則待定函數 $\phi = \phi(x, y, z) \equiv \Phi(r, \theta, z)$，運用偏微分連鎖律：

$$\frac{\partial \phi}{\partial x} = \frac{\partial \Phi}{\partial r} \frac{\partial r}{\partial x} + \frac{\partial \Phi}{\partial \theta} \frac{\partial \theta}{\partial x} + \frac{\partial \Phi}{\partial z} \frac{\partial z}{\partial x} = \frac{x}{(x^2 + y^2)^{1/2}} \frac{\partial \Phi}{\partial r} - \frac{y}{x^2 + y^2} \frac{\partial \Phi}{\partial \theta}$$

$$\frac{\partial \phi}{\partial y} = \frac{\partial \Phi}{\partial r} \frac{\partial r}{\partial y} + \frac{\partial \Phi}{\partial \theta} \frac{\partial \theta}{\partial y} + \frac{\partial \Phi}{\partial z} \frac{\partial z}{\partial y} = \frac{x}{(x^2 + y^2)^{1/2}} \frac{\partial \Phi}{\partial r} + \frac{x}{x^2 + y^2} \frac{\partial \Phi}{\partial \theta}$$

為導出偏微分運算子，必須將兩式等號右邊以圓柱座標 r, θ, z 表示如下：

$$\because \quad \frac{x}{(x^2 + y^2)^{1/2}} = \cos\theta, \qquad \frac{y}{(x^2 + y^2)^{1/2}} = \sin\theta$$

$$\therefore \quad \frac{x}{x^2 + y^2} = \frac{\cos\theta}{r}, \qquad \frac{y}{x^2 + y^2} = \frac{\sin\theta}{r}$$

$$\left(\frac{\partial}{\partial x}\right) \phi(x, y, z) = \left(\cos\theta \frac{\partial}{\partial r} - \frac{\sin\theta}{r} \frac{\partial}{\partial \theta}\right) \Phi(r, \theta, z) \qquad (1.73)$$

$$\left(\frac{\partial}{\partial y}\right) \phi(x, y, z) = \left(\sin\theta \frac{\partial}{\partial r} + \frac{\cos\theta}{r} \frac{\partial}{\partial \theta}\right) \Phi(r, \theta, z) \qquad (1.74)$$

$$\frac{\partial}{\partial z} \phi(x, y, z) = \frac{\partial}{\partial z} \Phi(r, \theta, z) \qquad (1.75)$$

運用以上偏微分運算子，$\phi(x, y, z)$ 之二階偏導數可表示為

$$\frac{\partial^2 \phi}{\partial x^2} = \left(\cos\theta \frac{\partial}{\partial r} - \frac{\sin\theta}{r} \frac{\partial}{\partial \theta}\right)\left(\cos\theta \frac{\partial}{\partial r} - \frac{\sin\theta}{r} \frac{\partial}{\partial \theta}\right) \Phi(r, \theta, z)$$

$$= \cos^2\theta \frac{\partial^2 \Phi}{\partial r^2} + \sin^2\theta \left(\frac{1}{r} \frac{\partial \Phi}{\partial r} + \frac{1}{r^2} \frac{\partial^2 \Phi}{\partial \theta^2}\right) - 2\sin\theta \cos\theta \frac{\partial}{\partial r}\left(\frac{1}{r} \frac{\partial \Phi}{\partial \theta}\right)$$

$$\frac{\partial^2 \phi}{\partial y^2} = \left(\sin\theta \frac{\partial}{\partial r} + \frac{\cos\theta}{r} \frac{\partial}{\partial \theta}\right)\left(\sin\theta \frac{\partial}{\partial r} + \frac{\cos\theta}{r} \frac{\partial}{\partial \theta}\right) \Phi(r, \theta, z)$$

$$= \sin^2\theta \frac{\partial^2 \Phi}{\partial r^2} + \cos^2\theta \left(\frac{1}{r} \frac{\partial \Phi}{\partial r} + \frac{1}{r^2} \frac{\partial^2 \Phi}{\partial \theta^2}\right) + 2\sin\theta \cos\theta \frac{\partial}{\partial r}\left(\frac{1}{r} \frac{\partial \Phi}{\partial \theta}\right)$$

$$\frac{\partial^2 \phi}{\partial x \partial y} = \left(\cos\theta \frac{\partial}{\partial r} - \frac{\sin\theta}{r} \frac{\partial}{\partial \theta}\right)\left(\sin\theta \frac{\partial}{\partial r} + \frac{\cos\theta}{r} \frac{\partial}{\partial \theta}\right) \Phi(r, \theta, z)$$

$$= \sin\theta \cos\theta \left(\frac{\partial^2 \Phi}{\partial r^2} - \frac{1}{r} \frac{\partial \Phi}{\partial r} - \frac{1}{r^2} \frac{\partial^2 \Phi}{\partial \theta^2}\right) + (\cos^2\theta - \sin^2\theta)\frac{\partial}{\partial r}\left(\frac{1}{r} \frac{\partial \Phi}{\partial \theta}\right)$$

令待定函數 $\phi = \Phi(r, \theta, z)$，則圓柱座標 (r, θ, z) 之 Laplace 方程式為

$$\nabla^2\phi = \frac{\partial^2\phi}{\partial\theta^2} + \frac{1}{r}\frac{\partial\phi}{\partial r} + \frac{1}{r^2}\frac{\partial^2\phi}{\partial\theta^2} + \frac{\partial^2\phi}{\partial z^2} = 0 \tag{1.76}$$

習題二

1. $f = f(x, y, z)$,　$z = z(x, y)$，求 f_{xx}, f_{xy}。

2. $f = f(s, t)$,　$s = s(x, y)$,　$t = t(x, y)$，求 f_{xx}, f_{yy}。

3. 設 $z = f(x^2 + y) + g(x^2 - y)$，求 $z_x, z_y, z_{xx}, z_{xy}, z_{yy}$。

4. 設 $u = e^x \cos y$,　$v = e^x \sin y$,　$f_{xx} + f_{yy} = g(x, y)(f_{uu} + f_{vv})$，求 $g(x, y)$。

5. 設 $z = \dfrac{x^2 - y^2}{x^2 + y^2}$,　$x = t^2 + 3t + 2$,　$y = 4t^2 - 5t + 7$，求 $\dfrac{dz}{dt}$, $\dfrac{d^2z}{dt^2}$。

6. 球面座標 (r, φ, θ) 與直角座標 (x, y, z) 之換關係為

$$x = r \sin\varphi \cos\theta, \qquad y = r \sin\varphi \sin\theta, \qquad z = r \cos\varphi$$

(a) 將 $\dfrac{\partial}{\partial r}$, $\dfrac{\partial}{\partial\varphi}$, $\dfrac{\partial}{\partial\theta}$ 以 $\dfrac{\partial}{\partial x}$, $\dfrac{\partial}{\partial y}$, $\dfrac{\partial}{\partial z}$ 表示。

(b) 將 $\dfrac{\partial}{\partial x}$, $\dfrac{\partial}{\partial x}$, $\dfrac{\partial}{\partial z}$ 以 $\dfrac{\partial}{\partial r}$, $\dfrac{\partial}{\partial\varphi}$, $\dfrac{\partial}{\partial\theta}$ 表示。

(c) 將 ∇^2 以球面座標表示。

7. $\nabla^2 = \dfrac{\partial^2}{\partial x^2} + \dfrac{\partial^2}{\partial y^2}$，將 $\nabla^2\nabla^2 f = 0$ 以直角座標 (x, y) 表示。

8. $\nabla^2 = \dfrac{\partial^2}{\partial r^2} + \dfrac{1}{r}\dfrac{\partial}{\partial r} + \dfrac{1}{r^2}\dfrac{\partial^2}{\partial\theta^2}$，將 $\nabla^2\nabla^2 f = 0$ 以極座標 (r, θ) 表示。

9. 設 $\phi(r, \theta) = F(r) \cos 2\theta$ 滿足雙諧和方程式 $\nabla^2\nabla^2\phi = 0$，試決定 $F(r)$。

10. 設 $\phi(r, \theta) = F(r) \sin\theta + G(r) \cos\theta$ 滿足 Laplace 方程式 $\nabla^2 \phi = 0$，試決定 $F(r) \cdot G(r)$。

1.10. 隱函數之偏導數、Jacobian 行列式、函數相關

若因變數與自變數為顯函數關係 $z = f(x, y)$，對 $f(x, y)$ 直接偏微分即得因變數 z 對自變數 x, y 之偏導數 $\partial z/\partial x, \partial z/\partial y$；若變數之間是隱函數關係 $F(x, y, z) = 0$，則無法直接偏微分求得 $\partial z/\partial x, \partial z/\partial y$。

若由解 $F(x, y, z) = 0$ 求出 z 與 x, y 之顯函數關係，再作偏導數，看似簡單，但必須先將 z 以 x, y 表示；若隱函數為非線性，知易行難。

以下說明如何由 $F(x, y, z) = 0$，求偏導數 $\partial z/\partial x, \partial z/\partial y$。

將 $F(x, y, z) = 0$ 兩邊作全微分：

$$dF = \frac{\partial F}{\partial x} dx + \frac{\partial F}{\partial y} dy + \frac{\partial F}{\partial z} dz \equiv F_x dx + F_y dy + F_z dz = 0$$

$$\Rightarrow \quad dz = -\frac{F_x}{F_z} dx - \frac{F_y}{F_z} dy，而 \quad dz = \frac{\partial z}{\partial x} dx + \frac{\partial z}{\partial x} dy$$

比較兩式，即得

$$\frac{\partial z}{\partial x} = -\frac{F_x}{F_z}, \qquad \frac{\partial z}{\partial y} = -\frac{F_y}{F_z} \tag{1.77}$$

例： $x^2 + y^2 + z^2 = 1$，求 $\dfrac{\partial z}{\partial x}, \dfrac{\partial z}{\partial y}$ 在 P 點：$(1/2, 1/2, 1/\sqrt{2})$ 之值。

將 $x^2 + y^2 + z^2 = 1$ 兩邊作全微分： $2x dx + 2y dy + 2z dz = 0$

$$\therefore \quad dz = -\frac{x}{z} dx - \frac{y}{z} dy = \frac{\partial z}{\partial x} dx + \frac{\partial z}{\partial y} dy$$

$$\Rightarrow \quad \left(\frac{\partial z}{\partial x}\right)_P = \left(-\frac{x}{z}\right)_P = -\frac{\sqrt{2}}{2}, \qquad \left(\frac{\partial z}{\partial y}\right)_P = \left(-\frac{y}{z}\right)_P = -\frac{\sqrt{2}}{2}$$

考慮變數 x, y, u, v 之隱函數關係如下：

$$f(x, y, u, v) = 0, \qquad g(x, y, u, v) = 0 \tag{1.78}$$

設函數 f, g 之各階導數連續，決定下列偏導數：

$$\frac{\partial u}{\partial x}, \ \frac{\partial u}{\partial y}, \ \frac{\partial v}{\partial x}, \ \frac{\partial v}{\partial y}$$

依問題所求，可知 x, y 為自變數，u, v 為因變數。

由隱函數之全微分，得

$$\frac{\partial f}{\partial x} + \frac{\partial f}{\partial u}\frac{\partial u}{\partial x} + \frac{\partial f}{\partial v}\frac{\partial v}{\partial x} = 0, \qquad \frac{\partial f}{\partial y} + \frac{\partial f}{\partial u}\frac{\partial u}{\partial y} + \frac{\partial f}{\partial v}\frac{\partial v}{\partial y} = 0$$

$$\frac{\partial g}{\partial x} + \frac{\partial g}{\partial u}\frac{\partial u}{\partial x} + \frac{\partial g}{\partial v}\frac{\partial v}{\partial x} = 0, \qquad \frac{\partial g}{\partial y} + \frac{\partial g}{\partial u}\frac{\partial u}{\partial y} + \frac{\partial g}{\partial v}\frac{\partial v}{\partial y} = 0$$

將以上各式改寫如下：

$$f_u \frac{\partial u}{\partial x} + f_v \frac{\partial v}{\partial x} = -f_x, \qquad f_u \frac{\partial u}{\partial y} + f_v \frac{\partial v}{\partial y} = -f_y$$

$$g_u \frac{\partial u}{\partial x} + g_v \frac{\partial v}{\partial x} = -g_x, \qquad g_u \frac{\partial u}{\partial y} + g_v \frac{\partial v}{\partial y} = -g_y$$

以 Cramer's 行列式求解此兩組聯立方程式之未知數 $u_x, v_x; u_y, v_y$，可得

$$u_x \equiv \frac{\partial u}{\partial x} = -\frac{\begin{vmatrix} f_x & f_v \\ g_x & g_v \end{vmatrix}}{\Delta}, \qquad v_x \equiv \frac{\partial v}{\partial x} = -\frac{\begin{vmatrix} f_u & f_x \\ g_u & g_x \end{vmatrix}}{\Delta} \tag{1.79}$$

$$u_y \equiv \frac{\partial u}{\partial y} = -\frac{\begin{vmatrix} f_y & f_v \\ g_y & g_v \end{vmatrix}}{\Delta}, \qquad v_y \equiv \frac{\partial v}{\partial y} = -\frac{\begin{vmatrix} f_u & f_y \\ g_u & g_y \end{vmatrix}}{\Delta} \tag{1.80}$$

其中行列式　$\Delta = \begin{vmatrix} f_u & f_v \\ g_u & g_y \end{vmatrix} \neq 0$

若 $\Delta = 0$，則 u_x, u_y, v_x, v_y 不存在，亦即 u, v 不能以 x, y 表示；式 (1.78) 之四個變數中，x, y 不能設定為自變數。

定義函數 f, g 對變數 u, v 之 Jacobian 行列式為

$$\frac{\partial(f, g)}{\partial(u, v)} = \begin{vmatrix} \dfrac{\partial f}{\partial u} & \dfrac{\partial f}{\partial v} \\ \dfrac{\partial g}{\partial u} & \dfrac{\partial g}{\partial v} \end{vmatrix} \tag{1.81}$$

則式 (1.79)，(1.80) 可表示為

$$\frac{\partial u}{\partial x} = -\frac{\dfrac{\partial(f, g)}{\partial(x, v)}}{\dfrac{\partial(f, g)}{\partial(u, v)}}, \qquad \frac{\partial v}{\partial x} = -\frac{\dfrac{\partial(f, g)}{\partial(u, x)}}{\dfrac{\partial(f, g)}{\partial(u, v)}} \tag{1.82a}$$

$$\frac{\partial u}{\partial y} = -\frac{\dfrac{\partial(f, g)}{\partial(y, v)}}{\dfrac{\partial(f, g)}{\partial(u, v)}}, \qquad \frac{\partial v}{\partial y} = -\frac{\dfrac{\partial(f, g)}{\partial(u, y)}}{\dfrac{\partial(f, g)}{\partial(u, v)}} \tag{1.82b}$$

以上各式藉 Jacobian 行列式表示，顯現其規律性：分母皆是 f, g 對因變數 u, v 之 Jacobian；求 u 對 x 之偏導數 $\partial u/\partial x$，分子之 Jacobian 是將分母 Jacobian 之 u 以 x 取代；求 v 對 x 之偏導數 $\partial v/\partial x$，分子之 Jacobian 是將分母 Jacobian 之 v 以 x 取代，餘類推。

舉例說明：已知

$$f(x, y, z, u, v, w) = 0, \qquad g(x, y, z, u, v, w) = 0, \qquad h(x, y, z, u, v, w) = 0 \tag{1.83}$$

設函數 f, g, h 之各階導數連續，欲決定偏導數

$$\frac{\partial u}{\partial x}, \quad \frac{\partial v}{\partial y}, \quad \frac{\partial w}{\partial z}$$

依問題所求，可知 x, y, z 為自變數，u, v, w 為因變數。

以 Jacobian 行列式求偏導數，立可寫出

$$\frac{\partial u}{\partial x} = -\frac{\dfrac{\partial (f, g, h)}{\partial (x, v, w)}}{\dfrac{\partial (f, g, h)}{\partial (u, v, w)}}, \qquad \frac{\partial v}{\partial y} = -\frac{\dfrac{\partial (f, g, h)}{\partial (u, y, w)}}{\dfrac{\partial (f, g, h)}{\partial (u, v, w)}}, \qquad \frac{\partial w}{\partial z} = -\frac{\dfrac{\partial (f, g, h)}{\partial (u, v, z)}}{\dfrac{\partial (f, g, h)}{\partial (u, v, w)}} \qquad (1.84)$$

其中

$$\Delta = \frac{\partial (f, g, h)}{\partial (u, v, w)} = \begin{vmatrix} \dfrac{\partial f}{\partial u} & \dfrac{\partial f}{\partial v} & \dfrac{\partial f}{\partial w} \\ \dfrac{\partial g}{\partial u} & \dfrac{\partial g}{\partial v} & \dfrac{\partial g}{\partial w} \\ \dfrac{\partial h}{\partial u} & \dfrac{\partial h}{\partial v} & \dfrac{\partial h}{\partial w} \end{vmatrix} \neq 0$$

若 $\Delta = 0$，則 u_x, v_y, w_z 不存在，亦即 u, v, w 不能以 x, y, z 表示；式 (1.83) 中之六個變數，x, y, z 不能選為自變數。

以 Jacobian 行列式求隱函數之偏導數，可推廣至 n 個方程式，$n + k$ 個變數之情況。若 n 個獨立方程式中有 $n + k$ 個變數，則有 k 個自變數，n 個因變數；然而，並不能隨意設定自變數與因變數，只有當各方程式之函數對某組變數之 Jacobian 不為零時，該組變數才能設定為因變數。

例：　$x + y + z = 0,$　　$x^2 + y^2 + z^2 + 2xz - 1 = 0$

直覺上，兩個方程式中有三個未知數，可任選一個未知數為任意參數 (自變數)。若設定 y 為自變數，則 x, z 為因變數，f, g 對因變數之 Jacobian 為

$$\frac{\partial (f, g)}{\partial (x, z)} = \begin{vmatrix} \dfrac{\partial f}{\partial x} & \dfrac{\partial f}{\partial z} \\ \dfrac{\partial g}{\partial x} & \dfrac{\partial g}{\partial z} \end{vmatrix} = \begin{vmatrix} 1 & 1 \\ 2x + z & 2x + z \end{vmatrix} = 0$$

故 x, z 不能設定為因變數。事實上，將原方程式安排如下：

$$(x + z) + y = 0,　　　(x + z)^2 + y^2 - 1 = 0$$

可解得 $y = \pm 1/\sqrt{2}$，所以 y 不能設定為自變數；若 $y \neq \pm 1/\sqrt{2}$，原聯立方程

式為矛盾方程式組。

若選取 z 為自變數，則 x, y 為因變數，f, g 對因變數之 Jacobian 為

$$\frac{\partial(f, g)}{\partial(x, z)} = \begin{vmatrix} \dfrac{\partial f}{\partial x} & \dfrac{\partial f}{\partial y} \\ \dfrac{\partial g}{\partial x} & \dfrac{\partial g}{\partial y} \end{vmatrix} = \begin{vmatrix} 1 & 1 \\ 2x + z & 2y \end{vmatrix} = -2(x + z - y)$$

若 $x + z = y$，則 z 不能設定為自變數。

例： $f = x + y + z - zw = 0$, $\quad g = x^2 + y^2 + z^2 - z^2 w^2 = 0$，求 $\partial z/\partial x, \partial w/\partial y$
依問題所求，可知 x, y 為自變數，z, w 為因變數。

以 Jacobian 行列式求偏導數，立可寫出

$$\frac{\partial z}{\partial x} = -\frac{\dfrac{\partial(f, g)}{\partial(x, w)}}{\dfrac{\partial(f, g)}{\partial(z, w)}} = -\frac{\begin{vmatrix} 1 & -z \\ 2x & -2z^2 w \end{vmatrix}}{\begin{vmatrix} 1 - w & -z \\ 2z(1 - w^2) & -2z^2 w \end{vmatrix}} = \frac{w^2 - x}{z(1 - w)}$$

$$\frac{\partial w}{\partial y} = -\frac{\dfrac{\partial(f, g)}{\partial(z, y)}}{\dfrac{\partial(f, g)}{\partial(z, w)}} = -\frac{\begin{vmatrix} 1 - w & 1 \\ 2z(1 - w^2) & 2y \end{vmatrix}}{\begin{vmatrix} 1 - w & -z \\ 2z(1 - w^2) & -2z^2 w \end{vmatrix}} = \frac{zw - y + z}{z^2}$$

若 $z = 0$ 或 $w = 1$，以上偏導數分母為零，則 x, y 不能設定為自變數。

解聯立代數方程式獨立的方程式與未知數的數目必須相同，線性聯立代數方程式為獨立或相關，可由其係數行列式 Δ 是否為零判斷，$\Delta \neq 0$ 則聯立代數方程式為獨立，否則即為相關。若聯立方程式為非線性，要如何判斷方程式是獨立或相關呢？

茲就以下三種情形說明如何判斷函數是獨立或相關。

1. 函數的數目與變數的數目相同

以函數 $u = u(x, y)$, $\quad v = v(x, y)$ 為例，若 $u(x, y), v(x, y)$ 為函數相關，則兩

者有函數關係：$f(u, v) = 0,\quad \partial f/\partial u,\quad \partial f/\partial v$ 必存在。

$$f(u, v) = f[u\,(x, y),\, v\,(x, y)] \equiv F(x, y) = 0$$

$F(x, y) = 0$ 之全微分為 $\quad dF = \dfrac{\partial F}{\partial x}\,dx + \dfrac{\partial F}{\partial y}\,dy = 0$

因 x, y 為自變數，此式恆成立，則必 $\partial F/\partial x = 0,\ \partial f/\partial y = 0$，而根據鏈微法則：

$$\frac{\partial F}{\partial x} = \frac{\partial f}{\partial u}\frac{\partial u}{\partial x} + \frac{\partial f}{\partial v}\frac{\partial v}{\partial x} = 0, \qquad \frac{\partial F}{\partial y} = \frac{\partial f}{\partial u}\frac{\partial u}{\partial y} + \frac{\partial f}{\partial v}\frac{\partial v}{\partial y} = 0$$

$\partial f/\partial u,\ \partial f/\partial v$ 有非零解，則必

$$\begin{vmatrix} \dfrac{\partial u}{\partial x} & \dfrac{\partial v}{\partial x} \\ \dfrac{\partial u}{\partial y} & \dfrac{\partial v}{\partial y} \end{vmatrix} = \begin{vmatrix} \dfrac{\partial u}{\partial x} & \dfrac{\partial u}{\partial y} \\ \dfrac{\partial v}{\partial x} & \dfrac{\partial v}{\partial y} \end{vmatrix} = \frac{\partial(u, v)}{\partial(x, y)} = 0$$

由以上推論可知：函數 u, v 對變數 x, y 之 Jacobian 行列式為零，則 u, v 為函數相關。

例： $u = a_1 x + b_1 y + c_1,\quad v = a_2 x + b_2 y + c_2$ 　其中 $a_1, b_1, c_1, a_2, b_2, c_2$ 為常數。

$$\frac{\partial(u, v)}{\partial(x, y)} = \begin{vmatrix} a_1 & b_1 \\ a_2 & b_2 \end{vmatrix} = a_1 b_2 - a_2 b_1$$

若 $a_1 b_2 \neq a_2 b_1$，則 u, v 為獨立函數。

若 $a_1 b_2 = a_2 b_1$，則 u, v 為函數相關，u, v 有 $b_2 u - b_1 v = b_2 c - b_1 c_2$ 關係。

推廣至函數：$u_1, u_2, \cdots, u_n$，變數為 $x_1, x_2, \cdots, x_n$，各函數之一階導數連續。Jacobian 行列式為

$$J = \frac{\partial(u_1, u_2, \cdots, u_n)}{\partial(x_1, x_2, \cdots, x_n)}$$

若 $J \neq 0$，則 $u_1,\ u_2,\ \cdots,\ u_n$ 為獨立函數。若 $J = 0$，則 $u_1,\ u_2,\ \cdots,\ u_n$ 為函數相關。判斷聯立線性代數方程式為獨立或相關的係數行列式正是 Jacobian 行列式。

2. 函數的數目少於變數的數目

以函數 $u = u\ (x,\ y,\ z),\ v = v\ (x,\ y,\ z)$ 為例，若 $u\ (x,\ y,\ z),\ v\ (x,\ y,\ z)$ 為函數相關，則兩者有函數關係：$f(u,\ v) = 0,\quad \partial f / \partial u,\quad \partial f / \partial v$ 必存在。

$$\frac{\partial f}{\partial u}\frac{\partial u}{\partial x} + \frac{\partial f}{\partial v}\frac{\partial v}{\partial x} = 0, \qquad \frac{\partial f}{\partial u}\frac{\partial u}{\partial y} + \frac{\partial f}{\partial v}\frac{\partial v}{\partial y} = 0, \qquad \frac{\partial f}{\partial u}\frac{\partial u}{\partial z} + \frac{\partial f}{\partial v}\frac{\partial v}{\partial z} = 0$$

此三方程式有非零解，則必

$$\frac{\partial(u,\ v)}{\partial(x,\ y)} = 0, \qquad \frac{\partial(u,\ v)}{\partial(y,\ z)} = 0, \qquad \frac{\partial(u,\ v)}{\partial(x,\ z)} = 0$$

由此可知：函數 $u,\ v$ 對變數 $x,\ y,\ z$ 之三個 Jacobian 行列式必須全為零，則 $u,\ v$ 為函數相關，若任何一個 Jacobian 不為零，則 $u,\ v$ 為獨立函數。

3. 函數的數目大於變數的數目

以函數 $u = u(x,\ y),\ v = v(x,\ y),\ w = w(x,\ y)$ 為例，可經消去變數，而得函數 $u,\ v,\ w$ 之關係：$f(u,\ v,\ w) = 0$，故函數的數目大於變數的數目，必為函數相關。

Jacobian 在曲線座標以及積分式之變數變換亦有應用，將在第 2 章說明。

習題三

1. $x e^y - y^2 - z^2 \sin z = 0$，求 $\partial y / \partial x,\ \partial y / \partial z$。

2. 設 $f(p,\ v,\ T) = 0$ 證明

    (a) $\left(\dfrac{\partial v}{\partial T}\right)_p = -\dfrac{\partial f / \partial T}{\partial f / \partial v}, \qquad \left(\dfrac{\partial p}{\partial v}\right)_T = -\dfrac{\partial f / \partial v}{\partial f / \partial p}, \qquad \left(\dfrac{\partial p}{\partial T}\right)_v = -\dfrac{\partial f / \partial T}{\partial f / \partial p}$

    (b) $\left(\dfrac{\partial p}{\partial T}\right)_v = -\left(\dfrac{\partial v}{\partial T}\right)_p \left(\dfrac{\partial p}{\partial v}\right)_T$

3.　$2x + y - 3z - 2u = 0, \quad x + 2y + z + u = 0$，求 $\partial z/\partial x, \partial u/\partial y$。

4.　$u^2 - v^2 + 2x = 0, \quad uv - y = 0$，求 $\partial u/\partial x, \partial v/\partial y, \partial^2 u/\partial x^2$。

5.　$x + y + z + w = 0, \quad x^2 + y^2 + z^2 + w^2 = 0, \quad x^3 + y^3 + z^3 + w^3 = 0$，
求 $\partial y/\partial x, \partial z/\partial x, \partial w/\partial x$。

6.　設 $F(x, y, u, v) = 0, \quad G(x, y, u, v) = 0$，求 $\left(\dfrac{\partial u}{\partial x}\right)\left(\dfrac{\partial v}{\partial x}\right) + \left(\dfrac{\partial u}{\partial y}\right)\left(\dfrac{\partial v}{\partial y}\right)$

7.　若 $\phi_1(x, y, z)$ 與 $\phi_2(x, y, z)$ 皆適合 Laplace 方程式：

$$\nabla^2 \phi = \frac{\partial^2 \phi}{\partial x^2} + \frac{\partial^2 \phi}{\partial y^2} + \frac{\partial^2 \phi}{\partial z^2} = 0$$

證明 $\phi_1 + (x^2 + y^2 + z^2)\,\phi_2$ 必適合三維雙諧和方程式 $\nabla^2 \nabla^2 \phi = 0$。

8.　$x^2 + y^2 - u^2 + v^2 = 1, \quad x^2 - y^2 + u^2 + 2v^2 = 21$

(a)　以 dx, dy 表示 du, dv。

(b)　當 $x = 1, \quad y = 1, \quad z = 2, \quad u = 3$，求 $\partial u/\partial x, \partial v/\partial y$ 之值。

9.　決定下列方程式為獨立或相關

(a)　$u = \dfrac{x + y}{x - y}, \qquad v = \dfrac{xy}{x(x - y)^2}$

(b)　$u = yz, \qquad v = x + 2z^2, \qquad w = x - 4yz - 2y^2$

(c)　$u = \dfrac{yz - x}{x}, \qquad v = \dfrac{xyz - y^2 z^2 + x^2}{xyz + y^2 z^2}$

10.　$x = u \cos v, \quad y = u \sin v; \quad u = r + s, \quad v = r^2 + s^2$，證明以下 Jacobian 關係：

$$\frac{\partial(x, y)}{\partial(u, v)} \frac{\partial(u, v)}{\partial(r, s)} = \frac{\partial(x, y)}{\partial(r, s)}$$

1.11. 多變數函數之泰勒級數

運用單變數函數 $f(x)$ 之泰勒級數，可推導出多變數函數之泰勒級數。首先考慮兩個變數的函數 $f(x, y)$ 之泰勒級數。

設 $f(x, y)$ 為 n 階偏導數連續可微函數，令

$$F(t) = f(x + ht, y + kt)，則 \quad F(0) = f(x, y), \quad F(1) = f(x + h, y + k) \qquad (1.85)$$

單變數函數 $F(t)$ 對 $t = 0$ 可展開為泰勒級數如下：

$$F(t) = \sum_{k=0}^{\infty} \frac{F^{(k)}(0)}{k!} t^k \quad \therefore \quad F(1) = \sum_{k=0}^{\infty} \frac{1}{k!} F^{(k)}(0) \qquad (1.86)$$

令 $\quad X = x + ht, \quad Y = y + kt，則 \quad F(t) = f(x + ht, y + kt) = f(X, Y)$

運用微分連鎖律可得

$$F'(t) = \frac{d}{dt} F(t) = \frac{\partial f}{\partial X} \frac{\partial X}{\partial t} + \frac{\partial f}{\partial Y} \frac{\partial Y}{\partial t} = h \frac{\partial f}{\partial X} + k \frac{\partial f}{\partial Y} = \left(h \frac{\partial}{\partial X} + k \frac{\partial}{\partial Y} \right) f(X, Y)$$

$$\therefore \quad F^{(k)}(t) = \frac{d^k}{dt^k} F(t) = \left(h \frac{\partial}{\partial X} + k \frac{\partial}{\partial Y} \right)^k f(X, Y)$$

$$\Rightarrow \quad F^{(k)}(0) \equiv \frac{d^k}{dt^k} F(t) \bigg|_{t=0} = \left(h \frac{\partial}{\partial x} + k \frac{\partial}{\partial y} \right)^k f(x, y)$$

將此式代入式 (1.86)，得

$$f(x + h, y + k) = \sum_{k=0}^{\infty} \frac{1}{k!} \left(h \frac{\partial}{\partial x} + k \frac{\partial}{\partial y} \right)^k f(x, y) \qquad (1.87)$$

故函數 $f(x, y)$ 之泰勒級數為

$$f(x + h, y + k) = f(x, y) + hf_x + kf_y + \frac{1}{2!} (h^2 f_{xx} + 2hk f_{xy} + k^2 f_{yy})$$

$$+ \frac{1}{3!} (h^3 f_{xxx} + 3h^2 k f_{xxy} + 3hk^2 f_{xyy} + k^3 f_{yyy}) + \cdots + R_n \qquad (1.88)$$

其中 f_x、f_y、f_{xx}、f_{xy}、f_{yy} 等為 $f(x, y)$ 之各階偏導數之簡寫，餘項 R_n 為

$$R_n = \frac{1}{n!} \left(h \frac{\partial}{\partial x} + k \frac{\partial}{\partial y} \right)^n f(x, y) \Big|_{(\xi, \eta)}$$

點 (ξ, η) 為 (x, y) 與 $(x + h, y + k)$ 區域內某點。

令式 (1.88) 中 $(x + h, y + k) = (x, y);\quad h = x - x_0;\quad k = y - y_0$，得 $f(x, y)$ 對點 (x_0, y_0) 之泰勒級數：

$$f(x, y) = f(x_0, y_0) + (x - x_0) f_x + (y - y_0) f_y$$

$$+ \frac{1}{2!} [(x - x_0)^2 f_{xx} + 2 (x - x_0) (y - y_0) f_{xy} + (y - y_0)^2 f_{yy}] + \cdots + R_n \tag{1.89}$$

其中各階偏導數為在點 (x_0, y_0) 之值，餘項 R_n 為

$$R_n = \frac{1}{n!} \left[(x - x_0) \frac{\partial}{\partial x} + (y - y_0) \frac{\partial}{\partial y} \right]^n f(x, y)|_{(\xi, \eta)} \tag{1.90}$$

點 (ξ, η) 為 (x_0, y_0) 與 (x, y) 區域內某點。

函數 $f(x, y)$ 對原點 $(0, 0)$ 之泰勒級數為

$$f(x, y) = f(0, 0) + x f_x + y f_y + \frac{1}{2!} (x^2 f_{xx} + 2xy f_{xy} + y^2 f_{yy}) + \cdots + R_n \tag{1.91}$$

其中各階偏導數為在原點 $(0, 0)$ 之值，餘項 R_n 為

$$R_n = \frac{1}{n!} \left(x \frac{\partial}{\partial x} + y \frac{\partial}{\partial y} \right)^n f(x, y) \Big|_{(\xi, \eta)} \tag{1.92}$$

點 (ξ, η) 為 $(0, 0)$ 與 (x, y) 區域內某點。

推廣至三個變數的函數 $f(x, y, z)$，令

$$F(t) = f(x + ht, y + kt, z + lt) = f(X, Y, Z)$$

可得 $f(x, y, z)$ 之泰勒級數：

$$f(x + h, y + k, z + l) = \sum_{k=0}^{\infty} \frac{1}{k!} \left(h \frac{\partial}{\partial x} + k \frac{\partial}{\partial y} + l \frac{\partial}{\partial z} \right)^k f(x, y, z) \tag{1.93}$$

例：求 $f(x, y) = \tan^{-1}(y/x)$ 對 (1, 1) 之泰勒級數展開式。

$$f(x, y) = \tan^{-1}\left(\frac{y}{x}\right), \qquad f(1, 1) = \tan^{-1}(1) = \frac{\pi}{4}$$

$$f_x(x, y) = -\frac{y}{x^2 + y^2}, \qquad f_x(1, 1) = -\frac{1}{2}, \qquad f_y(x, y) = \frac{x}{x^2 + y^2}, \qquad f_y(1, 1) = \frac{1}{2}$$

$$f_{xx}(x, y) = -\frac{2xy}{(x^2 + y^2)^2}, \qquad f_{xx}(1, 1) = \frac{1}{2}, \qquad f_{xy}(x, y) = \frac{y^2 - x^2}{(x^2 + y^2)^2}$$

$$f_{xy}(1, 1) = 0, \qquad f_{yy}(x, y) = -\frac{2xy}{(x^2 + y^2)^2}, \qquad f_{yy}(1, 1) = -\frac{1}{2}$$

$$\Rightarrow \quad \tan^{-1}\left(\frac{y}{x}\right) = \frac{\pi}{4} - \frac{(x-1)}{2} + \frac{(y-1)}{2} + \frac{1}{2!}\left[\frac{(x-1)^2}{2} - \frac{(y-1)^2}{2}\right] + \cdots$$

習題四

1. 將 $1/(1 - x)$ 以二項式與等比級數展開，說明其收斂範圍與唯一性。

2. 將 $\sin x$ 對 $x = 0$ 展開為泰勒級數，求 $\sin 10^0$ 之值，要求精度在 $\pm 10^{-6}$ 以內。

   提示：由 $\quad |R_n| = \left|\frac{f^{(n)}(\xi)}{n!} x^n\right| \le \frac{x^n}{n!} = \left(\frac{\pi}{18}\right)^n \frac{1}{n!} \le 10^{-6} \quad$ 決定項數 n。

3. 將 e^{x^2} 展開為泰勒級數，計算以下誤差函數定積分，要求精度在 $\pm 10^{-6}$ 以內。

   $$I = \int_0^{1/2} e^{x^2}\, dx$$

4. 將 $\sin(x + y)$ 對 (0, 0) 展開為泰勒級數。

5. 將 $\ln(x + y)$ 對 (0, 1) 展開為泰勒級數。

6. 將 e^{xy} 對 (1, 1) 展開為泰勒級數。

7. 證明：當 x, y 為微小時，$e^x \sin y \approx y + xy;$ $\qquad e^x \ln(1 + y) \approx y + xy - y^2/2$。

8. 推導 $f(x, y, z, t)$ 之泰勒級數公式，並列舉其適用條件。

9. 設 $\dfrac{dx}{dt} = x (t + 2 - x),\quad x(0) = 1$

　　(a) 求 $x'(0),\ x''(0),\ x'''(0),\ x^{(4)}(0)$ 之值。

　　(b) 將 $x(t)$ 以泰勒級數表示，求出至少 4 項不為零之項。

10. 單擺擺動方程式為

$$ml\,\frac{d^2x}{dt^2} = -mg \sin \theta$$

　　其中 l 為擺長，m 為擺之質量。

　　(a) 設 $\theta(0) = \pi/6,\quad \theta'(0) = 0$，求 $\theta''(0),\quad \theta'''(0),\quad \theta^{(4)}(0)$ 之值。

　　(b) 將 $\theta(t)$ 以泰勒級數表示，求出至少 3 項不為零之項。

1.12. 多變數函數之極值

設函數 $f(x, y)$ 在考慮區域 R 為 n 階導數連續，若 $f(x, y)$ 在臨界點 $P: (x_0, y_0)$ 有極值，由 $f(x, y)$ 之泰勒展開式：

$$f(x_0 + \Delta x, y_0 + \Delta y) - f(x_0, y_0)$$

$$= \left(\frac{\partial f}{\partial x}\Delta x + \frac{\partial f}{\partial y}\Delta y \right)_P + \frac{1}{2!}\left[\frac{\partial^2 f}{\partial x^2}(\Delta x)^2 + 2\frac{\partial^2 f}{\partial x \partial y}\Delta x \Delta y + \frac{\partial^2 f}{\partial y^2}(\Delta y)^2 \right]_P + \cdots \quad (1.94)$$

若 $f(x, y)$ 在 (x_0, y_0) 為相對極小，則

$$f(x_0 + \Delta x, y_0 + \Delta y) - f(x_0, y_0) > 0$$

$$\Rightarrow \quad \left(\frac{\partial f}{\partial x}\Delta x + \frac{\partial f}{\partial y}\Delta y \right)_P + \frac{1}{2!}\left[\frac{\partial^2 f}{\partial x^2}(\Delta x)^2 + 2\frac{\partial^2 f}{\partial x \partial y}\Delta x \Delta y + \frac{\partial^2 f}{\partial y^2}(\Delta y)^2 \right]_P + \cdots > 0$$

其中 $\Delta x, \Delta y$ 為任意值，可正可負。令 $\Delta x \to 0, \Delta y \to 0$，上式成立的必要條件為

$$\left(\frac{\partial f}{\partial x}\,dx + \frac{\partial f}{\partial y}\,dy \right)_{(x_0, y_0)} = 0 \qquad (1.95)$$

若 $f(x, y)$ 在 (x_0, y_0) 為相對極大，則

$$f(x_0 + \Delta x) - f(x_0) < 0 \tag{1.96}$$

$f(x, y)$ 在臨界點 (x_0, y_0) 為相對極大的必要條件亦為

$$\left(\frac{\partial f}{\partial x} \, dx + \frac{\partial f}{\partial y} \, dy \right)_{(x_0, y_0)} = 0 \tag{1.97}$$

故函數 $f(x, y)$ 有極值之必要條件為在臨界點 (x_0, y_0) 其全微分為零：

$$(df)_{(x_0, y_0)} = \left(\frac{\partial f}{\partial x} \, dx + \frac{\partial f}{\partial y} \, dy \right)_{(x_0, y_0)} = 0 \tag{1.98}$$

若 x, y 為自變數，由式 (1.98) 可推知 $f(x, y)$ 有極值之必要條件為在臨界點 (x_0, y_0) 其一階偏導數為零：

$$\left(\frac{\partial f}{\partial x} \right)_{(x_0, y_0)} = 0, \qquad \left(\frac{\partial f}{\partial y} \right)_{(x_0, y_0)} = 0 \tag{1.99}$$

在臨界點 $f(x_0, y_0)$ 為極大或極小之充分條件，由 $\Delta x, \Delta y$ 之二次項決定。式 (1.94) 之二次項可用矩陣表示為

$$f_{xx} (\Delta x)^2 + 2f_{xy} \Delta x \Delta y + f_{yy} (\Delta y)^2 = [\Delta x \ \ \Delta y] \begin{bmatrix} f_{xx} & f_{xy} \\ f_{xy} & f_{yy} \end{bmatrix} \begin{bmatrix} \Delta x \\ \Delta y \end{bmatrix} \tag{1.100}$$

根據二次式之正定性 (positive definite)，二次式表示為矩陣形式：$Q = X^T C X$, $C^T = C$，其值恆為正的充要條件為係數矩陣 C 之各主對角線行列式皆大於零，故式 (1.100) 恆為正，則

$$f_{xx} > 0, \qquad \begin{vmatrix} f_{xx} & f_{xy} \\ f_{xy} & f_{yy} \end{vmatrix} > 0$$

由此推論，$f(x, y)$ 在臨界點 (x_0, y_0) 為相對極小之充分條件為

$$f_{xx} > 0, \qquad \begin{vmatrix} f_{xx} & f_{xy} \\ f_{xy} & f_{yy} \end{vmatrix} > 0 \tag{1.101}$$

$f(x, y)$ 在臨界點 (x_0, y_0) 為相對極大，則

$$\left[\frac{\partial^2 f}{\partial x^2}(\Delta x)^2 + 2\frac{\partial^2 f}{\partial x \partial y}\Delta x \Delta y + \frac{\partial^2 f}{\partial y^2}(\Delta y)^2\right]_P = [\Delta x \ \Delta y]\begin{bmatrix} f_{xx} & f_{xy} \\ f_{xy} & f_{yy} \end{bmatrix}_P \begin{bmatrix} \Delta x \\ \Delta y \end{bmatrix} < 0$$

即　$-[\Delta x \ \Delta y]\begin{bmatrix} f_{xx} & f_{xy} \\ f_{xy} & f_{yy} \end{bmatrix}_P \begin{bmatrix} \Delta x \\ \Delta y \end{bmatrix} > 0 \ \Rightarrow \ [\Delta x \ \Delta y]\begin{bmatrix} -f_{xx} & -f_{xy} \\ -f_{xy} & -f_{yy} \end{bmatrix}_P \begin{bmatrix} \Delta x \\ \Delta y \end{bmatrix} > 0$

此式恆為正之充要條件為

$$-f_{xx} > 0, \qquad \begin{vmatrix} -f_{xx} & -f_{xy} \\ -f_{xy} & -f_{yy} \end{vmatrix} = \begin{vmatrix} f_{xx} & f_{xy} \\ f_{xy} & f_{yy} \end{vmatrix} > 0$$

故 $f(x, y)$ 在臨界點 (x_0, y_0) 為相對極大之充分條件為

$$f_{xx} < 0, \qquad \begin{vmatrix} f_{xx} & f_{xy} \\ f_{xy} & f_{yy} \end{vmatrix} > 0 \tag{1.102}$$

若　$\begin{vmatrix} f_{xx} & f_{xy} \\ f_{xy} & f_{yy} \end{vmatrix} = 0$，則臨界點 (x_0, y_0) 為鞍點 (saddle point)。

推廣至多變數函數 $f(x_1, x_2, \cdots, x_n)$ 有極值之必要條件為在臨界點之全微分為零：

$$\frac{\partial f}{\partial x_1} dx_1 + \frac{\partial f}{\partial x_2} dx_2 + \cdots + \frac{\partial f}{\partial x_n} dx_n = 0 \tag{1.103}$$

若 $x_1, x_2, \cdots, x_n$ 為自變數，必要條件為在臨界點函數之一階偏導數為零：

$$\frac{\partial f}{\partial x_1} = 0, \qquad \frac{\partial f}{\partial x_2} = 0, \cdots, \qquad \frac{\partial f}{\partial x_n} = 0 \tag{1.104}$$

函數有兩個以上的變數，其相對極值之充分條件可由二次式之正定性推求，但充分條件繁雜，難以運用。就應用問題而言，多由物理意義判斷在臨界點之極值是相對極大或極小，無須根據充分條件決定。

求函數之相對極值旨在求在考慮區間之絕對極值，函數之絕對極值不外相對極值或邊界值其中之一，比較相對極值與邊界值之大小，可得在考慮區間函數的絕對極值。

例: 決定下列函數之極值

$$f(x, y) = \sin x + \sin y + \sin (x + y), \qquad 0 \le x \le 2\pi, \quad 0 \le y \le 2\pi$$

$f(x, y)$ 有極大或極小之臨界點由以下兩式決定：

$$f_x = \cos x + \cos (x + y) = 0 \qquad\qquad\qquad (a)$$

$$f_x = \cos y + \cos (x + y) = 0 \qquad\qquad\qquad (b)$$

$$\Rightarrow \quad \cos x = \cos y, \qquad \therefore x = y \pm 2n\pi \quad (n = 0, 1, 2, \cdots)$$

在考慮範圍之臨界點為 $x = y$，代入 (a), (b) 得

$$\cos x + \cos (2x) = 0 \quad \Rightarrow \quad 2 \cos^2 x + \cos x - 1 = 0$$

解得 $\cos x = -1, 1/2 \Rightarrow x = \pi, \pi/3, 5\pi/3$

在考慮區間有極值之臨界點為 (π, π), $(\pi/3, \pi/3)$, $(5\pi/3, 5\pi/3)$

由充分條件判別函數在臨界點之極值為極大或極小：

$$f_{xx} = -\sin x - \sin (x + y), \qquad f_{xy} = -\sin (x + y), \qquad f_{yy} = -\sin y - \sin (x + y)$$

$$D = \begin{vmatrix} f_{xx} & f_{xy} \\ f_{xy} & f_{yy} \end{vmatrix} = [\sin x + \sin (x + y)] \, [\sin y + \sin (x + y)] - \sin^2 (x + y)$$

在 (π, π), $f_{xx} = 0$, $D = 0$, $f(\pi, \pi) = 0$ 為一鞍點。

在 $(\pi/3, \pi/3)$, $f_{xx} = -\sqrt{3} < 0$, $D = 9/4 > 0$,

$$f(\pi/3, \pi/3) = 3\sqrt{3}/2 \text{ 為相對極大。}$$

在 $(5\pi/3, 5\pi/3)$, $f_{xx} = -\sqrt{3} > 0$, $D = 9/4 > 0$,

$$f(5\pi/3, 5\pi/3) = -3\sqrt{3}/2 \text{ 為相對極小。}$$

$f(x, y)$ 在 $x = 0, 2\pi;\ y = 0, 2\pi$ 之邊界值為

$f(0, y) = 2 \sin y, \quad f(x, 0) = 2 \sin x, \quad f(2\pi, y) = 2 \sin y, \quad f(x, 2\pi) = 2 \sin x$

邊界值最大為 2，最小為 0。

比較 $f(x, y)$ 在考慮區間的相對極值與邊界值，絕對極大值為 $3\sqrt{3}/2$，絕對極小值為 $-3\sqrt{3}/2$。

1.13. 在約束條件下多變數函數之極值、Lagrange 乘子法

前述求多變數函數之極值假設變數皆為自變數，本節考慮函數之變數受約束條件限制下的極值問題。

若變數並非完全獨立，直覺上，簡明的方法是由約束條件消去變數，將多變數函數以獨立的自變數表示即可；實際上，此法僅在約束條件數目少，且為線性情形下方適用，約束條件稍複雜，即窒礙難行。

茲以函數 $f(x, y, z)$ 在約束條件下之極值問題為例，說明 Lagrange 乘子法。

欲求 $f(x, y, z)$ 之極值，約束條件為

$$\varphi_1(x, y, z) = 0, \qquad \varphi_2(x, y, z) = 0 \tag{1.105}$$

其中 φ_1, φ_2 為獨立函數，故

$$\frac{\partial(\varphi_1, \varphi_2)}{\partial(x, y)} \neq 0, \qquad \frac{\partial(\varphi_1, \varphi_2)}{\partial(y, z)} \neq 0, \qquad \frac{\partial(\varphi_1, \varphi_2)}{\partial(x, z)} \neq 0 \tag{1.106}$$

$f(x, y, z)$ 在臨界點 P 有極值，則必

$$df = \left(\frac{\partial f}{\partial x}\, dx + \frac{\partial f}{\partial y}\, dy + \frac{\partial f}{\partial z}\, dz \right)_P = 0 \tag{1.107}$$

其中 x, y, z 不全為自變數，僅其中之一為任意，因此不能由式 (1.107) 推得在臨界點：

$$\frac{\partial f}{\partial x} = \frac{\partial f}{\partial y} = \frac{\partial f}{\partial z} = 0$$

限制式 (1.105) 之全微分為

$$d\varphi_1 = \frac{\partial \varphi_1}{\partial x}\, dx + \frac{\partial \varphi_1}{\partial y}\, dy + \frac{\partial \varphi_1}{\partial z}\, dz = 0 \tag{1.108}$$

$$d\varphi_2 = \frac{\partial \varphi_2}{\partial x}\, dx + \frac{\partial \varphi_2}{\partial y}\, dy + \frac{\partial \varphi_2}{\partial z}\, dz = 0 \tag{1.109}$$

若由式 (1.108), (1.109) 將 dy, dz 以 dx 表示，代入式 (1.107)，可得僅含自變數 x 之方程式，其中 dx 為任意變量：

$$F(x, y, z)\, dx = 0 \quad \Rightarrow \quad F(x, y, z) = 0$$

此式配合式 (1.105) 之約束條件，可決定有極值之臨界點；然而，仍不易執行其中的消去代入步驟。

根據 Lagrange 乘子法，引入參數 λ_1, λ_2，將式 (1.108) 乘以 λ_1，式 (1.109) 乘以 λ_2，與式 (1.107) 三式相加，得

$$\left(\frac{\partial f}{\partial x} + \lambda_1\frac{\partial \varphi_1}{\partial x} + \lambda_2\frac{\partial \varphi_2}{\partial x}\right)dx + \left(\frac{\partial f}{\partial y} + \lambda_1\frac{\partial \varphi_2}{\partial y} + \lambda_2\frac{\partial \varphi_2}{\partial y}\right)dy$$

$$+ \left(\frac{\partial f}{\partial z} + \lambda_1\frac{\partial \varphi_2}{\partial z} + \lambda_2\frac{\partial \varphi_2}{\partial z}\right)dz = 0 \tag{1.110}$$

其中 λ_1, λ_2 稱為 Lagrange 乘子 (Lagrange multipliers)。

由於 φ_1, φ_2 為獨立函數，

$$\frac{\partial(\varphi_1, \varphi_2)}{\partial(x, y)} \neq 0$$

故必存在 λ_1 與 λ_2 使得以下兩式成立：

$$\frac{\partial f}{\partial x} + \lambda_1\frac{\partial \varphi_1}{\partial x} + \lambda_2\frac{\partial \varphi_2}{\partial x} = 0, \qquad \frac{\partial f}{\partial y} + \lambda_1\frac{\partial \varphi_2}{\partial y} + \lambda_2\frac{\partial \varphi_2}{\partial y} = 0 \tag{1.111}$$

則式 (1.110) 變為

$$\left(\frac{\partial f}{\partial z} + \lambda_1 \frac{\partial \varphi_2}{\partial z} + \lambda_2 \frac{\partial \varphi_2}{\partial z} \right) dz = 0$$

受約束條件所限，變數 x, y, z 僅其中之一為自變數，而 dx, dy 並未任意變動，故可設 $dz \neq 0$，則

$$\frac{\partial f}{\partial z} + \lambda_1 \frac{\partial \varphi_2}{\partial z} + \lambda_2 \frac{\partial \varphi_2}{\partial z} = 0 \qquad (1.112)$$

式 (1.111) 與式 (1.112) 配合式 (1.105) 之約束條件，共五個方程式，可決定五個未知數：臨界點 (x_0, y_0, z_0) 以及參數 λ_1, λ_2。

令輔助函數 $H = f + \lambda_1 \varphi_1 + \lambda_2 \varphi_2$，求 $H(x, y, z, \lambda_1, \lambda_2)$ 在無約束條件下之極值，由 H 之全微分 $dH = 0$，立可列出以上求臨界點 (x_0, y_0, z_0) 以及參數 λ_1, λ_2 的五個方程式，從而求得極值。

推廣至求連續可微函數 $f(x, , x_2, \cdots, x_n)$ 之極值，約束條件為 m 個方程式：

$$\varphi_k (x_1, x_2, \cdots, x_n) = 0 \quad (k = 1, 2, \cdots, m)$$

約束條件之數目必須小於變數之數目 $(m < n)$。若 $m = n$，由已知的約束條件即可解得 $x_1, x_2, \cdots, x_n$，則 $f(x_1, x_2, \cdots, x_n)$ 為定值，無求極值之餘地；若 $m > n$，已知獨立的條件比未知數多，則方程式無解。

根據 Lagrange 乘子法，引入 m 個參數 λ_k，設輔助函數

$$H = f + \lambda_1 \varphi_1 + \lambda_2 \varphi_2 + \cdots + \lambda_m \varphi_m$$

由 $H(x_1, x_2, \cdots x_n, \lambda_1, \lambda_2, \cdots \lambda_m)$ 之全微分 $dH = 0$ 求得：

$$\frac{\partial H}{\partial x_1} = \frac{\partial f}{\partial x_1} + \lambda_1 \frac{\partial \varphi_2}{\partial x_1} + \lambda_2 \frac{\partial \varphi_2}{\partial x_1} + \cdots + \lambda_m \frac{\partial \varphi_2}{\partial x_1} = 0$$

$$\frac{\partial H}{\partial x_2} = \frac{\partial f}{\partial x_2} + \lambda_1 \frac{\partial \varphi_2}{\partial x_2} + \lambda_2 \frac{\partial \varphi_2}{\partial x_2} + \cdots + \lambda_m \frac{\partial \varphi_2}{\partial x_2} = 0$$

$$\vdots$$

$$\frac{\partial H}{\partial x_n} = \frac{\partial f}{\partial x_n} + \lambda_1 \frac{\partial \varphi_2}{\partial x_n} + \lambda_2 \frac{\partial \varphi_2}{\partial x_n} + \cdots + \lambda_m \frac{\partial \varphi_2}{\partial x_n} = 0$$

$$\frac{\partial H}{\partial \lambda_k} = \varphi_k = 0 \quad (k = 1, 2, \cdots, m)$$

由以上 $(n+m)$ 個方程式可決定 $(n+m)$ 個未知數 $x_1, x_2, \cdots x_n;\ \lambda_1, \lambda_2 \cdots \lambda_m$，即求得函數在約束條件下之臨界點與極值。

例：決定由平面原點至曲線 $5x^2 + 6xy + 5y^2 = 8$ 之最短與最長距離。

原點至曲線上點 (x, y) 之距離為 $l = (x^2 + y^2)^{1/2}$，臨界點 (x, y) 在曲線上，故約束條件為

$$5x^2 + 6xy + 5y^2 - 8 = 0$$

設 $H = x^2 + y^2 + \lambda\,(5x^2 + 6xy + 6y^2 - 8)$，在臨界點 H 之一階偏導數為零：

$$\frac{\partial H}{\partial x} = 2x + \lambda\,(10x + 6y) = 0$$

$$\frac{\partial H}{\partial x} = 2y + \lambda\,(10y + 6x) = 0$$

$$\frac{\partial H}{\partial \lambda} = 5x^2 + 6xy + 6y^2 - 8 = 0$$

由這三個方程式解得

$$x = y = \sqrt{2}/2, \quad \lambda = -\sqrt{2}/8，最短距離為 \quad l = 1$$
$$x = -y = \sqrt{2}, \quad \lambda = -1/2，最長距離為 \quad l = 2$$

例：求由原點至平面 $ax + by + cz = d$ 之最短距離。

原點至空間任一點之距離為 $l = (x^2 + y^2 + z^2)^{1/2}$，臨界點 (x, y, z) 在平面上，故問題為求 $f(x, y, z) = x^2 + y^2 + z^2$ 之最小值，約束條件為

$$\varphi = ax + by + cz - d = 0$$

設 $H = x^2 + y^2 + z^2 + \lambda(ax + by + cz - d)$，在臨界點 H 之偏導數為零：

$$\frac{\partial H}{\partial x} = 2x + \lambda a = 0$$

$$\frac{\partial H}{\partial y} = 2y + \lambda b = 0$$

$$\frac{\partial H}{\partial z} = 2z + \lambda c = 0$$

$$\frac{\partial H}{\partial \lambda} = ax + by + cz - d = 0$$

由這四個方程式解得

$$x = \frac{ad}{a^2 + b^2 + c^2}, \qquad y = \frac{bd}{a^2 + b^2 + c^2}, \qquad z = \frac{cd}{a^2 + b^2 + c^2}$$

最短距離為

$$l = (x^2 + y^2 + z^2)^{1/2} = \frac{|d|}{(a^2 + b^2 + c^2)^{1/2}}$$

例： 決定表面積為 S 的最大矩形體之長寬高及其體積。

設矩形體之長寬高分別為 x, y, z，問題為求 $f(x, y, z) = xyz$ 之最大值，約束條件為

$$\varphi(x, y, z) = 2(xy + yz + zx) - S = 0$$

設 $H = xyz + \lambda[2(xy + yz + zx) - S]$，在臨界點 H 之一階偏導數為零：

$$\frac{\partial H}{\partial x} = yz + 2\lambda(y + z) = 0$$

$$\frac{\partial H}{\partial y} = xz + 2\lambda(x + z) = 0$$

$$\frac{\partial H}{\partial z} = xy + 2\lambda\,(y + x) = 0$$

$$\frac{\partial H}{\partial \lambda} = 2\,(xy + yz + zx) - S = 0$$

觀察這四個方程式可得 $x = y = z$，最大矩形體為邊長為 $(S/6)^{1/2}$ 之立方體，體積為 $(S/6)^{3/2}$。

例： 求在橢圓體內最大矩形體之體積。

設橢圓體之三個軸長為 $a,\ b,\ c$，矩形體之長寬高分別為 $x,\ y,\ z$，則橢圓體內矩形體之體積為 $8xyz$，問題為求 $f(x,\ y,\ z) = 8xyz$ 之最大值，臨界點 $(x,\ y,\ z)$ 在橢圓體上，故約束條件為

$$\varphi(x,\ y,\ z) = \frac{x^2}{a^2} + \frac{y^2}{b^2} + \frac{z^2}{c^2} - 1 = 0$$

設 $H = 8xyz + \lambda\Big(\dfrac{x^2}{a^2} + \dfrac{y^2}{b^2} + \dfrac{z^2}{c^2} - 1\Big)$，在臨界點 H 之一階偏導數為零：

$$\frac{\partial H}{\partial x} = 8yz + 2\lambda\,\frac{x}{a^2} = 0$$

$$\frac{\partial H}{\partial y} = 8xz + 2\lambda\,\frac{y}{b^2} = 0$$

$$\frac{\partial H}{\partial z} = 8xy + 2\lambda\,\frac{z}{c^2} = 0$$

$$\frac{\partial H}{\partial \lambda} = \frac{x^2}{a^2} + \frac{y^2}{b^2} + \frac{z^2}{c^2} - 1 = 0$$

由這四個方程式，可解得

$$x = \frac{a}{\sqrt{3}},\quad y = \frac{b}{\sqrt{3}},\quad z = \frac{c}{\sqrt{3}},\quad \lambda = -\frac{4abc}{\sqrt{3}}$$

故在橢圓體內最大矩形體之體積為 $\dfrac{8abc}{3\sqrt{3}}$。

　　以 Lagrange 乘子法求函數在約束條件下之極值，需要引進與約束條件數目相同的參數，以致未知數大增；然而，一旦確定目標函數與約束條件，立可列出待解的聯立代數方程式，即使是非線性方程式，亦不難以數值方法求得問題之解。

習題五

1. 決定 $f(x, y) = \sin x + \sin y + \sin (x + y)$ $(0 \le x \le \pi/2,\ 0 \le y \le \pi/2)$ 之極大與極小值。

2. 決定下列函數之絕對極大與極小值。
   (a) $z = xy,\ x^2 + y^2 \le 1$
   (b) $w = x + y + z,\ x^2 + y^2 + z^2 \le 1$
   (c) $x^2/a^2 - y^2/b^2 = 2cz$

3. 試決定體積一定，表面積最小之圓柱體之半徑與高之比例。

4. 求 $x^2 + 4y^2 + 16z^2$ 在下列限制條件下的最小值。
   (a) $xyz = 1$　　(b) $xy = 1$　　(c) $x = 1$

5. 決定由原點至平面 $x + y = 1$ 與曲曲 $x^2 + 2y^2 + z^2 = 1$ 之交線的最長與最短距離。

6. 決定由原點至橢圓 $9x^2 + 4y^2 = 36$ 之最短與最長距離。

7. 決定半徑為 a 之球體所能包含之圓柱體的最大表面積。

8. 證明：圓所包含的三角形以正三角形面積為最大。

9. 若 x, y, z 皆為正數，證明： $(x + y + z)/3 \ge \sqrt[3]{xyz}$
   提示：求在滿足 $x + y + z = a$ 條件下，xyz 之極大。

10. 設 $x_1 x_2 \cdots x_n = 1,\quad x_k > 0\ (k = 1, 2, \cdots, n)$，證明： $x_1 + x_2 + \cdots + x_n \ge n$。

1.14. 對積分式內變數之微分、萊布尼茲法則與應用

考慮積分式：

$$F(t) = \int_{\alpha}^{\beta} f(x, t)\, dt$$

設函數 $f(x, t)$ 與 $F(t)$ 為連續可微，若積分上下限 α, β 為常數，對積分式之變數 t 微分為

$$\frac{dF(t)}{dt} = \frac{\partial}{\partial t} \int_{\alpha}^{\beta} f(x, t)\, dt = \int_{\alpha}^{\beta} \frac{\partial f(x, t)}{\partial t}\, dt \tag{1.113}$$

若積分式之上下限為自變數之函數 $\alpha = \alpha(t),\ \beta = \beta(t)$，如何對積分式之變數 t 微分呢？萊布尼茲 (G. Leibniz, 1646-1716) 提出解決此問題的方法，稱為萊布尼茲法則 (Leibniz's rule)。

考慮積分式

$$F(t) = \int_{\alpha(t)}^{\beta(t)} f(x, t)\, dt$$

其中 $f(x, t)$ 根據微分的定義：

$$\frac{dF(t)}{dt} = \lim_{\Delta t \to 0} \frac{F(t + \Delta t) - F(t)}{\Delta t}$$

$$= \lim_{\Delta t \to 0} \frac{1}{\Delta t} \left[\int_{\alpha(t + \Delta t)}^{\beta(t + \Delta t)} f(x, t + \Delta t)dx - \int_{\alpha(t)}^{\beta(t)} f(x, t)dx \right]$$

將此式右邊稍加變化為

$$\lim_{\Delta t \to 0} \frac{1}{\Delta t} \left[\int_{\alpha(t + \Delta t)}^{\alpha(t)} f(x, t + \Delta t)\, dx + \int_{\alpha(t)}^{\beta(t)} f(x, t + \Delta t)\, dx + \int_{\beta(t)}^{\beta(t + \Delta t)} f(x, t + \Delta t)\, dx \right.$$

$$\left. - \int_{\alpha(t)}^{\beta(t)} f(x, t)\, dx \right]$$

$$= \lim_{\Delta t \to 0} \int_{\alpha(t)}^{\beta(t)} \frac{f(x,\, t + \Delta t) - f(x,\, t)}{\Delta t} \, dx + \lim_{\Delta t \to 0} \frac{1}{\Delta t} \int_{\beta(t)}^{\beta(t + \Delta t)} f(x,\, t + \Delta t) \, dx$$

$$- \lim_{\Delta t \to 0} \frac{1}{\Delta t} \int_{\alpha(t)}^{\alpha(t + \Delta t)} f(x,\, t + \Delta t) \, dx$$

其中右邊第一項為

$$\lim_{\Delta t \to 0} \int_{\alpha(t)}^{\beta(t)} \frac{f(x,\, t + \Delta t) - f(x,\, t)}{\Delta t} \, dx = \int_{\alpha(t)}^{\beta(t)} \frac{\partial f(x,\, t)}{\partial t} \, dx$$

運用積分均值定理，第二項與第三項變為

$$\lim_{\Delta t \to 0} \frac{1}{\Delta t} \int_{\beta(t)}^{\beta(t + \Delta t)} f(x,\, t + \Delta t) \, dx = \frac{d\beta}{dt} f(\beta,\, t)$$

$$\lim_{\Delta t \to 0} \frac{1}{\Delta t} \int_{\alpha(t)}^{\alpha(t + \Delta t)} f(x,\, t + \Delta t) \, dx = \frac{d\alpha}{dt} f(\alpha,\, t)$$

從而導得對積分式內參數微分之萊布尼茲法則：

$$\frac{dF(t)}{dt} = \frac{d}{dt} \int_{\alpha(t)}^{\beta(t)} f(x,\, t) \, dt = \int_{\alpha(t)}^{\beta(t)} \frac{\partial f(x,\, t)}{\partial t} \, dx + \frac{d\beta}{dt} f(\beta,\, t) - \frac{d\alpha}{dt} f(\alpha,\, t) \qquad (1.114)$$

著名的物理學家費曼 (R. Feynman, 1918-1988) 根據萊布尼茲法則，提出一種有別於傳統方法的的積分技巧，運用此法許多困難的定積分得以求積。

例：在第 1.2 節回顧單變數函數之積分，曾以分部積分求得

$$I = \int x^2 e^{-x} \, dx = -e^{-x}(x^2 + 2x + 2) + c \qquad (a)$$

茲以費曼積分法積分如下：

$$令 \quad J(t) = \int e^{-tx} \, dx, \quad 則 \quad J(t) = -\frac{1}{t} e^{-tx} + c \qquad (b)$$

$$J'(t) = \frac{\partial}{\partial t} \int e^{-tx} \, dx = \int \frac{\partial}{\partial t} e^{-tx} \, dx = \int -x e^{-tx} \, dx$$

$$J''(t) = \frac{\partial}{\partial t} \int -xe^{-tx} \, dx = \int \frac{\partial}{\partial t} \left(-xe^{-tx} \right) dx = \int x^2 \, e^{-tx} \, dx$$

將式 (b) 對 t 微分兩次，得

$$J''(t) = \frac{d^2}{dt^2} \left(-\frac{1}{t} \, e^{-tx} + c \right) = -\frac{e^{-tx}}{t^3} \, (x^2t^2 + 2xt + 2)$$

$$\therefore \ I = \int x^2 \, e^{-x} \, dx = J''(1) \qquad \therefore \ I = -e^{-x} (x^2 + 2x + 2) + c$$

結果與式 (a) 相同。

例：以下積分式可用分部積分逐步積出，茲展示費曼積分法如下：

$$I = \int_0^\infty x^n \, e^{-x} \, dx$$

$$令 \quad J(t) = \int_0^\infty e^{-tx} \, dx = \left[-\frac{1}{t} \, e^{-tx} \right]_0^\infty = \frac{1}{t}$$

$$J'(t) = \frac{\partial}{\partial t} \int_0^\infty e^{-tx} \, dx = -\int_0^\infty xe^{-tx} \, dx = -\frac{1}{t^2}$$

$$J''(t) = (-1)^2 \int_0^\infty x^2 \, e^{-tx} \, dx = (-1)^2 \frac{2}{t^3}$$

$$J^{(n)}(t) = (-1)^n \int_0^\infty x^n \, e^{-tx} \, dx = (-1)^n \frac{n!}{t^{n+1}}$$

比較此式兩邊，得

$$\int_0^\infty x^n \, e^{-tx} \, dx = \frac{n!}{t^{n+1}}, \qquad 令 \quad t = 1 \ \Rightarrow \ I = \int_0^\infty x^n \, e^{-x} \, dx = n!$$

例：第 5 章將以複變函數之路徑積分求以下瑕積分之 Cauchy 主值，茲展示費曼積分法如下：

$$I = \int_0^\infty \frac{\sin x}{x} \, dx$$

$$令 \quad J(t) = \int_0^\infty \frac{\sin x}{x} e^{-tx} \, dx \qquad 則 \quad I = J(0)$$

$$J'(t) = \frac{\partial}{\partial t} \int_0^\infty \frac{\sin x}{x} e^{-tx} \, dx = - \int_0^\infty \sin x \, e^{-tx} \, dx$$

此式右邊之積分式可以用分部積分積出，見式 (1.11)：

$$\int \sin bx \, e^{ax} \, dx = \frac{e^{ax}}{a^2 + b^2} (a \sin bx - b \cos bx) + c$$

代入上下限，得

$$\int_0^\infty \sin x \, e^{-tx} \, dx = \left[\frac{e^{-tx}}{1 + t^2} (-t \sin x - \cos x) \right]_0^\infty = \frac{1}{1 + t^2}$$

$$\therefore \; J'(t) = -\frac{1}{1 + t^2} \quad \Rightarrow \quad J(t) = \int -\frac{1}{1 + t^2} \, dt = -\tan^{-1} t + c$$

$$\because \; J(t) = \int_0^\infty \frac{\sin x}{x} e^{-tx} \, dx = -\tan^{-1} t + c$$

$$\therefore \; I = J(0) = \int_0^\infty \frac{\sin x}{x} \, dx = -\tan^{-1} 0 + c = c$$

$$而 \quad J(\infty) = -\tan^{-1} (\infty) + c = -\frac{\pi}{2} + c = 0 \quad \Rightarrow \quad c = \frac{\pi}{2}$$

$$\Rightarrow \quad I = \int_0^\infty \frac{\sin x}{x} \, dx = \frac{\pi}{2}$$

高斯積分 (Gaussian integral)

高斯積分與機率的常態分布以及統計上的誤差函數密切相關；高斯函數之積分無法以初等函數表示，但可計算其定積分之值。

高斯函數的定積分為

$$I = \int_{-\infty}^{\infty} e^{-x^2}\, dx = 2\int_{0}^{\infty} e^{-x^2}\, dx = \sqrt{\pi}$$

證明上式成立的方法很多，在第 2 章將以直角座標轉換為極座標的方式證明，茲以費曼積分法求高斯定積分之值。

$$令 \quad J(t) = \int_{0}^{\infty} \frac{e^{-t^2(1+x^2)}}{1+x^2}\, dx$$

$$J(0) = \int_{0}^{\infty} \frac{1}{1+x^2}\, dx = \tan^{-1} x\big|_{0}^{\infty} = \frac{\pi}{2}, \qquad J(\infty) = 0$$

$$J'(t) = \frac{\partial}{\partial t} \int_{0}^{\infty} \frac{e^{-t^2(1+x^2)}}{1+x^2}\, dx = \int_{0}^{\infty} \frac{\partial}{\partial t}\left[\frac{e^{-t^2(1+x^2)}}{1+x^2}\right] dx$$

$$= -2te^{-t^2} \int_{0}^{\infty} e^{-t^2 x^2}\, dx = -2e^{-t^2} \int_{0}^{\infty} e^{-u^2}\, du = -2e^{-t^2} I$$

將此式對 t 積分，得

$$J(t) = \int_{0}^{\infty} -2e^{-t^2} I\, dt = -2I \int_{0}^{\infty} e^{-t^2}\, dt = -2I^2 \quad \Rightarrow \quad I^2 = -\frac{1}{2} J(t)$$

$$而 \quad J(t) = \int_{0}^{\infty} J'(t)\, dt = J(\infty) - J(0) = -\frac{\pi}{2}$$

$$\Rightarrow \quad I = \int_{0}^{\infty} e^{-x^2}\, dx = \frac{\sqrt{\pi}}{2}$$

1.15. 向量分析概要

1. 純量積 (scalar product)

向量 **A** 與向量 **B** 之純量積為

$$\mathbf{A} \cdot \mathbf{B} = |\mathbf{A}||\mathbf{B}|\cos\theta \tag{1.115}$$

其中 θ 為向量 $\mathbf{A}$ 與 $\mathbf{B}$ 之夾角，如圖 1.3a 所示，純量積之定義與參考座標無關。

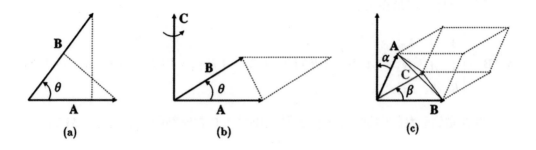

(a)　　　　　　　　(b)　　　　　　　　(c)

圖 1.3　純量積、向量積、純量三乘積之幾何意義

若 $\mathbf{B}$ 為單位向量，則 $\mathbf{A} \cdot \mathbf{B} = |\mathbf{A}|\cos\theta$ 之幾何意義為向量 $\mathbf{A}$ 在向量 $\mathbf{B}$ 方向之分量 (投影)。

設直角座標之向量 $\mathbf{A}$ 與 $\mathbf{B}$ 為

$$\mathbf{A} = A_1\mathbf{i} + A_2\mathbf{j} + A_3\mathbf{k}, \qquad \mathbf{B} = B_1\mathbf{i} + B_2\mathbf{j} + B_3\mathbf{k}$$

其中 $\mathbf{i}$、$\mathbf{j}$、$\mathbf{k}$ 為直角座標之基向量 (base vector)。

向量 $\mathbf{A}$ 與 $\mathbf{B}$ 之純量積為

$$\mathbf{A} \cdot \mathbf{B} = A_1B_1 + A_2B_2 + A_3B_3 \tag{1.116}$$

2. 向量積 (vector product)

向量 $\mathbf{A}$ 與 $\mathbf{B}$ 之向量積為向量 $\mathbf{C}$，其大小為

$$|\mathbf{C}| = |\mathbf{A} \times \mathbf{B}| = |\mathbf{A}||\mathbf{B}|\sin\theta \tag{1.117}$$

向量 $\mathbf{C}$ 的方向垂直於向量 $\mathbf{A}$ 與 $\mathbf{B}$ 所構成的平面，如圖 1.3b 所示，其中 θ 為向量 $\mathbf{A}$ 與 $\mathbf{B}$ 之夾角，向量積之定義與參考座標無關。

向量積 $\mathbf{A} \times \mathbf{B}$ 之幾何意義為以 $\mathbf{A}$ 與 $\mathbf{B}$ 為鄰邊所構成的平行四邊形的面積，或以向量 $\mathbf{A}$ 與 $\mathbf{B}$ 為鄰邊所構成的三角形面積之二倍，此平行四邊形或三角形之法線方向與向量 $\mathbf{C}$ 相同。

直角座標之向量積可表示為

$$\mathbf{A} \times \mathbf{B} = \begin{vmatrix} \mathbf{i} & \mathbf{j} & \mathbf{k} \\ A_1 & A_2 & A_3 \\ B_1 & B_2 & B_3 \end{vmatrix} = (A_2B_3 - A_2B_3)\,\mathbf{i} + (A_3B_1 - A_1B_3)\,\mathbf{j} + (A_1B_2 - A_2B_1)\,\mathbf{k} \qquad (1.118)$$

設 B 點到原點的向量為 $\mathbf{r}$，在 B 點之作用力 $\mathbf{F}$ 對原點所產生之力矩 $\mathbf{M}$ 為

$$\mathbf{M} = \mathbf{r} \times \mathbf{F} \qquad (1.119)$$

3. 純量三乘積 (scalar triple product)

向量 $\mathbf{A}$、$\mathbf{B}$、$\mathbf{C}$ 之純量三乘積為

$$\mathbf{A} \cdot (\mathbf{B} \times \mathbf{C}) = |\mathbf{A}||\mathbf{B}||\mathbf{C}|\sin\alpha\cos\beta \qquad (1.120)$$

其中 β 為向量 $\mathbf{B}$ 與向量 $\mathbf{C}$ 之夾角，α 為向量 $\mathbf{A}$ 與垂直於向量 $\mathbf{B}$ 與 $\mathbf{C}$ 所構成平面之向量之夾角，如圖 $1.3c$ 所示，純量三乘積之定義與參考座標無關。

純量三乘積 $\mathbf{A} \cdot (\mathbf{B} \times \mathbf{C})$ 之幾何意義為以 $\mathbf{A}$、$\mathbf{B}$、$\mathbf{C}$ 三向量為鄰邊所構成的平行六面體之體積。

直角座標之純量三乘積可表示為

$$\mathbf{A} \cdot (\mathbf{B} \times \mathbf{C}) = \begin{vmatrix} A_1 & A_2 & A_3 \\ B_1 & B_2 & B_3 \\ C_1 & C_2 & C_3 \end{vmatrix} \qquad (1.121)$$

4. 純量函數之梯度 (gradient)

定義純量函數 $\phi(x_1, x_2, x_3)$ 在直角座標之梯度為

$$\nabla\phi = \frac{\partial\phi}{\partial x_1}\mathbf{i} + \frac{\partial\phi}{\partial x_2}\mathbf{j} + \frac{\partial\phi}{\partial x_3}\mathbf{k} \tag{1.122}$$

若 ϕ 在數理問題表示溫度或溼度等擴散物理量 (extensive quantity)，則梯度 $\nabla\phi$ 表示其法線方向之通量 (normal flux)。

就 $\nabla\phi$ 之幾何意義而言，方程式 $\phi(x_1, x_2, x_3) = 0$ 代表空間曲面 S，考慮在曲面上的曲線 $C(s)$ 之 P 點，以 $\mathbf{r}$ 表示 P 點之位置向量，ds 為 P 點沿著 $C(s)$ 之位移微分量，則 P 點之切線向量為

$$\frac{d\mathbf{r}}{ds} = \frac{dx_1}{ds}\mathbf{i} + \frac{dx_2}{ds}\mathbf{j} + \frac{dx_3}{ds}\mathbf{k} \tag{1.123}$$

由偏微分連鎖律：

$$\frac{d\phi}{ds} = \frac{\partial\phi}{\partial x_1}\frac{dx_1}{ds} + \frac{\partial\phi}{\partial x_2}\frac{dx_2}{ds} + \frac{\partial\phi}{\partial x_3}\frac{dx_3}{ds}$$

$$= \left(\frac{\partial\phi}{dx_1}\mathbf{i} + \frac{\partial\phi}{dx_2}\mathbf{j} + \frac{\partial\phi}{dx_3}\mathbf{k}\right) \cdot \left(\frac{dx_1}{ds}\mathbf{i} + \frac{dx_2}{ds}\mathbf{j} + \frac{dx_3}{ds}\mathbf{k}\right) = \nabla\phi \cdot \frac{d\mathbf{r}}{ds} \tag{1.124}$$

此式可表示為

$$d\phi = \nabla\phi \cdot d\mathbf{r} \tag{1.125}$$

在曲面 S 之 P 點，函數 ϕ 定值，故 $d\phi = 0$

$$\nabla\phi \cdot d\mathbf{r} = 0 \tag{1.126}$$

此式表明向量 $\nabla\phi$ 向量 $d\mathbf{r}$ 互相垂直，已知 $d\mathbf{r}$ 之方向為曲面之切線方向，故 $\nabla\phi$ 之方向必垂直於曲面 S，則 P 點之單位法線向量為

$$\mathbf{n} = \left(\frac{\nabla\phi}{|\nabla\phi|}\right)_P \tag{1.127}$$

其中 $\nabla\phi$ 為梯度在 P 點之值。

例： 在橢圓球表面

$$\frac{x_1^2}{a^2} + \frac{x_2^2}{b^2} + \frac{x_3^2}{c^2} = 1$$

P 點：$(a/\sqrt{3},\ b/\sqrt{3},\ c/\sqrt{3})$ 之單位法線向量為

$$\mathbf{n} = \Big(\frac{\nabla\phi}{|\nabla\phi|}\Big)_P = \Big(\frac{1}{a^2} + \frac{1}{b^2} + \frac{1}{c^2}\Big)^{-1/2}\Big(\frac{1}{a}\,\mathbf{i} + \frac{1}{b}\,\mathbf{j} + \frac{1}{c}\,\mathbf{k}\Big)$$

作用力 $\mathbf{F} = x_1\mathbf{i} + x_2\mathbf{j} + x_3\mathbf{k}$ 在 P 點之正向力 F_n 與剪力 F_s 為

$$F_n = \mathbf{F} \cdot \mathbf{n} = \frac{1}{\sqrt{3}}\,(a\mathbf{i} + b\mathbf{j} + c\mathbf{k}) \cdot \Big(\frac{1}{a^2} + \frac{1}{b^2} + \frac{1}{c^2}\Big)^{-1/2}\Big(\frac{1}{a}\,\mathbf{i} + \frac{1}{b}\,\mathbf{j} + \frac{1}{c}\,\mathbf{k}\Big)$$

$$= \sqrt{3}\,\Big(\frac{1}{a^2} + \frac{1}{b^2} + \frac{1}{c^2}\Big)^{-1/2}$$

$$F_S = \sqrt{|\mathbf{F}|^2 - (F_n)^2} = \left[\frac{1}{3}(a^2 + b^2 + c^2) - 3\Big(\frac{1}{a^2} + \frac{1}{b^2} + \frac{1}{c^2}\Big)^{-1}\right]^{1/2}$$

直角座標之向量運算子 ∇ (del) 為

$$\nabla \equiv \frac{\partial}{\partial x_2}\,\mathbf{i} + \frac{\partial}{\partial x_2}\,\mathbf{j} + \frac{\partial}{\partial x_3}\,\mathbf{k} \tag{1.128}$$

運算子 ∇ 與向量函數 $\mathbf{F}$ 之純量積與向量積分別為向量 $\mathbf{F}$ 之散度與旋度。

5. 向量函數之散度 (divergence)

定義向量函數 $\mathbf{F}(x_1,\ x_2,\ x_3)$ 在直角座標之散度為

$$\nabla \cdot \mathbf{F} = \frac{\partial F_1}{\partial x_1} + \frac{\partial F_2}{\partial x_2} + \frac{\partial F_3}{\partial x_3} \tag{1.129}$$

數理問題中，散度 $\nabla \cdot \mathbf{F}$ 表示物體中某點之擴散物理量 $\mathbf{F}$ 流出之全部通量 (total flux)。

6. 向量函數之旋度 (curl)

定義向量函數 $\mathbf{F}(x_1, x_2, x_3)$ 在直角座標之旋度為

$$\nabla \times \mathbf{F} = \begin{vmatrix} \mathbf{i} & \mathbf{j} & \mathbf{k} \\ \dfrac{\partial}{\partial x_1} & \dfrac{\partial}{\partial x_2} & \dfrac{\partial}{\partial x_3} \\ F_1 & F_2 & F_3 \end{vmatrix} = (F_{3,2} - F_{2,3})\,\mathbf{i} + (F_{1,3} - F_{3,1})\,\mathbf{j} + (F_{2,1} - F_{1,2})\,\mathbf{k} \quad (1.130)$$

數理問題中，旋度 $\nabla \times \mathbf{F}$ 表示物體中某點之擴散物理量 $\mathbf{F}$ 之旋轉量。

7. Laplacian 運算子

定義純量函數 $\phi(x_1, x_2, x_3)$ 在直角座標之 Laplacian 運算子為

$$\nabla^2 \phi = \nabla \cdot \nabla \phi = \frac{\partial^2 \phi}{\partial x_1^2} + \frac{\partial^2 \phi}{\partial x_2^2} + \frac{\partial^2 \phi}{\partial x_3^2} \quad (1.131)$$

Laplace 方程式 $\nabla^2 \phi = 0$ 常見於穩態平衡問題的數學模式。

8. Gauss 散度定理 (Gauss's divergence theorem)

設 $\mathbf{F}$ 為一階導數連續之單值向量函數，在體積 Ω 內無奇異點，則

$$\iiint_\Omega \nabla \cdot \mathbf{F} \, d\Omega = \oiint_S \mathbf{F} \cdot \mathbf{n} \, dS \quad (1.132)$$

其中 S 為物體 Ω 之表面，$\mathbf{n}$ 為表面上點之向外單位法線向量，等號左邊為體積分，右邊為體積之閉合曲面積分。

此式表述物理量之守恆性質：在物體內擴散物理量 $\mathbf{F}$ 之總通量恆等於經由物體表面流出之淨通量，常用於物體之體積分與其閉合曲面積分之互換。

若函數 $U(x, y, z)$, $V(x, y, z)$, $W(x, y, z)$ 為單值且一階導數連續，S 為區域 Ω 之表面，則

$$\iiint_\Omega \left(\frac{\partial U}{\partial x} + \frac{\partial V}{\partial y} + \frac{\partial W}{\partial z} \right) dx\,dy\,dz = \oiint_S (Un_x + Vn_y + Wn_z) \, dS \quad (1.133)$$

式中 $n_x = \cos(\mathbf{n}, x)$, $n_y = \cos(\mathbf{n}, y)$, $n_z = \cos(\mathbf{n}, z)$ 表示 x、y、z 軸正方向與曲面 S 上點之向外法線 $\mathbf{n}$ 夾角之餘弦。

令式 (1.133) 中 $U = x$, $V = y$, $W = z$，則

$$\Omega = \frac{1}{3} \oiint_S (xn_x + yn_y + zn_z)\, dS \tag{1.134}$$

故閉合曲面 S 所包圍的體積 Ω 可由 S 之曲面積分決定。

由 Gauss 散度定理可得下列恒等式：

$$\iiint_\Omega \left(F\frac{\partial\phi}{\partial x} + G\frac{\partial\phi}{\partial y} + H\frac{\partial\phi}{\partial z}\right)dxdydz + \iiint_\Omega \phi\left(\frac{\partial F}{\partial x} + \frac{\partial G}{\partial y} + \frac{\partial H}{\partial z}\right)dxdydz$$

$$= \oiint_S \phi(Fn_x + Gn_y + Hn_z)\, dS \tag{1.135}$$

$$\iiint_\Omega \varphi\nabla^2\phi\, d\Omega + \iiint_\Omega \nabla\phi \cdot \nabla\varphi\, d\Omega = \oiint_S \varphi\frac{\partial\phi}{\partial n}\, dS \tag{1.136}$$

9. Stokes 定理

若 S 為分段平滑曲面，其邊界為分段光滑之閉合曲線 C，單值向量函數 **F** 在曲面 S 內連續可微，則

$$\iint_S (\nabla\times\mathbf{F}) \cdot \mathbf{n}\, dS = \oint_C \mathbf{F} \cdot d\mathbf{r} \tag{1.137}$$

其中 **n** 是與曲面 S 垂直之單位法線向量，閉合曲線 C 的正方向為觀察者沿著 C 前進，以 C 為邊界之曲面 S 恆在觀察者之左側。

Stokes 定理常用於曲面之面積分與其邊界閉合線積分之互換。若向量函數在曲面 S 與閉合曲線 C 上分別為

$$\mathbf{F} = P\mathbf{i} + Q\mathbf{j} + R\mathbf{k}, \qquad \mathbf{n} = \cos\alpha\,\mathbf{i} + \cos\beta\,\mathbf{j} + \cos\gamma\,\mathbf{k} \tag{1.138}$$

其中 P, Q, R 為 x, y, z 之函數，則 Stokes 定理可寫為

$$\iint_S \left[\left(\frac{\partial R}{\partial y} - \frac{\partial Q}{\partial z}\right)\cos\alpha + \left(\frac{\partial P}{\partial z} - \frac{\partial R}{\partial x}\right)\cos\beta + \left(\frac{\partial Q}{\partial x} - \frac{\partial P}{\partial y}\right)\cos\gamma\right]dxdy$$

$$= \oint_C (Pdx + Qdy + Rdz) \tag{1.139}$$

若定義域為 x-y 平面上的區域 A，$\cos\alpha = \cos\beta = 0$，則 Stokes 定理之二維形式為

$$\iint_A \left(\frac{\partial Q}{\partial x} - \frac{\partial P}{\partial y}\right) dxdy = \oint_C (Pdx + Qdy) \tag{1.140}$$

以向量函數 $r = r(t)$ 定義空間曲線，令位置向量 $r(t)$ 隨自變數 t 改變的軌跡為曲線 C，其端點為 $t = a, t = b$，正方向為參數 t 增加的方向。若 $r(t)$ 為連續函數，$r(a) = r(b)$，則 C 為閉合曲線；若 $r(t)$ 之導數連續，C 為光滑曲；若 $r(t)$ 之導數除有限個 t 之外都連續，函數 $r(t)$ 在這有限個 t 之左右導數存在，C 為分段光滑曲線；若 C 為閉合曲線，且當 $t_1 = t_2, r(t_1) = r(t_2)$，則 C 為簡單閉合曲線 (simply closed curve) 或稱為 Jordan 曲線。

簡言之，一條不自我相交的閉合曲線為簡單閉合曲線，區域 R 內任意一條簡單閉合曲線，經連續變形收縮至 R 內成為一點，不含 R 以外的點，則 R 為單連通區域 (simply connected domain)。顯然，內含孔洞的區域不是單連通區域。

10. Green 定理

若 A 為單連通平面區域，其邊界 C 為簡單閉合曲線，單值向量函數 $\mathbf{F}$ 在平面 A 內為連續可微，則

$$\iint_A \nabla \cdot \mathbf{F}\, dA = \oint_C \mathbf{F} \cdot \mathbf{n}\, ds \tag{1.141}$$

其中 $\mathbf{n}$ 是沿著 C 之單位法線向量，此定理可視為散度定理之二維形式。

Green 定理常用於平面之面積分與其邊界閉合線積分之互換，常用的公式如下：

設 $\mathbf{F}$ 為一階導數連續之單值向量函數：

$$\mathbf{F} = P(x, y)\,\mathbf{i} + Q(x, y)\,\mathbf{j}, \qquad \mathbf{n} = n_x\mathbf{i} + n_y\mathbf{j} \tag{1.142}$$

由 Green 定理得

$$\iint_A \left(\frac{\partial P}{\partial x} + \frac{\partial Q}{\partial y}\right) dxdy = \oint_C (Pn_x + Qn_y)\, ds \tag{1.143}$$

由圖 1.4 之幾何關係:

$$n_x = \cos(\mathbf{n}, x) = \frac{dx}{dn} = \frac{dy}{ds}, \qquad n_y = \cos(\mathbf{n}, y) = \frac{dy}{dn} = -\frac{dx}{ds} \tag{1.144}$$

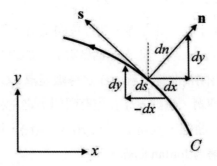

圖 1.4　法線向量與座標之幾何關係

故式 (1.143) 可寫為

$$\iint_A \left(\frac{\partial P}{\partial x} + \frac{\partial Q}{\partial y} \right) dxdy = \oint_C (Pdy - Qdx) \tag{1.145}$$

此式與 Stokes 定理之二維形式完全相同。

令式 (1.145) 中 $P = x$, $Q = y$, $x = x(t)$, $y = y(t)$，則

$$A = \frac{1}{2} \oint_C \left(x\frac{dy}{dt} - y\frac{dx}{dt} \right) dt \tag{1.146}$$

此式表明閉合曲線 C 所包圍的面積 A 可由其邊界線積分決定。

令 $P = \phi F$, $\quad Q = \phi G$，式 (1.143) 變為

$$\iint_A \left(F\frac{\partial \phi}{\partial x} + G\frac{\partial \phi}{\partial y} \right) dxdy = \oint_C \phi(Fn_x + Gn_y)\, ds - \iint_A \phi \left(\frac{\partial F}{\partial x} + \frac{\partial G}{\partial y} \right) dxdy \tag{1.147}$$

令 $\mathbf{F} = \varphi\nabla\phi$，則

$$\nabla \cdot \mathbf{F} = \nabla \cdot (\varphi\nabla\phi) = \nabla \cdot \left(\varphi\,\frac{\partial\phi}{\partial x}\,\mathbf{e}_1 + \varphi\,\frac{\partial\phi}{\partial y}\,\mathbf{e}_2 \right) = \frac{\partial}{\partial x}\left(\varphi\,\frac{\partial\phi}{\partial x} \right) + \frac{\partial}{\partial y}\left(\varphi\,\frac{\partial\phi}{\partial y} \right)$$

$$= \varphi\left(\frac{\partial^2\phi}{\partial x^2} + \frac{\partial^2\phi}{\partial y^2} \right) + \frac{\partial\varphi}{\partial x}\,\frac{\partial\phi}{\partial x} + \frac{\partial\varphi}{\partial y}\,\frac{\partial\phi}{\partial y}$$

$$= \varphi\nabla^2\phi + \nabla\varphi \cdot \nabla\phi$$

向量　$\mathbf{F} = \varphi\nabla\phi$　在 $\mathbf{n}$ 方向之分量為

$$\mathbf{F} \cdot \mathbf{n} = \varphi\nabla\phi \cdot \mathbf{n} = \varphi\,\frac{\partial\phi}{\partial n}$$

則式 (1.141) 可表示為

$$\iint_A \left[\frac{\partial}{\partial x}\left(\varphi\,\frac{\partial\phi}{\partial x} \right) + \frac{\partial}{\partial y}\left(\varphi\,\frac{\partial\phi}{\partial y} \right) \right] dxdy = \oint_C \varphi\,\frac{\partial\phi}{\partial n}\,ds \tag{1.148}$$

或

$$\iint_A (\varphi\nabla^2\phi + \nabla\varphi \cdot \nabla\phi)\,dA = \oint_C \varphi\,\frac{\partial\phi}{\partial n}\,ds \tag{1.149}$$

此為 Green 第一恒等式。

將式 (1.149) 中的 φ 與 ϕ 對調，再將結果與式 (1.149) 相減，得下列對稱形式：

$$\iint_A (\varphi\nabla^2\phi - \phi\nabla^2\varphi)\,dA = \oint_C \left(\varphi\,\frac{\partial\phi}{\partial n} - \phi\,\frac{\partial\varphi}{\partial n} \right) ds \tag{1.150}$$

此為 Green 第二恒等式。
在式 (1.150) 中，令 $\varphi = 1$，則 $\partial\varphi/\partial n = 0, \nabla^2\varphi = 0$，得

$$\iint_A \nabla^2\phi\,dA = \oint_C \frac{\partial\phi}{\partial n}\,ds \tag{1.151}$$

若函數 ϕ 為諧和函數，則　$\nabla^2\phi = 0$，式 (1.151) 變為

$$\oint_c \frac{\partial \phi}{\partial n}\, ds = 0 \tag{1.152}$$

此式表明函數 ϕ 之法線導數沿著邊界 C 之閉合線積分為零，此為 Neumann 問題解存在的必要條件。控制方程式為 Laplace 方程式，在區域邊界上未知函數 ϕ 之法線導數為給定，此類邊界值問題稱為 Neumann 問題。

11. Lagrange 引理 (Lemma)

設 $G(x)$ 為連續函數，$\eta(x)$ 連續可微，$\eta(x_1) = \eta(x_2) = 0$，

若 $\displaystyle\int_{x_1}^{x_2} \eta(x)\, G(x)\, dx = 0$，則 $G(x) = 0$ $(x_1 \le x \le x_2)$ \tag{1.153}

設 $G(x, y)$ 為連續函數，$\phi(x, y)$ 連續可微，在區域 R 邊界上 $\phi(x, y) = 0$，

若 $\displaystyle\iint_R \phi(x, y)\, G(x, y)\, dxdy = 0$， 則 $G(x, y) = 0$ $(x, y) \in R$ \tag{1.154}

1.16. 聯立線性常微分方程式的矩陣解法

眾所周知，矩陣解法是求解聯立線性代數方程式系統而簡便的方法，本節說明聯立線性常微分方程式的矩陣解法。

考慮一階聯立常係數線性微分方程式：

$$\begin{cases} x_1'(t) = a_{11}x_1(t) + a_{12}x_2(t) + \cdots + a_{1n}x_n(t) + b_1(t) \\ x_2'(t) = a_{21}x_1(t) + a_{22}x_2(t) + \cdots + a_{2n}x_n(t) + b_2(t) \\ \quad\vdots \\ x_n'(t) = a_{n1}x_1(t) + a_{n2}x_2(t) + \cdots + a_{nn}x_n(t) + b_n(t) \end{cases} \tag{1.155}$$

此式之矩陣形式為

$$\mathbf{X}'(t) = \mathbf{A}\mathbf{X}(t) + \mathbf{B}(t) \tag{1.156}$$

其中

$$X(t) = \begin{bmatrix} x_1(t) \\ x_2(t) \\ \vdots \\ x_n(t) \end{bmatrix}, \quad X'(t) = \begin{bmatrix} x_1'(t) \\ x_2'(t) \\ \vdots \\ x_n'(t) \end{bmatrix}, \quad A = \begin{bmatrix} a_{11} & a_{12} & \cdots & a_{1n} \\ a_{21} & a_{22} & \cdots & a_{2n} \\ \vdots & \vdots & \vdots & \vdots \\ a_{n1} & a_{n2} & \cdots & a_{nn} \end{bmatrix}, \quad B(t) = \begin{bmatrix} b_1(t) \\ b_2(t) \\ \vdots \\ b_n(t) \end{bmatrix}$$

式 (1.156) 表示之一階聯立常係數線性微分方程式稱為線性系統。

藉引進變數，可將 m 階線性微分方程式轉變為 m 個一階微分方程式。舉例而言，考慮三階線性微分方程式：

$$\frac{d^3 y}{dt^3} + c_1 \frac{d^2 y}{dt^2} + c_2 \frac{dy}{dt} + c_3 y = f(t) \tag{1.157a}$$

令 $x_1 = y$, $\quad x_2 = dy/dt$, $\quad x_3 = d^2y/dt^2$，可將式 (1.157a) 變為

$$x_1'(t) = x_2(t), \quad x_2'(t) = x_3(t), \quad x_3'(t) = -c_1 x_3(t) - c_2 x_2(t) - c_3 x_1(t) + f(t) \tag{1.157b}$$

式 (1.157b) 得以矩陣形式表示為

$$\begin{bmatrix} x_1'(t) \\ x_2'(t) \\ x_3'(t) \end{bmatrix} = \begin{bmatrix} 1 & 0 & 0 \\ 0 & 1 & 0 \\ -c_3 & -c_2 & -c_1 \end{bmatrix} \begin{bmatrix} x_1(t) \\ x_2(t) \\ x_3(t) \end{bmatrix} + \begin{bmatrix} 0 \\ 0 \\ f(t) \end{bmatrix} \tag{1.157c}$$

1.16.1. 齊次線性系統

考慮式 (1.156) 中 $B(t) = 0$ 之齊次線性系統：

$$X'(t) = AX(t), \quad X(0) = X_0 \tag{1.158}$$

其中 $X(t)$ 為狀態向量，A 為系統矩陣，$X(0)$ 為狀態向量之初始值。

已知一階常微分方程式：$x'(t) = ax(t)$ 之解為 $x = ce^{at}$，其中 a 與 c 為常數，假設式(1.158) 解之形式可類比為

$$X = \psi e^{\lambda t} \tag{1.159}$$

其中 ψ 為未知之向量，λ 為待定之參數。

將式(1.159) 代入式(1.158)，得

$$\mathbf{A}\psi = \lambda\psi \qquad (1.160)$$

若此特徵系統有非零解，其係數行列式必須為零：

$$|\mathbf{A} - \lambda\mathbf{I}| = 0 \qquad (1.161)$$

由此得 n 次多項式特徵方程式，可解得特徵值 λ_i $(i = 1, 2, \cdots, n)$，將 λ_1 分別代入式(1.160)，可得對應的特徵向量 ψ_i $(i = 1, 2, \cdots, n)$

以上解析表明：唯有在 λ 是系統矩陣 $\mathbf{A}$ 之特徵值，ψ 為其特徵向量情況下，式(1.158) 之齊次線性系統才有非零解，如式(1.159)，其中 $\mathbf{A}$ 為 $n \times n$ 之矩陣，其元素為實數，將 n 個線性獨立之特徵向量作線性組合構成式(1.158) 之通解。

若 n 個向量函數

$$\mathbf{y}_1(t) = \begin{bmatrix} y_{11}(t) \\ y_{21}(t) \\ \vdots \\ y_{n1}(t) \end{bmatrix}, \qquad \mathbf{y}_2(t) = \begin{bmatrix} y_{12}(t) \\ y_{22}(t) \\ \vdots \\ y_{n2}(t) \end{bmatrix}, \cdots, \qquad \mathbf{y}_n(t) = \begin{bmatrix} y_{1n}(t) \\ y_{2n}(t) \\ \vdots \\ y_{nn}(t) \end{bmatrix}$$

為線性獨立，則必

$$\begin{vmatrix} y_{11}(t) & y_{21}(t) & \cdots & y_{n1}(t) \\ y_{12}(t) & y_{22}(t) & \cdots & y_{n2}(t) \\ \vdots & \vdots & \vdots & \vdots \\ y_{1n}(t) & y_{2n}(t) & \cdots & y_{nn}(t) \end{vmatrix} \neq 0 \qquad (1.162)$$

根據式(1.160) 之系統矩陣 $\mathbf{A}$ 的特徵值 λ_i 為相異或重複，對應的 n 個線性獨立的特徵向量 ψ_i 以下列方式決定。

1. 單純或半單純系統

若 $n \times n$ 之矩陣 $\mathbf{A}$ 有 n 個相異的特徵值，必有 n 個線性獨立的特徵向量，此系統稱為單純系統 (simple system)。若矩陣 $\mathbf{A}$ 有重複的特徵值，但仍有 n 個線性獨立的特徵向量，此系統稱為半單純系統 (semisimple system)。

　　將 n 個線性獨立的特徵向量之解 $\psi_i\, e^{\lambda_i t}$ 作線性組合，得單純或半單純系統之通解如下：

$$\mathbf{X}(t) = c_1\boldsymbol{\psi}_1\, e^{\lambda_1 t} + c_2\boldsymbol{\psi}_2\, e^{\lambda_2 t} + \cdots + c_n\boldsymbol{\psi}_n\, e^{\lambda_n t} \tag{1.163}$$

此解可表示為

$$\mathbf{X}(t) = \mathbf{M}\,\langle e^{\lambda_i t}\rangle\,\mathbf{C} \tag{1.164}$$

　　其中 $\mathbf{M}$ 為模態矩陣，其行元素為 $\mathbf{A}$ 之線性獨立的特徵向量；$\langle e^{\lambda_i t}\rangle$ 為對角線矩陣，其元素為對應的指數函數 $e^{\lambda_i t}$；$\mathbf{C}$ 為待定係數組成之向量：

$$\mathbf{M} = \begin{bmatrix} \psi_{11} & \psi_{12} & \cdots & \psi_{1n} \\ \psi_{21} & \psi_{22} & \cdots & \psi_{2n} \\ \vdots & \vdots & \vdots & \vdots \\ \psi_{n1} & \psi_{n1} & \cdots & \psi_{nn} \end{bmatrix}, \quad \langle e^{\lambda_i t}\rangle = \begin{bmatrix} e^{\lambda_i t} & 0 & \cdots & 0 \\ 0 & e^{\lambda_i t} & \cdots & 0 \\ \vdots & \vdots & \vdots & \vdots \\ 0 & 0 & \cdots & e^{\lambda_i t} \end{bmatrix}, \quad \mathbf{C} = \begin{bmatrix} c_1 \\ c_2 \\ \vdots \\ c_n \end{bmatrix}$$

於式(1.164) 中，令 $t = 0$，兩邊前乘 $\mathbf{M}^{-1}$，得

$$\mathbf{C} = \mathbf{M}^{-1}\,\mathbf{X}(0)$$

故式(1.164) 可表示為

$$\mathbf{X}(t) = \mathbf{T}(t)\,\mathbf{X}(0) \tag{1.165}$$

其中 $\mathbf{T}(t)$ 為傳遞矩陣：

$$\mathbf{T}(t) = \mathbf{M}\,\langle e^{\lambda_i t}\rangle\,\mathbf{M}^{-1} \tag{1.166}$$

　　藉式 (1.165)，可由初始狀態向量 $\mathbf{X}(0)$ 計算時間 t 之狀態向量 $\mathbf{X}(t)$。

例：線性系統

$$\begin{cases} x_1' = -2x_1 + 2x_2 - 3x_3 \\ x_2' = 2x_1 + x_2 - 6x_3 \\ x_1' = -x_1 - 2x_2 \end{cases}$$

以矩陣表示為

$$\begin{bmatrix} x_1{}'(t) \\ x_2{}'(t) \\ x_1{}'(t) \end{bmatrix} = \begin{bmatrix} -2 & 2 & -3 \\ 2 & 1 & -6 \\ -1 & -2 & 0 \end{bmatrix} \begin{bmatrix} x_1(t) \\ x_2(t) \\ x_3(t) \end{bmatrix}$$

對應的特徵系統為

$$\begin{bmatrix} -2 & 2 & -3 \\ 2 & 1 & -6 \\ -1 & -2 & 0 \end{bmatrix} \begin{bmatrix} \psi_1 \\ \psi_2 \\ \psi_3 \end{bmatrix} = \lambda \begin{bmatrix} \psi_1 \\ \psi_2 \\ \psi_3 \end{bmatrix}$$

此式有非零解，則必

$$\begin{vmatrix} -2-\lambda & 2 & -3 \\ 2 & 1-\lambda & -6 \\ -1 & -2 & -\lambda \end{vmatrix} = 0$$

由此得 $\lambda_1 = 5, \quad \lambda_2 = -3, \quad \lambda_3 = -3$。

將 $\lambda_1 = 5$ 代入特徵系統，得

$$\begin{bmatrix} -7 & 2 & -3 \\ 2 & -4 & -6 \\ -1 & -2 & -5 \end{bmatrix} \begin{bmatrix} \psi_{11} \\ \psi_{21} \\ \psi_{31} \end{bmatrix} = \mathbf{0}$$

由此得非零解：

$$\begin{bmatrix} \psi_{11} \\ \psi_{21} \\ \psi_{31} \end{bmatrix} = \begin{bmatrix} 1 \\ 2 \\ -1 \end{bmatrix}$$

將 $\lambda_2 = \lambda_3 = -3$ 分別代入特徵系統，得

$$\begin{bmatrix} \psi_{12} \\ \psi_{22} \\ \psi_{32} \end{bmatrix} = \begin{bmatrix} -2 \\ 1 \\ 0 \end{bmatrix}, \qquad \begin{bmatrix} \psi_{13} \\ \psi_{23} \\ \psi_{33} \end{bmatrix} = \begin{bmatrix} 3 \\ 0 \\ 1 \end{bmatrix}$$

故此線性系統之通解為

$$\begin{bmatrix} x_1(t) \\ x_2(t) \\ x_3(t) \end{bmatrix} = c_1 \begin{bmatrix} 1 \\ 2 \\ -1 \end{bmatrix} e^{5t} + c_2 \begin{bmatrix} -2 \\ 1 \\ 0 \end{bmatrix} e^{-3t} + c_3 \begin{bmatrix} 3 \\ 0 \\ 1 \end{bmatrix} e^{-3t}$$

或表示為

$$\begin{bmatrix} x_1(t) \\ x_2(t) \\ x_3(t) \end{bmatrix} = \begin{bmatrix} e^{5t} & -2e^{-3t} & 3e^{-3t} \\ 2e^{5t} & e^{-3t} & 0 \\ -e^{5t} & 0 & e^{-3t} \end{bmatrix} \begin{bmatrix} c_1 \\ c_2 \\ c_3 \end{bmatrix}$$

以傳遞矩陣表示為

$$\begin{bmatrix} x_1(t) \\ x_2(t) \\ x_3(t) \end{bmatrix} = \mathbf{T}(t) \begin{bmatrix} x_1(0) \\ x_2(0) \\ x_3(0) \end{bmatrix}$$

其中傳遞矩陣 $T(t)$ 為

$$\mathbf{T}(t) = \begin{bmatrix} 1 & -2 & 3 \\ 2 & 1 & 0 \\ -1 & 0 & 1 \end{bmatrix} \begin{bmatrix} e^{5t} & 0 & 0 \\ 0 & e^{-3t} & 0 \\ 0 & 0 & e^{-3t} \end{bmatrix} \begin{bmatrix} 1 & -2 & 3 \\ 2 & 1 & 0 \\ -1 & 0 & 1 \end{bmatrix}^{-1}$$

本例之系統矩陣雖有重複的特徵值，但所對應的特徵向量為線性獨立，故此線性系統為半單純系統。

若特徵方程式 (1.160) 有複數的特徵值，則必有共軛的特徵值，對應的特徵向量必共軛，證明見習題 6.3。具體而言，若 $\lambda = a + bi$ 為複數特徵值，對應的特徵向量為 $\psi = \phi + i\varphi$，則 $\overline{\lambda} = a - ib$ 亦為特徵值，對應的特徵向量為 $\overline{\psi} = \phi - i\varphi$，對應於特徵值 λ 與 $\overline{\lambda}$ 之線性獨立解分別為

$$e^{at} [\phi \cos (bt) - \varphi \sin (bt)], \qquad e^{at} [\phi \cos (bt) + \varphi \sin (bt)]$$

2. 非單純系統

若 $n \times n$ 之矩陣 **A** 有重複的特徵值，所對應之線性獨立的特徵向量少於 n 個，此系統為非單純系統 (non-semisimple system)。

若線性系統之特徵值為 λ_i $(i = 1, 2, \cdots, n)$，其中 $\lambda_r = \mu$ 為重複 k 次的特徵值，以下說明如何決定對應於 μ 的線性獨立之解。

設 $\mathbf{A}\boldsymbol{\psi} = \mu\boldsymbol{\psi}$ 的特徵向量為 $\boldsymbol{\psi}_1$，線性系統對應之解為 $\mathbf{X}_1 = \boldsymbol{\psi}_1 e^{\mu t}$，對應於 μ 其餘的 $k - 1$ 個線性獨立之解，可由解 Jordan 鏈 (Jordan chain) 求得。

設對應於 μ 的第二個線性獨立的解 $\mathbf{X}_2$ 之形式為

$$\mathbf{X}_2 = \boldsymbol{\psi}_1 \, t e^{\mu t} + \boldsymbol{\psi}_2 \, e^{\mu t} \tag{1.167}$$

其中 $\boldsymbol{\psi}_2$ 為待定向量。

將式 (1.167) 代入 $\mathbf{X}' = \mathbf{A}\mathbf{X}$，得

$$\boldsymbol{\psi}_1 \, e^{\mu t} + \mu\boldsymbol{\psi}_1 \, t e^{\mu t} + \mu\boldsymbol{\psi}_2 \, e^{\mu t} = \mathbf{A}(\boldsymbol{\psi}_1 \, t e^{\mu t} + \boldsymbol{\psi}_2 \, e^{\mu t})$$

將 $A\boldsymbol{\psi}_1 = \mu\boldsymbol{\psi}_1$ 代入上式，得

$$(\mathbf{A} - \mu\mathbf{I})\boldsymbol{\psi}_2 = \boldsymbol{\psi}_1 \tag{1.168}$$

解此聯立代數方程式得 $\boldsymbol{\psi}_2$，從而由式 (1.167) 得 $\mathbf{X}_2$。

若 μ 為重複 $k > 2$ 次的特徵值，設

$$\mathbf{X}_3 = \frac{1}{2} \, \boldsymbol{\psi}_1 \, t^2 \, e^{\mu t} + \boldsymbol{\psi}_2 \, t e^{\mu t} + \boldsymbol{\psi}_3 \, e^{\mu t} \tag{1.169}$$

其中 $\boldsymbol{\psi}_3$ 為待定向量。

將式 (1.169) 代入 $\mathbf{X}' = \mathbf{A}\mathbf{X}$，得

$$\boldsymbol{\psi}_1 t + \frac{1}{2} \mu\boldsymbol{\psi}_1 t^2 + \boldsymbol{\psi}_2 + \mu\boldsymbol{\psi}_2 t + \mu\boldsymbol{\psi}_3 = \frac{1}{2} \mathbf{A}\boldsymbol{\psi}_1 t^2 + \mathbf{A}\boldsymbol{\psi}_2 t + \mathbf{A}\boldsymbol{\psi}_3$$

將 $\mathbf{A}\boldsymbol{\psi}_1 = \mu\boldsymbol{\psi}_1$ 與式 (1.168) 代入上式，得

$$(\mathbf{A} - \mu\mathbf{I})\, \boldsymbol{\psi}_3 = \boldsymbol{\psi}_2 \tag{1.170}$$

解此聯立代數方程式得 $\boldsymbol{\psi}_3$，從而由式 (1.169) 得 $\mathbf{X}_3$。

以此類推，可得對應於 μ 之第 k 個線性獨立的解為。

$$\mathbf{X}_k = \frac{1}{(k-1)!}\, \boldsymbol{\psi}_1\, t^{k-1} e^{\mu t} + \frac{1}{(k-2)!}\, \boldsymbol{\psi}_2 t^{k-2} e^{\mu t} + \cdots + \boldsymbol{\psi}_{k-1} t e^{\mu t} + \boldsymbol{\psi}_k e^{\mu t} \tag{1.171}$$

其中之向量 $\boldsymbol{\psi}_k$ 由以下方程式求解：

$$(\mathbf{A} - \mu\mathbf{I})\, \boldsymbol{\psi}_k = \boldsymbol{\psi}_{k-1} \tag{1.172}$$

由以上 Jordan 鏈之解，可決定所有對應於重複特徵值的線性獨立之解。若僅知 λ_γ 為重複特徵值，而不知其重複次數，可求解 Jordan 鏈，直到斷鏈為止；特徵值重複的次數為式 (1.172) 無解時之 $k-1$ 值。

例：　考慮線性系統 $\mathbf{X}' = \mathbf{A}\mathbf{X}$，其中

$$\mathbf{A} = \begin{bmatrix} -2 & -1 & -5 \\ 25 & -7 & 0 \\ 0 & 1 & 3 \end{bmatrix}$$

矩陣 $\mathbf{A}$ 之三個本徵值皆為 $\lambda = -2$，亦即 $\lambda = -2$ 為重複三次的特徵值。對應 $\lambda = -2$ 之第一個特徵向量與線性系統之解為

$$\boldsymbol{\psi}_1 = \begin{bmatrix} -1 \\ -5 \\ 1 \end{bmatrix}, \qquad \mathbf{X}_1 = \begin{bmatrix} -1 \\ -5 \\ 1 \end{bmatrix} e^{-2t}$$

設第二個解之形式為

$$\mathbf{X}_2 = \begin{bmatrix} -1 \\ -5 \\ 1 \end{bmatrix} t e^{-2t} + \boldsymbol{\psi}_2\, e^{-2t}$$

其中 ψ_2 由下式求解：

$$(A + 2I) \, \psi_2 = \begin{bmatrix} 0 & -1 & -5 \\ 25 & -5 & 0 \\ 0 & 1 & 5 \end{bmatrix} \psi_2 = \begin{bmatrix} -1 \\ -5 \\ 1 \end{bmatrix} \quad \Rightarrow \quad \psi_2 = \begin{bmatrix} -c \\ 1-5c \\ c \end{bmatrix}$$

其中 c 為任意常數。令 $c = 0$，得

$$\psi_2 = \begin{bmatrix} 0 \\ 1 \\ 0 \end{bmatrix}, \qquad X_2 = \begin{bmatrix} -1 \\ -5 \\ 1 \end{bmatrix} te^{-2t} + \begin{bmatrix} 0 \\ 1 \\ 0 \end{bmatrix} e^{-2t} = \begin{bmatrix} -t \\ -5t+1 \\ t \end{bmatrix} e^{-2t}$$

第三個解之形式為

$$X_3 = \frac{1}{2}\begin{bmatrix} -1 \\ -5 \\ 1 \end{bmatrix} t^2 e^{-2t} + \begin{bmatrix} 0 \\ 1 \\ 0 \end{bmatrix} te^{-2t} + \psi_3 \, e^{-2t}$$

其中 ψ_3 由下式求解：

$$\begin{bmatrix} 0 & -1 & -5 \\ 25 & -5 & 0 \\ 0 & 1 & 5 \end{bmatrix} \psi_3 = \begin{bmatrix} 0 \\ 1 \\ 0 \end{bmatrix} \quad \Rightarrow \quad \psi_3 = \begin{bmatrix} 0 \\ -1/5 \\ 1/25 \end{bmatrix}$$

故得

$$X_3 = \frac{1}{2}\begin{bmatrix} -1 \\ -5 \\ 1 \end{bmatrix} t^2 e^{-2t} + \begin{bmatrix} 0 \\ 1 \\ 0 \end{bmatrix} te^{-2t} + \begin{bmatrix} 0 \\ -1/5 \\ 1/25 \end{bmatrix} e^{-2t} = \begin{bmatrix} -\dfrac{1}{2}t^2 \\[2mm] -\dfrac{5}{2}t^2 + t - \dfrac{1}{5} \\[2mm] \dfrac{1}{2}t^2 + \dfrac{1}{25} \end{bmatrix} e^{-2t}$$

此線性系統之通解為

$$
\begin{bmatrix} x_1(t) \\ x_2(t) \\ x_3(t) \end{bmatrix} = \begin{bmatrix} -e^{-2t} & -te^{-2t} & -\dfrac{1}{2}t^2e^{-2t} \\ -5e^{-2t} & (-5t+1)\,e^{-2t} & \left(-\dfrac{5}{2}t^2+t-\dfrac{1}{5}\right)e^{-2t} \\ e^{-2t} & te^{-2t} & \left(\dfrac{1}{2}t^2+\dfrac{1}{25}\right)e^{-2t} \end{bmatrix} \begin{bmatrix} c_1 \\ c_2 \\ c_3 \end{bmatrix}
$$

當系統矩陣大或特徵值為複數時，往往不易求其特徵值與特徵向量。以下說明以指數矩陣求解線性系統的方法。

類比於一階常微分方程式

$$
y'(t) = ay(t)
$$

之解 $y(t) = y(0)\,e^{at}$，設線性系統

$$
\mathbf{X}'(t) = \mathbf{A}\mathbf{X}(t)
$$

解之形式為

$$
\mathbf{X}(t) = e^{\mathbf{A}t}\,\mathbf{X}(0) \tag{1.173}
$$

其中指數函數 $e^{\mathbf{A}t}$ 之冪次為矩陣，以下說明如何計算此指數矩陣。

比較式(1.173) 與式(1.165) 得

$$
e^{\mathbf{A}t} = \mathbf{T}(t) = \mathbf{M}\,\langle e^{\lambda_i t} \rangle\,\mathbf{M}^{-1} \tag{1.174}
$$

由此可知：指數矩陣相當於傳遞矩陣 $\mathbf{T}(t)$。

已知指數函數可表示為泰勒級數如下：

$$
e^{at} = 1 + at + \frac{1}{2!}a^2t^2 + \frac{1}{3!}a^3t^3 + \cdots \tag{1.175}
$$

若 t 為實數，此級數為收斂。

類此，指數矩陣 $e^{\mathbf{A}t}$ 可表示為

$$e^{\mathbf{A}t} = \mathbf{I} + \mathbf{A}t + \frac{1}{2!}\,\mathbf{A}^2 t^2 + \frac{1}{3!}\,\mathbf{A}^3 t^3 + \cdots \tag{1.176}$$

根據式 (1.176) 計算 $e^{\mathbf{A}t}$，無需求解系統矩陣之特徵值與特徵向量，但是往往要取很多項，級數才收斂。

指數矩陣在解線性系統的方法中居關鍵地位。為推導解非齊次線性系統之公式，必須了解以下指數矩陣之基本性質與運算法則，其證明見習題 4、5、6。

1. 指數矩陣之微分

$$\frac{d}{dt}\,e^{\mathbf{A}t} = \mathbf{A}e^{\mathbf{A}t} \tag{1.177}$$

利用此性質與式 (1.173)，得

$$\mathbf{X}'(t) = \frac{d}{dt}\left[e^{\mathbf{A}t}\,\mathbf{X}(0)\right] = \frac{d}{dt}(e^{\mathbf{A}t})\,\mathbf{X}(0) = \mathbf{A}\,e^{\mathbf{A}t}\,\mathbf{X}(0) = e^{\mathbf{A}t}\,\mathbf{X}(t)$$

此式表明式 (1.173) 確實滿足齊次線性系統式 (1.158)。

2. 若 $n \times n$ 之實數矩陣 $\mathbf{A}$ 與 $\mathbf{B}$ 可交換，$\mathbf{AB} = \mathbf{BA}$，則

$$e^{(\mathbf{A}+\mathbf{B})t} = e^{\mathbf{A}t}\,e^{\mathbf{B}t} = e^{\mathbf{B}t}\,e^{\mathbf{A}t} \tag{1.178}$$

顯然 $\mathbf{A}$ 與 $-\mathbf{A}$ 可交換，令 $\mathbf{B} = -\mathbf{A}$，故

$$\mathbf{I} = e^{\mathbf{A}t}\,e^{-\mathbf{A}t} = e^{-\mathbf{A}t}\,e^{\mathbf{A}t}$$

將式 (1.174) 代入上式，可知傳遞矩陣 $\mathbf{T}(t)$ 之逆矩陣為指數矩陣之逆矩陣：

$$\mathbf{T}^{-1}(t) = e^{-\mathbf{A}t} \tag{1.179}$$

1.16.2. 非齊次線性系統

非齊次線性系統式 (1.156) 之通解由齊次解與特解組成：

$$\mathbf{X}(t) = \mathbf{T}(t)\,\mathbf{X}(0) + \mathbf{X}_p(t) \tag{1.180}$$

前已求得齊次解 $\mathbf{T}(t)\,\mathbf{X}(0)$，以下說明如何求特解 $\mathbf{X}_p(t)$。

設 $\mathbf{X}_p(t)$ 之形式為

$$\mathbf{X}_p(t) = \mathbf{T}(t)\,\mathbf{Y}(t) \tag{1.181}$$

其中 $\mathbf{Y}(t)$ 為待定向量。

將式(1.181) 代入式(1.156)，得

$$\mathbf{T}'\mathbf{Y} + \mathbf{T}\mathbf{Y}' = \mathbf{A}\mathbf{T}\mathbf{Y} + \mathbf{B} \tag{1.182}$$

已知 $\mathbf{X}(t) = \mathbf{T}(t)\,\mathbf{X}(0)$ 為 $\mathbf{X}' = \mathbf{A}\mathbf{X}$ 之解，故

$$\mathbf{T}'\mathbf{X}(0) = \mathbf{A}\mathbf{T}\mathbf{X}(0) \quad 則 \quad \mathbf{T}'\mathbf{Y} = \mathbf{A}\mathbf{T}\mathbf{Y}$$

因此，式 (1.182) 可化簡為

$$\mathbf{T}\mathbf{Y}' = \mathbf{B} \tag{1.183}$$

其解為

$$\mathbf{Y}(t) = \int_0^t \mathbf{T}^{-1}(\tau)\,\mathbf{B}(\tau)\,d\tau$$

將此式代入式(1.181)，得

$$\mathbf{X}_p(t) = \mathbf{T}(t) \int_0^t \mathbf{T}^{-1}(\tau)\,\mathbf{B}(\tau)\,d\tau = \int_0^t \mathbf{T}(t)\,\mathbf{T}^{-1}(\tau)\,\mathbf{B}(\tau)\,d\tau \tag{1.184}$$

其中 $\mathbf{T}^{-1}(\tau)$ 為傳遞矩陣 $\mathbf{T}(\tau)$ 之逆矩陣。

運用式 (1.174)，式 (1.178) 與式 (1.179)，得

$$\mathbf{T}(t)\,\mathbf{T}^{-1}(\tau) = e^{\mathbf{A}(t-\tau)} = \mathbf{T}(t-\tau)$$

將此式代入式(1.184)，得

$$\mathbf{X}_p(t) = \int_0^t \mathbf{T}(t - \tau)\, \mathbf{B}(\tau)\, d\tau \tag{1.185}$$

此式為矩陣函數 $\mathbf{T}(t)$ 與 $\mathbf{B}(t)$ 之摺積分 (convolution)。

將式 (1.173) 所示之齊次解與式 (1.185) 所示之特解相加,得非齊次線性系統的通解為

$$\mathbf{X}(t) = \mathbf{T}(t)\, \mathbf{X}(0) + \int_0^t \mathbf{T}(t - \tau)\, \mathbf{B}(\tau)\, d\tau \tag{1.186}$$

1. (a) 試決定以下線性系統之特徵值與特徵向量:

$$\begin{cases} x_1' = 2x_1 + x_2 \\ x_2' = x_1 - 2x_2 + 4x_3 \\ x_3' = 4x_2 + 2x_3 \end{cases}$$

(b) 試推求此線性系統之通解為

$$\begin{bmatrix} x_1(t) \\ x_2(t) \\ x_3(t) \end{bmatrix} = c_1 \begin{bmatrix} -4 \\ 0 \\ 1 \end{bmatrix} e^{2t} + c_2 \begin{bmatrix} 1 \\ -2+\sqrt{21} \\ 4 \end{bmatrix} e^{\sqrt{21}\,t} + c_3 \begin{bmatrix} 1 \\ -2-\sqrt{21} \\ 4 \end{bmatrix} e^{-\sqrt{21}\,t}$$

2. (a) 試決定以下線性系統之特徵值與特徵向量:

$$\begin{cases} x_1' = 5x_1 - 4x_2 + 4x_3 \\ x_2' = 12x_1 - 11x_2 + 12x_3 \\ x_3' = 4x_1 - 4x_2 + 5x_3 \end{cases}$$

(b) 驗證此線性系統為半單純系統,其通解為

$$\begin{bmatrix} x_1(t) \\ x_2(t) \\ x_3(t) \end{bmatrix} = c_1 \begin{bmatrix} 1 \\ 3 \\ 1 \end{bmatrix} e^{-3t} + c_2 \begin{bmatrix} 1 \\ 1 \\ 0 \end{bmatrix} e^{t} + c_3 \begin{bmatrix} -1 \\ 0 \\ 1 \end{bmatrix} e^{t}$$

3. 若特徵系統

$$\mathbf{A}\psi = \lambda\psi \tag{1.187}$$

之特徵值為 $\lambda = a + ib$，對應的特徵向量為 $\psi = \phi + i\varphi$，其中 A 為實數矩陣，式 (1.187) 兩邊取共軛，得

$$\mathbf{A}\overline{\psi} = \overline{\lambda}\,\overline{\psi} \tag{1.188}$$

此為式 (1.187) 之共軛系統，故知 $\overline{\lambda} = a - ib$ 亦為矩陣 $\mathbf{A}$ 之特徵值，對應的特徵向量為 $\overline{\psi} = \phi - i\varphi$。

運用 Euler 公式 $e^{i\theta} = \cos\theta + i\sin\theta$，證明：對應於 λ 與 $\overline{\lambda}$ 之線性獨立解為

$$e^{at}\,[\phi\cos(bt) - \varphi\sin(bt)], \qquad e^{at}\,[\phi\cos(bt) + \varphi\sin(bt)] \tag{1.189}$$

4. 將指數矩陣 $e^{\mathbf{A}t}$ 之級數表示式

$$e^{\mathbf{A}t} = \sum_{n=0}^{\infty} \frac{1}{n!}\, t^n \mathbf{A}^n \tag{1.190}$$

逐項微分，再運用矩陣恆等式：

$$\mathbf{A}^n = \mathbf{A}\mathbf{A}^{n-1} = \mathbf{A}^{n-1}\mathbf{A}$$

證明：

$$\frac{d}{dt}\, e^{\mathbf{A}t} = \mathbf{A}e^{\mathbf{A}t}, \qquad \frac{d}{dt}\, e^{\mathbf{A}t} = e^{\mathbf{A}t}\mathbf{A} \tag{1.191}$$

5. 將指數矩陣 $e^{\mathbf{A}t}$ 之級數表示式分別後乘與前乘矩陣 $\mathbf{B}$，若 $\mathbf{AB} = \mathbf{BA}$，證明：

$$\mathbf{B}e^{\mathbf{A}t} = e^{\mathbf{A}t}\mathbf{B} \tag{1.192}$$

6. 若 $\mathbf{AB} = \mathbf{BA}$，基於式 (1.191) 與式 (1.192)，定義

$$\mathbf{C}(t) = e^{(\mathbf{A}+\mathbf{B})t}e^{-\mathbf{A}t}e^{-\mathbf{B}t} \tag{1.193}$$

證明：

$$\frac{dt}{dt}\mathbf{C}(t) = \frac{d}{dt}[e^{(\mathbf{A}+\mathbf{B})t}]e^{-\mathbf{A}t}e^{-\mathbf{B}t} + e^{(\mathbf{A}+\mathbf{B})t}\frac{d}{dt}(e^{-\mathbf{A}t})e^{-\mathbf{B}t}$$

$$+ e^{(\mathbf{A}+\mathbf{B})t}e^{-\mathbf{A}t}\frac{d}{dt}(e^{-\mathbf{B}t}) = 0 \qquad (1.194)$$

此式表明 $\mathbf{C}(t)$ 與 t 無關，$\mathbf{C}(1) = \mathbf{C}(0) = \mathbf{I}$，由 $\mathbf{C}(t)$ 之定義，得

$$e^{(\mathbf{A}+\mathbf{B})}e^{-\mathbf{A}}e^{-\mathbf{B}} = \mathbf{I} \qquad (1.195)$$

將 $\mathbf{A}$ 與 $\mathbf{B}$ 互換，得

$$e^{(\mathbf{A}+\mathbf{B})}e^{-\mathbf{B}}e^{-\mathbf{A}} = \mathbf{I} \qquad (1.196)$$

令 $\mathbf{B} = -\mathbf{A}$，由式 (1.195) 與式 (1.196) 得

$$e^{-\mathbf{A}}e^{\mathbf{A}} = \mathbf{I}, \qquad e^{\mathbf{A}}e^{-\mathbf{A}} = \mathbf{I} \qquad \therefore \ e^{-\mathbf{A}} = (e^{\mathbf{A}})^{-1} \qquad (1.197)$$

將式 (1.197) 代入式 (1.195) 與式 (1.196)，得

$$e^{(\mathbf{A}+\mathbf{B})}(e^{\mathbf{A}})^{-1}(e^{\mathbf{B}})^{-1} = \mathbf{I}, \qquad e^{(\mathbf{A}+\mathbf{B})}(e^{\mathbf{B}})^{-1}(e^{\mathbf{A}})^{-1} = \mathbf{I}$$

此兩式成立，則必

$$e^{(\mathbf{A}+\mathbf{B})} = e^{\mathbf{A}}e^{\mathbf{B}} = e^{\mathbf{B}}e^{\mathbf{A}} \qquad (1.198)$$

第 2 章

曲線座標

　　在慣性座標系統下，物理定律不變，建立物理問題的數學模式可採取任何參考座標來表示定義域與質點之位置。直角座標亦即笛卡兒座標 (Cartesian coordinates) 互相垂直的三個直線座標軸 x、y、z 表示點位與座標原點之前後、左右、上下關係，與直觀相近，所以根據直角座標推導問題的數學模式最為方便，控制方程式的形式也最簡潔；然而，應用於解析問題以直角座標為參考座標就不見得適宜了。

　　一般邊界值問題的數學模式包括：在定義域內必須滿足的方程式與在定義域邊界上設定的條件，亦即必須滿足待解的控制方程式 (governing equation) 與已知的邊界條件 (boundary conditions)。欲將邊界條件以簡要的形式表達，需要採取適當的參考座標來表示定義域。若定義域為方形，自當以直角座標表示；若為平面圓形，以極座標 (polar coordinates) 表示為宜；若為圓柱形，以圓柱座標 (cylindrical coordinates) 表示為宜；若為圓球體，則以球面座標 (spherical coordinates) 表示為宜。一旦邊界條件以曲線座標 (curvilinear coordinates) 表示，就必須根據直角座標與曲線座標之轉換關係，將直角座標推導出的控制方程式以相同的曲線座標表示，以便運用數學方法求解。

　　本章首先闡明以直角座標表示空間之點線面的函數形式，其次說明曲線座標的幾何意義，進而推導曲線座標之基本元素：包括座標基向量 (base vector)、度量係數 (metric coefficients)、弧元素 (arc element)、曲面元素 (surface element)、體積元素 (volume element)，以及在數學模式常出現的向量運算子 (operator) 之直角座標與曲線座標的轉換關係，並由質點之空間運動軌跡推導質點之位置、移動速度、瞬時加速度與所受到的慣性力；最後列舉常用的圓柱座標與球面座標之基本幾何元素以及梯度、散度、旋度等運算子之表示式，以供應用參考。

2.1. 空間之點線面的函數形式

　　首先說明空間曲線與曲面之一般函數形式，以便後續推導曲線座標之幾何意義與座標轉換關係。

　　平面幾何之函數關係 $y = f(x)$ 或隱函數關係 $F(x, y) = 0$ 表示平面上的曲線；

在直角座標下，設定 x 之值，由函數關係得出 y，連結所有 (x, y) 點的軌跡，可繪出該平面曲線。

例如：方程式 $y = ax + b$ 表示 xy 平面上的一條直線。

方程式 $x^2 + y^2 = a^2$ 表示 xy 平面上半徑為 a 的圓。

設參數 t 為自變數，以向量函數表示平面上之曲線，其參數形式為

$$r = r(t) = x(t)\mathbf{i} + y(t)\mathbf{j} \qquad\qquad (a)$$

若 t 為定值 $t = t_1$，則 $r = r(t_1)$ 表示該平面曲線上定點的位置向量。

空間曲面以函數表示為 $z = f(x, y)$ 或隱函數 $F(x, y, z) = 0$，亦即 x, y, z 變數中有兩個為自變數，一個為因變數。設定直角座標 x 與 y 之值，由函數關係得 z，連結所有 (x, y, z) 點，可繪出函數所代表的空間曲面圖形。

例如：在直角座標 (x, y, z)，方程式 $y = ax + b$ 表示垂直於 xy 平面 $(z = 0)$ 之平面族，而非平面上之直線。

方程式 $x^2 + y^2 = a^2, 0 \leq z \leq h$ 表示半徑為 a 之圓柱曲面，並非平面上之圓；$z = 0, z = h$ 分別表示圓柱底部平面與頂部平面。

方程式 $x^2 + y^2 + z^2 = a^2$ 表示半徑為 a 之圓球體表面。

設參數 s, t 為自變數，空間曲面得以向量函數表示為

$$r = r(s, t) = x(s, t)\mathbf{i} + y(s, t)\mathbf{j} + z(s, t)\mathbf{k} \qquad\qquad (b)$$

若 s, t 為定值 $s = s_1, t = t_1$，則 $r = r(s_1, t_1)$ 為該曲面上定點的位置向量。

眾所周知，方程式 $y = f(x)$ 或 $F(x, y) = 0$ 表示 xy 平面上之曲線，若推廣至三維，可能會誤以為 $z = f(x, y)$ 或 $F(x, y, z) = 0$ 表示空間曲線；事實上，如前所述，$z = f(x, y)$ 或 $F(x, y, z) = 0$ 表示空間曲面，並非空間曲線。

設 $F(x, y, z)$ 與 $G(x, y, z)$ 為獨立函數，則 $F(x, y, z) = 0$ 與 $G(x, y, z) = 0$ 表示兩個不平行的空間曲面，聯立方程式 $F(x, y, z) = 0, G(x, y, z) = 0$ 為兩者之交線；若以函數表示空間曲線，x, y, z 三個變數中，僅其一為自變數。

例如：聯立方程式 $y = ax + b, z = 3$ 表示離 xy 平面 $(z = 0)$ 垂直距離 3 單位之平面上的直線。

聯立方程式　$x^2 + y^2 = a^2$, $z = 3$ 表示離 xy 平面 ($z = 0$) 垂直距離 3 單位，半徑為 a 之圓柱曲面上的圓周線。

空間曲線以參數形式之向量函數表示較為簡便。設自變數為參數 t，空間曲線得以向量函數表示為

$$r = r(t) = x(t)\mathbf{i} + y(t)\mathbf{j} + z(t)\mathbf{k} \tag{c}$$

若 t 為定值 $t = t_1$，則 $r = r(t_1)$ 為該空間曲線上定點的位置向量。

例如：聯立方程式 $y = ax + b$,　$z = 3$ 代表的直線得以自變數 t 的向量函數表示為

$$r = r(t) = t\mathbf{i} + (at + b)\mathbf{j} + 3\mathbf{k}$$

聯立方程式　$x^2 + y^2 = a^2$,　$z = 3$ 所代表的圓，得以向量函數表示為

$$r = r(t) = t\mathbf{i} + (a^2 - t^2)^{1/2}\mathbf{j} + 3\mathbf{k}$$

運用圓柱座標 (r, θ, z) 與直角座標之關係：

$$x = r \cos \theta, \qquad y = r \sin \theta, \qquad z = z$$

可將半徑為 a 之圓柱曲面表示為

$$r = a \qquad (\theta \text{ 與 } z \text{ 為自變數})$$

以向量函數表示為

$$r = r(\theta, z) = a \cos \theta\, \mathbf{i} + a \sin \theta\, \mathbf{j} + z\mathbf{k} \qquad (0 \le \theta \le 2\pi)$$

離 xy 平面垂直距離 3 單位，半徑為 a 之圓柱曲面上的圓可表示為

$$r = r(\theta) = a \cos \theta\, \mathbf{i} + a \sin \theta\, \mathbf{j} + 3\mathbf{k} \qquad (0 \le \theta \le 2\pi)$$

以直角座標表示半徑為 a 之圓球體表面為

$$x^2 + y^2 + z^2 = a^2$$

運用球面座標 (ρ, φ, θ) 與直角座標之關係：

$$x = \rho \sin \varphi \cos \theta, \qquad y = \rho \sin \varphi \sin \theta, \qquad z = \rho \cos \varphi$$

可將半徑為 a 之圓球體表面表示為

$$\rho = a \qquad (\varphi \text{ 與 } \theta \text{ 為自變數})$$

以向量函數表示為

$$\boldsymbol{r} = \boldsymbol{r}(\varphi, \theta) = a \sin \varphi \cos \theta\, \mathbf{i} + a \sin \varphi \sin \theta\, \mathbf{j} + a \cos \varphi\, \mathbf{k}$$
$$(0 \leq \varphi \leq \pi, \quad 0 \leq \theta \leq 2\pi)$$

由以上數例可知：圓柱體的點線面以圓柱座標表示最為簡明，圓球體的點線面以球面座標表示最為簡明。解析邊界值問題，自當採取適當的參考座標來表示數學模式的定義域與邊界條件，以便運用數學方法求解。

2.2. 曲線座標與變數變換

設變數 (x_1, x_2, x_3) 與另一組變數 (u_1, u_2, u_3) 的變換關係為

$$\begin{aligned} x_1 &= x_1(u_1, u_2, u_3) \\ x_2 &= x_2(u_1, u_2, u_3) \\ x_3 &= x_3(u_1, u_2, u_3) \end{aligned} \tag{2.1}$$

就幾何觀點而言，若 (x_1, x_2, x_3) 為直角座標，則式 (2.1) 表示直角座標與曲線座標的變換關係；將變數 (u_1, u_2, u_3) 以 (x_1, x_2, x_3) 表示就容易展示其意義了。

設 $x_k = x_k(u_1, u_2, u_3)$ $(k = 1, 2, 3)$ 為單值連續函數，變數 (x_1, x_2, x_3) 與變數 (u_1, u_2, u_3) 變換關係的 Jacobian 行列式不為零：

$$\frac{\partial(x_1, x_2, x_3)}{\partial(u_1, u_2, u_3)} \neq 0$$

則 (u_1, u_2, u_3) 得以 (x_1, x_2, x_3) 表示：

$$u_1 = u_1(x_1, x_2, x_3)$$
$$u_2 = u_2(x_1, x_2, x_3) \qquad (2.2)$$
$$u_3 = u_3(x_1, x_2, x_3)$$

令 $u_k = c_k$　$(k = 1, 2, 3)$，c_k 為常數，則式 (2.2) 表示三個空間曲面：

S_1 曲面：　$u_1 = u_1(x_1, x_2, x_3) = c_1$

S_2 曲面：　$u_2 = u_2(x_1, x_2, x_3) = c_2$

S_3 曲面：　$u_3 = u_3(x_1, x_2, x_3) = c_3$

在曲面 S_2 與曲面 S_3 之交線上，$u_2 = c_2, u_3 = c_3$，僅 u_1 變動，是為 u_1 座標線 (coordinate line)；在曲面 S_1 與曲面 S_3 之交線上，$u_1 = c_1, u_3 = c_3$，僅 u_2 變動，是為 u_2 座標線；在曲面 S_1 與曲面 S_2 之交線上，$u_1 = c_1, u_2 = c_2$，僅 u_3 變動，是為 u_3 座標線。若式 (2.2) 之函數為非線性，則曲面 S_1, S_2, S_3 之交線並非直線，而是曲線，(u_1, u_2, u_3) 構成一組曲線座標 (curvilinear coordinates)；三條座標線之交點為曲線座標的原點，曲面 S_1, S_2, S_3 為三個座標面，如圖 2.1 所示。

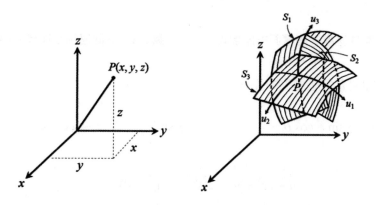

圖 2.1　直角座標與曲線座標之座標面與座標線

以常用的圓柱座標與球面座標說明曲線座標之幾何意義如下：

1. 圓柱座標與直角座標之關係為

$$x = r\cos\theta, \qquad y = r\sin\theta, \qquad z = z \tag{2.3}$$

$$r = (x^2 + y^2)^{1/2}, \qquad \theta = \tan^{-1}(y/x), \qquad z = z \qquad (r > 0,\ 0 \le \theta \le 2\pi) \tag{2.4}$$

座標線 r 為平面 $\tan^{-1}(y/x) = c_2$ 與平面 $z = c_3$ 之交線。

座標線 θ 為圓柱曲面 $x^2 + y^2 = c_1^2$ 與平面 $z = c_3$ 之交線。

座標線 z 為圓柱曲面 $x^2 + y^2 = c_1^2$ 與平面 $\tan^{-1}(y/x) = c_2$ 之交線。

如圖 2.2 所示，(r, θ, z) 構成一組圓柱座標。

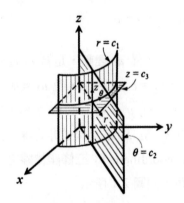

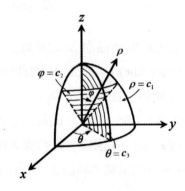

圖 2.2　圓柱座標之座標面與座標線　　圖 2.3　球面座標之座標面與座標線

2. 球面座標與直角座標之關係為

$$x = \rho\sin\varphi\cos\theta, \qquad y = \rho\sin\varphi\sin\theta, \qquad z = \rho\cos\varphi \tag{2.5}$$

$$\rho = (x^2 + y^2 + z^2)^{1/2} \qquad (\rho > 0) \tag{2.6a}$$

$$\varphi = \tan^{-1} \frac{\sqrt{x^2 + y^2}}{z} \qquad (0 \leq \varphi \leq \pi) \qquad\qquad (2.6b)$$

$$\theta = \tan^{-1} \frac{y}{x} \quad (0 \leq \theta < 2\pi) \qquad\qquad (2.6c)$$

座標線 ρ 為曲面 $\quad \tan^{-1} \frac{\sqrt{x^2 + y^2}}{z} = c_2 \quad$ 與平面 $\quad \tan^{-1} \frac{y}{x} = c_3 \quad$ 之交線。

座標線 φ 為球面 $\quad x^2 + y^2 + z^2 = c_1^2 \quad$ 與平面 $\quad \tan^{-1} \frac{y}{x} = c_3 \quad$ 之交線。

座標線 θ 為球面 $\quad x^2 + y^2 + z^2 = c_1^2 \quad$ 與曲面 $\quad \tan^{-1} \frac{\sqrt{x^2 + y^2}}{z} = c_2 \quad$ 之交線。

如圖 2.3 所示，(ρ, φ, θ) 構成一組球面座標。

2.3. 曲線座標之度量係數、基向量、弧元素

以曲線座標表示工程物理問題的數學模式，首先須將位置向量 r (position vector)、弧元素 ds (arc element)、曲面元素 dA_1, dA_2, dA_3 (surface element) 與體積元素 dV (volume element) 等基本幾何元素以曲線座標表示。

直角座標之位置向量、弧元素、面積元素、體積元素可直觀寫出如下：

$$r = x\mathbf{i} + y\mathbf{j} + z\mathbf{k}, \qquad dr = dx\mathbf{i} + dy\mathbf{j} + dz\mathbf{k} \qquad\qquad (2.7)$$

$$ds^2 = dr \cdot dr = dx^2 + dy^2 + dz^2 \qquad\qquad (2.8)$$

$$dA_x = dydz, \qquad dA_y = dxdz, \qquad dA_z = dxdy, \qquad dV = dxdydz \qquad (2.9)$$

直角座標為曲線座標的特例，曲線座標的基本幾何元素難以直觀寫出，需以向量分析有系統地推導。

位置向量 r 以變數 (u_1, u_2, u_3) 表示為 $r = r(u_1, u_2, u_3)$，其全微分為

$$dr = \frac{\partial r}{\partial u_1} du_1 + \frac{\partial r}{\partial u_2} du_2 + \frac{\partial r}{\partial u_3} du_3 = \sum_{k=1}^{3} \frac{\partial r}{\partial u_k} du_k \tag{2.10}$$

偏導數 $\partial r/\partial u_k$ 有重要的幾何意義如下：

$$\frac{\partial r}{\partial u_1} = \lim_{\Delta u_1 \to 0} \frac{r(u_1 + \Delta u_1, u_2, u_3) - r(u_1, u_2, u_3)}{\Delta u_1} = \lim_{\Delta u_1 \to 0} \frac{\Delta r}{\Delta u_1} \tag{2.11}$$

$\partial r/\partial u_1$ 中，u_2 與 u_3 不變，僅 u_1 變動，故 $\partial r/\partial u_1$ 必在 u_1 座標線上。

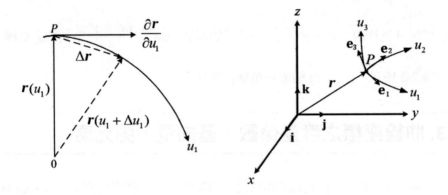

圖 2.4　曲線座標之切線向量與基向量

由圖 2.4 可知，$\partial r/\partial u_1$ 與 u_1 座標線相切；同理，$\partial r/\partial u_2$, $\partial r/\partial u_3$ 分別與 u_2, u_3 座標線相切。

令曲線座標線 u_k 之基向量為 e_k $(k = 1, 2, 3)$,

$$\frac{\partial r}{\partial u_k} = h_k e_k, \qquad h_k = \left| \frac{\partial r}{\partial u_k} \right|, \qquad e_k = \frac{1}{h_k} \frac{\partial r}{\partial u_k} \quad (k = 1, 2, 3) \tag{2.12}$$

其中 h_k 為尺度因子 (scale factor)，基向量 e_k 之方向隨位置而變。

將式 (2.12) 代入式 (2.10)

$$dr = \sum_{k=1}^{3} \frac{\partial r}{\partial u_k} du_k = \sum_{k=1}^{3} h_k e_k du_k \tag{2.13}$$

弧元素為

$$ds^2 = d\boldsymbol{r} \cdot d\boldsymbol{r} = \sum_{i=1}^{3} h_i \boldsymbol{e}_i\, du_i \cdot \sum_{j=1}^{3} h_j \boldsymbol{e}_j\, du_j$$

$$= \sum_{i=1}^{3} \sum_{j=1}^{3} (h_i h_j \boldsymbol{e}_i \cdot \boldsymbol{e}_j) du_i\, du_j = \sum_{i=1}^{3} \sum_{j=1}^{3} g_{ij}\, du_i\, du_j \qquad (2.14)$$

其中 g_{ij} 為純量，稱為度量係數 (metric coefficients)，

$$g_{ij} = h_i h_j \boldsymbol{e}_i \cdot \boldsymbol{e}_j \qquad (2.15)$$

列舉 g_{ij} 之重要性質如下：

1. 由 g_{ij} 之定義知：

$$g_{12} = g_{21}, \qquad g_{13} = g_{31}, \qquad g_{23} = g_{32}$$

2. 若 $g_{12} = g_{13} = g_{23} = 0$，則基向量 $\boldsymbol{e}_1,\ \boldsymbol{e}_2,\ \boldsymbol{e}_3$ 互相正交：

$$\boldsymbol{e}_i \cdot \boldsymbol{e}_j = \boldsymbol{0}\ \ (i \ne j), \qquad \boldsymbol{e}_1 \times \boldsymbol{e}_2 = \boldsymbol{e}_3, \qquad \boldsymbol{e}_2 \times \boldsymbol{e}_3 = \boldsymbol{e}_1, \qquad \boldsymbol{e}_3 \times \boldsymbol{e}_1 = \boldsymbol{e}_2$$

若 $(u_1,\ u_2,\ u_3)$ 為正交曲線座標 (orthogonal curvilinear coordinates)，則弧元素簡化為

$$ds^2 = g_{11}(du_1)^2 + g_{22}(du_2)^2 + g_{33}(du_3)^2$$

實用的曲線座標都是正交曲線座標。

3. $g_{11} = (h_1)^2,\ g_{22} = (h_2)^2,\ g_{33} = (h_3)^2$ 恆為正。

4. 曲線座標之曲面元素與體積元素皆可以用 g_{ij} 與 $du_1,\ du_2,\ du_3$ 表示。

已知 $x_k = x_k\,(u_1,\ u_2,\ u_3)\ (k = 1,\ 2,\ 3)$，度量係數 g_{ij} 可根據式 (2.15) 之定義或下列公式計算：

$x_k = x_k\,(u_1,\ u_2,\ u_3)$ 之全微分為

$$dx_k = \sum_{i=1}^{3} \frac{\partial \boldsymbol{r}_k}{\partial u_i}\, du_i$$

$$\Rightarrow \quad ds^2 = \sum_{k=1}^{3} dx_k\, dx_k = \sum_{k=1}^{3} \left(\sum_{i=1}^{3} \frac{\partial \boldsymbol{r}_k}{\partial u_i}\, du_i \sum_{j=1}^{3} \frac{\partial \boldsymbol{r}_k}{\partial u_j}\, du_j \right) = \sum_{i=1}^{3} \sum_{j=1}^{3} \left(\sum_{k=1}^{3} \frac{\partial \boldsymbol{r}_k}{\partial u_i} \frac{\partial \boldsymbol{r}_k}{\partial u_j} \right) du_i\, du_j$$

將上式與式 (2.14) 比較,得

$$g_{ij} = \sum_{k=1}^{3} \frac{\partial \boldsymbol{r}_k}{\partial u_i} \frac{\partial \boldsymbol{r}_k}{\partial u_j} \qquad (i,\ u = 1,\ 2,\ 3) \tag{2.16}$$

其中 $x_k = x_k\,(u_1,\ u_2,\ u_3)\ (k = 1,\ 2,\ 3)$。

例: $x_1 = u_1 + u_2 + u_3,\quad x_2 = u_1 - u_2 - u_3,\quad x_3 = 2u_1 + u_2 - u_3$

$$g_{11} = \sum_{k=1}^{3} \frac{x_k}{\partial u_1} \frac{\partial x_k}{\partial u_1} = (1)^2 + (1)^2 + (2)^2 = 6$$

$$g_{22} = \sum_{k=1}^{3} \frac{\partial x_k}{\partial u_2} \frac{\partial x_k}{\partial u_2} = (1)^2 + (-1)^2 + (1)^2 = 3$$

$$g_{33} = \sum_{k=1}^{3} \frac{\partial x_k}{\partial u_3} \frac{\partial x_k}{\partial u_3} = (1)^2 + (-1)^2 + (-1)^2 = 3$$

$$g_{12} = \sum_{k=1}^{3} \frac{\partial x_k}{\partial u_1} \frac{\partial x_k}{\partial u_2} = (1)(1) + 1(-1) + (2)(1) = 2$$

$$g_{13} = \sum_{k=1}^{3} \frac{\partial x_k}{\partial u_1} \frac{\partial x_k}{\partial u_3} = (1)(1) + 1(-1) + (2)(-1) = -2$$

$$g_{23} = \sum_{k=1}^{3} \frac{\partial x_k}{\partial u_2} \frac{\partial x_k}{\partial u_3} = (1)(1) + (-1)(-1) + (1)(-1) = 1$$

$g_{12} \neq 0,\quad g_{13} \neq 0,\quad g_{23} \neq 0$,故 $(u_1,\ u_2,\ u_3)$ 非正交座標。

弧元素為

$$ds^2 = 6(du_1)^2 + 3(du_2)^2 + 3(du_3)^2 + 4du_1\, du_2 - 4du_1\, du_3 + 2du_2\, du_3$$

圓柱座標與直角座標之關係為

$$x = r \cos \theta, \qquad y = r \sin \theta, \qquad z = 1 \qquad (2.17)$$

$$\mathbf{r} = r \cos \theta \, \mathbf{i} + r \sin \theta \, \mathbf{j} + z\mathbf{k} \qquad (2.18)$$

由式 (2.12) 得直角座標之基向量 $\mathbf{i}, \mathbf{j}, \mathbf{k}$ 與圓柱座標之基向量 $\mathbf{e}_r, \mathbf{e}_\theta, \mathbf{e}_z$ 的關係：

$$\frac{\partial \mathbf{r}}{\partial r} = \cos \theta \, \mathbf{i} + \sin \theta \, \mathbf{j}, \qquad h_r = \left| \frac{\partial \mathbf{r}}{\partial r} \right| = \sqrt{\cos^2 \theta + \sin^2 \theta} = 1$$

$$\frac{\partial \mathbf{r}}{\partial \theta} = -r \sin \theta \, \mathbf{i} + r \cos \theta \, \mathbf{j}, \qquad h_\theta = \left| \frac{\partial \mathbf{r}}{\partial \theta} \right| = \sqrt{r^2 \sin^2 \theta + r^2 \cos^2 \theta} = r$$

$$\frac{\partial \mathbf{r}}{\partial z} = \mathbf{k}, \qquad h_z = \left| \frac{\partial \mathbf{r}}{\partial z} \right| = 1$$

$$\mathbf{e}_r = \cos \theta \, \mathbf{i} + \sin \theta \, \mathbf{j}, \qquad \mathbf{e}_\theta = -\sin \theta \, \mathbf{i} + \cos \theta \, \mathbf{j}, \qquad \mathbf{e}_z = \mathbf{k} \qquad (2.19)$$

$$g_{11} = h_r h_r \mathbf{e}_r \cdot \mathbf{e}_r = 1, \qquad g_{22} = h_\theta h_\theta \mathbf{e}_\theta \cdot \mathbf{e}_\theta = r^2, \qquad g_{33} = h_z h_z \mathbf{e}_z \cdot \mathbf{e}_z = 1$$

$$g_{12} = h_r h_\theta \mathbf{e}_r \cdot \mathbf{e}_\theta = 0, \qquad g_{13} = h_r h_z \mathbf{e}_r \cdot \mathbf{e}_z = 0, \qquad g_{23} = h_\theta h_z \mathbf{e}_\theta \cdot \mathbf{e}_z = 0$$

若由式 (2.16) 求 g_{ij}，可得相同結果。

$\because$　$g_{12} = g_{13} = g_{23} = 0$　$\therefore$ 圓柱座標 (r, θ, z) 為正交曲線座標。

圓柱座標之弧元素為　　$ds^2 = dr^2 + r^2 d\theta^2 + dz^2$ 　　(2.20)

球面座標與直角座標之關係為

$$x = \rho \sin \varphi \cos \theta, \qquad y = \rho \sin \varphi \sin \theta, \qquad z = \rho \cos \varphi \qquad (2.21)$$

$$\mathbf{r} = \rho \sin \varphi \cos \theta \, \mathbf{i} + \rho \sin \varphi \sin \theta \, \mathbf{j} + \rho \cos \varphi \, \mathbf{k} \qquad (2.22)$$

由式 (2.12) 得直角座標之基向量 **i**, **j**, **k** 與球面座標的基向量 $\mathbf{e}_\rho$, $\mathbf{e}_\varphi$, $\mathbf{e}_\theta$ 的關係如下：

$$\frac{\partial \mathbf{r}}{\partial \rho} = \sin \varphi \cos \theta\, \mathbf{i} + \sin \varphi \sin \theta\, \mathbf{j} + \cos \varphi\, \mathbf{k}, \qquad h_\rho = \left| \frac{\partial \mathbf{r}}{\partial \rho} \right| = 1$$

$$\frac{\partial \mathbf{r}}{\partial \varphi} = \rho \cos \varphi \cos \theta\, \mathbf{i} + \rho \cos \varphi \sin \theta\, \mathbf{j} - \rho \sin \varphi\, \mathbf{k}, \qquad h_\varphi = \left| \frac{\partial \mathbf{r}}{\partial \varphi} \right| = \rho$$

$$\frac{\partial \mathbf{r}}{\partial \theta} = -\rho \sin \varphi \sin \theta\, \mathbf{i} + \rho \sin \varphi \cos \theta\, \mathbf{j}, \qquad h_\theta = \left| \frac{\partial \mathbf{r}}{\partial \theta} \right| = \rho \sin \varphi$$

$$\mathbf{e}_\rho = \sin \varphi \cos \theta\, \mathbf{i} + \sin \varphi \sin \theta\, \mathbf{j} + \cos \varphi\, \mathbf{k}$$

$$\mathbf{e}_\varphi = \cos \varphi \cos \theta\, \mathbf{i} + \cos \varphi \sin \theta\, \mathbf{j} - \sin \varphi\, \mathbf{k} \qquad\qquad (2.23)$$

$$\mathbf{e}_\theta = -\sin \theta\, \mathbf{i} + \cos \theta\, \mathbf{j}$$

$$g_{11} = h_\rho h_\rho \mathbf{e}_\rho \cdot \mathbf{e}_\rho = 1, \qquad g_{22} = h_\varphi h_\varphi \mathbf{e}_\varphi \cdot \mathbf{e}_\varphi = \rho^2, \qquad g_{33} = h_\theta h_\theta \mathbf{e}_\theta \cdot \mathbf{e}_\theta = \rho^2 \sin^2 \varphi$$

$$g_{12} = h_\rho h_\varphi \mathbf{e}_\rho \cdot \mathbf{e}_\varphi = 0, \qquad g_{13} = h_\rho h_\theta \mathbf{e}_\rho \cdot \mathbf{e}_\theta = 0, \qquad g_{23} = h_\varphi h_\theta \mathbf{e}_\varphi \cdot \mathbf{e}_\theta = 0$$

$\because\ g_{12} = g_{13} = g_{23} = 0$ $\therefore$ 球面座標 (ρ, φ, θ) 為正交曲線座標。

球面座標之弧元素為 $\qquad ds^2 = d\rho^2 + \rho^2 d\varphi^2 + \rho^2 \sin^2 \varphi\, d\theta^2 \qquad\qquad (2.24)$

習題一

1. 判別以下座標 (u, v, w) 是否為正交曲線座標，並求其弧元素 ds。

$$u = x + y + z, \qquad v = x - y + z, \qquad w = 2x + y - z$$

2. 橢圓柱座標 (u, v, w) 與直角座標之轉換關係為

$$x = a \cosh u \cos v, \qquad y = a \sinh u \sin v, \qquad w = z$$

說明橢圓柱座標由下列座標線構成：

座標線 $u = c_1$ 為橢圓柱體面：$\dfrac{x^2}{a^2 \cosh^2 u} + \dfrac{y^2}{a^2 \sinh^2 u} = 1$ $\quad (u \geq 0)$

座標線 $v = c_2$ 為雙曲線柱體面：$\dfrac{x^2}{a^2 \cos^2 v} - \dfrac{y^2}{a^2 \sin^2 v} = 1$ $\quad (0 \leq v \leq 2)$

座標線 $w = c_3$ 為平行於 z 之平面。

判別橢圓柱座標是否為正交曲線座標，並求其弧元素 ds。

3. 推求圓柱座標之基向量 $\mathbf{e}_r$, $\mathbf{e}_\theta$, $\mathbf{e}_z$，證明圓柱座標之位置向量為

$$r = r\mathbf{e}_r + z\mathbf{k}$$

4. 推求球面座標之基向量 $\mathbf{e}_\rho$, $\mathbf{e}_\varphi$, $\mathbf{e}_\theta$，證明球面座標之位置向量為

$$r = \rho\mathbf{e}_\rho$$

2.4. 曲面元素

　　直角座標三個正交平面的面積元素 dA_1, dA_2, dA_3 可由立方體微分元素的幾何關係直觀寫出，而曲線座標之面積元素難以直觀寫出，需要運用向量分析推導。

　　根據向量之幾何意義，直角座標之位置向量微分元素為

$$dr = dx_1\mathbf{i} + dx_2\mathbf{j} + dx_3\mathbf{k} \tag{2.25}$$

直角座標之面積元素 dA_k 為以下向量積：

在 $x_1 = c_1$ 平面上　$dA_1 = dx_2\,\mathbf{j} \times dx_3\,\mathbf{k} = dx_2\,dx_3\,(\mathbf{j} \times \mathbf{k}) = dx_2\,dx_3\,\mathbf{i}$

在 $x_2 = c_2$ 平面上　$dA_2 = dx_3\,\mathbf{k} \times dx_1\,\mathbf{i} = dx_1\,dx_3\,(\mathbf{k} \times \mathbf{i}) = dx_1\,dx_3\,\mathbf{j}$

在 $x_3 = c_3$ 平面上　$dA_3 = dx_1\,\mathbf{i} \times dx_2\,\mathbf{j} = dx_1\,dx_2\,(\mathbf{i} \times \mathbf{j}) = dx_1\,dx_2\,\mathbf{k}$

曲線座標下位置向量 $\mathbf{r} = \mathbf{r}\,(u_1,\,u_2,\,u_3)$ 之全微分為

$$dr = \frac{\partial \mathbf{r}}{\partial u_1}\,du_1 + \frac{\partial \mathbf{r}}{\partial u_2}\,du_2 + \frac{\partial \mathbf{r}}{\partial u_3}\,du_3 = h_1\,\mathbf{e}_1\,du_1 + h_2\,\mathbf{e}_2\,du_2 + h_3\,\mathbf{e}_3\,du_3 \qquad (2.26)$$

曲面元素 dA_k 為以下向量積：

在 $u_1 = c_1$ 曲面上　　$dA_1 = h_2\,\mathbf{e}_2\,du_2 \times h_3\,\mathbf{e}_3\,du_3 = h_2\,h_3(\mathbf{e}_2 \times \mathbf{e}_3)du_2\,du_3$ $\qquad$ (2.27)

在 $u_2 = c_2$ 曲面上　　$dA_2 = h_3\,\mathbf{e}_3\,du_3 \times h_1\,\mathbf{e}_1\,du_1 = h_1\,h_3(\mathbf{e}_3 \times \mathbf{e}_1)du_1\,du_3$ $\qquad$ (2.28)

在 $u_3 = c_3$ 曲面上　　$dA_3 = h_1\,\mathbf{e}_1\,du_1 \times h_2\,\mathbf{e}_2\,du_2 = h_1\,h_2(\mathbf{e}_1 \times \mathbf{e}_2)du_1\,du_2$ $\qquad$ (2.29)

在 $(u_1,\,u_2,\,u_3)$ 為正交曲線座標：

$$\mathbf{e}_1 \times \mathbf{e}_2 = \mathbf{e}_3, \qquad \mathbf{e}_2 \times \mathbf{e}_3 = \mathbf{e}_1, \qquad \mathbf{e}_3 \times \mathbf{e}_1 = \mathbf{e}_2$$

$$dA_1 = h_2\,h_3\,du_2\,du_3\,\mathbf{e}_1 = \sqrt{g_{22}g_{33}}\,du_2\,du_3\,\mathbf{e}_1 \qquad (2.30)$$

$$dA_2 = h_1\,h_3\,du_1\,du_3\,\mathbf{e}_2 = \sqrt{g_{11}g_{33}}\,du_1\,du_3\,\mathbf{e}_2 \qquad (2.31)$$

$$dA_3 = h_1\,h_2\,du_1\,du_2\,\mathbf{e}_3 = \sqrt{g_{11}g_{22}}\,du_1\,du_2\,\mathbf{e}_3 \qquad (2.32)$$

若 $(u_1,\,u_2,\,u_3)$ 非正交曲線座標，曲面元素之表達式相當複雜，而不實用。

圓柱座標 $(r,\,\theta,\,z)$ 為正交曲線座標，度量係數為

$$g_{11} = 1, \qquad g_{22} = r^2, \qquad g_{33} = 1, \qquad g_{ij} = 0 \quad (i \neq j)$$

曲面元素為

在 $r = c_1$ 曲面上　　$dA_1 = \sqrt{g_{22}g_{33}}\,d\theta dz = rd\theta dz$ $\qquad$ (2.33)

在 $\theta = c_2$ 曲面上　　$dA_2 = \sqrt{g_{11}g_{33}}\,drdz = drdz$ $\qquad$ (2.34)

$$在\ z = c_3\ 曲面上 \qquad dA_3 = \sqrt{g_{11}g_{22}}\ drd\theta = rdrd\theta \tag{2.35}$$

例：面積為 A 的平面之形心 (centroid) 定義為

$$\tilde{x} = \frac{1}{A} \iint_A xdA, \qquad \tilde{y} = \frac{1}{A} \iint_A ydA$$

試決定半徑為 a 之半圓之形心。

半圓以 y 軸對稱，故 $\tilde{x} = 0$。以極座標求 $\tilde{y}$ 如下：

$$x = r \cos\theta, \qquad y = r \sin\theta, \qquad dA = rdrd\theta$$

$$\tilde{y} = \frac{1}{A} \iint_A ydxdy = \frac{1}{\pi a^2/2} \int_0^\pi \int_0^a r \sin\theta\ (rdrd\theta) = \frac{4a}{3\pi}.$$

若以直角座標求 $\tilde{y}$ 如下：

$$\tilde{y} = \frac{1}{\pi a^2/2} \int_0^a \int_{-\sqrt{a^2-x^2}}^{\sqrt{a^2-x^2}} ydxdy \qquad 或 \qquad \tilde{y} = \frac{1}{\pi a^2/2} \int_{-a}^a \int_0^{\sqrt{a^2-x^2}} ydydx$$

顯然此兩式之積分比較困難。

球面座標 (ρ, φ, θ) 為正交曲線座標，度量係數為

$$g_{11} = 1, \qquad g_{22} = \rho^2, \qquad g_{33} = \rho^2 \sin^2\varphi, \qquad g_{ij} = 0 \quad (i \neq j)$$

$$在\ \rho = c_1\ 曲面上 \quad dA_1 = \sqrt{g_{22}g_{33}}\ d\varphi d\theta = \rho^2 \sin\varphi\ d\varphi\ d\theta \tag{2.36}$$

$$在\ \varphi = c_2\ 曲面上 \quad dA_2 = \sqrt{g_{11}g_{33}}\ d\rho d\theta = \rho \sin\varphi\ d\rho d\theta \tag{2.37}$$

$$在\ \theta = c_3\ 曲面上 \quad dA_3 = \sqrt{g_{11}g_{22}}\ d\rho d\varphi = \rho d\rho d\varphi \tag{2.38}$$

球面表面 $\rho = a$ 之曲面元素為 $a^2 \sin\varphi\ d\varphi d\theta$，表面積為

$$A = \int_0^{2\pi} \int_0^\pi a^2 \sin\varphi d\varphi d\theta = a^2 \int_0^{2\pi} (-\cos\varphi)_0^\pi\ d\theta = 2a^2 \int_0^{2\pi} d\theta = 4\pi a^2$$

若以直角座標推求圓球體之表面積，勢必困難得多。

2.5. 體積元素

直角座標之體積元素可由矩形體微分元素之幾何關係直觀寫出。根據常量三乘積之幾何意義，直角座標之體積元素為

$$dV = |dx_1\,\mathbf{i}\cdot dx_2\,\mathbf{j}\times dx_3\,\mathbf{k}| = dx_1\,dx_2\,dx_3\,|\mathbf{i}\cdot\mathbf{j}\times\mathbf{k}| = dx_1\,dx_2\,dx_3 \tag{2.39}$$

由位置向量 $\mathbf{r} = \mathbf{r}\,(u_1,\,u_2,\,u_3)$ 之全微分，曲線座標之體積元素為以下純量三乘積：

$$dV = \left|\frac{\partial \mathbf{r}}{\partial u_1}\,du_1\cdot\frac{\partial \mathbf{r}}{\partial u_2}\,du_2\times\frac{\partial \mathbf{r}}{\partial u_3}\,du_3\right| = |h_1\mathbf{e}_1du_1\cdot h_2\mathbf{e}_2du_2\times h_3\mathbf{e}_3du_3|$$

$$= h_1\,h_2\,h_3|\mathbf{e}_1\cdot\mathbf{e}_2\times\mathbf{e}_3|du_1\,du_2\,du_3 = \sqrt{g_{11}g_{22}g_{33}}\,|\mathbf{e}_1\cdot\mathbf{e}_2\times\mathbf{e}_3|du_1\,du_2\,du_3 \tag{2.40}$$

若 $(u_1,\,u_2,\,u_3)$ 為正交曲線座標

$$|\mathbf{e}_1\cdot\mathbf{e}_2\times\mathbf{e}_3| = |\mathbf{e}_1\cdot\mathbf{e}_1| = 1$$

$$\Rightarrow\quad dV = \sqrt{g_{11}g_{22}g_{33}}\,du_1\,du_2\,du_3 \tag{2.41}$$

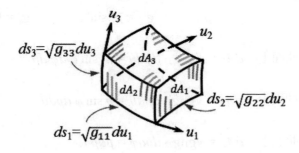

圖 2.5　正交曲線座標之弧元素、曲面元素、體積元素示意圖

已知圓柱座標 $(r,\,\theta,\,z)$ 為正交曲線座標，度量係數為

$$g_{11} = 1, \qquad g_{22} = r^2, \qquad g_{33} = 1$$

體積元素為　$dV = \sqrt{g_{11}g_{22}g_{33}}\, drd\theta dz = rdrd\theta dz$ \hfill (2.42)

例：半徑為 a 高為 h 之圓柱體積為

$$V = \int_0^h \int_0^{2\pi} \int_0^a rdrd\theta dz = \pi a^2 h$$

球面座標 (ρ, φ, θ) 為正交曲線座標，度量係數為

$$g_{11} = 1, \qquad g_{22} = \rho^2, \qquad g_{33} = \rho^2 \sin^2 \varphi$$

體積元素為　$dV = \sqrt{g_{11}g_{22}g_{33}}\, d\rho d\varphi d\theta = \rho^2 \sin \varphi\, d\rho d\varphi d\theta$ \hfill (2.43)

例：半徑為 a 之圓球體積為

$$V = \int_0^{2\pi} \int_0^{\pi} \int_0^a \rho^2 \sin \varphi\, d\rho d\varphi d\theta = \frac{4}{3}\pi a^3$$

例：體積為 V 的立體之形心定義為

$$\widetilde{x}_i = \frac{1}{V} \iiint_V x_i\, dV \qquad (i = 1, 2, 3)$$

試決定半徑為 a 之半圓球體之形心 $(\widetilde{x}, \widetilde{y}, \widetilde{z})$。

半圓球體以 z 軸對稱，故 $\widetilde{x} = \widetilde{y} = 0$，以球面座標求 $\widetilde{z}$ 如下：

$$x = \rho \sin \varphi \cos \theta, \qquad y = \rho \sin \varphi \sin \theta, \qquad z = \rho \cos \varphi$$

$$\widetilde{z} = \frac{1}{V} \iiint_V z\, dV = \frac{1}{2\pi a^3/3} \int_0^{2\pi} \int_0^{\pi/2} \int_0^a (\rho \cos \varphi)\, \rho^2 \sin \varphi\, d\rho d\varphi d\theta$$

$$= \frac{1}{2\pi a^3/3} \int_0^{2\pi} d\theta \int_0^{\pi/2} \cos \varphi \sin \varphi\, d\varphi \int_0^a \rho^3\, d\rho = \frac{3}{8}a$$

2.6. 積分式之變數變換、Jacobian行列式

第 1 章 1.10 節曾以 Jacobian 行列式判別函數是否相關，本節說明 Jacobian 在積分式變數變換與座標變換之應用。

設 (x, y) 與 (u, v) 兩組變數的關係為

$$x = x(u, v), \qquad y = y(u, v) \tag{2.44}$$

視此關係式為平面座標 (x, y) 與 (u, v) 之變換，則位置向量為

$$r = x(u, v)\mathbf{i} + y(u, v)\mathbf{j} \tag{2.45}$$

依面積元素定義：

$$dA = \left| \frac{\partial r}{\partial u} \times \frac{\partial r}{\partial v} \right| dudv = \begin{vmatrix} \mathbf{i} & \mathbf{j} & \mathbf{k} \\ \dfrac{\partial x}{\partial u} & \dfrac{\partial y}{\partial u} & 0 \\ \dfrac{\partial x}{\partial v} & \dfrac{\partial y}{\partial v} & 0 \end{vmatrix} dudv = \begin{vmatrix} \dfrac{\partial x}{\partial u} & \dfrac{\partial x}{\partial v} \\ \dfrac{\partial u}{\partial u} & \dfrac{\partial u}{\partial v} \end{vmatrix} dudv = \left| \frac{\partial(x, y)}{\partial(u, v)} \right| dudv$$

$$\Rightarrow \quad dA = dxdy = \left| \frac{\partial(x, y)}{\partial(u, v)} \right| dudv \tag{2.46}$$

第 2.4 節曾推導出以曲線座標度量係數表示之曲面元素，應用於二維平面：

$$dA = h_1 h_2 (\mathbf{e}_1 \times \mathbf{e}_2) dudv \tag{2.47}$$

式 (2.46) 與式 (2.47) 異曲同工，而式 (2.46) 僅需兩組變數變換關係的 Jacobian，較為簡明。

設 (x, y, z) 與 (u, v, w) 兩組變數的關係為

$$x = x(u, v, w), \qquad y = y(u, v, w), \qquad z = z(u, v, w) \tag{2.48}$$

位置向量為

$$\boldsymbol{r} = x(u,\,v,\,w)\mathbf{i} + y(u,\,v,\,w)\mathbf{j} + z(u,\,v,\,w)\mathbf{k} \tag{2.49}$$

依體積元素定義：

$$dV = \left| \frac{\partial \boldsymbol{r}}{\partial u} \cdot \frac{\partial \boldsymbol{r}}{\partial v} \times \frac{\partial \boldsymbol{r}}{\partial w} \right| dudvdw = \begin{vmatrix} \dfrac{\partial x}{\partial u} & \dfrac{\partial y}{\partial u} & \dfrac{\partial z}{\partial u} \\[2mm] \dfrac{\partial x}{\partial v} & \dfrac{\partial y}{\partial v} & \dfrac{\partial z}{\partial v} \\[2mm] \dfrac{\partial x}{\partial w} & \dfrac{\partial y}{\partial w} & \dfrac{\partial z}{\partial w} \end{vmatrix} dudvdw = \left| \frac{\partial(x,\,y,\,z)}{\partial(u,\,v,\,w)} \right| dudvdw$$

$$\Rightarrow \quad dV = \left| \frac{\partial(x,\,y,\,z)}{\partial(u,\,v,\,w)} \right| dudvdw \tag{2.50}$$

第 2.5 節曾推導出以曲線座標度量係數表示之體積元素：

$$dV = h_1\, h_2\, h_3\, |\mathbf{e}_1 \cdot \mathbf{e}_2 \times \mathbf{e}_3|\, dudvdw \tag{2.51}$$

相較之下，式 (2.50) 僅需兩組變數變換關係的 Jacobian，較為簡明。

圓柱座標與直角座標之關係為

$$x = r\cos\theta, \quad y = r\sin\theta, \quad z = z$$

$$dV = \left| \frac{\partial(x,\,y,\,z)}{\partial(r,\,\theta,\,z)} \right| drd\theta dz = \begin{vmatrix} \cos\theta & -r\sin\theta & 0 \\ \sin\theta & r\cos\theta & 0 \\ 0 & 0 & 1 \end{vmatrix} drd\theta dz = rdrd\theta dz$$

與式 (2.42) 完全相同。

球面座標與直角座標之關係為

$$x = \rho\sin\varphi\cos\theta, \quad y = \rho\sin\varphi\sin\theta, \quad z = \rho\cos\varphi$$

$$dV = \left| \frac{\partial(x, y, z)}{\partial(\rho, \varphi, \theta)} \right| d\rho d\varphi d\theta = \begin{vmatrix} \sin\varphi\cos\theta & \rho\cos\varphi\sin\theta & -\rho\sin\varphi\sin\theta \\ \sin\varphi\sin\theta & \rho\cos\varphi\sin\theta & \rho\sin\varphi\cos\theta \\ \cos\varphi & -\rho\sin\varphi & 0 \end{vmatrix} d\rho d\varphi d\theta$$

$$= \rho^2 \sin\varphi \, d\rho d\varphi d\theta$$

與式 (2.43) 完全相同。

例：$u(x, y, z) = c_1$, $v(x, y, z) = c_2$, $w(x, y, z) = c_3$ 為三曲面，若函數 $u(x, y, z)$, $v(x, y, z)$, $w(x, y, z)$ 對 x, y, z 之 Jacobian 為零，則此三曲面之法線向量共面。

曲面 $u(x, y, z) = c_1$, $v(x, y, z) = c_2$, $w(x, y, z) = c_3$ 之法線向量分別為 ∇u, ∇v, ∇w。向量三乘積表示以三向量為鄰邊所構成的平行六面體之體積，若這三個曲面的法線向量在同一平面上，此三向量的向量三乘積為零：

$$\nabla u \cdot \nabla v \times \nabla w = \begin{vmatrix} \dfrac{\partial u}{\partial x} & \dfrac{\partial u}{\partial y} & \dfrac{\partial u}{\partial z} \\ \dfrac{\partial v}{\partial x} & \dfrac{\partial v}{\partial y} & \dfrac{\partial v}{\partial z} \\ \dfrac{\partial w}{\partial x} & \dfrac{\partial w}{\partial y} & \dfrac{\partial w}{\partial z} \end{vmatrix} = \frac{\partial(u, v, w)}{\partial(x, y, z)} = 0$$

故 $u(x, y, z)$, $v(x, y, z)$, $w(x, y, z)$ 之 Jacobian 為零，則此三曲面之法線向量共面。

以下說明 Jacobian 與積分式中變數變換之關係。考慮定積分

$$I = \int_b^a f(x) \, dx$$

設變數變換 $x = h(u)$，反變換為 $u = h^{-1}(x)$，則

$$f(x) = f(h(u)) = F(u), \qquad dx = \frac{dh(u)}{du} \, du$$

$$\Rightarrow \quad I = \int_b^a f(x)dx = \int_{a^*}^{b^*} F(u) \frac{dh(u)}{du} \, du \tag{2.52}$$

其中變數 u 之積分上下限為 $\quad a^* = h^{-1}(a), \qquad b^* = h^{-1}(b)$。

考慮重積分 (double integral)

$$I = \iint_A f(x, y) \, dxdy$$

設變數　$x = x(u, v), \quad y = y(u, v)$ 之變換關係為 1 對 1，則

$$f(x, y) = f[x(u, v), y(u, v)] = F(u, v), \qquad dxdy = \left| \frac{\partial(x, y)}{\partial(u, v)} \right| dudv$$

$$I = \iint_A f(x, y) dxdy = \iint_{A^*} F(u, v) \left| \frac{\partial(x, y)}{\partial(u, v)} \right| dudv \tag{2.53}$$

其中 (u, v) 之積分區域 A^* 為 (x, y) 積分區域 A 之變換。

考慮三重積分 (triple integral)

$$I = \iiint_V f(x, y, z) \, dxdydz$$

設變數 $x = x(u, v, w), \quad y = y(u, v, w), \quad z = z(u, v, w)$ 之變換關係為 1 對 1，

$$f(x, y, z) = F(u, v, w), \quad dxdydz = \left| \frac{\partial(x, y, z)}{\partial(u, v, w)} \right| dudvdw$$

$$I = \iiint_V f(x, y, z) \, dxdydz = \iiint_{V^*} F(u, v, w) \left| \frac{\partial(x, y, z)}{\partial(u, v, w)} \right| dudvdw \tag{2.54}$$

其中 (u, v, w) 之積分區域 V^* 為 (x, y, z) 積分區域 V 之變換。

例：　$I = \int_0^1 \sqrt{1 - x^2} \, dx$

設 $x = \cos\theta, \qquad dx = -\sin\theta d\theta, \quad 0 \leq x \leq 1 \quad \Rightarrow \quad \pi/2 \leq \theta \leq 0$

$$I = \int_0^1 \sqrt{1 - x^2} \, dx = \int_{\pi/2}^0 \sqrt{1 - \cos^2\theta} \, (-\sin\theta d\theta) = \int_0^{\pi/2} \sin^2\theta \, d\theta = \frac{\pi}{4}$$

例：　$I = \iint_R f(x, y) \, dxdy$，積分區域 R 為橢圓　$\dfrac{x^2}{a^2} + \dfrac{y^2}{b^2} = 1$　之內部。

設 $\quad x = au\cos\theta, \quad y = bu\sin\theta$，$\quad$反變換為

$$u = \left(\frac{x^2}{a^2} + \frac{y^2}{b^2}\right)^{1/2}, \quad \theta = \tan^{-1}\left(\frac{ay}{bx}\right), \quad (0 < u \le 1, 0 \le \theta < 2\pi)$$

變數 (u, θ) 構成非正交曲線座標：

座標線 $u = c_1$ 為橢圓 $\quad \dfrac{x^2}{a^2} + \dfrac{y^2}{b^2} = c_1^2$; $\quad \theta = c_2$ 為直線 $\quad y = \dfrac{b}{a}(\tan c_2)x$

面積分的變換關係以 Jacobian 表示為

$$dxdy = \left|\frac{\partial(x,y)}{\partial(u,\theta)}\right| dud\theta = \begin{vmatrix} a\cos\theta & -au\sin\theta \\ b\sin\theta & bu\cos\theta \end{vmatrix} dud\theta = abudud\theta$$

$$\Rightarrow \quad I = ab\int_0^{2\pi}\int_0^1 f(au\cos\theta, bu\sin\theta)\,udud\theta$$

例： $\quad I = \iint_R (x^2 + y^2)\,dxdy$，積分區域 R 如圖 2.6 所示。

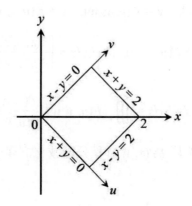

圖 2.6

積分區域 R 四邊的方程式為

$$x - y = 0, \quad x - y = 2; \quad x + y = 0, \quad x + y = 2$$

作變數變換： $\quad u = x - y, \quad v = x + y$，積分區域變為 $\quad 0 \le u \le 2, \quad 0 \le v \le 2$

$$x = \frac{u+v}{2}, \qquad y = \frac{-u+v}{2}, \qquad dxdy = \left| \frac{\partial(x, y)}{\partial(u, v)} \right| dudv = \begin{vmatrix} 1/2 & 1/2 \\ -1/2 & 1/2 \end{vmatrix} = \frac{1}{2}$$

$$I = \iint_R (x^2 + y^2)\, dxdy = \int_0^2 \int_0^2 \left[\frac{1}{4}(u+v)^2 + \frac{1}{4}(-u+v)^2 \right] \frac{1}{2}\, dudv = \frac{8}{3}$$

若對變數 x, y 直接積分，必須分區積分如下：

$$I = \int_{-1}^0 \int_{-y}^{2+y} (x^2 + y^2)\, dxdy + \int_0^1 \int_y^{2-y} (x^2 + y^2)\, dxdx$$

$$I = \int_0^1 \int_{-x}^{x} (x^2 + y^2)\, dydx + \int_1^2 \int_{x-2}^{2-x} (x^2 + y^2)\, dydx$$

顯然比較困難。

例：　第 1 章 1.14 節曾以費曼積分法求得高斯函數的定積分為

$$I = \int_{-\infty}^{\infty} e^{-x^2}\, dx = \sqrt{\pi}$$

茲以直角座標轉換為極座標的方式推求高斯積分之值。

$$\because\ I = \int_{-\infty}^{\infty} e^{-x^2}\, dx = \int_{-\infty}^{\infty} e^{-y^2}\, dy$$

$$\therefore\ I^2 = \left(\int_{-\infty}^{\infty} e^{-x^2}\, dx \right) \left(\int_{-\infty}^{\infty} e^{-y^2}\, dy \right) = \int_{-\infty}^{\infty} \int_{-\infty}^{\infty} e^{-(x^2+y^2)}\, dxdy$$

將變數 x, y 以極座標 (r, θ) 表示：

$$x = r\cos\theta, \qquad y = r\sin\theta, \qquad (0 \leq r \leq \infty, \quad 0 \leq \theta \leq 2\pi)$$

面積分的變換關係以 Jacobian 表示為

$$dxdy = \left| \frac{\partial(x, y)}{\partial(r, \theta)} \right| drd\theta = \begin{vmatrix} \cos\theta & -r\sin\theta \\ \sin\theta & r\cos\theta \end{vmatrix} = drd\theta = rdrd\theta$$

$$I^2 = \int_{-\infty}^{\infty} \int_{-\infty}^{\infty} e^{-(x^2+y^2)}\, dxdy = \int_0^{2\pi} \int_0^{\infty} e^{-r^2} rdrd\theta = 2\pi \int_0^{\infty} e^{-r^2} rdr = 2\pi \left[-\frac{1}{2} e^{-r^2} \right]_0^{\infty} = \pi$$

$$\Rightarrow \quad I = \int_{-\infty}^{\infty} e^{-x^2}\, dx = \sqrt{\pi}$$

習題二

1. 推求座標 (u, v, w) 之曲面元素與體積元素。

$$u = x + y + z, \qquad v = x - y + z, \qquad w = 2x + y - z$$

並與以 Jacobian 求得的體積元素比較。

2. 考慮曲線座標 (u, φ, θ)：

$$x = au \sin \varphi \cos \theta, \qquad y = bu \sin \varphi \sin \theta, \qquad z = cu \cos \varphi$$

$$(u \geq 0, \quad 0 \leq \varphi \leq \pi, \quad 0 \leq \theta < 2\pi)$$

(a) 說明曲面 $u = c_1$ 為橢球體 (ellipsoid)

$$\left(\frac{x}{au}\right)^2 + \left(\frac{y}{bu}\right)^2 + \left(\frac{z}{cu}\right)^2 = 1$$

曲面 $\varphi = c_2$ 為橢圓錐體 (elliptical cone) 曲面；$\theta = c_3$ 為平面。

(b) 推求量度係數 g_{ij}，曲面元素 dS，說明座標 (u, φ, θ) 是否為正交曲線座標。

(c) 證明 $dV = abcu^2 \sin \varphi \, du d\varphi d\theta$

(d) 說明在 xy 平面上半部之橢球體之體積為

$$V = abc \int_0^1 u^2 \, du \int_0^{\pi/2} \sin \varphi \, d\varphi \int_0^{2\pi} d\theta = \frac{2}{3} \pi abc$$

其重心為 $V\bar{z} = abc^2 \int_0^1 u^2 \, du \int_0^{\pi/2} \sin \varphi \cos \varphi \, d\varphi \int_0^{2\pi} d\theta = \frac{\pi}{4} abc^2 \Rightarrow \bar{z} = \frac{3}{8} c$

3. 設 $x = f(\varphi)$,　$y = g(\varphi)$　$(0 \leq \varphi < 2\pi)$ 為在 xy 平面包含原點之閉合曲線 C。

   (a) 說明曲線座標 (u, φ)：$x = uf(\varphi)$, $y = ug(\varphi)$ 表示封閉曲線 C 所包含之範圍為 $0 \leq u \leq 1$, $0 \leq \varphi < 2\pi$

   (b) 曲面元素為 $dA = \begin{vmatrix} f(\varphi) & g(\varphi) \\ f'(\varphi) & g'(\varphi) \end{vmatrix} u\,du\,d\varphi$

   (c) 函數 $F(x, y)$ 的面積分為

$$A = \iint_A F(x, y)\,dxdy = \int_0^{2\pi} \int_0^1 F[uf(\varphi),\ ug(\varphi)] \begin{vmatrix} f(\varphi) & g(\varphi) \\ f'(\varphi) & g'(\varphi) \end{vmatrix} u\,du\,d\varphi$$

4. 設 $f(\varphi) = a \cos \varphi$, $y = b \sin \varphi$，由第三題求 A，令 $a = b$，驗證答案是否與圓相同。

5. 設 $x = f(\varphi, \theta)$, $y = g(\varphi, \theta)$, $z = h(\varphi, \theta)$ $(0 \leq \varphi \leq \pi, 0 \leq \theta < 2\pi)$ 為包含原點之曲面 S。

   (a) 說明曲線座標 (u, φ, θ)：

$$x = uf(\varphi, \theta), \quad y = ug(\varphi, \theta), \quad z = uh(\varphi, \theta)$$

$$0 \leq u \leq 1, \qquad 0 \leq \varphi \leq \pi, \qquad 0 \leq \theta < 2\pi$$

   (b) 體積元素為 $dV = \begin{vmatrix} f & g & h \\ f_\varphi & g_\varphi & h_\varphi \\ f_\theta & g_\theta & h_\theta \end{vmatrix} u^2\,du\,d\varphi\,d\theta$

   (c) 函數 $F(x, y, z)$ 的體積分為

$$V = \iiint_V F(x, y, z)\,dxdydz = \int_0^{2\pi} \int_0^\pi \int_0^1 F^*(u, \varphi, \theta) \begin{vmatrix} f & g & h \\ f_\varphi & g_\varphi & h_\varphi \\ f_\theta & g_\theta & h_\theta \end{vmatrix} u^2\,du\,d\varphi\,d\theta$$

其中　$F^*(u, \varphi, \theta) = F[uf(\varphi, \theta),\ ug(\varphi, \theta),\ uh(\varphi, \theta)]$

2.7. 質點之空間運動

考慮質點在空間沿著路徑 C 運動，以直角座標表示質點在時間 t 之位置為

$$x = x(t), \qquad y = y(t), \qquad z = z(t) \tag{2.55}$$

則該質點之運動軌跡為

$$\mathbf{r} = \mathbf{r}(t) = x(t)\,\mathbf{i} + y(t)\,\mathbf{j} + z(t)\,\mathbf{k} \tag{2.56}$$

質點之瞬時速度為位置向量對時間之微分：

$$\mathbf{v}(t) = \frac{d}{dt}\,\mathbf{r}(t) = \frac{dx}{dt}\,\mathbf{i} + \frac{dy}{dt}\,\mathbf{j} + \frac{dz}{dt}\,\mathbf{k} \tag{2.57}$$

質點之瞬時加速度為速度對時間之微分：

$$\mathbf{a}(t) = \frac{d}{dt}\,\mathbf{v}(t) = \frac{d^2x}{dt^2}\,\mathbf{i} + \frac{d^2y}{dt^2}\,\mathbf{j} + \frac{d^2z}{dt^2}\,\mathbf{k} \tag{2.58}$$

若質點在空間作圓周運動，其運動軌跡以圓柱座標表示為便，如何表示圓柱座標下，質點之位置，速度與加速度？

圓柱座標與直角座標之關係為

$$x = r\cos\theta, \qquad y = r\sin\theta, \qquad z = z$$

設質點之運動軌跡為

$$\mathbf{r} = \mathbf{r}(t) = r\cos\theta\,\mathbf{i} + r\sin\theta\,\mathbf{j} + z\mathbf{k} \tag{2.59}$$

其中座標參數隨時間而變： $r = r(t), \qquad \theta = \theta(t), \qquad z = z(t)$

以圓柱座標之基向量 $\mathbf{e}_r,\ \mathbf{e}_\theta,\ \mathbf{e}_z$ 表示式 (2.59) 之運動軌跡，將式 (2.19) 以矩陣表示為

$$\begin{bmatrix} \mathbf{e}_r \\ \mathbf{e}_\theta \\ \mathbf{e}_z \end{bmatrix} = \begin{bmatrix} \cos\theta & \sin\theta & 0 \\ -\sin\theta & \cos\theta & 0 \\ 0 & 0 & 1 \end{bmatrix} \begin{bmatrix} \mathbf{i} \\ \mathbf{j} \\ \mathbf{k} \end{bmatrix} \tag{2.60}$$

由矩陣反變換得

$$\begin{bmatrix} \mathbf{i} \\ \mathbf{j} \\ \mathbf{k} \end{bmatrix} = \begin{bmatrix} \cos\theta & -\sin\theta & 0 \\ \sin\theta & \cos\theta & 0 \\ 0 & 0 & 1 \end{bmatrix} \begin{bmatrix} \mathbf{e}_r \\ \mathbf{e}_\theta \\ \mathbf{e}_z \end{bmatrix} \tag{2.61}$$

將式 (2.61) 代入式 (2.59)，質點之運動軌跡得以圓柱座標的基向量表示為

$$\mathbf{r} = \mathbf{r}(t) = r\cos\theta\,\mathbf{i} + r\sin\theta\,\mathbf{j} + z\mathbf{k}$$

$$= r\cos\theta\,(\cos\theta\,\mathbf{e}_r - \sin\theta\,\mathbf{e}_\theta) + r\sin\theta\,(\sin\theta\,\mathbf{e}_r + \cos\theta\,\mathbf{e}_\theta) + z\mathbf{k} = r\mathbf{e}_r + z\mathbf{k} \tag{2.62}$$

其中質點之位置與基向量為時間的函數。

將位置向量對時間微分，得質點之瞬時速度如下：

$$\mathbf{v}(t) = \frac{d}{dt}\mathbf{r}(t) = \frac{d}{dt}(r\mathbf{e}_r) + \frac{d}{dt}(z\mathbf{k}) = \frac{dr}{dt}\mathbf{e}_r + r\frac{d\mathbf{e}_r}{dt} + \frac{dz}{dt}\mathbf{k} \tag{2.63}$$

其中　$\dfrac{d\mathbf{e}_r}{dt} = \dfrac{d}{dt}(\cos\theta\,\mathbf{i} + \sin\theta\,\mathbf{j}) = -\sin\theta\dfrac{d\theta}{dt}\mathbf{i} + \cos\theta\dfrac{d\theta}{dt}\mathbf{j}$

$$= \frac{d\theta}{dt}(-\sin\theta\,\mathbf{i} + \cos\theta\,\mathbf{j}) = \frac{d\theta}{dt}\mathbf{e}_\theta \tag{2.64}$$

$$\Rightarrow \quad \mathbf{v}(t) = \frac{dr}{dt}\mathbf{e}_r + r\frac{d\theta}{dt}\mathbf{e}_\theta + \frac{dz}{dt}\mathbf{k} \tag{2.65}$$

將速度對時間微分，得質點之瞬時加速度如下：

$$\mathbf{a}(t) = \frac{d}{dt}\mathbf{v}(t) = \frac{d}{dt}\Big(\frac{dr}{dt}\mathbf{e}_r + r\frac{d\theta}{dt}\mathbf{e}_\theta + \frac{dz}{dt}\mathbf{k}\Big)$$

$$= \frac{d^2r}{dt^2}\mathbf{e}_r + \frac{dr}{dt}\frac{d\mathbf{e}_r}{dt} + \frac{dr}{dt}\frac{d\theta}{dt}\mathbf{e}_\theta + r\frac{d^2\theta}{dt^2}\mathbf{e}_\theta + r\frac{d\theta}{dt}\frac{d\mathbf{e}_\theta}{dt} + \frac{d^2z}{dt^2}\mathbf{k} \tag{2.66}$$

其中 $\dfrac{d\mathbf{e}_\theta}{dt} = \dfrac{d}{dt}(-\sin\theta\,\mathbf{i} + \cos\theta\,\mathbf{j}) = -(\cos\theta\,\mathbf{i} + \sin\theta\,\mathbf{j})\dfrac{d\theta}{dt} = -\dfrac{d\theta}{dt}\,\mathbf{e}_r$ (2.67)

$$\Rightarrow \quad \mathbf{a}(t) = \left[\frac{d^2r}{dt^2} - r\left(\frac{d\theta}{dt}\right)^2\right]\mathbf{e}_r + \left[r\frac{d^2\theta}{dt^2} + 2\frac{dr}{dt}\frac{d\theta}{dt}\right]\mathbf{e}_\theta + \frac{d^2z}{dt^2}\,\mathbf{k} \tag{2.68}$$

考慮質點在平面 $z = c_3$ 之圓周運動，若圓半徑固定 $r = r_1$，運動軌跡為

$$\mathbf{r} = \mathbf{r}(t) = r_1\,\mathbf{e}_r + c_3\,\mathbf{k} \tag{2.69}$$

則質點的速度與加速度為

$$\mathbf{v}(t) = r_1\frac{d\theta}{dt}\,\mathbf{e}_\theta, \qquad \mathbf{a}(t) = -r_1\left(\frac{d\theta}{dt}\right)^2\mathbf{e}_r + r_1\frac{d^2\theta}{dt^2}\,\mathbf{e}_\theta \tag{2.70}$$

由此可得物理上質點圓周運動的速度與加速度的公式：

$\mathbf{e}_\theta$ 方向之切線速度： $v_t = r_1\dfrac{d\theta}{dt} = r_1\,\omega$ (2.71)

$\mathbf{e}_\theta$ 方向之切線加速度： $a_t = r_1\dfrac{d^2\theta}{dt^2} = r_1\dfrac{d\omega}{dt}$ (2.72)

$\mathbf{e}_r$ 方向之向心加速度： $a_n = r_1\left(\dfrac{d\theta}{dt}\right)^2 = r_1\,\omega^2$ (2.73)

其中角速度 ω 為質點之轉角隨時間的變化率，切線速度及切線加速度與 $\mathbf{e}_\theta$ 方向相同，向心加速度與 $\mathbf{e}_r$ 方向相反。

設質點以角速度 $\omega = \dot\theta$ 作圓周運動，則質量為 m 的質點所受的慣性力為

$$\mathbf{F} = F_r\,\mathbf{e}_r + F_\theta\,\mathbf{e}_\theta = mr_1\,\omega^2\,\mathbf{e}_r - mr_1\,\dot\omega\mathbf{e}_\theta \tag{2.74}$$

其中 $F_r = mr_1\,\omega^2$ 為質點之離心力，$F_\theta = -mr_1\,\dot\omega$ 為圓周切線方向之慣性力；若質點作等速圓周運動，則 $\dot\omega = 0$，$\quad F_\theta = 0$。

設在轉速 ω 一定的圓盤上，質點由圓心沿直線向邊緣以等速移動，當圓盤靜止時，質點之位置向量為 $b\,(\cos\theta\,\mathbf{i} + \sin\theta\,\mathbf{j})$，圓盤在時間 t 之轉角為 $\theta = \omega t$，質

點之位置向量為

$$r = r(t) = tb[\cos(\omega t)\mathbf{i} + \sin(\omega t)\mathbf{j}] = t\mathbf{u}(t) \tag{2.75}$$

質點之瞬時速度為

$$v(t) = \frac{d}{dt}r(t) = \frac{d}{dt}(t\mathbf{u}) = \mathbf{u} + t\frac{d\mathbf{u}}{dt} \tag{2.76}$$

瞬時加速度為

$$a(t) = \frac{d}{dt}v(t) = \frac{d}{dt}\left(\mathbf{u} + t\frac{d\mathbf{u}}{dt}\right) = 2\frac{d\mathbf{u}}{dt} + t\frac{d^2\mathbf{u}}{dt^2} \tag{2.77}$$

其中　　$\dfrac{d\mathbf{u}}{dt} = b\omega[-\sin(\omega t)\mathbf{i} + \cos(\omega t)\mathbf{j}] \tag{2.78}$

$$\frac{d^2\mathbf{u}}{dt^2} = \frac{d}{dt}\left(\frac{d\mathbf{u}}{dt}\right) = -b\omega^2[\cos(\omega t)\mathbf{i} + \sin(\omega t)\mathbf{j}] = -\omega^2\mathbf{u} \tag{2.79}$$

$$\Rightarrow \quad a(t) = 2\frac{d\mathbf{u}}{dt} - t\omega^2\mathbf{u} = 2\frac{d\mathbf{u}}{dt} - \omega^2 r(t) \tag{2.80}$$

在轉動圓盤上移動質點之加速度除大小為 $|\omega^2 r|$ 的向心加速度外，還有切線方向大小為 $|2d\mathbf{u}/dt|$ 的科氏加速度 (Coriolis acceleration)。

移動質點所受的慣性力為

$$\mathbf{F} = m\omega^2 r(t) - 2m\frac{d\mathbf{u}}{dt} \tag{2.81}$$

其中 $m\omega^2 r(t)$ 為圓盤轉動所產生的離心力，$-2md\mathbf{u}/dt$ 為切線反方向所產生的科氏力 (Coriolis force)。

考慮質點在圓球體上運動，其運動軌跡以球面座標表示為

$$r = r(t) = \rho\sin\varphi\cos\theta\,\mathbf{i} + \rho\sin\varphi\sin\theta\,\mathbf{j} + \rho\cos\varphi\,\mathbf{k} \tag{2.82}$$

將直角座標之基向量 $\mathbf{i}, \mathbf{j}, \mathbf{k}$ 與球面座標的基向量 $\mathbf{e}_\rho, \mathbf{e}_\varphi, \mathbf{e}_\theta$ 的關係式 (2.23) 以

矩陣表示為

$$\begin{bmatrix} \mathbf{e}_\rho \\ \mathbf{e}_\varphi \\ \mathbf{e}_\theta \end{bmatrix} = \begin{bmatrix} \sin\varphi\cos\theta & \sin\varphi\sin\theta & \cos\varphi \\ \cos\varphi\cos\theta & \cos\varphi\sin\theta & -\sin\varphi \\ -\sin\theta & \cos\theta & 0 \end{bmatrix} \begin{bmatrix} \mathbf{i} \\ \mathbf{j} \\ \mathbf{k} \end{bmatrix} \tag{2.83}$$

由矩陣反變換得

$$\begin{bmatrix} \mathbf{i} \\ \mathbf{j} \\ \mathbf{k} \end{bmatrix} = \begin{bmatrix} \sin\varphi\cos\theta & \cos\varphi\cos\theta & -\sin\theta \\ \sin\varphi\sin\theta & \cos\varphi\sin\theta & \cos\theta \\ \cos\varphi & -\sin\varphi & 0 \end{bmatrix} \begin{bmatrix} \mathbf{e}_\rho \\ \mathbf{e}_\varphi \\ \mathbf{e}_\theta \end{bmatrix} \tag{2.84}$$

將式 (2.84) 代入式 (2.82)，質點之運動軌跡得以球面座標的基向量表示為

$$\boldsymbol{r} = \boldsymbol{r}(t) = \rho\sin\varphi\cos\theta\,\mathbf{i} + \rho\sin\varphi\sin\theta\,\mathbf{j} + \rho\cos\varphi\,\mathbf{k}$$

$$= \rho\sin\varphi\cos\theta\,(\sin\varphi\cos\theta\,\mathbf{e}_\rho + \cos\varphi\cos\theta\,\mathbf{e}_\varphi - \sin\theta\,\mathbf{e}_\theta)$$

$$+ \rho\sin\varphi\sin\theta\,(\sin\varphi\sin\theta\,\mathbf{e}_\rho + \cos\varphi\sin\theta\,\mathbf{e}_\varphi + \cos\theta\,\mathbf{e}_\theta)$$

$$+ \rho\cos\varphi\,(\cos\varphi\,\mathbf{e}_\rho - \sin\varphi\,\mathbf{e}_\varphi) = \rho\mathbf{e}_\rho \tag{2.85}$$

其中質點之位置與基向量為時間的函數。

質點之瞬時速度為位置向量對時間微分：

$$v(t) = \frac{d}{dt}\,r(t) = \frac{d}{dt}(\rho\mathbf{e}_\rho) = \frac{d\rho}{dt}\,\mathbf{e}_\rho + \rho\,\frac{d\mathbf{e}_\rho}{dt} \tag{2.86}$$

其中 $\dfrac{d\mathbf{e}_\rho}{dt} = \dfrac{d}{dt}(\sin\varphi\cos\theta\,\mathbf{i} + \sin\varphi\sin\theta\,\mathbf{j} + \cos\varphi\,\mathbf{k}) = \dfrac{d\varphi}{dt}\,\mathbf{e}_\varphi + \sin\varphi\,\dfrac{d\theta}{dt}\,\mathbf{e}_\theta$ (2.87)

$$\Rightarrow\quad v(t) = \frac{d\rho}{dt}\,\mathbf{e}_\rho + \rho\,\frac{d\varphi}{dt}\,\mathbf{e}_\varphi + \rho\sin\varphi\,\frac{d\theta}{dt}\,\mathbf{e}_\theta \tag{2.88}$$

質點之瞬時加速度為速度對時間微分：

$$a(t) = \frac{d}{dt} v(t) = \frac{d}{dt}\left(\frac{d\rho}{dt} \mathbf{e}_\rho + \rho \frac{d\varphi}{dt} \mathbf{e}_\varphi + \rho \sin\varphi \frac{d\theta}{dt} \mathbf{e}_\theta \right)$$

$$= \frac{d^2\rho}{dt^2} \mathbf{e}_\rho + \frac{d\rho}{dt} \frac{d\mathbf{e}_\rho}{dt} + \frac{d\rho}{dt} \frac{d\varphi}{dt} \mathbf{e}_\varphi + \rho \frac{d^2\varphi}{dt^2} \mathbf{e}_\varphi + \rho \frac{d\varphi}{dt} \frac{d\mathbf{e}_\varphi}{dt}$$

$$+ \frac{d\rho}{dt} \sin\varphi \frac{d\theta}{dt} \mathbf{e}_\theta + \rho \cos\varphi \frac{d\varphi}{dt} \frac{d\theta}{dt} \mathbf{e}_\theta + \rho \sin\varphi \frac{d^2\theta}{dt^2} \mathbf{e}_\theta + \rho \sin\varphi \frac{d\theta}{dt} \frac{d\mathbf{e}_\theta}{dt}$$

其中　　$\dfrac{d\mathbf{e}_\varphi}{dt} = \dfrac{d}{dt} (\cos\varphi \cos\theta \, \mathbf{i} + \cos\varphi \sin\theta \, \mathbf{j} - \sin\varphi \, \mathbf{k})$

$$= -\frac{d\varphi}{dt} \mathbf{e}_\rho + \cos\varphi \frac{d\theta}{dt} \mathbf{e}_\theta \tag{2.89}$$

$$\frac{d\mathbf{e}_\theta}{dt} = \frac{d}{dt}(-\sin\theta \, \mathbf{i} + \cos\theta \, \mathbf{j}) = -\sin\varphi \frac{d\theta}{dt} \mathbf{e}_\rho - \cos\varphi \frac{d\theta}{dt} \mathbf{e}_\varphi \tag{2.90}$$

$\Rightarrow$　$a(t) = \dfrac{d}{dt} v(t) = \dfrac{d}{dt}\left(\dfrac{d\rho}{dt} \mathbf{e}_\rho + \rho \dfrac{d\varphi}{dt} \mathbf{e}_\varphi + \rho \sin\varphi \dfrac{d\theta}{dt} \mathbf{e}_\theta \right)$

$$= \left[\frac{d^2\rho}{dt^2} - \rho\left(\frac{d\varphi}{dt}\right)^2 - \rho \sin^2\varphi \left(\frac{d\theta}{dt}\right)^2 \right] \mathbf{e}_\rho$$

$$+ \left[\rho \frac{d^2\varphi}{dt^2} + 2 \frac{d\rho}{dt}\left(\frac{d\varphi}{dt}\right) - \rho \sin\varphi \cos\varphi \left(\frac{d\theta}{dt}\right)^2 \right] \mathbf{e}_\varphi$$

$$+ \left[\rho \sin\varphi \frac{d^2\theta}{dt^2} + 2 \sin\varphi \frac{dr}{dt} \frac{d\theta}{dt} + 2\rho \cos\varphi \frac{d\varphi}{dt} \frac{d\theta}{dt} \right] \mathbf{e}_\theta \tag{2.91}$$

若質點在半徑固定 $\rho = R$ 之球體表面運動，則 $d\rho/dt = 0$，質點運動的瞬時速度與加速度為

$$v(t) = R \frac{d\varphi}{dt} \mathbf{e}_\varphi + R \sin\varphi \frac{d\theta}{dt} \mathbf{e}_\theta \tag{2.92}$$

$$\boldsymbol{a}(t) = -R\left[\left(\frac{d\varphi}{dt}\right)^2 + \sin^2\varphi\left(\frac{d\theta}{dt}\right)^2\right]\mathbf{e}_\rho + R\left[d^2\varphi/dt^2 - \sin\varphi\cos\varphi\left(\frac{d\theta}{dt}\right)^2\right]\mathbf{e}_\varphi$$

$$+ R\left[\sin\varphi\frac{d^2\theta}{dt^2} + 2\cos\varphi\frac{d\varphi}{dt}\frac{d\theta}{dt}\right]\mathbf{e}_\theta \tag{2.93}$$

設質點由赤道 ($\varphi = 90°$) 沿經線 $\varphi = c_2$ 朝北極以等角速度 ω_φ 運動，地球自轉角速度為 ω_θ，則 $d\varphi/dt = \omega_\varphi$, $d\theta/dt = \omega_\theta$。

質點之運動軌跡以球面座標表示為

$$\boldsymbol{r} = \boldsymbol{r}(t) = R\mathbf{e}_r(t) \tag{2.94}$$

根據式 (2.92) 與式 (2.93)，質點的瞬時速度與加速度為

$$\boldsymbol{v}(t) = v_t\,\mathbf{e}_\varphi + R\omega_\theta\sin\varphi\,\mathbf{e}_\theta \tag{2.95}$$

$$\boldsymbol{a}(t) = -R(\omega_\varphi^2 + \omega_\theta^2\sin^2\varphi)\mathbf{e}_\rho - R(\omega_\theta^2\sin\varphi\cos\varphi)\mathbf{e}_\varphi + 2v_t\,\omega_\theta\cos\varphi\,\mathbf{e}_\theta \tag{2.96}$$

其中 $v_t = R\omega_\varphi$ 為質點沿經線運動之切線速度。

在北半球質點受到地球自轉所產生的科氏力為右旋，方向與 $\mathbf{e}_\theta$ 相同：

$$F_\theta = 2mv_t\,\omega_\theta\cos\varphi\,\mathbf{e}_\theta = 2mv_t\,\omega_\theta\sin\phi\,\mathbf{e}_\theta \qquad (\phi = \pi/2 - \varphi \text{ 為緯度}) \tag{2.97}$$

在南半球質點受到地球自轉所產生的科氏力為左旋，方向與 $\mathbf{e}_\theta$ 相反：

$$F_\theta = 2mv_t\,\omega_\theta\cos\varphi\,\mathbf{e}_\theta = -2mv_t\,\omega_\theta\sin\phi\,\mathbf{e}_\theta \qquad (\phi = \pi/2 + \varphi) \tag{2.98}$$

在赤道 $\varphi = \pi/2$ ($\phi = 0$)，質點之瞬時加速度為

$$\boldsymbol{a}(t) = -R(\omega_\varphi^2 + \omega_\theta^2)\mathbf{e}_\rho \tag{2.99}$$

質點受到的慣性力為

$$\mathbf{F} = mR(\omega_\varphi{}^2 + \omega_\theta{}^2)\mathbf{e}_\rho \tag{2.100}$$

在北極 $\varphi = 0$　$(\phi = \pi/2)$，質點之瞬時加速度為

$$\boldsymbol{a}(t) = -R\omega_\varphi{}^2\,\mathbf{e}_\rho + 2v_t\,\omega_\theta\,\mathbf{e}_\theta \tag{2.101}$$

移動質點受到的慣性力除離心力 $mR\omega_\varphi{}^2\mathbf{e}_\rho$ 之外，還有地球自轉所產生的科氏力 $2mv_t\,\omega_\theta\,\mathbf{e}_\theta$，方向為右旋。

在南極 $\varphi = \pi$　$(\phi = 3\pi/2)$，質點之瞬時加速度為

$$\boldsymbol{a}(t) = -R\omega_\varphi{}^2\,\mathbf{e}_\rho - 2v_t\,\omega_\theta\,\mathbf{e}_\theta \tag{2.102}$$

移動質點受到地球自轉產生的科氏力為 $-2mv_t\,\omega_\theta\,\mathbf{e}_\theta$，方向為左旋。

2.8. 曲線座標之梯度、散度、旋度、Laplacian

物理問題之控制方程式常有梯度 (∇)、散度 (∇)、旋度 ($\nabla\times$)、Laplacian (∇^2) 等向量運算子，例如：第 4 章的 Laplace 方程式、Poisson's 方程式、傳導或擴散方程式、波傳方程式、雙諧和方程式 (biharmonic equation) 皆與 Laplacian 運算子 ∇^2 有關。

以非正交曲線座標表示向量運算子，形式複雜而不實用。以下針對正交曲線座標推導各向量運算子之表達式。

設 P 點之位置向量為

$$r = x\mathbf{i} + y\mathbf{j} + z\mathbf{k} \tag{2.103}$$

若 s 表空間曲線之弧長，則位置向量 r 在曲線任意方向之導數為單位向量：

$$\frac{dr}{ds} = \frac{dx}{ds}\mathbf{i} + \frac{dy}{ds}\mathbf{j} + \frac{dz}{ds}\mathbf{k}, \qquad \left|\frac{dr}{ds}\right| = 1 \tag{2.104}$$

其中 $ds = (dx^2 + dy^2 + dz^2)^{1/2}$。

單變數函數之自變數只在點的左右變動，而多變數函數之自變數可在點的任意方向變動，其變率與導數的方向有關。

考慮直角座標之向量函數：

$$\mathbf{F} = \frac{\partial f}{\partial x}\,\mathbf{i} + \frac{\partial f}{\partial y}\,\mathbf{j} + \frac{\partial f}{\partial z}\,\mathbf{k} \tag{2.105}$$

已知純量函數 $f(x, y, z)$ 在 P 點之偏導數 $\partial f/\partial x,\ \partial f/\partial y,\ \partial f/\partial z$ 分別表示函數 f 在 $x,\ y,\ z$ 方向之變率，故向量函數 $\mathbf{F}$ 在 P 點任意方向之變率為 $\mathbf{F}$ 與 $d\mathbf{r}/ds$ 之純量積：

$$\mathbf{F} \cdot \frac{d\mathbf{r}}{ds} = \frac{\partial f}{\partial x}\frac{dx}{ds} + \frac{\partial f}{\partial y}\frac{dy}{ds} + \frac{\partial f}{\partial z}\frac{dz}{ds} = \frac{df}{ds} \tag{2.106}$$

則式 (2.106) 可表示為

$$\frac{df}{ds} = \nabla f \cdot \frac{d\mathbf{r}}{ds} \qquad 或 \qquad df = \nabla f \cdot d\mathbf{r} \tag{2.107}$$

其中 df/ds 稱為函數 f 之方向導數 (directional derivative)，其定義與座標無關。

定義直角座標純量函數 $f(x, y, z)$ 之梯度為

$$\nabla f = \frac{\partial f}{\partial x}\,\mathbf{i} + \frac{\partial f}{\partial y}\,\mathbf{j} + \frac{\partial f}{\partial z}\,\mathbf{k} \tag{2.108}$$

則向量運算子 ∇ 為

$$\nabla = \frac{\partial}{\partial x}\,\mathbf{i} + \frac{\partial}{\partial y}\,\mathbf{j} + \frac{\partial}{\partial z}\,\mathbf{k} \tag{2.109}$$

向量函數 $\mathbf{F}(x, y, z)$ 之散度與旋度分別為

$$\nabla \cdot \mathbf{F} = \frac{\partial \mathbf{F}}{\partial x} \cdot \mathbf{i} + \frac{\partial \mathbf{F}}{\partial y} \cdot \mathbf{j} + \frac{\partial \mathbf{F}}{\partial z} \cdot \mathbf{k} \tag{2.110}$$

$$\nabla \times \mathbf{F} = \frac{\partial \mathbf{F}}{\partial x} \times \mathbf{i} + \frac{\partial \mathbf{F}}{\partial y} \times \mathbf{j} + \frac{\partial \mathbf{F}}{\partial z} \times \mathbf{k} \tag{2.111}$$

若 $\mathbf{F} = F_1\,\mathbf{i} + F_2\,\mathbf{j} + F_3\,\mathbf{k}$，則

$$\nabla \cdot \mathbf{F} = \frac{\partial F_1}{\partial x} + \frac{\partial F_2}{\partial y} + \frac{\partial F_3}{\partial z} \tag{2.112}$$

$$\nabla \times \mathbf{F} = \begin{vmatrix} \mathbf{i} & \mathbf{j} & \mathbf{k} \\ \partial/\partial x & \partial/\partial y & \partial/\partial z \\ F_1 & F_2 & F_3 \end{vmatrix} \tag{2.113}$$

Laplacian 運算子為

$$\nabla^2 = \nabla \cdot \nabla = \frac{\partial^2}{\partial x^2} + \frac{\partial^2}{\partial y^2} + \frac{\partial^2}{\partial z^2} \tag{2.114}$$

考慮正交曲線座標 (u_1, u_2, u_3)，基向量為 $\mathbf{e}_1, \mathbf{e}_2, \mathbf{e}_3$：

$$\mathbf{e}_1 \times \mathbf{e}_2 = \mathbf{e}_3, \qquad \mathbf{e}_2 \times \mathbf{e}_3 = \mathbf{e}_1, \qquad \mathbf{e}_3 \times \mathbf{e}_1 = \mathbf{e}_2, \qquad \mathbf{e}_i \cdot \mathbf{e}_j = 0 \;\; (i \neq j)$$

位置向量 $\mathbf{r}$ 以 (u_1, u_2, u_3) 表示為 $\mathbf{r} = \mathbf{r}\,(u_1, u_2, u_3)$，其全微分為

$$d\mathbf{r} = \frac{\partial \mathbf{r}}{\partial u_1}\,du_1 + \frac{\partial \mathbf{r}}{\partial u_2}\,du_2 + \frac{\partial \mathbf{r}}{\partial u_3}\,du_3 = h_1\,\mathbf{e}_1\,du_1 + h_2\,\mathbf{e}_2\,du_2 + h_3\,\mathbf{e}_3\,du_3 \tag{2.115}$$

$$h_1 = \sqrt{g_{11}}, \qquad h_2 = \sqrt{g_{22}}, \qquad h_3 = \sqrt{g_{33}} \tag{2.116}$$

純量函數 $f(u_1, u_2, u_3)$ 之全微分為

$$df = \frac{\partial f}{\partial u_1}\,du_1 + \frac{\partial f}{\partial u_2}\,du_2 + \frac{\partial f}{\partial u_3}\,du_3 \tag{2.117}$$

設正交曲線座標之梯度向量之形式為

$$\nabla f = \lambda_1 \mathbf{e}_1 + \lambda_2 \mathbf{e}_2 + \lambda_3 \mathbf{e}_3 \tag{2.118}$$

其中 $\lambda_1, \lambda_2, \lambda_3$ 為待定。

將式 (2.115) 至 (2.118) 代入式 (2.107)：

$$\frac{\partial f}{\partial u_1}\, du_1 + \frac{\partial f}{\partial u_2}\, du_2 + \frac{\partial f}{\partial u_3}\, du_3$$

$$= (\lambda_1\, \mathbf{e}_1 + \lambda_2\, \mathbf{e}_2 + \lambda_3\, \mathbf{e}_3) \cdot (h_1\, \mathbf{e}_1\, du_1 + h_2\, \mathbf{e}_2\, du_2 + h_3\, \mathbf{e}_3\, du_3)$$

$$= \lambda_1\, h_1\, du_1 + \lambda_2\, h_2\, du_2 + \lambda_3\, h_3\, du_3$$

比較此式兩邊，得

$$\lambda_1 = \frac{1}{h_1}\, \frac{\partial f}{\partial u_1}, \qquad \lambda_2 = \frac{1}{h_2}\, \frac{\partial f}{\partial u_2}, \qquad \lambda_3 = \frac{1}{h_3}\, \frac{\partial f}{\partial u_3}$$

將 $\lambda_1,\ \lambda_2,\ \lambda_3$ 代入式 (2.118)，得純量函數 φ 之梯度：

$$\nabla f = \frac{1}{h_1}\, \frac{\partial f}{\partial u_1}\, \mathbf{e}_1 + \frac{1}{h_2}\, \frac{\partial f}{\partial u_2}\, \mathbf{e}_2 + \frac{1}{h_3}\, \frac{\partial f}{\partial u_3}\, \mathbf{e}_3 \tag{2.119}$$

向量運算子 ∇ 為

$$\nabla = \frac{\mathbf{e}_1}{h_1}\, \frac{\partial}{\partial u_1} + \frac{\mathbf{e}_2}{h_2}\, \frac{\partial}{\partial u_2} + \frac{\mathbf{e}_3}{h_3}\, \frac{\partial}{\partial u_3} \tag{2.120}$$

$$\therefore \quad \nabla u_1 = \frac{\mathbf{e}_1}{h_1}, \qquad \nabla u_2 = \frac{\mathbf{e}_2}{h_2}, \qquad \nabla u_3 = \frac{\mathbf{e}_3}{h_3} \tag{2.121}$$

$$\because \ \nabla \times \nabla u_k = 0 \qquad \therefore \ \nabla \times \frac{\mathbf{e}_1}{h_1} = \nabla \times \frac{\mathbf{e}_2}{h_2} = \nabla \times \frac{\mathbf{e}_3}{h_3} = 0 \tag{2.122}$$

$$\nabla(h_2\, h_3\, F_1) = \frac{1}{h_1}\, \frac{\partial(h_2\, h_3\, F_1)}{\partial u_1}\, \mathbf{e}_1 + \frac{1}{h_2}\, \frac{\partial(h_2\, h_3\, F_1)}{\partial u_2}\, \mathbf{e}_2 + \frac{1}{h_3}\, \frac{\partial(h_2\, h_3\, F_1)}{\partial u_3}\, \mathbf{e}_3 \tag{2.123}$$

後續推導將引用以下向量恆等式：

$$\nabla \times (\nabla F) = 0 \tag{2.124a}$$

$$\nabla \cdot (\nabla f_1 \times \nabla f_2) = 0 \tag{2.124b}$$

$$\nabla \cdot f\mathbf{u} = f\, \nabla \cdot \mathbf{u} + \mathbf{u} \cdot \nabla f \tag{2.124c}$$

$$\nabla \times f\mathbf{u} = f\,\nabla \times \mathbf{u} + \nabla f \times \mathbf{u} \tag{2.124d}$$

考慮正交曲線座標之向量函數

$$\mathbf{F} = F_1(u_1, u_2, u_3)\,\mathbf{e}_1 + F_2(u_1, u_2, u_3)\,\mathbf{e}_2 + F_3(u_1, u_2, u_3)\,\mathbf{e}_3$$

向量函數 $\mathbf{F}(u_1, u_2, u_3)$ 之散度為

$$\nabla \cdot \mathbf{F} = \nabla \cdot (F_1\,\mathbf{e}_1) + \nabla \cdot (F_2\,\mathbf{e}_2) + \nabla \cdot (F_3\,\mathbf{e}_3) \tag{2.125}$$

引用式 (2.124c)，可得

$$\nabla \cdot F_1\,\mathbf{e}_1 = \nabla \cdot \left[h_2\,h_3\,F_1 \left(\frac{\mathbf{e}_1}{h_2\,h_3} \right) \right] = h_2\,h_3\,F_1\,\nabla \cdot \left(\frac{\mathbf{e}_1}{h_2\,h_3} \right) + \left(\frac{\mathbf{e}_1}{h_2\,h_3} \right) \cdot \nabla(h_2\,h_3\,F_1)$$

其中　$\nabla \cdot \left(\dfrac{\mathbf{e}_1}{h_2\,h_3} \right) = \nabla \cdot \left(\dfrac{\mathbf{e}_2}{h_2} \times \dfrac{\mathbf{e}_3}{h_3} \right) = \nabla \cdot (\nabla u_2 \times \nabla u_3) = 0$　（引用式 (2.124b)）

$$\left(\frac{\mathbf{e}_1}{h_2\,h_3} \right) \cdot \nabla(h_2\,h_3\,F_1) = \frac{1}{h_1\,h_2\,h_3}\,\frac{\partial(h_2\,h_3\,F_1)}{\partial u_1} \qquad \text{（引用式 (2.123)）}$$

$$\Rightarrow \quad \nabla \cdot (F_1\,\mathbf{e}_1) = \frac{1}{h_1\,h_2\,h_3}\,\frac{\partial(h_2\,h_3\,F_1)}{\partial u_1}$$

同理：$\nabla \cdot (F_2\,\mathbf{e}_2) = \dfrac{1}{h_1\,h_2\,h_3}\,\dfrac{\partial(h_3\,h_1\,F_2)}{\partial u_2}$, $\qquad \nabla \cdot (F_3\,\mathbf{e}_3) = \dfrac{1}{h_1\,h_2\,h_3}\,\dfrac{\partial(h_1\,h_2\,F_3)}{\partial u_3}$

將以上各式代入式 (2.125)，得正交曲線座標向量 $\mathbf{F}$ 之散度：

$$\nabla \cdot \mathbf{F} = \frac{1}{h_1\,h_2\,h_3} \left[\frac{\partial(h_2\,h_3\,F_1)}{\partial u_1} + \frac{\partial(h_3\,h_1\,F_2)}{\partial u_2} + \frac{\partial(h_1\,h_2\,F_3)}{\partial u_3} \right] \tag{2.126}$$

令 $\mathbf{F} = \nabla f$，由式 (2.119)：

$$F_1 = \frac{1}{h_1}\,\frac{\partial f}{\partial u_1}, \qquad F_2 = \frac{1}{h_2}\,\frac{\partial f}{\partial u_2}, \qquad F_3 = \frac{1}{h_3}\,\frac{\partial f}{\partial u_3}$$

$$\nabla^2 f = \frac{1}{h_1 h_2 h_3}\left[\frac{\partial}{\partial u_1}\left(\frac{h_2 h_3}{h_1}\frac{\partial f}{\partial u_1}\right)+\frac{\partial}{\partial u_2}\left(\frac{h_3 h_1}{h_2}\frac{\partial f}{\partial u_2}\right)+\frac{\partial}{\partial u_3}\left(\frac{h_1 h_2}{h_3}\frac{\partial f}{\partial u_3}\right)\right] \quad (2.127)$$

故正交曲線座標之 Laplacian 運算子為

$$\nabla^2 = \frac{1}{h_1 h_2 h_3}\left[\frac{\partial}{\partial u_1}\left(\frac{h_2 h_3}{h_1}\frac{\partial}{\partial u_1}\right)+\frac{\partial}{\partial u_2}\left(\frac{h_3 h_1}{h_2}\frac{\partial}{\partial u_2}\right)+\frac{\partial}{\partial u_3}\left(\frac{h_1 h_2}{h_3}\frac{\partial}{\partial u_3}\right)\right] \quad (2.128)$$

向量函數 $\mathbf{F}(u_1, u_2, u_3)$ 之旋度為

$$\nabla\times\mathbf{F} = \nabla\times(F_1\,\mathbf{e}_1)+\nabla\times(F_2\,\mathbf{e}_2)+\nabla\times(F_3\,\mathbf{e}_3) \quad (2.129)$$

其中　　$\nabla\times F_1\,\mathbf{e}_1 = \nabla\times\left[h_1 F_1\left(\frac{\mathbf{e}_1}{h_1}\right)\right]=(h_1 F_1)\nabla\times\left(\frac{\mathbf{e}_1}{h_1}\right)+\nabla(h_1 F_1)\times\left(\frac{\mathbf{e}_1}{h_1}\right)$

$$=\nabla(h_1 F_1)\times\left(\frac{\mathbf{e}_1}{h_1}\right)=-\left(\frac{\mathbf{e}_1}{h_1}\times\nabla\right)(h_1 F_1)$$

引用式 (2.124d)，式 (2.120) 與式 (2.122)，得

$$\frac{\mathbf{e}_1}{h_1}\times\nabla = \frac{\mathbf{e}_1}{h_1}\times\left(\frac{\mathbf{e}_1}{h_1}\frac{\partial}{\partial u_1}+\frac{\mathbf{e}_2}{h_2}\frac{\partial}{\partial u_2}+\frac{\mathbf{e}_3}{h_3}\frac{\partial}{\partial u_3}\right)=\frac{\mathbf{e}_3}{h_1 h_2}\frac{\partial}{\partial u_2}-\frac{\mathbf{e}_2}{h_1 h_3}\frac{\partial}{\partial u_3}$$

$$\Rightarrow\quad \nabla\times F_1\,\mathbf{e}_1 = \left(\frac{\mathbf{e}_2}{h_1 h_3}\frac{\partial}{\partial u_3}-\frac{\mathbf{e}_3}{h_1 h_2}\frac{\partial}{\partial u_2}\right)(h_1 F_1)$$

$$=\frac{1}{h_1 h_2 h_3}\left(h_2\,\mathbf{e}_2\frac{\partial}{\partial u_3}-h_3\,\mathbf{e}_3\frac{\partial}{\partial u_2}\right)(h_1 F_1)$$

以此類推，可得

$$\nabla\times(F_2\,\mathbf{e}_2) = \frac{1}{h_1 h_2 h_3}\left(h_3\,\mathbf{e}_3\frac{\partial}{\partial u_1}-h_1\,\mathbf{e}_1\frac{\partial}{\partial u_3}\right)(h_2 F_2)$$

$$\nabla\times(F_3\,\mathbf{e}_3) = \frac{1}{h_1 h_2 h_3}\left(h_1\,\mathbf{e}_1\frac{\partial}{\partial u_2}-h_2\,\mathbf{e}_2\frac{\partial}{\partial u_1}\right)(h_3 F_3)$$

將以上三式代入式 (2.129)，所得結果可以用行列式表示為

$$\nabla \times \mathbf{F} = \frac{1}{h_1 h_2 h_3} \begin{vmatrix} h_1 \mathbf{e}_1 & h_2 \mathbf{e}_2 & h_3 \mathbf{e}_3 \\ \partial/\partial u_1 & \partial/\partial u_2 & \partial/\partial u_3 \\ h_1 F_1 & h_2 F_2 & h_3 F_3 \end{vmatrix} \quad (2.130)$$

若 $(u_1, u_2, u_3) = (x, y, z)$，則 $h_1 = h_2 = h_3 = 1$，以上曲線座標之公式簡化為直角座標對應的公式 (2.107)-(2.113)。

2.9. 圓柱座標與球面座標之基本幾何元素與公式

1. 圓柱座標 (cylindrical coordinates)

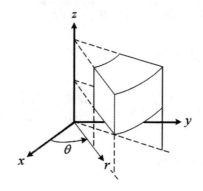

圖 2.7　圓柱座標

圓柱座標 (r, θ, z) 與直角座標 (x, y, z) 之關係為

$$x = r \cos \theta, \qquad y = r \sin \theta, \qquad z = z \qquad (r \geq 0, \ 0 \leq \theta \leq 2\pi) \quad (2.131)$$

圓柱座標之基向量 $\mathbf{e}_r, \mathbf{e}_\theta, \mathbf{e}_z$ 與直角座標之基向量 $\mathbf{i, j, k}$ 之關係為

$$\mathbf{e}_r = \cos \theta \, \mathbf{i} + \sin \theta \, \mathbf{j} \quad (2.132a)$$

$$\mathbf{e}_\theta = -\sin \theta \, \mathbf{i} + \cos \theta \, \mathbf{j} \quad (2.132b)$$

$$\mathbf{e}_z = \mathbf{k} \quad (2.132c)$$

位置向量以圓柱座標表示為

$$r = r\mathbf{e}_r + z\mathbf{e}_z \tag{2.133}$$

弧元素 ds，體積元素 $d\Omega$，面積元素 dA_r, dA_θ, dA_z 分別為

$$ds = [(dr)^2 + (rd\theta)^2 + (dz)^2]^{1/2}, \qquad d\Omega = rdrd\theta dz \tag{2.134a}$$

$$dA_r = rd\theta dz, \qquad dA_\theta = drdz, \qquad dA_z = rdrd\theta \tag{2.134b}$$

純量函數 $f(r, \theta, z)$ 之梯度向量為

$$\nabla f = \frac{\partial f}{\partial r}\mathbf{e}_r + \frac{1}{r}\frac{\partial f}{\partial \theta}\mathbf{e}_\theta + \frac{\partial f}{\partial z}\mathbf{e}_z \tag{2.135}$$

向量函數 $\mathbf{F}(r, \theta, z)$ 之散度為

$$\nabla \cdot \mathbf{F} = \frac{1}{r}\frac{\partial}{\partial r}(rF_r) + \frac{1}{r}\frac{\partial F_\theta}{\partial \theta} + \frac{\partial F_z}{\partial z} \tag{2.136}$$

向量函數 $\mathbf{F}(r, \theta, z)$ 之旋度為

$$\nabla \times \mathbf{F} = \frac{1}{r}\begin{vmatrix} \mathbf{e}_r & r\mathbf{e}_\theta & \mathbf{e}_z \\ \partial/\partial r & \partial/\partial \theta & \partial/\partial z \\ F_r & rF_\theta & F_z \end{vmatrix} \tag{2.137}$$

Laplace 方程式為

$$\nabla^2 f = \frac{\partial^2 f}{\partial r^2} + \frac{1}{r}\frac{\partial f}{\partial r} + \frac{1}{r^2}\frac{\partial^2 f}{\partial \theta^2} + \frac{\partial^2 f}{\partial z^2} = 0 \tag{2.138}$$

2. 球面座標 (spherical coordinates)

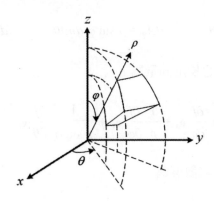

圖 2.8　球面座標

球面座標 (ρ, φ, θ) 與直角座標 (x, y, z) 之關係為

$$x = \rho \sin \varphi \cos \theta, \qquad y = \rho \sin \varphi \sin \theta, \qquad z = \rho \cos \varphi \qquad (2.139)$$
$$(\rho > 0, \quad 0 \le \varphi < \pi, \quad 0 \le \theta < 2\pi)$$

球面座標之基向量 $\mathbf{e}_\rho$, $\mathbf{e}_\varphi$, $\mathbf{e}_\theta$ 與直角座標之基向量 $\mathbf{i}$, $\mathbf{j}$, $\mathbf{k}$ 之關係為

$$\mathbf{e}_\rho = \sin \varphi \cos \theta\, \mathbf{i} + \sin \varphi \sin \theta\, \mathbf{j} + \cos \varphi\, \mathbf{k} \qquad (2.140a)$$

$$\mathbf{e}_\varphi = \cos \varphi \cos \theta\, \mathbf{i} + \cos \varphi \sin \theta\, \mathbf{j} - \sin \varphi\, \mathbf{k} \qquad (2.140b)$$

$$\mathbf{e}_\theta = -\sin \theta\, \mathbf{i} + \cos \theta\, \mathbf{j} \qquad (2.140c)$$

位置向量以球面座標表示為

$$r = \rho \mathbf{e}_\rho \qquad (2.141)$$

弧元素 ds，體積元素 $d\Omega$，面積元素 dA_ρ, dA_φ, dA_θ 分別為

$$ds = [(d\rho)^2 + (\rho d\varphi)^2 + (\rho \sin \varphi\, d\theta)^2]^{1/2} \qquad (2.142a)$$

$$d\Omega = \rho^2 \sin\varphi\, d\rho d\varphi d\theta \qquad (2.142b)$$

$$dA_r = \rho^2 \sin\varphi\, d\varphi d\theta, \qquad dA_\varphi = \rho \sin\varphi\, d\rho d\theta, \qquad dA_\theta = \rho d\rho d\varphi \qquad (2.142c)$$

純量函數 $f(\rho, \varphi, \theta)$ 之梯度向量為

$$\nabla f = \frac{\partial f}{\partial \rho}\, \mathbf{e}_\rho + \frac{1}{\rho}\frac{\partial f}{\partial \varphi}\, \mathbf{e}_\varphi + \frac{1}{\rho \sin\varphi}\frac{\partial f}{\partial \theta}\, \mathbf{e}_\theta \qquad (2.143)$$

向量函數 $\mathbf{F}(\rho, \varphi, \theta)$ 之散度為

$$\nabla \cdot \mathbf{F} = \frac{1}{\rho^2}\frac{\partial}{\partial \rho}(\rho^2 F_\rho) + \frac{1}{\rho \sin\varphi}\frac{\partial}{\partial \varphi}(\sin\varphi\, F_\varphi) + \frac{1}{\rho \sin\varphi}\frac{\partial F_\theta}{\partial \theta} \qquad (2.144)$$

向量函數 $\mathbf{F}(\rho, \varphi, \theta)$ 之旋度為

$$\nabla \times \mathbf{F} = \frac{1}{\rho^2 \sin\varphi}\begin{vmatrix} \mathbf{e}_\rho & r\mathbf{e}_\varphi & \rho \sin\varphi\, \mathbf{e}_\theta \\ \partial/\partial\rho & \partial/\partial\varphi & \partial/\partial\theta \\ F_\rho & \rho F_\varphi & \rho \sin\varphi\, F_\theta \end{vmatrix} \qquad (2.145)$$

Laplace 方程式為

$$\nabla^2 f = \frac{1}{\rho^2}\frac{\partial}{\partial \rho}\left(\rho^2 \frac{\partial f}{\partial \rho}\right) + \frac{1}{\rho^2 \sin\varphi}\frac{\partial}{\partial \varphi}\left(\sin\varphi\, \frac{\partial f}{\partial \varphi}\right) + \frac{1}{\rho^2 \sin^2\varphi}\frac{\partial^2 f}{\partial \theta^2} = 0 \qquad (2.146)$$

習題三

1. 設 $\mathbf{F} = \dfrac{2\cos\theta}{r^3}\, \mathbf{e}_r + \dfrac{\sin\theta}{r^3}\, \mathbf{e}_\theta$，其中 (r, θ) 為極座標 $\mathbf{e}_r, \mathbf{e}_\theta$ 為基向量，推求 $\nabla \cdot \mathbf{F}$, $\nabla \times \mathbf{F}$。

2. 由散度 $\nabla \cdot \mathbf{F}$ 推導球面座標之偏微分運算子：

$$\frac{\partial}{\partial x} = \sin\varphi \cos\theta\, \frac{\partial}{\partial \rho} + \cos\varphi \cos\theta\, \frac{1}{\rho}\frac{\partial}{\partial \varphi} - \frac{\sin\theta}{\rho \sin\varphi}\frac{\partial}{\partial \theta}$$

$$\frac{\partial}{\partial y} = \sin\varphi\sin\theta\,\frac{\partial}{\partial\rho} + \cos\varphi\sin\theta\,\frac{1}{\rho}\frac{\partial}{\partial\varphi} + \frac{\cos\theta}{\rho\sin\varphi}\frac{\partial}{\partial\theta}$$

$$\frac{\partial}{\partial z} = \cos\varphi\,\frac{\partial}{\partial\rho} - \sin\varphi\,\frac{1}{\rho}\frac{\partial}{\partial\varphi}$$

3. 設向量函數為 $\mathbf{F} = F_r\,(r,\,\theta)\,\mathbf{e}_r + F_\theta\,(r,\,\theta)\,\mathbf{e}_\theta$，證明 $\nabla\times\mathbf{F}$ 僅有 z 方向分量。

4. 設 $\mathbf{F} = -\dfrac{y}{x^2+y^2}\,\mathbf{i} + \dfrac{x}{x^2+y^2}\,\mathbf{j}$

    (*a*) 將 $\mathbf{F}$ 以極座標表示。

    (*b*) 以 $(x,\,y)$ 座標與 $(r,\,\theta)$ 座標表示 $\nabla\times\mathbf{F}$。

    (*c*) 推求 $\mathbf{F}$ 沿半徑為 1 之單位圓逆時針轉一圈所作之功。

5. 設圓柱座標 Laplacian ∇^2 中之 z 為常數，即得極座標之 ∇^2，說明何以設球面座標 Laplacian ∇^2 中之 $\varphi = \pi/2$，並不能得到極座標之 ∇^2。

6. 橢圓柱座標 $(\theta,\,\varphi,\,z)$ 與直角座標之關係為

    $$x = a\cosh\theta\cos\varphi, \qquad y = a\sinh\theta\sin\varphi, \qquad z = z \qquad (2.147)$$

    橢圓柱座標 $(\theta,\,\varphi,\,z)$ 由下列三個座標面構成：

    $\theta = c_1$ $(\theta \geq 0)$ 為橢圓柱面： $\dfrac{x^2}{a^2\cosh^2 c_1} + \dfrac{y^2}{a^2\sinh^2 c_1} = 1$

    $\varphi = c_2$ $(0 \leq \varphi \leq 2\pi)$ 為雙曲線柱面： $\dfrac{x^2}{a^2\cos^2 c_2} - \dfrac{y^2}{a^2\sin^2 c_2} = 1$

    $z = c_3$ $(-\infty < z < \infty)$ 為平行於 xy 面之平面。

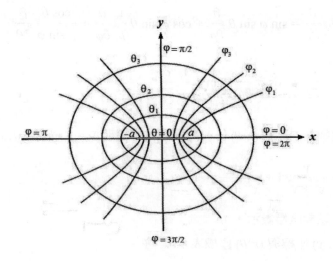

圖 2.9

圖 2.9 展示橢圓柱面 $\theta = c_1$ 與雙曲線柱面 $\varphi = c_2$ 在 xy 平面之交線。

證明 (θ, φ, z) 為正交曲線座標，尺度因子 h_1, h_2, h_3 為

$$h_1 = h_2 = a\sqrt{(\sinh^2\theta + \sin^2\varphi)} \quad h_3 = 1$$

橢圓柱面 $\theta = c_1$ 之面積元素為 $dA_\theta = a\sqrt{(\sinh^2 c_1 + \sin^2\varphi)}\, d\varphi dz$

雙曲線柱面 $\varphi = c_2$ 之面積元素為 $dA_\varphi = a\sqrt{(\sinh^2\theta + \sin^2 c_2)}\, d\theta dz$

平面 $z = c_3$ 之面積元素為 $dA_z = a^2(\sinh^2\theta + \sin^2\varphi)\, d\theta d\varphi$

體積元素為 $dV = a^2(\sinh^2\theta + \sin^2\varphi)\, d\theta d\varphi dz$

Laplace 方程式為 $\nabla^2 f = \dfrac{1}{a^2(\sinh^2\theta + \sin^2\varphi)}\left(\dfrac{\partial^2 f}{\partial\theta^2} + \dfrac{\partial^2 f}{\partial\varphi^2}\right) + \dfrac{\partial^2 f}{\partial z^2} = 0$

7. 雙極圓柱座標 (bipolar cylindrical coordinates) 與直角座標之變換關係為

$$x = \frac{a\sinh v}{\cosh v - \cos u} \qquad y = \frac{a\sin u}{\cosh v - \cos u} \qquad z = z \qquad (2.148)$$

雙極圓柱座標 (u, v, z) 由下列三個座標面構成：

$u = c_1$　$(0 \leq u \leq 2\pi)$ 為圓心在 $(0, a \cot c_1)$ 半徑為 $a \csc c_1$ 之對稱圓柱面：

$$x^2 + (y - a \cot c_1)^2 = a^2 \csc^2 c_1$$

$v = c_2$　$(-\infty \leq v \leq \infty)$ 為圓心在 $(a \coth c_2, 0)$ 半徑為 $a \operatorname{csch} c_2$ 之對稱圓柱面：

$$(x - a \coth c_2)^2 + y^2 = a^2 \operatorname{csch}^2 c_2$$

$z = c_3$　$(-\infty < z < \infty)$ 為平行於 xy 面之平面。

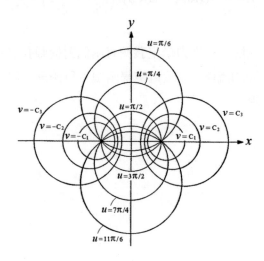

圖 2.10

圖 2.10 展示圓柱面族 $u = c_1$ 與圓柱面族 $v = c_2$ 在 xy 平面之交線，其中雙圓柱的圓心與半徑可藉調整參數 a, c_1, c_2 而定。

證明 (u, v, z) 為正交曲線座標，尺度因子 h_1, h_2, h_3 為

$$h_1 = h_2 = \frac{a}{\cosh v - \cos u}, \qquad h_3 = 1$$

圓柱面 $u = \pm c_1$ 之面積元素為 $\qquad dA_u = \dfrac{a}{\cosh v - \cos c_1}\, dv dz$

圓柱面 $v = \pm c_2$ 之面積元素為 $\qquad dA_v = \dfrac{a}{\cosh c_2 - \cos u}\, dudz$

平面 $z = c_3$ 之面積元素為 $\qquad dA_z = \dfrac{a^2}{(\cosh v - \cos u)^2}\, dudv$

體積元素為 $\qquad dV = \dfrac{a^2}{(\cosh v - \cos u)^2}\, dudvdz$

Laplace 方程式為

$$\nabla^2 f = \frac{1}{a^2}\, (\cosh v - \cos u)^2 \left(\frac{\partial^2 f}{\partial u^2} + \frac{\partial^2 f}{\partial v^2}\right) + \frac{\partial^2 f}{\partial z^2} = 0$$

雙極圓柱座標在解析彈性力學定義域有兩個對稱圓孔之應力場，流體力學兩個平行圓柱之間的流場，以及電磁學兩個平行圓形導體周圍的電場或磁場等問題上皆有應用。

第 3 章

傅立葉級數與
傅立葉變換

傅立葉級數源自法國數學家 Joseph Fourier (1768-1830)，傅立葉在解析熱傳導問題時，推導出其解可以用正弦函數與餘弦函數序列所組成的無窮級數表示。由於當時他沒有明確地給出解的適用條件與嚴格證明，Lagrange 認為其論文缺乏數學的嚴密性，質疑不連續的函數怎麼可能以連續的正弦函數與餘弦函數疊加產生？以致論文不被評審接受；然而，傅立葉不改其志，繼而運用大量函數與圖形來驗證以正弦函數與餘弦函數組成的無窮級數趨近於函數的普遍性，其研究終被認可，並獲法國科學院大獎。在傅立葉級數的基礎上，隨後發展出傅立葉變換，兩者相得益彰，遂成為強大的數學工具，在訊號分析、影像處理、密碼學、組合數學、力學、聲光電熱各領域有廣泛的應用。傅立葉的研究工作對數學的發展影響深遠，許多著名的科學家認為傅立葉的研究開創了數學物理的全新局面，傅立葉級數與傅立葉變換是數學史劃時代的篇章。

第 1 章曾說明泰勒級數可用於模擬各階導數連續可微的函數，但是不適用於分段連續函數；而傅立葉級數適用性廣泛，在週期函數得以餘弦函數與正弦函數序列所構成的無窮級數表示的基礎上，進而推廣至任何在有限區間分段連續的函數皆可表示為傅立葉級數，如同任何樂曲是以基本音符作音階與旋律變化譜寫而成；無論多複雜的聲波與電波都可以用不同頻率與振幅的正弦波與餘弦波模擬構成，這是訊號分析與影像處理理論的數學基礎。

本章首先說明基本的傅立葉級數及其變化形式與應用，闡明無窮級數的均勻收斂與逐項運算性，以及相關的定理與判別方法，其次考慮 Sturm-Liouville 問題，推展其特徵函數之正交性與廣義傅立葉級數，再由傅立葉積分引導出傅立葉變換及其應用，最後展示 Laplace 變換與傅立葉變換的關係。

3.1. 週期函數與正交函數

若函數 $f(x)$ 滿足以下條件

$$f(x + nT) = f(x) \quad T > 0 \qquad (n = 0, \pm 1, \pm 2, \cdots) \tag{3.1}$$

則 $f(x)$ 為週期函數，T 為 $f(x)$ 的基本週期。

若週期函數 $f(x)$ 與 $g(x)$ 之週期皆為 T，其線性組合：$h(x) = af(x) + bg(x)$ 之週期亦為 T。

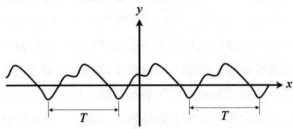

圖 3.1　週期函數示意圖

最常見的週期函數為正弦函數序列 $\sin nx$ 與餘弦函數序列 $\cos nx$，其基本週期皆為 2π。

若函數序列 $\varphi_n(x)$ $(n = 0, 1, 2, \cdots)$ 滿足

$$\int_a^b \varphi_m(x)\, \varphi_n(x)\, dx = 0 \qquad (m \neq n) \tag{3.2}$$

則 $\varphi_n(x)$ 在 (a, b) 區間為正交。

若函數序列 $\varphi_n(x)$ $(n = 0, 1, 2, \cdots)$ 滿足

$$\int_a^b r(x)\, \varphi_m(x)\, \varphi_n(x)\, dx = 0 \qquad (m \neq n) \tag{3.3}$$

則 $\varphi_n(x)$ 在 (a, b) 區間對加權函數 (weighting function) $r(x)$ 為正交。

常見的正交函數序列有 $\sin nx,\ \cos nx$, Bessel 函數 $J_v(x)$、Legendre 函數 $P_n(x)$ 等，其正交性如下：

$$\int_{-\pi}^{\pi} \sin mx\, \sin nx\, dx = \begin{cases} 0 & (m \neq n) \\ \pi & (m = n) \end{cases} \tag{3.4}$$

$$\int_0^{2\pi} \sin mx\, \sin nx\, dx = \begin{cases} 0 & (m \neq n) \\ \pi & (m = n) \end{cases} \tag{3.5}$$

$$\int_{-\pi}^{\pi} \cos mx\, \cos nx\, dx = \begin{cases} 0 & (m \neq n) \\ \pi & (m = n) \\ 2\pi & (m = n = 0) \end{cases} \tag{3.6}$$

$$\int_0^{2\pi} \cos mx \cos nx \, dx = \begin{cases} 0 & (m \neq n) \\ \pi & (m = n) \\ 2\pi & (m = n = 0) \end{cases} \tag{3.7}$$

$$\int_0^a x \, J_v(\mu_m x) \, J_v(\mu_n x) \, dx = 0 \qquad (m \neq n) \tag{3.8}$$

其中 μ_n 為　$J_v(\mu a) + k \, J_v'(\mu a) = 0$ 之第 n 個根 (k 為常數)。

$$\int_{-1}^1 P_m(x) \, P_n(x) \, dx = 0 \qquad (m \neq n) \tag{3.9}$$

正弦函數與餘弦函數之正交性，式 (3.4) − (3.7)，可由直接積分證明，例如：

$$\int_{-\pi}^{\pi} \sin mx \sin nx \, dx = \int_{-\pi}^{\pi} \left[\frac{\cos (m-n) x - \cos (m+n) x}{2} \right] dx$$

$$= \frac{1}{2} \left[\frac{\sin (m-n) x}{m-n} - \frac{\sin (m+n) x}{m+n} \right]_{-\pi}^{\pi} = 0 \quad (m \neq n)$$

$$\int_{-\pi}^{\pi} \sin^2 nx \, dx = \int_{-\pi}^{\pi} \left[\frac{1 - \cos (2nx)}{2} \right] dx = \frac{1}{2} \left[x - \frac{\sin (2nx)}{2n} \right]_{-\pi}^{\pi} = \pi \quad (m = n)$$

Bessel 函數與 Legendre 函數之正交性難以直接積分求證。第 3.9 節將考慮 Sturm-Liouville 特徵值問題，證明 Sturm-Liouville 類型常微分方程式之特徵函數解符合式 (3.3) 正交函數之定義，Bessel 函數與 Legendre 函數為其特例，正交性分別為式 (3.8) 與式 (3.9)；並將推導當 $m = n$，式 (3.8) 與式 (3.9) 積分之封閉式。

設函數 $f(x)$ $(a \leq x \leq b)$ 以對加權函數 $r(x)$ 正交之序列 $\varphi_n(x)$ 構成的無窮級數表示如下：

$$f(x) = \sum_{n=0}^{\infty} c_n \, \varphi_n(x) \tag{3.10}$$

其中係數 c_n 可運用函數 $\varphi_n(x)$ 之正交性決定。

將式 (3.8) 兩邊乘以 $r(x) \, \varphi_m(x)$：

$$r(x) \, \varphi_m(x) \, f(x) = r(x) \, \varphi_m(x) \sum_{n=0}^{\infty} c_n \, \varphi_n(x) \sim \sum_{n=0}^{\infty} c_n \, r(x) \, \varphi_m(x) \, \varphi_n(x) \tag{a}$$

兩邊作定積分,再運用式 (3.3):

$$\int_a^b r(x)\,\varphi_m(x)\,f(x)\,dx = \int_a^b \left[\sum_{n=0}^{\infty} c_n\,r(x)\,\varphi_m(x)\,\varphi_n(x)\right] dx$$

$$\sim \sum_{n=0}^{\infty} c_n \left[\int_a^b r(x)\,\varphi_m(x)\,\varphi_n(x)\,dx\right] = c_m \int_a^b r(x)\,[\varphi_m(x)]^2\,dx \qquad (b)$$

由此可得

$$c_n = \int_a^b r(x)\,\varphi_n(x)\,f(x)\,dx \Big/ \int_a^b r(x)\,[\varphi_n(x)]^2\,dx \qquad (n = 0, 1, 2, \cdots) \qquad (3.11)$$

以上推導過程中假設式 (3.10) 之無窮級數可逐項運算,特以符號 ~ 表示。必須強調:並非任何無窮級數皆可逐項運算,第 3.3 節將說明傅立葉級數之收斂性與逐項運算之條件。

3.2. 函數週期為 2π 之傅立葉級數

設函數 $f(x)$ 之週期為 2π,基本週期範圍為 $(-\pi, \pi)$,欲將 $f(x)$ 表示為

$$f(x) = \sum_{n=0}^{\infty} (a_n \cos nx + b_n \sin nx) \qquad (3.12)$$

其中 a_n, b_n 為待定係數,$\cos nx$ 與 $\sin nx$ 之週期為 2π,其線性組合之週期亦為 2π,且此無窮級數為均勻收斂 (uniform convergence),可逐項運算。

第 3.10 節將詳加說明無窮級數為均勻收斂的定義與性質,以及判別無窮級數是否為均勻收斂的方法。

將式 (3.12) 兩邊乘以 $\cos mx$ 作以下定積分:

$$\int_{-\pi}^{\pi} f(x) \cos mx\,dx = \sum_{n=0}^{\infty} \left(a_n \int_{-\pi}^{\pi} \cos mx \cos nx\,dx + b_n \int_{-\pi}^{\pi} \cos mx \sin nx\,dx\right)$$

此式右邊第二項之定積分恆為零,運用式 (3.6) 之正交性,可得

$$a_0 = \frac{1}{2\pi} \int_{-\pi}^{\pi} f(x)\,dx, \qquad a_n = \frac{1}{\pi} \int_{-\pi}^{\pi} f(x) \cos nx\,dx \quad (n = 1, 2, \cdots)$$

將式 (3.12) 兩邊乘以 $\sin mx$ 作定積分，運用式 (3.4) 之正交性，可得

$$b_n = \frac{1}{\pi} \int_{-\pi}^{\pi} f(x) \sin nx \, dx \qquad (n = 0, 1, 2, \cdots)$$

由於 a_0 與 a_n 之公式不同，一般將週期為 2π，基本週期範圍為 $(-\pi, \pi)$ 之函數 $f(x)$，以傅立葉級數表示為

$$f(x) = a_0 + \sum_{n=1}^{\infty} (a_n \cos nx + b_n \sin nx) \tag{3.13}$$

其中

$$a_0 = \frac{1}{2\pi} \int_{-\pi}^{\pi} f(x) \, dx \tag{3.14}$$

$$a_n = \frac{1}{\pi} \int_{-\pi}^{\pi} f(x) \cos nx \, dx \qquad (n = 1, 2, \cdots) \tag{3.15}$$

$$b_n = \frac{1}{\pi} \int_{-\pi}^{\pi} f(x) \sin nx \, dx \qquad (n = 1, 2, \cdots) \tag{3.16}$$

若 $f(x)$ 之週期為 2π，基本週期範圍為 $(0, 2\pi)$，僅須將式 (3.14) ~ (3.16) 之積分上下限改為 $0 \sim 2\pi$，即得 $f(x)$ 之傅立葉級數公式。

例：將週期為 2π 之函數　$f(x) = \begin{cases} x^2 + \pi x & (-\pi \le x \le 0) \\ \pi x - x^2 & (0 \le x \le \pi) \end{cases}$　展開為傅立葉級數。

根據式 (3.13)-(3.16)：

$$a_0 = \frac{1}{2\pi} \int_{-\pi}^{\pi} f(x) \, dx = \frac{1}{2\pi} \left[\int_{-\pi}^{0} (x^2 + \pi x) \, dx + \int_{0}^{\pi} (\pi x - x^2) \, dx \right] = 0$$

$$a_n = \frac{1}{\pi} \left[\int_{-\pi}^{0} (x^2 + \pi x) \cos nx \, dx + \int_{0}^{\pi} (\pi x - x^2) \cos nx \, dx \right] = 0 \quad (n = 1, 2, \cdots)$$

$$b_n = \frac{1}{\pi} \left[\int_{-\pi}^{0} (x^2 + \pi x) \sin nx \, dx + \int_{0}^{\pi} (\pi x - x^2) \sin nx \, dx \right] = \begin{cases} 0 & (n = 2, 4, \cdots) \\ \dfrac{8}{n^3 \pi} & (n = 1, 3, \cdots) \end{cases}$$

函數 $f(x)$ 之傅立葉級數 $S(x)$ 表示為

$$S(x) = \sum_{n=1,3,5\cdots}^{\infty} \frac{8}{n^3\pi} \sin nx = \frac{8}{\pi} \sin x + \frac{8}{3^3\pi} \sin 3x + \frac{8}{5^3\pi} \sin 5x + \cdots \qquad (3.17)$$

圖 3.2 展示取傅立葉級數第一項 $S_1(x)$ 與原函數 $f(x)$ 圖形之比較。

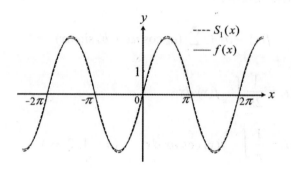

圖 3.2

令 $x = \pi/2$，代入式 (3.17)，得

$$\frac{\pi^2}{4} = \frac{8}{\pi}\Big(1 + \frac{1}{3^3} \sin \frac{3\pi}{2} + \frac{1}{5^3} \sin \frac{5\pi}{2} + \frac{1}{7^3} \sin \frac{7\pi}{2} + \cdots\Big)$$

$$\Rightarrow \quad 1 - \frac{1}{3^3} + \frac{1}{5^3} - \frac{1}{7^3} + - \cdots = \frac{\pi^3}{32} \qquad (3.18)$$

例：將週期為 2π 之函數 $f(x) = \begin{cases} 0 & (-\pi \leq x < -\pi/2) \\ 1 & (-\pi/2 < x < \pi/2) \\ 0 & (\pi/2 < x \leq \pi) \end{cases}$ 展開為傅立葉級數。

根據式 (3.13) 至 (3.16)：

$$a_0 = \frac{1}{2\pi} \int_{-\pi}^{\pi} f(x)\, dx = \frac{1}{2\pi} \int_{-\pi/2}^{\pi/2} dx = \frac{1}{2}$$

$$a_n = \frac{1}{\pi} \int_{-\pi/2}^{\pi/2} \cos nx\, dx = \frac{\sin(n\pi/2) - \sin(-n\pi/2)}{n\pi} = \begin{cases} 0 & (n = 2, 4, 6, \cdots) \\ 2/n\pi & (n = 1, 5, 9, \cdots) \\ -2/n\pi & (n = 3, 7, 11, \cdots) \end{cases}$$

$$b_n = \frac{1}{\pi} \int_{-\pi/2}^{\pi/2} \sin nx \, dx = -\frac{\cos(n\pi/2) - \cos(-n\pi/2)}{n\pi} = 0$$

函數 $f(x)$ 以傅立葉級數 $S(x)$ 表示為

$$S(x) = \frac{1}{2} + \frac{2}{\pi} \cos x - \frac{2}{3\pi} \cos 3x + \frac{2}{5\pi} \cos 5x - + \cdots$$

$$= \frac{1}{2} - \frac{2}{\pi} \sum_{n=1}^{\infty} \frac{(-1)^n}{2n-1} \cos(2n-1)x$$

圖 3.3 顯示取傅立葉級數前幾項 $S_0(x)$, $S_1(x)$, $S_2(x)$ 與 $f(x)$ 圖形之比較。

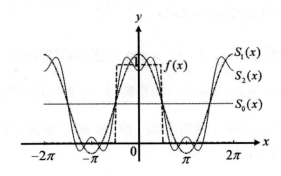

圖 3.3

習題一

1. 將下列週期 2π 之函數 $f(x)$ 展開為傅立葉級數 $S(x)$，並作圖比較 $f(x)$ 與 $S_1(x)$, $S_2(x)$。

   (a) $f(x) = \pi - x \ (-\pi \leq x \leq \pi)$

   (b) $f(x) = \begin{cases} 0 & (-\pi \leq x < 0) \\ \pi & (0 \leq x < \pi) \end{cases}$

(c) $f(x) = \begin{cases} -x/2 & (-\pi \le x < 0) \\ (1-x)/2 & (0 \le x < \pi) \end{cases}$

2. 作下列週期為 2π 函數之圖形，再將其展開為傅立葉級數。

(a) $f(x) = \begin{cases} 1 & (-\pi/2 < x < \pi/2) \\ -1 & (\pi/2 < x < 3\pi/2) \end{cases}$

(b) $f(x) = \begin{cases} x & (-\pi/2 < x < \pi/2) \\ \pi - x & (\pi/2 < x < 3\pi/2) \end{cases}$

3. 將週期為 2π 函數 $f(x) = e^x$ $(-\pi < x \le \pi)$ 展開為傅立葉級數。

4. 將週期為 2π 函數 $f(x) = \cos \alpha\theta$, α 為整數 $(-\pi \le \theta \le \pi)$ 展開為傅立葉級數。

5. 若 α 非整數，則 $\cos \alpha\theta$ 之週期非 2π，設 $\cos \alpha\theta$ 之週期為 T，依週期函數之定義： $f(x) = f(x + T)$

$$\cos \alpha\theta = \cos(\alpha\theta + 2\pi) = \cos \alpha(\theta + T) = \cos(\alpha\theta + \alpha T) \quad \Rightarrow \quad \alpha T = 2\pi$$

故 $\cos \alpha\theta$ 之週期為 $T = 2\pi/\alpha$。

以 3.4 節任意週期函數之傅立葉級數，證明 $\cos \alpha\theta$ 可展開為

$$\cos \alpha\theta = \frac{\sin \alpha\pi}{\alpha\pi} + \sum_{n=1}^{\infty} (-1)^n \frac{2\alpha \sin \alpha\pi}{\pi(\alpha^2 - n^2)} \cos n\theta$$

3.3. 傅立葉級數之收斂與逐項運算

　　運用傅立葉級數必須確定級數是否收斂，是否可以逐項加減，逐項微分或積分，本節說明傅立葉級數收斂與逐項運算的條件。

　　設函數 $f(x)$ 在考慮區間各點有定義，若 $f(x_0^+) = f(x_0^-)$，$f(x)$ 在點 $x = x_0$ 為連續；若 $f(x_0^+) \neq f(x_0^-)$，$x = x_0$ 為 $f(x)$ 之不連續點。令 $\Delta x > 0$，$f(x)$ 在 $x = x_0$ 之右手導數 $f'(x_0^+)$ 與左手導數 $f'(x_0^-)$ 分別為

$$f'(x_0^+) = \lim_{\Delta x \to 0} \frac{f(x_0 + \Delta x) - f(x_0)}{\Delta x}, \quad f'(x_0^-) = \lim_{\Delta x \to 0} \frac{f(x_0 - \Delta x) - f(x_0)}{\Delta x} \tag{3.19}$$

傅立葉級數之 Dirichlet 定理

　　設 $f(x)$ 為連續或分段連續之有界函數，在考慮區間各點，函數之左手導數與右手導數存在，$f(x)$ 之傅立葉級數為 $S(x)$，若 $f(x)$ 在 $x = x_0$ 為連續，則 $S(x_0)$ 收斂於 $f(x)$ 在該點之值：$S(x_0) = f(x_0)$；若 $x = x_0$ 為 $f(x)$ 之不連續點，則 $S(x_0)$ 之值為函數 $f(x)$ 在不連續點左右兩邊值之平均：

$$S(x_0) = \frac{1}{2} \left[f(x_0^+) + f(x_0^-) \right]$$

　　設分段連續函數 $f(x)$，$g(x)$ 符合 Dirichlet 定理條件，其傅立葉級數分別為

$$f(x) = a_0 + \sum_{n=1}^{\infty} (a_n \cos nx + b_n \sin nx)$$

$$g(x) = \alpha_0 + \sum_{n=1}^{\infty} (\alpha_n \cos nx + \beta_n \sin nx)$$

　　若傅立葉級數為均勻收斂 (3.10 節將說明均勻收斂之定義)，基於 Dirichlet 定理，可證明在連續區間傅立葉級數可逐項加減，逐項相乘，逐項積分。

$$f(x) \pm g(x) = (a_0 \pm \alpha_0) + \sum_{n=1}^{\infty} [(a_n \pm \alpha_n) \cos nx + (b_n \pm \beta_n) \sin nx] \tag{3.20}$$

$$g(x)\,f(x) = a_0\,g(x) + \sum_{n=1}^{\infty} g(x)\,(a_n \cos nx + b_n \sin nx) \tag{3.21}$$

$$\int_{-\pi}^{\pi} f(x)\,dx = \int_{-\pi}^{\pi} a_0\,dx + \sum_{n=1}^{\infty} \left(a_n \int_{-\pi}^{\pi} \cos nx\,dx + b_n \int_{-\pi}^{\pi} \sin nx\,dx \right) \tag{3.22}$$

傅立葉級數逐項微分之條件如下：

設 $f(x)$ 為連續函數，週期為 2π，$f(x)$ 之傅立葉級數為 $S(x)$，若 $f'(x)$ 至少為分段連續，則逐項微分 $S(x)$ 即為 $f'(x)$ 之傅立葉級數，$S'(x) = f'(x)$，亦即傅立葉級數可逐項微分。

證明：$f(x)$ 之傅立葉級數 $S(x)$ 為

$$S(x) = a_0 + \sum_{n=1}^{\infty} (a_n \cos nx + b_n \sin nx) \tag{3.23}$$

$f'(x)$ 為分段連續，週期亦為 2π，基本週期範圍為 $(-\pi, \pi)$，其傅立葉級數為

$$f'(x) = A_0 + \sum_{n=1}^{\infty} (A_n \cos nx + B_n \sin nx) \tag{3.24}$$

其中

$$A_0 = \frac{1}{2\pi} \int_{-\pi}^{\pi} f'(x)\,dx = \frac{1}{2\pi} [f(\pi) - f(-\pi)]$$

$$A_n = \frac{1}{\pi} \int_{-\pi}^{\pi} f'(x) \cos nx\,dx = \left[\frac{1}{\pi} f(x) \cos nx \right]_{-\pi}^{\pi} + n \int_{-\pi}^{\pi} f(x) \sin nx\,dx$$

$$= \frac{(-1)^n}{\pi} [f(\pi) - f(-\pi)] + nb_n$$

$$B_n = \frac{1}{\pi} \int_{-\pi}^{\pi} f'(x) \sin nx\,dx = \left[\frac{1}{\pi} f(x) \sin nx \right]_{-\pi}^{\pi} - n \int_{-\pi}^{\pi} f(x) \cos nx\,dx = -na_n$$

其中 a_n, b_n 為 $f(x)$ 之傅立葉級數 $S(x)$ 之係數。

若 $f(x)$ 為連續函數，$f(\pi) = f(-\pi)$，則 $A_0 = 0$, $A_n = nb_n$, $B_n = -na_n$

$$\Rightarrow \quad f'(x) = \sum_{n=1}^{\infty} (-na_n \sin nx + nb_n \cos nx) \tag{3.25}$$

此式與傅立葉級數 $S(x)$ 逐項微分之結果完全相同，即 $S'(x) = f'(x)$。

例：將週期為 2π 之函數

$$f(x) = \begin{cases} (x-\pi)^2 & (0 \le x \le \pi) \\ \\ \pi^2 & (\pi \le x \le 2\pi) \end{cases} \qquad 展開為傅立葉級數。$$

根據式 (3.13) 至 (3.16)：

$$a_0 = \frac{1}{2\pi} \int_0^{2\pi} f(x)\, dx = \frac{1}{2\pi} \left[\int_0^{\pi} (x-\pi)^2\, dx + \int_{\pi}^{2\pi} \pi^2\, dx \right] = \frac{2\pi^2}{3}$$

$$a_n = \frac{1}{\pi} \left[\int_0^{\pi} (x-\pi)^2 \cos nx\, dx + \int_{\pi}^{2\pi} \pi^2 \cos nx\, dx \right] = \frac{2}{n^2}$$

$$b_n = \frac{1}{\pi} \left[\int_0^{\pi} (x-\pi)^2 \sin nx\, dx + \int_{\pi}^{2\pi} \pi^2 \sin nx\, dx \right] = \frac{(-1)^n \pi}{n} - \frac{2}{n^2 \pi}[1 - (-1)^n]$$

$$\Rightarrow \quad S(x) = \frac{2\pi^2}{3} + 2\sum_{n=1}^{\infty} \left[\frac{1}{n^2} \cos nx + \left(\frac{(-1)^n \pi}{n} - \frac{2}{n^2 \pi}[1 - (-1)^n] \right) \sin nx \right]$$

$f(x)$ 在 $x = 0$ 連續，將 $f(0) = \pi^2$ 代入上式，得

$$\sum_{n=1}^{\infty} \frac{1}{n^2} = 1 + \frac{1}{2^2} + \frac{1}{3^2} + \frac{1}{4^2} + \cdots = \frac{\pi^2}{6} \tag{3.26}$$

$f(x)$ 在 $x = \pi$ 不連續，$f(\pi^-) = 0,\ f(\pi^+) = \pi^2$，根據 Dirichlet 定理：

$$S(\pi) = \frac{f(\pi^-) + f(\pi^+)}{2} = \frac{\pi^2}{2} = \frac{2\pi^2}{3} + 2\sum_{n=0}^{\infty} \frac{(-1)^n}{n^2}$$

$$\Rightarrow \quad \sum_{n=1}^{\infty} \frac{(-1)^{n+1}}{n^2} = 1 - \frac{1}{2^2} + \frac{1}{3^2} - \frac{1}{4^2} + - \cdots = \frac{\pi^2}{12} \tag{3.27}$$

例：$f(x) = x\,(-\pi < x < \pi)$，週期為 2π，如圖 3.4 所示。

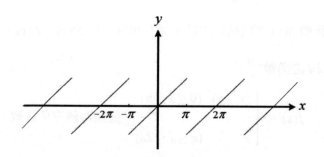

圖 3.4

$f(x)$ 之傅立葉級數 $S(x)$ 為

$$S(x) = 2 \sum_{n=1}^{\infty} \frac{(-1)^{n+1}}{n} \sin nx \tag{3.28}$$

將此式逐項積分，得

$$\int_0^x S(x)\,dx = 2 \sum_{n=1}^{\infty} \frac{(-1)^{n+1}}{n} \int_0^x \sin nx\,dx = 2 \sum_{n=0}^{\infty} \frac{(-1)^{n+1}}{n^2} (1 - \cos nx)$$

$$= \frac{\pi^2}{6} + 2 \sum_{n=1}^{\infty} \frac{(-1)^{n}}{n^2} \cos nx \tag{3.29}$$

其中第一項級數之和為 $\pi^2/12$，見式 (3.27)。

$$f(x) = x \text{ 之積分為} \quad F(x) = \int_0^x x\,dx = \frac{x^2}{2}$$

週期為 2π 之函數 $F(x) = x^2/2\,(-\pi < x < \pi)$ 的傅立葉級數與式(3.29)完全相同，證實$f(x)$ 之傅立葉級數可逐項積分。

然而，將式 (3.28) 逐項微分，得

$$S'(x) = 2 \sum_{n=1}^{\infty} (-1)^{n+1} \cos nx \tag{3.30}$$

級數 $S'(x)$ 為發散，而 $f(x) = x$ 之微分為 $f(x) = 1$，由於 $f(x)$ 不是連續函數，

不符合傅立葉級數逐項微分的條件，故 $f'(x) \neq S'(x)$。

例：如圖 3.5 所示：$f(x) = \begin{cases} -x & (-\pi < x < 0) \\ x & (0 < x < \pi) \end{cases}$

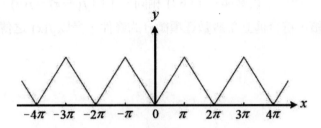

圖 3.5

$f(x)$ 之傅立葉級數 $S(x)$ 為

$$S(x) = \frac{\pi}{2} - \frac{4}{\pi} \sum_{n=1}^{\infty} \frac{1}{(2n-1)^2} \cos(2n-1)x \qquad (3.31)$$

將此式逐項積分，得

$$\int_{-\pi}^{\pi} S(x)\, dx = \int_{-\pi}^{\pi} \frac{\pi}{2}\, dx - \frac{4}{\pi} \sum_{n=1}^{\infty} \frac{1}{(2n-1)^2} \int_{-\pi}^{\pi} \cos(2n-1)x\, dx$$

$$= \pi^2 - \frac{4}{\pi} \sum_{n=1}^{\infty} \left[\frac{1}{(2n-1)^3} \sin(2n-1)x \right]_{-\pi}^{\pi} = \pi^2$$

$f(x)$ 之積分為　$\int_{-\pi}^{\pi} f(x)\, dx = \int_{-\pi}^{0} (-x)\, dx + \int_{0}^{\pi} x\, dx = \pi^2$

證實 $f(x)$ 之傅立葉級數可逐項積分。

將式 (3.31) 逐項微分得

$$S'(x) = \frac{4}{\pi} \sum_{n=1}^{\infty} \frac{1}{2n-1} \sin(2n-1)x \qquad (3.32)$$

$f(x)$ 之微分為

$$f'(x) = \begin{cases} -1 & (-\pi < x < 0) \\ 1 & (0 < x < \pi) \end{cases}$$

函數 $f'(x)$ 之傅立葉級數與式 (3.32) 相同。本例 $f(-\pi) = f(\pi)$，$f(x)$ 為連續，$f'(x)$ 為分段連續，符合傅立葉級數逐項微分的條件，是以 $f(x)$ 之傅立葉級數可逐項微分。

 習題二

1. 將 $f(x) = x$ （$-\pi < x < \pi$），週期為 2π，展開為傅立葉級數 $S(x)$：

$$S(x) = 2 \sum_{n=1}^{\infty} \frac{(-1)^{n+1}}{n} \sin nx$$

將 $S(x)$ 由 $-\pi$ 積至 x，得式 (3.29)：

$$C(x) = \frac{x^2}{2} = \frac{\pi^2}{6} + 2 \sum_{n=1}^{\infty} \frac{(-1)^n}{n^2} \cos nx$$

將此式由 $-\pi$ 積至 x，證明

$$x(x^2 - \pi^2) = 12 \sum_{n=1}^{\infty} \frac{(-1)^n}{n^2} \cos nx$$

2. 將第一題之級數再由 $-\pi$ 積至 x，證明：

$$\frac{1}{48}(x^2 - \pi^2)^2 = \frac{\pi^4}{90} - \sum_{n=1}^{\infty} \frac{(-1)^n}{n^4} \cos nx$$

3. 由第一題級數，令 $x = \pi/2$，證明

$$1 - \frac{1}{3^3} + \frac{1}{5^3} - \frac{1}{7^3} + - \cdots = \frac{\pi^3}{32}$$

4. 由第二題級數，令 $x = 0$, $x = \pi$，證明

$$1 - \frac{1}{2^4} + \frac{1}{3^4} - \frac{1}{4^4} + -\cdots = \frac{7\pi^4}{720}, \qquad \sum_{n=1}^{\infty} \frac{1}{n^4} = \frac{\pi^4}{90}$$

5. 將週期為 2π 之函數 $f(x)$ $(0 < x < 2\pi)$ 之傅立葉級數逐項積分，證明：

$$\int_0^x f(x)\,dx = A_0 + \sum_{n=1}^{\infty} (A_n \cos nx + B_n \sin nx)$$

其中　$A_0 = \pi a_0 - \frac{1}{2\pi} \int_0^{2\pi} x f(x)\,dx, \quad A_n = -\frac{1}{n} b_n, \quad B_n = -\frac{1}{n} a_0 + \frac{1}{n} a_n$

a_0, a_n, b_n 為 $f(x)$ 之傅立葉展開式係數。

6. 設　$f(x) = \begin{cases} 0 & (0 \leq x \leq \pi) \\ 1 & (\pi < x < 2\pi) \end{cases}$　$f(x + 2\pi) = f(x)$，以驗證第 5 題。

7. 將 $f(x)$ 之傅立葉級數兩邊乘以連續函數 $\pi - x$，再逐項積分，證明：

$$\sum_{n=1}^{\infty} \frac{b_n}{n} = \frac{1}{2\pi} \int_0^{2\pi} (\pi - x)\,f(x)\,dx$$

8. 令第 7 題 $f(x) = \pi - x$ $(0 \leq x < 2\pi)$，證明 $\sum_{n=1}^{\infty} \frac{1}{n^2} = \frac{\pi^2}{6}$

9. 將圖 3.6 之週期函數 $f(x)$ 展開為傅立葉級數 $S(x)$，求 $f(\pi/4)$, $S(\pi/4)$, $S(n\pi)$ 之值。

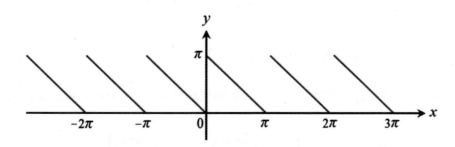

圖 3.6

證明 $\displaystyle\sum_{n=1}^{\infty} \frac{(-1)^n}{2n+1} = \frac{\pi}{4}$

10. 驗證週期為 2π 之函數 $f(x) = x^2$ $(-\pi < x < \pi)$ 之傳立葉級數展開式為

$$x^2 = \frac{1}{3}\pi^2 + 4\sum_{n=1}^{\infty} \frac{(-1)^n}{n^2}\cos nx$$

根據此式求 $g(x) = x$, $h(x) = x^3$ 之傳立葉級數展開式。

3.4. 任意週期函數之傳立葉級數

設函數 $f(t)$ 之週期為 T，基本週期範圍為 $(-T/2, T/2)$，以比例轉換將 T 變為 2π，任一點座標 t 依比例變為 x：

$$T : 2\pi = t : x \implies t = \frac{Tx}{2\pi}, \quad f(t) = f\left(\frac{Tx}{2\pi}\right) \equiv F(x) \tag{3.33}$$

$$\text{當} \quad t = -T/2, \quad x = -\pi; \qquad t = T/2, \quad x = \pi$$

故 $F(x)$ 之週期為 2π，基本週期範圍為 $(-\pi, \pi)$。

將 $F(x)$ 展開為傳立葉級數：

$$F(x) = a_0 + \sum_{n=1}^{\infty}(a_n\cos nx + b_n\sin nx)$$

其中 $\displaystyle a_0 = \frac{1}{2\pi}\int_{-\pi}^{\pi} F(x)\,dx, \qquad a_n = \frac{1}{\pi}\int_{-\pi}^{\pi} F(x)\cos nx\,dx \qquad (n = 1, 2, \cdots)$

$$b_n = \frac{1}{\pi}\int_{-\pi}^{\pi} F(x)\sin nx\,dx \qquad (n = 1, 2, \cdots)$$

將以上各式依比例變換以 t 表示，再將變數換為 x，得 $f(x)$ 之傳立葉級數：

$$f(x) = a_0 + \sum_{n=1}^{\infty}\left[a_n\cos\left(\frac{2n\pi x}{T}\right) + b_n\sin\left(\frac{2n\pi x}{T}\right)\right] \tag{3.34}$$

其中
$$a_0 = \frac{1}{T} \int_{-T/2}^{T/2} f(x)\, dx \qquad (3.35a)$$

$$a_n = \frac{2}{T} \int_{-T/2}^{T/2} f(x) \cos\left(\frac{2n\pi x}{T}\right) dx \quad (n = 1,\, 2,\, \cdots) \qquad (3.35b)$$

$$b_n = \frac{2}{T} \int_{-T/2}^{T/2} f(x) \sin\left(\frac{2n\pi x}{T}\right) dx \quad (n = 1,\, 2,\, \cdots) \qquad (3.35c)$$

若函數 $f(x)$ 週期為 T，基本週期範圍為 $(0,\ T)$，僅須將式 (3.35) 與式 (3.36) 之積分上下限改為 $0 \sim T$，即為 $f(x)$ 之傅立葉級數公式。

以此類推，設週期函數 $f(x)$ 為分段連續，基本週期範圍為 $-l \le x \le l$，則 $f(x)$ 可表示為傅立葉級數：

$$f(x) = a_0 + \sum_{n=1}^{\infty} \left[a_n \cos\left(\frac{n\pi x}{l}\right) + b_n \sin\left(\frac{n\pi x}{l}\right) \right] \qquad (3.36)$$

其中
$$a_0 = \frac{1}{2l} \int_{-l}^{l} f(x)\, dx \qquad (3.37a)$$

$$a_n = \frac{1}{l} \int_{-l}^{l} f(x) \cos\left(\frac{n\pi x}{l}\right) dx \qquad (n = 1,\, 2,\, \cdots) \qquad (3.37b)$$

$$b_n = \frac{1}{l} \int_{-l}^{l} f(x) \sin\left(\frac{n\pi x}{l}\right) dx \qquad (n = 1,\, 2,\, \cdots) \qquad (3.37c)$$

例：將週期為 2 之函數 $f(x)$ 展開為傅立葉級數 $S(x)$：

$$f(x) = \begin{cases} 1 & (-1 < x < 0) \\[2mm] \cos(\pi x) & (0 < x < 1) \end{cases}$$

根據式 (3.35a, b, c)：

$$a_0 = \frac{1}{2} \int_{-1}^{1} f(x)\, dx = \frac{1}{2} \left(\int_{-1}^{0} dx + \int_{0}^{1} \cos(\pi x)\, dx \right) = \frac{1}{2}$$

$$a_n = \int_{-1}^{0} \cos(n\pi x)\, dx + \int_{0}^{1} \cos(\pi x) \cos(n\pi x)\, dx = 0$$

$$b_n = \int_{-1}^{0} \sin(n\pi x)\, dx + \int_{0}^{1} \cos(\pi x) \sin(n\pi x)\, dx$$

$$= \frac{\cos(n\pi) - 1}{n\pi} + \frac{1}{2\pi}\left[\frac{1 - \cos(n+1)\pi}{n+1} + \frac{1 - \cos(n-1)\pi}{n-1}\right]$$

$$\Rightarrow\quad S(x) = \frac{1}{2} - \frac{2}{\pi}\sin(\pi x) + \frac{4}{3\pi}\sin(2\pi x) - \frac{2}{3\pi}\sin(3\pi x) + \cdots$$

在不連續點 $x = 1$：

$$S(x) = \frac{1}{2}[f(1^-) + f(1^+)] = \frac{1}{2}(1 + \cos\pi) = 0$$

例：將 $f(x) = 4 - x^2$, $0 < x < 2$, $f(x + 2n) = f(x)$ 以傅立葉級數 $S(x)$ 表示，並求 $S(x)$ 在 $x = 0, 1, 2, 10, 11$ 之值。

根據式 $(3.35a, b, c)$：

$$a_0 = \frac{1}{2}\int_{0}^{2}(4 - x^2)\, dx = \frac{8}{3}$$

$$a_n = \int_{0}^{2}(4 - x^2)\cos(n\pi x)\, dx = -\frac{4}{n^2\pi^2}$$

$$b_n = \int_{0}^{2}(4 - x^2)\sin(n\pi x)\, dx = -\frac{4}{n\pi}$$

$$\Rightarrow\quad S(x) = \frac{8}{3} - \frac{4}{\pi}\sum_{n=1}^{\infty}\left[\frac{\cos(n\pi x)}{n^2\pi} + \frac{\sin(n\pi x)}{n}\right]$$

由圖 3.7 知：$f(x)$ 在 $x = 0, 2, 10$ 不連續，$f(x)$ 在 $x = 1, 11$ 為連續。

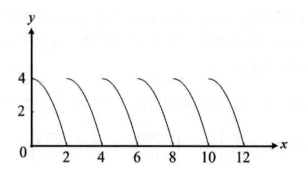

圖 3.7

根據 $S(x)$ 之週期性與 Dirichlet 定理，傅立葉級數在各點之值為

$$S(0) = \frac{1}{2} \, [f(0^-) + f(0^+)] = \frac{1}{2} \, (0 + 4) = 2$$

$$S(2) = S(0 + 2) = S(0) = 2; \qquad S(10) = S(0 + 5 \times 2) = S(0) = 2$$

$$S(1) = f(1) = 3; \qquad S(1) = S(1 + 5 \times 2) = S(1) = 3$$

3.5. 偶函數與奇函數之傅立葉級數

若 $f(x) = -f(-x)$ 則 $f(x)$ 為奇函數；若 $f(x) = f(-x)$ 則 $f(x)$ 為偶函數。

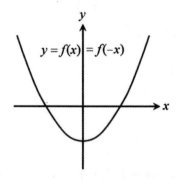

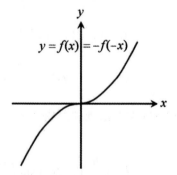

圖 3.8(*a*)　偶函數對稱於 *y* 軸　　　圖 3.8(*b*)　奇函數反對稱於 *y* 軸

設 $f(x)$, $g(x)$ 週期相同，$h(x) = f(x) g(x)$，若 $f(x)$, $g(x)$ 皆為偶函數，則 $h(x)$ 為偶函數；若 $f(x)$, $g(x)$ 皆為奇函數，則 $h(x)$ 為偶函數；若 $f(x)$ 為奇函數，$g(x)$ 為偶函數，則 $h(x)$ 為奇函數。

設 $f(x)$ 之週期為 T，基本週期範圍為 $(-T/2, T/2)$，$f(x)$ 之傅立葉級數為

$$f(x) = a_0 + \sum_{n=1}^{\infty} \left[a_n \cos \left(\frac{2n\pi x}{T} \right) + b_n \sin \left(\frac{2n\pi x}{T} \right) \right] \tag{3.38}$$

若 $f(x)$ 為偶函數，則 $f(x) \cos \left(\frac{2n\pi x}{T} \right)$ 為偶函數，$f(x) \sin \left(\frac{2n\pi x}{T} \right)$ 為奇函數。

可證 $b_n = 0$, 故 $f(x)$ 之傅立葉餘弦級數為

$$f(x) = a_0 + \sum_{n=1}^{\infty} a_n \cos \left(\frac{2n\pi x}{T} \right) \tag{3.39}$$

式 (3.39) 左右兩邊皆為偶函數，其中

$$a_0 = \frac{2}{T} \int_0^{T/2} f(x) \, dx \tag{3.40a}$$

$$a_n = \frac{4}{T} \int_0^{T/2} f(x) \cos \left(\frac{2n\pi x}{T} \right) dx \quad (n = 1, 2, \cdots) \tag{3.40b}$$

若 $f(x)$ 為奇函數，則 $f(x) \cos \left(\frac{2n\pi x}{T} \right)$ 為奇函數，$f(x) \sin \left(\frac{2n\pi x}{T} \right)$ 為偶函數。

可證 $a_0 = a_n = 0$, 故 $f(x)$ 之傅立葉正弦級數為

$$f(x) = \sum_{n=1}^{\infty} b_n \sin \left(\frac{2n\pi x}{T} \right) \tag{3.41}$$

式 (3.41) 左右兩邊皆為奇函數，其中

$$b_n = \frac{4}{T} \int_0^{T/2} f(x) \sin \left(\frac{2n\pi x}{T} \right) dx \quad (n = 1, 2, \cdots) \tag{3.42}$$

例：將圖 3.9 週期 $T = 8$ 之函數 $f(x)$ 展開為傅立葉級數 $S(x)$：

$$f(x) = \begin{cases} |x| & (-2 < x < 2) \\ |x| - 2 & (2 < x < 4) \end{cases}$$

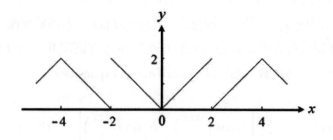

圖 3.9

$\because f(x) = f(-x) \therefore f(x)$ 為偶函數，$b_n = 0$，根據式 $(3.40a, b)$：

$$a_0 = \frac{2}{8} \int_0^4 f(x)\, dx = \frac{1}{4}\left[\int_0^2 x\, dx + \int_2^4 (x-2)\, dx \right] = 1$$

$$a_n = \frac{4}{8} \int_0^4 f(x) \cos\left(\frac{2n\pi x}{T}\right) dx$$

$$= \frac{1}{2}\left[\int_0^2 x \cos\left(\frac{n\pi x}{4}\right) dx + \int_2^4 (x-2) \cos\left(\frac{n\pi x}{4}\right) dx \right]$$

$$= \frac{4}{n\pi} \sin\left(\frac{n\pi}{2}\right)\left[1 - \frac{4}{n\pi} \sin\left(\frac{n\pi}{2}\right) \right]$$

$f(x)$ 之傅立葉餘弦級數為

$$f(x) = 1 + \frac{4}{\pi} \sum_{n=1}^{\infty} \frac{(-1)^{n-1}}{2n-1}\left[1 + \frac{4(-1)^n}{(2n-1)\pi} \right] \cos\left(\frac{n\pi x}{4}\right)$$

3.6. 半幅展開式、傅立葉正弦級數、傅立葉餘弦級數

　　考慮非週期函數 $f(x)$ $(0 \le x \le l)$，若要將 $f(x)$ 以傅立葉級數表示，可設定一個週期函數 $F(x)$，週期為 $2l$，基本週期範圍為 $(-1 \le x \le l)$，$f(x)$ 為 $F(x)$ 的一部分，兩者在區間 $0 \le x \le l$ 相同，換言之，$f(x)$ 為 $F(x)$ 基本週期範圍之半幅；將週期函數 $F(x)$ 展開為傅立葉級數 $S(x)$，則 $f(x)$ 與 $S(x)$ 在區間 $0 \le x \le l$ 相同，$f(x)$ 可表示為 $F(x)$ 之傅立葉級數半幅展開式 (half-range expansion)：

$$f(x) \sim S(x) = a_0 + \sum_{n=1}^{\infty} \left[a_n \cos\left(\frac{n\pi x}{l}\right) + b_n \sin\left(\frac{n\pi x}{l}\right) \right] \qquad (0 \le x \le l) \qquad (3.43)$$

其中
$$a_0 = \frac{1}{2l} \int_{-l}^{l} F(x)\, dx \qquad\qquad (3.44a)$$

$$a_n = \frac{1}{l} \int_{-l}^{l} F(x) \cos\left(\frac{n\pi x}{l}\right) dx \qquad (n = 1, 2, \cdots) \qquad (3.44b)$$

$$b_n = \frac{1}{l} \int_{-l}^{l} F(x) \sin\left(\frac{n\pi x}{l}\right) dx \qquad (n = 1, 2, \cdots) \qquad (3.44c)$$

　　在 $f(x)$ 定義域之外，$F(x)$ 可設定為任何形式的週期函數，只要 $F(x)$ 基本週期範圍之半幅與 $f(x)$ 重合即可，因此，$f(x)$ 之半幅展開式與所設定的週期函數 $F(x)$ 有關，並非唯一。若設定 $F(x)$ 為非對稱週期函數，式 (3.43) 即為 $f(x)$ 之半幅展開式；若設定 $F(x)$ 為偶函數或奇函數形式之週期函數，$f(x)$ 之半幅展開式可簡化如下：

　　設週期函數 $F(x)$ 為偶函數，則 $f(x)$ 之半幅展開式為傅立葉餘弦級數：

$$f(x) \sim S(x) = a_0 + \sum_{n=1}^{\infty} a_n \cos\left(\frac{n\pi x}{l}\right) \qquad\qquad (3.45)$$

其中 $\quad a_0 = \frac{1}{l} \int_{0}^{l} f(x)\, dx, \quad a_n = \frac{2}{l} \int_{0}^{l} f(x) \cos\left(\frac{n\pi x}{l}\right) dx \qquad (n = 1, 2, \cdots) \qquad (3.46)$

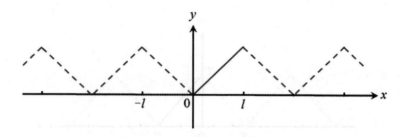

圖 3.10　設 $f(x)$ 為偶函數之週期函數的半幅

設週期函數 $F(x)$ 為奇函數，則 $f(x)$ 之半幅展開式為傅立葉正弦級數：

$$f(x) \sim S(x) = \sum_{n=1}^{\infty} b_n \sin\left(\frac{n\pi x}{l}\right) \tag{3.47}$$

其中　$b_n = \frac{2}{l} \int_0^l f(x) \sin\left(\frac{n\pi x}{l}\right) dx \quad (n = 1, 2, \cdots)$ \hfill (3.48)

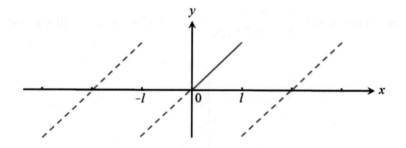

圖 3.11　設 $f(x)$ 為奇函數之週期函數的半幅

例：將函數 $f(x) = \pi - x \ (0 \leq x \leq \pi)$ 以傅立葉級數之半幅展開式表示。

設 $f(x)$ 為偶函數之週期函數 $F(x)$ 的半幅，如圖 3.12 所示。

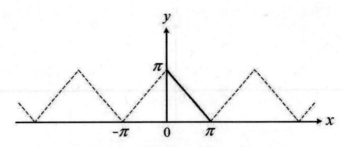

圖 3.12　設 f(x) 為偶函數之週期函數的半幅

f(x) 之偶函數半幅展開式為傅立葉餘弦級數，根據式 (3.46)：

$$a_0 = \frac{1}{\pi} \int_0^\pi (\pi - x)\, dx = \frac{\pi}{2}$$

$$a_n = \frac{2}{\pi} \int_0^\pi (\pi - x) \cos nx\, dx = \frac{2}{\pi} \left(\frac{1 - (-1)^n}{n^2} \right)$$

$$\Rightarrow \quad f(x) \sim S(x) = \frac{\pi}{2} + \frac{4}{\pi} \sum_{n=1}^{\infty} \frac{1}{(2n-1)^2} \cos (2n-1)\, x \qquad (0 \le x \le \pi)$$

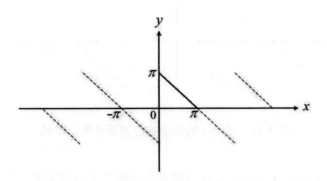

圖 3.13　設 f(x) 為奇函數之週期函數的半幅

設 f(x) 為奇函數之週期函數 F(x) 的半幅，如圖 3.13 所示。

f(x) 之奇函數半幅展開式為傅立葉正弦級數，根據式 (3.48)：

$$b_n = \frac{2}{\pi} \int_0^\pi (\pi - x) \sin nx \, dx = \frac{2}{n}$$

$$\Rightarrow \quad f(x) \sim S(x) = 2 \sum_{n=1}^\infty \frac{1}{n} \sin nx \qquad (0 \le x \le \pi)$$

令 $x = \dfrac{\pi}{2}$，代入上式，得

$$1 - \frac{1}{3} + \frac{1}{5} - \frac{1}{7} + - \cdots = \frac{\pi}{4} \tag{3.49}$$

例：將 $\sin x \, (0 \le x \le \pi)$ 以傅立葉級數表示。

設 $\sin x$ 為偶函數之週期函數 $F(x)$ 的半幅，如圖 3.14 所示。

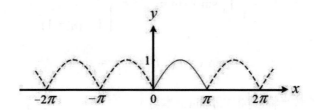

圖 3.14　設 sin x 為偶函數之週期函數的半幅

$f(x) = \sin x$ 之偶函數半幅展開式為傅立葉餘弦級數，根據式 (3.46)：

$$a_0 = \frac{1}{\pi} \int_0^\pi \sin x \, dx = \frac{2}{\pi}$$

$$a_1 = 0, \; a_n = \frac{2}{\pi} \int_0^\pi \sin x \cos nx \, dx = \frac{2}{\pi} \left(\frac{1 + (-1)^n}{1 - n^2} \right) \qquad (n \ge 2)$$

$$\Rightarrow \quad \sin x = \frac{2}{\pi} - \frac{4}{\pi} \left(\frac{\cos 2x}{2^2 - 1} + \frac{\cos 4x}{4^2 - 1} + \frac{\cos 6x}{6^2 - 1} + \cdots \right) \qquad (0 < x < \pi)$$

在 $-\pi < x < 0$ 此級數收斂於 $|\sin x|$，而非 $\sin x$。

設 $\sin x$ 為奇函數之週期函數 $F(x)$ 的半幅，如圖 3.15 所示。

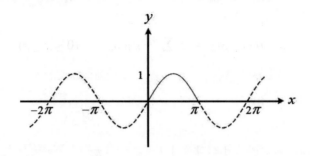

圖3.15　設 sin x 為奇函數之週期函數的半幅

$f(x) = \sin x$ 之奇函數半幅展開式為傅立葉正弦級數，根據式 (3.48)：

$$b_n = \frac{2}{\pi} \int_0^\pi \sin x \sin nx \, dx = \begin{cases} 0 & (n \geq 2) \\ \\ 1 & (n = 1) \end{cases}$$

$$\Rightarrow \quad \sin x = \sum_{n=1}^\infty b_n \sin nx = \sin x$$

$\sin x$ 之奇函數半幅展開式即 $\sin x$ 本身。

例：考慮在 $0 < x < l$ 之分段連續函數 $f(x)$：

$$f(x) = \begin{cases} 0 & (0 < x < a) \\ k & (a < x < b) \quad (k \text{ 為常數}) \\ 0 & (b < x < l) \end{cases}$$

設 $f(x)$ 為奇函數之週期函數的半幅，則 $f(x)$ 之半幅展開式為

$$f(x) \sim S(x) = \sum_{n=1}^\infty b_n \sin \frac{n\pi x}{l}$$

其中 $\quad b_n = \frac{2}{l} \int_a^b k \sin \left(\frac{n\pi x}{l} \right) dx = \frac{2k}{n\pi} \left(\cos \frac{n\pi a}{l} - \cos \frac{n\pi b}{l} \right)$

$$\Rightarrow \quad f(x) \sim S(x) = \frac{2k}{\pi} \sum_{n=1}^{\infty} \frac{1}{n} \left(\cos \frac{n\pi a}{l} - \cos \frac{n\pi b}{l} \right) \sin \frac{n\pi x}{l}$$

藉半幅展開式，分段連續函數得以傅立葉級數表示，根據 Dirichlet 定理，在不連續點 $x = a$ 與 $x = b$，傅立葉級數之值為

$$S(a) = [f(a^-) + f(a^+)]/2 = k/2, \quad S(b) = [f(b^-) + f(b^+)]/2 = k/2$$

例：　$f(x) = x + \pi \ (0 < x < \pi)$

(*a*)　設 $f(x)$ 以泰勒級數 $T(x)$，傅立葉正弦級數 $S(x)$，傅立葉餘弦級數 $C(x)$ 表示，繪出各級數在 $-2\pi < x < 2\pi$ 之圖形。

(*b*)　寫出這三種級數在 $x = -\pi, 0, \pi$ 之值。

　　$f(x)$ 之泰勒級數表示為 $T(x) = \pi + x$，此級數僅有二項。

　　設 $f(x)$ 為奇函數之半幅展開，$f(x)$ 之傅立葉正弦級數表示為 $S(x)$。

　　設 $f(x)$ 為偶函數之半幅展開，$f(x)$ 之傅立葉餘弦級數表示為 $C(x)$。

　　圖 3.16 為各級數在 $-2\pi < x < 2\pi$ 之圖形。

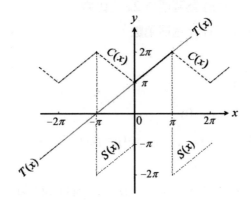

圖 3.16　泰勒級數 ……；傅立葉餘弦級數 ----；傅立葉正弦級數 ----

　　泰勒級數 $T(x)$，傅立葉正弦級數 $S(x)$ 與餘弦級數 $C(x)$ 在 $x = -\pi, 0, \pi$ 之值分別為

$$T(-\pi) = \pi + (-\pi) = 0, \quad T(0) = \pi, \quad T(0) = \pi + \pi = 2\pi$$

$$S(-\pi) = \frac{1}{2}\,[f(-\pi^-) + F(-\pi^+)] = 0$$

$$S(0) = \frac{1}{2}\,[f(0^-) + f(0^+)] = 0$$

$$S(\pi) = \frac{1}{2}\,[f(\pi^-) + f(\pi^+)] = 0$$

$$C(-\pi) = 2\pi, \quad C(0) = \pi, \quad C(0) = 2\pi$$

習題三

1. 判別下列函數是奇函數或偶函數，或者皆非。

$$x^2;\;\; x\sin x;\;\; x^3\cos x;\;\; e^{2x};\;\; f(x^2);\;\; xf(x^2);\;\; \ln\frac{1+x}{1-x}$$

2. 將 $f(x) = x^2$ 以傅立葉級數表示。

    (a) 若 $f(x)\,(-\pi < x < \pi)$ 為週期為 2π 之函數。

    (b) 若 $f(x)\,(-\pi < x < \pi)$ 非週期函數。

    (c) 證明 $\displaystyle\sum_{n=1}^{\infty}\frac{1}{n^2} = \frac{n^2}{6}$

3. $f(x) = \begin{cases} 0 & (-2 \le x < 0) \\ 2 & (0 < x \le 1) \\ 2-x & (1 < x \le 2) \end{cases}$; $f(x+4) = f(x)$

    (a) 將 $f(x)$ 以傅立葉級數 $S(x)$ 表示。(b) 求 $S(1)$, $S(5.5)$ 之值。

4. 以傅立葉級數 $S(x)$ 表示 $f(x) = \begin{cases} -1 & (-2 < x < 0) \\ 1 & (0 < x < 2) \end{cases}$

    繪出其圖形，並求 $S(x)$ 在 $x = -4, -2, 0, 2, 4$ 之值。

5. $f(x)$ $(\alpha < x < \beta)$ α, β 為任意正數。

令 $F(x) = 0$, $|x| < \alpha$;　$F(x) = f(x)$, $\alpha < x < \beta$;　$F(x)$ 為偶函數為 2π 之函數。

將 $f(x)$ 分別以傅立葉正弦級數與傅立葉餘弦級數表示，並繪出其示意圖。

6. 將 $f(x) = a + bx$, $a < x < b$ 以傅立葉級數 $S(x)$ 表示，求 $S(2a)$, $S(2b)$ 之值考慮 $|a| < |b|$, $|a| > |b|$ 兩種情形，繪出 $S(x)$ 之圖形。

7. 證明 $\cos x = \dfrac{8}{\pi} \displaystyle\sum_{n=1}^{\infty} \dfrac{n\sin(2nx)}{4n^2 - 1}$ $(0 < x < \pi)$

8. 由 $\sin^2 x = (1 - \cos 2x)/2$, $\cos^2 x = (1 + \cos 2x)/2$ 之傅立葉級數展開式，說明傅立葉級數之唯一性。

9. 若 α 非整數，證明 $\cos \alpha\theta$ $(-\pi \le \theta \le \pi)$ 之傅立葉級數展開式為

$$\cos \alpha\theta = \frac{\sin \alpha\pi}{\alpha\pi} + \sum_{n=1}^{\infty} (-1)^n \frac{2\alpha \sin \alpha\pi}{\pi(\alpha^2 - n^2)} \cos n\theta$$

將此式兩邊同除以 $\sin \alpha\theta$，藉以證明

$$\cot \alpha\pi = \frac{1}{\alpha\pi} + \frac{2\alpha}{\pi} \sum_{n=1}^{\infty} \frac{1}{\alpha^2 - n^2}$$

3.7. 複數形式之傅立葉級數、傅立葉指數級數

設 $f(x)$ 之週期為 2π，基本週期範圍為 $(-\pi, \pi)$，複數形式之傅立葉級數或稱傅立葉指數級數 (Fourier complex series, Fourier exponential series) 為

$$f(x) = \sum_{n=-\infty}^{\infty} c_n e^{inx} \tag{3.50}$$

其中 e^{inx} 為複數形式之指數函數。

將式 (3.50) 兩邊乘以 e^{-imx}，對 x 由 $-\pi$ 至 π 作積分，運用

$$\int_{-\pi}^{\pi} e^{inx} e^{-imx} \, dx = \begin{cases} 0 & (n \neq m) \\ 2\pi & (n = m) \end{cases} \tag{3.51}$$

可得

$$c_n = \frac{1}{2\pi} \int_{-\pi}^{\pi} f(x) \, e^{-inx} \, dx \qquad (n = 0, \pm 1, \pm 2, \cdots) \tag{3.52}$$

設 $f(x)$ 之週期為 2π，基本週期範圍為 $(0, 2\pi)$，僅須將式 (3.54) 之積分上下限改為 $0 \sim 2\pi$，即得 $f(x)$ 之傅立葉指數級數公式。

設 $f(x)$ 之週期為 T，基本週期範圍為 $(-T/2, T/2)$，將式 (3.50) 作比例變換，

$$f(x) = \sum_{n=-\infty}^{\infty} c_n \, e^{i2n\pi x/T} \tag{3.53}$$

其中 $\qquad c_n = \frac{1}{T} \int_{-T/2}^{T/2} f(x) \, e^{-i2n\pi x/T} \, dx \qquad (n = 0, \pm 1, \pm 2, \cdots) \tag{3.54}$

分段連續之函數 $f(x)$ $(-l \le x \le l)$，可表示為傅立葉指數級數：

$$f(x) = \sum_{n=-\infty}^{\infty} c_n \, e^{in\pi x/l} \tag{3.55}$$

其中 $\qquad c_n = \frac{1}{2l} \int_{-l}^{l} f(x) \, e^{-in\pi x/l} \, dx \qquad (n = 0, \pm 1, \pm 2, \cdots) \tag{3.56}$

值得一提，令式 (3.55) 之係數：$c_0 = a_0$, $c_n + c_{-n} = a_n$, $c_n - c_{-n} = -ib_n$，運用 Euler 公式：$e^{i\theta} = \cos\theta + i\sin\theta$，即得式 (3.36)，表明傅立葉指數級數其實是由餘弦函數與正弦函數組成的傅立葉級數之複數形式；而令式 (3.36) 之係數：$a_0 = c_0$, $(a_n - ib_n)/2 = c_n$，由於 $a_n = a_{-n}$, $b_n = -b_{-n}$，可推得傅立葉指數級數及其係數公式，兩者實為一體兩面。

例：將 $f(x) = e^{\alpha x}$ $(-\pi \le x \le \pi)$ 以傅立葉指數級數表示。

根據式 (3.52)： $\quad c_n = \frac{1}{2\pi} \int_{-\pi}^{\pi} e^{\alpha x} \, e^{-inx} \, dx = (-1)^n \frac{\alpha + in}{\alpha^2 + n^2} \frac{e^{\alpha\pi} - e^{-\alpha\pi}}{2\pi}$

$f(x)$ 之傅立葉指數級數 $S(x)$ 為

$$S(x) = \frac{e^{\alpha\pi} - e^{-\alpha\pi}}{2\pi} \sum_{n=-\infty}^{\infty} (-1)^n \frac{\alpha + in}{\alpha^2 + n^2} \, e^{inx}$$

例：將 $f(x) = x^2$ $(0 < x < 2\pi)$ 以傅立葉指數級數 $S(x)$ 表示。

根據式 (3.52)： $c_0 = \dfrac{1}{2\pi} \displaystyle\int_{-\pi}^{\pi} x^2\, dx = \dfrac{4}{3}\, \pi^2$

由部分積分兩次可求得

$$c_n = \frac{1}{2\pi} \int_{-\pi}^{\pi} x^2\, e^{-inx}\, dx = \frac{2(1 + in\pi)}{n^2} \qquad (n \neq 0)$$

$$\Rightarrow \quad S(x) = \frac{4}{3}\, \pi^2 + \sum_{\substack{(n \neq 0) \\ n = -\infty}}^{\infty} \frac{2(1 + in\pi)}{n^2}\, e^{inx}$$

傅立葉指數級數 $S(x)$ 在 $f(x)$ 之不連續點 $x = 2n\pi$　$(n = 0, 1, 2, \cdots)$ 之值為

$$S(2n\pi) = \frac{1}{2}\, [f(2n\pi^-) + f(2n\pi^+)] = \frac{1}{2}\, [0 + (2\pi)^2] = 2\pi^2$$

傅立葉指數級數 $S(x)$ 在 $f(x)$ 連續點之值與 $f(x)$ 相同，例如：

$$S(\pi) = \pi^2, \quad S(5\pi) = S(\pi + 4\pi) = S(\pi) = \pi^2$$

3.8. 應用例

1. 單自由度系統振動問題

單自由度系統振動之控制方程式為

$$m\, \frac{d^2 y}{dt^2} + c\, \frac{dy}{dt} + ky = p(t) \tag{3.57}$$

其中 $y = y(t)$ 為系統在時間 t 之位移，m 為系統之質量，c 為阻尼係數，k 為系統之勁度，$p(t)$ 為外力。

振動力學之單自由度系統多以砝碼—彈簧—阻尼模型表示，如圖 3.17 所示。

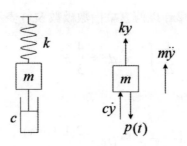

圖 3.17 單自由度系統之振動

設 $m = 1$ (gm), $c = 0.02$ (gm/sec), $k = 25$ (gm/sec^2)，則式 (3.57) 為

$$\frac{d^2y}{dt^2} + 0.02\,\frac{dy}{dt} + 25y = p(t) \tag{a}$$

若外力 $p(t)$ 為週期為 2π 之偶函數：

$$p(t) = \begin{cases} t + \pi/2 & (-\pi < t < 0) \\[2mm] -t + \pi/2 & (0 < t < \pi) \end{cases}$$

函數 $p(t)$ 以傅立葉級數表示為

$$p(t) = \frac{4}{\pi} \sum_{n=1}^{\infty} \frac{1}{(2n-1)^2} \cos(2n-1)\,t$$

代入式 (a)，解得

$$y = e^{-0.01t}(c_1 \cos \omega t + c_2 \sin \omega t) + \frac{1}{\pi} \sum_{n=1}^{\infty} [\alpha_n \cos(2n-1)\,t + \beta_n \sin(2n-1)t]$$

其中 $\omega = \dfrac{1}{2m}\sqrt{4mk - c^2}$,　$\alpha_n = \dfrac{4\,[25 - (2n-1)^2]}{(2n-1)^2 D}$,　$\beta_n = \dfrac{0.08}{(2n-1)D}$

$$D = [25 - (2n-1)^2]^2 + [0.02\,(2n-1)]^2$$

由初始條件： $y(0) = y_0,\ \dot{y}(0) = \dot{y}_0$ 可決定係數 c_1 與 c_2。

2. 梁之撓度

均勻斷面之梁在靜態分佈載重 $q(x)$ 作用下，撓度 $y(x)$ 之控制方程式為

$$EI \frac{d^4y}{dx^4} = q(x) \qquad (0 < x < l) \tag{3.58}$$

其中 EI 為梁之抗彎剛度。

當載重當載重 $q(x)$ $(0 < x < l)$ 為連續函數，將式 (3.58) 積分 4 次，再以梁兩端之邊界條件決定 4 個積分常數，即求得梁之撓度 $y(x)$。

當載重為集中載重或局部的分佈載重，$q(x)$ 非連續函數，若仍以積分求解，就必須分段處理，兼顧梁在分段點之撓度、斜率、彎矩之連續性，才能求得撓度 $y(x)$，顯然，分段處理並非良策。而藉半幅展開式，分段連續函數 $q(x)$ 得以連續之傅立葉級數表示，式 (3.58) 即可直接積分求解。

如圖 3.18 所示，設簡支梁之載重為

$$q(x) = \begin{cases} 0 & (0 < x < a) \\ p & (a < x < b) \\ 0 & (b < x < l) \end{cases} \quad (p \text{ 為常數})$$

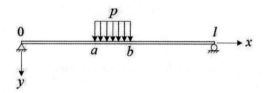

圖 3.18　簡支梁受局部載重

此分段連續函數 $q(x)$ 可表示為連續的傅立葉正弦級數如下：

$$q(x) = \sum_{n=1}^{\infty} b_n \sin \frac{n\pi x}{l} \tag{a}$$

其中　$b_n = \dfrac{2}{l} \displaystyle\int_a^b p \sin \frac{n\pi x}{l} \, dx = \frac{2p}{n\pi} \left(\cos \frac{n\pi a}{l} - \cos \frac{n\pi b}{l} \right)$

簡支梁之邊界條件為

$$y(0) = 0, \quad y''(0) = 0'; \quad y(l) = 0, \quad y''(l) = 0$$

將式 (a) 代入式 (3.58)，再將邊界條件代入，決定 4 個積分常數，可得

$$y(x) = \frac{2pl^4}{EI\pi^5} \sum_{n=1}^{\infty} \frac{1}{n^5} \left(\cos \frac{n\pi a}{l} - \cos \frac{n\pi b}{l} \right) \sin \frac{n\pi x}{l} \tag{b}$$

由結構學知，在均佈載重下簡支梁中點之撓度為

$$y = \frac{5pl^4}{384EI}$$

令 $a = 0, b = l$ 代入式 (b)，在梁中點 $x = l/2$ 處之撓度為

$$y(l/2) = \frac{4pl^4}{EI\pi^5} \left(1 - \frac{1}{3^5} + \frac{1}{5^5} - \frac{1}{7^5} + \cdots \right)$$

取第一項 $y(l/2) = \dfrac{4pl^4}{EI\pi^5}$ 與精確解 $y = \dfrac{5pl^4}{384EI}$ 比較，誤差約 0.4%。

例：簡支梁受集中載重之撓度

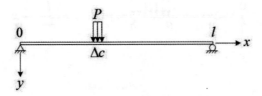

圖 3.19 簡支梁受集中載重

作用於 $x = c$ 之集中力 P 可視為作用於長度 $\Delta c \to 0$ 之均佈載重 p，設載重為

$$q(x) = \begin{cases} 0 & (0 < x < c) \\ p/\Delta c & (c < x < c + \Delta c) \quad (\Delta c \to 0) \\ 0 & (c + \Delta c < x < l) \end{cases}$$

令式 (b) 中，$a = c$, $b = c + \Delta c$, $p = p/\Delta c$，代入式 (b)，得

$$y(x) = \frac{2(P/\Delta c)l^4}{EI\pi^5} \sum_{n=1}^{\infty} \frac{1}{n^5} \left[\cos \frac{n\pi c}{l} - \cos \frac{n\pi(c + \Delta c)}{l} \right] \sin \frac{n\pi x}{l}$$

$$\because \lim_{\Delta c \to 0} \left[\cos \frac{n\pi(c + \Delta c)}{l} - \cos \frac{n\pi c}{l} \right] = \frac{d}{dc} \left(\cos \frac{n\pi c}{l} \right) = -\frac{n\pi}{l} \sin \frac{n\pi c}{l}$$

$$\Rightarrow \quad y(x) = \frac{2Pl^3}{EI\pi^4} \sum_{n=1}^{\infty} \frac{1}{n^4} \sin \frac{n\pi c}{l} \sin \frac{n\pi x}{l} \tag{c}$$

若集中力 P 作用於梁中點 $c = l/2$，則梁中點 $x = l/2$ 之撓度為

$$y(l/2) = \frac{2Pl^3}{EI\pi^4} \sum_{n=1}^{\infty} \frac{1}{n^4} \sin^2 \frac{n\pi}{2} = \frac{2Pl^3}{EI\pi^4} \left(1 + \frac{1}{3^4} + \frac{1}{5^4} + \cdots \right)$$

取此級數兩項之近似解與精確解 $y = \dfrac{Pl^3}{48EI}$ 比較，誤差約 0.2%。

若將作用於 $x = c$ 之集中載重 P 表示為 $q(x) = P\delta(x - c)$，其中 $\delta(x - c)$ 為 Dirac delta 函數，其定義與性質見本節習題，則 $q(x)$ 可表示為連續的傅立葉正弦級數如下：

$$q(x) = \sum_{n=1}^{\infty} b_n \sin \frac{n\pi x}{l} \tag{d}$$

其中　$b_n = \dfrac{2}{l} \displaystyle\int_0^l P\delta(x - c) \sin \frac{n\pi x}{l} \, dx = \frac{2P}{l} \sin \frac{n\pi c}{l}$

將式 (d) 代入式 (3.58)，再將邊界條件代入以決定 4 個積分常數，可得結果與式 (c) 相同。

例：彈性支承之無限長梁在週期分布載重下之撓度

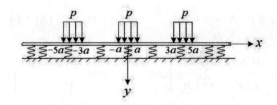

圖 3.20 彈性支承上之無限長梁承受週期分布載重

鐵軌結構常以彈性支承上之無限長梁模擬，如圖 3.20 所示。假設支承之反力與梁之撓度成正比，即所謂的 Winkler 型彈性支承，設支承模數為 k，則在載重下撓度之控制方程式為

$$EI \frac{d^4y}{dx^4} + ky = q(x) \tag{3.59}$$

設載重分布 $q(x)$ 為分段連續週期為 $4a$ 的偶函數：

$$q(x) = \begin{cases} 0 & (-2a < x < -a) \\ p & (-a < x < a) \\ 0 & (a < x < 2a) \end{cases}$$

週期函數 $q(x)$ 得以用傅立葉餘弦級數表示為

$$q(x) = \frac{p}{2} + \frac{2p}{\pi} \sum_{n=1}^{\infty} \frac{\sin(n\pi/2)}{n} \cos \frac{n\pi x}{2a}$$

因結構與外力皆對稱於 y 軸，故撓度 $y(x)$ 亦對稱於 y 軸，可表示為

$$y(x) = \sum_{n=0}^{\infty} a_n \cos \frac{n\pi x}{2a}$$

將 $y(x),\ q(x)$ 代入式 (3.59)，比較等號兩邊，得其中係數：

$$a_0 = \frac{p}{2k}, \qquad a_n = \frac{32pa^4 \sin(n\pi/2)}{n\pi(EIn^4\pi^4 + 16ka^4)} \quad (n \geq 1)$$

$$\Rightarrow \quad y(x) = \frac{p}{2k} + \frac{32pa^4}{\pi} \sum_{n=1}^{\infty} \frac{\sin(n\pi/2)}{n(EIn^4\pi^4 + 16ka^4)} \cos \frac{n\pi x}{2a} \tag{e}$$

式 (e) 中之級數分母階數為 n^5，且 $n = 2, 4, 6, \cdots$ 偶數項為零，故此級數解收斂快速；取無窮級數第一項，梁之撓度的近似解為

$$y(x) = \frac{p}{2k} + \frac{32pa^4}{\pi(EI\pi^4 + 16ka^4)} \cos \frac{\pi x}{2a}$$

習題四

1. 半徑為 a 之圓在上半圓周 $0 < \theta < \pi$ 溫度為 $100°$，在下半圓周 $\pi < \theta < 2\pi$ 溫度為 $0°$，將溫度 $T(a, \theta)$ 以傅立葉級數表示，是否僅有一種表示式？

2. 如圖 3.21 所示，假設鑽頭夾緊時，接觸面受均勻壓力 p。

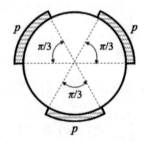

圖 3.21

   (a) 將外力函數 $f(\theta)$ 寫出。
   (b) 將 $f(\theta)$ 表示為傅立葉級數 $S(\theta)$。
   (c) 比較 $f(\theta)$, $S(\theta)$ 在 $\theta = 0$, $\pi/6$, $\pi/2$ 之值。

3. 決定下列傅立葉重級數 (double Fourier series) 之係數 A_{mn}

$$e^{x+y} = \sum_{n=1}^{\infty} \sum_{m=1}^{\infty} A_{mn} \sin mx \sin ny \quad (-\pi < x < \pi; \quad -\pi < y < \pi)$$

   提示：　令 $\displaystyle\sum_{m=1}^{\infty} A_{mn} \sin mx = B_n(x)$

4. 將下列 $f(x, y)$ $(0 < x < a, 0 < y < b)$ 以傅立葉重級數表示。
   (a) $f(x, y) = 1$　　(b) $f(x, y) = x + y$　　(c) $f(x, y) = xy$

5. 由 Euler 公式與傅立葉級數公式推導傅立葉指數級數公式。

6. 設外力函數為 $f(x) = \begin{cases} -1 & (-2 < x < 0) \\ 1 & (0 < x < 2) \end{cases}$

   初始條件為 $y(0) = 0$, $\dot{y}(0) = 0$，不計阻尼效應，求單自由度系統之振動反應。

7. 簡支梁於 $x = c$ 處受一集中力偶 M，將其撓度以傅立葉級數表示，並估計其精度。提示：力偶 M 可視為作用於 $x = c$, $x = c + \varepsilon$ ($\varepsilon \to 0$) 兩反向之集中載重 $P = M/\varepsilon$。

8. Dirac delta 函數 $\delta(x - a)$ 之定義為

$$\delta(x - a) = \begin{cases} \lim\limits_{\varepsilon \to 0} \dfrac{1}{2\varepsilon} & (a - \varepsilon < x < a + \varepsilon) \\ \\ 0 & (x < a - \varepsilon,\ x > a + \varepsilon) \end{cases}$$

$\delta(x - a)$ 可表示在點 $x = a$ 之點源，如脈衝、點電荷、集中力等，其強度為

$$\int_{a-\varepsilon}^{a+\varepsilon} \delta(x - a)\, dx = 1$$

若 $f(x)$ 在 $b < x < c$ 區間為連續且可積，則

$$\int_b^c f(x)\, \delta(x - a)\, dx = \begin{cases} f(a) & (b < a < c) \\ \\ 0 & (a < b\ \text{或}\ a > c) \end{cases}$$

證明：若 $a < b$ 或 $a > c$，由定義可知此積分自動為零。若 $b < a < c$，則

$$\int_b^c f(x)\, \delta(x - a)\, dx = \int_{a-\varepsilon}^{a+\varepsilon} \lim_{\varepsilon \to 0} \frac{1}{2\varepsilon} f(x)\, dx$$

$$= \lim_{\varepsilon \to 0} \frac{1}{2\varepsilon} \left[(a + \varepsilon) - (a - \varepsilon) \right] f(\xi) \Big|_{\xi \in (a+\varepsilon,\, a+\varepsilon)} = f(a)$$

其中引用了積分均值定理：若 $f(x)$ 於 $b \leq x \leq c$ 為單值且連續函數，則必

$$\int_b^c f(x)\, dx = (c-b)\, f(\xi), \quad \xi \text{ 為 } b \le x \le c \text{ 某點。}$$

3.9. Sturm-Liouville 問題、廣義傅立葉級數

3.9.1. Sturm-Liouville 問題特徵解之性質

以分離變數法解析二階線性偏微分方程式之數學模式，解析過程往往會出現以下類型的二階線性齊次常微分方程式：

$$\frac{d}{dx}\left[p(x)\,\frac{dy}{dx}\right] + [q(x) + \lambda r(x)]\, y = 0 \qquad (a < x < b) \tag{3.60}$$

此式為 Sturm-Liouville 問題常微分方程式之標準形式，其中 $p(x)$, $q(x)$, $r(x)$ 為連續函數，λ 為待定參數。

考慮二階齊次線性常微分方程式

$$a_0(x)\,\frac{d^2y}{dx^2} + a_1(x)\,\frac{dy}{dx} + [a_2(x) + \lambda a_3(x)]\, y = 0 \tag{3.61}$$

將式 (3.60) 展開為

$$p(x)\,\frac{d^2y}{dx^2} + \frac{dp}{dx}\,\frac{dy}{dx} + [q(x) + \lambda r(x)]\, y = 0 \tag{3.62}$$

比較式 (3.61) 與式 (3.62)，得

$$\frac{1}{p}\,\frac{dp}{dx} = \frac{a_1(x)}{a_0(x)} \quad \text{其解為} \quad p(x) = \exp\left(\int \frac{a_1(x)}{a_0(x)}\, dx\right) \tag{3.63}$$

令 $\quad p(x) = \exp\left(\int \frac{a_1(x)}{a_0(x)}\, dx\right), \quad q(x) = \frac{a_2(x)}{a_0(x)}\, p(x), \quad r(x) = \frac{a_3(x)}{a_0(x)}\, p(x) \tag{3.64}$

則式 (3.61) 可表示為 Sturm-Liouville 常微分方程式 (3.60) 之形式。

解析以圓柱座標表示之數學模式往往會出現 Bessel 方程式：

$$x^2 \frac{d^2y}{dx^2} + x \frac{dy}{dx} + (\mu^2 x^2 - v^2) y = 0 \tag{3.65}$$

令 $p(x) = x$, $q(x) = -v^2/x$, $\lambda = \mu^2$, $r(x) = x$，式 (3.65) 可表示為

$$\frac{d}{dx}\left(x \frac{dy}{dx}\right) + \left(-\frac{v^2}{x} + \mu^2 x\right) y = 0 \tag{3.66}$$

解析以球面座標表示之數學模式往往會出現 Legendre 方程式：

$$(1-x^2) \frac{d^2y}{dx^2} - 2x \frac{dy}{dx} + n(n+1) y = 0 \tag{3.67}$$

令 $p(x) = 1-x^2$, $q(x) = 0$, $\lambda = n(n+1)$, $r(x) = 1$，式 (3.67) 可表示為

$$\frac{d}{dx}\left[(1-x^2) \frac{dy}{dx}\right] + n(n+1) y = 0 \tag{3.68}$$

當 $x = a$ 與 $x = b$ 之邊界條件為齊次，$y(x) = 0$ 滿足式 (3.60) 以及齊次邊界條件，但此解並無實質意義。法國數學家 J. C. F. Sturm (1803-1855) 與 J. Liouville (1809-1882) 探討在齊次邊界條件下，式 (3.60) 存在非零解 (nontrivial solution) 的條件及其性質，得出以下結論：

當 $x = a$ 與 $x = b$ 為特定的齊次邊界條件，且參數 λ 為特定值，式 (3.60) 有非零解，稱為特徵解 (eigensolution)，λ 為系統的特徵值 (eigenvalue)，對應的函數為特徵函數 (eigenfunction)。此特徵解具有以下性質：

1. 特徵值 λ_n ($n = 1, 2, 3, \cdots$) 有無限個，皆為實數；一個特徵值對應一個特徵函數 $\varphi_n(x)$ ($n = 1, 2, 3, \cdots$)，$\varphi_n(x)$ 為完整序列。

2. 相異特徵值 λ_m, λ_n 所對應的特徵函數 $\varphi_m(x)$, $\varphi_n(x)$ 在 (a, b) 區間對加權函數 $r(x)$ 具有正交性：

$$\int_a^b r(x) \varphi_m(x) \varphi_n(x) \, dx = 0 \quad (m \neq n) \tag{3.69}$$

證明 Sturm-Liouville 問題特徵解性質如下：
設 λ_m, λ_n 與對應的函數 $\varphi_m(x)$, $\varphi_n(x)$ 適合式 (3.60)，則

$$\frac{d}{dx}\left(p\,\frac{d\varphi_m}{dx}\right) + (q + \lambda_m\,r)\,\varphi_m = 0 \tag{3.70}$$

$$\frac{d}{dx}\left(p\,\frac{d\varphi_n}{dx}\right) + (q + \lambda_n\,r)\,\varphi_n = 0 \tag{3.71}$$

將式 (3.70) 乘以 φ_n，式 (3.71) 乘以 φ_m，那式相減，移項得

$$(\lambda_m - \lambda_n)\,r\varphi_m\,\varphi_n = \varphi_m\,\frac{d}{dx}\left(p\,\frac{d\varphi_n}{dx}\right) - \varphi_n\,\frac{d}{dx}\left(p\,\frac{d\varphi_m}{dx}\right)$$

將此式兩邊作定積分，右邊之定積分作分部積分，得

$$(\lambda_m - \lambda_m)\int_a^b r\varphi_m\,\varphi_n\,dx = \int_a^b\left[\varphi_m\,\frac{d}{dx}\left(p\,\frac{d\varphi_n}{dx}\right) - \varphi_n\,\frac{d}{dx}\left(p\,\frac{d\varphi_m}{dx}\right)\right]dx$$

$$= \left[\varphi_m\left(p\,\frac{d\varphi_n}{dx}\right) - \varphi_n\left(p\,\frac{d\varphi_m}{dx}\right)\right]_a^b - \int_a^b\left[\frac{d\varphi_m}{dx}\left(p\,\frac{d\varphi_n}{dx}\right) - d\varphi_n/dx\left(p\,\frac{d\varphi_m}{dx}\right)\right]dx$$

此式右邊最後的積分式為零，故

$$(\lambda_m - \lambda_n)\int_a^b r\varphi_m\,\varphi_n\,dx = \left[\varphi_m\left(p\,\frac{d\varphi_n}{dx}\right) - \varphi_n\left(p\,\frac{d\varphi_m}{dx}\right)\right]_a^b$$

$$= p\,(b)\begin{vmatrix} \varphi_m(b) & \varphi_m{}'(b) \\ \varphi_n(b) & \varphi_n{}'(b) \end{vmatrix} - p(a)\begin{vmatrix} \varphi_m(a) & \varphi_m{}'(a) \\ \varphi_n(a) & \varphi_n{}'(a) \end{vmatrix} \tag{3.72a}$$

若 $\quad \begin{vmatrix} \varphi_m(b) & \varphi_m{}'(b) \\ \varphi_n(b) & \varphi_n{}'(b) \end{vmatrix} = 0, \quad \begin{vmatrix} \varphi_m(a) & \varphi_m{}'(a) \\ \varphi_n(a) & \varphi_n{}'(a) \end{vmatrix} = 0 \tag{3.72b}$

則式 (3.72a) 成為 $\quad (\lambda_m - \lambda_n)\int_a^b r\varphi_m\,\varphi_n\,dx = 0 \quad (m \neq n)$

若 $\quad \lambda_m \neq \lambda_n$，由上式得

$$\int_a^b r\varphi_m\,\varphi_n\,dx = 0 \quad (m \neq n) \tag{3.73}$$

故相異的特徵值 $\lambda_m,\ \lambda_n$ 所對應的特徵函數 $\varphi_m(x),\ \varphi_n(x)$ 在 $(a,\ b)$ 區間對加權函數 $r(x)$ 正交。

當 $x = a$ 與 $x = b$ 的邊界條件為

$$y + ky' = 0 \quad (k \text{ 為常數，當 } k = 0, y = 0; \quad \text{當 } k \to \infty, y' = 0) \tag{3.74}$$

特徵函數必定滿足式 (3.72b)；此外，當 $p(a) = 0$，無論 $x = a$ 之邊界條件如何；當 $p(b) = 0$，無論 $x = b$ 之邊界條件如何；當 $p(a) = p(b) = 0$，無論 $x = a$ 與 $x = b$ 之邊界條件如何；式 (3.72b) 皆自動滿足，在這些情況下，Sturm-Liouville 問題之特徵函數具有式 (3.73) 之正交性，以下證明其特徵值為實數。

假設特徵值為複數 $\lambda = \alpha + i\beta$，$i$ 為虛數，對應的特徵函數為複變函數 $\varphi(x) = u(x) + iv(x)$，將 λ 與 $\varphi(x)$ 代入式 (3.60)，得

$$(pu' + ipv')' + (q + \alpha r + i\beta r)(u + iv) = 0$$

此式之實數部分為

$$(pu')' + (q + \alpha r)u - \beta rv = 0 \tag{3.75}$$

虛數部分為

$$(pv')' + (q + \alpha r)v + \beta ru = 0 \tag{3.76}$$

將式 (3.75) 乘以 v，式 (3.76) 乘以 u，兩式相減，移項得

$$\beta r(u^2 + v^2) = (pu')'v - (pv')'u$$

將此式兩邊作定積分，右邊之定積分作分部積分，得

$$\beta \int_a^b r(u^2 + v^2)\,dx = \int_a^b [(pu')'v - (pv')'u]\,dx$$

$$= [(pu')v - (pv')u]_a^b - \int_a^b [(pu')v' - (pv')u']\,dx$$

$$= [(pu')v - (pv')u]_a^b \tag{3.77}$$

若 $x = a$ 與 $x = b$ 之邊界條件如式 (3.74)，則式 (3.77) 的右邊為零，

$$\therefore \quad \beta \int_a^b r\,(u^2 + v^2)\,dx = 0 \tag{3.78}$$

因 $(u^2 + v^2) > 0$, $r(x) \neq 0$，a 與 b 為任意實數，式 (3.78) 恆等於零，則必 $\beta = 0$，故特徵值 $\lambda = \alpha$ 必定為實數。

例：考慮 $y'' + \alpha^2 y = 0 \quad (0 < x < l); \quad y(0) = 0, y\,(l) = 0$

此微分方程式為標準的 Sturm-Liouville 方程式，其中 $p(x) = 1$, $q(x) = 0$, $r(x) = 1$, $\lambda = \alpha^2$，其解為

$$y = c_1 \sin \alpha x + c_2 \cos \alpha x$$

將邊界條件代入，得 $c_2 = 0$, $\quad c_1 \sin \alpha l = 0$。若非零解存在，則必 $c_1 \neq 0$，

$$\therefore \ \sin \alpha l = 0 \quad \Rightarrow \quad \alpha_n = \frac{n\pi}{l} \ (n = 0,\,1,\,2,\,\cdots)$$

特徵值 $\alpha_n = n\pi/l$ 為實數，特徵函數 $\sin(n\pi x/l)$ 具有以下正交性：

$$\int_0^l \sin \frac{n\pi x}{l} \sin \frac{n\pi x}{l}\,dx = \begin{cases} 0 & (m \neq n) \\[2mm] l/2 & (m = n) \end{cases} \tag{3.79}$$

3.9.2. Bessel 函數之正交性

Bessel 方程式的標準形式為

$$x^2 \frac{d^2 y}{dx^2} + x \frac{dy}{dx} + (\mu^2 x^2 - v^2)\,y = 0 \qquad (0 \leq x \leq a) \tag{3.80a}$$

令 $p(x) = x$, $\ q(x) = -v^2/x$, $\ \lambda = \mu^2$, $\ r(x) = x$，式 (3.80a) 可表示為標準的 Sturm-Liouville 方程式：

$$\frac{d}{dx}\left(x \frac{dy}{dx}\right) + \left(-\frac{v^2}{x} + \mu^2 x\right) y = 0 \qquad (0 \leq x \leq a) \tag{3.80b}$$

Bessel 方程式為變係數常微分方程式，須以冪級數求解，其級數解以 Bessel 函數表示為

$$y = c_1 j_v(\mu x) + c_2 Y_v(\mu x) \tag{3.81}$$

其中 $J_v(\mu x)$, $Y_v(\mu x)$ 分別為 v 階的第一類與第二類 Bessel 函數。因 $Y_v(0) \to \infty$，當 $x = 0$ 在考慮範圍內，係數 c_2 必須為零，以免 $y(0) \to \infty$。

列舉常用的 Bessel 函數公式如下：

$$\frac{d}{dx} J_v(\mu x) = \mu J_{v-1}(\mu x) - \frac{v}{x} J_v(\mu x) \tag{3.82a}$$

$$\frac{d}{dx} J_v(\mu x) = -\mu J_{v+1}(\mu x) + \frac{v}{x} J_v(\mu x) \tag{3.82b}$$

$$J_{v+1}(\mu x) = \frac{2v}{\mu x} J_v(\mu x) - J_{v-1}(\mu x) \tag{3.82c}$$

設齊次邊界條件為

$$y(a) + ky'(a) = 0 \quad (k \text{ 為常數}) \tag{3.83}$$

式 (3.80) 之解須滿足以上邊界條件，故

$$J_v(\mu a) + k J_v'(\mu a) = 0 \tag{3.84}$$

此式之實數根：μ_n $(n = 1, 2, 3, \cdots)$ 為系統的特徵值。

根據式 (3.73)，相異的特徵值 λ_m, λ_n 所對應的特徵函數 $\varphi_m(x), \varphi_n(x)$ 對加權函數 x 具有以下正交性：

$$\int_0^a x J_v(\mu_m x) J_v(\mu_n x)\, dx = 0 \quad (m \neq n) \tag{3.85}$$

當 $m = n$, $\int_0^a x [J_v(\mu_n x)]^2\, dx$ 之封閉式與邊界條件有關，推導如下：

特徵值 μ_n 所對應的特徵函數 $\varphi_n(x)$ 滿足式 (3.80b)：

$$\frac{d}{dx}\left(x\,\frac{d\varphi_n}{dx}\right) + \left(\mu_n^2 x - \frac{v^2}{x}\right)\varphi_n = 0$$

將此式乘以 $2x\,\dfrac{d\varphi_n}{dx}$，移項得

$$(\mu_n^2 x^2 - v^2)\,\frac{d}{dx}\,[(\varphi_n)^2] = -\frac{d}{dx}\left[\left(x\,\frac{d\varphi_n}{dx}\right)^2\right]$$

將此式兩邊作定積分：

$$\int_0^a \left\{(\mu_n^2 x^2 - v^2)\,\frac{d}{dx}\,[(\varphi_n)^2]\right\} dx = -\int_0^a \frac{d}{dx}\left[\left(x\,\frac{d\varphi_n}{dx}\right)^2\right] dx$$

將此式左邊分部積分，得

$$[(\mu_n^2 x^2 - v^2)\,(\varphi_n)^2]_0^a - 2\mu_n^2 \int_0^a x(\varphi_n)^2\,dx = -\left[\left(x\,\frac{d\varphi_n}{dx}\right)^2\right]_0^a$$

將特徵函數 $\varphi_n(x) = J_v(\mu_n x),\ \varphi_n(0) = J_v(0) = 0$ 代入上式，得

$$\int_0^a x\,[J_v(\mu_n x)]^2 dx = \frac{\mu_n^2 a^2 - v^2}{2\mu_n^2}\,[J_v(\mu_n a)]^2 + \frac{a^2}{2\mu_n^2}\left(\left[\frac{d}{dx}\,J_v(\mu_n x)\right]_{x=a}\right)^2 \tag{3.86}$$

其中 $\left[\dfrac{d}{dx}\,J_v(\mu_n x)\right]_{x=a} = -\mu_n J_{v+1}(\mu_n a) + \dfrac{v}{a}\,J_v(\mu_n a)$

(1) 若邊界條件為 $y(a) = 0$，則 $J_v(\mu_n a) = 0$，式 (3.86) 成為

$$\int_0^a x\,[J_v(\mu_n x)]^2\,dx = \frac{a^2}{2}\,[J_{v+1}(\mu_n a)]^2 \tag{3.87}$$

(2) 若邊界條件為 $y'(a) = 0$，則 $\left[\dfrac{d}{dx}\,J_v(\mu_n x)\right]_{x=a} = 0$，式 (3.86) 成為

$$\int_0^a x\,[J_v(\mu_n x)]^2\,dx = \frac{\mu_n^2 a^2 - v^2}{2\mu_n^2}\,[J_v(\mu_n a)]^2 \tag{3.88}$$

(3) 若邊界條件為 $y(a) + ky'(a) = 0$，則 $\left[\dfrac{d}{dx} J_v (\mu_n x)\right]_{x=a} = -\dfrac{1}{k} J_v (\mu_n a)$，式 (3.86) 成為

$$\int_0^a x\, [J_v (\mu_n x)]^2\, dx = \frac{k^2(\mu_n^2 a^2 - v^2) + a^2}{2\mu_n^2 k^2} [J_v (\mu_n a)]^2 \tag{3.89}$$

分段連續函數 $f(x)$ $(0 \leq x \leq a)$ 可表示為 Fourier-Bessel 級數如下：

$$f(x) = \sum_{n=0}^{\infty} c_n J_v (\mu_n x) \tag{3.90}$$

運用 Bessel 函數之正交性，可得其中係數 c_n 為

$$c_n = \int_0^a xf(x)\, J_v (\mu_n x)\, dx \Big/ \int_0^a x\, [J_v (\mu_n x)]^2\, dx \qquad (n = 0, 1, 2, \cdots) \tag{3.91}$$

此式分母之積分封閉式可根據問題的邊界條件，由式 (3.87)-(3.89) 決定；而分子之積分式為 $f(x)$ 與 Bessel 函數之積分，難以積出封閉式，通常需依精度要求選取 n 值，以數值積分計算對應的係數 c_n。

3.9.3. Legendre 函數之正交性

Legendre 方程式的標準形式為

$$(1 - x^2)\, \frac{d^2y}{dx^2} - 2x\, \frac{dy}{dx} + n\, (n + 1)\, y = 0 \qquad (|x| \leq 1) \tag{3.92a}$$

令 $p(x) = 1 - x^2$, $q(x) = 0$, $\lambda = n\, (n + 1)$, $r(x) = 1$，式 (3.92a) 可表示為標準的 Sturm-Liouville 微分方程式：

$$\frac{d}{dx} \left[(1 - x^2)\, \frac{dy}{dx}\right] + n\, (n + 1)\, y = 0 \tag{3.92 b}$$

Legendre 方程式為變係數常微分方程式，須以冪級數求解，其級數解以 Legendre 函數表示為

$$y = c_1 P_n(x) + c_2 Q_n(x) \tag{3.93}$$

其中 $P_n(x)$ 與 $Q_n(x)$ 分別為第一類與第二類的 Legendre 函數。因 $Q_n (\pm 1) \to \infty$，當 $x = \pm 1$ 在考慮範圍內，係數 c_2 必須為零，以免 $y(0) \to \infty$。

　　因 $p(-1) = p(1) = 0$，無論 $x = \pm 1$ 之邊界條件如何，Legendre 函數皆具有以下正交性：

$$\int_{-1}^{1} P_m(x)\, P_n(x)\, dx = \begin{cases} 0 & (m \neq n) \\[2mm] \dfrac{2}{2n+1} & (m = n) \end{cases} \tag{3.94}$$

當 $m = n$，特徵值相同，$\displaystyle\int_{-1}^{1} [P_n(x)]^2\, dx$ 之封閉式推導如下：

根據 Rodrigues 公式，Legendre 函數 $P_n(x)$ 可表示為

$$P_n(x) = \frac{1}{2^n n!}\, \frac{d^n}{dx^n}\, (x^2 - 1)^n \tag{3.95}$$

$$\therefore \int_{-1}^{1} f(x)\, P_n(x)\, dx = \frac{1}{2^n n!} \int_{-1}^{1} f(x)\, \frac{d^n}{dx^n}\, (x^2 - 1)^n\, dx \tag{3.96}$$

　　設函數 $f(x)$ $(|x| \leq 1)$ 為 n 階導數連續，由於 $(x^2 - 1)^n$ 之 $n-1$ 階導數在 $x = \pm 1$ 為零，將此式右邊分部積分 n 次可得

$$\int_{-1}^{1} f(x)\, P_n(x)\, dx = \frac{1}{2^n n!} \int_{-1}^{1} (x^2 - 1)^n \left[\frac{d^n}{dx^n}\, f(x) \right] dx \tag{3.97}$$

設 $f(x) = P_n(x)$，則

$$\int_{-1}^{1} [P_n(x)]^2\, dx = \frac{1}{2^n n!} \int_{-1}^{1} (x^2 - 1)^n \left[\frac{d^n}{dx^n}\, P_n(x) \right] dx \tag{3.98}$$

其中　$\dfrac{d^n}{dx^n}\, P_n(x) = \dfrac{d^n}{dx^n} \left[\dfrac{1}{2^n n!}\, \dfrac{d^n}{dx^n}\, (x^2 - 1)^n \right] = \dfrac{1}{2^n n!}\, \dfrac{d^{2n}}{dx^{2n}}\, (x^2 - 1)^n$

$$= \frac{1}{2^n n!}\, \frac{d^{2n}}{dx^{2n}}\, (x^{2n} - n x^{2n-2} + \cdots) = \frac{(2n)!}{2^n n!}$$

$$\Rightarrow \quad \int_{-1}^{1} [P_n(x)]^2 \, dx = \frac{(2n)!}{2^n n! (n!)^2} \int_{-1}^{1} (x^2 - 1)^n \, dx \tag{3.99}$$

將此式右邊之積分式逐次分部積分，可得

$$\int_{-1}^{1} (x^2 - 1)^n \, dx = 2 \, \frac{2n(2n-2) \cdots 4 \cdot 2}{(2n+1)(2n-1) \cdots 5 \cdot 3} = \frac{2^{2n+1} (n!)^2}{(2n+1)!}$$

故式 (3.99) 成為

$$\int_{-1}^{1} [P_n(x)]^2 \, dx = \frac{2}{2n+1} \tag{3.100}$$

分段連續函數 $f(x)$ ($-1 < x < 1$) 可表示為 Fourier-Legendre 級數如下：

$$f(x) = \sum_{n=0}^{\infty} c_n P_n(x) \tag{3.101a}$$

運用 Legendre 函數之正交性，可得其中係數 c_n 為

$$c_n = \frac{2n+1}{2} \int_{-1}^{1} f(x) P_n(x) \, dx \quad (n = 0, 1, 2, \cdots) \tag{3.101b}$$

當 n 為偶數，$P_n(x)$ 為偶函數；當 n 為奇數，$P_n(x)$ 為奇函數；因此，若 $f(x)$ 為偶函數，式 (3.101b) 簡化為

$$c_n = \begin{cases} 0 & (n \text{ 為奇數}) \\ (2n+1) \int_{0}^{1} f(x) P_n(x) \, dx & (n \text{ 為偶數}) \end{cases} \tag{3.102a}$$

若 $f(x)$ 為奇函數，式 (3.101b) 簡化為

$$c_n = \begin{cases} (2n+1) \int_{0}^{1} f(x) P_n(x) \, dx & (n \text{ 為奇函數}) \\ 0 & (n \text{ 為偶數}) \end{cases} \tag{3.102b}$$

3.9.4. 四階常微分方程式之 Sturm-Liouville 問題

Sturm-Liouville 四階常微分方程式之標準形式為

$$\frac{d^2}{dx^2}\left[s(x)\,\frac{d^2y}{dx^2}\right] + \frac{d}{dx}\left[p(x)\,\frac{dy}{dx}\right] + [q(x)+\lambda r(x)]\,y = 0 \quad (a < x < b) \tag{3.103}$$

其中 $s(x),\ p(x),\ q(x),\ r(x)$ 為連續函數，λ 為待定參數。梁彎曲與梁柱屈曲之控制方程式為此類微分方程式 (見第 6 章)。當 $s(x)=0$，式 (3.103) 即式 (3.60)。

設 $\lambda_m,\ \lambda_n$ 與對應的函數 $\varphi_m(x),\ \varphi_n(x)$ 適合式 (3.103)：

$$[s(x)\,\varphi_m'']'' + [p(x)\,\varphi_m']' + [q(x)+\lambda_m\,r(x)]\varphi_m = 0 \tag{3.104a}$$

$$[s(x)\,\varphi_n'']'' + [p(x)\,\varphi_n']' + [q(x)+\lambda_n\,r(x)]\varphi_n = 0 \tag{3.104b}$$

將式 (3.104a) 乘以 φ_n，式 (3.104b) 乘以 φ_m，兩式相減，移項得

$$(\lambda_m - \lambda_n)\,r\varphi_m\,\varphi_n = \varphi_m\,(s\varphi_n'')'' - \varphi_n\,(s\varphi_m'')'' + \varphi_m\,(p\varphi_n')' - \varphi_n\,(p\varphi_m')'$$

將此式兩邊作定積分，右邊之定積分作分部積分兩次，可得

$$(\lambda_m - \lambda_n)\int_a^b r\varphi_m\,\varphi_n\,dx = \{\varphi_m\,[(s\varphi_n'')' + p\varphi_n'] - \varphi_n\,[(s\varphi_m'')' + p\varphi_m']\}_a^b$$

$$-\,[\varphi_m'(s\varphi_n'') - \varphi_n'(s\varphi_m'')]_a^b \tag{3.105}$$

設 $x=a$ 與 $x=b$ 之齊次邊界條件為下列之一：

$$y = 0, \qquad y' = 0 \tag{3.106a}$$

$$y = 0, \qquad s(x)\,y'' = 0 \tag{3.106b}$$

$$y' = 0, \qquad [s(x)\,y'']' + py' = 0 \tag{3.106c}$$

$$s(x)\,y'' = 0, \qquad [s(x)\,y'']' + py' = 0 \tag{3.106d}$$

則式 (3.105) 之右邊為零，特徵值 $\lambda_m,\ \lambda_n$ 所對應的特徵函數 $\varphi_m(x),\ \varphi_n(x)$ 在 $(a,\ b)$ 區間對加權函數 $r(x)$ 正交：

$$\int_a^b r(x)\,\varphi_m(x)\,\varphi_n(x)\,dx = 0 \quad (m \neq n) \tag{3.107}$$

　　如 3.1 節所述，運用序列 $\varphi_n(x)$ 之正交性，分段連續函數 $f(x)$ $(a \leq x \leq b)$ 可表示為廣義傅立葉級數，式 (3.10)。

　　Sturm-Liouville 特徵值問題之研究奠定了以特徵函數展開法 (eigenfunction expansion) 解析數理問題之基礎。

3.10. 均勻收斂

　　若函數 $f(x)$ 為有限項，各項皆連續，則 $f(x)$ 必連續，可逐項加減、微分、積分；若無窮級數 $S(x)$ 各項皆連續，是否就連續？是否就可以逐項運算？姑且不論無窮級數有基本的收斂問題，即使 $S(x)$ 為收斂級數，計算 $S(x)$ 之值，欲達到設定的精度，要如何取捨項數？如何保證所取的項數可使考慮區間每一點都在設定的精度之內？需取的項數會不會與 x 有關？換言之，欲達到設定的精度要求，若在 A 點需取 5 項，在 B 點需取 7 項，是不是取 7 項 A 點與 B 點就都達到精度要求了？取 7 項會不會使 A 點的精度反而變差了？要回答這些疑問必須探討無窮級數是否為均勻收斂 (uniform convergence)。

　　考慮無窮級數

$$S(x) = \sum_{k=0}^{\infty} u_k(x)$$

　　設 $S(x)$ 之 n 項部分和為 $S_n(x) = \sum_{k=0}^{n} u_k(x)$，餘式為 $R_n(x) = S(x) - S_n(x)$

　　若 $S(x) = \lim_{n \to \infty} S_n(x) = $ 定值，則 $S(x)$ 為收斂級數。

　　根據 Cauchy 之無窮級數收斂準則：設 $S(x)$ $(a \leq x \leq b)$ 對任何實數 $\varepsilon > 0$，恆有一正整數 N，當所取的項數 $n > N$，在 $a \leq x \leq b$ 滿足 $|S(x) - S_n(x)| < \varepsilon$，則 $S(x)$ 為收斂。一般而言，N 不僅與所設定的 ε 有關，亦隨 x 而變，若 N 與 x 無關，則 $S(x)$ 為均勻收斂，或稱一致收斂。

　　如圖 3.22 所示，$S(x)$ 之 n 項部分和 $S_n(x)$ 滿足 $|S(x) - S_n(x)| < \varepsilon$，所取的項數與 x 無關，$S(x)$ 在 $a \leq x \leq b$ 為均勻收斂。

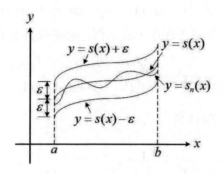

圖 3.22　均勻收斂級數 $S(x)$ $(a \leq x \leq b)$ 之示意圖

例：考慮無窮級數 $S(x) = \sum\limits_{k=0}^{\infty} (x-1) x^k$　$(0 \leq x < 1)$

$S(x)$ 之 n 項部分和 $S_n(x)$ 為

$$S_n(x) = (x-1) + (x-1)x + (x-1)x^2 + \cdots + (x-1)x^n = x^{n+1} - 1$$

$$\Rightarrow\quad S(x) = \lim_{n \to \infty} S_n(x) = \lim_{n \to \infty} (x^{n+1} - 1) = -1 \qquad (0 \leq x < 1)$$

故 $S(x)$ 為收斂級數，其值為 -1。以下判別 $S(x)$ 是否為均勻收斂：

$$|S(x) - S_n(x)| < \varepsilon \quad \Rightarrow \quad |-1 - x^{n+1} + 1| = x^{n+1} < \varepsilon \qquad (0 \leq x < 1)$$

此式兩邊取對數：$(n+1) \log x < \log \varepsilon \quad \Rightarrow \quad n > |\log \varepsilon / \log x| - 1 = N(\varepsilon, x)$

　　設 $\varepsilon = 0.01$, $x = 0.1$, $n > |\log(0.01)/\log(0.1)| - 1 = 1$，故以 $S_n(x)$ 近似 $S(x)$，欲 $S_n(0.1)$ 之精度在小數點第二位，至少需取 2 項。

　　設 $\varepsilon = 0.01$, $x = 0.5$, $n > |\log(0.01)/\log(0.5)| - 1 = 6$，欲 $S_n(0.5)$ 之精度在小數點第二位，需取 7 項以上。

　　直覺上，只要取 N 在考慮範圍之極大值，則在考慮範圍內每一點的精度不是都合乎要求了？問題是在考慮範圍 N 是否有與 x 無關的極大值。就本例而言，當

$x \to 1$, $\log x \to 0$, $N \to \infty$，且 $N(\varepsilon, x) = |\log \varepsilon / \log x| - 1$ 在 $0 \leq x < 1$ 無極大值，換言之，與 x 無關的有限 N 值不存在，故本例之無窮級數並非均勻收斂。

例： $S(x) = \sum_{k=0}^{\infty} \dfrac{x^2}{(1+x^2)^k} = x^2 + \dfrac{x^2}{1+x^2} + \dfrac{x^2}{(1+x^2)^2} + \dfrac{x^2}{(1+x^2)^3} + \cdots$

$S(x)$ 之 n 項部分和 $S_n(x)$ 為

$$S_n(x) = x^2 + \frac{x^2}{1+x^2} + \frac{x^2}{(1+x^2)^2} + \cdots + \frac{x^2}{(1+x^2)^{n-1}}$$

$$= x^2 + \frac{x^2}{1+x^2}\left[1 + \frac{1}{1+x^2} + \cdots + \frac{1}{(1+x^2)^{n-2}} \right]$$

$$= x^2 + \frac{x^2}{1+x^2}\left[\frac{1 - 1/(1+x^2)^n}{1 - 1/(1+x^2)} \right] = 1 + x^2 - \frac{1}{(1+x^2)^n}$$

$$\Rightarrow \quad S(x) = \lim_{n \to \infty} S_n(x) = 1 + x^2 \text{，故 } S(x) \text{ 為收斂級數。}$$

以下判別 $S(x)$ 是否為均勻收斂：

$$|S(x) - S_n(x)| = \frac{1}{(1+x^2)^n} < \varepsilon \quad \Rightarrow \quad n > \left| \frac{\log(1/\varepsilon)}{\log(1+x^2)} \right| = N(\varepsilon, x)$$

當 $x \to 0$, $S(x) = 1$, $N \to \infty$，與 x 無關的極大值不存在，故本例之無窮級數非均勻收斂。

例： $S(x) = \sum_{k=0}^{\infty} x^k = 1 + x + x^2 + x^3 + \cdots \quad (|x| < 1)$

$S(x)$ 之 n 項部分和為 $\quad S_n(x) = 1 + x + x^2 + \cdots + x^{n-1} = \dfrac{1-x^n}{1-x}$

$$\Rightarrow \quad S(x) = \lim_{n \to \infty} S_n(x) = \frac{1}{1-x} \quad (|x| < 1) \text{，故 } S(x) \text{ 為收斂級數。}$$

以下判別 $S(x)$ 是否為均勻收斂：

$$|S(x) - S_n(x)| = \left| \frac{1}{1-x} - \frac{1-x^n}{1-x} \right| = \left| \frac{x^n}{1-x} \right| < \varepsilon \quad \Rightarrow \quad |x^n| < \varepsilon\,(1-x)$$

此式兩邊取對數，得 $n > \log\left[\varepsilon\,(1-x)\right]/\log|x| = N\,(\varepsilon, x)$

　　表面看來，N 與 ε, x 皆相關，然而 $N\,(\varepsilon, x) = \log\left[\varepsilon\,(1-x)\right] / \log|x|$，在 $|x| \leq 1/2$ 範圍之極大值為 $1 - \log\varepsilon/\log 2$，取

$$n > N\,(\varepsilon) = 1 - \frac{\log\varepsilon}{\log 2}$$

則 $S_n(x)$ 在 $|x| < 1$ 內每一點皆合乎精度要求，故 $S(x)$ 為均勻收斂。

　　以上例子是從定義檢驗無窮級數是否為均勻收斂，前提是需要知道級數的收斂值。以下為無需級數的收斂值，即可判別級數是否為均勻收斂的常用方法。

Weierstrass 比較試驗法

1. 比較兩無窮級數：$S(x) = \sum u_k\,(x)$, $R(x) = \sum v_k(x)$，若級數 $R(x)$ 為均勻收斂，而 $|u_k(x)| \leq |v_k(x)|$，則 $S(x)$ 為均勻收斂。

2. 若無窮級數 $M = \sum M_k$ (M_k 為常數項) 為收斂，在考慮範圍 $a \leq x \leq b$，無窮級數 $S(x) = \sum u_k\,(x)$ 之對應項 $|u_k\,(x)| \leq M_k$，則 $S(x)$ 為均勻收斂。

例：　$S(x) = \displaystyle\sum_{k=1}^{\infty} \frac{\sin kx}{k^2}$, 　$M = \displaystyle\sum_{k=1}^{\infty} \frac{1}{k^2}$ 為收斂級數

　　$\because \left| \dfrac{\sin kx}{k^2} \right| \leq \dfrac{1}{k^2}$ 　$\therefore S(x)$ 為均勻收斂。

例：　$S(x) = \displaystyle\sum_{k=0}^{\infty} x^k$ 　$(|x| < 1)$, 　$M = \displaystyle\sum_{k=0}^{\infty} a^k$ 　$(0 < a < 1)$ 為收斂級數

　　$\because |x^k| \leq a^k$ 　$\therefore S(x)$ 為均勻收斂。

例：　$S(x) = \displaystyle\sum_{k=1}^{\infty} \frac{1}{k^2 + x^2}$ 　$(|x| \geq 0)$, 　$M = \displaystyle\sum_{k=1}^{\infty} \frac{1}{k^2}$ 為收斂級數，

　　$\because \left| \dfrac{1}{k^2 + x^2} \right| \leq \dfrac{1}{k^2}$ 　$\therefore S(x)$ 為均勻收斂。

有關無窮級數連續與逐項運算的定理與證明如下：

定理 1. 設 $S(x) = \sum_{k=0}^{\infty} u_k(x)$ $(a \le x \le b)$ 為均勻收斂，若 $u_k(x)$ 為連續函數，則 $S(x)$

$(a \le x \le b)$ 為連續。

證明：$S(x) = S_n(x) + R_n(x), \quad S(x+h) = S_n(x+h) + R_n(x+h)$

$$S(x+h) - S(x) = S_n(x+h) - S_n(x) + R_n(x+h) - R_n(x)$$

若 $u_k(x)$ 為連續函數，$S_n(x)$ 必連續；設 $S(x)$ $(a \le x \le b)$ 為均勻收斂，則對應任意正數 ε，恆有與 x 無關之 N 值，當 $n > N$，必有 $|h| < \delta$，使得

$$|S_n(x+h) - S_n(x)| \le \varepsilon/3, \quad |R_n(x+h)| \le \varepsilon/3, \quad |R_n(x)| \le \varepsilon/3$$

$$\therefore \ |S(x+h) - S(x)| \le |S_n(x+h) - S_n(x)| + |R_n(x+h)| + |R_n(x)|$$

$$= \varepsilon/3 + \varepsilon/3 + \varepsilon/3 = \varepsilon$$

根據函數連續之定義，$S(x)$ $(a \le x \le b)$ 為連續。

定理 2. 設 $S(x) = \sum_{k=0}^{\infty} u_k(x)$ $(a \le x \le b)$ 為均勻收斂，若 $u_k(x)$ 為連續函數，則 $S(x)$ 可逐項積分：

$$\int_a^b S(x)\,dx = \int_a^b \sum_{k=0}^{\infty} u_k(x)\,dx = \sum_{k=0}^{\infty} \int_a^b u_k(x)\,dx$$

證明：由定理 1 知 $u_k(x)$ 連續，則 $S(x)$ 連續，故 $S(x)$ 可積分為

$$\int_a^b S(x)\,dx = \int_a^b [S_n(x) + R_n(x)]\,dx = \int_a^b S_n(x)\,dx + \int_a^b R_n(x)\,dx$$

因 $S(x)$ 為均勻收斂，必有 n，可使 $a \le x \le b$ 每一點 $|R_n(x)| < \varepsilon$，

$$\therefore \ \left| \int_a^b S(x)\,dx - \int_a^b S_n(x)\,dx \right| \le \left| \int_a^b R_n(x)\,dx \right| \le \left| \int_a^b \varepsilon dx \right| = (b-a)\varepsilon$$

$S_n(x)$ 為有限項函數，必可逐項積分，

$$\therefore \left|\int_a^b S(x)\,dx - \int_a^b \sum_{k=0}^{n} u_k(x)\,dx\right| = \left|\int_a^b S(x)\,dx - \sum_{k=0}^{n} \int_a^b u_k(x)\,dx\right| \le (b-a)\,\varepsilon$$

$$\Rightarrow \int_a^b S(x)\,dx = \int_a^b \lim_{n\to\infty} \sum_{k=0}^{n} u_k(x)\,dx = \lim_{n\to\infty} \sum_{k=0}^{n} \int_a^b u_k(x)\,dx = \sum_{k=0}^{\infty} \int_a^b u_k(x)\,dx$$

故均勻收斂級數可逐項積分。

例：　$S(x) = \sum_{k=0}^{\infty} (x-1)\,x^k \quad (0 \le x < 1)$

前已證得 $S_n(x) = x^{n+1} - 1$, $S(x) = \lim_{n\to\infty} S_n(x) = -1 \quad (0 \le x < 1)$

$S(x)$ 為收斂級數，但並非均勻收斂。以下檢驗 $S(x)$ 是否可逐項積分。

$S(x)$ 之積分為 $\displaystyle\int S(x)\,dx = \int \sum_{k=0}^{\infty} (x-1)\,x^k\,dx = \int (-1)\,dx = -x + c$

$S(x)$ 之逐項積分為

$$\int S(x)\,dx = \int \sum_{k=0}^{\infty} (x-1)\,x^k\,dx = \sum_{k=0}^{\infty} \int (x-1)\,x^k\,dx$$

$$= \sum_{k=0}^{\infty} \left(\frac{1}{k+2}\,x^{k+2} - \frac{1}{k+1}\,x^{k+1} + c \right)$$

兩者結果不相同，可見不是均勻收斂的級數不能逐項積分。

例：前已證得 $S(x) = \sum_{k=0}^{\infty} x^k = \dfrac{1}{1-x} \quad (|x| < 1)$ 為均勻收斂，

$S(x)$ 之積分為　$\displaystyle\int S(x)\,dx = \int \sum_{k=0}^{\infty} x^k\,dx = \int \frac{1}{1-x}\,dx = -\ln(1-x) + c \qquad (a)$

$S(x)$ 之逐項積分為

$$\int S(x)\,dx = \int \sum_{k=0}^{\infty} x^k\,dx = \sum_{k=0}^{\infty} \int x^k\,dx = \sum_{k=0}^{\infty} \frac{1}{k+1}\,x^{k+1} + c \qquad (b)$$

乍看之下，式 (a) 與式 (b) 完全不同，然而，$\ln(1-x)$ 可表示為泰勒級數如下：

$$\ln(1-x) = -x - \frac{x^2}{2} - \frac{x^3}{3} - \frac{x^4}{4} - \cdots = -\sum_{k=0}^{\infty} \frac{1}{k+1} x^{k+1} \qquad (|x| < 1)$$

故式 (b) 右邊之無窮級數為式 (a) 右邊之對數函數 $-\ln(1-x)$ 之泰勒級數；式 (b) 事實上是式 (a) 的化身，兩者形式不同，實則為一。

此例證實均勻收斂的級數可逐項積分。

定理 3. 設 $S(x) = \sum_{k=0}^{\infty} u_k(x)$ $(a \le x \le b)$，$u_k(x)$ 為可微，$S(x)$ 為均勻收斂，

若 $U(x) = \sum_{k=0}^{\infty} \frac{d}{dx} u_k(x)$ 為均勻收斂，則 $\frac{d}{dx} S(x) = U(x)$

證明：根據定理 2，$U(x)$ 為均勻收斂級數，故可逐項積分，

$$\int U(x)\, dx = \int \sum_{k=0}^{\infty} \frac{d}{dx} u_k(x)\, dx = \sum_{k=0}^{\infty} \int \frac{d}{dx} u_k(x)\, dx \qquad (a)$$

而 $\int \frac{d}{dx} u_k(x)\, dx = u_k(x)$，故式 (a) 成為

$$\int U(x)\, dx = \sum_{k=0}^{\infty} u_k(x) = S(x) \qquad (b)$$

將式 (b) 兩邊微分得 $\frac{d}{dx} S(x) = \frac{d}{dx} \int U(x)\, dx = U(x) = \sum_{k=0}^{\infty} \frac{d}{dx} u_k(x)$

由此得證：若 $S(x)$ 為均勻收斂，且其微分後之級數 $U(x)$ 亦為均勻收斂，$S(x)$ 可逐項微分。

須強調逐項微分與逐項積分之條件不同。根據定理 2，由連續函數組成的均勻收斂級數，可逐項積分，但不一定可逐項微分；無窮級數要逐項微分，不僅本身須均勻收斂，微分後的級數亦均均勻收斂。

定理 4. 均勻收斂的無窮級數可逐項加減運算。

設　$R(x) = \sum_{k=0}^{\infty} v_k(x), \quad S(x) = \sum_{k=0}^{\infty} u_k(x) \quad (a \leq x \leq b)$ 為均勻收斂，

則　$S(x) \pm R(x) = \sum_{k=0}^{\infty} u_k(x) \pm \sum_{k=0}^{\infty} v_k(x) = \sum_{k=0}^{\infty} [u_k(x) \pm v_k(x)]$

若 $h(x)$ $(a \leq x \leq b)$ 為連續函數，則

$$h(x)\, S(x) = h(x) \sum_{k=0}^{\infty} u_k(x) = \sum_{k=0}^{\infty} h(x)\, u_k(x)$$

　　已知分段連續的函數 $f(x)$ 可表示為均勻收斂的傅立葉級數，而傅立葉級數是由連續的餘弦函數與正弦函數組成的，基於以上定理，傅立葉級數必連續，可逐項加減、逐項積分。若 $f(x)$ 為連續函數，$f'(x)$ 至少為分段連續，傅立葉級數方可逐項微分。

習題五

證明下列無窮級數為均勻收斂。

1.　$\sum_{n=1}^{\infty} \dfrac{x^n}{n} \quad (0 \leq x \leq 1/2)$ 　　　　2.　$\sum_{n=1}^{\infty} \dfrac{2^n x^n}{n!} \quad (-1 \leq x \leq 1)$

3.　$\sum_{n=1}^{\infty} \dfrac{\sin nx}{n^2} \quad (0 \leq x \leq \pi)$ 　　　　4.　$\sum_{n=1}^{\infty} \dfrac{\cos^2 nx}{n^2+1} \quad (0 \leq x \leq 2\pi)$

5.　說明 $\sum_{n=1}^{\infty} (x^{2n} - x^{2n-2}) \quad (-1 \leq x \leq 1)$ 為收斂，但非均勻收斂。

6.　說明 $\sum_{n=1}^{\infty} u_n(x) = x + x\,(x-1) + x^2\,(x-1) + \cdots + x^{n-1}\,(x-1) + \cdots$，在 $0 \leq x < 1$ 為收斂，但非均勻收斂。

7. 以 $S_n(x)$ 近似 $S(x) = \sum_{n=1}^{\infty} \dfrac{\sin nx}{n^2}$　$(0 \le x \le \pi)$，決定項數 n，精度在 10^{-3} 內。

8. 以 $S_n(x)$ 近似 $S(x) = \sum_{n=1}^{\infty} \dfrac{x^n}{2^n}$　$(0 \le x \le 1)$，決定項數 n，精度在 10^{-3} 內。

9. 當無窮級數為收斂，而非均勻收斂，說明本節之定理為何不成立。

3.11. 最小平方差法，傅立葉級數之部分和

以試驗量取得到的結果通常需要以適當的函數表示，以便分析運用。舉例而言，欲以連續函數表示以下數據：

x	x_1	x_2	x_3	$\cdots$	x_n
y	y_1	y_2	y_3	$\cdots$	y_n

直覺上，n 組數據可用 n 階多項式表示，以 n 個方程式決定 n 個待定係數，即可確切表達量測所得到的結果；事實不然，量測數據本有誤差，無需以函數逐點表示，若有百餘組數據，難道要用百餘階的多項式表示量測結果？顯然，此一作法既無必要，亦不實用。

茲以二次多項式為例，說明以多項式表示數據的最小平方差法，簡稱最小二乘法。

設　$y = c_0 + c_1 x + c_2 x^2$　$(c_0, c_1, c_2$ 為待定係數$)$

量測的數據不會與設定的模擬曲線完全吻合，令函數值與 n 組量測數據之差為 ε_k　$(k = 1, 2, \cdots, n)$：

$$c_0 + c_1 x_1 + c_2 x_1^2 - y_1 = \varepsilon_1 \tag{3.108a}$$

$$c_0 + c_1 x_2 + c_2 x_2^2 - y_2 = \varepsilon_2 \tag{3.108b}$$

$$\vdots$$

$$c_0 + c_1\,x_n + c_2\,x_n^2 - y_n = \varepsilon_n \qquad (3.108n)$$

定義離散性數據的平方差 (square error) E 為

$$E = \sum_{k=1}^{n} (\varepsilon_k)^2 = \sum_{k=1}^{n} (c_0 + c_1\,x_k + c_2\,x_k^2 - y_k)^2 \qquad (3.109)$$

欲 $E\,(c_0,\,c_1,\,c_2)$ 為極小，則必 $\partial E/\partial c_0 = 0,\ \partial E/\partial c_1 = 0,\ \partial E/\partial c_2 = 0$，由此得聯立方程式：

$$c_0\,n + c_1 \sum x_k + c_2 \sum x_k^2 = \sum y_k \qquad (3.110a)$$

$$c_0 \sum x_k + c_1 \sum x_k^2 + c_2 \sum x_k^3 = \sum x_k\,y_k \qquad (3.110b)$$

$$c_0 \sum x_k^2 + c_1 \sum x_k^3 + c_2 \sum x_k^4 = \sum x_k^2\,y_k \qquad (3.110c)$$

其中符號 $\sum$ 表示由 $k = 1$ 加至 $k = n$ 項之加積。

式 $(3.110a,\ b,\ c)$ 可以用矩陣表示為

$$\begin{bmatrix} n & \sum x_k & \sum x_k^2 \\ \sum x_k & \sum x_k^2 & \sum x_k^3 \\ \sum x_k^2 & \sum x_k^3 & \sum x_k^4 \end{bmatrix} \begin{bmatrix} c_0 \\ c_1 \\ c_2 \end{bmatrix} = \begin{bmatrix} \sum y_k \\ \sum x_k\,y_k \\ \sum x_k^2 y_k \end{bmatrix} \qquad (3.111)$$

由此可解得係數 $c_0,\,c_1,\,c_2$。

式 (3.111) 可以用以下方式簡易地得到，將方程式 $(3.108a) \sim (3.108n)$ 表示為

$$\begin{bmatrix} 1 & x_1 & x_1^2 \\ 1 & x_2 & x_2^2 \\ \vdots & \vdots & \vdots \\ 1 & x_n & x_n^2 \end{bmatrix}_{n\times3} \begin{bmatrix} c_0 \\ c_1 \\ c_2 \end{bmatrix}_{3\times1} = \begin{bmatrix} y_1 \\ y_2 \\ \vdots \\ y_n \end{bmatrix}_{n\times1} \qquad 簡寫為 \quad X_{n\times3}\,C_{3\times1} = Y_{n\times1}$$

顯然，此矩陣方程式不能以反矩陣方式求解待定係數 $c_0,\,c_1,\,c_2$，將此式兩邊前乘 $X_{3\times n}^T$，得

$$X_{3\times n}^T\,X_{n\times3}\,C_{3\times1} = X_{3\times n}^T\,Y_{n\times1}$$

前乘之後，$C_{3\times1}$ 前之矩陣為正方矩陣，可以用反矩陣求解待定係數 $C_{3\times1}$。以矩陣運算可證實

$$\begin{bmatrix} 1 & 1 & 1 \\ x_1 & x_2 & x_n \\ x_1^2 & x_2^2 & x_n^2 \end{bmatrix} \begin{bmatrix} 1 & x_1 & x_1^2 \\ 1 & x_2 & x_2^2 \\ \vdots & \vdots & \vdots \\ 1 & x_n & x_n^2 \end{bmatrix} \begin{bmatrix} c_0 \\ c_1 \\ c_2 \end{bmatrix} = \begin{bmatrix} 1 & 1 & \cdots & 1 \\ x_1 & x_2 & \cdots & x_n \\ x_1^2 & x_2^2 & \cdots & x_n^2 \end{bmatrix} \begin{bmatrix} y_1 \\ y_2 \\ \vdots \\ y_n \end{bmatrix}$$

即式 (3.111)，因此，最小平方差法容易以程式化計算，求得待定係數 c_k。

若以 m 階多項式表示 n 組數據 (x_k, y_k) $(k = 1, 2, \cdots, n)$，根據最小平方差法，設 $y = c_0 + c_1 x + c_2 x^2 + \cdots + c_m x^m$，係數 c_k 由下式決定：

$$\begin{bmatrix} n & \sum x_k & \sum x_k^2 & \cdots & \sum x_k^m \\ \sum x_k & \sum x_k^2 & \sum x_k^3 & \cdots & \sum x_k^{m+1} \\ \sum x_k^2 & \sum x_k^3 & \sum x_k^4 & \cdots & \sum x_k^{m+2} \\ \vdots & \vdots & \vdots & \ddots & \vdots \\ \sum x_k^m & \sum x_k^{m+1} & \sum x_k^{m+2} & \cdots & \sum x_k^{2m} \end{bmatrix} \begin{bmatrix} c_0 \\ c_1 \\ c_2 \\ \vdots \\ c_n \end{bmatrix} = \begin{bmatrix} \sum y_k \\ \sum x_k y_k \\ \sum x_k^2 y_k \\ \vdots \\ \sum x_k^m y_k \end{bmatrix} \tag{3.112}$$

此式可直接由 $X_{m\times n}^T X_{n\times m} C_{m\times1} = X_{m\times n}^T Y_{n\times1}$ 以矩陣運算求得。

顯然，以連續函數模擬量測數據的方式並非唯一，為何不設定函數值與量測數據之差或立方差為最小呢？循此想法推求，可知前者窒礙難行，後者所得的求待定係數 c_k 的聯立方程式為非線性，難以求解，而設定最小平方差最簡潔。

例：設 (a) $y = c_0 + c_1 x$, (b) $y = c_0 + c_1 x + c_2 x^2$，以最小平方差法表示以下數據，並估計 $y(5)$ 之值。

x	1	2	3	4
y	1.7	1.8	2.3	3.2

(a) $\begin{bmatrix} 1 & 1 \\ 1 & 2 \\ 1 & 3 \\ 1 & 4 \end{bmatrix} \begin{bmatrix} c_0 \\ c_1 \end{bmatrix} = \begin{bmatrix} 1.7 \\ 1.8 \\ 2.3 \\ 3.2 \end{bmatrix}$ $\Rightarrow$ $\begin{bmatrix} 1 & 1 & 1 & 1 \\ 1 & 2 & 3 & 4 \end{bmatrix} \begin{bmatrix} 1 & 1 \\ 1 & 2 \\ 1 & 3 \\ 1 & 4 \end{bmatrix} \begin{bmatrix} c_0 \\ c_1 \end{bmatrix} = \begin{bmatrix} 1 & 1 & 1 & 1 \\ 1 & 2 & 3 & 4 \end{bmatrix} \begin{bmatrix} 1.7 \\ 1.8 \\ 2.3 \\ 3.2 \end{bmatrix}$

$\Rightarrow$ $\begin{bmatrix} 4 & 10 \\ 10 & 30 \end{bmatrix} \begin{bmatrix} c_0 \\ c_1 \end{bmatrix} = \begin{bmatrix} 9 \\ 25 \end{bmatrix}$ $\Rightarrow$ $\begin{bmatrix} c_0 \\ c_1 \end{bmatrix} = \begin{bmatrix} 4 & 10 \\ 10 & 30 \end{bmatrix}^{-1} \begin{bmatrix} 9 \\ 25 \end{bmatrix} = \begin{bmatrix} 1 \\ 0.5 \end{bmatrix}$

$$\therefore \quad y = 1 + 0.5x, \quad y(5) = 3.5$$

(b)

$$\begin{bmatrix} 1 & 1 & 1^2 \\ 1 & 2 & 2^2 \\ 1 & 3 & 3^2 \\ 1 & 4 & 4^2 \end{bmatrix} \begin{bmatrix} c_0 \\ c_1 \\ c_2 \end{bmatrix} = \begin{bmatrix} 1.7 \\ 1.8 \\ 2.3 \\ 3.2 \end{bmatrix} \quad \Rightarrow \quad \begin{bmatrix} 1 & 1 & 1 \\ 1 & 2 & 4 \\ 1 & 3 & 9 \\ 1 & 4 & 16 \end{bmatrix} \begin{bmatrix} 1 & 1 & 1 & 1 \\ 1 & 2 & 3 & 4 \\ 1 & 4 & 9 & 16 \end{bmatrix} \begin{bmatrix} c_0 \\ c_1 \\ c_2 \end{bmatrix} = \begin{bmatrix} 1 & 1 & 1 & 1 \\ 1 & 2 & 3 & 4 \\ 1 & 4 & 9 & 16 \end{bmatrix} \begin{bmatrix} 1.7 \\ 1.8 \\ 2.3 \\ 3.2 \end{bmatrix}$$

$$\Rightarrow \quad \begin{bmatrix} 4 & 10 & 30 \\ 10 & 30 & 100 \\ 30 & 100 & 354 \end{bmatrix} \begin{bmatrix} c_0 \\ c_1 \\ c_2 \end{bmatrix} = \begin{bmatrix} 9 \\ 25 \\ 80.8 \end{bmatrix} \quad \Rightarrow \quad \begin{bmatrix} c_0 \\ c_1 \\ c_2 \end{bmatrix} = \begin{bmatrix} 4 & 10 & 30 \\ 10 & 30 & 100 \\ 30 & 100 & 354 \end{bmatrix}^{-1} \begin{bmatrix} 9 \\ 25 \\ 80.8 \end{bmatrix} = \begin{bmatrix} 2 \\ -0.5 \\ 0.2 \end{bmatrix}$$

$$\therefore \quad y = 2 - 0.5x + 0.2x^2, \quad y(5) = 4$$

以下證明傅立葉級數之部分和與函數值之平方差為最小。

已知分段連續函數 $f(x)$ $(0 < x < l)$ 可表示為傅立葉級數：

$$f(x) \sim S(x) = a_0 + \sum_{n=1}^{\infty} \left[a_n \cos\left(\frac{n\pi x}{l}\right) + b_n \sin\left(\frac{n\pi x}{l}\right) \right]$$

取 $S(x)$ 之 n 項部分和近似 $S(x)$ 之值：

$$f(x) \approx S(x) = a_0 + \sum_{n=1}^{\infty} \left[a_n \cos\left(\frac{n\pi x}{l}\right) + b_n \sin\left(\frac{n\pi x}{l}\right) \right]$$

既然是以 $S(x)$ 的有限項模擬 $f(x)$，若以其他方式決定其中的係數，是否會使近似的精度較佳？為回答此問題，設分段連續函數 $f(x)$ $(a < x < b)$ 以正交函數序列 $\varphi_n(x)$ 近似如下：

$$f(x) \approx S_n(x) = \sum_{n=0}^{N} c_n \varphi_n(x) \tag{3.113a}$$

其中　　　$$\int_a^b \varphi_m(x)\, \varphi_n(x)\, dx = 0 \quad (m \neq n) \tag{3.113b}$$

令　　　　　$$\varepsilon = f(x) - \sum_{n=0}^{N} c_n \varphi_n(x) \tag{3.114}$$

定義兩者在 (a, b) 區間之平方差 E 為

$$E = \int_a^b \varepsilon^2\, dx = \int_a^b \left[f(x) - \sum_{n=0}^N c_n\, \varphi_n(x) \right]^2 dx \tag{3.115}$$

欲 $E(c_0, c_1, \cdots c_n)$ 為極小，則必　$\partial E/\partial c_k = 0$ $(k = 0, 1, 2, \cdots n)$，由此得

$$-2 \int_a^b \left[f(x) - \sum_{n=0}^N c_n\, \varphi_n(x) \right] \varphi_k(x)\, dx = 0 \qquad (k = 0, 1, 2, \cdots n)$$

$$\Rightarrow \quad \sum_{n=0}^N c_n \int_a^b \varphi_n(x)\, \varphi_k(x)\, dx = \int_a^b f(x)\, \varphi_k(x)\, dx \qquad (k = 0, 1, 2, \cdots n)$$

函數序列 $\varphi_n(x)$ 在 (a, b) 區間為正交，故得

$$c_n = \int_a^b f(x)\, \varphi_n(x)\, dx \Big/ \int_a^b [\varphi_n(x)]^2\, dx \qquad (n = 0, 1, 2, \cdots)$$

c_n 正是傅立葉級數公式的係數，表明以傅立葉級數之 n 項部分和 $S_n(x)$ 近似 $f(x)$，兩者在 (a, b) 區間之平方差為最小。

例：$f(x) = e^x$ $(-1 \le x \le 1)$　以 (a)　$y = c_0 + c_1\, x,$　(b)　$y = c_0 + c_1\, x + c_2\, x^2$ 表示，決定其中的係數使兩者在 (a, b) 區間之平方差為最小。

(a)　令　$E = \displaystyle\int_{-1}^1 [e^x - (c_0 + c_1\, x)]^2\, dx$

$$\frac{\partial E}{\partial c_0} = -2 \int_{-1}^1 (e^x - c_0 - c_1\, x)\, dx = 0 \quad \Rightarrow \quad 2c_0 = 2.3504$$

$$\frac{\partial E}{\partial c_1} = -2 \int_{-1}^1 (e^x - c_0 - c_1\, x)\, xdx = 0 \quad \Rightarrow \quad 0.6667c_1 = 0.7358$$

解得　$c_0 = 1.1752,\ c_1 = 1.1036$　$\therefore\ y = 1.1752 + 1.1036x$

(b)　令　$E = \displaystyle\int_{-1}^1 [e^x - (c_0 + c_1\, x + c_2\, x^2)]^2\, dx$

$$\frac{\partial E}{\partial c_0} = -2 \int_{-1}^1 (e^x - c_0 - c_1\, x - c_2\, x^2)\, dx = 0 \quad \Rightarrow \quad 2c_0 + 0.6667c_2 = 2.3504$$

$$\frac{\partial E}{\partial c_1} = -2 \int_{-1}^{1} (e^x - c_0 - c_1 x - c_2 x^2) \, x dx = 0 \quad \Rightarrow \quad 0.6667 c_1 = 0.7358$$

$$\frac{\partial E}{\partial c_2} = -2 \int_{-1}^{1} (e^x - c_0 - c_1 x - c_2 x^2) \, x^2 dx = 0 \quad \Rightarrow \quad 0.6667 c_0 + 0.4 c_2 = 0.8789$$

解得　$c_0 = 0.9961$, 　$c_1 = 1.1036$, 　$c_2 = 0.5372$

$\therefore \ y = 0.9961 + 1.1036 x + 0.5372 x^2$

Parseval 定理

設 $f(x), g(x)$（$-l \leq x \leq l$）之傅立葉級數係數為 a_0, a_n, b_n; a_0', a_n', b_n', $f(x)$ 之傅立葉級數為

$$f(x) = \frac{1}{2} a_0 + \sum_{n=1}^{\infty} [a_n \cos (n\pi x/l) + b_n \sin (n\pi x/l)]$$

將此式兩邊同乘 $g(x)$，再作積分：

$$\int_{-l}^{l} g(x) \, g(x) \, dx = \frac{1}{2} a_0 \int_{-l}^{l} g(x) \, dx$$

$$+ \sum_{n=1}^{\infty} \left[a_n \int_{-l}^{l} g(x) \cos (n\pi x/l) \, dx + b_n \int_{-l}^{l} g(x) \sin (n\pi x/l) \, dx \right]$$

此式右邊之各積分式為 $g(x)$ 之傅立葉係數乘以 l，由此得 Parseval 恆等式：

$$\frac{1}{l} \int_{-l}^{l} f(x) \, g(x) \, dx = \frac{1}{2} a_0 a_0' + \sum_{n=1}^{\infty} (a_n a_n' + b_n b_n') \tag{3.116a}$$

令 $g(x) = f(x)$，得

$$\frac{1}{l} \int_{-l}^{l} [f(x)]^2 \, dx = \frac{1}{2} a_0^2 + \sum_{n=1}^{\infty} (a_n^2 + b_n^2) \tag{3.116b}$$

只要函數 $f(x)$ 為分段連續，式 (3.116b) 左邊之積分式必定存在，因而右邊各項為正的無窮級數秘為絕對收斂，此 Parseval 定理性質可用於推論級數的均勻收斂。此外，將分段連續函數 $f(x)$ 展開為傅立葉級數，由式 (3.116b) 可推得許多無窮級數之恆等式。

例： $f(x) = \cos (x/2)$ $(-\pi \leq x \leq \pi)$ 之傅立葉級數為

$$\cos (x/2) = \frac{4}{\pi} + \sum_{n=1}^{\infty} -\frac{4}{\pi} \frac{(-1)^n}{(4n^2-1)} \cos nx$$

將 $a_0 = 4/\pi$, $a_n = -4\,(1)^n/\,[\pi\,(4n^2-1)]$, $b_n = 0$ 代入式 (3.116b)，可得

$$\frac{1}{2} \left(\frac{4}{\pi}\right)^2 + \sum_{n=1}^{\infty} \left[-\frac{4}{\pi} \frac{(-1)^n}{(4n^2-1)}\right]^2 = \frac{1}{\pi} \int_{-\pi}^{\pi} \cos^2 (x/2)\, dx = 1$$

$$\Rightarrow \quad \sum_{n=1}^{\infty} \frac{1}{(4n^2-1)^2} = \frac{\pi^2-8}{16}$$

習題六

1. 設分段連續函數 $f(x)$ $(a < x < b)$ 以正交函數序列 $\varphi_n(x)$ 近似：

$$f(x) \approx \sum_{n=0}^{N} c_n\, \varphi_n(x) \quad \text{其中} \quad \int_a^b r(x)\, \varphi_m(x)\, \varphi_n(x)\, dx = 0 \quad (m \neq n)$$

試決定係數 c_n，使其平方差為最小。

2. 設以 $y = c_0 + c_1 x + c_2 x^2$ $(c_0, c_1, c_2$ 為待定係數) 表示量測數據，兩者之差分別為

$$E = \sum_{k=1}^{n} \varepsilon_k = \sum_{k=1}^{n} (c_0 + c_1 x_k + c_2 x_k^2 - y_k)$$

$$E = \sum_{k=1}^{n} (\varepsilon_k)^3 = \sum_{k=1}^{n} (c_0 + c_1 x_k + c_2 x_k^2 - y_k)^3$$

說明前者無法以微積分求函數 $E(c_0, c_1, c_2)$ 為極小的方法決定 c_0, c_1, c_2；而設定最小立方差所推得的 c_0, c_1, c_2 之聯立方程式為非線性，難以求解。

3. 以 $f(x) = a_1 \sin x + a_2 \sin 2x + a_3 \sin 3x$ 近似 1，使

$$\int_0^{\pi} [1 - f(x)]^2\, dx$$ 為最小，試決定係數 a_1, a_2, a_3。

4.　設　$f(x) = \begin{cases} -x & (-\pi < x < 0) \\ x & (0 < x < \pi) \end{cases}$

　　將 $f(x)$ 表示為傅立葉級數，利用 Parseval 定理證明：

$$1 + \frac{1}{3^4} + \frac{1}{5^4} + \frac{1}{7^4} + \cdots = \frac{\pi^4}{96}$$

5.　分段連續函數 $f(x)$（$-\pi \le x \le \pi$）之傅立葉複數級數為

$$f(x) = \sum_{n=-\infty}^{\infty} c_n\, e^{inx}$$

　　證明：　$\dfrac{1}{2\pi} \displaystyle\int_{-\pi}^{\pi} |f(x)|^2\, dx = \sum_{n=0}^{\infty} |c_n|^2$

3.12. 傅立葉積分

設 $f_T(x)$ 為週期為 T 之函數：

$$f_T(x) = \begin{cases} 0 & (-T/2 < x < -1) \\ 1 & (-1 < x < 1) \\ 0 & (1 < x < T/2) \end{cases}$$

當 $T = 4, 8, \cdots$，週期函數 $f_T(x)$ 如圖 3.23 所示。

基於此，脈衝函數

$$f(x) = \begin{cases} 1 & |x| < 1 \\ 0 & |x| > 1 \end{cases}$$

可視為與 $\displaystyle\lim_{T \to \infty} f_T(x)$（$-T/2 < x < T/2$）相當。

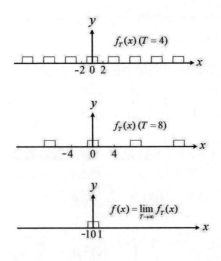

圖 3.23

類此，設 $f_T(x) = e^{-x}$ $(-T/2 < x < T/2)$ 為週期為 T 之函數，如圖 3.24 所示。
$f(x) = e^{-x}$ $(-\infty < x < \infty)$ 可視為與 $\lim_{T \to \infty} f_T(x)$ $(-T/2 < x < T/2)$ 相當。

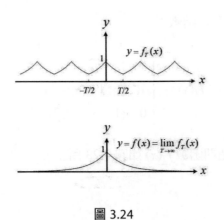

圖 3.24

已知週期函數或定義域為有限區間的分段連續函數，可表示為傅立葉級數；
脈衝函數與 $f(x) = e^{-x} (-\infty < x < \infty)$ 既無週期性，定義域亦非有限，無法以傅
立葉級數表示，而週期函數 $f_T(x)$ 可表示為傅立葉級數如下：

$$f_T(x) = a_0 + \sum_{n=0}^{\infty} \left[a_n \cos\left(\frac{2n\pi x}{T}\right) + b_n \sin\left(\frac{2n\pi x}{T}\right) \right] \qquad (3.117)$$

其中　$a_0 = \dfrac{1}{T} \displaystyle\int_{-T/2}^{T/2} f_T(x)\, dx$

$a_n = \dfrac{2}{T} \displaystyle\int_{-T/2}^{T/2} f_T(x) \cos \left(\dfrac{2n\pi x}{T} \right) dx \quad (n = 1,\, 2,\, \cdots)$

$b_n = \dfrac{2}{T} \displaystyle\int_{-T/2}^{T/2} f_T(x) \sin \left(\dfrac{2n\pi x}{T} \right) dx \quad (n = 1,\, 2,\, \cdots)$

將以上係數之積分式代入式 (3.105)，得

$$f_T(x) = \frac{1}{T} \int_{-T/2}^{T/2} f_T(u)\, du + \frac{2}{T} \sum_{n=1}^{\infty} \cos \left(\frac{2n\pi x}{T} \right) \int_{-T/2}^{T/2} f_T(u) \cos \left(\frac{2n\pi u}{T} \right) du$$

$$+ \frac{2}{T} \sum_{n=1}^{\infty} \sin \left(\frac{2n\pi x}{T} \right) \int_{-T/2}^{T/2} f_T(u) \sin \left(\frac{2n\pi u}{T} \right) du \qquad (3.118)$$

令　$\omega_n = \dfrac{2n\pi}{T}$ ，則　$\Delta\omega = \omega_{n+1} - \omega_n = \dfrac{2(n+1)\pi}{T} - \dfrac{2n\pi}{T} = \dfrac{2\pi}{T}$

式 (3.118) 可改寫為

$$f_T(x) = \frac{1}{T} \int_{-T/2}^{T/2} f_T(u)\, du + \frac{1}{\pi} \sum_{n=1}^{\infty} \left[\cos(\omega_n x) \int_{-T/2}^{T/2} f_T(u) \cos(\omega_n u)\, du \right] \Delta\omega$$

$$+ \frac{1}{\pi} \sum_{n=1}^{\infty} \left[\sin(\omega_n x) \int_{-T/2}^{T/2} f_T(u) \sin(\omega_n u)\, du \right] \Delta\omega \qquad (3.119)$$

當 $T \to \infty,\ \Delta\omega \to d\omega,\ \omega > 0$，式 (3.107) 成為

$$\lim_{T \to \infty} f_T(x) = \frac{1}{\pi} \int_0^{\infty} \left[\int_{-\infty}^{\infty} f(u) \cos(\omega u)\, du \right] \cos(\omega x)\, d\omega$$

$$+ \frac{1}{\pi} \int_0^{\infty} \left[\int_{-\infty}^{\infty} f(u) \sin(\omega u)\, du \right] \sin(\omega x)\, d\omega + \lim_{T \to \infty} \frac{1}{T} \int_{-\infty}^{\infty} f(u)\, du$$

若 $\displaystyle\int_{-\infty}^{\infty} |f(u)|\, du$ 為有限值，此式右邊最後一項為零，而 $f(x) = \displaystyle\lim_{T \to \infty} f_T(x)$

$$\Rightarrow \quad f(x) = \lim_{T \to \infty} f_T(x) = \frac{1}{\pi} \int_0^\infty \left[\int_{-\infty}^\infty f(u) \cos(\omega u) \, du \right] \cos(\omega x) \, d\omega$$

$$+ \frac{1}{\pi} \int_0^\infty \left[\int_{-\infty}^\infty f(u) \sin(\omega u) \, du \right] \sin(\omega x) \, d\omega \qquad (3.120)$$

由以上推論得傅立葉積分定理：

設 $f(x)$ ($-\infty < x < \infty$) 為分段連續函數，每點之左手導數與右手導數存在，且 $\int_{-\infty}^\infty |f(u)| \, du$ 為有限值，則 $f(x)$ 可表示為傅立葉積分：

$$f(x) = \int_0^\infty [A(\omega) \cos(\omega x) + B(\omega) \sin(\omega x)] \, d\omega \qquad (3.121)$$

其中 $\quad A(\omega) = \dfrac{1}{\pi} \displaystyle\int_{-\infty}^\infty f(x) \cos(\omega x) \, dx, \quad B(\omega) = \dfrac{1}{\pi} \displaystyle\int_{-\infty}^\infty f(x) \sin(\omega x) \, dx \qquad (3.122)$

傅立葉積分值在連續點與 $f(x)$ 之值相等；在不連續點其值為該點左右兩邊 $f(x)$ 之平均值。

若 $\displaystyle\int_{-\infty}^\infty |f(u)| \, du \to \infty$，$f(x)$ 之傅立葉積分不存在。

由傅立葉指數級數，可得分段連續函數 $f(x)$ ($-\infty < x < \infty$) 的複數形式之傅立葉積分：

$$f(x) = \int_{-\infty}^\infty C(\omega) e^{i\omega x} \, d\omega \quad \text{其中} \quad C(\omega) = \frac{1}{2\pi} \int_{-\infty}^\infty f(x) e^{-i\omega x} \, dx \qquad (3.123)$$

例： $f(x) = \begin{cases} 1 & |x| < 1 \\ \\ 0 & |x| > 1 \end{cases}$

$$A(\omega) = \frac{1}{\pi} \int_{-1}^1 \cos(\omega x) \, dx = \frac{2 \sin \omega}{\pi \omega}, \quad B(\omega) = \frac{1}{\pi} \int_{-1}^1 \sin(\omega x) \, dx = 0$$

$$\Rightarrow \quad f(x) = \frac{2}{\pi} \int_0^\infty \frac{\sin \omega \cos (\omega x)}{\omega} \, d\omega = \begin{cases} 1 & |x| < 1 \\\\ 0 & |x| > 1 \end{cases} \qquad (3.124)$$

斷點 $x = 1$ 之傅立葉積分值為 $\dfrac{1}{2} [f(1^-) + f(1^+)] = \dfrac{1}{2}$，由式 (3.112) 得

$$\Rightarrow \quad \int_0^\infty \frac{\sin \omega \cos (\omega x)}{\omega} \, d\omega = \begin{cases} \pi/2 & |x| < 1 \\\\ \pi/4 & x = 1 \\\\ 0 & |x| > 1 \end{cases} \qquad (3.125)$$

連續點 $x = 0$ 之傅立葉積分值為 $f(0) = 1$，由式 (3.125) 得

$$\int_0^\infty \frac{\sin \omega}{\omega} \, d\omega = \frac{\pi}{2} \qquad (3.126)$$

第 1 章 1.14 節曾以費曼積分法求此積分式之值，結果相同。

設函數 $f(x)$ 之範圍為 $0 < x < \infty$，若視 $f(x)$ 為奇函數：$f(x) = -f(-x)$，則 $f(x) \cos \omega x$ 為奇函數，$f(x) \sin \omega x$ 為偶函數，傅立葉積分式之係數為

$$A(\omega) = 0, \qquad B(\omega) = \frac{2}{\pi} \int_0^\infty f(x) \sin (\omega x) \, dx \qquad (3.127)$$

若視 $f(x)$ 為偶函數：$f(x) = f(-x)$，則 $f(x) \cos \omega x$ 為偶函數，$f(x) \sin \omega x$ 為奇函數。傅立葉積分式之係數為

$$A(\omega) = \frac{2}{\pi} \int_0^\infty f(x) \cos (\omega x) \, dx, \quad B(\omega) = 0 \qquad (3.128)$$

綜合以上，設 $f(x)$ $(0 < x < \infty)$ 為分段連續函數，$\displaystyle\int_0^\infty |f(u)| \, du$ 為定值，

則 $f(x)$ 可表示為傅立葉積分：

$$f(x) = \int_0^\infty A(\omega) \cos (\omega x) \, d\omega, \quad A(\omega) = \frac{2}{\pi} \int_0^\infty f(x) \cos (\omega x) \, dx \qquad (3.129)$$

或

$$f(x) = \int_0^\infty B(\omega) \sin(\omega x)\, d\omega, \quad B(\omega) = \frac{2}{\pi} \int_0^\infty f(x) \sin(\omega x)\, dx \tag{3.130}$$

例： $f(x) = e^{-k|x|} \ (k > 0)$

$f(x)$ 為偶函數，其傅立葉積分之係數用第 1 章 1.2 節式 (1.10) 之積分得

$$A(\omega) = \frac{2}{\pi} \int_0^\infty e^{-kx} \cos(\omega x)\, dx = \frac{2k}{\pi(k^2 + \omega^2)}$$

$$\therefore \ f(x) = e^{-k|x|} = \frac{2k}{\pi} \int_0^\infty \frac{\cos(\omega x)}{k^2 + \omega^2}\, d\omega$$

$$\Rightarrow \ \int_0^\infty \frac{\cos(\omega x)}{k^2 + \omega^2}\, d\omega = \frac{\pi}{2k}\, e^{-kx} \qquad (k > 0, x > 0)$$

觀察式 (3.129) 與式 (3.130)，傅立葉積分實乃一種積分變換，原函數與其傅立葉積分式一體兩面，互為表裡，從而由傅立葉積分衍生出傅立葉變換。

3.13. 傅立葉變換

設 $f(x) \ (0 < x < \infty)$ 為分段連續函數，

$$\int_0^\infty |f(x)|\, dx \ \text{為有限值}$$

定義傅立葉正弦變換 (sine transform) 為

$$S_\omega\{f(x)\} \equiv F_s(\omega) = \int_0^\infty f(x) \sin(\omega x)\, dx \tag{3.131}$$

反變換為

$$f(x) = S_x^{-1}\{F_s(\omega)\} = \frac{2}{\pi} \int_0^\infty F_s(\omega) \sin(\omega x)\, d\omega \tag{3.132}$$

傅立葉餘弦變換 (cosine transform) 為

$$C_\omega\{f(x)\} \equiv F_c(\omega) = \int_0^\infty f(x) \cos(\omega x)\, dx \qquad (3.133)$$

反變換為

$$f(x) = C_x^{-1}\{F_c(\omega)\} = \frac{2}{\pi} \int_0^\infty F_c(\omega) \cos(\omega x)\, d\omega \qquad (3.134)$$

設 $f(x)$　$(-\infty < x < \infty)$ 為分段連續函數，

$$\int_{-\infty}^\infty |f(x)|\, dx \text{ 為有限值}$$

則 $f(x)$ 之傅立葉指數變換為

$$E_\omega\{f(x)\} \equiv F_e(\omega) = \int_{-\infty}^\infty f(x)\, e^{i\omega x}\, dx \qquad (3.135)$$

反變換為

$$f(x) = E_x^{-1}\{F_e(\omega)\} = \frac{1}{2\pi} \int_{-\infty}^\infty F_e(\omega)\, e^{-i\omega x}\, d\omega \qquad (3.136)$$

例：求解積分方程式

$$\int_0^\infty f(x) \cos(\alpha x)\, dx = \begin{cases} 1-\alpha & (0 \le \alpha \le 1) \\ 0 & (\alpha > 1) \end{cases} \qquad (a)$$

並據以求 $I = \int_0^\infty \dfrac{\sin^2 u}{u^2}\, du$ 之值。

式 (a) 為函數 $f(x)$ 之傅立葉餘弦變換，由其反變換得

$$f(x) = \frac{2}{\pi} \int_0^\infty F_c(\alpha) \cos(\alpha x)\, d\alpha = \frac{2}{\pi} \int_0^1 (1-\alpha) \cos(\alpha x)\, d\alpha = \frac{2(1-\cos x)}{\pi x^2}$$

$$\Rightarrow \quad \frac{2}{\pi} \int_0^\infty \frac{(1-\cos x)}{x^2} \cos(\alpha x)\, dx = \begin{cases} 1-\alpha & (0 \le \alpha \le 1) \\ 0 & (\alpha > 1) \end{cases} \qquad (b)$$

令 $a \to 0$，由式 (b) 得

$$\int_0^\infty \frac{1-\cos x}{x^2}\, dx = \int_0^\infty \frac{2\sin^2 (x/2)}{x^2}\, dx = \int_0^\infty \frac{\sin^2 u}{u^2}\, du = \frac{\pi}{2} \quad \Rightarrow \quad I = \frac{\pi}{2}$$

由傅立葉積分式 (3.121) 的推導過程可知：$\omega_n = 2n\pi/T,\ d\omega = 2\pi/T$，函數 $f(t)$ 之週期為 T，頻率為 $1/T$，變數 ω 具有頻率之意義，因此，傅立葉變換與反變換之物理意義為時域之函數 $f(t)$ 與頻率域之函數 $F(\omega)$ 之間的轉換關係。

3.14. 導數之傅立葉變換

以傅立葉變換解析問題的基本作法是將控制方程式變換至變數 ω 領域，成為較易求解的方程式，例如將偏微分方程式變為常微分方程式，常微分方程式變為代數方程式，從而求得問題在 ω 領域之解，再設法以反變換推求問題在原變數領域之解。由於微分方程式含有待定函數之各階導數，所以必須推導各階導數之傅立葉變換。

設 $f(x)$ $(0 < x < \infty)$ 為連續函數，$f'(x)$ 為分段連續，$f(\infty) = 0$，$f(x)$ 之傅立葉餘弦變換與正弦變換分別為

$$C_\omega \{f(x)\} \equiv F_c (\omega) = \int_0^\infty f(x) \cos (\omega x)\, dx$$

$$S_\omega \{f(x)\} \equiv F_s (\omega) = \int_0^\infty f(x) \sin (\omega x)\, dx$$

則 $f'(x)$ 之餘弦變換與正弦變換分別為

$$C_\omega\{f'(x)\} = \int_0^\infty f'(x) \cos (\omega x)\, dx = [f(x) \cos (\omega x)]_0^\infty + \omega \int_0^\infty f(x) \sin (\omega x)\, dx$$

$$= \omega F_s (\omega) - f(0) \tag{3.137}$$

$$S_\omega\{f'(x)\} = \int_0^\infty f'(x) \sin (\omega x)\, dx = [f(x) \sin (\omega x)]_0^\infty - \omega \int_0^\infty f(x) \cos (\omega x)\, dx$$

$$= -\omega F_c (\omega) \tag{3.138}$$

若 $f(x)$　$(0 < x < \infty)$ 與 $f'(x)$ 皆連續，記作 $f(x) \in C^1$，$f''(x)$ 為分段連續，$f(\infty) = f'(\infty) = 0$，則 $f''(x)$ 之變換分別為

$$C_\omega\{f''(x)\} = C_\omega\{[f'(x)]'\} = \omega S_\omega\{f'(x)\} - f'(0) = -\omega^2 F_c(\omega) - f'(0) \qquad (3.139)$$

$$S_\omega\{f''(x)\} = S_\omega\{[f'(x)]'\} = -\omega C_\omega\{f'(x)\} = -\omega^2 F_s(\omega) + \omega f(0) \qquad (3.140)$$

依此類推：設 $f(x) \in C^{2m-1}\ (0 < x < \infty)$, $f^{(2m)}(x)$ 為分段連續，$f(\infty) = f'(\infty) = \cdots = f^{(2m-1)}(\infty) = 0$，則 $f(x)$ 之偶數階導數之變換分別為

$$C_\omega\{f^{(2m)}(x)\} = (-1)^m\,[\omega^{2m}F_c(\omega) + \omega^{(2m-2)}f'(0) - \omega^{(2m-4)}f'''(0)$$

$$+ - \cdots + (-1)^m f^{(2m-1)}(0)] \qquad (3.141)$$

$$S_\omega\{f^{(2m)}(x)\} = (-1)^m\,[\omega^{2m}F_s(\omega) - \omega^{(2m-1)}f'(0) + \omega^{(2m-3)}f'''(0)$$

$$- + \cdots - (-1)^m f^{(2m-2)}(0)] \qquad (3.142)$$

$f(x)$ 之奇數次導數之變換可先用 1 階導數變換公式，將之降階成為偶數階導數，即可運用以上公式變換。

導數之傅立葉指數變換如下：

設 $f(x)\,(-\infty < x < \infty)$ 為連續函數，$f'(x)$ 為分段連續，$f(-\infty) = f(\infty) = 0$，$f(x)$ 之傅立葉指數變換為

$$E_\omega\{f(x)\} \equiv F_e(\omega) = \int_{-\infty}^{\infty} f(x)\,e^{i\omega x}\,dx$$

$$E_\omega\{f'(x)\} = \int_{-\infty}^{\infty} f'(x)\,e^{i\omega x}\,dx = [f(x)\,e^{i\omega x}]_{-\infty}^{\infty} - i\omega \int_{-\infty}^{\infty} f(x)\,e^{i\omega x}\,dx$$

$$= -i\omega F_e(\omega) \qquad (3.143)$$

逐次應用一階導數之變換公式，得 $f(x)$ 之 n 階導數之變換：

設 $f(x) \in C^{n-1} \; (-\infty < x < \infty), \; f^{(n)}(x)$ 為分段連續，$f(\pm\infty) = f'(\pm\infty) = \cdots = f^{(n-1)}(\pm\infty) = 0$，則

$$E_\omega \{f^{(n)}(x)\} = (-i\omega)^n F_e(\omega) \tag{3.144}$$

顯然，傅立葉指數變換比餘弦變換或正弦變換之形式簡單，然而，傅立葉指數變換與複數有關，相關的定積分必需以複變函數之路徑積分推求。

例：單自由度系統振動之控制方程式為

$$m \frac{d^2y}{dt^2} + c \frac{dy}{dt} + ky = p(t) \quad (t > 0) \tag{a}$$

第 3.8 節曾將分段連續之作用力 $p(t)$ 以傅立葉級數表示，從而求得系統振動之位移 $y = y(t)$。茲以傅立葉變換求解。

設系統之位移與速度當 $t \to \pm\infty$ 為零：$y(\pm\infty) = 0, \; \dot{y}(\pm\infty) = 0$，將式 (a) 作傅立葉指數變換：

$$E_\omega\{m\ddot{y} + c\dot{y} + ky\} = E_\omega\{p(t)\}$$

$$\Rightarrow \quad -m\omega^2 Y(\omega) - ic\omega Y(\omega) + kY(\omega) = P(\omega)$$

$$\therefore \; Y(\omega) = \frac{P(\omega)}{-m\omega^2 - ic\omega + k} = H(\omega)\,P(\omega), \qquad H(\omega) = \frac{-1}{m\omega^2 + ic\omega - k} \tag{b}$$

其中 $\quad Y(\omega) = \int_{-\infty}^{\infty} y(t)\, e^{i\omega t}\, dt, \quad P(\omega) = \int_{-\infty}^{\infty} p(t)\, e^{i\omega t}\, dt$

將式 (b) 作反變換，得

$$y(t) = E_x^{-1}\{y(\omega)\} = \frac{1}{2\pi} \int_{-\infty}^{\infty} H(\omega)\,P(\omega)\, e^{-i\omega t}\, d\omega \tag{c}$$

應用傅立葉變換解析系統之振動反應，基本作法是將系統振動之控制方程式轉換至頻率域，在頻率域可有效地分析系統振動之基本特徵，求得系統之頻率反

應，其中 ω 為系統之自然頻率，$H(\omega)$ 為系統之頻率反應 (frequency response)，即可藉傅立葉反變換推求系統振動之歷時反應。

設作用力 $p(t)$ 為矩形脈衝，如圖 3.25 所示。

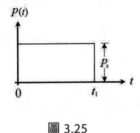

圖 3.25

將脈衝函數 $p(t)$ 轉換至頻率域為

$$P(\omega) = \int_{-\infty}^{\infty} p(t)\, e^{i\omega t}\, dt = \int_{0}^{t_1} p_0\, e^{i\omega t}\, dt = \frac{p_0}{i\omega}\,(e^{i\omega t_1} - 1)$$

將 $P(\omega)$ 代入式 (c)，得系統之歷時反應：

$$y(t) = \frac{p_0}{2\pi i} \int_{-\infty}^{\infty} \frac{1}{\omega}\, [e^{-i\omega(t - t_1)} - e^{-i\omega t}]\, H(\omega)\, d\omega$$

此積分式為複變函數之路線積分，第 5 章將詳加說明其積分方法。

例：考慮彈性支承之無限長梁，控制方程式為

$$\frac{d^4 y}{dx^4} + \alpha^4 y = p(x) \qquad \alpha^4 = \frac{k}{EI}, \quad p(x) = \frac{q(x)}{EI} \tag{d}$$

將式 (d) 作傅立葉指數變換：

$$E_\omega \{ y^{(4)} + \alpha^4 y \} = E_\omega \{ p(x) \}$$

$$\Rightarrow \quad (\omega^4 + \alpha^4)\, Y(\omega) = P(\omega) \quad \Rightarrow \quad Y(\omega) = \frac{P(\omega)}{\omega^4 + \alpha^4} \tag{e}$$

其中　$Y(\omega) = \int_{-\infty}^{\infty} f(x)\, e^{i\omega x}\, dx, \quad P(\omega) = \int_{-\infty}^{\infty} p(x)\, e^{i\omega x}\, dx$

將式 (e) 作反變換，得

$$y(x) = E_x^{-1}\{Y(\omega)\} = \frac{1}{2\pi}\int_{-\infty}^{\infty}\frac{P(\omega)}{\omega^4 + \alpha^4}\, e^{-i\omega x}\, d\omega$$

將作用力函數 $p(x)$ 之傅立葉變換代入此式，$y(x)$ 可表示為

$$y(x) = \frac{1}{2\pi}\int_{-\infty}^{\infty}\frac{e^{-i\omega x}}{\omega^4 + \alpha^4}\int_{-\infty}^{\infty}p(u)\, e^{i\omega u}\, du\, d\omega$$

$$= \frac{1}{2\pi}\int_{-\infty}^{\infty}p(u)\, du\int_{-\infty}^{\infty}\frac{e^{i(u-x)\omega}}{\omega^4 + \alpha^4}\, d\omega = \int_{-\infty}^{\infty}q(u)\, G(x; u)\, dx \qquad (f)$$

其中　$G(x; u) = \dfrac{1}{2\pi EI}\displaystyle\int_{-\infty}^{\infty}\frac{e^{i(u-x)\omega}}{\omega^4 + \alpha^4}\, d\omega$

函數 $G(x; u)$ 為作用於點 u 之單位集中力與點 x 之撓度的關聯函數，即本問題之格林函數 (Green's function)；式 (f) 之物理意義表示線性問題之輸入與輸出廣義的疊加原理。相關的複數定積分可運用第 5 章複變函數之路徑積分求出。

3.15. 有限區間之傅立葉變換

由積分變換觀點，傅立葉級數可視為有限區間之傅立葉變換。

有限區間分段連續函數 $f(x)$ $(0 < x < l)$ 之傅立葉正弦級數為

$$S(x) = \sum_{n=1}^{\infty} b_n \sin\left(\frac{n\pi x}{l}\right), \quad b_n = \frac{2}{l}\int_0^l f(x)\sin\left(\frac{n\pi x}{l}\right) dx \qquad (3.145)$$

將係數 b_n 代入 $S(x)$：

$$S(x) = \frac{2}{l}\sum_{n=1}^{\infty}\left[\int_0^l f(x)\sin\left(\frac{n\pi x}{l}\right) dx\right]\sin\left(\frac{n\pi x}{l}\right) \qquad (3.146)$$

根據式 (3.146)，定義分段連續函數 $f(x)$ $(0 < x < l)$ 之傅立葉正弦變換為

$$S_n\{f(x)\} \equiv F_s(n) = \int_0^l f(x)\sin\left(\frac{n\pi x}{l}\right) dx \qquad (3.147)$$

反變換為

$$S_x^{-1}\{F_s(n)\} = \frac{2}{l} \sum_{n=1}^{\infty} F_s(n) \sin\left(\frac{n\pi x}{l}\right) \tag{3.148}$$

分段連續函數 $f(x)$ $(0 < x < l)$ 之傅立葉餘弦變換為

$$C_n\{f(x)\} \equiv F_c(n) = \int_0^l f(x) \cos\left(\frac{n\pi x}{l}\right) dx \tag{3.149}$$

反變換為

$$C_x^{-1}\{F_c(n)\} = \frac{1}{l} F_c(0) + \frac{2}{l} \sum_{n=1}^{\infty} F_c(n) \cos\left(\frac{n\pi x}{l}\right) \tag{3.150}$$

分段連續函數 $f(x)$ $(0 < x < l)$ 之傅立葉指數變換為

$$E_n\{f(x)\} \equiv F_e(n) = \int_0^l f(x) e^{-in\pi x/l} dx \tag{3.151}$$

反變換為

$$E_x^{-1}\{F_c(n)\} = \frac{1}{2l} \sum_{n=-\infty}^{\infty} F_e(n) e^{in\pi x/l} \tag{3.152}$$

設函數 $f(x)$ $(0 < x < l)$ 為連續，$f'(x)$ 為分段連續，運用分部積分可導得 $f(x)$ 導數之變換公式如下：

$$S_n\{f'(x)\} = -\frac{n\pi}{l} C_n\{f(x)\} = -\frac{n\pi}{l} F_c(n) \tag{3.153}$$

$$C_n\{f'(x)\} = \frac{n\pi}{l} F_s(n) + (-1)^n f(l) - f(0) \tag{3.154}$$

$$E_n\{f'(x)\} = -\frac{in\pi}{l} F_e(n) + (-1)^n f(l) - f(0) \tag{3.155}$$

若 $f(x)$ 之高階導數為分段連續，其傅立葉變換可逐次運用 1 階變換公式降階導得。

傅立葉級數與傅立葉變換是解析偏微分方程式之數理問題重要的方法，茲以解

析梁之撓度展示其應用。

例：梁在外力作用下，撓度 $y(x)$ 之控制方程式為

$$EI \, \frac{d^4y}{dx^4} = q(x) \quad (0 < x < l) \tag{a}$$

第 3.8 節曾以傅立葉級數表示分段連續之作用力 $q(x)$，從而求得梁之撓度。茲以傅立葉變換求解簡支梁在外力作用下之撓度 $y = y(x)$，如圖 3.26 所示。

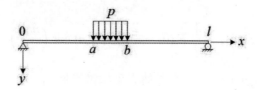

圖 3.26

簡支梁之端點條件為

$$y(0) = y(l) = 0, \qquad y''(0) = y''(l) = 0 \tag{b}$$

將式 (a) 作傅立葉正弦變換：

$$S_n\{EIy^{(4)}(x)\} = S_n\{q(x)\} \tag{c}$$

逐次運用 1 階變換公式降階，可得

$$S_n\{EIy^{(4)}(x)\} = EI\left[-\left(\frac{n\pi}{l}\right)^2\left\{ -\left(\frac{n\pi}{l}\right)^2 Y_s(n) + \frac{n\pi}{l}\,[y(0) - (-1)^n\, y(l)]\right\} \right.$$

$$\left. + \frac{n\pi}{l}\,[y''(0) - (-1)^n\, y''(l)]\right]$$

其中 $\quad Y_s(n) \equiv S_n\{y(x)\} = \int_0^l y(x) \sin\left(\frac{n\pi x}{l}\right) dx$

將式 (b) 簡支梁之端點條件代入，上式簡化為

$$S_n\{EIy^{(4)}(x)\} = EI\left(\frac{n\pi}{l}\right)^4 Y_s(n) \tag{d}$$

作用力 $q(x)$ 之正弦變換為

$$S_n\{q(x)\} = \int_a^b p \sin\left(\frac{n\pi x}{l}\right) dx = \frac{pl}{n\pi}\left[\cos\left(\frac{n\pi a}{l}\right) - \cos\left(\frac{n\pi b}{l}\right)\right] \tag{e}$$

將式 (d) 與式 (e) 代入式 (c)，可得

$$Y_s(n) = \frac{pl^5}{EIn^5\pi^5}\left[\cos\left(\frac{n\pi a}{l}\right) - \cos\left(\frac{n\pi b}{l}\right)\right]$$

將此式作反變換，得

$$y(x) = \frac{2pl^4}{EI\pi^5}\sum_{n=1}^{\infty}\frac{1}{n^5}\left[\cos\left(\frac{n\pi a}{l}\right) - \cos\left(\frac{n\pi b}{l}\right)\right]\sin\left(\frac{n\pi x}{l}\right)$$

結果與第 3.8 節完全相同。

考慮梁兩端之支承，如圖 3.27 所示：

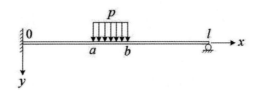

圖 3.27

端點條件為

$$y(0) = y(l) = 0, \qquad y'(0) = y''(l) = 0 \tag{f}$$

將作用力

$$q(x) = \begin{cases} 0 & (0 < x < a) \\ p & (a < x < b) \quad (p \text{ 為常數}) \\ 0 & (b < x < l) \end{cases}$$

表示為連續的傅立葉指數級數：

$$q(x) = \sum_{n=-\infty}^{\infty} A_n \, e^{in\pi x/l} \tag{g}$$

其中　$A_n = \dfrac{1}{2l} \int_a^b p \, e^{-in\pi x/l} \, dx = \dfrac{p}{2n\pi i} \left(e^{-in\pi a/l} - e^{-in\pi b/l} \right)$

則控制方程式 (a) 可逐次積分求得

$$y = \frac{1}{EI} \sum_{n=-\infty}^{\infty} A_n \, l^4 \left[\left(\frac{1}{n\pi} \right)^4 e^{in\pi x/l} + \frac{1}{6} c_{n_1} \left(\frac{x}{l} \right)^3 + \frac{1}{2} c_{n_2} \left(\frac{x}{l} \right)^2 + c_{n_3} \frac{x}{l} + c_{n4} \right] \tag{h}$$

其中的四個係數由四個端點條件決定如下：

$$c_{n_1} = \frac{1}{\pi^4} \left\{ -3 \left[1 - (-1)^n \right] \frac{1}{\pi^4} - 3i \frac{\pi}{n^3} + \frac{3}{2} (-1)^n \frac{\pi^2}{n^2} \right\}$$

$$c_{n_2} = \frac{1}{\pi^4} \left\{ 3 \left[1 - (-1)^n \right] \frac{1}{\pi^4} + 3i \frac{\pi}{n^3} - \frac{1}{2} (-1)^n \frac{\pi^2}{n^2} \right\}$$

$$c_{n_3} = -i \left(\frac{1}{n\pi} \right)^3, \qquad c_{n_4} = - \left(\frac{1}{n\pi} \right)^4$$

梁之撓度為實數，而式 (h) 為複數形式，故其虛數部分必須為零，否則有誤。將以上係數代入式 (h)，運用 Euler 公式：$e^{i\theta} = \cos \theta + i \sin \theta$ 將複數之指數函數表示為餘弦函數與正弦函數，經簡單運算，其虛數部分確實為零，實數部分為

$$y = \frac{pl^4}{EI\pi^5} \sum_{n=1}^{\infty} \left\{ \alpha(n) \left[\frac{1}{n^5} \cos \frac{n\pi x}{l} + \frac{1}{6} \lambda_{n_1} \left(\frac{x}{l} \right)^3 + \frac{1}{2} \lambda_{n_2} \left(\frac{x}{l} \right)^2 - \frac{1}{n^5} \right] \right.$$

$$\left. + \beta(n) \left[\frac{1}{n^5} \sin \frac{n\pi x}{l} - \frac{\pi}{2n^4} \left(\frac{x}{l} \right)^3 + \frac{3\pi}{2n^4} \left(\frac{x}{l} \right)^2 - \frac{\pi}{n^4} \frac{x}{l} \right] \right\} \tag{i}$$

其中　$\alpha(n) = \sin \left(\dfrac{n\pi a}{l} \right) - \sin \left(\dfrac{n\pi b}{l} \right), \quad \beta(n) = \cos \left(\dfrac{n\pi a}{l} \right) - \cos \left(\dfrac{n\pi b}{l} \right)$

$$\lambda_{n_1} = -3\,[1-(-1)^n]\frac{1}{n^5} + (-1)^n\frac{3\pi^2}{2n^3}$$

$$\lambda_{n_2} = 3\,[1-(-1)^n]\frac{1}{n^5} - (-1)^n\frac{\pi^2}{2n^3}$$

若以傅立葉變換求解，將式 (a) 兩邊作傅立葉指數變換：

$$E_n\{y^{(4)}(x)\} = E_n\Big\{\frac{q(x)}{EI}\Big\} \qquad\qquad (j)$$

逐次運用 1 階變換公式降階，可求得 $y^{(4)}(x)$ 之傅立葉指數變換如下：

$$E_n\{y^{(4)}(x)\} = -\frac{in\pi}{l}\,E_n\{y'''(x)\} + (-1)^n\,y'''(l) - y'''(0)$$

$$= -\frac{in\pi}{l}\Big[\Big(-\frac{in\pi}{l}\Big)\,E_n\{y''(x)\} + (-1)^n\,y''(l) - y''(0)\Big] + (-1)^n\,y'''(l) - y'''(0)$$

$$= -\frac{in\pi}{l}\Big\{\Big(-\frac{in\pi}{l}\Big)\Big[\Big(-\frac{in\pi}{l}\Big)\,E_n\{y'(x)\} + (-1)^n\,y'(l) - y'(0)\Big]$$

$$+ (-1)^n\,y''(l) - y''(0)\Big\} + (-1)^n\,y'''(l) - y'''(0)$$

$$= -\frac{in\pi}{l}\Big\{\Big(-\frac{in\pi}{l}\Big)\Big[\Big(-\frac{in\pi}{l}\Big)\Big(\Big(-\frac{in\pi}{l}\Big)\,Y_e\,(n) + (-1)^n\,y\,(l) - y(0)\Big)$$

$$+ (-1)^n y'(l) - y'(0)\Big] + (-1)^n\,y''(l) - y''(0)\Big\} + (-1)^n\,y'''(l) - y'''(0) \quad (k)$$

作用力 $q(x)$ 之傅立葉指數變換為

$$E_n\Big\{\frac{q(x)}{EI}\Big\} = \frac{1}{EI}\int_a^b p\,e^{-in\pi x/l}\,dx = \frac{pl}{EIn\pi i}\,(e^{-in\pi a/l} - e^{-in\pi b/l})$$

將端點條件 $y(0) = y(l) = 0,\ \ y'(0) = y''(l) = 0$ 代入式 (k)，由式 (j) 得

$$\Big(\frac{n\pi}{l}\Big)^4 Y_e(n) + i\,(-1)^n\Big(\frac{n\pi}{l}\Big)^3 y'(l) + \Big(\frac{n\pi}{l}\Big)^2 y''(0) + (-1)^n\,y'''(l) - y'''(0)$$

$$= \frac{pl}{EIn\pi i}\,(e^{-in\pi a/l} - e^{-in\pi b/l})$$

$$\Rightarrow \quad Y_e(n) = \left(\frac{l}{n\pi}\right)^4 \left[\frac{pl}{EIn\pi i}\left(e^{-in\pi a/l} - e^{-in\pi b/l}\right) - i\,(-1)^n\left(\frac{n\pi}{l}\right)^3 y'(l)\right.$$

$$\left. -\left(\frac{n\pi}{l}\right)^2 y''(0) - (-1)^n y'''(l) + y'''(0)\right]$$

將 $Y_e(n)$ 作反變換，得

$$y(x) = \frac{1}{2l}\sum_{n=-\infty}^{\infty}\left(\frac{l}{n\pi}\right)^4\left[\frac{pl}{EIn\pi i}\left(e^{-in\pi a/l} - e^{-in\pi b/l}\right) - i\,(-1)^n\left(\frac{n\pi}{l}\right)^3 y'(l)\right.$$

$$\left. -\left(\frac{n\pi}{l}\right)^2 y''(0) - (-1)^n y'''(l) + y'''(0)\right]e^{in\pi x/l}$$

其中待定的端點值 $y'(l),\, y''(0),\, y'''(0),\, y'''(l)$ 由對應於四個端條件決定。

3.16. 傅立葉變換與 Laplace 變換

分段連續函數 $f(x)$ $(0 < x < \infty)$ 之傅立葉變換之必要條件為

$$\int_0^\infty |f(u)|\,du \text{ 為有限值}$$

往往與時間有關的函數 $f(t)$ 不適合此條件，傅立葉變換即不適用。

考慮指數遞減函數 e^{-at} $(a > 0,\, t > 0)$，圖 3.28 展示不同 a 值之 e^{-at} 隨 t 之遞減關係，當 $a \to 0,\, e^{-at} \to 1$。

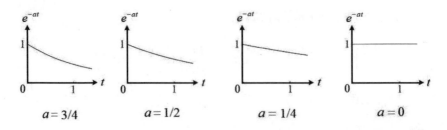

$a = 3/4$ $a = 1/2$ $a = 1/4$ $a = 0$

圖 3.28

當參數 a 為足夠大的正數，則分段連續函數 $f(t)\,e^{-at}\,(t>0)$ 之積分：

$$\int_0^\infty |f(t)|e^{-at}\,dt$$

為有限值，傅立葉變換即適用於函數 $f(t)\,e^{-at}$。

函數 $f(t)\,e^{-at}$ 之傅立葉指數變換為

$$E_\omega\{f(t)\} \equiv F_e(\omega) = \int_0^\infty f(t)\,e^{-at}\,e^{i\omega t}\,dt = \int_0^\infty f(t)\,e^{(i\omega-a)t}\,dt \tag{3.156}$$

反變換為

$$f(t)\,e^{-at} = \frac{1}{2\pi}\int_{-\infty}^\infty F_e(\omega)\,e^{-i\omega t}\,d\omega \tag{3.157}$$

$$\therefore \quad f(t) = \frac{e^{at}}{2\pi}\int_{-\infty}^\infty F_e(\omega)\,e^{-i\omega t}\,d\omega = \frac{1}{2\pi}\int_{-\infty}^\infty F_e(\omega)\,e^{-(i\omega-a)t}\,d\omega \tag{3.158}$$

對式 (3.158) 作變數變換，令 $s=-(i\omega-a),\ d\omega=-ds/i$，其積分上下限由 $\omega:-\infty\sim\infty$ 變為 $s:\ a+i\infty\sim a-i\infty$，則式 (3.156) 與式 (3.158) 變為

$$F(s) = \int_0^\infty f(t)\,e^{-st}\,dt \tag{3.159}$$

$$f(t) = \frac{1}{2\pi i}\int_{a-i\infty}^{a+i\infty} F(s)\,e^{st}\,ds \tag{3.160}$$

式 (3.159) 與 (3.160) 以 Laplace 變換符號表示為

$$L\{f(t)\} \equiv F(s) = \int_0^\infty f(t)\,e^{-st}\,dt \tag{3.161}$$

$$L^{-1}\{F(s)\} = f(t) = \frac{1}{2\pi i}\int_{a-i\infty}^{a+i\infty} F(s)\,e^{st}\,ds \tag{3.162}$$

此兩式為分段連續函數 $f(t)\,(t>0)$ 之 Laplace 變換與反變換公式。

由於式 (3.162) 涉及複變函數之路徑積分，在 Laplace 變換章節多不表述。本書第 5 章將說明如何以複變函數之路徑積分推求 Laplace 反變換，下一章將運用

傳立葉變換與 Laplace 變換解析偏微分方程式之數理問題。

1. 設 $f(t) = \begin{cases} e^t & (-T < t < 0) \\ e^{-t} & (0 < t < T) \end{cases}$ 繪出 $T = 2, 4, 8$ 週期函數 $f(t)$ 之圖形。

2. 由複數形式之傅立葉級數 (3.55) 推導傅立葉積分式 (3.123)，再據以說明傅立葉複數變換式 (3.135)。

3. 以傅立葉積分求證下列瑕積分值。

$$\int_0^\infty \frac{\sin \pi\omega \sin x\omega}{1 - \omega^2} \, d\omega = \begin{cases} \pi \sin x/2 & (0 < x < \pi) \\ 0 & (x > \pi) \end{cases}$$

4. 以傅立葉積分求證下列瑕積分值。

$$\int_0^\infty \frac{1 - \cos \pi\omega}{\omega} \sin x\omega \, d\omega = \begin{cases} \pi/2 & (0 < x < \pi) \\ 0 & (x > \pi) \end{cases}$$

5. 將下列函數以傅立葉積分表示，並求積分式在 $x = a$ 之值。

$$f(x) = \begin{cases} x & (0 < x < a) \\ 0 & (x > a) \end{cases}$$

6. 求解積分方程式

$$\int_0^\infty f(x) \sin xt \, dx = \begin{cases} 1 & (0 \le t < 1) \\ 2 & (1 \le t < 2) \\ 0 & (t \ge 2) \end{cases}$$

由直接代入驗證結果。

7.　設 $f(t) = \begin{cases} t & |t| < 1 \\ \\ 0 & |t| > 1 \end{cases}$

(a)　證明傅立葉指數轉換為

$$E_\omega\{f(t)\} = \int_{-\infty}^{\infty} f(t)\, e^{i\omega t}\, dt = \frac{2i\omega \cos \omega - \sin \omega}{\omega^2}$$

(b)　以傅立葉指數轉換解微分方程式 $y'' + ay' + by = f(t)$，驗證其解為

$$y(t) = \frac{2}{\pi} \int_0^{\infty} \frac{\omega \cos \omega - \sin \omega}{[(b - \omega^2)^2 + a^2\omega^2]\omega^2} [a\omega \cos \omega t - (b - \omega^2) \sin \omega t]\, d\omega$$

第 4 章

偏微分方程式與
數理問題之解析

　　一般工程物理問題的數學模式包括：問題定義域的控制方程式與邊界條件，若系統的物理變化與時間有關，尚有初始條件。由於數理問題通常涉及兩個以上自變數，所以控制方程式多為偏微分方程式，欲求得問題之數學解，必須解析偏微分方程式以及滿足給定的邊界條件與初始條件。有關偏微分方程式的理論與解析方法之研究是應用數學重要的課題。

　　本章闡述工程物理問題的數學模式與解析方法，說明偏微分方程式通解的形式，並推求若干偏微分方程式之通解，其次考慮控制方程式為 Laplace 方程式、傳導方程式 (conduction equation)、波動方程式 (wave equation) 的數學模式。在解析具體問題之前，首先證明各偏微分方程式數學模式解之唯一性，從而得以分離變數法解析在直角座標、圓柱座標、球面座標下的基本數理問題，並推導直角座標與極座標下雙諧和方程式 (biharmonic equation) 之分離變數解，最後展示 Laplace 變換與傅立葉變換在解析數理問題之應用，必要的數學知識將適時補充闡明。

4.1. 工程物理問題之數學模式

　　建立工程物理問題之數學模式必須作適當假設，分辨影響系統反應的主要因素與次要因素，通常會忽略次要因素以簡化問題，再根據物理原理與定律推導問題的控制方程式與須滿足的條件，從而運用數學方法求取實用且易驗證的結果。理想化的數學模式有如素描、速寫、甚至是卡通畫，往往比纖毫畢現的相片更能快速有效地展現人物的特徵。若解析結果與觀察或實驗結果不符，誤差超出容許範圍，倘非解析或計算有誤，則須評估數學模式的基本假設是否合宜，是否應納入被忽略的因素，藉以修正數學模式，重新解析。

　　系統的物理反應與質點位置及時間 (或兩者之一) 有關，將質點位置與參考座標的幾何點 1 對 1 對應，物理量即為以座標與時間 (或兩者之一) 為變數的函數。為運用數學方法解析問題，必須對待定函數作數學方面的基本假設；對連續系統而言，一般假設待定函數為單值有界，且連續至所需階數。

　　在基本假設下，推導連續系統的控制方程式大致有以下兩種方式：

1. 考慮系統內典型的微分元素，運用微分均值定理表示相鄰元素之間物理量的連續變化關係，根據相關的物理原理與定律，推導系統內部質點之物理量必須滿足的控制方程式。

2. 考慮系統整體物理量的變化關係，根據物理系統相關之守恆定律，推導定義域內部之物理量必須滿足的控制方程式。推導過程中，若定義域為體，常運用 Guass 定理將邊界條件為已知之面積分轉換為體積分；若定義域為面，常運用 Stokes 定理將邊界條件為已知之線積分轉換為面積分。

　　以固體受力平衡問題為例，有兩種方式推導內部應力須滿足的平衡方程式：

1. 由質點觀點考慮固體內部相鄰微分元素之受力關係，推導應力平衡方程式。
2. 由能量守恆觀點考慮在外力作用下固體之整體平衡，推導應力平衡方程式。

　　在相同的基本假設下，兩種方式推導出的控制方程式應一致，並須考慮解是否存在，是否為唯一。

　　許多連續系統的控制方程式為下列形式：

$$\nabla^2 \phi = \frac{1}{c^2} \frac{\partial^2 \phi}{\partial t^2} + \frac{1}{\alpha^2} \frac{\partial \phi}{\partial t} + h(r, t) \tag{4.1}$$

　　其中未知函數 $\phi = \phi(r, t)$，r 表位置座標，t 表時間，∇^2 為 Laplacian 運算子，c, α 為物理參數，$h(r, t)$ 為已知函數。例如：

Laplace 方程式　$\nabla^2 \phi = 0$

Poisson 方程式　$\nabla^2 \phi = h(r)$

波動方程式　$\nabla^2 \phi = \frac{1}{c^2} \frac{\partial^2 \phi}{\partial t^2}$

傳導方程式 (或稱擴散方程式)　$\nabla^2 \phi = \frac{1}{\alpha^2} \frac{\partial \phi}{\partial t}$

　　由此看來，似乎一勞永逸的辦法是先求得式 (4.1) 之通解，然後使其適合問題的邊界條件與初始條件，即可應用至不同的物理問題。眾所周知，推導線性常微分方程式之通解 (general solution) 有系統方法可循；然而，除了一階線性與準

線性 (quasi-linear) 偏微分方程式以及某些類型的高階偏微分方程式之外，求偏微分方程式之通解並無系統方法，即便求得通解，亦不易以通解去滿足問題給定的條件。以第 4.5 節一維波動方程式之 d'Alembert 解為例，即使是簡單的一維問題，以通解去滿足問題的邊界條件與初始條件，亦頗費周章。

　　數理問題之偏微分方程式源自模擬物理現象，探討偏微分方程式之通解固然有重要的學理價值，就應用而言，若數學模式之解為唯一，可採取任何方法求解，只要控制方程式之特解能滿足問題給定的條件，即不必推求偏微分方程式之通解；採取不同方法所得之解，形式容或有異，實則為一，不致因使用的方法不同而得到不同的解。

　　以下說明偏微分方程式的通解形式，以及推求一階線性與準線性偏微分方程式以及某些類型的線性偏微分方程式之通解的方法。

4.2. 偏微分方程式之通解形式

　　任何包含未知多變數函數之偏導數的方程式為偏微分方程式，其中未知函數之最高階偏導數的階數為方程式的階數。線性偏微分方程式之未知函數及其偏導數皆為線性，不含未知函數與其偏導數之相乘或相除項；若偏微分方程式之最高階偏導數為線性，不論其他項是否為線性，則為準線性，例如：

$$\frac{\partial^4 \phi}{\partial x^4} + 2\frac{\partial^4 \phi}{\partial x^2 \partial y^2} + \frac{\partial^4 \phi}{\partial y^4} = 0 \ \text{為 4 階線性偏微分方程式。}$$

$$z^2 \frac{\partial z}{\partial x} + x^2 \frac{\partial z}{\partial y} = xyz \ \text{為 1 階準線性偏微分方程式。}$$

$$x\left(\frac{\partial z}{\partial x}\right)^2 + y\frac{\partial z}{\partial y} = 0 \ \text{為 1 階非線性偏微分方程式。}$$

　　常微分方程式之通解為一般函數，n 階線性常微分方程式之通解由 n 個獨立的函數組成；偏微分方程式的通解是泛函數 (functional)，n 階線性偏微分方程式的通解由 n 個獨立的泛函數組成；簡言之，泛函數是函數的函數，可視為廣義函

數。若偏微分方程式之解為特定函數，則該函數為其特解 (particular solution)。

例：證明 $z = f(x^2 + y^2)$ 為下列偏微分方程式之通解。

$$y\frac{\partial z}{\partial x} - x\frac{\partial z}{\partial y} = 0 \qquad (a)$$

令 $s = x^2 + y^2, t = x$ 則 $z = z(x, y) \equiv z(s, t)$，運用微分連鎖律，得

$$\frac{\partial z}{\partial x} = \frac{\partial z}{\partial s}\frac{\partial s}{\partial x} + \frac{\partial z}{\partial t}\frac{\partial t}{\partial x} = 2x\frac{\partial z}{\partial s} + \frac{\partial z}{\partial t}, \qquad \frac{\partial z}{\partial y} = \frac{\partial z}{\partial s}\frac{\partial s}{\partial y} + \frac{\partial z}{\partial t}\frac{\partial t}{\partial y} = 2y\frac{\partial z}{\partial s}$$

將上兩式代入式 (a)，原偏微分方程式變為

$$\frac{\partial z}{\partial t} = 0$$

此式之通解為 $z = f(s) = f(x^2 + y^2)$，其中 f 為一階導數存在的泛函數。

若 f 為以 $(x^2 + y^2)$ 為變數的特定函數，則該函數為式 (a) 之特解，

例如： $z = 3(x^2 + y^2)^2 + \sin(x^2 + y^2) + 1; z = 5e^{(x^2 + y^2)} + \cos(x^2 + y^2)$ 為其特解。

例：證明 $z = f(x + 2y) + x^2/4$ 為下列偏微分方程式之通解。

$$2\frac{\partial z}{\partial x} - \frac{\partial z}{\partial y} = x \qquad (b)$$

令 $s = x + 2y, t = x$ 則 $z = z(x, y) \equiv z(s, t)$，運用微分連鎖，得

$$\frac{\partial z}{\partial x} = \frac{\partial z}{\partial s}\frac{\partial s}{\partial x} + \frac{\partial z}{\partial t}\frac{\partial t}{\partial x} = \frac{\partial z}{\partial s} + \frac{\partial z}{\partial t}, \qquad \frac{\partial z}{\partial y} = \frac{\partial z}{\partial s}\frac{\partial s}{\partial y} + \frac{\partial z}{\partial t}\frac{\partial t}{\partial y} = 2\frac{\partial z}{\partial s}$$

代入原偏微分方程式，得

$$2\frac{\partial z}{\partial t} = t$$

此式之通解為 $z = f(s) + t^2/4 = f(x + 2y) + x^2/4$，其中 f 為一階導數存在的泛函數。

若 f 為以 $(x + 2y)$ 為變數之特定函數，則該函數為式 (b) 之特解，例如：
$z = 3\sqrt{x + 2y} + (x + 2y)^2 + \sin(x + 2y) + x^2/4$ 為其特解。

以上例子展示一階偏微分方程式之通解為一個泛函數，茲證明偏微分方程式之通解形式為泛函數。

考慮兩個自變數之函數 $z = z(x, y)$ 如下：

$$z = f(u) + w(x, y) \tag{4.2}$$

其中 $u = u(x, y)$；f 為任何一階導數存在的泛函數。

將式 (4.2) 對 x, y 偏微分，

$$\frac{\partial z}{\partial x} = f'(u)\frac{\partial u}{\partial x} + \frac{\partial w}{\partial x}, \quad \frac{\partial z}{\partial y} = f'(u)\frac{\partial u}{\partial y} + \frac{\partial w}{\partial y}$$

由以上二式消去 $f'(u)$，得

$$P(x, y)\frac{\partial z}{\partial x} + Q(x, y)\frac{\partial z}{\partial y} = R(x, y) \tag{4.3}$$

其中 $\quad P(x, y) = \dfrac{\partial u}{\partial y}, \quad Q(x, y) = -\dfrac{\partial u}{\partial x}, \quad R(x, y) = \dfrac{\partial u}{\partial y}\dfrac{\partial w}{\partial x} - \dfrac{\partial u}{\partial x}\dfrac{\partial w}{\partial y}$

式 (4.3) 是經由消去式 (4.2) 中一階導數存在之任意泛函數 $f(u)$ 而得，故式 (4.2) 為式 (4.3) 之通解；一階偏微分方程式之通解為一個泛函數。

考慮兩個自變數之函數 $z = z(x, y)$ 如下：

$$z = f_1(u) + f_2(v) + w(x, y) \tag{4.4}$$

其中 $\quad u = u(x, y), v = v(x, y)$；$f_1, f_2$ 為任何二階導數存在之泛函數。

將式 (4.4) 對 x, y 偏微分：

$$z_x \equiv \frac{\partial z}{\partial x} = f_1'(u)\frac{\partial u}{\partial x} + f_2'(v)\frac{\partial v}{\partial x} + \frac{\partial w}{\partial x}, \quad z_y \equiv \frac{\partial z}{\partial y} = f_1'(u)\frac{\partial u}{\partial y} + f_2'(v)\frac{\partial v}{\partial y} + \frac{\partial w}{\partial y}$$

將以上第一式對 x, y 分別偏微分，第二式對 y 偏微分，可得三個 $z(x, y)$ 對 $x,$

y 之二階偏導數的方程式，與以上 z_x, z_y 兩式合起來，共有五個方程式，消去其中的 $f_1'(u), f_2'(v), f_1''(u), f_2''(v)$ 可得以下形式之二階偏微分方程式：

$$A \frac{\partial^2 z}{\partial x^2} + B \frac{\partial^2 z}{\partial x \partial y} + C \frac{\partial^2 z}{\partial y^2} + D \frac{\partial z}{\partial x} + E \frac{\partial z}{\partial y} = F(x, y) \tag{4.5}$$

其中係數 A, B, C, D, E, F 為自變數 x, y 的函數。

　　式 (4.5) 是經由消去式 (4.4) 中二階導數存在之任意泛函數 $f_1(u), f_2(v)$ 而得，故二階偏微分方程式的通解為兩個獨立的泛函數之組合。

例：證明偏微分方程式

$$\frac{\partial^2 z}{\partial x^2} - \frac{\partial^2 z}{\partial x \partial y} - 2 \frac{\partial^2 z}{\partial y^2} = 1 \tag{a}$$

之通解為 $z = f_1(2x + y) + f_2(x - y) + (2x + y)(x - y)/9$

令 $s = 2x + y, \ t = x - y$ 則 $z = z(x, y) \equiv z(s, t)$，運用微分連鎖律得

$$\frac{\partial z}{\partial x} = \frac{\partial z}{\partial s} \frac{\partial s}{\partial x} + \frac{\partial z}{\partial t} \frac{\partial t}{\partial x} = \left(2 \frac{\partial}{\partial s} + \frac{\partial}{\partial t}\right) z, \qquad \frac{\partial z}{\partial y} = \frac{\partial z}{\partial s} \frac{\partial s}{\partial y} + \frac{\partial z}{\partial t} \frac{\partial t}{\partial y} = \left(\frac{\partial}{\partial s} - \frac{\partial}{\partial t}\right) z,$$

$$\frac{\partial^2 z}{\partial x^2} = \left(2 \frac{\partial}{\partial s} + \frac{\partial}{\partial t}\right)\left(2 \frac{\partial}{\partial s} + \frac{\partial}{\partial t}\right) z = 4 \frac{\partial^2 z}{\partial s^2} + 4 \frac{\partial^2 z}{\partial s \partial t} + \frac{\partial^2 z}{\partial t^2},$$

$$\frac{\partial^2 z}{\partial y^2} = \left(\frac{\partial}{\partial s} - \frac{\partial}{\partial t}\right)\left(\frac{\partial}{\partial s} - \frac{\partial}{\partial t}\right) z = \frac{\partial^2 z}{\partial s^2} - 2 \frac{\partial^2 z}{\partial s \partial t} + \frac{\partial^2 z}{\partial t^2},$$

$$\frac{\partial^2 z}{\partial x \partial y} = \left(2 \frac{\partial}{\partial s} + \frac{\partial}{\partial t}\right)\left(\frac{\partial}{\partial s} - \frac{\partial}{\partial t}\right) z = 2 \frac{\partial^2 z}{\partial s^2} - \frac{\partial^2 z}{\partial s \partial t} - \frac{\partial^2 z}{\partial t^2}$$

將以上各式代入式 (a) 得 $\ 9 \frac{\partial^2 z}{\partial s \partial t} = 1$，此式之通解為

$$z = f_1(s) + f_2(t) + st/9 \tag{b}$$

將 $s = 2x + y, \ t = x - y$ 代入式 (b)，得式 (a) 之通解為

$$z = f_1(2x + y) + f_2(x - y) + \frac{1}{9}(2x + y)(x - y)$$

考慮以下二階常係數偏微分方程式：

$$a\frac{\partial^2 z}{\partial x^2} + b\frac{\partial^2 z}{\partial x \partial y} + c\frac{\partial^2 z}{\partial y^2} = 0 \tag{4.6}$$

設 $z = f(x + my)$ 代入上式，得

$$(a + bm + cm^2)f'' = 0$$

$$\because f'' \neq 0 \quad \therefore cm^2 + bm + a = 0$$

解此代數方程式得兩個根 m_1, m_2，若 $m_1 \neq m_2$，式 (4.6) 之通解為

$$z = f_1(m_1 x + y) + f_2(m_2 x + y) \tag{4.7}$$

其中 f_1, f_2 為二階導數存在之泛函數。第 4.4 節將推導當 $m_1 = m_2$，式 (4.6) 之通解。

習題一

1. 證明　$z = (x + a)(y + b)$ 為 $\dfrac{\partial z}{\partial x}\dfrac{\partial z}{\partial y} = z$ 之特解。

2. 證明　$ax^2 + by^2 + z^2 = 1$ 為 $z\left(x\dfrac{\partial z}{\partial x} + y\dfrac{\partial z}{\partial y}\right) = z^2 - 1$ 之特解。

3. 取 z 之偏導數，將下列方程式中之泛函數 f 消去

    (a) $z = x + y + f(xy)$　　(b) $z = f(x - y)$

4. 證明　$z = (x + y)f(y^2 - x^2) + 1$ 為一階偏微分方程式：

    $$y\frac{\partial z}{\partial x} + x\frac{\partial z}{\partial y} = z - 1 \text{ 之通解。}$$

5. 證明 $z = f(x + y) + (x + y) g(x + y)$ 為二階偏微分方程式：

$$\frac{\partial^2 z}{\partial x^2} - 2 \frac{\partial^2 z}{\partial x \partial y} + \frac{\partial^2 z}{\partial y^2} = 0 \text{ 之通解。}$$

6. 證明 $z = f(x^2 - y) + g(x^2 + y)$ 為二階偏微分方程式：

$$\frac{\partial^2 z}{\partial x^2} - 4x^2 \frac{\partial^2 z}{\partial y^2} = \frac{1}{x} \frac{\partial z}{\partial x} \text{ 之通解。}$$

4.3. 一階準線性偏微分方程式之通解

兩個自變數的一階準線性偏微分方程式的通式為

$$P(x, y, z) \frac{\partial z}{\partial x} + (x, y, z) \frac{\partial z}{\partial y} = R(x, y, z) \tag{4.8}$$

若函數 P, Q 與因變數 z 無關，式 (4.8) 為一階線性偏微分方程式。

設式 (4.8) 之解以隱函數表示為 $u(x, y, z) = 0$ $(\partial u / \partial z \neq 0)$，其幾何意義為直角座標 (x, y, z) 之曲面，稱之為積分曲面 (integral surface)。

將隱函數 $u(x, y, z)$ 分別對自變數 x, y 偏微分：

$$\frac{\partial u}{\partial x} + \frac{\partial u}{\partial z} \frac{\partial z}{\partial x} = 0 \quad \Rightarrow \quad \frac{\partial z}{\partial x} = -\frac{\partial u / \partial x}{\partial x / \partial z}$$

$$\frac{\partial u}{\partial y} + \frac{\partial u}{\partial z} \frac{\partial z}{\partial y} = 0 \quad \Rightarrow \quad \frac{\partial z}{\partial y} = -\frac{\partial u / \partial y}{\partial u / \partial z}$$

將以上兩式代入 (4.8)，得

$$P(x, y, z) \frac{\partial u}{\partial x} + Q(x, y, z) \frac{\partial u}{\partial y} + R(x, y, z) \frac{\partial u}{\partial z} = 0 \tag{4.9}$$

式 (4.9) 可表示為兩個向量之純量積：

$$(P\mathbf{i} + Q\mathbf{j} + r\mathbf{k}) \cdot \nabla u = 0 \tag{4.10}$$

此式表明 $P\mathbf{i} + Q\mathbf{j} + R\mathbf{k}$ 與 ∇u 互相垂直，而 ∇u 為積分曲面 $u(x, y, z) = 0$ 上任意點法線方向之向量，故向量 $P\mathbf{i} + Q\mathbf{j} + R\mathbf{k}$ 與通過該點之曲線的切線方向相同。

設 $r = x\mathbf{i} + y\mathbf{j} + z\mathbf{k}$ 為曲線 $C(s)$ 上任一點之位置向量，其微分向量

$$dr = dx\mathbf{i} + dy\mathbf{j} + dz\mathbf{k}$$

在 $C(s)$ 之切線方向，故向量 dr 與向量 $P\mathbf{i} + Q\mathbf{j} + R\mathbf{k}$ 共線，兩者方向相同，大小成比例。設比例常數為 k，則

$$dx\mathbf{i} + dy\mathbf{j} + dz\mathbf{k} = k(P\mathbf{i} + Q\mathbf{j} + R\mathbf{k})$$

$$\therefore \quad \frac{dx}{P} = \frac{dy}{Q} = \frac{dz}{R} \tag{4.11}$$

式 (4.11) 為一階準線性偏微分方程式 (4.8) 之特徵方程式。

設聯立常微分方程式 (4.11) 之解為

$$u_1(x, y, z) = c_1, \quad u_2(x, y, z) = c_2 \tag{4.12}$$

其中 c_1, c_2 為獨立常數。

式 (4.12) 代表兩個曲面族 S_1 與 S_2，其交線 $C(s)$ 為積分曲面 $u(x, y, z) = 0$ 上之特徵曲線，特徵曲線族 $u_1(x, y, z) = c_1, u_2(x, y, z) = c_2$ 所構成的曲面為式 (4.8) 之積分曲面，兩者之交集為式 (4.8) 之通解，以變數 x, y, z 表示為

$$F\,[u_1(x, y, z),\, u_2(x, y, z)] = 0 \quad 或 \quad u_1(x, y, z) = f\,[u_2(x, y, z)] \tag{4.13}$$

其中 F 與 f 為一階導數存在之泛函數。

推廣以上解析，考慮多個自變數的一階準線性偏微分方程式：

$$P\,\frac{\partial w}{\partial x} + Q\,\frac{\partial w}{\partial y} + R\,\frac{\partial w}{\partial z} = S \tag{4.14}$$

其中 P, Q, R, S 為自變數 x, y, z 與因變數 w 之函數。

式 (4.14) 之特徵方程式為

$$\frac{dx}{P} = \frac{dy}{Q} = \frac{dz}{R} = \frac{dw}{S} \tag{4.15}$$

設式 (4.15) 之解為 $u_1(x, y, z, w) = c_1,\ u_2(x, y, z, w) = c_2,\ u_3(x, y, z, w) = c_3$, 則式 (4.14) 之通解為

$$F\ [u_1(x, y, z, w),\ u_2(x, y, z, w),\ u_3(x, y, z, w)] = 0 \tag{4.16}$$

其中 F 為一階導數存在之泛函數。

例：解 $\quad a\dfrac{\partial z}{\partial x} + b\dfrac{\partial z}{\partial y} = c \quad$ (a, b, c 為常數，$a \neq 0$)

此偏微分方程式之特徵方程式為

$$\frac{dx}{a} = \frac{dy}{b} = \frac{dz}{c}$$

其解為 $\ bx - ay = c_1,\quad az - cx = c_2$，故偏微分方程式之通解為

$$F(bx - ay,\ az - cx) = 0 \quad 或 \quad az = cx + f(bx - ay)$$

例：解 $\quad y\dfrac{\partial z}{\partial x} + x\dfrac{\partial z}{\partial y} = 0$

此偏微分方程式之特徵方程式為

$$\frac{dx}{y} = \frac{dy}{x} = \frac{dz}{0} \quad \Rightarrow \quad xdx = ydy, \quad dz = 0$$

其解為 $\quad x^2 - y^2 = c_1, \quad z = c_2$，故原偏微分方程式之通解為

$$F(x^2 - y^2, z) = 0 \quad 或 \quad z = f(x^2 - y^2)$$

例：解 $\quad y\dfrac{\partial z}{\partial x} + x\dfrac{\partial z}{\partial y} = z$

此偏微分方程式之特徵方程式為

$$\frac{dx}{y} = \frac{dy}{x} = \frac{dz}{z}$$

將此聯立常微分方程式分為兩個獨立的常微分方程式：

$$\frac{dx}{y} = \frac{dy}{x} \quad \Rightarrow \quad xdx = ydy \ 此式兩邊積分得 \ x^2 - y^2 = c_1$$

$$\frac{dx}{y} = \frac{dy}{x} = \frac{d(x+y)}{x+y} = \frac{dz}{z} \ 此式兩邊可積分求得：$$

$$\ln(x+y) = \ln z + c \quad \Rightarrow \quad \frac{z}{x+y} = c_2$$

故原偏微分方程式之通解為 $F\left(x^2 - y^2, \dfrac{z}{x+y}\right) = 0$ 或 $z = (x+y)f(x^2-y^2)$

例：求 $x\dfrac{\partial u}{\partial x} + \dfrac{\partial u}{\partial y} = xy$ 之通解，以滿足 $u(x, 0) = 0$, $u(0, y) = 0$

此偏微分方程式之特徵方程式為

$$\frac{dx}{x} = \frac{dy}{1} = \frac{du}{xy} \quad \Rightarrow \quad \frac{dx}{x} = dy, \quad ydx = du$$

由 $dx/x = dy$ 解得 $\ln x - y = c_1'$ 或 $xe^{-y} = c_1$

代入 $ydx = du \Rightarrow (\ln x - c_1') dx = du$，此式兩邊積分得

$$\Rightarrow \quad u = \int \ln x \, dx - c_1' x = x \ln x - x - c_1' x + c_2$$

$$= x \ln x - x - (\ln x - y)x + c_2 = x(y-1) + c_2$$

故原偏微分方程式之通解為

$$F\left[xe^{-y}, u - x(y-1)\right] = 0 \quad 或 \quad u(x, y) = x(y-1) + f(xe^{-y})$$

由給定的條件： $u(x, 0) = x + f(x) = 0;$　　$u(0, y) = f(0) = 0$　$\Rightarrow$　$f(x) = x$

$$\therefore\quad u(x, y) = x(y-1) + xe^{-y}$$

一階線性或準線性偏微分方程式的做法是將偏微分方程式轉變為較易求解的聯立常微分方程式，從而解得積分曲面之表達式與偏微分方程式之通解。第 1 章 1.16 節曾說明聯立線性常微分方程式之矩陣解法；若對應的聯立常微分方程式為複雜的非線性方程式，難以求得解析解，此時就要運用數值方法求解了。

試求下列一階偏微分方程式之通解

1.　$xz\,\dfrac{\partial z}{\partial x} + yz\,\dfrac{\partial z}{\partial y} = xy$

2.　$\dfrac{\partial w}{\partial x} + \dfrac{\partial w}{\partial y} + \dfrac{\partial w}{\partial z} = 1$

3.　$\dfrac{\partial z}{\partial x} = xy$

4.　$z\left(x\,\dfrac{\partial z}{\partial x} - y\,\dfrac{\partial z}{\partial y} \right) = y^2 - x^2$

5.　$(x + y)\left(\dfrac{\partial z}{\partial x} + \dfrac{\partial z}{\partial y} \right) = z$

6.　求 $x\,\dfrac{\partial u}{\partial x} + \dfrac{\partial u}{\partial y} = -(u + 1)$ 之通解，以滿足 $u(x, 0) = e^x - 1$

7.　求 $x\,\dfrac{\partial u}{\partial x} - y\,\dfrac{\partial u}{\partial y} = x - y$ 之通解，以滿足 $u(0, y) = y,\ u(x, 1) = 1 + 2x$

4.4. 線性齊次偏微分方程式之通解

若偏微分方程式各項之偏導數階數相同，稱之為齊次偏微分方程式，齊次線性偏微分方程式有簡便方法求其通解。

考慮二階線性齊次偏微分方程式：

$$a\,\frac{\partial^2 z}{\partial x^2} + b\,\frac{\partial^2 z}{\partial x \partial y} + c\,\frac{\partial^2 z}{\partial y^2} = 0 \tag{4.17}$$

其中 a, b, c 為常數。

設解之形式為 $z = f(y + mx)$，m 為待定常數，代入式 (4.17)，得

$$(am^2 + bm + c)\,f'' = 0$$

$$\because f'' \neq 0 \quad \Rightarrow \quad am^2 + bm + c = 0$$

此代數方程式之兩個根為

$$m_1 = \frac{-a + \sqrt{b^2 - 4ac}}{2a}, \quad m_2 = \frac{-a - \sqrt{b^2 - 4ac}}{2a}$$

若 $b^2 \neq 4ac$，m_1 與 m_2 為相異之根，則不論 m_1, m_2 是實根或複數根，式 (4.17) 之通解為

$$z = f(y + m_1\,x) + g(y + m_2\,x) \tag{4.18}$$

其中 f, g 為二階導數存在的泛函數。

若 $b^2 = 4ac,\ m_1 = m_2$ 為重根，則式 (4.17) 之通解為

$$z = f(y + m_1\,x) + (y + m_1\,x)\,g(y + m_1\,x) \tag{4.19}$$

推導其中第二個獨立的泛函數如下：

式 (4.17) 為線性方程式，解之線性組合：

$$\frac{h(y + m_2\,x) - h(y + m_1\,x)}{m_2 - m_1} \quad 亦為其解。$$

令 $m_2 \to m_1$，則

$$\lim_{m_2 \to m_1} \frac{h(y + m_2\,x) - h(y + m_1\,x)}{m_2 - m_1} = \left[\frac{d}{dm}\,h(y + mx)\right]_{m = m_1} = x\,h'(y + m_1\,x)$$

以 $g(y + m_1 x)$ 表示任意函數 $h'(y + m_1 x)$，故 $xg(y + m_1 x)$ 為式 (4.17) 之解；同理，$yg(y + m_1 x)$ 亦為其解，兩者的線性組合：$(y + m_1 x) g(y + m_1 x)$ 為式 (4.17) 通解之第二個獨立的泛函數。

例：解 $\dfrac{\partial^2 z}{\partial x^2} - 3 \dfrac{\partial^2 z}{\partial x \partial y} + 2 \dfrac{\partial^2 z}{\partial y^2} = 0$

設 $z = f(y + mx)$，代入上式，得

$$m^2 - 3m + 2 = 0 \quad \Rightarrow \quad m_1 = 1, \ m_2 = 2$$

此偏微分方程式之通解為 $z = f(y + x) + g(y + 2x)$

例：$\dfrac{\partial^2 \phi}{\partial x^2} + \dfrac{\partial^2 \phi}{\partial y^2} = 0$ 之通解為 $\phi = f(x + iy) + g(x - iy)$

例：$\dfrac{\partial^2 \phi}{\partial x^2} - 2 \dfrac{\partial^2 \phi}{\partial x \partial y} + \dfrac{\partial^2 \phi}{\partial y^2} = 0$ 之通解為 $\phi = f(x + y) + (x + y) g(x + y)$

此解法亦適用於 n 階齊次線性偏微分方程式，以雙諧和方程式 (biharmonic equation) 為例：

$$\frac{\partial^4 \phi}{\partial x^4} + 2 \frac{\partial^4 \phi}{\partial x^2 \partial y^2} + \frac{\partial^4 \phi}{\partial y^4} = 0 \tag{4.20}$$

設 $\phi = f(x + my)$，代入上式，得 $m^4 + 2m^2 + 1 = 0$

此代數方程式之四個根為 $m = i, i, -i, -i$，故雙諧和方程式之通解為

$$\phi = f_1(x + iy) + f_2(x - iy) + (x + iy) f_3(x + iy) + (x - iy) f_4(x - iy) \tag{4.21}$$

4.5. 一維波動方程式之 d'Alembert 解

一維波動方程式為

$$\frac{\partial^2 \phi}{\partial x^2} = \frac{1}{c^2} \frac{\partial^2 \phi}{\partial t^2} \quad (t > 0) \tag{4.22}$$

其中 $\phi(x, t)$ 為時間 t 之波形，參數 c 為波速。

式 (4.22) 為二階線性齊次偏微分方程式，其通解為

$$\phi(x, t) = f(x + ct) + g(x - ct) \tag{4.23}$$

設波速為 c，當 $t = t_1$，波之位置在 $x = x_1$，波形為 $g(x_1 - ct_1)$，經過時間 τ 後，$t = t_1 + \tau$，波移動至 $x = x_1 + c\tau$，波形為

$$g\left[(x_1 + c\tau) - c(t_1 + \tau)\right] = g(x_1 - ct_1)$$

此式表明：$g(x - ct)$ 為波形不變，以等速 c 朝 x 軸正方向傳動的非分散性波 (non-dispersive wave)；同理，$f(x + ct)$ 為波形不變，以等速 c 朝 x 軸反方向傳動 的非分散性波，如圖 4.1 所示。

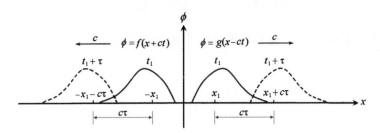

圖 4.1　以等速朝 x 軸左右兩方向傳動之非分散性波

考慮波在一維無邊界 $(-\infty < x < \infty)$ 之傳動，若原始波形與初速度為已知， 則初始條件為

$$\phi(x, 0) = F(x), \quad \phi_t(x, 0) \equiv \left(\frac{\partial \phi}{\partial t}\right)_{t = 0} = G(x) \tag{4.24}$$

其中 $F(x), G(x)$ 為給定的函數。

將初始條件式 (4.24) 代入式 (4.23)，得

$$\phi(x, 0) = f(x) + g(x) = F(x) \tag{a}$$

$$\phi_t(x, 0) = c[f'(x) - g'(x)] = G(x) \tag{b}$$

將式 (a) 微分與式 (b) 相加，得

$$f'(x) = \frac{1}{2} F'(x) + \frac{1}{2c} G(x)$$

積分此式得

$$f(x) = \frac{1}{2} F(x) + \frac{1}{2c} \int_0^x G(\xi)\, d\xi + c_1$$

由式 (a) 得

$$g(x) = \frac{1}{2} F(x) - \frac{1}{2c} \int_0^x G(\xi)\, d\xi - c_1$$

將以上兩式代入式 (4.23)，得一維波動方程式之 d'Alembert 解：

$$\phi(x, t) = \frac{1}{2} [F(x + ct) + F(x - ct)] + \frac{1}{2c} \int_{x-ct}^{x+ct} G(\xi)\, d\xi \tag{4.25}$$

此式表明在時間 t 之波形與原始波形與初速度有關，經過時間 τ，波形保持不變。

例：設初始條件為 $\phi(x, 0) = \sin \dfrac{\pi x}{l}$, $\quad \phi_t(x, 0) = 0$，代入式 (4.25) 得

$$\phi(x, t) = \frac{1}{2} \left[\sin \frac{\pi(x + ct)}{l} + \sin \frac{\pi(x - ct)}{l} \right] = \sin \frac{\pi x}{l} \cos \frac{\pi ct}{l}$$

例：設初始條件為 $\phi(x, 0) = x + 1$, $\phi_t(x, 0) = 2x$，代入式 (4.25) 得

$$\phi(x, t) = (x + 1) + \frac{1}{2c} [(x + ct)^2 - (x - ct)^2] = (2t + 1)\, x + 1$$

若波在有限區間傳動，須考慮兩端之邊界條件。設波在 $0 < x < l$ 間傳動，若兩端固定，數學模式如下：

$$\frac{\partial^2 \phi}{\partial x^2} = \frac{1}{c^2} \frac{\partial^2 \phi}{\partial t^2} \qquad (0 < x < l, \ t > 0) \tag{4.26}$$

邊界條件： $\phi(0, t) = 0, \quad \phi(l, t) = 0$ (4.27)

初始條件： $\phi(x, 0) = F(x), \quad \phi_t(x, 0) = G(x)$ (4.28)

式 (4.26) 之通解為

$$\phi(x, t) = f(x + ct) + g(x - ct)$$ (4.29)

將邊界條件代入式 (4.29)，得

$$f(ct) + g(-ct) = 0, \qquad f(l + ct) + g(l - ct) = 0$$

令以上第一式 $x = ct$，第二式 $x = ct - l$，經變數變換，兩式成為

$$f(x) = g(-x), \qquad f(x + 2l) = g(-x)$$

故 $f(x + 2l) = f(x)$，表明 $f(x)$ 為週期為 $2l$ 之函數。

將初始條件代入式 (4.29)，得

$$f(x) = \frac{1}{2} F(x) + \frac{1}{2c} \int_0^x G(\xi) \, d\xi + c_1 \quad (0 < x < l)$$ (4.30)

$$g(x) = \frac{1}{2} F(x) - \frac{1}{2c} \int_0^x G(\xi) \, d\xi - c_1 \quad (0 < x < l)$$ (4.31)

將式 (4.30) 與式 (4.31) 代入 $f(x) = -g(-x)$，得

$$\frac{1}{2} F(x) + \frac{1}{2c} \int_0^x G(\xi) \, d\xi + c_1 = -\frac{1}{2} F(-x) + \frac{1}{2c} \int_0^{-x} G(\xi) \, d\xi - c_1$$ (4.32)

由於 $F(x)$ 與 $G(x)$ 為獨立的函數，欲式 (4.32) 恆成立，則必 $c_1 = 0$，且

$$F(x) = -F(-x)$$

$$\int_0^x G(\xi) \, d\xi = \int_0^{-x} G(\xi) \, d\xi = -\int_0^x G(-\xi) \, d\xi \quad \Rightarrow \quad G(\xi) = -G(-\xi)$$

設奇函數 $F_x(x)$ 與 $G_x(x)$ 之週期為 $2l$，基本週期範圍為 $(-l \leq x \leq l)$，令 $F(x)$, $G(x)$ 在 $0 \leq x \leq l$ 與 $F_x(x)$, $G_s(x)$ 之傅立葉半幅展開式重合，則

$$F(x) = F_s(x) = \sum_{n=1}^{\infty} A_n \sin \frac{n\pi x}{l} \tag{4.33}$$

$$G(x) = G_s(x) = \sum_{n=1}^{\infty} B_n \sin \frac{n\pi x}{l} \tag{4.34}$$

其中 $A_n = \frac{2}{l} \int_0^l F(x) \sin\left(\frac{n\pi x}{l}\right) dx,$ $B_n = \frac{2}{l} \int_0^l G(x) \sin\left(\frac{n\pi x}{l}\right) dx$

將式 (4.33) 與式 (4.34) 代入式 (4.30)，$f(x)$ 即為週期為 $2l$ 之函數，是以問題的邊界條件與初始條件皆已滿足，從而求得波在兩端固定 $(0 < x < l)$ 區間傳動的通解：

$$\phi(x, t) = \frac{1}{2}[F_s(x+ct) + F_s(x-ct)] + \frac{1}{2c} \int_{x-ct}^{x+ct} G_s(\xi)\, d\xi \tag{4.35}$$

例：設初始條件為 $\phi(x, 0) = F(x) = \sin\frac{\pi x}{l},$ $\phi_t(x, 0) = G(x) = 0$

令 $F(x)$, $G(x)$ 在 $0 \leq x \leq l$ 與基本週期為 $(-l < x < l)$ 之奇函數 $F_s(x)$ 與 $G_s(x)$ 之傅立葉半幅展開式重合：

$$F(x) = F_x(x) = \sin\frac{\pi x}{l}, \qquad G(x) = G_s(x) = 0 \qquad (0 < x < l)$$

$$\Rightarrow \phi(x, t) = \frac{1}{2}\left[\sin\frac{\pi(x+ct)}{l} + \sin\frac{\pi(x-ct)}{l}\right] = \sin\frac{\pi x}{l}\cos\frac{\pi ct}{l} \qquad (0 < x < l)$$

例：設初始條件為 $\phi(x, 0) = F(x) = x + 1,$ $\phi_t(x, 0) = G(x) = 2x$

令 $F(x)$, $G(x)$ 在 $0 \leq x \leq l$ 與基本週期為 $(-l < x < l)$ 之奇函數 $F_s(x)$ 與 $G_s(x)$ 之傅立葉半幅展開式重合：

$$F(x) = F_s(x) = \frac{2}{\pi} \sum_{n=1}^{\infty} \frac{1}{n} [1 - (-1)^n (1 + l)] \sin \frac{n\pi x}{l} \qquad (0 < x < l)$$

$$G(x) = G_s(x) = \frac{4l}{\pi} \sum_{n=1}^{\infty} \frac{(-1)^{n+1}}{n} \sin \frac{n\pi x}{l} \qquad (0 < x < l)$$

$$\Rightarrow \quad \phi(x, t) = \frac{1}{\pi} \sum_{n=1}^{\infty} \frac{1}{n} [1 - (-1)^n (1 + l)] \left[\sin \frac{n\pi(x + ct)}{l} - \sin \frac{n\pi(x - ct)}{l} \right]$$

$$+ \frac{2l}{c\pi} \int_{x-ct}^{x+ct} \sum_{n=1}^{\infty} \frac{(-1)^{n+1}}{n} \sin \frac{n\pi\xi}{l} \, d\xi$$

$$= \frac{2}{\pi} \sum_{n=1}^{\infty} \frac{1}{n} [1 - (-1)^n (1 + l)] \sin \frac{n\pi x}{l} \cos \frac{n\pi ct}{l}$$

$$+ \frac{4l^2}{c\pi^2} \sum_{n=1}^{\infty} \frac{(-1)^{n+1}}{n^2} \sin \frac{n\pi x}{l} \sin \frac{n\pi ct}{l}$$

由此例可知，以通解去滿足問題的邊界條件與初始條件，並非易事。

求下列方程式之通解

1. $\dfrac{\partial^2 \phi}{\partial x^2} - 2 \dfrac{\partial^2 \phi}{\partial x \partial y} - 3 \dfrac{\partial^2 \phi}{\partial y^2} = 0$　　　　2. $\dfrac{\partial^2 \phi}{\partial x^2} - \dfrac{\partial^2 \phi}{\partial x \partial y} = 0$

3. $\dfrac{\partial^4 \phi}{\partial x^4} - \dfrac{\partial^4 \phi}{\partial y^4} = 0$　　　　4. $\dfrac{\partial^4 \phi}{\partial x^4} - 2 \dfrac{\partial^4 \phi}{\partial x^2 \partial y^2} + \dfrac{\partial^4 \phi}{\partial y^4} = 0$

5. $\dfrac{\partial^2 (r\phi)}{\partial r^2} = \dfrac{r}{c} \dfrac{\partial^2 \phi}{\partial t^2} \quad (c \neq 0)$

6. $(a^2 - b^2) \dfrac{\partial^2 \phi}{\partial x^2} + 2a \dfrac{\partial^2 \phi}{\partial x \partial t} + \dfrac{\partial^2 \phi}{\partial t^2} = 0 \quad (b \neq 0)$

7. 證明 $\phi(r,\, t) = \dfrac{1}{r^2}\,[f(r + \alpha t) + g(r - \alpha t)]$ 為以下偏微分方程式之通解：

$$\frac{\partial^2 \phi}{\partial r^2} + \frac{4}{r}\frac{\partial \phi}{\partial r} + \frac{2}{r^2}\,\phi = \frac{2}{\alpha^2}\frac{\partial^2 \phi}{\partial t^2}$$

8. 由以下偏微分方程式之通解與給定的條件求 $\phi(x,\, t)$：

$$\frac{\partial^2 \phi}{\partial x^2} = \frac{1}{c^2}\frac{\partial^2 \phi}{\partial t^2} \qquad (x > 0,\, t > 0)$$

邊界條件： $\phi(0,\, t) = 0$； 初始條件： $\phi(x,\, 0) = F(x),\quad \phi_t(x,\, 0) = G(x)$

9. $\dfrac{\partial^2 \phi}{\partial x^2} - \dfrac{\partial^2 \phi}{\partial t^2} = 0,\quad \phi(x,\, 0) = F(x),\quad \phi_t(x,\, 0) = G(x)$

    (*a*) 求此偏微分方程式之通解。

    (*b*) 設 $F(x) = x^2/2,\quad G(x) = 0$，求其解。

10. $\dfrac{\partial^2 \phi}{\partial x^2} - 3\dfrac{\partial^2 \phi}{\partial x \partial y} + 2\dfrac{\partial^2 \phi}{\partial y^2} = 0,\quad \phi(x,\, 0) = -x^2,\quad \left.\dfrac{\partial \phi}{\partial y}\right|_{(x,\, 0)} = 0$，決定 $\phi(x,\, y)$。

4.6. Laplace 方程式與解之唯一性

Laplace 方程式是數理問題最重要的方程式之一，在勢能理論稱之為勢能方程式 (potential equation)，其形式為

$$\nabla^2 \phi(\boldsymbol{r}) = 0 \qquad (\boldsymbol{r} \in \Omega) \tag{4.36}$$

其中 ∇^2 為 Laplacian 運算子，$\phi(\boldsymbol{r})$ 為定義域 Ω 內之待定函數，$\boldsymbol{r}$ 為位置向量。

滿足 Laplace 方程式之函數稱為諧和函數 (harmonic function)，在勢能理論稱之為勢能函數 (potential function)。曲線座標之 ∇^2 表示式見第 2 章式 (2.127)，直角座標、圓柱座標、球體座標之 ∇^2 分別為

$$\nabla^2 = \frac{\partial^2}{\partial x^2} + \frac{\partial^2}{\partial y^2} + \frac{\partial^2}{\partial z^2}$$

$$\nabla^2 = \frac{\partial^2}{\partial r^2} + \frac{1}{r}\frac{\partial}{\partial r} + \frac{1}{r^2}\frac{\partial^2}{\partial \theta^2} + \frac{\partial^2}{\partial z^2}$$

$$\nabla^2 = \frac{\partial}{\partial \rho}\left(\rho^2 \frac{\partial}{\partial \rho}\right) + \frac{1}{\sin \varphi}\frac{\partial}{\partial \varphi}\left(\sin \varphi \frac{\partial}{\partial \varphi}\right) + \frac{1}{\sin^2 \varphi}\frac{\partial^2}{\partial \theta^2}$$

與時間無關的恆態勢能問題之控制方程式常為 Laplace 方程式，列舉若干有關的物理問題如下：

1. 固體之熱量恆態平衡問題，ϕ 表示溫度分布函數。
2. 不旋轉流體流動與受重力影響理想流體之表面波，ϕ 表示速度勢能函數。
3. 彈性柱體之扭轉問題，ϕ 表示柱體斷面之扭轉函數 (torsion function)。
4. 真空中重力與引力問題，ϕ 表示重力勢能函數 (gravitational potential)。
5. 靜電與恆態電流分布問題，ϕ 表示靜電勢能函數 (electrostatic potential)。
6. 靜磁與恆態磁流分布問題，ϕ 表示靜磁勢能函數 (magnetostatic potential)。

解之唯一性

非隨機性的物理現象在相同的條件下，其狀態應該是相同的，因此，用以模擬此物理現象的數學模式之解應存在且唯一；若數學模式之解存在且唯一，可採取任何方法去滿足問題的控制方程式與給定的條件，而得到相同之解。

在解析問題的控制方程式為 Laplace 方程式的數學模式之前，首先證明滿足 Laplace 方程式與給定邊界條件的數學模式之解為唯一。

設問題的邊界條件為以下三類：

1. Dirichlet 邊界條件：在邊界 S 上，待定函數為已知。

$$\phi(r_s) = f(r_s) \qquad (r_s \in S) \tag{4.37a}$$

2. Neumann 邊界條件：在邊界 S 上，待定函數之正向導數為已知。

$$\frac{\partial \phi(r_s)}{\partial n} = g(r_s) \qquad (r_s \in S) \tag{4.37b}$$

3. 混合邊界條件：在邊界 S_1 上，待定函數為已知，在邊界 S_2 上，待定函數之正向導數為已知，$S_1 \cup S_2 = S$。

$$\phi(r_s) = f_1(r_s) \quad (r_s \in S_1), \qquad \frac{\partial\phi(r_s)}{\partial n} = g(r_s) \quad (r_s \in S_2) \qquad (4.37c)$$

假設 $\phi_1(r)$, $\phi_2(r)$ 兩組解皆滿足 Laplace 方程式及問題的邊界條件，因 Laplace 方程式為線性，故 $\varphi(r) = \phi_1(r) - \phi_2(r)$ 適合 Laplace 方程式與齊次邊界條件：

$$\nabla^2\varphi(r) = 0 \qquad (r \in \Omega) \qquad (4.38)$$

Dirichlet 邊界條件：$\varphi(r_s) = 0 \qquad (r_s \in S)$ $\qquad (4.39a)$

Neumann 邊界條件：$\dfrac{\partial\varphi(r_s)}{\partial n} = 0 \qquad (r_s \in S)$ $\qquad (4.39b)$

混合邊界條件：$\varphi(r_s) = 0 \quad (r_s \in S_1), \qquad \dfrac{\partial\varphi(r_s)}{\partial n} = 0 \quad (r_s \in S_2)$ $\qquad (4.39c)$

由第 1 章 Gauss 散度定理之恆等式 (1.136)：

$$\iiint_\Omega (\psi\nabla^2\varphi + \nabla\psi \cdot \nabla\varphi)\, d\Omega = \iiint_S \psi \frac{\partial\varphi}{\partial n}\, dS \qquad (4.40)$$

令 $\psi = \varphi$，不論問題的邊界條件是式 (4.39a, b, c) 那一類，式 (4.40) 之面積分皆為零，而 $\nabla^2\varphi = 0$, $\nabla\varphi \cdot \nabla\varphi = |\nabla\varphi|^2$，故

$$\iiint_\Omega |\nabla\varphi|^2\, d\Omega = 0 \qquad (4.41)$$

其中 $|\nabla\varphi|^2$ 為正，體積 Ω 為任意，欲此式恆成立，則必

$$\nabla\varphi = \nabla(\phi_1 - \phi_2) = 0 \quad \Rightarrow \quad \phi_1(r) - \phi_2(r) = k \text{ (常數)} \qquad (4.42)$$

在定義域內 $\phi_1(r)$ 與 $\phi_2(r)$ 相差常數 k，在勢能問題 k 代表勢能函數 ϕ 之基準。就 Dirichlet 與混合邊界值問題而言，在邊界 S 或 S_1 上，$\phi = \phi_1 - \phi_2 = 0$，故

常數 $k = 0$；就 Neumann 問題而言，由於勢能問題之物理量皆為 $\phi(r)$ 之導數或梯度，設 $k = 0$，對物理量沒有影響，故 Laplace 方程式在式 (4.37*a, b, c*) 類邊界條件下，$\phi_1(r) = \phi_2(r)$，問題之解為唯一。

式 (4.40) 中，$\nabla^2 \varphi = 0$，　令 $\psi = 1, \varphi = \phi$，該式成為

$$\oiint_s \frac{\partial \phi}{\partial n}\, dS = 0 \tag{4.43}$$

此式表明通過曲面 S 之勢能函數 ϕ 的淨變化量為零；換言之，若問題的控制方程式為 Laplace 方程式，在定義域內必無點源 (source) 與匯點 (sink)。

以下應用分離變數法解析 Laplace 方程式之邊界值問題，基本思路是將偏微分方程式以分離變數降階為常微分方程式，求得特別形式之解，再設法滿足問題給定的條件，從而求得問題之解。

4.7. 以分離變數法解 Laplace 方程式

4.7.1. 直角座標之 Laplace 方程式

考慮長 a，寬 b 之平板，一邊為恆溫分布，其他三邊之溫度為零，忽略輻射與對流效應，試決定平板之恆態溫度分布 $T(x, y)$。

問題之控制方程式與邊界條件如下：

$$\nabla^2 T = \frac{\partial^2 T}{\partial x^2} + \frac{\partial^2 T}{\partial y^2} = 0 \qquad (0 < x < a,\ 0 < y < b) \tag{4.44}$$

$$T(0, y) = T(a, y) = T(x, 0) = 0, \qquad T(x, b) = f(x) \tag{4.45}$$

其中 $f(x)$ 為給定的函數。

設解之形式為　　$T(x, y) = X(x)\, Y(y)$ \hfill (4.46)

其中 $X(x)$ 與 $Y(y)$ 分別為變數 x, y 之待定函數。

將式 (4.46) 代入式 (4.44) 得

$$X'' Y + XY'' = 0$$

此式除以 XY $(xY \neq 0)$：

$$\frac{X''}{X} = -\frac{Y''}{Y}$$

此式之左邊為 x 之函數，右邊為 y 之函數，唯有左右兩邊皆為常數才可能成立。
設此待定常數為 $-\mu^2$，

$$\frac{X''}{X} = -\frac{Y''}{Y} = -\mu^2 \tag{4.47}$$

則式 (4.44) 可分解為兩個常微分方程式：

$$X'' + \mu^2 X = 0, \qquad Y'' - \mu^2 Y = 0 \tag{4.48}$$

其解為 $\quad X(x) = a_1 \cos \mu x + a_2 \sin \mu x, \qquad Y(y) = b_1 e^{\mu y} + b_2 e^{-\mu y}$ \tag{4.49}

將式 (4.46) 代入式 (4.45)，前三個邊界條件變為

$$X(0) = X(a) = 0, \qquad Y(0) = 0 \tag{4.50}$$

令 $X(x), Y(y)$ 滿足式 (4.50) 的三個邊界條件，可得

$$a_1 = 0, \qquad b_1 = -b_2$$

$$a_2 \sin \mu a = 0 \quad \because \ a_2 \neq 0 \ \Rightarrow \ \sin \mu a = 0 \ \Rightarrow \ \mu_n = \frac{n\pi}{a} \ (n = 1, 2, 3, \cdots)$$

$$\Rightarrow \quad T(x, y) = X(x) \, Y(y) = c_n \sin\left(\frac{n\pi x}{a}\right)\left(e^{\frac{n\pi y}{a}} - e^{-\frac{n\pi y}{a}}\right)$$

$$= A_n \sin\left(\frac{n\pi x}{a}\right) \sin h\left(\frac{n\pi y}{a}\right) \ (n = 1, 2, 3, \cdots) \tag{4.51}$$

　　Laplace 方程式為線性，故式 (4.51) 之線性疊加亦為其解：

$$T(x, y) = \sum_{n=1}^{\infty} A_n \sin\left(\frac{n\pi x}{a}\right) \sinh\left(\frac{n\pi y}{a}\right) \tag{4.52}$$

其中之係數 A_n 由式 (4.45) 中尚未滿足之邊界條件：$T(x, b) = f(x)$ 決定。

　　將式 (4.52) 代入 $T(x, b) = f(x)$，得

$$f(x) = \sum_{n=1}^{\infty} A_n \sinh\left(\frac{n\pi b}{a}\right) \sin\left(\frac{n\pi x}{a}\right) \tag{4.53}$$

將 $f(x)$ $(0 < x < a)$ 表示為傅立葉正弦級數，比較此式兩邊係數，得

$$A_n = \frac{2}{a \sin h(n\pi b/a)} \int_0^a f(x) \sin\left(\frac{n\pi x}{a}\right) dx \tag{4.54}$$

以下幾點值得注意：

1. 求解過程中，若設分離變數式 (4.47) 之待定常數為 μ^2 而非 $-\mu^2$，可得以下常微分方程式：

$$X'' - \mu^2 X = 0, \qquad Y'' + \mu^2 Y = 0 \tag{4.55}$$

其解為　　$X(x) = a_1 e^{\mu x} + a_2 e^{-\mu x}, \quad Y(y) = b_1 \cos \mu y + b_2 \sin \mu y \tag{4.56}$

式 (4.56) 之 $X(x)$, $Y(y)$ 須適合式 (4.50)，據此得

$$b_1 = 0, \quad a_1 = -a_2, \quad e^{\mu a} = e^{-\mu a} \Rightarrow \mu = 0 \Rightarrow X(x) = 常數$$

　　顯然無法求得問題之解，所以本問題之分離變數常數不能假設為 μ^2。

2. 設問題之解為其他形式，例如：$T(x, y) = X(x) + Y(y)$ 或 $T(x, y) = X(x)/Y(y)$，只要能滿足問題的偏微分方程式與設定條件，並無不可；然而，假設類似形式達不到以分離變數將偏微分方程式簡化為常微分方程式的目的，所以不採用。

3. 實際上，分離變數法是一種特徵函數展開法，式 (4.52) 滿足 Laplace 方程式與

式 (4.45) 中的三個齊次邊界條件，它是此邊界值問題的特徵函數。第 4.13 節將運用以分離變數法推導出的特徵函數，解析非齊次偏微分方程式與非齊次邊界條件的問題。

考慮邊長為 $(a \times b \times c)$ 之立方體之三維熱傳導恆態溫度分布，控制方程式與邊界條件如下：

$$\frac{\partial^2 T}{\partial x^2} + \frac{\partial^2 T}{\partial y^2} + \frac{\partial^2 T}{\partial z^2} = 0 \tag{4.57}$$

$$T(0, y, z) = T(a, y, z) = T(x, 0, z) = T(x, b, z) = T(x, y, 0) = 0 \tag{4.58a}$$

$$T(x, y, c) = f(x, y) \tag{4.58b}$$

其中 $f(x, y)$ 為給定的函數。

設解之形式為 $\qquad T(x, y, z) = X(x)\,Y(y)\,Z(z) \tag{4.59}$

其中 $X(x)$, $Y(y)$, $Z(z)$ 分別為變數 x, y, z 之待定函數。

將式 (4.59) 代入式 (4.58a)，邊界條件變為

$$X(0) = X(a) = 0, \quad Y(0) = Y(b) = 0, \quad Z(0) = 0 \tag{4.60}$$

將式 (4.59) 代入式 (4.57)，再除以 XYZ，得

$$\frac{X''}{X} = -\left(\frac{Y''}{Y} + \frac{Z''}{Z}\right)$$

此式之左邊為 x 之函數，右邊為 y, z 之函數，只有兩者皆為常數才可能成立。

設此待定常數為 $-\mu^2$，則

$$X'' + \mu^2 X = 0 \tag{a}$$

$$-\left(\frac{Y''}{Y} + \frac{Z''}{Z}\right) = -\mu^2 \;\Rightarrow\; \frac{Y''}{Y} = -\frac{Z''}{Z} + \mu^2 \tag{b}$$

式 (b) 之左邊為 y 之函數，右邊為 z 之函數，只有兩者皆為常數才可能成立。

$$\Leftrightarrow \quad \frac{Y''}{Y} = -\frac{Z''}{Z} + \mu^2 = -v^2$$

$$\Rightarrow \quad Y'' + v^2\, Y = 0, \qquad Z'' - (\mu^2 + v^2)\, Z = 0$$

至此，式 (4.57) 分解為 $X(x)$, $Y(y)$, $Z(z)$ 的三個常微分方程式，其解為

$$X(x) = a_1 \cos \mu x + a_2 \sin \mu x \tag{4.61a}$$

$$Y(y) = b_1 \cos vy + b_2 \sin vy \tag{4.61b}$$

$$Z(z) = c_1\, e^{\lambda z} + c_2\, e^{-\lambda z}, \quad \lambda = \sqrt{\mu^2 + v^2} \tag{4.61c}$$

令 $X(x)$, $Y(y)$, $Z(z)$ 滿足式 (4.60) 表示的邊界條件，可得 $c_1 = -c_2$,

$$a_1 = 0, \quad \because a_2 \neq 0 \;\Rightarrow\; \sin \mu a = 0 \;\Rightarrow\; \mu_m = \frac{m\pi}{a} \;\; (m = 1, 2, 3, \cdots)$$

$$b_1 = 0, \quad \because b_2 \neq 0 \;\Rightarrow\; \sin vb = 0 \;\Rightarrow\; v_n = \frac{n\pi}{b} \;\; (n = 1, 2, 3, \cdots)$$

$$\Rightarrow \quad T(x, y) = X(x)\, Y(y)\, Z(z) = c_{mn} \sin (\mu_m x) \sin (v_n y) (e^{\lambda_{mn} z} - e^{-\lambda_{mn} z})$$

$$= A_{mn} \sin \left(\frac{m\pi x}{a}\right) \sin \left(\frac{m\pi y}{b}\right) \sinh(\lambda_{mn}\, z) \tag{4.62}$$

其中 $\quad \lambda_{mn} = \sqrt{\mu_{mn}^2 + v_{mn}^2} = \sqrt{(m\pi/a)^2 + (n\pi/b)^2} \qquad (m, n = 1, 2, 3, \cdots)$

式 (4.62) 之線性疊加亦滿足 Laplace 方程式與齊次邊界條件式 (4.58a)：

$$T(x, y) = \sum_{m=1}^{\infty} \sum_{n=1}^{\infty} A_{mn} \sin \left(\frac{n\pi x}{a}\right) \sin \left(\frac{n\pi y}{b}\right) \sinh(\lambda_{mn}\, z) \tag{4.63}$$

將式 (4.58b) 之邊界條件代入式 (4.63)，得

$$f(x, y) = \sum_{m=1}^{\infty} \sum_{n=1}^{\infty} A_{mn} \sin \left(\frac{n\pi x}{a}\right) \sin \left(\frac{n\pi y}{b}\right) \sinh(\lambda_{mn}\, c) \tag{4.64}$$

此式為傅立葉正弦重級數 (double Fourier sine series)，可分解為兩個傅立葉正弦級數。將式 (4.64) 改寫為

$$f(x,\ y) = \sum_{m=1}^{\infty} S(x) \sin\left(\frac{n\pi y}{b}\right) \tag{4.65a}$$

其中　$S(x) = \sum_{n=1}^{\infty} A_{mn} \sinh(\lambda_{mn}c) \sin\left(\frac{n\pi x}{a}\right)$ $\tag{4.65b}$

由式 (4.65b)：　$A_{mn} = \dfrac{2}{a \sinh(\lambda_{mn}c)} \displaystyle\int_0^a S(x) \sin\left(\frac{n\pi x}{a}\right) dx$ $\tag{4.66a}$

由式 (4.65a)：　$S(x) = \dfrac{2}{b} \displaystyle\int_0^b f(x,\ y) \sin\left(\frac{n\pi y}{b}\right) dy$ $\tag{4.66b}$

將式 (4.66b) 代入式 (4.66a)，即得式 (4.63) 之係數：

$$A_{mn} = \frac{4}{ab \sinh(\lambda_{mn}c)} \int_0^a \left[\int_0^b f(x,\ y) \sin\left(\frac{n\pi y}{b}\right) dy\right] \sin\left(\frac{n\pi x}{a}\right) dx \tag{4.67}$$

式 (4.63) 滿足 Laplace 方程式以及所有邊界條件，故為此問題之解。

4.7.2. 極座標之 Laplace 方程式

考慮內半徑為 a 外半徑為 b 之同心圓環，若內緣與外緣之溫度為給定，試決定圓環之恆態溫度分布。此問題之控制方程式以極座標表示為

$$\frac{\partial^2 T}{\partial r^2} + \frac{1}{r}\frac{\partial T}{\partial r} + \frac{1}{r^2}\frac{\partial^2 T}{\partial \theta^2} = 0 \quad (a < r < b,\ 0 \le \theta \le 2\pi) \tag{4.68}$$

邊界條件為　$T(a,\ \theta) = f(\theta), \quad T(b,\ \theta) = g(\theta)$ $\tag{4.69}$

其中 $f(\theta)$ 與 $g(\theta)$ 為給定的函數。

設解之形式為　$T(r,\ \theta) = R(r)\ \Theta(\theta)$ $\tag{4.70}$

其中 $R(r)$ 與 $\Theta(\theta)$ 分別為變數 $r,\ \theta$ 之待定函數。

將式 (4.70) 代入式 (4.68) 得

$$r^2 R''\Theta + rR'\Theta + R\Theta'' = 0$$

此式除以 $R\Theta$ ($R\Theta \neq 0$)：

$$r^2\frac{R''}{R} + r\frac{R'}{R} = -\frac{\Theta''}{\Theta}$$

此式之左邊為 r 之函數，右邊為 θ 之函數，只有兩者皆為常數才可能成立。
　　設此待定常數為 μ^2，

$$r^2\frac{R''}{R} + r\frac{R'}{R} = -\frac{\Theta''}{\Theta} = \mu^2 \tag{4.71}$$

則原偏微分方程式分解為兩個常微分方程式：

$$r^2 R'' + rR' - \mu^2 R = 0 \tag{4.72a}$$

$$\Theta'' + \mu^2\Theta = 0 \tag{4.72b}$$

$\Theta(\theta)$ 為週期函數：　$\Theta(\theta) = \Theta(\theta + 2n\pi)$，故 $\mu = n$　($n = 0, 1, 2, \cdots$)。
　　式 (4.72b) 之解為

$$\Theta_0(\theta) = c_0 + d_0\,\theta, \quad \Theta(\theta) = c_n\cos n\theta + d_n\sin n\theta \quad (n = 1, 2, \cdots) \tag{4.73}$$

須注意：$\Theta_0(\theta) \neq \Theta_0(\theta + 2\pi)$，故 $\Theta_0(\theta)$ 僅用於非整圓之區域。

　　式 (4.72a) 為 Cauchy 常微分方程式，其解為

$$R_0(r) = a_0 + b_0\ln r; \quad R(r) = a_n r^n + b_n r^{-n} \quad (n = 1, 2, \cdots) \tag{4.74}$$

　　式 (4.68) 之解為以上分離變數解之線性組合：

$$T = A_0 + B_0\ln r + \sum_{n=1}^{\infty}[(A_n r^n + B_n r^{-n})\cos n\theta + (C_n r^n + D_n r^{-n})\sin n\theta] \tag{4.75}$$

將式 (4.69) 之邊界條件代入式 (4.75)，得

$$f(\theta) = A_0 + B_0 \ln a + \sum_{n=1}^{\infty} [(A_n \, a^n + B_n \, a^{-n}) \cos n\theta + (C_n \, a^n + D_n \, a^{-n}) \sin n\theta]$$

$$g(\theta) = A_0 + B_0 \ln b + \sum_{n=1}^{\infty} [(A_n \, b^n + B_n \, b^{-n}) \cos n\theta + (C_n \, b^n + D_n \, b^{-n}) \sin n\theta]$$

將 $f(\theta)$ 與 $g(\theta)$ 以傅立葉級數表示，得以下三組聯立方程式：

$$\begin{cases} A_0 + B_0 \ln a = \dfrac{1}{2\pi} \displaystyle\int_0^{2\pi} f(\theta) \, d\theta & (4.76a) \\[4mm] A_0 + B_0 \ln b = \dfrac{1}{2\pi} \displaystyle\int_0^{2\pi} g(\theta) \, d\theta & (4.76b) \end{cases}$$

$$\begin{cases} A_n \, a^n + B_n \, a^{-n} = \dfrac{1}{\pi} \displaystyle\int_0^{2\pi} f(\theta) \cos n\theta \, d\theta & (4.77a) \\[4mm] A_n \, b^n + B_n \, b^{-n} = \dfrac{1}{\pi} \displaystyle\int_0^{2\pi} g(\theta) \cos n\theta \, d\theta & (4.77b) \end{cases}$$

$$\begin{cases} C_n \, a^n + D_n \, a^{-n} = \dfrac{1}{\pi} \displaystyle\int_0^{2\pi} f(\theta) \sin n\theta \, d\theta & (4.78a) \\[4mm] C_n \, b^n + D_n \, b^{-n} = \dfrac{1}{\pi} \displaystyle\int_0^{2\pi} g(\theta) \sin n\theta \, d\theta & (4.78b) \end{cases}$$

以決定式 (4.75) 中的係數 $A_0, B_0; A_n, B_n; C_n, D_n$，從而求得此問題之解。

4.7.3. Poisson's 積分式

令同心圓環之內徑為零，同心圓環即為實心圓盤。設圓盤之半徑為 a，外緣之溫度為恆定：$T(a, \theta) = f(\theta)$，由於溫度在 $r \to 0$ 為有限值，故設定式 (4.75) 之係數 $B_0 = B_n = D_n = 0$，使其中的 $\ln r$ 與 r^{-n} 項不出現，則 $r < a$ 區域之恆態溫度分布為

$$T(r, \theta) = A_0 + \sum_{n=1}^{\infty} \left(\frac{r}{a}\right)^n (A_n \cos n\theta + C_n \sin n\theta) \qquad (r < a) \qquad (4.79)$$

其中
$$A_0 = \frac{1}{2\pi} \int_0^{2\pi} f(\theta)\, d\theta \qquad (4.80a)$$

$$A_n = \frac{1}{\pi} \int_0^{2\pi} f(\theta) \cos n\theta\, d\theta \qquad (4.80b)$$

$$C_n = \frac{1}{\pi} \int_0^{2\pi} f(\theta) \sin n\theta\, d\theta \qquad (4.80c)$$

令同心圓環之外徑 $b \to \infty$，同心圓環即為半徑為 a 之圓洞之外部。若內緣 $r = a$ 之溫度為恆定：$T(a, \theta) = f(\theta)$，為免溫度在 $r \to \infty$ 為無限大，必須設定式 (4.75) 之係數 $B_0 = A_n = C_n = 0$，使其中的 $\ln r$ 與 r^n 項不出現，則 $r > a$ 區域之態溫度分布為

$$T(r, \theta) = A_0 + \sum_{n=1}^{\infty} \left(\frac{a}{r}\right)^n (B_n \cos n\theta + D_n \sin n\theta) \qquad (r > a) \qquad (4.81)$$

其中
$$A_0 = \frac{1}{2\pi} \int_0^{2\pi} f(\theta)\, d\theta \qquad (4.82a)$$

$$B_n = \frac{1}{\pi} \int_0^{2\pi} f(\theta) \cos n\theta\, d\theta \qquad (4.82b)$$

$$D_n = \frac{1}{\pi} \int_0^{2\pi} f(\theta) \sin n\theta\, d\theta \qquad (4.82c)$$

將式 (4.80a, b, c) 之係數 A_0, A_n, C_n 與 $f(\theta) = T(a, \theta)$ 代入式 (4.79)，稍加整理，得

$$T(r, \theta) = \frac{1}{\pi} \int_0^{2\pi} \left[\frac{1}{2} + \sum_{n=1}^{\infty} \left(\frac{r}{a}\right)^n \cos n(\psi - \theta) \right] T(a, \psi)\, d\psi \qquad (r < a) \qquad (4.83)$$

其中之加積項可轉變為封閉形式，展示如下：

利用 Euler 公式 $\displaystyle\sum_{n=1}^{\infty}\left(\frac{r}{a}\right)^n \cos n(\psi-\theta) = Re\left\{\sum_{n=1}^{\infty}\left[\frac{r}{a}\,e^{i(\psi-\theta)}\right]^n\right\}$

Re 表示複變函數之實數部分，而加積項為等比級數，其比例

$$\left|\frac{r}{a}\,e^{i(\psi-\theta)}\right| < 1 \qquad (r < a)$$

運用 $\displaystyle\sum_{n=0}^{\infty} z^n = 1 + z + z^2 + \cdots = \frac{1}{1-z}$ $(|z| < 1)$，可將加積項表示為

$$\sum_{n=1}^{\infty}\left[\frac{r}{a}\,e^{i(\psi-\theta)}\right]^n = \frac{(r/a)\,e^{i(\psi-\theta)}}{1-(r/a)\,e^{i(\psi-\theta)}} = \frac{(r/a)\,[\cos(\psi-\theta) + i\sin(\psi-\theta)]}{1-(r/a)\,[\cos(\psi-\theta) + i\sin(\psi-\theta)]}$$

將此式有理化，實數部分為

$$Re\left\{\sum_{n=1}^{\infty}\left[\frac{r}{a}\,e^{i(\psi-\theta)}\right]^n\right\} = \frac{ar\cos(\psi-\theta) - r^2}{a^2 - 2ar\cos(\psi-\theta) + r^2}$$

將此式代入式 (4.83)，稍加整理，圓盤內部區域之恆態溫度分布得以表示為積分式：

$$T(r,\,\theta) = \frac{1}{2\pi}\int_0^{2\pi} \frac{a^2 - r^2}{a^2 - 2ar\cos(\psi-\theta) + r^2}\,T(a,\,\psi)\,d\psi \qquad (r < a) \qquad (4.84)$$

類此，可推得圓洞之外部區域之恆態溫度分布得以表示為積分式：

$$T(r,\,\theta) = \frac{1}{2\pi}\int_0^{2\pi} \frac{r^2 - a^2}{r^2 - 2ar\cos(\psi-\theta) + a^2}\,T(a,\,\psi)\,d\psi \qquad (r > a) \qquad (4.85)$$

式 (4.84) 與式 (4.85) 僅差一負號，稱之為 Poisson's 積分式。兩式表明：若在半徑為 a 的圓內部或外部之邊界值 $T(a,\,\theta)$ 為分段連續，Laplace 方程式之解 $T(r,\,\theta)$ 得以其邊界值 $T(a,\,\theta)$ 表示。第 5 章 5.23 節將說明如何運用 Poisson's 積分式，以複變函數方法解析任意單連通區域之恆態溫度分布。

4.7.4. 球面座標之 **Laplace** 方程式

Laplace 方程式以球面座標 (ρ, φ, θ) 表示為

$$\left[\frac{\partial}{\partial \rho}\left(\rho^2 \frac{\partial}{\partial \rho} \right) + \frac{1}{\sin \varphi} \frac{\partial}{\partial \varphi}\left(\sin \varphi \frac{\partial}{\partial \varphi} \right) + \frac{1}{\sin^2 \varphi} \frac{\partial^2}{\partial \theta^2} \right] T(r, \varphi, \theta) = 0 \qquad (4.86)$$

設解之形式為

$$T(r, \varphi, \theta) = R(r)\, \Phi(\varphi)\, \Theta(\theta) \qquad (4.87)$$

其中 $R(\rho), \Phi(\varphi), \Theta(\theta)$ 分別為變數 ρ, φ, θ 之待定函數。

將式 (4.87) 代入式 (4.86)，令分離變數之常數為 μ^2，可得

$$\frac{1}{R} \frac{d}{d\rho}\left(\rho^2 \frac{dR}{d\rho} \right) = -\frac{1}{\Phi \sin \varphi} \frac{d}{d\varphi}\left(\sin \varphi \frac{d\Phi}{d\varphi} \right) - \frac{1}{\Theta \sin^2 \varphi} \frac{d^2 \Theta}{d\theta^2} = \mu^2 \qquad (4.88)$$

由式 (4.88) 得

$$\frac{d}{d\rho}\left(\rho^2 \frac{dR}{d\rho} \right) - \mu^2 R = 0 \qquad (4.89a)$$

$$-\frac{1}{\Phi \sin \varphi} \frac{d}{d\varphi}\left(\sin \varphi \frac{d\Phi}{d\varphi} \right) - \frac{1}{\Theta \sin^2 \varphi} \frac{d^2 \Theta}{d\theta^2} = \mu^2 \qquad (4.89b)$$

將式 (4.89b) 分解為

$$\frac{\sin \varphi}{\Phi} \frac{d}{d\varphi}\left(\sin \varphi \frac{d\Phi}{d\varphi} \right) + \mu^2 \sin^2 \varphi = -\frac{1}{\Theta} \frac{d^2 \Theta}{d\theta^2} {}_2 = m^2 \qquad (4.89c)$$

其中 m 為待定常數。

由式 (4.89c) 得下列常微分方程式：

$$\frac{1}{\sin \varphi} \frac{d}{d\varphi}\left(\sin \varphi \frac{d\Phi}{d\varphi} \right) + \left(\mu^2 - \frac{m^2}{\sin^2 \varphi} \right) \Phi = 0 \qquad (4.89d)$$

$$\frac{d^2 \Theta}{d\theta^2} + m^2 \Theta = 0 \qquad (4.89e)$$

至此，藉分離變數，式 (4.86) 分解為式 (4.89*a*), (4.89*d*), (4.89*e*) 三個常微分方程式。式 (4.89*e*) 之解為

$$\Theta(\theta) = c_m \cos m\theta + d_m \sin m\theta \tag{4.90}$$

其中 $\Theta(\theta)$ 為週期為 2π 之週期函數，故 m 必須為整數 $m = 1, 2, 3, \cdots$。

作變數變換 $x = \cos \varphi$，設 $\mu^2 = n(n + 1)$，可將式 (4.89*d*) 轉換為 Legendre 方程式 (見第 1 章 1.1 節)：

$$(1 - x^2) \frac{d^2 \Phi}{dx^2} - 2x \frac{d\Phi}{dx} + \left[n(n + 1) - \frac{m^2}{1 - x^2} \right] \Phi = 0 \tag{4.91}$$

其解為

$$\Phi(x) = A_n P_n^{\,m}(x) + B_n Q_n^{\,m}(x) \tag{4.92}$$

其中 $P_n^m(x), Q_n^m(x)$ 為第一種與第二種 m 階副 Legendre 函數 (associated Legendre function)。

當 m 為正整數，$P_n^m(x), Q_n^m(x)$ 與 Legendre 函數 $P_n(x), Q_n(\text{x})$ 之關係為

$$P_n^m(x) = (1 - x^2)^{m/2} \frac{d^m P_n(x)}{dx^m}, \qquad Q_n^m(x) = (1 - x^2)^{m/2} \frac{d^m Q_n(x)}{dx^m} \tag{4.93}$$

在 $x = \cos \varphi = \pm 1$，即 z 軸上，第二種副 Legendre 函數 $Q_n^m(x) \to \infty$，除非 z 軸各點皆為奇異點，$Q_n^m(x)$ 必須捨棄。

當 $\mu^2 = n(n + 1)$，式 (4.89*a*) 為 Cauchy 常微分方程式：

$$\rho^2 \frac{d^2 R}{d\rho^2} + 2\rho \frac{dR}{d\rho} - n(n + 1)\, R = 0 \tag{4.94}$$

其解為 $\quad R(\rho) = a_n \rho^n + b_n \rho^{-n-1} \tag{4.95}$

綜合以上，式 (4.86) 之分解變數解為

$$T(\rho,\ \varphi,\ \theta) = \sum_{m=1}^{\infty} \sum_{n=0}^{\infty} [(A_n\ \rho^n + B_n\ \rho^{-n-1})\ P_n^m(\cos\varphi)\ \cos m\theta$$

$$+ (C_n\ \rho^n + D_n\ \rho^{-n-1})P_n^m(\cos\varphi)\ \sin m\theta] \qquad (4.96)$$

第一種副 Legendre 函數 $P_n^m(x)$ 具下列正交性：

$$\int_{-1}^{1} P_k^m(x)\ P_l^m(x)\ dx = \begin{cases} 0 & (k \neq l) \\[2mm] \dfrac{2(l+m)!}{(2l+1)\ (l-m)!} & (k = l) \end{cases} \qquad (4.97)$$

當 $m = 0$，$P_n^0(x) = P_n(x)$，式 (4.96) 與 θ 無關，諧和函數簡化為

$$T(r,\ \varphi) = \sum_{n=0}^{\infty} (A_n\ \rho^n + B_n\ \rho^{-n-1})\ P_n(\cos\varphi) \qquad (4.98)$$

此諧和函數適用於球面對稱 (spherical symmetry) 問題。

列舉 Legendre 函數之基本性質與相關公式如下：

1. 當 n 為正整數，則 $P_n(x)$ 為 n 階多項式：

$$P_n(x) = \frac{1}{2^n n!}\ \frac{d^n}{dx^n(x^2-1)^n} \qquad (4.99)$$

$$P_0(x) = 1, \qquad P_1(x) = x, \qquad P_2(x) = \frac{1}{2}(3x^2-1), \qquad P_3(x) = \frac{1}{2}(5x^3-3x) \qquad (4.100)$$

2. Legendre 函數 $P_n(x)$ 具有下列正交性：

$$\int_{-1}^{1} P_n(x)\ P_m(x)\ dx = \begin{cases} 0 & (m \neq n) \\ 2/(2n+1) & (m = n) \end{cases} \qquad (4.101)$$

3. 應用 Legendre 函數之正交性，可微函數得以 Fourier-Legendre 級數表示：

$$f(x) = \sum_{n=0}^{\infty} c_n\ P_n(x) \qquad (-1 \leq x \leq 1) \qquad (4.102)$$

其中　$c_n = \dfrac{2n+1}{2} \displaystyle\int_{-1}^{1} f(x)\, P_n(x)\, dx$　(4.103)

作變數變換　$x = \cos\varphi$，則 $-1 < x < 1 \;\Rightarrow\; 0 < \varphi < \pi$

$$f(\varphi) = \sum_{n=0}^{\infty} C_n\, P_n(\cos\varphi), \qquad C_n = \frac{2n+1}{2}\int_0^\pi f(\varphi)\, P_n(\cos\varphi)\,\sin\varphi\, d\varphi \qquad (4.104)$$

4. Legendre 函數之循環公式：

$$(n+1)\,P_{n+1}(x) = (2n+1)\,xP_n(x) - nP_{n-1}(x) \tag{4.105}$$

5. Legendre 函數之微分公式：

$$(1-x^2)\,P'_n(x) = nP_{n-1}(x) - nxP_n(x) \tag{4.106}$$

$$P'_{n+1}(x) - P'_{n-1}(x) = (2n+1)\,P_n(x) \tag{4.107}$$

以上各式可用 $x = \cos\varphi$ 變換，以 φ 表示為

$$f(\cos\varphi) = \sum_{n=0}^{\infty} c_n\, P_n(\cos\varphi) \qquad (0 \le \varphi \le \pi) \tag{4.108}$$

其中　$c_n = \dfrac{2n+1}{2} \displaystyle\int_0^\pi f(\cos\varphi)\, P_n(\cos\varphi)\,\sin\varphi\, d\varphi$　(4.109)

考慮半徑為 a 之圓球體，表面之溫度分布與 θ 無關，則球體內部之溫度亦與 θ 無關。球體對稱之 Laplace 方程式為

$$\frac{\partial}{\partial\rho}\!\left(\rho^2\,\frac{\partial T}{\partial\rho}\right) + \frac{1}{\sin\varphi}\,\frac{\partial}{\partial\varphi}\!\left(\sin\varphi\,\frac{\partial T}{\partial\varphi}\right) = 0 \quad (0<\rho<a,\; 0<\varphi<\pi) \tag{4.110}$$

設邊界條件為　$T(\rho, \varphi) = f(\varphi)$，$f(\varphi)$ 為已知函數　(4.111)

式 (4.110) 之分離變數解為式 (4.98)：

$$T(\rho, \varphi) = \sum_{n=0}^{\infty} (A_n\rho^n + B_n\rho^{-n-1})\, P_n(\cos\varphi)$$

　　溫度在 $\rho \to 0$ 為有限值，必須設定 $B_n = 0$，使式 (4.108) 的 ρ^{-n-1} 項不出現，代入式 (4.111) 之邊界條件，求得球體內部之恆態溫度分布：

$$f(\varphi) = \sum_{n=0}^{\infty} A_n\, a^n\, P_n(\cos\varphi) \qquad (\rho < a,\ 0 < \varphi < \pi) \tag{4.112}$$

利用式 (4.104) Legendre 函數之正交性，可決定其中之係數為

$$A_n = \frac{2n+1}{2a^n} \int_0^\pi f(\varphi)\, P_n(\cos\varphi)\, \sin\varphi\, d\varphi \tag{4.113}$$

習題四

1.　若 $\phi(x, y, z)$ 為 Laplace 方程式之解，證明 $\partial\phi/\partial x,\ \partial\phi/\partial y,\ \partial\phi/\partial z$ 亦為其解。

2.　證明：若 $\phi(r, \theta, z)$ 為 Laplace 方程式之解，則 $\partial\phi/\partial\theta,\ \partial\phi/\phi z$ 亦為其解，但 $\partial\phi/\partial r$ 不為其解。

3.　以分離變數法求解 $\dfrac{\partial^2\phi}{\partial r^2} + \dfrac{1}{r}\dfrac{\partial\phi}{\partial r} + \dfrac{\partial^2\phi}{\partial z^2} = 0\ (r < a,\ z \geq 0)$

　　已知 $\phi(r, 0) = 100,\ \phi(a, z) = 0$。

4.　求解扇形區域之恆態溫度分布：

$$\frac{\partial^2 T}{\partial r^2} + \frac{1}{r}\frac{\partial T}{\partial r} + \frac{1}{r^2}\frac{\partial^2 T}{\partial\theta^2} = 0 \qquad (a < r < b,\ 0 \leq \theta \leq \alpha)$$

　　邊界條件為 $T(a, \theta) = 0,\ T(b, \theta) = 0,\ T(r, 0) = 100,\ T(r, \alpha) = 100$。

5.　求在 $0 \leq x \leq l,\ 0 \leq y \leq h$ 範圍適合 $\phi(0, y) = \phi(l, y) = 0,\ \phi(x, 0) = f(x),$ $\phi(x, h) = g(x)$ 的諧和函數 $\phi(x, y)$。

6.　圓柱體內軸對軸之恆態溫度分佈之控制方程式為

$$\frac{\partial^2 T}{\partial r^2} + \frac{1}{r}\frac{\partial T}{\partial r} + \frac{\partial^2 T}{\partial z^2} = 0 \qquad (0 < r < a,\ 0 < z < h)$$

(a) 令 $T(r, z) = R(r) Z(z)$，以分離變數將此偏微分方程式分解為常微分方程式，考慮分離常數為 $\mu^2, -\mu^2, 0$ 三種情形。

(b) 設圓柱體側表面溫度分布為已知：$T(a, z) = f(z)$，上下表面溫度為零：$T(r, 0) = T(r, h) = 0$，決定恆態溫度分布 $T(r, z)$。

7. 第六題中，若圓柱體側表面溫度恆為零：$T(a, z) = 0$，上下表面溫度分布為已知 $T(r, 0) = f(r),\ T(r, h) = g(r)$，決定恆態溫度分布 $T(r, z)$。

8. Poisson's 方程式解之唯一性

Poisson's 方程式為

$$\nabla^2 \phi(r) = f(r) \qquad (r \in \Omega) \tag{4.114}$$

假設 $\phi_1(r),\ \phi_2(r)$ 兩組解皆滿足 Poisson's 方程式及邊界條件，證明不論邊界條件為 Dirichlet 型，Neumann 型或混合型，Poisson's 方程式之解為唯一。

4.8. 傳導方程式

傳導方程式的基本形式為

$$\nabla^2 \phi = \frac{1}{\alpha^2}\ \frac{\partial \phi}{\partial t} \qquad (r \in \Omega,\ t > 0) \tag{4.115}$$

傳導方程式與擴散方程式形式相同，列舉若干有關的物理問題如下：

1. 固體內熱傳導，ϕ 表示溫度分布，α^2 與固體之傳導係數，比熱及密度有關。

2. 濕氣與化學物質之擴散，污染物在洋流中之擴散等，ϕ 表示擴散物質之濃度分布，α^2 為擴散係數。

3. 導電介質中長波之傳動基本控制方程式為傳導方程式，ϕ 代表電向量之分量，α^2 與導電介質之介電常數，滲電係數及導電係數有關。

4. 渦流之擴散，ϕ 表示渦流與流速之關係，α^2 與流體之黏滯係數及密度有關。

5. 近代物理擴散方程式用於估測中子在物質內之衰減。

4.8.1. 固體內熱傳導

考慮固體之熱傳導，當外界溫度高於固體內部時，熱量進入固體遵循傅立葉熱傳導定律 (Fourier's law)，熱流速度 v 與溫度梯度 ∇T 成正比：

$$v = -K\nabla T \tag{4.116}$$

其中 K 為傳導係數，負號表示熱流由高溫至低溫，其方向與溫度 $T(r, t)$ 之方向相反。

在單位時間內由固體表面 S 進入之熱量 Q_1 為

$$Q_1 = -\oiint_S v \cdot \mathbf{n}\, dS = \oiint_S (K\nabla T) \cdot \mathbf{n}\, dS \tag{4.117}$$

其中 $\mathbf{n}$ 為固體表面之向外法線向量，負號表示熱流方向與 $\mathbf{n}$ 之方向相反。

固體在單位時間所吸收之熱量 Q_2 為

$$Q_2 = \iiint_\Omega s\rho\, \frac{\partial T}{\partial t}\, d\Omega \tag{4.118}$$

其中固體之體積為 Ω，質量密度為 ρ，比熱 s 為單位質量之物體溫度上升 1 度所需之熱量。

若固體內部無熱源 (source) 與匯點 (sink)，單位時間進入固體之熱量與固體所吸收之熱量相等：$Q_1 = Q_2$，故

$$\oiint_S (K\nabla T) \cdot \mathbf{n}\, dS = \iiint_\Omega s\rho\, \frac{\partial T}{\partial t}\, d\Omega \tag{4.119}$$

運用 Gauss 散度定理，將上式左邊之面積分變為體積分，而得

$$\iiint_\Omega \left[\nabla \cdot (K\nabla T) - s\rho\, \frac{\partial T}{\partial t} \right] d\Omega = 0 \tag{4.120}$$

此式對任意體積 Ω 恆成立，則溫度 $T(r, t)$ 必須滿足傳導方程式：

$$\nabla \cdot (K\nabla T) = s\rho \frac{\partial T}{\partial t} \qquad (\boldsymbol{r} \in \Omega, \ t > 0) \tag{4.121}$$

若固體之傳導係數不隨質點位置而變，令 $\alpha^2 = K/s\rho$ 以示 K 與 $s\rho$ 恆為正，則傳導方程式為

$$\nabla^2 T = \frac{1}{\alpha^2} \frac{\partial T}{\partial t} \qquad (\boldsymbol{r} \in \Omega, \ t > 0) \tag{4.122}$$

考慮擴散現象，設擴散物理量 (extensive quantity) 之擴散速度遵循 Fick's 擴散定律：

$$\boldsymbol{v} = -D\nabla\phi \tag{4.123}$$

其中 $\phi = \phi(\boldsymbol{r}, t)$ 為擴散物理量之濃度分布，D 為擴散係數。

類比於熱傳導，由擴散物理量之瞬時濃度平衡關係，可推得擴散方程式 (diffusion equation)：

$$\nabla^2\phi = \frac{1}{D} \frac{\partial\phi}{\partial t} \qquad (\boldsymbol{r} \in \Omega, \ t > 0) \tag{4.124}$$

其形式與傳導方程式類似。

當量 (擴散物理量) 達到穩定平衡狀態 (steady state)，溫度 (濃度) 分布與時間無關，傳導方程式 (擴散方程式) 即成為 Laplace 方程式 $\nabla^2\phi = 0$。

4.8.2. 解之唯一性

設傳導問題的邊界條件為以下三類：

1. Dirichlet 邊界條件：在邊界 S 上，待定函數為已知。

$$\phi(\boldsymbol{r}_s, t) = f(\boldsymbol{r}_s, t) \qquad (\boldsymbol{r}_s \in S) \tag{4.125a}$$

2. Neumann 邊界條件：在邊界 S 上，待定函數之正向導數為已知。

$$\frac{\partial\phi(\boldsymbol{r}_s, t)}{\partial n} = g(\boldsymbol{r}_s, t) \qquad (\boldsymbol{r}_s \in S) \tag{4.125b}$$

3. 混合邊界條件：在邊界 S_1 上，待定函數為已知，在邊界 S_2 上，待定函數之正向導數為已知，$S_1 \cup S_2 = S$。

$$\phi(\boldsymbol{r}_s, t) = f_1(\boldsymbol{r}_s, t) \quad (\boldsymbol{r}_s \in S_1), \qquad \frac{\partial \phi(\boldsymbol{r}_s, t)}{\partial n} = g(\boldsymbol{r}_s, t) \quad (\boldsymbol{r}_s \in S_2) \tag{4.125c}$$

初始條件為　$\phi(\boldsymbol{r}, 0) = h(\boldsymbol{r})$ \hfill (4.25d)

　　假設 ϕ_1, ϕ_2 兩組解皆滿足傳導方程式及問題的邊界條件與起始條件，因傳導方程式為線性，故 $\varphi(\boldsymbol{r}, t) = \phi_1(\boldsymbol{r}, t) - \phi_2(\boldsymbol{r}, t)$ 必適合傳導方程式及齊次邊界條件與初始條件：

$$\nabla^2 \varphi = \frac{1}{\alpha^2} \frac{\partial \varphi}{\partial t} \qquad (\boldsymbol{r} \in \Omega, \ t > 0) \tag{4.126}$$

Dirichlet 邊界條件：　$\varphi(\boldsymbol{r}_s, t) = 0 \qquad (\boldsymbol{r}_s \in S)$ \hfill (4.127a)

Neumann 邊界條件：　$\dfrac{\partial \varphi(\boldsymbol{r}_s, t)}{\partial n} = 0 \qquad (\boldsymbol{r}_s \in S)$ \hfill (4.127b)

混合邊界條件：　$\varphi(\boldsymbol{r}_s, t) = 0 \quad (\boldsymbol{r}_s \in S_1), \quad \dfrac{\partial \varphi(\boldsymbol{r}_s, t)}{\partial n} = 0 \quad (\boldsymbol{r}_s \in S_2)$ \hfill (4.127c)

初始條件：　$\varphi(\boldsymbol{r}, 0) = 0$ \hfill (4.127d)

由第 1 章 Gauss 散度定理之恒等式 (1.136)：

$$\iiint_\Omega (\psi \nabla^2 \varphi + \nabla \psi \cdot \nabla \varphi) \, d\Omega = \oiint_S \psi \frac{\partial \varphi}{\partial n} \, dS \tag{4.128}$$

　　令 $\psi = \varphi$，不論問題的邊界條件是式 (4.127a, b, c) 那一類，式 (4.128) 右邊之面積分皆為零，將式 (4.126) 代入，得

$$\iiint_\Omega \nabla \varphi \cdot \nabla \varphi \, d\Omega = - \iiint_\Omega \varphi \frac{1}{\alpha^2} \frac{\partial \varphi}{\partial t} \, d\Omega = -\frac{1}{2\alpha^2} \iiint_\Omega \frac{\partial}{\partial t} (\varphi^2) \, d\Omega \tag{4.129}$$

將式 (4.129) 對變數 t 積分，得

$$\int_0^t \iiint_\Omega |\nabla\varphi(r,\,t)|^2\,d\Omega\,dt = -\frac{1}{2\alpha^2}\iiint_\Omega \varphi^2(r,\,t)\,d\Omega + k \quad (t \geq 0) \tag{4.130}$$

初始條件為 $\varphi(r,\,0) = 0$，當 $t = 0$，式 (4.130) 左邊為零，右邊之積分式亦為零，故常數 $k = 0$；當 $t > 0$，式 (4.130) 左邊為正，右邊為負，體積 Ω 為任意，t 為自變數，欲此式恆成立，則必

$$\varphi(r,\,t) = \varphi_1(r,\,t) - \varphi_2(r,\,t) = 0 \quad \Rightarrow \quad \varphi_1(r,\,t) = \varphi_2(r,\,t) \tag{4.131}$$

故所假設的兩組解必相同，證明傳導方程式在式 (4.125a, b, c) 三類邊界條件與式 (4.125d) 初始條件下之解為唯一。

4.9. 以分離變數法解傳導方程式

4.9.1. 一維傳導方程式

考慮長為 l 之直桿，設兩端溫度恆為零，內部之初始溫度為 $f(x)$，試決定在時間 t 直桿之溫度分布 $\phi(x,\,t)$。

$$\frac{\partial^2\phi}{\partial x^2} = \frac{1}{\alpha^2}\frac{\partial\phi}{\partial t} \quad (0 < x < l,\ t > 0) \tag{4.132}$$

邊界條件： $\quad \phi(0,\,t) = 0,\ \phi(l,\,t) = 0$ \hfill (4.133)

初始條件： $\quad \phi(x,\,0) = f(x)$ \hfill (4.134)

設解之形式為 $\quad \phi(x,\,t) = X(x)\,T(x)$ \hfill (4.135)

其中 $X(x)$ 與 $T(t)$ 分別為變數 x, t 之待定函數。

將式 (4.135) 代入式 (4.132)，除以 $XT\,(XT \neq 0)$ 得

$$\frac{X''}{X} = \frac{1}{\alpha^2} \frac{T'}{T}$$

此式之左邊為 x 之函數，右邊為 t 之函數，只有兩者皆為常數才可能成立。

設此待定常數為 $-\mu^2$：

$$\frac{X''}{X} = \frac{1}{\alpha^2} \frac{T'}{T} = -\mu^2$$

原偏微分方程式分解為兩個常微分方程式：

$$X'' + \mu^2 X = 0, \qquad T' + \mu^2 \alpha^2 T = 0 \tag{4.136}$$

其解為　$X(x) = a_1 \cos \mu x + a_2 \sin \mu x, \qquad T(t) = b_1 e^{-\mu^2 \alpha^2 t} \tag{4.137}$

將式 (4.135) 代入式 (4.133)，邊界條件變為 $X(0) = X(l) = 0$。

欲 $X(x)$ 滿足以上邊界條件，則必

$$a_1 = 0, \quad a_2 \neq 0, \quad \sin \mu l = 0 \;\Rightarrow\; \mu_n = \frac{n\pi}{l} \quad (n = 1, 2, 3, \cdots)$$

求得直桿在時間 t 之溫度分布為

$$\phi(x, t) = \sum_{n=1}^{\infty} A_n \sin \frac{n\pi x}{l} e^{-(n\pi \alpha/l)^2 t} \tag{4.138}$$

將初始條件代入，得傅立葉正弦級數：

$$f(x) = \sum_{n=1}^{\infty} A_n \sin \frac{n\pi x}{l}$$

運用傅立葉級數係數公式，求得式 (4.138) 之係數：

$$A_n = \frac{2}{l} \int_0^l f(x) \sin \frac{n\pi x}{l} \, dx \tag{4.139}$$

式 (4.138) 表明傳導或擴散的物理量隨時間成指數衰減，衰減速率與參數 α^2 以及分離變數之常數 μ^2 有關；以分離變數法解析傳導或擴散方程式，可直接設定函數 $T(t)$ 之形式為 $e^{-\mu^2 \alpha^2 t}$ 以簡化求解過程。

4.9.2. 直角座標之傳導方程式

考慮長寬為 $a \times b$ 之平板，設四邊溫度恆為零，內部之初始溫度為 $f(x, y)$，試決定在時間 t 平板之溫度分布 $\phi(x, y, t)$。此問題的控制方程式為

$$\frac{\partial^2 \phi}{\partial x^2} + \frac{\partial^2 \phi}{\partial y^2} = \frac{1}{\alpha^2} \frac{\partial \phi}{\partial t} \qquad (0 < x < a,\ 0 < y < b) \tag{4.140}$$

邊界條件：　$\phi(0, y, t) = \phi(a, y, t) = \phi(x, 0, t) = \phi(x, b, t) = 0$ \hfill (4.141)

初始條件：　$\phi(x, y, 0) = f(x, y)$ \hfill (4.142)

設解之形式為　$\phi(x, t) = X(x)\, Y(y)\, e^{-\mu^2 \alpha^2 t}$ \hfill (4.143)

其中 $X(x)$, $Y(y)$ 分別為變數 x, y 之待定函數。

將式 (4.143) 代入式 (4.140)，除以 XY $(XY \neq 0)$ 得

$$\frac{X''}{X} + \frac{Y''}{Y} = -\mu^2 \ \Rightarrow\ \frac{X''}{X} = -\frac{Y''}{Y} - \mu^2$$

此式之左邊為 x 之函數，右邊為 y 之函數，只有兩者皆為常數才可能成立。

設此常數為 $-v^2$，則　$\dfrac{X''}{X} = -\dfrac{Y''}{Y} - \mu^2 = -v^2$

$$\Rightarrow\ X'' + v^2 X = 0, \qquad Y'' + (\mu^2 - v^2)\, Y = 0$$

式 (4.140) 藉分離變數分解為常微分方程式，其解為

$$X(x) = a_1 \cos vx + a_2 \sin vx \tag{4.144a}$$

$$Y(y) = b_1 \cos \sqrt{\mu^2 - v^2}\, y + b_2 \sin \sqrt{\mu^2 - v^2}\, y \tag{4.144b}$$

$$T(t) = c_1\, e^{-\mu^2 \alpha^2 t} \tag{4.144c}$$

將式 (4.143) 代入式 (4.141)，邊界條件變為

$$X(0) = X(a) = Y(0) = Y(b) = 0$$

欲 $X(x), Y(y)$ 滿足以上邊界條件，則必

$$a_1 = 0, \quad b_1 = 0; \quad v_m = \frac{m\pi}{a}, \quad \mu_{mn}^2 = \left(\frac{m\pi}{a}\right)^2 + \left(\frac{n\pi}{b}\right)^2 \qquad (m, n = 1, 2, 3, \cdots)$$

由此得平板之溫度分布：

$$\phi(x, y, t) = \sum_{m=1}^{\infty} \sum_{n=1}^{\infty} A_{mn} \sin \frac{m\pi x}{a} \sin \frac{n\pi y}{b} e^{-\left[\left(\frac{m\pi}{a}\right)^2 + \left(\frac{n\pi}{b}\right)^2\right]\alpha^2 t} \qquad (4.145)$$

將初始條件代入，得傅立葉正弦重級數：

$$f(x, y) = \sum_{m=1}^{\infty} \left(\sum_{n=1}^{\infty} A_{mn} \sin \frac{n\pi y}{b} \right) \sin \frac{m\pi x}{a}$$

運用傅立葉級數係數公式得

$$\sum_{n=1}^{\infty} A_{mn} \sin \frac{n\pi y}{b} = \frac{2}{a} \int_0^a f(x, y) \sin \frac{m\pi x}{a} \, dx$$

從而求得式 (4.145) 之係數如下：

$$A_{mn} = \frac{2}{b} \int_0^b \left[\frac{2}{a} \int_0^a f(x, y) \sin \frac{m\pi x}{a} \, dx \right] \sin \frac{n\pi y}{b} \, dy$$

$$= \frac{4}{ab} \int_0^b \left[\int_0^a f(x, y) \sin \frac{m\pi x}{a} \, dx \right] \sin \frac{n\pi y}{b} \, dy \qquad (4.146)$$

4.9.3. 極座標之傳導方程式

首先解析與 θ 無關的問題，考慮半徑為 a 之圓盤，設外緣之溫度為零，內部之初始溫度為 $f(r)$，試決定在時間 t 圓盤之溫度分布 $\phi(r, t)$。

以極座標表示此軸對稱問題之控制方程式與邊界條件如下：

$$\frac{\partial^2 \phi}{\partial r^2} + \frac{1}{r}\frac{\partial \phi}{\partial r} = \frac{1}{\alpha^2}\frac{\partial \phi}{\partial t} \qquad (0 < r < a) \tag{4.147}$$

邊界條件： $\phi(a,\, t) = 0$ (4.148)

初始條件： $\phi(r,\, 0) = f(r)$ (4.149)

設解之形式為　$\phi(r,\, t) = R(r)\, e^{-\mu^2 \alpha^2 t}$ (4.150)

其中 $R(r)$ 為變數 r 之待定函數。

將式 (4.150) 代入式 (4.147)，得

$$\frac{R''}{R} + \frac{1}{r}\frac{R'}{R} = -\mu^2 \;\Rightarrow\; r^2\frac{R''}{R} + r\frac{R'}{R} + \mu^2 r^2 = 0$$

此式之解為　　　　　$R(r) = a_1\, J_0(\mu r) + b_1\, Y_0(\mu r)$ (4.151)

其中 $J_0(\mu r)$ 與 $Y_0(\mu r)$ 分別為零階第一種與第二種 Bessel 函數。

溫度在 $r \to 0$ 為有限值，而 $Y_0(0) \to \infty$，故須設定式 (4.151a) 之係數 $b_1 = 0$。將式 (4.150) 代入式 (4.148)，邊界條件變為 $R(a) = 0$，因而

$$J_0(\mu a) = 0 \tag{4.152}$$

故 μa 為零階 Bessel 函數之零點 (zeros)，Bessel 函數為超越函數，有無窮個零點，$J_0(\mu a)$ 表可得前五個零點為 $\mu a = 2.405,\ 5.520,\ 8.654,\ 11.792,\ 14.931$，第 m 個零點記為 μ_m $(m = 1, 2, \cdots)$。

此問題之分離變數解為

$$\phi(r,\, \theta,\, t) = \sum_{m=1}^{\infty} A_m\, J_0(\mu_m\, r)\, e^{-\mu_m^2 \alpha^2 t} \tag{4.153}$$

將初始條件代入，得 Fourier-Bessel 級數：

$$f(r) = \sum_{m=1}^{\infty} A_m\, J_0\,(\mu_{0m}\, r)$$

運用 3.9.2 節推導的 Bessel 函數之正交性，可求得式 (4.153) 之係數：

$$A_m = \frac{2}{a^2 \left[J_1(\mu_m a) \right]^2} \int_0^a r f(r) J_0(\mu_m r) \, dr \tag{4.154}$$

其次考慮半徑為 a 之圓盤，設外緣之溫度為零，內部之初始溫度為 $f(r, \theta)$，試決定在時間 t 圓盤之溫度分布 $\phi(r, \theta, t)$。

此問題之控制方程式與邊界條件以極座標表示如下：

$$\frac{\partial^2 \phi}{\partial r^2} + \frac{1}{r} \frac{\partial \phi}{\partial r} + \frac{1}{r^2} \frac{\partial^2 \phi}{\partial \theta^2} = \frac{1}{\alpha^2} \frac{\partial \phi}{\partial t} \qquad (0 < r < a, \ 0 \le \theta \le 2\pi) \tag{4.155}$$

邊界條件：　$\phi(a, \theta, t) = 0$ \qquad\qquad (4.156)

初始條件：　$\phi(r, \theta, 0) = f(r, \theta)$ \qquad\qquad (4.157)

設解之形式為　$\phi(r, \theta, t) = R(r) \, \Theta(\theta) \, e^{-\mu^2 \alpha^2 t}$ \qquad\qquad (4.158)

其中 $R(r), \Theta(\theta)$ 分別為變數 r, θ 之待定函數。

將式 (4.150) 代入式 (4.147)，除以 $R\Theta$ $(R\Theta \ne 0)$ 得

$$\frac{R''}{R} + \frac{1}{r} \frac{R'}{R} + \frac{1}{r^2} \frac{\Theta''}{\Theta} = -\mu^2 \quad \Rightarrow \quad r^2 \frac{R''}{R} + r \frac{R'}{R} + \mu^2 r^2 = -\frac{\Theta''}{\Theta}$$

此式之左邊為 r 之函數，右邊為 θ 之函數，只有兩者皆為常數才可能成立。

設 \qquad\qquad $$r^2 \frac{R''}{R} + r \frac{R'}{R} + \mu^2 r^2 = -\frac{\Theta''}{\Theta} = v^2$$

$$\Rightarrow \quad r^2 \frac{R''}{R} + r \frac{R'}{R} + \mu^2 r^2 - v^2 = 0, \qquad \Theta'' + v^2 \Theta = 0$$

$\Theta(\theta)$ 為週期函數，取 $v = n$ $(n = 0, 1, 2, \cdots)$，故式 (4.155) 之分離變數解為

$$R(r) = a_n J_n(\mu r) + b_n Y_n(\mu r) \tag{4.159a}$$

$$\Theta(\theta) = c_n \cos n\theta + d_n \sin n\theta \tag{4.159b}$$

$$T(t) = c_1 \, e^{-\mu^2 \alpha^2 t} \tag{4.159c}$$

其中 $J_n(\mu r)$ 與 $Y_n(\mu r)$ 分別為 n 階第一種與第二種 Bessel 函數。

溫度在 $r \to 0$ 為有限值，而 $Y_n(0) \to \infty$，故須設定式 (4.159a) 之係數 $b_n = 0$。將式 (4.158) 代入式 (4.156)，邊界條件變為 $R(a) = 0$，因而

$$J_n(\mu a) = 0 \qquad (n = 0, 1, 2, \cdots) \tag{4.160}$$

故 μa 為 n 階 Bessel 函數之零點，將 $J_n(\mu a)$ $(n = 0, 1, 2, \cdots)$ 之第 m 個零點記作 μ_{nm} $(n = 0, 1, 2, \cdots; \ m = 1, 2, 3, \cdots)$。

圖 4.2 為 $J_n(x)$ $(n = 0, 1, 2, 3)$ 之圖形，$J_n(x)$ 之零點列於表 4.1。

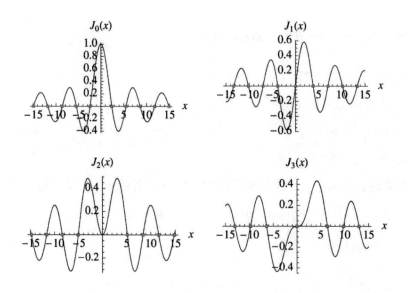

圖 4.2　Bessel 函數 $J_n(x)$ 之圖形 (摘自Wolfram MathWorld)

表 4.1　Bessel 函數 $J_n(x)$ 之零點

k	$J_0(x)$	$J_1(x)$	$J_2(x)$	$J_3(x)$	$J_4(x)$	$J_5(x)$
1	2.4048	3.8317	5.1356	6.3802	7.5883	8.7715
2	5.5201	7.0156	8.4172	9.7610	11.0647	12.3386
3	8.6537	10.1735	11.6198	13.0152	14.3725	15.7002
4	11.7915	13.3237	14.7960	16.2235	17.6160	18.9801
5	14.939	16.4706	17.9598	19.4094	20.8269	22.2178

摘自 Wolfram MathWorld。

此問題之分離變數解為

$$\phi(r, \theta, t) = \sum_{n=0}^{\infty} \sum_{m=0}^{\infty} J_n(\mu_{nm} r) (c_{nm} \cos n\theta + d_{nm} \sin n\theta) \, e^{-\mu_{nm}^2 a^2 t} \tag{4.161}$$

將初始條件代入此式，得 Fourier-Bessel 重級數：

$$f(r, \theta) = \sum_{n=0}^{\infty} \left[\sum_{m=0}^{\infty} A_{nm} J_n(\mu_{nm} r) \right] \cos n\theta + \sum_{n=0}^{\infty} \left[\sum_{m=0}^{\infty} B_{nm} J_n(\mu_{nm} r) \right] \sin n\theta$$

由傅立葉級數係數公式得

$$\sum_{m=1}^{\infty} A_{0m} J_0(\mu_{0m} r) = \frac{1}{2\pi} \int_0^{2\pi} f(r, \theta) \, d\theta \qquad (n = 0)$$

$$\sum_{m=1}^{\infty} A_{nm} J_n(\mu_{nm} r) = \frac{1}{\pi} \int_0^{2\pi} f(r, \theta) \cos n\theta d\theta \qquad (n = 1, 2, \cdots)$$

$$\sum_{m=1}^{\infty} B_{nm} J_n(\mu_{nm} r) = \frac{1}{\pi} \int_0^{2\pi} f(r, \theta) \sin n\theta \, d\theta \qquad (n = 1, 2, \cdots)$$

運用 3.9.2 節推導的 Bessel 函數之正交性，可求得式 (4.161) 之係數如下：

$$A_{0m} = \frac{2}{a^2 \left[J_1(\mu_{0m} a) \right]^2} \int_0^a r \left[\frac{1}{2\pi} \int_0^{2\pi} f(r, \theta) \, d\theta \right] J_0(\mu_{0m} r) \, dr$$

$$= \frac{1}{\pi a^2 \left[J_1(\mu_{0m} a) \right]^2} \int_0^a r J_0(\mu_{0m} r) \int_0^{2\pi} f(r, \theta) \, d\theta \, dr \tag{4.162}$$

$$\binom{A_{nm}}{B_{nm}} = \frac{2}{\pi a^2 \left[J_{n+1}(\mu_{nm} a) \right]^2} \int_0^a r \, J_n(\mu_{nm} r) \left[\int_0^{2\pi} f(r, \theta) \binom{\cos n\theta}{\sin n\theta} d\theta \right] dr \qquad (4.163)$$

4.9.4. 圓柱座標之傳導方程式

傳導方程式以圓柱座標 (r, θ, z) 表示為

$$\frac{\partial^2 \phi}{\partial r^2} + \frac{1}{r} \frac{\partial \phi}{\partial r} + \frac{1}{r^2} \frac{\partial^2 \phi}{\partial \theta^2} + \frac{\partial^2 \phi}{\partial z^2} = \frac{1}{\alpha^2} \frac{\partial \phi}{\partial t} \qquad (4.164)$$

設解之形式為 $\quad \phi(r, \theta, z, t) = R(r) \, \Theta(\theta) \, Z(z) \, e^{-\mu^2 \alpha^2 t}$ $\qquad (4.165)$

其中 $R(r), \Theta(\theta), Z(z)$ 分別為變數 r, θ, z 之待定函數。

藉分離變數，式 (4.164) 可分解為以下常微分方程式：

$$r^2 R'' + rR' + \left[(\mu^2 - v^2) \, r^2 - n^2 \right] R = 0 \qquad (4.166a)$$

$$\Theta'' + n^2 \Theta = 0 \qquad (4.166b)$$

$$Z'' + v^2 Z = 0 \qquad (4.166c)$$

其中 μ^2, v^2, n^2 為分離常數，n 為正整數。

以上各常微分方程式之解為

$$R(r) = a_1 J_n(\lambda r) + a_2 Y_n(\lambda r) \quad (\lambda = \sqrt{\mu^2 - v^2}) \qquad (4.167a)$$

$$\Theta(\theta) = b_1 \cos n\theta + b_2 \sin n\theta \qquad (4.167b)$$

$$Z(z) = c_1 \cos vz + c_2 \sin vz \qquad (4.167c)$$

由式 (4.165) 配合問題之已知條件，可求得分離變數解；然而，據此所得之解為三重無窮級數形式，實際計算時，任何無窮級數少取一項，即相當於捨棄所對應的其他無窮級數，因此收斂緩慢，並不實用。就圓柱座標而言，分離變數法多應用在軸對稱問題上。

　　考慮半徑為 a 高為 h 之圓柱體之熱傳導，設外緣溫度為零，內部初始溫度為 $f(r, z)$，則圓柱體之溫度分布 $\phi(r, z, t)$ 與 θ 無關，問題為軸對稱。

傳導方程式為

$$\frac{\partial^2 \phi}{\partial r^2} + \frac{1}{r}\frac{\partial \phi}{\partial r} + \frac{\partial^2 \phi}{\partial z^2} = \frac{1}{\alpha^2}\frac{\partial \phi}{\partial t} \qquad (0 < r < a,\ 0 < z < h) \tag{4.168}$$

邊界條件： $\quad \phi(a, z, t) = 0, \quad \phi(r, 0, t) = 0, \quad \phi(r, h, t) = 0 \tag{4.169}$

初始條件： $\quad \phi(r, z, 0) = f(r, z) \tag{4.170}$

設解之形式為 $\quad \phi(r, z, t) = R(r)\, Z(z)\, e^{-\mu^2 \alpha^2 t} \tag{4.171}$

藉分離變數，式 (4.168) 可分解為常微分方程式，其解為

$$R(r) = a_1 J_0(\lambda r) + a_2 Y_0(\lambda r) \quad (\lambda = \sqrt{\mu^2 - v^2}) \tag{4.172a}$$

$$Z(z) = c_1 \cos vz + c_2 \sin vz \tag{4.172b}$$

　　溫度在 $r \to 0$ 為有限值，而 $Y_0(0) \to \infty$，故設定式 (4.172a) 之係數 $a_2 = 0$。將式 (4.171) 代入式 (4.169)，邊界條件變為 $R(a) = 0,\ Z(0) = Z(h) = 0$，由此得

$$c_1 = 0, \quad \sin vh = 0 \quad \Rightarrow \quad v_n = \frac{n\pi}{h} \ (n = 1, 2, \cdots)$$

$$J_0(\lambda a) = 0 \qquad \lambda = \sqrt{\mu^2 - v^2} \tag{4.173}$$

故 λa 為零階 Bessel 函數之零點，將第 m 個零點記為 λ_m $(m = 1, 2, 3, \cdots)$，則 $\mu_m^2 = \lambda_m^2 + v_n^2$ $(m, n = 1, 2, \cdots)$。

此問題之分離變數解為

$$\phi(r, z, t) = \sum_{n=1}^{\infty} \sum_{m=1}^{\infty} A_{nm} J_0(\lambda_m r) \sin\frac{n\pi z}{h} e^{-(\lambda_m^2 + v_n^2)\alpha^2 t} \tag{4.174}$$

將初始條件代入此式，得 Fourier-Bessel 重級數：

$$f(r, z) = \sum_{n=1}^{\infty} \left[\sum_{m=1}^{\infty} A_{mn} J_0(\lambda_m r) \right] \sin \frac{n\pi z}{h}$$

由傅立葉級數正弦公式得

$$\sum_{m=1}^{\infty} A_{mn} J_0(\lambda_m r) = \frac{2}{h} \int_0^h f(r, z) \sin \frac{n\pi z}{h} \, dz$$

運用 Bessel 函數之正交性，可求得式 (4.174) 之係數如下：

$$A_{mn} = \frac{2}{a^2 [J_1(\lambda_m a)]^2} \int_0^a r \left[\frac{2}{h} \int_0^h f(r, z) \sin \frac{n\pi z}{h} \right] J_0(\lambda_m r) \, dr$$

$$= \frac{4}{ha^2 [J_1(\lambda_m a)]^2} \int_0^a r J_0(\lambda_m r) \int_0^h f(r, z) \sin \frac{n\pi z}{h} \, dz \, dr \qquad (4.175)$$

4.9.5. 球面座標之傳導方程式

傳導方程鄉以球面座標 (ρ, φ, θ) 表示為

$$\frac{1}{\rho^2} \frac{\partial}{\partial \rho}\left(\rho^2 \frac{\partial \varphi}{\partial r}\right) + \frac{1}{\rho^2 \sin \varphi} \frac{\partial}{\partial \varphi}\left(\sin \varphi \frac{\partial \phi}{\partial \varphi}\right) + \frac{1}{\rho^2 \sin^2 \varphi} \frac{\partial^2 \phi}{\partial \theta^2} = \frac{1}{\alpha^2} \frac{\partial \phi}{\partial t} \qquad (4.176)$$

設解之形式為

$$\phi(\rho, \varphi, \theta, t) = R(\rho) \, \Phi(\varphi) \, \Theta(\theta) \, e^{-\mu^2 \alpha^2 t} \qquad (4.177)$$

其中 $R(\rho)$, $\Phi(\varphi)$, $\Theta(\theta)$ 分別為變數 ρ, φ, θ 之待定函數。

運用分離變數，式 (4.176) 可分解為以下常微分方程式：

$$\rho^2 \frac{d^2 R}{d\rho^2} + 2\rho \frac{dR}{d\rho} + (\mu^2 \rho^2 - v^2) R = 0 \qquad (4.178a)$$

$$\frac{1}{\sin \varphi} \frac{d}{d\varphi}\left(\sin \varphi \frac{\partial \Phi}{\partial \varphi}\right) + \left(v^2 - \frac{m^2}{\sin^2 \varphi}\right) \Phi = 0 \qquad (4.178b)$$

$$\frac{d^2\Theta}{d\theta^2} + m^2\Theta = 0 \tag{4.178c}$$

作變數變換 $x = \cos\varphi$，設 $v^2 = n(n+1)$，式 (4.178b) 可轉換為 Legendre 方程式 (見第 1 章 1.1 節)：

$$(1-x^2)\frac{\partial^2\Phi}{dx^2} - 2x\frac{\partial\Phi}{dx} + \left[n(n+1) - \frac{m^2}{1-x^2}\right]\Phi = 0 \tag{4.179}$$

其解為

$$\Phi(x) = A_n P_n^m(x) + B_n Q_n^m(x) \quad (x = \cos\phi) \tag{4.180}$$

其中 $P_n^m(x)$, $Q_n^m(x)$ 分別為 n 階第一種與第二種 m 階副 Legendre 函數。若問題與 θ 無關，$m = 0$, $P_n^0(x) = P_n(x)$, $Q_n^m(x) = Q_n(x)$。

式 (4.178c) 之解為

$$\Theta(\theta) = c_m \cos m\theta + d_m \sin m\theta \tag{4.181}$$

其中 $\Theta(\theta)$ 為週期為 2π 之週期函數，故 m 必須為整數 $m = 1, 2, 3, \cdots$。

當 $v^2 = n(n+1)$，式 (4.178a) 為 Bessel 方程式，其解為

$$R(\rho) = (\mu\rho)^{-1/2} [a_n J_{n+1/2}(\mu\rho) + b_n Y_{n+1/2}(\mu\rho)] \tag{4.182}$$

其中 $J_{n+1/2}(\mu\rho)$, $Y_{n+1/2}(\mu\rho)$ 分別為 $(n + 1/2)$ 階第一種與第二種 Bessel 函數。

考慮半徑為 a 之球體之熱傳導，設表面溫度為零，內部初始溫度為 $f(\rho, \varphi)$，則球體之溫度分布與 θ 無關。

$$\frac{1}{\rho^2}\frac{\partial}{\partial r}\left(\rho^2\frac{\partial\phi}{\partial\rho}\right) + \frac{1}{\rho^2\sin\varphi}\frac{\partial}{\partial\varphi}\left(\sin\varphi\frac{\partial\phi}{\partial\varphi}\right) = \frac{1}{\alpha^2}\frac{\partial\phi}{\partial t} \tag{4.183}$$

邊界條件：　$\phi(a, \varphi, t) = 0$ \tag{4.184}

初始條件：　$\phi(\rho, \varphi, 0) = f(\rho, \varphi)$ \tag{4.185}

溫度在 $\rho \to 0$ 為有限值，而 $Y_{n+1/2}(0) \to \infty$，故令式 (4.182) 之係數 $b_n = 0$。將式 (4.177) 代入式 (4.184)，邊界條件變為 $R(a) = 0$，由此得

$$J_{n+1/2}(\mu a) = 0 \qquad (n = 1, 2, 3, \cdots) \tag{4.186}$$

其中 μa 為 $(n + 1/2)$ 階 Bessel 函數之零點，將第 m 個零點記為 μ_{nm} $(m = 1, 2, \cdots)$。

此問題之分離變數解為

$$\phi(\rho, \varphi, t) = \sum_{n=1}^{\infty} \sum_{m=1}^{\infty} A_{nm}(\mu_{nm}\,\rho)^{-1/2} J_{n+1/2}(\mu_{nm}\,\rho)\, P_n(\cos\varphi)\, e^{-\mu_{nm}^2\,\alpha^2 t} \tag{4.187}$$

此式為 Fourier-Bessel 級數與 Fourier-Legendre 級數之組合。

將初始條件代入，運用 Bessel 函數與 Legendre 函數之正交性，得式 (4.187) 之係數為

$$A_{nm} = \frac{(2n+1)\,(\mu_{nm})^{1/2}}{a^2\,[J_{n+1/2}(\mu_{nm}\,a)]^2} \int_0^a \rho^{3/2}\, J_{n+1/2}(\mu_{nm}\,\rho) \int_{-1}^{1} f(\rho, x)\, P_n(x)\, dx\, d\rho \tag{4.188}$$

習題五

1. 驗證：令 $\phi(x, t) = e^{-(ax + a^2\alpha^2 t)}\, F(x, t)$ $\quad$ (a, α 為常數)

   可將 $\nabla^2\phi + 2a\dfrac{\partial\phi}{\partial x} = \dfrac{1}{\alpha^2}\dfrac{\partial\phi}{\partial t}$ 變換為傳導方程式 $\nabla^2 F = \dfrac{1}{\alpha^2}\dfrac{\partial F}{\partial t}$

2. 考慮輻射效應之熱傳導控制方程式為

   $$\nabla^2 T + aT = \frac{1}{\alpha^2}\frac{\partial T}{\partial t}$$

   驗證：令 $\quad T(x, t) = e^{a\alpha^2 t}\, \phi(x, t)$ $\qquad$ (a, α 為常數)

   可將控制方程式變換為標準的傳導方程式 $\quad \nabla^2\phi = \dfrac{1}{\alpha^2}\dfrac{\partial\phi}{\partial t}$

3. 證明 $\quad \nabla^2\phi = \dfrac{1}{\alpha^2}\dfrac{\partial\phi}{\partial t}$ $\qquad$ $(0 < x < l, \ t > 0)$

   $\phi(0, t) = f(t)$, $\phi(l, t) = g(t)$, $\phi(x, 0) = h(x)$ 之解為唯一。

4. 將長為 l 之絕熱線彎成一圓環後，首尾連接，其傳導方程式為

$$\frac{\partial^2 \phi}{\partial x^2} = \frac{1}{\alpha^2} \frac{\partial \phi}{\partial t} \qquad (0 \leq x \leq l, \ t > 0)$$

邊界條件為 $\phi(0, t) = \phi(l, t), \ \phi_t(0, t) = \phi_t(l, t)$，初始條件為 $\phi(x, 0) = f(x)$

以分離變數法求解 $\phi(x, t)$，試問當 $t \to \infty$ 是否為溫度分布之恆態解？亦即溫度分布是否與時間無關？

5. 求解傳導方程式 $\quad \frac{\partial^2 \phi}{\partial x^2} = \frac{1}{\alpha^2} \frac{\partial \phi}{\partial t} \qquad (0 \leq x \leq \pi, \ t > 0)$

已知條件為 $\phi(0, t) = \phi(\pi, t) = 0, \ \phi(x, \infty)$ 為有限值，

$$\phi(x, 0) = \begin{cases} \pi & (0 \leq x \leq \pi/2) \\ \\ \pi - x & (\pi/2 \leq x \leq \pi) \end{cases}$$

6. 求解傳導方程式

$$\frac{\partial^2 \phi}{\partial r^2} + \frac{2}{r} \frac{\partial \phi}{\partial r} = \frac{1}{\alpha^2} \frac{\partial \phi}{\partial t} \qquad (0 \leq r \leq a, \ t > 0)$$

已知條件為 $\quad \dfrac{\partial \phi}{\partial r}\bigg|_{r=a} + \lambda \phi(a, t) = 0, \quad \phi(r, 0) = k \quad (\lambda, \ k$ 為常數$)$

7. 考慮斷面為 A 周長為 Γ 之均勻桿件之熱流現象，設斷面之溫度為 $T(x, t)$，由桿件側面輻射之熱散率為每單位面積 $\mu K(T - T_0)$，K 為桿件之熱傳導係數，T_0 為環境溫度，μ 為常數。

由桿件微元素之熱平衡，可推得控制方程式：

$$\frac{\partial}{\partial x}\left(K \frac{\partial T}{\partial x}\right) = s\rho \frac{\partial T}{\partial t} + \frac{\mu K \Gamma}{A}(T - T_0)$$

若桿件斷面為半徑為 a 之圓形，K 為常數，控制方程式為

$$\frac{\partial^2 T}{\partial x^2} = \frac{1}{\alpha^2} \frac{\partial T}{\partial t} + \frac{2\mu}{a}(T - T_0), \qquad \left(\alpha^2 = \frac{K}{s\rho}\right)$$

邊界條件為 $T(0, t) = T_0, \ T(l, t) = T_0$，初始條件為 $T(x, 0) = f(x)$

設環境溫度 T_0 為常數，令 $T(x, t) = T_0 + \phi(x, t)\, e^{-2\mu\alpha^2\, t/a}$

(a) 證明 $\phi(x, t)$ 之數學模式為

$$\frac{\partial^2 \phi}{\partial x^2} = \frac{1}{\alpha^2}\frac{\partial \phi}{\partial t}$$

邊界條件為 $\phi(0, t) = 0,\ \phi(l, t) = 0$，初始條件為 $\phi(x, 0) = f(x) - T_0$

(b) 求解 $\phi(x, t)$，進而求得桿件之溫度分布 $T(x, t)$。

4.10. 波動方程式

波動方程式為模擬自然界波動現象的控制方程式，常見於應用力學、流體力學、聲學、光學、電磁學，乃至近代物理等領域，其基本形式為

$$\nabla^2 \phi = \frac{1}{c^2}\frac{\partial^2 \phi}{\partial t^2} \quad (r \in \Omega,\ t > 0) \tag{4.189}$$

其中 ∇^2 為 Laplacian 運算子，$\varphi(r, t)$ 代表定義域 Ω 內之波形，為位置向量 r 與時間 t 之函數，係數 c 之量綱 (dimension) 與速度相同，為長度 / 時間。

以下考慮若干簡易的振動問題，其數學模式之控制方程式皆為波動方程式。

4.10.1. 弦索之振動

考慮以張力 T 拉直兩端固定的弦索之上下振動，假設弦索長度遠大於其斷面尺度；弦索兩端之張力維持一定，不受振動影響。

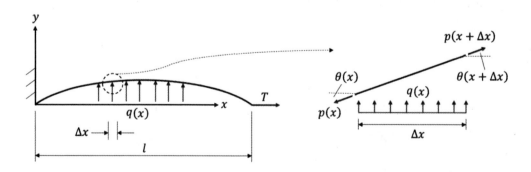

圖 4.3

如圖 4.3 所示，由弦索元素水平與垂直方向之動態平衡：

$$p(x + \Delta x, t) \cos [\theta(x + \Delta x, t)] = p(x) \cos [\theta(x), t] = T \tag{a}$$

$$p(x + \Delta x, t) \sin [\theta(x + \Delta x, t)] - p(x) \sin [\theta(x), t] - \rho \Delta s \ddot{y} + q(x, t) \Delta s = 0 \tag{b}$$

式 (b) 除以式 (a) 之對應項：

$$\frac{\tan [\theta(x + \Delta x, t)] - \tan [\theta(x, t)]}{\Delta s} = \frac{\rho}{T} \frac{\partial^2 y}{\partial t^2} - \frac{q(x, t)}{T} \tag{c}$$

令 $\Delta s \to 0$，式 (c) 左邊為

$$\lim_{\Delta s \to 0} \frac{\tan [\theta(x + \Delta x, t)] - \tan[\theta(x, t)]}{\Delta s} = \lim_{\Delta s \to 0} \frac{\tan [\theta(x + \Delta x, t)] - \tan[\theta(x, t)]}{\Delta x} \frac{\Delta x}{\Delta s}$$

$$= \frac{\partial(\tan\theta)}{\partial x} \frac{\partial x}{\partial s} = \frac{\partial(\tan\theta)}{\partial \theta} \frac{\partial \theta}{\partial x} \frac{\partial x}{\partial s} = \sec^2\theta \frac{\partial}{\partial x} \tan^{-1}\left(\frac{\partial y}{\partial x}\right) \frac{\partial x}{\partial d}$$

$$= [1 + (\partial y/\partial x)^2] \frac{\partial^2 y/\partial x^2}{[1 + (\partial y/\partial x)^2]} \frac{1}{[1 + (\partial y/\partial x)^2]^{1/2}} = \frac{\partial^2 y/\partial x^2}{[1 + (\partial y/\partial x)^2]^{1/2}}$$

故得控制方程式：

$$\frac{\partial^2 y/\partial x^2}{[1 + (\partial y/\partial x)^2]^{1/2}} = \frac{\rho}{T} \frac{\partial^2 y}{\partial t^2} - \frac{q(x, t)}{T} \tag{4.190}$$

考慮弦索之自由振動與微小變形，$q(x, t) = 0, \partial y/\partial x \ll 1$，則式 (4.190) 可線性化為典型的一維波動方程式：

$$\frac{\partial^2 y}{\partial x^2} = \frac{1}{c^2} \frac{\partial^2 y}{\partial t^2} \quad \left(c^2 = \frac{T}{\rho}\right) \quad (0 < x < l, \, t > 0) \tag{4.191}$$

若弦索兩端固定，開始時弦索形狀與速度為已知，則

邊界條件為 $\quad y(0, t) = 0, \quad y(l, t) = 0$

初始條件為 $\quad y(x, 0) = f(x), \quad (\partial y/\partial t)_{t=0} = g(x)$

4.10.2. 長桿之軸向自由振動

考慮斷面積為 A，單位質量為 ρ 之均勻長桿之軸向自由振動，如圖 4.4 所示。

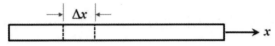

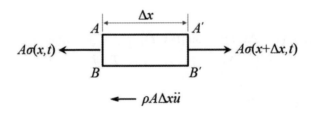

圖 4.4

在時間 t，座標 x 斷面之軸向應力為 $\sigma(x, t)$，位移為 $u(x, t)$；座標 $x + \Delta x$ 之軸向應力為 $\sigma(x + \Delta x, t)$，位移為 $u(x + \Delta x, t)$。由長桿元素軸向之動態平衡：

$$A\sigma(x + \Delta x, t) - A\sigma(x, t) - \rho A \Delta x \frac{\partial^2 u}{\partial t^2} = 0$$

$$\Rightarrow \quad \lim_{\Delta x \to 0} \frac{\sigma(x + \Delta x, t) - \sigma(x, t)}{\Delta x} = \frac{\partial \sigma}{\partial x} = \rho \frac{\partial^2 u}{\partial t^2} \qquad (d)$$

軸向應變為 $\quad \varepsilon = \lim_{\Delta x \to 0} \frac{u(x + \Delta x, t) - (x, t)}{\Delta x} = \frac{\partial u}{\partial x}$

將彈性材料之單軸應力應變關係 $\sigma = E\varepsilon = E\partial u/\partial x$ 代入式 (d)，長桿之軸向自由振動的控制方程式為一維波動方程式：

$$\frac{\partial^2 u}{\partial x^2} = \frac{1}{c^2} \frac{\partial^2 u}{\partial t^2} \quad (c^2 = E/\rho) \qquad (4.192)$$

其中 $c^2 = E/\rho$，以示 E 與 ρ 恆為正，楊氏係數 E 之量綱為 $[FL^{-2}]$，單位質量 ρ 之量綱為 $[FL^{-4}T^2]$，故 E/ρ 之量綱為 $[L^2T^{-2}]$，則參數 c 之量綱與速度相同，皆為 $[LT^{-1}]$ (長度 / 時間)。

4.10.3. 薄膜振動

考慮周圍固定的彈性薄膜之上下振動，如圖 4.5 所示，假設薄膜之厚度遠於平面尺度；周圍之張力 T 維持一定，不受振動影響。

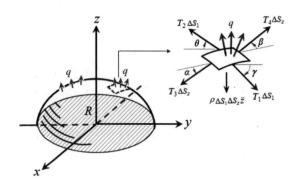

圖 4.5

考慮薄膜元素平面雙向以及垂直方向之動態平衡：

$$T_3 \cos \alpha = T_4 \cos \beta = T \tag{a}$$

$$T_1 \cos \gamma = T_2 \cos \theta = T \tag{b}$$

$$(T_4 \Delta s_2) \sin \beta - (T_3 \Delta s_2) \sin \alpha + (T_2 \Delta s_1) \sin \theta$$
$$- (T_1 \Delta s_1) \sin \gamma - \rho \Delta s_1 \Delta s_2 \ddot{z} + q \Delta s_1 \Delta s_2 = 0 \tag{c}$$

其中 $\alpha, \beta, \gamma, \theta$ 與 T_1, T_2, T_3, T_4 皆為位置與時間之函數。

式 (c) 除以式 (a) (b) 之對應項：

$$\frac{\tan \beta - \tan \alpha}{\Delta s_1} + \frac{\tan \theta - \tan \gamma}{\Delta s_2} = \frac{\rho}{T} \frac{\partial^2 z}{\partial t^2} - \frac{q}{T} \tag{d}$$

令 $\Delta s_1, \Delta s_2 \to 0$，可導得式 (d) 左邊兩項分別為

$$\lim_{\Delta s_1 \to 0} \frac{\tan \beta - \tan \alpha}{\Delta s_1} = \frac{\partial^2 z/\partial x^2}{[1 + (\partial z/\partial x)^2]^{1/2}}$$

$$\lim_{\Delta s_2 \to 0} \frac{\tan \theta - \tan \gamma}{\Delta s_2} = \frac{\partial^2 z/\partial y^2}{[1 + (\partial z/\partial y)^2]^{1/2}}$$

故式 (d) 成為

$$\frac{\partial^2 z/\partial x^2}{[1 + (\partial z/\partial x)^2]^{1/2}} + \frac{\partial^2 z/\partial y^2}{[1 + (\partial z/\partial y)^2]^{1/2}} = \frac{\rho}{T} \frac{\partial^2 z}{\partial t^2} - \frac{q}{T} \tag{4.193}$$

考慮薄膜之自由振動與微小變形，$q(x, t) = 0$, $\partial z/\partial x << 1$, $\partial z/\partial y << 1$，則式 (4.193) 可線性化為典型的二維波動方程式：

$$\nabla^2 z = \frac{\partial^2 z}{\partial x^2} + \frac{\partial^2 z}{\partial y^2} = \frac{1}{c^2} \frac{\partial^2 z}{\partial t^2} \qquad (c^2 = T/\rho) \tag{4.194}$$

二維波動方程式以極座標表示為

$$\frac{\partial^2 z}{\partial r^2} + \frac{1}{r} \frac{\partial z}{\partial r} + \frac{1}{r^2} \frac{\partial^2 z}{\partial \theta^2} = \frac{1}{c^2} \frac{\partial^2 z}{\partial t^2} \tag{4.195}$$

4.10.4. 解之唯一性

設波動問題的邊界條件為以下三類：

1. Dirichlet 邊界條件：在邊界 S 上，待定函數為已知。

$$\phi(r_s, t) = f(r_s, t) \qquad (r_s \in S) \tag{4.196a}$$

2. Neumann 邊界條件：在邊界 S 上，待定函數之正向導數為已知。

$$\frac{\partial \phi}{\partial n}(r_s, t) = g(r_s, t) \qquad (r_s \in S) \tag{4.196b}$$

3. 混合邊界條件：在邊界 S_1 上，待定函數為已知，在邊界 S_2 上，待定函數之正
   向導數為已知，$S_1 \cup S_2 = S$。

$$\phi(r_s, t) = f(r_s, t) \quad (r_s \in S_1), \qquad \frac{\partial \phi}{\partial n}(r_s, t) = g(r_s, t) \quad (r_s \in S_2) \qquad (4.196c)$$

初始條件為　$\phi(r, 0) = h_1(r), \quad \dfrac{\partial \phi}{\partial t}(r, 0) = h_2(r)$ \hfill (4.196d)

　　假設 ϕ_1, ϕ_2 兩組解皆滿足波動方程式及問題的邊界條件與初始條件，因波動
方程式為線性，故 $\varphi(r, t) = \phi_1(r, t) - \phi_2(r, t)$ 必適合以下波動方程式及齊次邊界條
件與初始條件：

$$\nabla^2 \varphi = \frac{1}{c^2} \frac{\partial^2 \varphi}{\partial t^2} \qquad (r \in \Omega, \ t > 0) \qquad (4.197)$$

Dirichlet 邊界條件：　$\varphi(r_s, t) = 0 \qquad (r_s \in S)$ \hfill (4.198a)

Neumann 邊界條件：　$\dfrac{\partial \varphi(r_s, t)}{\partial n} = 0 \qquad (r_s \in S)$ \hfill (4.198b)

混合邊界條件：　$\varphi(r_s, t) = 0 \quad (r_s \in S_1), \qquad \dfrac{\partial \varphi(r_s, t)}{\partial n} = 0 \quad (r_s \in S_2)$ \hfill (4.198c)

初始條件為　$\varphi(r, 0) = 0, \quad \dfrac{\partial \varphi}{\partial t}(r, 0) = 0$ \hfill (4.198d)

令向量恒等式　$\nabla \cdot (\psi \Delta \varphi) = \psi \nabla^2 \varphi + \nabla \varphi \cdot \nabla \psi$ 　中　$\psi = \dfrac{\partial \varphi}{\partial t}$，則

$$\frac{\partial \varphi}{\partial t} \nabla^2 \varphi = \nabla \cdot \left(\frac{\partial \varphi}{\partial t} \nabla \varphi \right) - \nabla \varphi \cdot \nabla \left(\frac{\partial \varphi}{\partial t} \right) = \nabla \cdot \left(\frac{\partial \varphi}{\partial t} \nabla \varphi \right) - \frac{1}{2} \frac{\partial}{\partial t} (\nabla \varphi \cdot \nabla \varphi)$$

$$\Rightarrow \quad \frac{\partial \varphi}{\partial t} \nabla^2 \varphi = \nabla \cdot \left(\frac{\partial \varphi}{\partial t} \nabla \varphi \right) - \frac{1}{2} \frac{\partial}{\partial t} |\nabla \varphi|^2 \qquad (4.199)$$

將式 (4.197) 乘以 $\partial\varphi/\partial t$：

$$\frac{\partial\varphi}{\partial t}\,\nabla^2\varphi = \frac{\partial\varphi}{\partial t}\Big(\frac{1}{c^2}\,\frac{\partial^2\varphi}{\partial t^2}\Big) = \frac{1}{2}\,\frac{\partial}{\partial t}\Big(\frac{1}{c}\,\frac{\partial\varphi}{\partial t}\Big)^2 \tag{4.200}$$

代入式 (4.199)，作體積分得

$$\iiint_\Omega \Big[\nabla\cdot\Big(\frac{\partial\varphi}{\partial t}\,\nabla\varphi\Big) - \frac{1}{2}\,\frac{\partial}{\partial t}\,|\nabla\phi|^2\Big]\,d\Omega = \iiint_\Omega \frac{1}{2}\,\frac{\partial}{\partial t}\Big(\frac{1}{c}\,\frac{\partial\varphi}{\partial t}\Big)^2\,d\Omega \tag{4.201}$$

由 Gauss 散度定理：

$$\iiint_\Omega \nabla\cdot\Big(\frac{\partial\varphi}{\partial t}\,\nabla\varphi\Big)\,d\Omega = \oiint_s \frac{\partial\varphi}{\partial t}\,\nabla\varphi\cdot\mathbf{n}\,dS = \oiint_s \frac{\partial\varphi}{\partial t}\,\frac{\partial\varphi}{\partial n}\,dS$$

則式 (4.201) 成為

$$\frac{1}{2}\,\frac{\partial}{\partial t}\iiint_\Omega \Big[\Big(\frac{1}{c}\,\frac{\partial\varphi}{\partial t}\Big)^2 + |\nabla\varphi|^2\Big]\,d\Omega = \oiint_s \frac{\partial\varphi}{\partial t}\,\frac{\partial\varphi}{\partial n}\,dS \tag{4.202}$$

若在邊界上 $\varphi(r_s,\,t) = 0$，則 $\partial\varphi(r_s,\,t)/\partial t = 0$，不論問題的邊界條件是式 (4.198$a,\,b,\,c$) 那一類，式 (4.202) 右邊之面積分皆為零，故式 (4.202) 左邊之體積分必與 t 無關，則

$$\iiint_\Omega \Big[\Big(\frac{1}{c}\,\frac{\partial\varphi(r,\,t)}{\partial t}\Big)^2 + |\nabla\varphi(r,\,t)|^2\Big]\,d\Omega = k\,(\text{常數}) \qquad (t\geq 0) \tag{4.203}$$

其中 Ω 為任意，$\varphi(r,\,t)$ 之初始條件為 $\varphi(r,\,0) = 0$, $\partial\varphi(r,\,0)/\partial t = 0$；當 $t = 0$，式 (4.203) 左邊為零，故常數 $k = 0$，則

$$\iiint_\Omega \Big(\frac{1}{c}\,\frac{\partial\varphi(r,\,t)}{\partial t}\Big)^2\,d\Omega = -\iiint_\Omega |\nabla\varphi\,(r,\,t)|^2\,d\Omega \quad (t > 0) \tag{4.204}$$

此式左邊為正，右邊為負，體積 Ω 為任意，t 為自變數，欲此式恆成立，則必

$$\varphi(r,\,t) = \phi_1(r,\,t) - \phi_2(r,\,t) = 0 \quad\Rightarrow\quad \phi_1\,(r,\,t) = \phi_2\,(r,\,t) \tag{4.205}$$

故所假設的兩組解必相同，證明波動方程式在式 (4.196*a, b, c*) 三類邊界條件與式 (4.196*d*) 初始條件下之解為唯一。

4.11. 以分離變數法解波動方程式

4.11.1. 一維波動方程式

弦索之自由振動之控制方程式為

$$\frac{\partial^2 \phi}{\partial x^2} = \frac{1}{c^2} \frac{\partial^2 \phi}{\partial t^2} \qquad (0 < x < l, \ t > 0) \tag{4.206}$$

邊界條件： $\phi(0, t) = 0, \quad \phi(l, t) = 0$ (4.207)

初始條件： $\phi(x, 0) = f(x), \quad \left(\dfrac{\partial \phi}{\partial t}\right)_{t=0} = g(x)$ (4.208)

設解之形式為 $\phi(x, t) = X(x)\, T(t)$ (4.209)

其中 $X(x)$ 與 $T(t)$ 分別為變數 x, t 之待定函數。

將式 (4.209) 代入式 (4.206)，除以 XT $(XT \neq 0)$ 得

$$\frac{X''}{X} = \frac{1}{c^2} \frac{T''}{T}$$

此式之左邊為 x 之函數，右邊為 t 之函數，只有兩邊皆為常數才可能成立。

設此待定常數為 $-\mu^2$，

$$\frac{X''}{X} = \frac{1}{c^2} \frac{T''}{T} = -\mu^2$$

則式 (4.206) 分解為兩個常微分方程式：

$$X'' + \mu^2 X = 0, \qquad T'' + \mu^2 c^2 T = 0 \tag{4.210}$$

式 (4.210) 之解為　$X(x) = a_1 \cos \mu x + a_2 \sin \mu x$　　　　　　　(4.211a)

$$T(t) = b_1 \cos \mu ct + b_2 \sin \mu ct \qquad (4.211b)$$

將式 (4.209) 代入式 (4.207)，邊界條件變為 $X(0) = 0$, $X(l) = 0$。欲 $X(x)$ 滿足此邊界條件，則必

$$a_1 = 0, \quad a_2 \neq 0, \quad \sin \mu l = 0 \ \Rightarrow \ \mu_n = \frac{n\pi}{l} \quad (n = 1, 2, 3, \cdots)$$

$$\therefore \ X(x) = a_2 \sin \frac{n\pi x}{l} \qquad (n = 1, 2, 3, \cdots)$$

故此問題之分離變數解為

$$\phi(x,\, t) = \sum_{n=1}^{\infty} \left(A_n \cos \frac{n\pi ct}{l} + B_n \sin \frac{n\pi ct}{l} \right) \sin \frac{n\pi x}{l} \qquad (4.212)$$

將初始條件代入，得傅立葉正弦級數：

$$f(x) = \sum_{n=1}^{\infty} A_n \sin \frac{n\pi x}{l}, \qquad g(x) = \sum_{n=1}^{\infty} B_n \frac{n\pi c}{l} \sin \frac{n\pi x}{l}$$

運用傅立葉級數係數公式，求得式 (4.212) 之係數：

$$A_n = \frac{2}{l} \int_0^l f(x) \sin \frac{n\pi x}{l} \, dx, \qquad B_n = \frac{2}{n\pi c} \int_0^l g(x) \sin \frac{n\pi x}{l} \, dx \qquad (4.213)$$

式 (4.212) 可改寫為

$$\phi(x,\, t) = \sum_{n=1}^{\infty} \sqrt{A_n^2 + B_n^2} \sin \left(\frac{n\pi ct}{l} + \varphi \right) \sin \frac{n\pi x}{l} \qquad (4.214)$$

此式表明弦索自由振動之波為正弦波，週期為 $2l/c$，基本頻率為 $c/(2l)$，振幅為 $\sqrt{A_n^2 + B_n^2}$，相位角為 $\varphi = \tan^{-1}(A_n/B_n)$，參數 c 之量綱與速度相同。

求解過程中，若設分離變數之常數為 μ^2 而非 $-\mu^2$，據此得常微分方程式：

$$X'' - \mu^2 X = 0, \qquad T'' - \mu^2 c^2 T = 0$$

其解為　$X(x) = a_1 e^{\mu x} + a_2 e^{-\mu x}$,　　$T(t) = b_1 e^{\mu ct} + b_2 e^{-\mu ct}$

$X(x)$ 須適合邊界條件 $X(0) = 0, \quad X(l) = 0$，由此得

$$a_1 = -a_2, \quad e^{\mu l} = e^{-\mu l} \quad \Rightarrow \quad \mu = 0 \quad \Rightarrow \quad X(x) = 常數$$

顯然無法滿足初始條件，所以假設分離變數之常數為 μ^2，不能求得問題之解。若假設分離變數之常數為 0，亦不能求得問題之解。

例：設弦索初始之中點位移為 h，由靜止開始振動，則

$$\phi(x, 0) = f(x) = \begin{cases} 2hx/l & (0 < x < l/2) \\ \\ 2h(l-x)/l & (l/2 < x < l) \end{cases} \qquad \left(\frac{\partial\phi}{\partial t}\right)_{t=0} = g(x) = 0$$

代入式 (4.213) 得

$$A_n = \frac{2}{l}\left[\int_0^{l/2}\frac{2hx}{l}\sin\frac{n\pi x}{l}\,dx + \int_{l/2}^l\frac{2h(l-x)}{l}\sin\frac{n\pi x}{l}\,dx\right] = \frac{8h}{n^2\pi^2}\sin\frac{n\pi}{2}, \quad B_n = 0$$

$$\phi(x, t) = \frac{8h}{n^2\pi^2}\sum_{n=1}^{\infty}\frac{1}{n^2}\sin\frac{n\pi}{2}\cos\frac{n\pi ct}{l}\sin\frac{n\pi x}{l}$$

$$= \frac{8h}{\pi^2}\left[\sin\frac{\pi x}{l}\cos\frac{\pi ct}{l} - \frac{1}{3^2}\sin\frac{3\pi x}{l}\cos\frac{3\pi ct}{l} + \frac{1}{5^2}\sin\frac{5\pi x}{l}\cos\frac{5\pi ct}{l} - \cdots\right]$$

第 4.5 節由一維波動方程式之 d'Alembert 通解求得之解為式 (4.35)，而以分離變數求得之解為式 (4.212)，兩者形式大不相同，以下證明兩者實則為一。

將式 (4.212) 表示為

$$\phi(x, t) = \sum_{n=1}^{\infty}\left(A_n\cos\frac{n\pi ct}{l}\sin\frac{n\pi x}{l}\right) + \sum_{n=1}^{\infty}B_n\sin\frac{n\pi ct}{l}\sin\frac{n\pi x}{l}$$

$$= \frac{1}{2}\left[\sum_{n=1}^{\infty}A_n\sin\frac{n\pi(x+ct)}{l} + \sum_{n=1}^{\infty}A_n\sin\frac{n\pi(x-ct)}{l}\right]$$

$$+ \frac{1}{2}\left[\sum_{n=1}^{\infty}B_n\cos\frac{n\pi(x-ct)}{l} - \sum_{n=1}^{\infty}B_n\cos\frac{n\pi(x+ct)}{l}\right] \qquad (4.215)$$

式 (4.215) 右邊第二項可改寫為

$$\frac{1}{2}\left[\sum_{n=1}^{\infty} B_n \cos\frac{n\pi(x-ct)}{l} - \sum_{n=1}^{\infty} B_n \cos\frac{n\pi(x+ct)}{l}\right]$$

$$= \frac{1}{2}\sum_{n=1}^{\infty}\frac{B_n l}{n\pi}\int_{x-ct}^{x+ct}\sin\frac{n\pi\xi}{l}\,d\xi = \frac{1}{2c}\int_{x-ct}^{x+ct}\sum_{n=1}^{\infty} C_n \sin\frac{n\pi\xi}{l}\,d\xi, \quad C_n \equiv \frac{cl}{n\pi}B_n$$

將週期為 $2l$ 之奇函數表示為傅立葉正弦級數:

$$F_x(x) = \sum_{n=1}^{\infty} A_n \sin\frac{n\pi x}{l}, \qquad G_s(x) = \sum_{n=1}^{\infty} C_n \sin\frac{n\pi x}{l}$$

將以上各式代入式 (4.215),得

$$\varphi(x,\,t) = \frac{1}{2}\left[F_s(x+ct) + F_s(x-ct)\right] + \frac{1}{2c}\int_{x-ct}^{x+ct} G_s(\xi)\,d\xi$$

此式即式 (4.35),證明式 (4.212) 與式 (4.35) 為一體兩面。

設式 (4.208) 之 $f(x) = x + 1$, $g(x) = 2x$,與第 4.5 節 d'Alembert 解所設之初始條件相同,由式 (4.213) 求得分離變數解之係數為

$$A_n = \frac{2}{l}\int_0^l (x+1) \sin\frac{n\pi x}{l}\,dx = \frac{2}{n\pi}\left[1 - (-1)^n(1+l)\right]$$

$$B_n = \frac{2}{n\pi c}\int_0^l 2x \sin\frac{n\pi x}{l}\,dx = \frac{4l^2}{c(n\pi)^2}(-1)^{n+1}$$

將 A_n, B_n 代入式 (4.212),求得問題之分離變數解:

$$\phi(x,\,t) = \frac{2}{\pi}\sum_{n=1}^{\infty}\frac{1}{n}\left[1 - (-1)^n(1+l)\right]\sin\frac{n\pi x}{l}\cos\frac{n\pi ct}{l}$$

$$+ \frac{4l^2}{c\pi^2}\sum_{n=1}^{\infty}\frac{(-1)^{n+1}}{n^2}\sin\frac{n\pi x}{l}\sin\frac{n\pi ct}{l}$$

此式與式 (4.35) 所表示的 d'Alembert 解完全相同;證實:若數學模式之解為唯一,不致因採用的方法不同而得到不同的解。

習題六

1. 驗證：令 $\phi = e^{-(ax+by)} F(x, y)$，$a, b$ 為常數，可將

$$\nabla^2 \phi + 2a \frac{\partial \phi}{\partial x} + 2b \frac{\partial \phi}{\partial y} = 0 \quad 變換為 \quad \nabla^2 F = (a^2 + b^2) F$$

2. 設弦之單位長度質量為 ρ，張力為 ρc^2，其初始形狀如圖 4.6(a) 與圖 4.6(b) 所示，考慮弦由靜止開始之自由振動。

   (a) 以函數表示圖 4.6(a) 與圖 4.6(b) 弦之形狀。

   (b) 寫出問題的邊界條件與初始條件。

   (c) 決定弦自由振動之頻率與振幅。

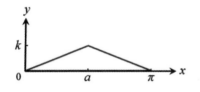

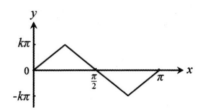

圖 4.6(a)　　　　　　　　　　　　　　圖 4.6(b)

3. 根據 Euler 梁之彎曲假設，梁之自由振動方程式為

$$\frac{\partial^4 y}{\partial x^4} + \frac{1}{\alpha^2} \frac{\partial^2 y}{\partial t^2} = 0, \qquad \alpha^2 = \frac{EI}{\rho A} \qquad (0 \le x \le l,\ t > 0)$$

   其中 EI 為梁之抗彎勁度，ρ 為梁之單位長度質量，A 為梁之斷面。

   設兩端為簡支承，邊界條件為 $y(0, t) = y(l, t) = 0;\quad y_{xx}(0, t) = y_{xx}(l, t) = 0$；梁由靜止開始振動，梁之初始撓度為 $y(x, 0) = f(x)$，求解 $y(x, t)$。

4. 考慮鋁製長桿之軸向振動，起始時各質點之振動速率為 $\sin x$，位移為零。設鋁之楊式係數為 10×10^6 psi，單位質量為 0.096 lb/in^3，試求振動時之波速，位移與各點應力。

5. 根據弦之自由振動數學模式，說明均勻弦索之自然頻率為

$$f_n = \frac{n}{2l} \sqrt{\frac{T}{\rho}} \quad (n = 1, 2, 3, \cdots)$$

其中 l 為弦長，T 為弦之張力，ρ 為單位長度質量。若將張力調為 2 倍，試問對弦之基本音調之影響，為何彈奏者常藉手壓調整弦長？

6. $\dfrac{\partial^2 \phi}{\partial x^2} = \dfrac{1}{c^2} \dfrac{\partial^2 \phi}{\partial t^2}$ $(-\infty \le x \le \infty, t > 0)$, $\quad \phi(x, 0) = f(x)$, $\quad \phi_t(x, 0) = 0$

證明：若 $f(x) = f(-x)$，則 $\quad \phi(x, t) = \phi(-x, t)$。
若 $f(x) = -f(-x)$，則 $\quad \phi(x, t) = -\phi(-x, t)$。

7. 求解 $\dfrac{\partial^2 \phi}{\partial x^2} = \dfrac{1}{c^2} \dfrac{\partial^2 \phi}{\partial t^2}$ $(0 \le x \le \pi, t > 0)$

邊界條件為 $\phi(0, t) = 0$, $\quad \phi(l, t) = 0$

初始條件為 $\phi(x, 0) = \begin{cases} \sin x & 0 < x < \pi/2 \\ \\ 0 & \pi/2 < x < \pi \end{cases}$ $\qquad \phi_t(x, 0) = 0$

8. 考慮阻尼影響之弦索振動，假設阻尼與振動速度成正比，阻尼係數為 $2b$，即阻尼力為 $-2by(x, t)$，試推導其數學模式，決定振動時，弦索任一點之傾角 $\partial y/\partial x$, 與張力 $p(x, t)$。

9. 在弦索振動問題中，若點 $x = c$ 有一集中載重 P 作用，考慮點 $x = c$ 之連續條件與垂直力平衡，試推導其數學模式。

10. 在弦索振動問題中，若點 $x = c$ 有一集中質量 M，試推導其數學模式。

4.11.2. 直角座標之波動方程式

考慮長寬為 $a \times b$ 之矩形薄膜之自由振動，初始時薄膜之形狀與速度分別以函數 $f(x, y), g(x, y)$ 表示。

此問題之控制方程式為

$$\frac{\partial^2 \phi}{\partial x^2} + \frac{\partial^2 \phi}{\partial y^2} = \frac{1}{c^2} \frac{\partial^2 \phi}{\partial t^2} \qquad (0 < x < a,\ 0 < y < b) \tag{4.216}$$

邊界條件：　$\phi(0, y, t) = \phi(a, y, t) = \phi(x, 0, t) = \phi(x, b, t) = 0$ \qquad (4.217)

初始條件：　$\phi(x, y, 0) = f(x, y), \quad (\partial\phi/\partial t)_{t=0} = g(x, y)$ \qquad (4.218)

設解之形式為　$\phi(x, y, t) = X(x)\, Y(y)\, T(t)$ \qquad (4.219)

其中 $X(x),\ Y(y),\ T(t)$ 分別為自變數 x, y, t 之待定函數。

將式 (4.219) 代入式 (4.216)，藉分離變數得常微分方程式如下：

$$X'' + \mu^2 x = 0, \qquad Y'' + (\mu^2 - \nu^2)\, X = 0, \qquad T'' + \mu^2 c^2 T = 0 \tag{4.220}$$

以上常微分方程式之解為

$$X(x) = a_1 \cos \mu x + a_2 \sin \mu x \tag{4.221a}$$

$$Y(y) = b_1 \cos \sqrt{\mu^2 - \nu^2}\, y + b_2 \sin \sqrt{\mu^2 - \nu^2}\, y \tag{4.221b}$$

$$T(t) = c_1 \cos \mu ct + c_2 \sin \mu ct \tag{4.221c}$$

將式 (4.219) 代入式 (4.217)，邊界條件變為

$$X(0) = X(a) = Y(0) = Y(b) = 0$$

令 $X(x),\ Y(y)$ 滿足以上邊界條件，得

$$a_1 = 0, \quad b_1 = 0; \quad \nu_n = \frac{n\pi}{a}, \quad \mu_{mn}^2 = \left(\frac{n\pi}{a}\right)^2 + \left(\frac{m\pi}{b}\right)^2 \quad (m, n = 1, 2, 3, \cdots)$$

由此得

$$\phi(x, y, t) = \sum_{m=1}^{\infty} \sum_{n=1}^{\infty} (A_{mn} \cos \mu_{mn} ct + B_{mn} \sin \mu_{mn} ct) \sin \frac{m\pi x}{a} \sin \frac{n\pi y}{b} \qquad (4.222)$$

將初始條件代入,得以下傅立葉正弦重級數:

$$f(x, y) = \sum_{m=1}^{\infty} \left(\sum_{n=1}^{\infty} A_{mn} \sin \frac{n\pi y}{b} \right) \sin \frac{m\pi x}{a}$$

$$g(x, y) = \sum_{m=1}^{\infty} \left(\sum_{n=1}^{\infty} \mu_{mn} c B_{mn} \sin \frac{n\pi y}{b} \right) \sin \frac{m\pi x}{a}$$

運用傅立葉級數係數公式得

$$\sum_{n=1}^{\infty} A_{mn} \sin \frac{n\pi y}{b} = \frac{2}{a} \int_0^a f(x, y) \sin \frac{m\pi x}{a} \, dx$$

$$\sum_{n=1}^{\infty} \mu_{mn} c B_{mn} \sin \frac{n\pi y}{b} = \frac{2}{a} \int_0^a g(x, y) \sin \frac{m\pi x}{a} \, dx$$

從而求得式 (4.221) 之係數如下:

$$A_{mn} = \frac{2}{b} \int_0^b \left[\frac{2}{a} \int_0^a f(x, y) \sin \frac{m\pi x}{a} \, dx \right] \sin \frac{n\pi y}{b} \, dy$$

$$= \frac{4}{ab} \int_0^b \left[\int_0^a f(x, y) \sin \frac{m\pi x}{a} \, dx \right] \sin \frac{n\pi y}{b} \, dy \qquad (4.223)$$

$$B_{mn} = \frac{2}{\mu_{mn} cb} \int_0^b \left[\frac{2}{a} \int_0^a g(x, y) \sin \frac{m\pi x}{a} \, dx \right] \sin \frac{n\pi y}{b} \, dy$$

$$= \frac{4}{abc\mu_{mn}} \int_0^b \left[\int_0^a f(x, y) \sin \frac{m\pi x}{a} \, dx \right] \sin \frac{n\pi y}{b} \, dy \qquad (4.224)$$

4.11.3. 極座標之波動方程式

考慮半徑為 a 之圓形薄膜之自由振動,首先解析與 θ 無關的軸對稱問題。以極座標表示軸對稱問題之波動方程式與邊界條件如下:

$$\frac{\partial^2 \phi}{\partial r^2} + \frac{1}{r}\frac{\partial \phi}{\partial r} = \frac{1}{c^2}\frac{\partial^2 \phi}{\partial t^2} \qquad (0 < r < a, \ t > 0) \tag{4.225}$$

邊界條件：　$\phi(a, t) = 0$ (4.226)

初始條件：　$\phi(r, 0) = f(r)$,　$(\partial \phi/\partial t)_{t=0} = g(r)$ (4.227)

設解之形式為　$\phi(r, t) = R(r)\, T(t)$ (4.228)

其中 $R(r)$, $T(t)$ 分別為變數 r, t 之待定函數。

將式 (4.228) 代入式 (4.227)，藉分離變數可得以下常微分方程式：

$$r^2 R'' + rR' + \mu^2 r^2 R = 0 \tag{4.229a}$$

$$T'' + \mu^2 c^2 T = 0 \tag{4.229b}$$

式 (4.229a) 之解為

$$R(r) = a_1 J_0(\mu r) + b_1 Y_0(\mu r) \tag{4.230}$$

其中 $J_0(\mu r)$ 與 $Y_0(\mu r)$ 分別為零階第一種與第二種 Bessel 函數，

薄膜之變形在 $r \to 0$ 為有限值，而 $Y_0(0) \to \infty$，故須設定式 (4.230) 之係數 $b_1 = 0$。將式 (4.228) 代入式 (4.226)，邊界條件變為 $R(a) = 0$，由式 (4.230) 得

$$J_0(\mu a) = 0 \tag{4.231}$$

故 μa 為 n 階 Bessel 函數之零點，將第 m 個零點記為 μ_m $(m = 1, 2, \cdots)$，得此問題之分離變數解：

$$\phi(r, t) = \sum_{m=1}^{\infty} J_0(\mu_m r)\, (A_m \cos \mu_m ct + B_{mn} \sin \mu_m ct) \tag{4.232}$$

將初始條件式 (4.227) 代入，得以下 Fourier-Bessel 級數：

$$f(r) = \sum_{m=1}^{\infty} A_m \, J_0(\mu_m \, r), \qquad g(r) = \sum_{m=1}^{\infty} B_m \, \mu_m \, c J_0(\mu_m \, r)$$

運用 Bessel 函數之正交性，可求得式 (4.232) 之係數：

$$A_m = \frac{2}{a^2 \, [J_1(\mu_m \, a)]^2} \int_0^a r \, f(r) \, J_0(\mu_m \, r) \, dr \qquad (4.233)$$

$$B_m = \frac{2}{\mu_m \, c a^2 \, [J_1(\mu_m \, a)]^2} \int_0^a r \, g(r) \, J_0(\mu_m \, r) \, dr \qquad (4.234)$$

考慮半徑為 a 之圓形薄膜非軸對稱自由振動，波動方程式與邊界條件如下：

$$\frac{\partial^2 \phi}{\partial r^2} + \frac{1}{r} \frac{\partial \phi}{\partial r} + \frac{1}{r^2} \frac{\partial^2 \phi}{\partial \theta^2} = \frac{1}{c^2} \frac{\partial^2 \phi}{\partial t^2} \qquad (0 < r < a, \ 0 \le \theta \le 2\pi) \qquad (4.235)$$

邊界條件： $\phi(a, \theta, t) = 0$ $\qquad (4.236)$

初始條件： $\phi(r, \theta, 0) = f(r, \theta), \quad (\partial \phi / \partial t)_{t=0} = g(r, \theta)$ $\qquad (4.237)$

設解之形式為 $\quad \phi(r, \theta, t) = R(r) \, \Theta(\theta) \, T(t)$ $\qquad (4.238)$

其中 $R(r), \Theta(\theta), T(t)$ 分別為變數 r, θ, t 之待定函數。

將式 (4.238) 代入式 (4.235)，藉分離變數可得以下常微分方程式：

$$r^2 R'' + r R' + (\mu^2 r^2 - v^2) \, R = 0 \qquad (4.239a)$$

$$\Theta'' + v^2 \, \Theta = 0 \qquad (4.239b)$$

$$T'' + \mu^2 c^2 T = 0 \qquad (4.239c)$$

$\Theta(\theta)$ 為週期函數，故取 $v = n \ (n = 0, \ 1, \ 2, \ \cdots)$，則式 (4.239a) 與式 (4.239b) 之解為

$$R(r) = a_n J_n(\mu r) + b_n Y_n(\mu r) \qquad\qquad (4.240a)$$

$$\Theta(\theta) = c_n \cos n\theta + d_n \sin n\theta \qquad\qquad (4.240b)$$

其中 $J_n(\mu r)$ 與 $Y_n(\mu r)$ 分別為 n 階第一種與第二種 Bessel 函數。

薄膜之變形在 $r \to 0$ 為有限值，而 $Y_n(0) \to \infty$，故須設定式 (4.240a) 之係數 $b_n = 0$。將式 (4.238) 代入式 (4.236)，邊界條件變為 $R(a) = 0$，由式 (4.240a) 得

$$J_n(\mu a) = 0 \qquad (n = 0, 1, 2, \cdots) \qquad\qquad (4.241)$$

故 μa 為 n 階 Bessel 函數之零點 (見表 4.1)，將 $J_n(\mu a)$ 第 m 個零點記為 μ_{nm} ($n = 0$, 1, 2, $\cdots$; $m = 1, 2, 3, \cdots$)，得此問題之分離變數解：

$$\phi(r, \theta, t) = \sum_{n=0}^{\infty} \sum_{m=1}^{\infty} J_n(\mu_{nm} r) \, [(A_{nm} \cos n\theta + B_{nm} \sin n\theta) \cos \mu_m ct$$

$$+ (C_{nm} \cos n\theta + D_{nm} \sin n\theta) \sin \mu_m ct] \qquad\qquad (4.242)$$

將初始條件式 (4.237) 代入，得 Fourier-Bessel 級數：

$$f(r, \theta) = \sum_{n=0}^{\infty} \sum_{m=1}^{\infty} (A_{nm} \cos n\theta + B_{nm} \sin n\theta) \, J_n(\mu_{nm} r)$$

$$g(r, \theta) = \sum_{n=0}^{\infty} \sum_{m=1}^{\infty} \mu_m c(C_{nm} \cos n\theta + D_{nm} \sin n\theta) \, J_n(\mu_{nm} r)$$

此兩式為傅立葉級數與 Fourier-Bessel 級數之組合，可分解為

$$f(r, \theta) = \sum_{n=0}^{\infty} \left[\sum_{m=1}^{\infty} A_{nm} J_n(\mu_{nm} r) \right] \cos n\theta + \sum_{n=0}^{\infty} \left[\sum_{m=1}^{\infty} B_{nm} J_n(\mu_{nm} r) \right] \sin n\theta$$

$$g(r, \theta) = \sum_{n=0}^{\infty} \left[\sum_{m=1}^{\infty} \mu_m cC_{nm} J_n(\mu_{nm} r) \right] \cos n\theta + \sum_{n=0}^{\infty} \left[\sum_{m=1}^{\infty} \mu_m cD_{nm} J_n(\mu_{nm} r) \right] \sin n\theta$$

運用傅立葉級數公式得

$$\sum_{m=1}^{\infty} A_{nm} J_0(\mu_{nm} r) = \frac{1}{2\pi} \int_0^{2\pi} f(r,\theta)\, d\theta \quad (n=0)$$

$$\sum_{m=1}^{\infty} A_{nm} J_n(\mu_{nm} r) = \frac{1}{\pi} \int_0^{2\pi} f(r,\theta) \cos n\theta\, d\theta \quad (n=1,2,\cdots)$$

$$\sum_{m=1}^{\infty} B_{nm} J_n(\mu_{nm} r) = \frac{1}{\pi} \int_0^{2\pi} f(r,\theta) \sin n\theta\, d\theta \quad (n=1,2,\cdots)$$

運用 Fourier-Bessel 級數公式得

$$A_{0m} = \frac{1}{a^2\pi\,[J_1(\mu_m a)]^2} \int_0^a r J_0(\mu_m r) \left[\int_0^{2\pi} f(r,\theta)\, d\theta\right] dr \tag{4.243}$$

$$\binom{A_{nm}}{B_{nm}} = \frac{1}{\pi a^2\,[J_{n+1}(\mu_{nm} a)]^2} \int_0^a r J_n(\mu_{nm} r) \begin{bmatrix} F_c(r) \\ F_s(r) \end{bmatrix} dr \tag{4.244}$$

其中 $\begin{bmatrix} F_c(r) \\ F_s(r) \end{bmatrix} = \int_0^{2\pi} f(r,\theta) \binom{\cos n\theta}{\sin n\theta}\, d\theta$

類此可得

$$C_{0m} = \frac{1}{\mu_m c a^2\pi\,[J_1(\mu_m a)]^2} \int_0^a r J_0(\mu_m r) \left[\int_0^{2\pi} g(r,\theta)\, d\theta\right] dr \tag{4.245}$$

$$\binom{C_{nm}}{D_{nm}} = \frac{2}{\pi\mu_m c a^2\,[J_{n+1}(\mu_{nm} a)]^2} \int_0^a r J_n(\mu_{nm} r) \begin{bmatrix} G_c(r) \\ G_s(r) \end{bmatrix} dr \tag{4.246}$$

其中 $\begin{bmatrix} G_c(r) \\ G_s(r) \end{bmatrix} = \int_0^{2\pi} g(r,\theta) \binom{\cos n\theta}{\sin n\theta}\, d\theta$

習題七

1. 考慮長寬為 $a \times b$ 之矩形薄膜之自由振動，將座標原點定在薄膜中點，以分離變數法求解，並與第 4.12.2. 節將座標原點定在薄膜角隅之結果比較，可

知座標原點之設定對解析有重大影響。

2.　邊長為 1 之正方形薄膜，設四邊張力為 $T = 4c$，初始形狀為

$$f(x, y) = kx(1 - x^2) y(1 - y^2)$$

試決定由靜止開始振動薄膜之位移。

3.　設圓形薄膜起始形狀為 $f(r) = k(1 - r^2)$，試決定由靜止開始振動薄膜之位移 $z(r, t)$。

4.　證明在軸對稱下極座標之波動方程式之通解為

$$z(r, t) = [f(r + ct) + g(r - ct)] / r$$

5.　設球體座標之波動方程式之分離變數解之形式為

$$f(\rho, \varphi, \theta, t) = R(\rho, t) S(\varphi, \theta)$$

試求 $R(\rho, t)$ 與 $S(\varphi, \theta)$ 須滿足之方程式。

6.　薄膜振動問題加入阻尼影響，推導其數學模式，並求解。

7.　設圓形薄膜受均勻氣壓 p，其自由振動之數學模式須加入外力項，試分析其振動反應。

提示：令　$z(r, \theta, t) = u(r, \theta, t) - \dfrac{p}{4c^2 T} (r^2 - a^2)$

4.12. 雙諧和方程式之分離變數解

4.12.1. 直角座標之雙諧和方程式

$$\nabla^2 \nabla^2 \phi = \frac{\partial^4 \phi}{\partial x^4} + 2 \frac{\partial^4 \phi}{\partial x^2 \partial y^2} + \frac{\partial^4 \phi}{\partial y^4} = 0 \tag{4.247}$$

設解之形式為

$$\phi = \phi(x, y) = X(x)\, Y(y) \tag{4.248}$$

代入式 (4.247)：

$$\frac{d^4X}{dx^4}\, Y + 2\frac{d^2X}{dx^2}\frac{d^2Y}{dy^2} + X\frac{d^4Y}{dy^4} = 0 \tag{a}$$

將此式除以 XY，令

$$\frac{d^2Y}{dy^2} = -\alpha^2 Y$$

則式 (a) 可分成以下兩個常微分方程式：

$$\frac{d^4X}{dx^4} - 2\alpha^2\frac{d^2X}{dx^2} + \alpha^4 X = 0, \qquad \frac{d^2Y}{dy^2} + \alpha^2 Y = 0 \tag{b}$$

其解分別為

$$X(x) = (a_1 + a_3\, x)\sinh \alpha x + (a_2 + a_4\, x)\cosh \alpha x \tag{c}$$

$$Y(y) = d_1 \cos \alpha y + d_2 \sin \alpha y \tag{d}$$

$$\therefore\ \phi(x, y) = [(a_1 + a_3\, x)\sinh \alpha x + (a_2 + a_4\, x)\cosh \alpha x]\sin \alpha y$$

$$+ [(a_1' + a_3'\, x)\sinh \alpha x + (a_2' + a_4'\, x)\cosh \alpha x]\cos \alpha y \tag{4.249}$$

其中 x 與 y 可互換，故

$$\phi(x, y) = [(c_1 + c_3\, y)\sinh \lambda y + (c_2 + c_4\, y)\cosh \lambda y]\sin \lambda x$$

$$+ [(c_1' + c_3'\, y)\sinh \lambda y + (c_2' + c_4'\, y)\cosh \lambda y]\cos \lambda x \tag{4.250}$$

亦為式 (4.247) 之解。

綜合以上，直角座標雙諧和方程式之分離變數解為

$$\phi(x, y) = [(a_1 + a_3\,x)\sinh\alpha x + (a_2 + a_4\,x)\cosh\alpha x]\sin\alpha y$$

$$+ [(a'_1 + a'_3\,x)\sinh\alpha x + (a'_2 + a'_4 x)\cosh\alpha x]\cos\alpha y$$

$$+ [(c_1 + c_3\,y)\sinh\lambda y + (c_2 + c_4\,y)\cosh\lambda y]\sin\lambda x$$

$$+ [(c'_1 + c'_3\,y)\sinh\lambda y + (c'_2 + c'_4 y)\cosh\lambda y]\cos\lambda x \qquad (4.251)$$

4.12.2. 極座標之雙諧和方程式

$$\nabla^2\nabla^2\phi = 0 \qquad (4.252)$$

其中　$\nabla^2 = \dfrac{\partial^2}{\partial r^2} + \dfrac{1}{r}\dfrac{\partial}{\partial r} + \dfrac{1}{r^2}\dfrac{\partial^2}{\partial\theta^2}$

式 (4.252) 可分解為

$$\nabla^2\phi = \psi \qquad (4.253)$$

$$\nabla^2\psi = 0 \qquad (4.254)$$

Laplace 方程式 (4.254) 之解 ψ 為 Poisson 方程式 (4.253) 之齊次解，ψ 加上一特解即為雙諧和方程式之解 ϕ。

設式 (4.254) 解之形式為

$$\psi = \psi\,(r,\,\theta) = R(r)\,\Theta(\theta) \qquad (4.255)$$

代入式 (4.254) 得

$$r^2\,\Theta\,\frac{d^2 R}{dr^2} + r\,\Theta\,\frac{dR}{dr} + R\,\frac{d^2\Theta}{d\theta^2} = 0$$

將此式除以 $R\Theta$,令

$$\frac{1}{\Theta}\frac{d^2\Theta}{d\theta^2} = -\lambda^2$$

則式 (4.254) 可分離為以下兩個常微分方程式:

$$\frac{d^2\Theta}{d\theta^2} + \lambda^2\Theta = 0 \tag{a}$$

$$r^2\frac{d^2R}{dr^2} + r\frac{dR}{dr} - \lambda^2 R = 0 \tag{b}$$

式 (a) 之解為

$$\Theta(\theta) = c_1\cos\lambda\theta + c_2\sin\lambda\theta \tag{c}$$

取參數 λ 為正整數,以滿足 $\Theta(\theta)$ 之週期性:

$\Theta(\theta) = \Theta(\theta + 2n\pi)$ $(n = 0, 1, 2, \cdots)$,則

$\Theta_0(\theta) = c_0 + d_0\theta$ $(n = 0)$, $\Theta_n(\theta) = c_n\cos n\theta + d_n\sin n\theta$ $(n = 1, 2, \cdots)$ $\quad(d)$

式 (b) 為 Cauchy 常微分方程式,其解為

$R_0(r) = a_0 + b_0\ln r$ $(n = 0)$, $R_n(r) = a_n r^n + b_n r^{-n}$ $(n = 1, 2, \cdots)$ $\quad(e)$

據此,式 (4.254) 之解為

$$\psi = (a_0 + b_0\ln r)(c_0 + d_0\theta) + \sum_{n=1}^{\infty}(a_n r^n + b_n r^{-n})(c_n\cos n\theta + d_n\sin n\theta) \tag{4.256}$$

式 (4.253) 成為

$$\nabla^2\phi = (a_0 + b_0\ln r)(c_0 + d_0\theta) + \sum_{n=1}^{\infty}(a_n r^n + b_n r^{-n})(c_n\cos n\theta + d_n\sin n\theta) \tag{4.257}$$

設式 (4.257) 解之形式為

$$\phi_p = \phi_{p0} + \sum_{n=1}^{\infty}\phi_{pn} \tag{f}$$

其中
$$\nabla^2 \phi_{p0} = (a_0 + b_0 \ln r)(c_0 + d_0\,\theta) \qquad\qquad (g)$$

$$\nabla^2 \phi_{pn} = (a_n\,r^n + b_n\,r^{-n})(c_n \cos n\theta + d_n \sin n\theta) \qquad (h)$$

設式 (g) 解之形式為

$$\phi_{p0} = R_0(r)(c_0 + d_0\,\theta) \qquad\qquad (i)$$

代入式 (g) 得

$$r\frac{d^2 R_0}{dr^2} + \frac{dR_0}{dr} = \frac{d}{dr}\left(r\frac{dR_0}{dr}\right) = a_0\,r + b_0\,r \ln r$$

積分此式兩次，設定新的未定係數，可得

$$R_0(r) = a + br^2 + c \ln r + kr^2 \ln r \qquad\qquad (j)$$

$$\therefore\ \ \phi_{p0} = (a + br^2 + c \ln r + kr^2 \ln r)(c_0 + d_0\,\theta) \qquad (k)$$

設式 (h) 解之形式為

$$\phi_{pn} = R_n(r)(c_n \cos n\theta + d_n \sin n\theta) \quad (n \geq 1) \qquad (l)$$

代入式 (h)，得

$$\frac{d^2 R_n}{dr^2} + \frac{1}{r}\frac{dR_n}{dr} - \frac{n^2}{r^2}R_n = a_n\,r^n + b_n\,r^{-n}$$

其解為

$$R_n(r) = a_1' + b_1'\,r^{-1} + a_1\,r^3 + b_1\,r \ln r + c_1'\,r\theta \qquad (n = 1) \qquad (m)$$

$$R_n(r) = a_n'\,r^n + b_n'\,r^{-n} + a_n\,r^{2+n} + b_n\,r^{2-n} \qquad (n \geq 2)$$

$$\Rightarrow\ \ \phi_{pn} = (a + br^2 + c \ln r + kr^2 \ln r)(c_0 + d_0\,\theta)$$

$$+ (a_1'\,r + b_1'\,r^{-1} + a_1\,r^3 + b_1\,r \ln r + c_1'\,r\theta)(c_1 \cos \theta + d_1 \sin \theta)$$

$$+ \sum_{n=2}^{\infty}(a_n'\,r^n + b_n'\,r^{-n} + a_n\,r^{2+n} + b_n\,r^{2-n})(c_n \cos n\theta + d_n \sin n\theta) \qquad (4.258)$$

綜合以上結果，極座標之雙諧和方程式分離變數解為

$$
\begin{aligned}
\phi = {} & A_0 + B_0\, r^2 + C_0 \ln r + D_0\, r^2 \ln r \\
& + (A_0' + B_0'\, r^2 + C_0' \ln r + D_0'\, r^2 \ln r)\, \theta \\
& + (A_1\, r + B_1\, r^{-1} + C_1\, r^3 + D_1\, r \ln r + E_1\, r\theta)\cos\theta \\
& + (A_1'\, r + B_1'\, r^{-1} + C_1'\, r^3 + D_1'\, r \ln r + E_1'\, r\theta)\sin\theta \\
& + \sum_{n=2}^{\infty} (A_n\, r^n + B_n\, r^{-n} + C_n\, r^{2+n} + D_n\, r^{2-n})\cos n\theta \\
& + \sum_{n=2}^{\infty} (A_n'\, r^n + B_n'\, r^{-n} + C_n'\, r^{2+n} + D_n'\, r^{2-n})\sin n\theta
\end{aligned}
\tag{4.259}
$$

4.13. 非齊次偏微分方程式與非齊次邊界條件

使用分離變數法的先決條件是偏微分方程式可分解為自變數的常微分方程式，再由齊次邊界條件推導出問題的特徵函數，從而得以運用特徵函數展開法求解。若偏微分方程式與邊界條件非齊次性，即不能以分離變數法直接求得問題之解。本節展示如何運用以分離變數導得的特徵函數，逐步求解非齊次偏微分方程式與非齊次邊界條件的問題。

考慮非齊次傳導方程式：

$$
\frac{\partial^2 \phi}{\partial x^2} = \frac{1}{\alpha^2}\frac{\partial \phi}{\partial t} + H(x, t) \qquad (0 < x < l, \ t > 0)
\tag{4.260}
$$

邊界條件： $\quad \phi(0, t) = F(t), \quad \phi(l, t) = G(t)$ (4.261)

初始條件： $\quad \phi(x, 0) = f(x)$ (4.262)

其中 $H(x, t)$, $F(t)$, $G(t)$, $f(x)$ 為已知函數。

此問題之控制方程式與邊界條件皆為非齊次，以下分三個步驟求解。

1. 首先由齊次偏微分方程式與齊次邊界條件推導問題的特徵函數。

$$\frac{\partial^2 \phi}{\partial x^2} = \frac{1}{\alpha^2} \frac{\partial \phi}{\partial t} \qquad (0 < x < l, \, t > 0) \tag{4.263}$$

邊界條件：　$\phi(0, t) = 0, \; \phi(l, t) = 0$ \hfill (4.264)

第 4.9.1 節求得滿足式 (4.263) 與式 (4.264) 的特徵函數為

$$\phi(x, t) = \sum_{n=1}^{\infty} A_n \, e^{-(n\pi\alpha/l)^2 t} \sin \frac{n\pi x}{l} \tag{4.265}$$

2. 解析以下非齊次偏微分方程式與齊次邊界條件問題。

$$\frac{\partial^2 \phi}{\partial x^2} = \frac{1}{\alpha^2} \frac{\partial \phi}{\partial t} + H(x, t) \qquad (0 < x < l, \; t > 0) \tag{4.266}$$

邊界條件：　$\phi(0, t) = 0, \quad \phi(l, t) = 0$ \hfill (4.267)

初始條件：　$\phi(x, 0) = f(x)$ \hfill (4.268)

此問題可用參數變動法 (variation of parameters) 求解如下：

設 $$\phi(x, t) = \sum_{n=1}^{\infty} C_n(t) \sin \frac{n\pi x}{l} \tag{4.269}$$

其中 $C_n(t)$ 為待定函數，此式滿足式 (4.267)，但未滿足式 (4.266) 與 (4.268)。

將式 (4.269) 代入式 (4.266) 與式 (4.268)，得

$$\sum_{n=1}^{\infty} \left[\frac{1}{\alpha^2} C_n'(t) + \left(\frac{n\pi}{l}\right)^2 C_n(t) \right] \sin \frac{n\pi x}{l} = -H(x, t) \tag{a}$$

$$\sum_{n=1}^{\infty} C_n(0) \sin \frac{n\pi x}{l} = f(x) \tag{b}$$

將函數 $H(x, t)$ 與 $f(x)$ 表示為傅立葉正弦級數：

$$H(x, t) = \sum_{n=1}^{\infty} h_n(t) \sin \frac{n\pi x}{l}, \qquad f(x) = \sum_{n=1}^{\infty} A_n \sin \frac{n\pi x}{l}$$

其中　$h_n(t) = \dfrac{2}{l} \displaystyle\int_0^1 H(x,\, t) \sin \dfrac{n\pi x}{l}\, dx, \qquad A_n = \dfrac{2}{l} \displaystyle\int_0^1 f(x) \sin \dfrac{n\pi x}{l}\, dx$

代入式 (a) 與式 (b)，得

$$\frac{1}{\alpha^2}\, C_n'(t) + \left(\frac{n\pi}{l}\right)^2 C_n(t) = -h_n(t), \qquad C_n(0) = A_n \tag{4.270}$$

此常微分方程式之解為

$$C_n(t) = A_n\, e^{-(n\pi\alpha/l)^2 t} - \int_0^t e^{-(n\pi\alpha/l)^2(t-\tau)}\, h_n(t)\, dt \tag{4.271}$$

故此問題之解為

$$\phi(x,\, t) = \sum_{n=1}^{\infty} C_n(t) \sin \frac{n\pi x}{l}$$

其中 $C_n(t)$ 如式 (4.271) 所示。

3. 引進輔助函數將式 (4.261) 之非齊次邊界條件轉變為齊次邊界條件。

設　　　　$\phi(x,\, t) = \dfrac{x}{l}\, G(t) + \left(1 - \dfrac{x}{l}\right) F(t) + \varphi(x,\, t)$ \hfill (4.272)

其中 $\varphi(x,\, t)$ 為待定函數。

將式 (4.272) 代入式 (4.260) 以及式 (4.261) 與式 (4.262)，原問題變為

$$\frac{\partial^2 \varphi}{\partial x^2} = \frac{1}{\alpha^2}\, \frac{\partial \varphi}{\partial t} + H^*(x,\, t) \qquad (0 < x < l,\ t > 0) \tag{4.273}$$

邊界條件：　$\phi(0,\, t) = 0, \quad \phi(l,\, t) = 0$ \hfill (4.274)

初始條件：　$\phi(x,\, 0) = f^*(x)$ \hfill (4.275)

其中　$H^*(x,\, t) = H(x,\, t) + \dfrac{x}{l}\, G'(t) + \left(1 - \dfrac{x}{l}\right) F'(t)$

$$f^*(x) = f(x) - \frac{x}{l} G(0) - \left(1 - \frac{x}{l}\right) F(0)$$

式 (4.273) － (4.275) 與式 (4.266) － (4.268) 之形式完全相同，其解為

$$\phi(x, t) = \sum_{n=1}^{\infty} C_n^*(t) \sin \frac{n\pi x}{l} \tag{4.276}$$

其中　　$$C_n^*(t) = A_n^* e^{-(n\pi a/l)^2 t} - \int_0^t e^{-(n\pi a/l)^2(t-\tau)} h_n^*(\tau)\, d\tau$$

$$h_n^*(\tau) = \frac{2}{l} \int_0^l H^*(x, \tau) \sin \frac{n\pi x}{l}\, dx, \qquad A_n^* = \frac{2}{l} \int_0^l f^*(x) \sin \frac{n\pi x}{l}\, dx$$

原非齊次偏微分方程式與非齊次邊界條件的傳導問題之解為

$$\phi(x, t) = \frac{x}{l} G(t) + \left(1 - \frac{x}{l}\right) F(t) + \sum_{n=1}^{\infty} C_n^*(t) \sin \frac{n\pi x}{l} \tag{4.277}$$

　　一般而言，分離變數法不能直接應用於非齊次偏微分方程式與非齊次邊界條件的數學模式，然而可運用分離變數法求得問題的特徵函數，在此基礎上，可有系統地求解非齊次偏微分方程式與非齊次邊界條件的問題。

　　以分離變數法解析下列波動問題：

$$\frac{\partial^2 \phi}{\partial x^2} = \frac{1}{c^2} \frac{\partial^2 \phi}{\partial t^2} + H(x, t) \qquad (0 < x < l,\ t > 0) \tag{4.278}$$

邊界條件：　$\phi(0, t) = F(t), \quad \phi(l, t) = G(t)$ \hfill (4.279)

初始條件：　$\phi(x, 0) = f(x), \quad \left(\dfrac{\partial \phi}{\partial t}\right)_{t=0} = g(x)$ \hfill (4.280)

　　在弦索振動問題上，式 (4.278) 中之非齊次項 $H(x, t)$ 代表作用在弦索上的外力，$\phi(x, t)$ 為弦索在強迫振動下之位移。

　　求解 $\phi(x, t)$ 如下：

1. 由齊次偏微分方程式與齊次邊界條件推導問題的特徵函數：

$$\frac{\partial^2 \phi}{\partial x^2} = \frac{1}{c^2} \frac{\partial^2 \phi}{\partial t^2} \qquad (0 < x < l, \ t > 0) \tag{4.281}$$

邊界條件：$\phi(0, t) = 0, \quad \phi(l, t) = 0$ \hfill (4.282)

第 4.13.1 節求得滿足式 (4.281) 與式 (4.282) 的特徵函數為

$$\phi(x, t) = \sum_{n=1}^{\infty} \left(A_n \cos \frac{n\pi ct}{l} + B_n \sin \frac{n\pi ct}{l} \right) \sin \frac{n\pi x}{l} \tag{4.283}$$

2. 解析以下非齊次偏微分方程式與齊次邊界條件問題：

$$\frac{\partial^2 \phi}{\partial x^2} = \frac{1}{c^2} \frac{\partial^2 \phi}{\partial t^2} + H(x, t) \quad (0 < x < l, \ t > 0) \tag{4.284}$$

邊界條件： $\quad \phi(0, t) = 0, \quad \phi(l, t) = 0$ \hfill (4.285)

初始條件： $\quad \phi(x, 0) = f(x), \quad \left(\frac{\partial \phi}{\partial t} \right)_{t=0} = g(x)$ \hfill (4.286)

此問題可用參數變動法求解如下：

設 $$\phi(x, t) = \sum_{n=1}^{\infty} C_n(t) \sin \frac{n\pi x}{l} \tag{4.287}$$

其中 $C_n(t)$ 為待定函數，此式滿足式 (4.285)，但未滿足 (4.284) 與式 (4.286)。

將式 (4.287) 代入式 (4.284) 與式 (4.286)，得

$$\sum_{n=1}^{\infty} \left[\frac{1}{c^2} C_n''(t) + \left(\frac{n\pi}{l} \right)^2 C_n(t) \right] \sin \frac{n\pi x}{l} = -H(x, t) \tag{a}$$

$$\sum_{n=1}^{\infty} C_n(0) \sin \frac{n\pi x}{l} = f(x), \qquad \sum_{n=1}^{\infty} C_n'(0) \sin \frac{n\pi x}{l} = g(x) \tag{b}$$

將函數 $H(x, t), f(x)$ 與 $g(x)$ 表示為傅立葉正弦級數：

$$H(x, t) = \sum_{n=1}^{\infty} H_n(t) \sin \frac{n\pi x}{l}, \qquad \begin{bmatrix} f(x) \\ g(x) \end{bmatrix} = \sum_{n=1}^{\infty} \begin{pmatrix} A_n \\ B_n \end{pmatrix} \sin \frac{n\pi x}{l}$$

其中　$h_n(t) = \dfrac{2}{l} \displaystyle\int_0^l H(x,\,t) \sin \dfrac{n\pi x}{l}\, dx,$　　$\begin{pmatrix} A_n \\ B_n \end{pmatrix} = \dfrac{2}{l} \displaystyle\int_0^l \begin{bmatrix} f(x) \\ g(x) \end{bmatrix} \sin \dfrac{n\pi x}{l}\, dx$

代入式 (a) 與式 (b)，得

$$\frac{1}{c^2} C_n''(t) + \left(\frac{n\pi}{l}\right)^2 C_n(t) = -h_n(t), \quad C_n(0) = A_n, \quad C_n'(0) = B_n \qquad (4.288)$$

此常微分方程式之解為

$$C_n(t) = A_n \cos \frac{n\pi ct}{l} + \frac{B_n l}{n\pi c} \sin \frac{n\pi ct}{l} - c^2 \int_0^t h_n(\tau) \sin \frac{n\pi c(t-\tau)}{l}\, d\tau \qquad (4.289)$$

故此問題之解為

$$\phi(x,\,t) = \sum_{n=1}^{\infty} C_n(t) \sin \frac{n\pi x}{l}$$

其中 $C_n(t)$ 如式 (4.289) 所示。

3. 引進輔助函數將式 (4.251) 之原非齊次邊界條件轉變為齊次邊界條件。

設　　　　$\phi(x,\,t) = \dfrac{x}{l} G(t) + \left(1 - \dfrac{x}{l}\right) F(t) + \varphi(x,\,t)$ 　　　　(4.290)

其中 $\varphi(x,\,t)$ 為待定函數。

將式 (4.290) 代入式 (278) 以及式 (279) 與式 (280)，原問題變為

$$\frac{\partial^2 \varphi}{\partial x^2} = \frac{1}{c^2} \frac{\partial^2 \varphi}{\partial t^2} + H^*(x,\,t) \quad (0 < x < l,\ t > 0) \qquad (4.291)$$

邊界條件：　$\varphi(0,\,t) = 0, \quad \varphi(l,\,t) = 0$ 　　　　(4.292)

初始條件：　$\varphi(x,\,0) = f^*(x), \quad \left(\dfrac{\partial \varphi}{\partial t}\right)_{t=0} = g^*(x)$ 　　　　(4.293)

其中　　　　$H^*(x,\,t) = H(x,\,t) + \dfrac{x}{l} G''(t) + \left(1 - \dfrac{x}{l}\right) F''(t)$

$$f^*(x) = f(x) - \frac{x}{l} G(0) - \left(1 - \frac{x}{l}\right) f(0)$$

$$g^*(x) = g(x) - \frac{x}{l}\, G'(0) - \left(1 - \frac{x}{l}\right) F'(0)$$

式 (4.291)-(4.293) 與式 (4.284)-(4.286) 之形式完全相同，其解為

$$\varphi(x,\, t) = \sum_{n=1}^{\infty} C_n^*(t) \sin \frac{n\pi x}{l} \tag{4.294}$$

其中　$h_n^*(t) = \dfrac{2}{l} \displaystyle\int_0^l H^*(x,\, t) \sin \dfrac{n\pi x}{l}\, dx, \quad \begin{pmatrix} A_n^* \\ B_n^* \end{pmatrix} = \dfrac{2}{l} \displaystyle\int_0^l \begin{bmatrix} f^*(x) \\ g^*(x) \end{bmatrix} \sin \dfrac{n\pi x}{l}\, dx$

$$C_n^*(t) = A_n^* \cos \frac{n\pi ct}{l} + \frac{B_n^*\, l}{n\pi c} \sin \frac{n\pi ct}{l} - c^2 \int_0^t h_n^*(\tau) \sin \frac{n\pi c(t - \tau)}{l}\, d\tau \tag{4.295}$$

原非齊次偏微分方程式與非齊次邊界條件的波動問題之解為

$$\phi(x,\, t) = \frac{x}{l}\, G(t) + \left(1 - \frac{x}{l}\right) F(t) + \sum_{n=1}^{\infty} C_n^*(t) \sin \frac{n\pi x}{l} \tag{4.296}$$

習題八

1.　一直桿長為 l，若 $x = 0$ 端溫度維持為零，另一端溫度為 $t(l,\, t) = T_0 \sin \omega t$，初始溫度為 $t(x,\, 0) = 0$，求溫度分布 $T(x,\, t)$，又時間很久以後直桿之溫度分佈如何？

2.　當 $t = 0$，長為 l 之直桿的溫度分布為 $t(x,\, 0) = f(x)$，當 $t > 0,\ T(0,\, t) = 0$，$T(l,\, t) = F(t)$，試求其溫度分布。

3.　長為 l 之直桿於 $t < 0$，$x = 0$ 端溫度為 0，$x = l$ 端溫度為 $100°$，當 $t = 0$，兩端溫度互換，即 $x = 0$ 端溫度變為 $100°$，$x = l$ 端溫度變為為 0，求解當 $t > 0$，直桿之溫度分布。(提示：直桿的恆態溫度分布 $T(x,\, 0^-)$ 為問題的初始條件。)

4.　令 $\phi(x,\, t) = f(x) + g(x,\, t)$，以分離變數求解：

$$\frac{\partial^2 \phi}{\partial x^2} - \frac{\partial^2 \phi}{\partial t^2} = 1 \qquad (0 < x < l, \ t > 0)$$

已知條件為　$\phi(0, t) = \phi(l, t) = \phi(x, 0) = \phi_t(x, 0) = 1$。

5. 根據 Newton 冷卻定律考慮熱量散失，熱傳導數學模式之控制方程式為

$$\frac{\partial^2 T}{\partial x^2} = \frac{1}{\alpha^2} \frac{\partial T}{\partial t} + \beta(t - T_0) \qquad (0 < x < l, t > 0)$$

其中 β 為常數，T_0 為環境溫度。

設初始溫度分布為 $T(x, 0) = f(x)$，兩端溫度恆保持 T_1 與 T_2，令

$$T(x, t) = T_0 + \phi(x, t)\, e^{-\beta t}$$

決定 $\phi(x, t)$ 須滿足之方程式與條件式，若 $T_1 = T_2 = T_0$，求解 $T(x, t)$。

6. 長為 l 之桿件側面絕熱，$x = 0$ 端溫度恆為 T_1，$x = l$ 端熱量散失依 Newton 冷卻定律：

$$\left[kl \frac{\partial T}{\partial x} + (T - T_0) \right]_{x=l} = 0$$

其中 T_0 為環境溫度，k 為常數。

設桿之初始溫度為 $T(x, 0) = f(x)$，令 $T(x, t) = T_s(x) + \phi(x, t)$，$T_s(x)$ 為恆態溫度分布，$\phi(x, t)$ 為暫態溫度分布，求解 $T(x, t)$。

4.14. 積分變換法

　　分離變數法是在問題的定義域求數學模式之解，而積分變換法是將問題的數學模式轉換到變換域求解。藉積分變換，定義域之偏微分方程式降階變為常微分方程式，常微分方程式降階變為代數方程式，從而求得未知函數在變換域之解，再以反變換得到問題之解。Laplace 變換與傅立葉變換是最常用的積分變換。

應用積分變換成敗的關鍵往往在於如何將問題在變換域之解以反變換求得在定義域之解；好比製作器具，若在室內施展不開，把所有的構件搬到室外比較容易施工，但問題是如何把製作完成的大件器具搬回室內。繁複的 Laplace 反變換與傅立葉反變換可參考類似於積分表之反變換手冊；就計算觀點而言，可運用積分反變換的數值方法求數值結果，配合計算機發展出的快速的反變換計算方法與工具應運而生。第 5 章將說明以複變函數理論之圍線積分有系統地求 Laplace 與傅立葉反變換，相關的數學理論是數值計算的基礎。

4.14.1. Laplace 變換之應用

本節首先回顧 Laplace 變換的要義，再闡明 Laplace 變換在解析偏微分方程式的數理問題之應用。

設函數 $f(t)$, $t > 0$ 至少為分段連續，定義 $f(t)$ 之 Laplace 變換為

$$L\{f(t)\} \equiv F(s) = \int_0^\infty f(t)\, e^{-st}\, dt \qquad (t > 0) \tag{4.297}$$

Laplace 變換存在的充分條件為：在 $t = 0$ 附近，$t^n|f(t)|$ $(n < 1)$ 為有限值；當 $t \to \infty$, $e^{-\alpha t}\,|f(t)|$ (α 為任意實數) 為有限值，稱之為指數階 (exponential order) 形式之函數，記為 $O(e^{\alpha t})$。由於 α 為任意，此條件並不嚴格。Laplace 反變換存在之必要條件為 $\lim\limits_{s \to -\infty} F(s)$ 為有限值。

第 3 章 3.17 節曾推導出 Laplace 反變換公式為

$$L^{-1}\{F(s)\} = f(t) = \frac{1}{2\pi i} \int_{a-i\infty}^{a+i\infty} F(s)\, e^{st}\, ds \qquad (t > 0) \tag{4.298}$$

此反變換積分式為複變函數之線積分，與一般實函數之定積分不同，第 5 章將詳加說明。若干常見函數的 Laplace 變換與反變換列舉於表 4.2。

Laplace 變換是對時間變數 t 之變換，應用於多變數函數 $f(r,\ t)$，視 r 為參數，單變數函數之 Laplace 變換定義與公式即適用於多變數函數，說明如下：

設 $f(r,\ t)$ $(t > 0)$ 至少為分段連續，$f(r,\ t)$ 之 Laplace 變換為

$$L\{f(r,\ t)\} \equiv F(r,\ s) = \int_0^\infty f(r,\ t)e^{-st}\, dt \tag{4.299}$$

表 4.2　常見函數的 Laplace 變換與反變換

$F(s)=L\{f(t)\}$	$f(t)$
$\dfrac{1}{s+a}$	e^{-at}
$\dfrac{1}{(s+a)(s+b)}$	$\dfrac{1}{a-b}(e^{-bt}-e^{-at})$
$\dfrac{s}{(s+a)(s+b)}$	$\dfrac{1}{b-a}(be^{-bt}-ae^{-at})$
$\dfrac{a}{s^2+a^2}$	$\sin at$
$\dfrac{s}{s^2+a^2}$	$\cos at$
$\dfrac{a}{s^2-a^2}$	$\sin h\,at$
$\dfrac{1}{s^n}$	$\dfrac{t^{n-1}}{(n-1)!}\;(n>0)$
$\dfrac{n!}{s^{n+1}}$	$t^n(n>-1)$
1	$\delta(t)$
e^{-sa}	$\delta(t-a)$
$F(s-a)$	$e^{at}f(t)$
$(-1)^n\dfrac{d^nF(s)}{ds^n}$	$t^nf(t)$
$F(s)\,G(s)$	$\displaystyle\int_0^t f(t-\tau)\,g(t)\,d\tau=\int_0^t f(t)\,g(t-\tau)\,d\tau$

運用積分變換必須將數學模式的微分方程式作變換，微分方程式含有未知函數之各階導數，所以必須推導函數的導數之變換。

令 $L\{f(r, t)\} = F(r, s)$，若 $f(r, t)$ 為連續，$\partial f/\partial t$ 至少為分段連續，$f(t)$ 與 $\partial f/\partial t$ 為指數階形式，則 $f(r, t)$ 對 t 之偏導數變換為

$$L\left\{\frac{\partial f(r, t)}{\partial t}\right\} = sF(r, s) - f(r, 0) \tag{4.300}$$

逐次運用此公式，可得 $f(r, t)$ 之高階偏導數變換公式如下：

若 $f(r, t)$, $\partial f/\partial t$ 為連續，$\partial^2 f/\partial t^2$ 至少為分段連續，$f(t)$, $\partial f/\partial t$, $\partial^2 f/\partial t^2$ 為指數階形式，則

$$L\left\{\frac{\partial^2 f(r, t)}{\partial t^2}\right\} = sL\left\{\frac{\partial f(r, t)}{\partial t}\right\} - \frac{\partial f(r, 0)}{\partial t}$$

$$= s^2 F(r, s) - sf(r, 0) - \frac{\partial f(r, 0)}{\partial t} \tag{4.301}$$

若 $f(r, t)$ 及其前 $n-1$ 階偏導數皆連續，$\partial^n f/\partial t^n$ 至少為分段連續，$f(r, t)$ 及其前 n 階偏導數為指數階形式，則

$$L\left\{\frac{\partial^n f(r, t)}{\partial t^n}\right\} = sL\left\{\frac{\partial^{n-1} f(r, t)}{\partial t^{n-1}}\right\} - \frac{\partial^{n-1} f(r, 0)}{\partial t^{n-1}}$$

$$= s^n F(r, s) - s^{n-1} f(r, 0) - s^{n-2}\frac{\partial f(r, 0)}{\partial t} - \cdots - \frac{\partial^{n-1} f(r, 0)}{\partial t^{n-1}} \tag{4.302}$$

以下列舉若干實用的 Laplace 變換公式：

$$L\left\{\int_0^t f(r, t)\, dt\right\} = \frac{1}{s}\, F(r, s), \qquad L^{-1}\left\{\frac{1}{s}\, F(r, s)\right\} = \int_0^t f(r, t)\, dt \tag{4.303}$$

$$L\{e^{at} f(r, t)\} = F(r, s - a), \qquad L^{-1}\{F(r, s - a)\} = e^{at} f(r, t) \tag{4.304}$$

若 $f(r, t)$ 與 $g(r, t)$ 之 Laplace 變換為

$$L\{f(r,\,t)\} = F(r,\,s), \qquad L\{g(r,\,t)\} = G(r,\,s)$$

定義 $f(r,\,t)$ 與 $g(r,\,t)$ 之摺積分 (convolution) 為

$$f(r,\,t) * g(r,\,t) = \int_0^t f(r,\,t-t)\,g(r,\,t)\,dt \qquad (4.305)$$

可證得

$$L\{f(r,\,t) * g(r,\,t)\} = L\left\{\int_0^t f(r,\,t-\tau)\,g(r,\,\tau)\,d\tau\right\} = F(r,\,s)\,G(r,\,s) \qquad (4.306)$$

$$L^{-1}\{F(r,\,s)\,G(r,\,s)\} = f(r,\,t) * g(r,\,t) = \int_0^t f(r,\,t-\tau)\,g(r,\,\tau)\,d\tau \qquad (4.307)$$

摺積分在積分變換非常有用，若反變換函數 $H(r,\,s)$ 很複雜，可運用摺積分將 $H(r,\,s)$ 分解為兩個較簡單的函數 $F(r,\,s)$ 與 $G(r,\,s)$，分別求其反變換 $f(r,\,t)$ 與 $g(r,\,t)$，則 $H(r,\,s)$ 之反變換為 $f(r,\,t)$ 與 $g(r,\,t)$ 之摺積分。

舉例說明摺積分在 Laplace 變換之應用如下：求解

$$\frac{\partial\phi}{\partial x} + x\,\frac{\partial\phi}{\partial t} = 0 \quad (t > 0) \qquad\qquad (a)$$

$$\phi(0,\,t) = t, \quad \phi(x,\,0) = k\,(常數)$$

對式 (a) 之變數 t 作 Laplace 變換，令 $L\{\phi(x,\,t)\} = \Phi(x,\,s)$，則

$$L\left\{\frac{\partial\phi}{\partial x} + x\,\frac{\partial\phi}{\partial t}\right\} = L\left\{\frac{\partial\phi}{\partial x}\right\} + xL\left\{\frac{\partial\phi}{\partial t}\right\} = 0$$

$$\Rightarrow \quad \frac{\partial}{\partial x}\Phi(x,\,s) + x\,[s\Phi(x,\,s) - \phi(x,\,0)] = 0$$

將 $\phi(x,\,0) = k$ 代入其中，得

$$\frac{\partial\Phi(x,\,s)}{\partial x} + xs\Phi(x,\,s) = xk$$

視參數 s 為常數，此微分方程式之解為

$$\Phi(x, s) = c(s) \, e^{-sx^2/2} + \frac{k}{s}$$

而　$\Phi(0, s) = L\{\phi(0, t)\} = L\{t\} = 1/s^2$，由此得

$$c(s) = \frac{1}{s^2} - \frac{k}{s} \quad \therefore \; \Phi(x, s) = \left(\frac{1}{s^2} - \frac{k}{s}\right) e^{-sx^2/2} + \frac{k}{s}$$

運用摺積分可求得 $\Phi(x, s)$ 之反變換如下：

$$\phi(x, t) = L^{-1}\left\{\left(\frac{1}{s^2} - \frac{k}{s}\right) e^{-sx^2/2} + \frac{k}{s}\right\} = L^{-1}\left\{\left(\frac{1}{s^2} - \frac{k}{s}\right) e^{-sx^2/2}\right\} + L^{-1}\left\{\frac{k}{s}\right\}$$

$$= L^{-1}\left\{\left(\frac{1}{s^2} - \frac{k}{s}\right)\right\} * L^{-1}\{e^{-sx^2/2}\} + k = (t-k) * \delta(t - x^2/2) + k$$

$$= \int_0^t (t - \tau - k) \, \delta(\tau - x^2/2) \, d\tau + k = \begin{cases} k & (0 < t < x^2/2) \\[2mm] t - x^2/2 & (t > x^2/2) \end{cases}$$

其中運用到 Dirac delta 函數之性質：

$$\int_0^t f(t) \, \delta(t - \alpha) \, dt = \begin{cases} 0 & (0 < t < \alpha) \\[2mm] f(\alpha) & (t > \alpha) \end{cases} \tag{4.308}$$

Dirac delta 函數 $\delta(x - a)$ 之定義為

$$\delta(x - a) = \begin{cases} \lim\limits_{\varepsilon \to 0} \dfrac{1}{2\varepsilon} & (a\varepsilon < x < a + \varepsilon) \\[2mm] 0 & (x < a - \varepsilon, \; x > a + \varepsilon) \end{cases} \tag{4.309}$$

$\delta(x - a)$ 可表示在點 $x = a$ 之點源，如脈衝、點電荷、集中力等，其強度為

$$\int_{a-\varepsilon}^{a+\varepsilon} \delta(x - a) \, dx = 1$$

若 $f(x)$ 在 $b < x < c$ 區間為連續且可積，則

$$\int_b^c f(x)\, \delta(x-a)dx = \begin{cases} f(a) & b < a < c \\ \\ 0 & a < b \text{ 或 } a > c \end{cases} \tag{4.310}$$

證明：若 $a < b$ 或 $a > c$，由定義可知此積分自動為零。若 $b < a < c$，則

$$\int_b^c f(x)\, \delta(x-a)\, dx = \int_{a-\varepsilon}^{a+\varepsilon} \lim_{\varepsilon \to 0} \frac{1}{2\varepsilon} f(x)\, dx$$

$$= \lim_{\varepsilon \to 0} \frac{1}{2\varepsilon} \left[(a+\varepsilon)-(a-\varepsilon)\right] f(\xi)\Big|_{\xi \in (a+\varepsilon,\, a+\varepsilon)} = f(a)$$

其中引用了積分中值定理：若 $f(x)$ 於 $b \le x \le c$ 為單值且連續函數，則

$$\int_b^c f(x)\, dx = (c-b) f(\xi), \quad \xi \text{ 為 } b \le x \le c \text{ 某點。}$$

Dirac delta 函數並不符合連續函數的定義，然而，$\delta(a-x)$ 於數理問題有重要應用。設在 $x = a$ 之脈衝、集中力、點電荷等物理量之強度為 P，這些點源在 $x = a$ 為奇異點，難以一般函數表達，但得以 Dirac delta 函數表示為 $P\delta(x-a)$，其單位強度為

$$\int_{a-\varepsilon}^{a+\varepsilon} \delta(x-a)\, dx = 1 \tag{4.311}$$

Dirac delta 函數及其微分之 Laplace 變換為

$$L\{\delta(t)\} = 1, \qquad L^{-1}\{1\} = \delta(t) \tag{4.312}$$

$$L\{\delta(t-\tau)\} = e^{-s\tau}, \qquad L^{-1}\{e^{-s\tau}\} = \delta(t-\tau) \tag{4.313}$$

$$L\{\delta'(t)\} = s, \qquad L^{-1}\{s\} = \delta'(t) \tag{4.314}$$

$$L\{\delta'(t-\tau)\} = se^{-s\tau}, \qquad L^{-1}\{se^{-s\tau}\} = \delta'(t-\tau) \tag{4.315}$$

例：一維非齊次波傳方程式

$$\frac{\partial^2 \phi}{\partial x^2} = \frac{1}{c^2} \frac{\partial^2 \phi}{\partial t^2} + p(x, t) \qquad (0 < x < \infty, \ t > 0) \tag{4.316}$$

邊界條件： $\quad \phi(0, t) = f(t), \quad \lim_{x \to -\infty} \phi(x, t)$ 為有限值 $\tag{4.317}$

初始條件： $\quad \phi(x, 0) = g(x), \quad \left(\dfrac{\partial \phi}{\partial t}\right)_{t=0} = h(x) \tag{4.318}$

第 4.14 節曾以分離變數法解析類似問題，茲以 Laplace 變換求解。

首先對偏微分方程式與邊界條件作 Laplace 變換：

令 $\quad L\{\phi(x, t)\} = \Phi(x, s), \quad L\{p(x, t)\} = P(x, s), \quad L\{f(t)\} = F(s)$

$$L\left\{\frac{\partial^2 \phi}{\partial x^2}\right\} = L\left\{\frac{1}{c^2} \frac{\partial^2 \phi}{\partial t^2} + p(x, t)\right\}$$

$$\Rightarrow \quad \frac{\partial^2 \Phi(x, s)}{\partial x^2} = \frac{1}{c^2}\left[s^2\Phi(x, s) - s\phi(x, 0) - \frac{\partial\phi(r, 0)}{\partial t}\right] + P(x, s) \tag{a}$$

將初始條件代入其中，得

$$\frac{\partial^2 \Phi(x, s)}{\partial x^2} - \frac{s^2}{c^2} \Phi(x, s) = -\frac{s}{c^2} g(x) - \frac{1}{c^2} h(x) + P(x, s) \tag{b}$$

視參數 s 為常數，此微分方程式之解為

$$\Phi(x, s) = A(s) \, e^{-sx/c} + B(s) \, e^{sx/c} + \Phi_p(x, s) \tag{c}$$

其中特別解 $\Phi_p(x, s)$ 由式 (b) 之非齊次項而定，係數 $A(s), B(s)$ 由變換後之邊界條件決定。

設外力為正弦函數 $\quad p(x, t) = k \sin \omega t$ $(k$ 為常數$), \quad g(x) = h(x) = 0$，則

$$P(x, s) = L\{k \sin \omega t\} = \frac{k\omega}{s^2 + \omega^2}$$

代入式 (c)，變換式 (4.317) 之邊界條件為　$\Phi(0, s) = F(s),$　$\Phi(\infty, s)$ 有界，由此可決定 $A(s)$ 與 $B(s)$，從而求得

$$\Phi(x, s) = F(s) \, e^{-sx/c} + (e^{-sx/c} - 1) \, \frac{k\omega c^2}{s^2(s^2 + \omega^2)}$$

$\Phi(s, x)$ 之反變換為

$$\Phi(x, t) = L^{-1}\{F(s) \, e^{-sx/c}\} + L^{-1}\left\{(e^{-sx/c} - 1) \, \frac{k\omega c^2}{s^2(s^2 + \omega^2)}\right\}$$

$$= L^{-1}\{F(s)\} * L^{-1}\{e^{-sx/c}\} + L^{-1}\{e^{-sx/c} - 1\} * L^{-1}\left\{\frac{k\omega c^2}{s^2(s^2 + \omega^2)}\right\}$$

其中　$L^{-1}\{f(s)\} = f(t),$　$L^{-1}\{e^{-sx/c}\} = \delta(t - x/c),$　$L^{-1}\{1\} = \delta(t)$

$$L^{-1}\left\{\frac{k\omega c^2}{s^2(s^2 + \omega^2)}\right\} = \frac{kc^2}{\omega} \left(t - \frac{1}{\omega} \sin \omega t\right)$$

運用摺積分作反變換，求得

$$\phi(x, t) = \int_0^t f(t - \tau) \, \delta(t - x/c) \, d\tau$$

$$+ \int_0^t \frac{kc^2}{\omega} \left[t - \tau - \frac{1}{\omega} \sin \omega(t - \tau)\right] [\delta(\tau - x/c) - \delta(\tau)] \, d\tau$$

$$= \begin{cases} -\dfrac{kc^2}{\omega} \left(t - \dfrac{1}{\omega} \sin \omega t\right) \quad (0 < t < x/c) \\[4mm] f(t - x/c) - \dfrac{kc^2}{\omega} \left[\dfrac{x}{c} + \dfrac{1}{\omega} \sin \omega(t - x/c) - \dfrac{1}{\omega} \sin \omega t\right] \quad (t > x/c) \end{cases}$$

由以上例子可知，Laplace 變換是針對時間 t 之變換，較適用於解析與時間相關的問題。在由時域轉換到 s 變數域過程中，已代入初始條件，因此初始條件已自動滿足，而邊界條件尚待滿足；如何以反變換求得在定義域問題之解是積分變換法成敗的關鍵。

習題九

1. 以 Laplace 變換解

$$\frac{\partial^2 \phi}{\partial x^2} = \frac{1}{\alpha^2} \frac{\partial \phi}{\partial t} \qquad (0 < x < \theta, \ t > 0)$$

已知條件為 $\phi(x, 0) = 0, \quad \phi(0, t) = 100$。

2. 以 Laplace 變換解 $\frac{\partial \phi}{\partial x} + 2x \frac{\partial \phi}{\partial t} = 2x \quad \phi(x, 0) = 1, \quad \phi(0, t) = 1$。

3. 以 Laplace 變換解 $\frac{\partial^2 \phi}{\partial x^2} - \frac{\partial^2 \phi}{\partial t^2} = xt \quad \phi(x, 0) = 0, \quad \phi(a, t) = 0$。

4. 以 Laplace 變換解 $\frac{\partial^2 \phi}{\partial r^2} + \frac{1}{r} \frac{\partial \phi}{\partial r} + \frac{1}{r^2} \frac{\partial^2 \phi}{\partial \theta^2} = 0 \qquad (|\theta| \le \alpha)$

已知條件為 $\phi(r, \pm \alpha) = f(r)$。

5. 以 Laplace 變換解一維傳導方程式：

$$\frac{\partial^2 \phi}{\partial x^2} = \frac{1}{\alpha^2} \frac{\partial \phi}{\partial t} \qquad (0 < x < a, \ t > 0)$$

已知條件為 $\phi(0, t) = f(t), \quad \phi(a, t) = 0, \quad \phi(x, 0) = 0$。

4.14.2. 傅立葉變換之應用

傅立葉變換有適用於有限區間之正弦變換、餘弦變換、指數變換，適用於半無限區間之正弦變換與餘弦變換，以及適用於無限區間之指數變換。

　　有限區間之傅立葉變換實際上是傅立葉級數的化身，要求函數 $f(x)$ 至少為分段連續，半無限區間 $f(x)$ $(0 < x < \infty)$ 之傅立葉變換之必要條件為

$$\int_0^\infty |f(x)|\, dx \text{ 為有限值}$$

無限區間 $f(x)$ $(-\infty < x < \infty)$ 之指數變換之必要條件為

$$\int_{-\infty}^\infty |f(x)|\, dx \text{ 為有限}$$

傅立葉正弦變換與反變換為

$$S_\omega\{f(x)\} \equiv F_s(\omega) = \int_0^\infty f(x) \sin (\omega x)\, dx \tag{4.319a}$$

$$f(x) = S_x^{-1}\{F_s(\omega)\} = \frac{2}{\pi} \int_0^\infty F_s(\omega) \sin (\omega x)\, d\omega \tag{4.319b}$$

傅立葉餘弦變換與反變換為

$$C_\omega\{f(x)\} \equiv F_c(\omega) = \int_0^\infty f(x) \cos (\omega x)\, dx \tag{4.320a}$$

$$f(x) = C_x^{-1}\{F_c(\omega)\} = \frac{2}{\pi} \int_0^\infty F_c(\omega) \cos (\omega x)\, d\omega \tag{4.320b}$$

傅立葉指數變換與反變換為

$$E_\omega\{f(x)\} \equiv F_e(\omega) = \int_{-\infty}^\infty f(x)\, e^{i\omega x}\, dx \tag{4.321a}$$

$$f(x) = E_x^{-1}\{F_e(\omega)\} = \frac{1}{2\pi} \int_{-\infty}^\infty F_e(\omega)\, e^{-i\omega x}\, d\omega \tag{4.321b}$$

　　傅立葉變換是對位置座標之變換，應用於多變數函數 $f(r, t)$，視時間 t 為參數，單變數函數之傅立葉變換定義與公式即適用於多變數函數。函數各階導數之傅立葉變換見第 3 章 3.14 節。

例：以傅立葉變換解

$$\frac{\partial^2 \phi}{\partial x^2} = \frac{\partial \phi}{\partial t} \qquad (x > 0, \ t > 0) \tag{a}$$

$$\phi(x, 0) = 0, \quad \phi(0, t) = k \ (k \text{ 為常數})$$

設 $\phi(\infty, t) = \partial \phi(\infty, t)/\partial x = 0$，將式 (a) 作傅立葉正弦變換：

$$S_\omega \left\{ \frac{\partial^2 \phi}{\partial x^2} \right\} = S_\omega \left\{ \frac{\partial \phi}{\partial t} \right\}$$

由 $\partial^2 \phi/\partial x^2$ 之正弦變換，式 (3.128)，代入 $\phi(0, t) = k$，得常微分方程式：

$$\frac{d\Phi_s(\omega, t)}{dt} + \omega^2 \Phi_s(\omega, t) = k\omega, \quad \Phi_s(\omega, 0) = 0 \tag{b}$$

其中 $\quad \Phi_s(\omega, t) = \int_0^\infty \phi(x, t) \sin (\omega x) \, dx$

解式 (b) 得 $\quad \Phi_s(\omega, t) = \dfrac{k}{\omega} (1 - e^{-\omega^2 t})$

由 $\Phi_s(\omega, t)$ 之反變換得

$$\phi(x, t) = S_x^{-1} \left\{ \frac{k}{\omega} (1 - e^{-\omega^2 t}) \right\} = \frac{2k}{\pi} \int_0^\infty \frac{1}{\omega} (1 - e^{-\omega^2 t}) \sin (\omega x) \, d\omega$$

此積分式可運用複變函數之圍線積分方法積出，最後須驗證在解析過程所假設的 $\phi(\infty, t) = \partial \phi(\infty, t)/\partial x = 0$ 是否成立。

例：一維非齊次傳導方程式

$$\frac{\partial^2 \phi}{\partial x^2} = \frac{1}{\alpha^2} \frac{\partial \phi}{\partial t} + p(x, t) \qquad (0 < x < \infty, \ t > 0) \tag{c}$$

邊界條件： $\quad \phi(0, t) = 0, \quad \lim_{x \to \infty} \phi(x, t) = 0$

初始條件： $\quad \phi(x, 0) = f(x)$

設 $\partial\phi(\infty, t)/\partial x = 0$，將式 (c) 作傅立葉正弦變換：

$$S_\omega\left\{\frac{\partial^2\phi}{\partial x^2}\right\} = S_\omega\left\{\frac{1}{\alpha^2}\frac{\partial\phi}{\partial t} + p(x, t)\right\}$$

由 $\partial^2\phi/\partial x^2$ 之正弦變換，式 (3.128)，代入 $\phi(0, t) = \phi(\infty, t) = 0$，得常微分方程式：

$$\frac{d\Phi_s(\omega, t)}{dt} + \alpha^2\omega^2\,\Phi_s(\omega, t) = -\alpha^2\,P(\omega, t), \qquad \Phi_s(\omega, 0) = F(\omega) \qquad (d)$$

其中　$\Phi_s(\omega, t) = \int_0^\infty \phi(x, t)\sin(\omega x)\,dx, \qquad P(\omega, t) = \int_0^\infty p(x, t)\sin(\omega x)\,dx$

解式 (b) 得　$\Phi_s(\omega, t) = \left[F(\omega) - \alpha^2\int_0^t P(\omega, t)\,e^{\alpha^2\omega^2 t}\,dt\right]e^{-\alpha^2\omega^2 t}$

由 $\Phi_s(\omega, t)$ 之反變換得

$$\phi(x, t) = \frac{2}{\pi}\int_0^\infty\left[F(\omega) - \alpha^2\int_0^t P(\omega, t)\,e^{\alpha^2\omega^2 t}\,dt\right]e^{-\alpha^2\omega^2 t}\sin(\omega x)\,d\omega$$

例：一維波傳方程式

$$\frac{\partial^2\phi}{\partial x^2} = \frac{1}{c^2}\frac{\partial^2\phi}{\partial t^2} \qquad (-\infty < x < \infty,\ t > 0) \qquad (e)$$

初始條件：　$\phi(x, 0) = f(x), \quad \left(\frac{\partial\phi}{\partial t}\right)_{t=0} = g(x)$

此問題之 d'Alembert 解為

$$\phi(x, t) = \frac{1}{2}[f(x + ct) + f(x - ct)] + \frac{1}{2c}\int_{x-ct}^{x+ct} g(\xi)\,d\xi$$

茲以傅立葉變換求解。

設 $\phi(\pm\infty, t) = \partial\phi(\pm\infty, t)/\partial x = 0$，將式 (e) 作傅立葉指數變換：

$$E_\omega\left\{\frac{\partial^2\phi}{\partial x^2}\right\} = E_\omega\left\{\frac{1}{c^2}\partial^2\frac{\phi}{\partial t^2}\right\}$$

由 $\partial^2\phi/\partial x^2$ 之指數變換，式 (3.132)，得常微分方程式：

$$\frac{d^2\Phi_s(\omega, t)}{dt^2} + c^2\omega^2\Phi_s(\omega, t) = 0, \quad \Phi_s(\omega, 0) = F(\omega), \quad \left(\frac{\partial\Phi_s}{\partial t}\right)_{t=0} = g(\omega)$$

其解為

$$\Phi_s(\omega, t) = F(\omega)\cos(c\omega t) + \frac{1}{c\omega}G(\omega)\sin(c\omega t)$$

由 $\Phi_s(\omega, t)$ 之反變換得

$$\phi(x, t) = \frac{1}{2\pi}\int_{-\infty}^{\infty}\left[F(\omega)\cos(c\omega t) + \frac{1}{c\omega}G(\omega)\sin(c\omega t)\right]e^{-i\omega x}\,d\omega \tag{f}$$

以下證明此解與 d'Alembert 解一致：

$$\because\ \cos(c\omega t)\,e^{-i\omega x} = \frac{1}{2}[e^{-i\omega(x-ct)} + e^{-i\omega(x+ct)}]$$

根據指數反變換公式 (4.321b)：

$$\frac{1}{2\pi}\int_{-\infty}^{\infty}F(\omega)\,e^{-i\omega(x\pm ct)}\,d\omega = f(x\pm ct)$$

故式 (f) 之第一項可化為

$$\frac{1}{2\pi}\int_{-\infty}^{\infty}F(\omega)\cos(c\omega t)\,e^{-i\omega x}\,d\omega = \frac{1}{2}[f(x+ct) + f(x-ct)] \tag{g}$$

$$\because\ \frac{1}{\omega}\sin(c\omega t)\,e^{-i\omega x} = \frac{1}{2i\omega}[e^{-i\omega(x-ct)} - e^{-i\omega(x+ct)}] = \frac{1}{2}\int_{x-ct}^{x+ct}e^{-i\omega\xi}\,d\xi$$

式 (f) 之第二項可化為

$$\frac{1}{2\pi}\int_{-\infty}^{\infty}\frac{1}{c\omega}G(\omega)\sin(c\omega t)\,e^{-i\omega x}\,d\omega = \frac{1}{2c}\left[\frac{1}{2\pi}\int_{-\infty}^{\infty}G(\omega)\int_{x-ct}^{x+ct}e^{-i\omega\xi}\,d\xi\,d\omega\right]$$

$$= \frac{1}{2c} \int_{x-ct}^{x+ct} \left[\frac{1}{2\pi} \int_{-\infty}^{\infty} G(\omega)\, e^{-i\omega\xi}\, d\omega \right] d\xi = \frac{1}{2c} \int_{x-ct}^{x+ct} g(\xi)\, d\xi \qquad (h)$$

將式 (g) 與式 (h) 代入式 (f)，即得 d'Alembert 解：

$$\phi(x,\, t) = \frac{1}{2}\, [f(x+ct) + f(x-ct)] + \frac{1}{2c} \int_{x-ct}^{x+ct} g(\xi)\, d\xi$$

以上推導表明積分變換法求得之解與 d'Alembert 解一致，證實波動方程式之解為唯一，不因解析方法而異。

習題十

1.　以傅立葉正弦變換求解 $\phi(x,\, t)$：

$$\frac{\partial^2 \phi}{\partial x^2} = \frac{1}{\alpha} \frac{\partial \phi}{\partial t} \quad (x \geq 0), \qquad \phi(x,\, 0) = 0, \quad \phi(0,\, t) = k$$

2.　以傅立葉餘弦變換求解 $\phi(x,\, t)$：

$$\frac{\partial^2 \phi}{\partial x^2} = \frac{1}{\alpha} \frac{\partial \phi}{\partial t} \quad (x \geq 0), \qquad \phi(x,\, 0) = 0, \quad \left. \frac{\partial \phi}{\partial x} \right|_{x=0} = k$$

3.　以傅立葉指數變換求解 $\phi(x,\, t)$：

$$\frac{\partial^2 \phi}{\partial x^2} + \frac{\partial^2 \phi}{\partial y^2} = 0 \quad (x \geq 0), \qquad \phi(0,\, y) = f(y)$$

4.　以傅立葉正弦變換求解 $\phi(x,\, t)$：

$$\frac{\partial^2 \phi}{\partial x^2} = \frac{1}{\alpha} \frac{\partial \phi}{\partial t} + h(x,\, t) \qquad (x \geq 0,\ t > 0)$$

已知條件為　$\phi(x,\, 0) = 0, \quad \phi(0,\, t) = 0$

5.　以傅立葉正弦變換求解 $\phi(x,\, t)$：

$$\frac{\partial^2 \phi}{\partial x^2} + \frac{\partial^2 \phi}{\partial y^2} = \sin \omega x \qquad (\omega > 0,\ 0 \leq x \leq l,\ y \geq 0)$$

已知條件為　$\phi(x, 0) = \phi(0, y) = \phi(l, y) = 0, \quad \phi(x, \infty)$ 為有界。

若 $\omega = k\pi/l$，對 $\phi(x, t)$ 之解有無影響？

4.15. 梁之振動

建構外力作用下梁振動之數學模式，多基於梁彎曲之 Bernoulli 假設，加入慣性效應，以下應用分離變數法與傅立葉變換法解析 Euler 梁振動模式。

基於靜態 Euler 梁彎曲模式，考慮作用力之慣性效應，即得 Euler 梁振動之控制方程式：

$$\frac{\partial^2}{\partial x^2} \left(EI \, \frac{\partial^2 y}{\partial x^2} \right) + \rho A \, \frac{\partial^2 y}{\partial t^2} = q(x, t) \tag{4.322}$$

其中 EI 為梁之抗彎勁度，ρ 為梁之單位長度質量，A 為梁之斷面面積，$q(x, t)$ 為作用在梁上之動態分布載重。

設梁之長度為 l，斷面均勻，考慮簡支梁在無外力作用下之自由振動，則式 (4.322) 為

$$EI \, \frac{\partial^4 y}{\partial x^4} + \rho A \, \frac{\partial^2 y}{\partial t^2} = 0 \quad (0 < x < l) \tag{4.323}$$

簡支梁兩端之邊界條件為

$$y(0, t) = y(l, t) = 0, \qquad \frac{\partial^2 y}{\partial x^2} (0, t) = \frac{\partial^2 y}{\partial x^2} (l, t) = 0 \tag{4.324}$$

$$\text{設} \quad y(x, t) = Y(x) \, e^{i\omega t} \tag{4.325}$$

其中 ω 為梁之自然頻率，$Y(x)$ 為振態。

將式 (4.325) 代入式 (4.323) 與式 (4.324)，得

$$EI \, \frac{d^4 Y}{dx^4} - \omega^2 \rho A Y = 0 \tag{4.326}$$

$$Y(0) = Y(l) = 0, \qquad Y''(0) = Y''(l) = 0 \tag{4.327}$$

式 (4.326) 之解為

$$Y(x) = c_1 \cos \lambda x + c_2 \sin \lambda x + c_3 \cosh \lambda x + c_4 \sinh \lambda x \tag{4.328}$$

其中　$\lambda^4 = \dfrac{\omega^2 \rho A}{EI}$

將式 (4.327) 代入式 (4.328)，求得

$$c_1 = c_3 = c_4 = 0, \quad c_2 \neq 0$$

$$\sin \lambda x = 0, \quad \lambda_n = \frac{n\pi}{l} \ (n = 1, 2, \cdots)$$

根據 Euler 梁振動模式，簡支梁之自然頻率與振態為

$$\omega_n = \left(\frac{n\pi}{l}\right)^2 \sqrt{\frac{EI}{\rho A}} \qquad (n = 1, 2, \cdots) \tag{4.329}$$

$$Y(x) = \sin \frac{n\pi x}{l} \qquad (n = 1, 2, \cdots) \tag{4.330}$$

Euler 梁振動模式可用於估計梁上下振動之基本頻率與振態，但難以正確估計梁之高頻振動反應。

以下解析簡支梁在外力作用下之強迫振動，控制方程式為

$$EI \frac{\partial^4 y}{\partial x^4} + \rho A \frac{\partial^2 y}{\partial t^2} = q(x, t) \qquad (0 < x < l) \tag{4.331}$$

設初始條件為

$$y(x, 0) = f(x), \qquad \left(\frac{\partial y}{\partial t}\right)_{t=0} = g(x) \tag{4.332}$$

將式 (4.331) 作有限區間之傅立葉正弦變換：

$$S_n\left\{EI\,\frac{\partial^4 y}{\partial x^4} + \rho A\,\frac{\partial^2 y}{\partial t^2}\right\} = S_n\,\{q(x,\,t)\} \tag{4.333}$$

$$\because\ S_n\left\{EI\,\frac{\partial^4 y}{\partial x^4}\right\} = EI\left[-\left(\frac{n\pi}{l}\right)^2\left\{-\left(\frac{n\pi}{l}\right)^2 Y_s(t) + \frac{n\pi}{l}\,[y(0,\,t) - (-1)^n\,y(l,\,t)]\right\}\right]$$

$$+ EI\,\frac{n\pi}{l}\left[\frac{\partial^2 y}{\partial x^2}\,(0,\,t) - (-1)^n\,\frac{\partial^2 y}{\partial x^2}\,(l,\,t)\right] \tag{4.334}$$

其中　$Y_s(t) \equiv S_n\,\{y(x,\,t)\} = \displaystyle\int_0^l y(x,\,t)\sin\left(\frac{n\pi x}{l}\right)dx$

代入式 (4.324) 之兩端條件，式 (4.334) 簡化為

$$S_n\left\{EI\,\frac{\partial^4 y}{\partial x^4}\right\} = EI\left(\frac{n\pi}{l}\right)^4 Y_s(t) \tag{4.335}$$

則式 (4.333) 與變換後之初始條件為

$$\rho A\,\frac{d^2 Y_s(t)}{dt^2} + EI\left(\frac{n\pi}{l}\right)^4 Y_s(t) = Q_s(t) \tag{4.336a}$$

$$Y_s(0) = F_s(n), \qquad \frac{\partial^2 Y_s(t)}{\partial t^2} = G_s(n) \tag{4.336b}$$

其中　$Q_s(t) = \displaystyle\int_0^l q(x,\,t)\sin\left(\frac{n\pi x}{l}\right)dx, \qquad \begin{bmatrix} F_s(n) \\ G_s(n) \end{bmatrix} = \int_0^l \begin{bmatrix} f(x) \\ g(x) \end{bmatrix}\sin\left(\frac{n\pi x}{l}\right)dx$

式 (4.336a, b) 之解為

$$Y_s(t) = F_s(n)\cos\omega_n t + \frac{G_s(n)}{\omega_n}\sin\omega_n t + \frac{1}{\rho A\omega_n}\int_0^t Q_s(\tau)\sin\omega_n(t-\tau)\,d\tau \tag{4.337}$$

其中　$\omega_n = (EI/\rho A)^{1/2}(n\pi/l)^2$

由 $Y_s(t)$ 之反變換求得簡支梁強迫振動之解：

$$y(x, t) = \frac{2}{l} \sum_{n=1}^{\infty} \left[F_s(n) \cos \omega_n t + \frac{G_s(n)}{\omega_n} \sin \omega_n t \right] \sin \left(\frac{n\pi x}{l} \right)$$

$$+ \frac{2}{l} \sum_{n=1}^{\infty} \left[\frac{1}{\rho A \omega_n} \int_0^t Q_s(\tau) \sin \omega_n(t - \tau) \, d\tau \right] \sin \left(\frac{n\pi x}{l} \right) \qquad (4.338)$$

此問題亦可運用第 4.14 節解析非齊次偏微分方程式與邊界條件的分離變數法求解，茲不贅述。

習題十一

1. 均勻斷面之懸臂梁固定端與無外力之自由端的邊界條件為

$$y(0, t) = \frac{\partial y}{\partial x} \bigg|_{(0, t)} = 0, \qquad \frac{\partial^2 y}{\partial x^2} \bigg|_{(l, t)} = \frac{\partial^3 y}{\partial x^3} \bigg|_{(l, t)} = 0$$

設初始條件為 $y(x, 0) = 0$, $y_t(x, 0) = 0$，以分離變數法與傅立葉變換解析懸臂梁之自由振動。

2. 試以分離變數法與傅立葉變換解析兩端固定梁之自由振動，設初始條件為 $y(x, 0) = 0$, $y_t(x, 0) = 0$，兩端固定梁的邊界條件為

$$y(0, t) = \frac{\partial y}{\partial x} \bigg|_{(0, t)} = 0, \qquad y(l, t) = \frac{\partial y}{\partial x} \bigg|_{(l, t)} = 0$$

3. 考慮軸向力 N，梁自由振動之控制方程式為

$$EI \frac{\partial^4 y}{\partial x^4} + N \frac{\partial^2 y}{\partial x^2} + \rho A \frac{\partial^2 y}{\partial t^2} = 0 \qquad (0 \le x \le l, \ t > 0)$$

設簡支梁各點之初始撓度為 $y(x, 0) = 0$，各點之速度為 $y_t(x, 0) = kx$，以分離變數法求解 $y(x, t)$。

4. 彈性支承梁之振動方程式為

$$EI \frac{\partial^4 y}{\partial x^4} + ky = q(x, t) - \rho A \frac{\partial^2 y}{\partial t^2} \qquad (0 \leq x \leq l, \ t > 0)$$

其中 $EI, k, \rho A$ 為已知參數。

考慮簡支梁由靜止開始振動,設外力 $q(x, t) = f(t) \sin (n\pi x/l)$,$f(t)$ 為已知,
分別以傅立葉正弦變換與 Laplace 變換求解。

5. 簡支梁在 $t = 0$ 時,有一大小為 k 之脈衝作用於 $x = a$,以 Dirac-delta 函數可
表示該作用力為 $q(x, t) = k\delta(x - a) \, \delta(t)$,試以傅立葉正弦變換與 Laplace 變換
求解此梁之動力反應。

6. 流速為 v 之溪流在 $x < 0$ 未受污染,當 $t = 0$ 在 $x = 0$ 處排入 Q ton/sec 廢水,
若溪中廢水濃度分布 $C(x, t)$ 之一維數學模式為

$$\beta \frac{\partial^2 C}{\partial x^2} - kC + Q\delta(x) = \frac{\partial C}{\partial t} + v \frac{\partial C}{\partial x} \qquad (x \geq 0, \ t > 0)$$

其中 β 為紊流擴散係數,k 為化學衰減係數,$\delta(x)$ 為 Dirac-delta 函數。

試列出包含邊界條件與起始條件之完整數學模式,求解溪中廢水濃度分布。
藉以預測恆態濃度分布 $C(x) = \lim\limits_{t \to \infty} C(x, t)$。

第 5 章

複變函數理論與
應用

　　複變函數之發軔可回溯至 16 世紀，義大利數學家 Bombelli (1526-1572) 為解決代數方程式之根出現負數開平方的問題，提出複數代數的基本概念，當時數學家大多不能理解複數的意義，認為虛數不存在，無法計算，並無實用價值；然而，微積分先驅 Leibniz (1646-1716) 對其創見讚譽有加，其後歷經 Euler (1707-1783)、Gauss (1777-1855)、Cauchy (1789-1857)、Riemann (1826-1866)、Weierstrass (1815-1897) 等數學家的研究，遂奠定複變函數的理論基礎，並發展成為數學分析重要的分支，在數學物理上應用廣泛。

　　簡言之，複變函數理論是複數平面的微積分，在複數域解析函數的特有性質與演繹結果對勢能理論 (potential theory) 與理論物理之發展影響深遠。由於二維勢能問題的控制方程式之通解為複變函數形式，定義域形狀不規則的問題往往在實數域難以解析，藉保角映射 (conformal mapping) 設法將不規則形狀的平面定義域變換為圓形、半平面或矩形等簡單規則形狀，即可有系統地滿足給定的邊界條件，從而求得問題之解。基於此，複變函數理論與方法為解析彈性力學、流體力學、電磁學、熱學等領域之數理問題典雅而強大的數學工具。

　　本章首先回顧複數代數之運算法則與幾何意義，再由解析函數之定義與基本性質循序漸進，推演複變函數微積分與圍線積分 (contour integration) 理論以及解析函數之 Talyor 級數與 Laurent 級數展開式，闡明複變函數之奇異點與以黎曼曲面之分支表示多值函數之幾何意義，繼而運用圍線積分方法推求實函數之定積分以及傅立葉變換與 Laplace 反變換，最後說明保角映射之性質與圖影變換關係，並展示保角映射在解析數理問題之應用。

5.1. 複數代數

　　眾所周知，二次方程式 $ax^2 + bx + c = 0$ 之根為

$$x = \frac{-b \pm \sqrt{b^2 - 4ac}}{2a}$$

若 $b^2 - 4ac < 0$，兩根為共軛複數。

複數 z 在直角座標表示為

$$z = x + iy, \quad i = \sqrt{-1}, \quad i^2 = -1 \tag{5.1}$$

其中 i 是一個虛擬的數學量，稱之為虛數 (imaginary number)；x, y 為實數，x 為 z 之實部，y 為 z 之虛部，分別記之為 $x = Re(z); \ y = Im(z)$；加號表示複數為實部與虛部之集合，並非實數的相加運算。

複數 $z = x + iy$ 之共軛 (conjugate) 為 $\bar{z} = x - iy$，具有以下性質：

1. z 之實部與虛部分別為

$$x = \frac{1}{2}(z + \bar{z}), \qquad y = \frac{1}{2i}(z - \bar{z}) \tag{5.2}$$

2. $z\bar{z} = (x + iy)(x - iy) = x^2 + y^2 = |z|^2 = |\bar{z}|^2$，$\quad \overline{z_1/z_2} = \bar{z}_1/\bar{z}_2$ \hfill (5.3)

以下為複數之基本運算法則，運算結果皆表示為實部與虛部之集合。

1. 兩複數相等則實部與虛部相等：$z_1 = z_2$ 則 $x_2 = x_2, \ y_1 = y_2$

2. 加減：$z_1 \pm z_2 = (x_1 + iy_1) \pm (x_2 + iy_2) = (x_1 \pm x_2) + i(y_1 \pm y_2)$

3. 乘法：$z_1 z_2 = (x_1 + iy_1)(x_2 + iy_2) = x_1 x_2 + i(x_2 y_1 + x_1 y_2) + (iy_1)(iy_2)$
   $\qquad\qquad = (x_1 x_2 - y_1 y_2) + i(x_2 y_1 + x_1 y_2)$

4. 除法：$\dfrac{z_1}{z_2} = \dfrac{x_1 + iy_1}{x_2 + iy_2} = \dfrac{(x_1 + y_1)(x_2 - iy_2)}{(x_2 + iy_2)(x_2 - iy_2)} = \left(\dfrac{x_1 x_2 + y_1 y_2}{x_2^2 + y_2^2}\right) + i\left(\dfrac{x_2 y_1 - x_1 y_2}{x_2^2 + y_2^2}\right)$

將複數之實部與虛部分別運算，可證複數代數與實數代數之基本律相同：

1. 交換律：$z_1 + z_2 = z_2 + z_1, \ z_1 z_2 = z_2 z_1$

2. 結合律：$z_1 + (z_2 + z_3) = (z_1 + z_2) + z_3, \ z_1(z_2 z_3) = (z_1 z_2) z_3$

3. 分配律：$z_1(z_2 + z_3) = z_1 z_2 + z_1 z_3$

例：已知 $x + y + 2 + i(x^2 + y) = 0$，求 x, y 之值。

$$x + y + z = 0; \quad x^2 + y = 0 \quad \Rightarrow \quad x = 2, y = -4 \quad 或 \quad x = -1, y = -1$$

例：已知 $\dfrac{1 + i}{1 - i} - \dfrac{k - i}{1 + i} = 2$，求 k 值。

$$\frac{(1 + i)(1 + i)}{(1 - i)(1 + i)} - \frac{(k - i)(1 - i)}{(1 + i)(1 - i)} = \left(\frac{1 - k}{2}\right) + i\left(\frac{k + 3}{2}\right) = 2$$

$$\Rightarrow \quad 1 - k = 4; \quad k + 3 = 0 \quad \Rightarrow \quad k = -3$$

5.2. 複數的幾何意義與極座標形式、Euler 公式

　　設直角座標 x 為實數軸，y 為虛數軸，以複數平面上的點表示 $z = x + iy$，並以原點指向 z 點的向量表示複數 z 在複數平面上的位置，在 z 平面上一個點對應一個位置向量，則複數之幾何意義與平面向量相同，z 的絕對值 $|z|$ 表示向量 z 的長度，複數相加即為複數平面上的向量相加，如圖 5.1 所示。

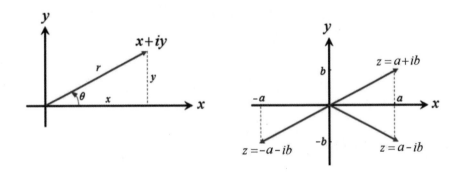

圖 5.1　複數之幾何表示

圖 5.2、圖 5.3分別表示 $z_1 + z_2$ 與 $z_1 - z_2$。

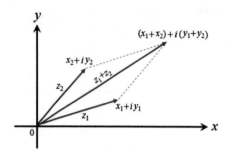

圖 5.2　z_1+z_2 之幾何表示

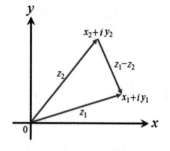

圖 5.3　z_1-z_2 之幾何表示

如圖 5.2 與圖 5.3 所示，基於平面三角形之任意兩邊和不小於第三邊，任意兩邊差不大於第三邊，由複數平面向量的相加減，證得 Schwarz 不等式：

$$|z_1| - |z_2| \leq |z_1 + z_2| \leq |z_1| + |z_2| \tag{5.4}$$

餘弦函數、正弦函數、指數函數可表示為泰勒級數如下：

$$\cos \theta = 1 - \frac{\theta^2}{2!} + \frac{\theta^4}{4!} - \frac{\theta^6}{6!} + - \cdots \tag{5.5}$$

$$\sin \theta = \theta - \frac{\theta^3}{3!} + \frac{\theta^5}{5!} - \frac{\theta^7}{7!} + - \cdots \tag{5.6}$$

$$e^{\theta} = 1 + \theta + \frac{\theta^2}{2!} + \frac{\theta^3}{3!} + \cdots \tag{5.7}$$

$$\Rightarrow \quad \cos \theta + i \sin \theta = \left(1 - \frac{\theta^2}{2!} + \frac{\theta^4}{4!} - \frac{\theta^6}{6!} + - \cdots \right) + i \left(\theta - \frac{\theta^3}{3!} + \frac{\theta^5}{5!} - \frac{\theta^7}{7!} + - \cdots \right)$$

$$= 1 + i\theta + \frac{(i\theta)^2}{2!} + \frac{(i\theta)^3}{3!} + \frac{(i\theta)^4}{4!} + \frac{(i\theta)^5}{5!} + \cdots = e^{i\theta}$$

$$\therefore \quad e^{i\theta} = \cos \theta + i \sin \theta \tag{5.8}$$

設 $\theta = \pi$，得

$$e^{i\pi} = -1 \tag{5.9}$$

式 (5.8) 是著名的 Euler 公式，可視為溝通複數與實數的橋梁，而式 (5.9) 集指數、虛數、π、負數於一身，被認為是最優美的數學公式。

運用極座標 (r, θ) 與直角座標之轉換關係：

$$x = r \cos \theta, \quad y = r \sin \theta$$

$$r = (x^2 + y^2)^{1/2}, \quad \theta = \tan^{-1}(y/x)$$

可將複變數 z 以極座標表示為

$$z = x + iy = r(\cos \theta + i \sin \theta) = re^{i\theta} \tag{5.10}$$

其中 $r = |z|$ 為實數，稱為 z 的模數 (modulus)；θ 為 z 的幅角 (argument)，記作 arg(z)，以水平軸逆時針方向為正。

複數 z 亦可用極座標表示為

$$z = r[\cos(\theta + 2n\pi) + i \sin(\theta + 2n\pi)] = re^{i(\theta + 2n\pi)} \tag{5.11}$$

其中 z 之大小為 $|z| = r$，幅角為 arg(z) $= \theta + 2n\pi$　($n = 0, 1, 2, \cdots$)，並非唯一；通常取 $0 \leq \theta \leq 2\pi$ 為主幅角 (principal argument)。

例：將 $z = -1$;　i;　$-\sqrt{3} + i$ 以極座標表示。

如圖 5.4 所示，以複數平面上的向量表示 z，無需運用式 (5.11) 轉換，即得：

$$-1 = e^{i(\pi + 2n\pi)}; \qquad i = e^{i(\pi/2 + 2n\pi)}; \qquad -\sqrt{3} + i = 2e^{i(5\pi/6 + 2n\pi)}$$

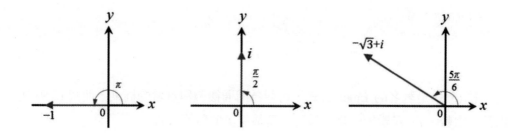

圖 5.4

例：設複數 z_1, z_2 之極座標形式分別為 $z_1 = r_1\,e^{i\theta_1}$, $z_2 = r_2\,e^{i\theta_2}$，則

$$z_1 z_2 = (r_1\,e^{i\theta_1})\,(r_2\,e^{i\theta_2}) = r_1\,r_2\,e^{i\,(\theta_1 + \theta_2)} = r_1\,r_2\,[\cos\,(\theta_1 + \theta_2) + i\,\sin\,(\theta_1 + \theta_2)]$$

$$\frac{z_1}{z_2} = \frac{r_1 e^{i\theta_1}}{r_2 e^{i\theta_2}} = \frac{r_1}{r_2}\,e^{i\,(\theta_1 - \theta_2)} = \frac{r_1}{r_2}\,[\cos\,(\theta_1 - \theta_2) + i\,\sin\,(\theta_1 - \theta_2)]$$

$$\therefore\ |z_1 z_2| = r_1\,r_2 = |z_1||z_2|, \qquad |z_1/z_2| = r_1/r_2 = |z_1|/|z_2|$$

兩複數 z_1, z_2 相乘除得另一複數，其大小為 z_1, z_2 之大小相乘除，其幅角為 $z_1,$ z_2 之幅角相加減，如下表：

複數	z	z^n	$z_1 z_2$	z_1/z_2
大小	r	r^n	$r_1 r_2$	r_1/r_2
幅角	θ	$n\theta$	$\theta_1 + \theta_2$	$\theta_1 - \theta_2$

考慮直角座標 (x, y) 逆時針轉 α 角為另一直角座標 (ξ, η)，如圖 5.5 所示。

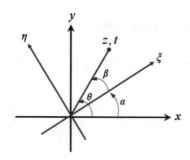

圖 5.5

兩組座標之關係為

$$\left\{ \begin{array}{c} \xi \\ \eta \end{array} \right\} = \left[\begin{array}{cc} \cos \alpha & \sin \alpha \\ -\sin \alpha & \cos \alpha \end{array} \right] \left\{ \begin{array}{c} x \\ y \end{array} \right\}$$

令 $t = \xi + i\eta$，則

$$t = (x \cos \alpha + y \sin \alpha) + i(-x \sin \alpha + y \cos \alpha)$$

$$= (x + iy)(\cos \alpha - i \sin \alpha) = ze^{-i\alpha} \tag{5.12}$$

在複數平面上，座標 t 與座標 z 之轉換關係以幅角表示為

$$z = re^{i\theta}, \qquad t = re^{i\beta}, \qquad \beta = \theta - \alpha \tag{5.13}$$

將複變數 z 以極座標表示，運用 Euler 公式推得：

$$z^n = (re^{i\theta})^n = [r(\cos \theta + i \sin \theta)]^n = r^n (\cos \theta + i \sin \theta)^n$$

而 $(re^{i\theta})^n = r^n e^{in\theta} = r^n (\cos n\theta + i \sin n\theta)$

由此證得 De Moivre's 定理：

$$(\cos \theta + i \sin \theta)^n = \cos n\theta + i \sin n\theta \tag{5.14}$$

運用 Euler 公式與 De Moivre's 定理，可求解代數方程式之複數根與證明三角函數之恆等式。

例：解 $w^4 + 16 = 0$

令 $z = w^4$，以極座標表示 z，則

$$w = z^{1/4} = (-16)^{1/4} = 2e^{i(\pi + 2n\pi)/4} \qquad (n = 0, 1, 2, \cdots)$$

由此得以下四個複數根：

$n = 0 :$ $w_1 = 2e^{i\pi/4} = 2 (\cos \pi/4 + i \sin \pi/4) = \sqrt{2} (1 + i)$

$n = 1 :$ $w_2 = 2e^{i\pi/4} = 2 (\cos 3\pi/4 + i \sin 3\pi/4) = \sqrt{2} (-1 + i)$

$n = 2 :$ $w_3 = 2e^{i\pi/4} = 2 (\cos 5\pi/4 + i \sin 5\pi/4) = \sqrt{2} (-1 - i)$

$n = 3 :$ $w_4 = 2e^{i\pi/4} = 2 (\cos 7\pi/4 + i \sin 7\pi/4) = \sqrt{2} (1 - i)$

$n = 4$ 之根 w_4 與 w_1 相同； $n = 5$ 之根 w_5 與 w_2 相同，餘類推。

此例顯示 $z^{1/4}$ 有四個值，故為多值函數。多值函數在複變函數理論有特殊意義，將在第 5-10 節說明。

例：利用 De Moivre's 定理，將 $\cos 3\theta, \sin 3\theta$ 以 $\cos \theta, \sin \theta$ 表示

$$
\begin{aligned}
\cos 3\theta + i \sin 3\theta &= (\cos \theta + i \sin \theta)^3 \\
&= \cos^3 \theta + 3 \cos^2 \theta (i \sin \theta) + 3 \cos \theta (i \sin \theta)^2 + (i \sin \theta)^3 \\
&= (\cos^3 \theta - 3 \cos \theta \sin^2 \theta) + i (3 \cos^2 \theta \sin \theta - \sin^3 \theta)
\end{aligned}
$$

比較此式左右兩邊得

$$
\begin{aligned}
\cos 3\theta &= \cos^3 \theta - 3 \cos \theta \sin \theta = \cos^3 \theta - 3 \cos \theta (1 - \cos^2 \theta) \\
&= 4 \cos^3 \theta - 3 \cos \theta
\end{aligned}
$$

$$
\begin{aligned}
\sin 3\theta &= 3 \cos^2 \theta \sin \theta - \sin^3 \theta = 3 (1 - \sin^2 \theta) \sin \theta - \sin^3 \theta \\
&= 3 \sin \theta - 4 \sin^3 \theta
\end{aligned}
$$

推展複變函數理論經常用到複數形式的圓方程式。眾所周知，以直角座標表示圓心在 (a, b) 半徑為 ρ 之圓的代數方程式為

$$(x - a)^2 + (y - b)^2 = \rho^2 \tag{5.15}$$

以極座標表示為

$$\begin{cases} x = a + \rho \cos \theta \\ y = b + \rho \sin \theta \end{cases} \quad (0 \le \theta \le 2\pi) \qquad (5.16)$$

在複數平面上，圓心在 (a, b) 半徑為 ρ 之圓的方程式可表示為

$$\begin{aligned} z &= x + iy = (a + \rho \cos \theta) + i\,(b + \rho \sin \theta) \\ &= (a + ib) + \rho\,(\cos \theta + i \sin \theta) = (a + ib) + \rho e^{i\theta} \end{aligned} \qquad (5.17)$$

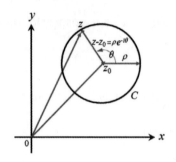

圖 5.6　在複數平面上圓心在 z_0 半徑為 ρ 之圓

如圖 5.6 所示，令 $z_0 = a + ib$，則圓心在 $z = z_0$ 半徑為 ρ 之圓方程式的複數形式為

$$z = z_0 + \rho e^{i\theta} \quad (0 \le \theta \le 2\pi) \quad \text{或} \quad |z - z_0| = \rho \qquad (5.18)$$

例如：圓心在 $(1, 2)$，半徑為 3 之圓及其內部可表示為

$$z \le (1 + 2i) + 3e^{i\theta} \quad (0 \le \theta \le 2\pi) \quad \text{或} \quad |z - (1 + 2i)| \le 3$$

圓心在原點，半徑為 1 的單位圓 (unit circle) 之方程式為

$$z = e^{i\theta} \quad (0 \le \theta \le 2\pi) \quad \text{或} \quad |z| = 1 \qquad (5.19)$$

習題一

1. 決定下列複數之 $|z|$, arg (z), Re (z), Im (z)，並以極座標表示，繪出其圖。

   (a) -2 (b) $2 + 3i$ (c) $(1 + i)\overline{(1 + i)}$ (d) $(1 + i)^n$ (n 為整數)

   (e) $\left(\dfrac{1 + i}{1 - i}\right)^{1/2}$ (f) $(1 + i)^i$ (g) i^i

2. 證明 $e^z = e^x \cos y + ie^x \sin y$, $e^{\bar{z}} = e^x \cos y - ie^x \sin y$, $\therefore$ $e^{\bar{z}} = \overline{e^z}$

3. 解 $w^4 + w^2 + 1 = 0$ (提示：令 $w^2 = z$)

4. 利用 De Moivre's 定理，證明：$\cos^4\theta = (\cos 4\theta + 4\cos 2\theta + 3) / 8$

5. 利用 De Moivre's 定理，證明：

   $$\cos n\theta = \cos^n\theta - \frac{n!}{(n-2)!\, 2!}\cos^{n-2}\theta \sin^n\theta - \frac{n!}{(n-4)!\, 4!}\cos^{n-2}\theta \sin^n\theta - \cdots$$

6. 說明下列各式所表示之圖形：

   (a) $|z| \geq 1$ (b) $|z - 1| - |z + 1| = 1$

   (c) $Im(z) \geq 1$ (d) $\left|\dfrac{z - 1}{z + 1}\right| = 3$

7. 解下列方程式：

   (a) $z^4 = 1 + i$ (b) $e^z + 1 = 0$ (c) $z^2 + (2i - 3)z + (5 - i) = 0$

8. 若 p、iq 為方程式 $P_n(z) = a_n z^n + a_{n-1} z^{n-1} + \cdots + a_1 z + a_0 = 0$ 之根，其中 p, q, a_n, a_{n-1}, $\cdots$, a_1, a_0 為實數，令 $p + iq = re^{i\theta}$，代入 $P_n(z) = 0$，取其共軛，證明 $p - iq$ 亦為此方程式之根。

5.3. 解析函數

5.3.1. 解析函數的定義、Cauchy-Riemann 方程式

解析函數 (analytic function) 為複變函數理論的基石，其重要性相當於實函數微積分之連續函數。

定義：設單值複變函數 $f(z)$ 在 $z = a$ 與鄰近區域導數存在且唯一，則 $f(z)$ 在 $z = a$ 為解析，導數 $f'(z)$ 存在之點為 $f(z)$ 之正規點 (regular point)；導數 $f'(z)$ 不存在之點為 $f(z)$ 之奇異點 (singular point)；若 $f(z)$ 在區域 R 所有點之導數皆存在，則 $f(z)$ 在 R 內為解析函數。

根據解析函數的定義，若複變函數為多值即非解析函數，以下之推演皆假設 $f(z)$ 為單值函數，暫不考慮多值函數。第 5-10 節將說明多值函數之意義，引介黎曼曲面使複變函數理論適用於多值函數。

複變函數 $f(z)$ 可分解為實部與虛部，以直角座標表示為

$$f(z) = f(x + iy) = u(x, y) + iv(x, y) \tag{5.20}$$

其中 $u(x, y)$ 與 $v(x, y)$ 為實函數，記之為 $Re\{f(z)\}$ 與 $Im\{f(z)\}$。

例： $f(z) = z^2 + 1/z + e^z$

$$z^2 = (x + iy)^2 = (x^2 - y^2) + i\,(2xy)$$

$$\frac{1}{z} = \frac{1}{x + iy} = \frac{x - iy}{(x + iy)(x - iy)} = \frac{x}{x^2 + y^2} - i\,\frac{y}{x^2 + y^2}$$

$$e^z = e^{(x + iy)} = e^x\, e^{iy} = e^x\,(\cos y + i \sin y)$$

$\Rightarrow\quad f(z) = u(x, y) + iv(x, y)$

$$= \left(x^2 - y^2 + \frac{x}{x^2 + y^2} + e^x \cos y\right) + i\left(2xy - \frac{y}{x^2 + y^2} + e^x \sin y\right)$$

$f(z)$ 的共軛函數為

$$\overline{f(z)} = u(x, y) - iv(x, y) \tag{5.21}$$

函數 $f(\bar z)$ 與 $\overline{f(\bar z)}$ 為

$$\begin{cases} f(\bar z) = f(x - iy) = u(x, -y) + iv(x, -y) \\ \overline{f(z)} = \overline{f(\bar z)} = u(x, -y) - iv(x, -y) \end{cases} \tag{5.22}$$

例如： $f(z) = c_0 + c_1 z + c_2 z^2; \quad f(\bar z) = c_0 + c_1 \bar z + c_2 \bar z^2$

$\bar f(z) = \bar c_0 + \bar c_1 z + \bar c_2 z^2; \quad \overline{f(z)} = \bar c_0 + \bar c_1 \bar z + \bar c_2 \bar z^2$

若 $f(z) = a + bz, \quad a = 1 + i, \quad b = 2 - i$

則 $f(z) = (1 + 2x + y) + i(1 + 2y - x)$

$f(\bar z) = a + b\bar z = (1 + i) + (2 - i)(x - iy) = (1 + 2x - y) + i(1 - 2y - x)$

$\bar f(z) = \bar a + \bar b z = (1 - i) + (2 + i)(x + iy) = (1 + 2x - y) - i(1 - 2y - x)$

$\overline{f(\bar z)} = a + b\bar z = (1 - i) + (2 + i)(x - iy) = (1 + 2x + y) - i(1 + 2y - x)$

定義複變函數 $w = f(z)$ 對自變數 z 的微分為

$$\frac{dw}{dz} \equiv f'(z) = \lim_{\Delta z \to 0} \frac{f(z + \Delta z) - f(z)}{\Delta z} = \lim_{\Delta z \to 0} \frac{\Delta w}{\Delta z} \tag{5.23}$$

$\because \ f(z) = u(x, y) + iv(x, y), \qquad \Delta w = \Delta u + i\Delta v, \qquad \Delta z = \Delta x + i\Delta y$

$\therefore \ f'(z) = \dfrac{dw}{dz} = \lim_{\Delta z \to 0} \dfrac{\Delta w}{\Delta z} = \lim_{\Delta x, \Delta y \to 0} \dfrac{\Delta u + i\Delta v}{\Delta x + i\Delta y} \tag{5.24}$

解析函數必為單值函數，其導數存在且唯一，所以不論 Δz 循何種路線趨近於零，$f'(z)$ 必相同。基於此，可選取以下兩種 Δz 趨近於零的路線：

1. 令 $\Delta y \to 0$，式 (5.24) 變為

$$f'(z) = \frac{dw}{dz} = \lim_{\Delta x \to 0} \frac{\Delta u + i\Delta v}{\Delta x} = \lim_{\Delta x \to 0} \left(\frac{\Delta u}{\Delta x} + i \frac{\Delta v}{\Delta x} \right) = \frac{\partial u}{\partial x} + i \frac{\partial v}{\partial x} \qquad (5.25a)$$

2. 令 $\Delta x \to 0$，式 (5.24) 變為

$$f'(z) = \frac{dw}{dz} = \lim_{\Delta y \to 0} \frac{\Delta u + i\Delta v}{i\Delta y} = \lim_{\Delta y \to 0} \left(\frac{\Delta v}{\Delta y} - i \frac{\Delta u}{\Delta y} \right) = \frac{\partial v}{\partial y} - i \frac{\partial u}{\partial y} \qquad (5.25b)$$

若 $f'(z)$ 存在且唯一，則式 (5.25a) 與式 (5.25b) 必須相同：

$$\frac{\partial u}{\partial x} + i \frac{\partial v}{\partial x} = \frac{\partial v}{\partial y} - i \frac{\partial u}{\partial y}$$

由此推得 $f(z)$ 為解析函數之必要條件為

$$\frac{\partial u}{\partial x} = \frac{\partial v}{\partial y} \qquad \frac{\partial u}{\partial y} = -\frac{\partial v}{\partial x} \qquad (5.26)$$

式 (5.26) 稱為 Cauchy-Riemann 方程式。

以下證明 Cauchy-Riemann 方程式亦是 $f(z)$ 為解析函數之充分條件。

根據式 (5.24)：

$$f'(z) = \frac{dw}{dz} = \lim_{\Delta x, \Delta y \to 0} \frac{\Delta u + i\Delta v}{\Delta x + i\Delta y}$$

其中　$\Delta u = u(x + \Delta x, y + \Delta y) - u(x, y) = \frac{\partial u}{\partial x} \Delta x + \frac{\partial u}{\partial y} \Delta y + \epsilon_1 \Delta x + \epsilon_2 \Delta y$

$$\Delta v = v(x + \Delta x, y + \Delta y) - v(x, y) = \frac{\partial v}{\partial x} \Delta x + \frac{\partial v}{\partial y} \Delta y + \epsilon_3 \Delta x + \epsilon_4 \Delta y$$

$$\therefore \frac{dw}{dz} = \lim_{\Delta x, \Delta y \to 0} \left[\left(\frac{\partial u}{\partial x} + \epsilon_1 \right) \frac{\Delta x}{\Delta x + i\Delta y} + \left(\frac{\partial u}{\partial y} + \epsilon_2 \right) \frac{\Delta y}{\Delta x + i\Delta y} \right]$$

$$+ \lim_{\Delta x, \Delta y \to 0} \left[\left(\frac{\partial v}{\partial x} + \epsilon_3 \right) \frac{i\Delta x}{\Delta x + i\Delta y} + \left(\frac{\partial v}{\partial y} + \epsilon_4 \right) \frac{i\Delta y}{\Delta x + i\Delta y} \right] \quad (5.27)$$

解析函數 $f(z)$ 滿足 Cauchy-Riemann 方程式，式 (5.27) 中以 $\partial u/\partial x$ 取代 $\partial v/\partial y$，$-\partial v/\partial x$ 取代 $\partial u/\partial y$，得

$$\frac{dw}{dz} = \lim_{\Delta x, \Delta y \to 0} \left[\left(\frac{\partial u}{\partial x} + i\,\frac{\partial v}{\partial x} \right) + (\epsilon_1 + i\epsilon_3)\,\frac{\Delta x}{\Delta x + i\Delta y} + (\epsilon_2 + i\epsilon_4)\,\frac{\Delta y}{\Delta x + i\Delta y} \right] \quad (5.28)$$

$$\because \left| \frac{\Delta x}{\Delta x + i\Delta y} \right| < 1, \qquad \left| \frac{\Delta y}{\Delta x + i\Delta y} \right| < 1$$

當 $\Delta x \to 0$, $\Delta y \to 0$, $\epsilon_1, \epsilon_2, \epsilon_3, \epsilon_4 \to 0$，由式 (5.28) 得

$$f'(z) = \frac{dw}{dz} = \frac{\partial u}{\partial x} + i\,\frac{\partial v}{\partial x}$$

此即式 (5.25a)。

類此，式 (5.27) 中以 $\partial v/\partial y$ 取代 $\partial u/\partial x$; $\partial u/\partial y$ 取代 $-\partial v/\partial x$，得

$$\frac{dw}{dz} = \lim_{\Delta x, \Delta y \to 0} \left[\left(\frac{\partial v}{\partial y} - i\,\frac{\partial u}{\partial y} \right) + (\epsilon_1 + i\epsilon_3)\,\frac{\Delta x}{\Delta x + i\Delta y} + (\epsilon_2 + i\epsilon_4)\,\frac{\Delta y}{\Delta x + i\Delta y} \right] \quad (5.29)$$

$$\Rightarrow\ f'(z) = \frac{dw}{dz} = \frac{\partial v}{\partial y} - i\,\frac{\partial u}{\partial y}$$

此即式 (5.25b)，以上推演表明 Cauchy-Riemann 方程式亦是 $f(z)$ 為解析函數之充分條件。

另一方式證明 Cauchy-Riemann 方程式為解析函數之充分條件如下：

$$f(z) = u(x, y) + iv(x, y), \quad x = (z + \bar{z})/2, \quad y = (z - \bar{z})/2i \quad (5.30)$$

運用微分連鎖律，$f(z)$ 之導數為

$$f'(z) = \frac{\partial}{\partial z}\,[u(x, y) + iv(x, y)] = \left(\frac{\partial u}{\partial x}\,\frac{\partial x}{\partial z} + \frac{\partial u}{\partial y}\,\frac{\partial y}{\partial z} \right) + i\left(\frac{\partial v}{\partial x}\,\frac{\partial x}{\partial z} + \frac{\partial v}{\partial y}\,\frac{\partial y}{\partial z} \right)$$

$$= \left(\frac{1}{2}\,\frac{\partial u}{\partial x} + \frac{1}{2i}\,\frac{\partial u}{\partial y} \right) + i\left(\frac{1}{2}\,\frac{\partial v}{\partial x} + \frac{1}{2i}\,\frac{\partial v}{\partial y} \right) = \frac{1}{2}\left(\frac{\partial u}{\partial x} + i\,\frac{\partial v}{\partial x} \right) + \frac{1}{2}\left(\frac{\partial v}{\partial y} - i\,\frac{\partial u}{\partial y} \right)$$

將 Cauchy-Riemann 方程式代入上式，得

$$f'(z) = \frac{1}{2}\left(\frac{\partial u}{\partial x} + i\,\frac{\partial v}{\partial x}\right) + \frac{1}{2}\left(\frac{\partial v}{\partial y} - i\,\frac{\partial u}{\partial y}\right) = \frac{\partial u}{\partial x} + i\,\frac{\partial v}{\partial x} = \frac{\partial v}{\partial y} - i\,\frac{\partial u}{\partial y}$$

此即式 (5.25a) 與式 (5.25b)，故 $f'(z)$ 存在且唯一，證明 Cauchy-Riemann 方程式是 $f(z)$ 為解析函數之充分條件。

定理：複變函數 $f(z) = u(x, y) + iv(x, y)$ 在區域 R 為解析的充分且必要條件為 $u(x, y),\ v(x, y)$ 在 R 之一階偏導數連續，且滿足 Cauchy-Riemann 方程式。

　　若複變函數 $f(z)$ 是以極座標表示：$f(z) = u\,(r,\,\theta) + iv\,(r,\,\theta),\ z = re^{i\theta}$，運用第 1 章微分連鎖律的結果式 (1.73) 與 (1.74) 以及式 (5.26)，可導得以極座標表示的 Cauchy-Riemann 方程式如下：

$$\frac{\partial u}{\partial r} = \frac{1}{r}\,\frac{\partial v}{\partial \theta} \qquad \frac{\partial r}{\partial r} = -\frac{1}{r}\,\frac{\partial u}{\partial \theta} \tag{5.31}$$

例：證明 $\bar{z}$ 非解析函數

$$\bar{z} = x - iy \quad \Rightarrow \quad u = x,\, v = -y$$

代入 Cauchy-Riemann 方程式：

$$\frac{\partial u}{\partial x} = 1 \neq \frac{\partial v}{\partial y} = -1, \quad \text{故 } \bar{z} \text{ 非解析函數。}$$

在複數平面上所有點皆為解析的函數稱為全函數 (entire funciton)。

例：證明 z^2 為全函數。

$$w = z^2 = u(x, y) + iv(x, y) = (x^2 - y^2) + i\,(2xy) \text{ 為單值函數。}$$

$$\Rightarrow \quad \frac{\partial u}{\partial x} = \frac{\partial v}{\partial y} = 2x \qquad \frac{\partial u}{\partial y} = -\frac{\partial v}{\partial x} = -2y$$

表明 z^2 在複數平面上所有點皆滿足 Cauchy-Riemann 方程式，故 z^2 為全函數。

例：證明多項式 $P\,(z) = a_0 + a_1 z + \cdots + a_n z^n \ (n = 0, 1, 2, \cdots, m)$ 為全函數。

兩個解析函數相加減仍為解析函數，若能證明 $a_k z^k$ (k 為正整數) 為全函數，則 $P(z)$ 亦為全函數。而 $a_k z^k$ 難以直角座標分解為實部與虛部，改以極座標表示，再行分解如下：

$$a_k z^k = a_k r^k e^{ik\theta} = a_k r^k (\cos k\theta + i \sin k\theta)$$

$$\therefore \ u(r, \theta) = a_k r^k \cos k\theta, \qquad v(r, \theta) = a_k r^k \sin k\theta$$

代入式 (5.31)，證得

$$\frac{\partial u}{\partial r} = ka_k r^{k-1} \cos k\theta = \frac{1}{r} \frac{\partial v}{\partial \theta}, \qquad \frac{\partial v}{\partial r} = ka_k r^{k-1} \sin k\theta = -\frac{1}{r} \frac{\partial u}{\partial \theta}$$

表明 $a_k z^k$ 在複數平面上所有點皆滿足 Cauchy-Riemann 方程式，故為全函數；由 $a_k z^k$ ($k = 0, 1, 2, \cdots, m$) 構成的多項式 $P(z)$ 亦為全函數。

5.3.2. 基本解析函數

實函數無虛部，不滿足 Cauchy-Riemann 方程式。故非解析函數，複變函數特有的性質不適用於實函數；然而，當複變函數之虛部為零即為實函數，故複變函數應具備實函數之性質。

基於此，定義下列基本複變函數，並可證明它們為全函數，在複變平面上所有點皆為解析。

1. 冪函數 $f(z) = a_n z^n$ ($n = 0, 1, 2, \cdots, m$)，常數 a_n 為實數或複數。　　　　(5.32)

2. 多項式 $P(z) = a_0 + a_1 z + \cdots + a_n z^n$ ($n = 0, 1, 2, \cdots, m$)。　　　　(5.33)

3. 有理函數 $f(z) = P(z)/Q(z)$, $P(z), Q(z)$ 為多項式，$Q(z) \neq 0$。　　　　(5.34)

　　$Q(z) = 0$ 為 $f(z)$ 之奇異點，複變函數之奇異點性質將在第 5.11 節考慮。

4. 指數函數 $f(z) = e^{az}$，常數 a 為實數。　　　　(5.35)

$$e^{az} = e^{a(x + iy)} = e^{ax} e^{iay} = e^{ax} (\cos ay + i \sin ay)$$

$$e^{az} = 1 + az + \frac{(az)^2}{2!} + \frac{(az)^3}{3!} + \cdots$$

5. 三角函數

$$\cos z = \frac{1}{2}(e^{iz} + e^{-iz}), \qquad \sin z = \frac{1}{2i}(e^{iz} - e^{-iz}) \tag{5.36}$$

$$\cos z = \frac{1}{2}[e^{i(x+iy)} + e^{-i(x+iy)}] = \frac{1}{2}[e^{-y}(\cos x + i\sin x) + e^{y}(\cos x - i\sin x)]$$

$$= \cos x \frac{(e^{y} + e^{-y})}{2} - i\sin x \frac{(e^{y} - e^{-y})}{2} = \cos x \cosh y - i\sin x \sinh y$$

$$\sin z = \frac{1}{2i}[e^{i(x+iy)} - e^{-i(x+iy)}] = \frac{1}{2i}[e^{-y}(\cos x + i\sin x) - e^{y}(\cos x - i\sin x)]$$

$$= \sin x \frac{(e^{y} + e^{-y})}{2} + i\cos x \frac{(e^{y} - e^{-y})}{2} = \sin x \cosh y + i\cos x \sinh y$$

其中雙曲線函數定義為

$$\cosh y = \frac{e^{y} + e^{-y}}{2}, \qquad \sinh y = \frac{e^{y} - e^{-y}}{2} \tag{5.37}$$

各函數之間的關係與泰勒級數展開式為

$$\cos z = 1 - \frac{z^2}{2!} + \frac{z^4}{4!} - + \cdots, \qquad \sin z = z - \frac{z^3}{3!} + \frac{z^5}{5!} - + \cdots \tag{5.38}$$

$$\cosh z = 1 + \frac{z^2}{2!} + \frac{z^4}{4!} + \cdots, \qquad \sinh z = z + \frac{z^3}{3!} + \frac{z^5}{5!} + \cdots \tag{5.39}$$

$$\sinh(iz) = i\sin z, \qquad \cosh(iz) = \cos z \tag{5.40a}$$

$$\sin(iz) = i\sinh z, \qquad \cos(iz) = \cosh z \tag{5.40b}$$

$$\sinh z = \sinh x \cos y + i \cosh x \sin y \qquad (5.41a)$$

$$\cosh z = \cosh x \cos y + i \sinh x \sin y \qquad (5.41b)$$

實變數之三角函數公式適用於複變函數，例如：

$$\cos^2 z + \sin^2 z = 1, \qquad \sin (2z) = 2 \sin z \cos z$$

$$\cosh^2 z - \sinh^2 z = 1, \qquad \sinh (2z) = 2 \sinh z \cosh z$$

$$\frac{d}{dz} (\sin z) = \cos z, \qquad \frac{d}{dz} (\cos z) = -\sin z$$

$$\frac{d}{dz} (\sinh z) = \cosh z, \qquad \frac{d}{dz} (\cosh z) = \sinh z$$

$$\tan z = \frac{\sin z}{\cos z}, \qquad \cot z = \frac{\cos z}{\sin z}$$

當 $\cos z \neq 0$，$\tan z$ 為解析函數；當 $\sin z \neq 0$，$\cot z$ 為解析函數。

由複變函數微分的定義可證明：若 $f(z), g(z)$ 為解析函數，複變函數之微分公式與實函數類似：

$$\frac{d}{dz} [f(z) \pm g(z)] = f'(z) \pm g'(z)$$

$$\frac{d}{dz} [f(z) g(z)] = f'(z) g(z) + f(z) g'(z)$$

$$\frac{d}{dz} \left[\frac{f(z)}{g(z)} \right] = \frac{f'(z) g(z) - f(z) g'(z)}{[g(z)]^2}$$

例：求 $\sin z = 0$ 之根。

將 $\sin z = \sin x \cosh y + i \cos x \sinh y = 0$ 分為實部與虛部：

$$\begin{cases} \sin x \cosh y = 0 & (a) \\ \cos x \sinh y = 0 & (b) \end{cases}$$

由式 (a) $\because$ $\cosh y \neq 0$ $\therefore$ $\sin x = 0$ $\Rightarrow$ $x = n\pi$ $(n = 0, \pm1, \pm2, \cdots)$

代入式 (b) $\because$ $\cos x \neq 0$ $\therefore$ $\sinh x = (e^y - e^{-y})/2 = 0$ $\Rightarrow$ $y = 0$

$$\therefore \sin z = 0 \text{ 之根為 } z = x + iy = n\pi \ (n = 0, \pm1, \pm2, \cdots)$$

若直接在複變平面求解：

$$\sin z = \frac{1}{2i} (e^{iz} - e^{-iz}) = 0 \ \Rightarrow \ e^{iz} = e^{-iz} \ \Rightarrow \ e^{2iz} = 1$$

$$\therefore \ z = n\pi \ (n = 0, \pm1, \pm2, \cdots)$$

此例表明 $\sin z = 0$ 之根與 $\sin x = 0$ 相同，無需分為實部與虛部求解。

例：求 $\sinh z = k$ $(k$ 為實數$)$ 之根。

$$\sinh z = \frac{e^z - e^{-z}}{2} = k \ \Rightarrow \ e^z - e^{-z} = 2k$$

$$\Rightarrow \ e^{2z} - 2ke^z - 1 = 0$$

解此方程式得

$$e^z = \frac{2k \pm \sqrt{4k^2 + 4}}{2} = k \pm \sqrt{k^2 + 1} \ \Rightarrow \ z = \ln (k \pm \sqrt{k^2 + 1})$$

$$\therefore \ \sinh z = k \ \text{ 之根為 } \ z = \ln (k \pm \sqrt{k^2 + 1})$$

5.3.3. 解析函數之基本性質

本節列舉有關解析函數之基本性質，以下各節將陸續說明基於解析函數導出的定理與應用。

1. 若解析函數 $f(z)$ 之實部 $u(x, y)$ 與虛部 $v(x, y)$ 之二階導數皆連續，則兩者分別

滿足 Laplace 方程式：

$$\nabla^2 u = 0, \qquad \nabla^2 v = 0 \tag{5.42}$$

證明：$f(z) = u(x, y) + iv(x, y)$ 為解析函數，滿足 Cauchy-Riemann 方程式

$$\frac{\partial u}{\partial x} = \frac{\partial v}{\partial y}, \qquad \frac{\partial u}{\partial y} = -\frac{\partial v}{\partial x}$$

將以上兩個方程式分別對 x, y 微分，$u(x, y), v(x, y)$ 之二階導數連續，故其二階導數與對 x, y 微分之先後次序無關：

$$\frac{\partial^2 u}{\partial x^2} = \frac{\partial^2 v}{\partial x \partial y} = \frac{\partial^2 v}{\partial y \partial x}, \qquad \frac{\partial^2 u}{\partial y^2} = -\frac{\partial^2 v}{\partial y \partial x}$$

此兩式相加得

$$\nabla^2 u = \frac{\partial^2 u}{\partial x^2} + \frac{\partial^2 u}{\partial y^2} = 0$$

同理，將 Cauchy-Riemann 的兩個方程式分別對 y, x 微分，再相加得

$$\nabla^2 v = \frac{\partial^2 v}{\partial x^2} + \frac{\partial^2 v}{\partial y^2} = 0$$

適合 Laplace 方程式之函數稱為諧和函數，解析函數之實部與虛部皆為諧和函數，此性質可應用於解析二維 Laplace 方程式之邊界值問題，概述以下：

考慮恆態二維熱傳導之數學模式：

在定義域 $\nabla^2 T(x, y) = 0$，邊界條件為 $T(x, y)$ 或其法線方向導數為已知。

設問題之解為解析函數 $f(z) = T(x, y) + iS(x, y)$，則 $\nabla^2 T(x, y) = 0$，很神奇地不必解問題的控制方程式了，只須設法滿足邊界條件即求得問題之解。問題是如何在眾多的解析函數之中，求得滿足邊界條件的解析函數？

系統的求解方法有運用 Cauchy 積分公式，或設定未知函數為無窮級數形式，稍後將逐一說明。

2. 若 $f(z) = u(x, y) + iv(x, y)$ 為解析函數，則 $u(x, y) = c_1$, $v(x, y) = c_2$ 所表示的兩組曲線在交點互相垂直，即兩組曲線正交。

證明：平面曲線 $u(x, y) = c_1$, $v(x, y) = c_2$ 之斜率分別為 $(dy/dx)_1$, $(dy/dx)_2$，全微分為

$$\frac{\partial u}{\partial x}\, dx + \frac{\partial u}{\partial y}\, dy = 0 \quad \Rightarrow \quad \left(\frac{dy}{dx}\right)_1 = -\frac{\partial u/\partial x}{\partial u/\partial y}$$

$$\frac{\partial v}{\partial x}\, dx + \frac{\partial v}{\partial y}\, dy = 0 \quad \Rightarrow \quad \left(\frac{dy}{dx}\right)_2 = -\frac{\partial v/\partial x}{\partial v/\partial y}$$

解析函數 $f(z)$ 滿足 Cauchy-Riemann 方程式，將式 (5.26) 代入 $(dy/dx)_1$, $(dy/dx)_2$ 得

$$\left(\frac{dy}{dx}\right)_1 \left(\frac{dy}{dx}\right)_2 = -1$$

故 $u(x, y) = c_1$, $v(x, y) = c_2$ 兩組曲線正交。此性質常應用於解析平面勢流問題。

根據平面勢流 (potential flow) 理論，流場勢能函數之控制方程式為 Laplace 方程式，流線與等勢線正交，基於此性質可推求滿足流場邊界條件的解析函數，或直觀地繪製流網 (flow net)，從而計算流速、流量與壓力分布等物理量。

3. 實變數 (x, y) 與複變數 $(z, \bar{z})$ 的線性變換關係為

$$x = \frac{1}{2}\,(z + \bar{z}), \qquad y = \frac{1}{2i}\,(z - \bar{z})$$

複變函數 $w = u(x, y) + iv(x, y)$ 經此變換，變為複變函數 $w(z, \bar{z})$；若 w 為解析函數，則 w 與 $\bar{z}$ 無關，可表示為 $f(z)$ 的形式。

若 $f(z) = u(x, y) + iv(x, y)$ 為解析函數，實部 $u(x, y)$ 與虛部 $v(x, y)$ 必須滿足 Cauchy-Riemann 方程式，兩者為共軛諧和函數 (conjugate harmonic functions)，並非獨立的函數。若 $u(x, y)$ 為已知，可決定 $v(x, y)$；若 $v(x, y)$ 為已知，可決定 $u(x, y)$，進而可決定解析函數 $f(z)$ 的形式。

證明：若 w 為解析函數，則 $\partial w/\partial \bar{z} = 0$，$w$ 即與 $\bar{z}$ 無關。

$$\frac{\partial w}{\partial \bar{z}} = \frac{\partial}{\partial \bar{z}} [u(x, y) + iv(x, y)] = \left(\frac{\partial u}{\partial x} \frac{\partial x}{\partial \bar{z}} + \frac{\partial u}{\partial y} \frac{\partial y}{\partial \bar{z}} \right) + i \left(\frac{\partial v}{\partial x} \frac{\partial w}{\partial \bar{z}} + \frac{\partial v}{\partial y} \frac{\partial y}{\partial \bar{z}} \right)$$

將(x, y) 與 $(z, \bar{z})$ 之關係代入上式，得

$$\frac{\partial w}{\partial \bar{z}} = \left(\frac{1}{2} \frac{\partial u}{\partial x} - \frac{1}{2} 2i \frac{\partial u}{\partial y} \right) + i \left(\frac{1}{2} \frac{\partial v}{\partial x} - \frac{1}{2} i \frac{\partial v}{\partial y} \right) = \frac{1}{2} \left(\frac{\partial u}{\partial x} + i \frac{\partial u}{\partial y} \right) + i \frac{1}{2} \left(\frac{\partial v}{\partial x} + i \frac{\partial v}{\partial y} \right)$$

若 w 為解析函數，將 Cauchy-Riemann 方程式代入上式，證得

$$\frac{\partial d}{\partial \bar{z}} = 0 \quad \text{故 } w \text{ 與 } \bar{z} \text{ 無關，} \quad w = w(z)$$

例：已知 $u(x, y) = y^3 - 3x^2y + c_1$ 為諧和函數，決定其共軛諧和函數 $v(x, y)$，並將 $u(x, y) + iv(x, y)$ 表示為解析函數 $f(z)$ 的形式。

$f(z) = u(x, y) + iv(x, y)$ 為解析函數，滿足 Cauchy-Riemann 方程式，故

$$(a) \ \frac{\partial u}{\partial x} = \frac{\partial v}{\partial y} = -6xy, \qquad (b) \ \frac{\partial u}{\partial y} = -\frac{\partial v}{\partial x} = 3y^2 - 3x^2$$

將式 (a) 對 y 積分得 $v(x, y) = -3xy^2 + \varphi(x)$，代入式 (b) 得

$$\frac{\partial v}{\partial x} = -3y^2 + \varphi'(x) = -3y^2 + 3x^2 \ \Rightarrow \ \varphi'(x) = 3x^2 \ \Rightarrow \ \varphi(x) = x^3 + c_2$$

$$\therefore \ v(x, y) = -3xy^2 + x^3 + c_2$$

$$f(z) = u(x, y) + iv(x, y) = (y^3 - 3x^2 y + c_1) + i(-3xy^2 + x^3 + c_2)$$

將 $x = (z + \bar{z})/2, \ y = (z - \bar{z})/2i$ 代入上式，運算後，得

$$f(z) = iz^3 + c, \quad \text{其中} \quad c = c_1 + ic_2$$

較簡便的方法如下：

設解析函數為 $f(z) = u(x, y) + iv(x, y)$

令 $y = 0$，則 $f(x) = u(x, 0) + iv(x, 0) = c_1 + i(x^3 + c_2) = ix^3 + c$, 以 z 替換函數 $f(x)$ 之 x，得 $f(z) = iz^3 + c$

令 $x = 0$，則 $f(iy) = u(0, y) + iv(0, y) = y^3 + c_1 + ic_2 = y^3 + c$, 以 z 替換函數 $f(iy)$ 之 iy，亦得　$f(z) = iz^3 + c$

例：已知 $u(r, \theta) = r^{-2} \sin 2\theta\ (r \neq 0)$ 為諧和函數，決定其共軛諧和函數 $v(r, \theta)$，並將 $u(r, \theta) + iv(r, \theta)$ 表示為解析函數 $f(z)\ (z = re^{i\theta})$ 的形式。

Cauchy-Riemann 方程式之極座標形式為式 (5.31)：

$$\frac{\partial u}{\partial r} = \frac{1}{r}\frac{\partial v}{\partial \theta}, \qquad \frac{\partial v}{\partial r} = -\frac{1}{r}\frac{\partial u}{\partial \theta}$$

將 $u(r, \theta), v(r, \theta)$ 代入

(a) $\dfrac{\partial u}{\partial r} = \dfrac{1}{r}\dfrac{\partial v}{\partial \theta} = -2r^{-3}\sin 2\theta$ \qquad (b) $\dfrac{1}{r}\dfrac{\partial u}{\partial \theta} = -\dfrac{\partial v}{\partial r} = 2r^{-3}\cos 2\theta$

將式 (a) 對 θ 積分得 $v(r, \theta) = r^{-2}\cos 2\theta + \varphi(r)$，代入式 (b) 得

$$\frac{\partial v}{\partial r} = -2r^{-3}\cos 2\theta + \varphi'(r) = -2r^{-3}\cos 2\theta \ \Rightarrow\ \varphi'(r) = 0 \ \Rightarrow\ \varphi(r) = c$$

$$\therefore\ v(r, \theta) = r^{-2}\cos 2\theta + c$$

$$f(z) = u(r, \theta) + iv(r, \theta) = r^{-2}\sin 2\theta + i(r^{-2}\cos 2\theta + c)$$

令 $\theta = 0$，　則　$f(r) = u(r, 0) + iv(r, 0) = i(r^{-2} + c)$

以 z 替換函數 $f(r)$ 之 r，得　$f(z) = iz^{-2} + c$

習題二

1. 說明下列函數是否為解析函數，若為解析函數，將之化為 $f(z)$ 形式。

(a) $f = x^3 + y^3 + i(3x^2 y + 3xy^2)$ \quad (b) $f = \sin x \cos y + i \cos x \sin y$

(c) $f = 3x + 5y + i(3y - 5x)$ \quad (d) $f = r^2 + \theta + 2ir^2\theta$ \quad (e) $f = \cot z/z$

2. $f(z) = z^2 + (\bar{z})^2 + (z - \bar{z})/2 + 1$

    (a) 求 $f(2 + i)$; $f(\bar{z})$; $\overline{f(z)}$; $\bar{f}(z)$ (b) 說明 $f(z)$ 是否為解析函數。

3. 證明 e^z; $\sin z$; $\cos z$ 為全函數。

4. 設下列函數為諧和函數，求其共軛諧和函數以及解析函數 $f(z)$。

    (a) $v = xy$ (b) $u = e^{xy} \cos [(x^2 - y^2)/2]$

    (c) $u = 3 + r^5 \cos 5\theta$ (d) $u = x/(x^2 + y^2)$

5. 由等比級數

$$1 + z + z^2 + \cdots = \frac{1}{1 - z} \qquad (|z| < 1)$$

令 $z = e^{i\theta}/2$，證明：

$$1 + \frac{1}{2} \cos \theta + \frac{1}{4} \cos 2\theta + \frac{1}{8} \cos 3\theta + \cdots = \frac{4 - 2 \cos \theta}{5 - 4 \cos 2\theta}$$

6. (a) 以等比級數證明：

$$S = e^{i\theta} + e^{2i\theta} + e^{3i\theta} + \cdots + e^{ni\theta} = e^{i\theta} \frac{1 - e^{in\theta}}{1 - e^{i\theta}} \qquad\qquad (a)$$

(b) 將此式分子與分母同乘以 $e^{-i\theta/2}$，證明：

$$S = \frac{e^{i(n + 1/2)\theta} - e^{i\theta/2}}{2i \sin \theta/2} \qquad\qquad (b)$$

(c) 將 Euler 公式代入式 (a), (b)，證明

$$\sum_{n=1}^{\infty} \cos n\theta = \frac{\sin (n + 1/2) \theta}{2 \sin \theta/2} - \frac{1}{2}$$

$$\sum_{n=1}^{\infty} \sin n\theta = \frac{-\cos (n + 1/2) \theta}{2 \sin \theta/2} + \frac{1}{2} \cot \frac{\theta}{2}$$

7. 證明　$\cosh^2 z - \sinh^2 z = 1; \quad \sinh 2z = 2\sinh z \cosh z$

8. 求解　$\cos z - k = 0$　(k 為實數) 之所有根。

9. 實變數 (x, y) 與複變數 $(z, \bar{z})$ 的線性變換關係為

$$x = \frac{1}{2}(z + \bar{z}), \quad y = \frac{1}{2i}(z - \bar{z})$$

經此變換，函數 $f(x, y)$ 變為複變函數 $F(z, \bar{z})$。

(a) 將 $\partial f/\partial x, \partial f/\partial y$ 以 $\partial F/\partial z, \partial F/\partial \bar{z}$ 表示。

(b) 證明 Laplace 方程式變為

$$\nabla^2 f(x, y) = 4\frac{\partial^2 F(z, \bar{z})}{\partial z \partial \bar{z}} = 0$$

(c) 將此式積分得 $F(z, \bar{z}) = \phi_1(z) + \phi_2(\bar{z})$，因 $F(z, \bar{z}) \equiv f(x, y)$ 為實函數，
則必 $\phi_2(\bar{z}) = \overline{\phi_1(z)}$。

$$\Rightarrow \quad f(x, y) = \phi_1(z) + \phi_2(\bar{z}) = \phi_1(z) + \overline{\phi_1(z)} = 2Re\{\phi_1(z)\}$$

由此可知：Laplace 方程式之通解為一個諧和函數。

10. 證明雙諧和方程式 $\nabla^2 \nabla^2 f(x, y) = 0$ 在複數域為

$$\nabla^2 \nabla^2 f(x, y) = 16\frac{\partial^4 F(z, \bar{z})}{\partial z^2 \partial \bar{z}^2} = 0$$

將此式逐次積分得

$$F(x, y) = \bar{z}\,\phi_1(z) + \phi_2(z) + z\phi_3(\bar{z}) + \phi_4(\bar{z})$$

因 $F(z, \bar{z}) \equiv f(x, y)$ 為實函數，令

$$\phi_2(z) + \phi_4(\bar{z}) = \frac{1}{2}[\psi(z) + \overline{\psi(z)}], \quad \bar{z}\phi_1(z) + z\phi_3(\bar{z}) = \frac{1}{2}[\bar{z}\varphi(z) + z\overline{\varphi(z)}]$$

$$\Rightarrow \quad f(x,\, y) = \frac{1}{2}\,[\bar{z}\varphi(z) + z\overline{\varphi}(z) + \psi(z) + \overline{\psi(z)}]$$

此式表明雙諧和方程式之通解為兩個諧和函數。

5.4. 複變函數之線積分

複數平面的曲線以參數方程式表示為 $\gamma(t) = x(t) + iy(t)$, $a \le t \le b$，$\gamma(t)$ 隨自變數 t 改變的軌跡為曲線 C，其端點為 $t = a$, $t = b$，參數 t 增加的方向為曲線的正方向。若 $\gamma(t)$ 之導數連續，C 為連續曲線；若 $\gamma(t)$ 之導數除有限個點以外皆連續，$\gamma(t)$ 在這些點之左右導數皆存在，則 C 為分段連續曲線；若 $\gamma(t)$ 為連續函數，$\gamma(a) = \gamma(b)$，C 為閉合曲線；若 C 為閉合曲線，且當 $t_1 = t_2$, $\gamma(t_1) = \gamma(t_2)$，則 C 稱為簡單閉合曲線 (simply closed curve) 或 Jordan 曲線。

簡言之，一條不自我相交的閉合曲線為簡單閉合曲線；區域 R 內任意一條簡單閉合曲線，經連續變形收縮至 R 內成為一點，不含 R 以外的點，則 R 為單連通區域 (simply connected domain)，顯然，內含孔洞的區域不是單連通區域。

設曲線 C 至少為分段連續，起點為 A，終點為 B，令 $\Delta z_k = z_k - z_{k-1}$ ($k = 1, 2, \cdots, n$) 為連接 z_{k-1} 與 z_k 之弦線段，定義函數 $f(z)$ 在 A, B 兩點間沿曲線 C 之線積分為

$$\int_C f(z)\, dz = \lim_{n \to \infty} \sum_{k=1}^{n} f(z_k)\, \Delta z_k, \quad |\Delta z_k| \to 0 \tag{5.43}$$

由線積分之定義知：複變函數 $f(z)$ 之線積分與平面向量之線積分類似，其值與由 A 至 B 之積分路線 C 有關。

設 $f(z) = u(x, y) + iv(x, y)$，複變函數 $f(z)$ 之線積分可分解為實部與虛部之積分如下：

$$\int_C f(z)\, dz = \int_C (u + iv)\, (dx + idy)$$

$$= \int_C (udx - vdy) + i \int_C (vdx + udy) \tag{5.44}$$

基於此，分別考慮實部與虛部之積分，可證明實數域線積分之基本性質可延
伸至複數平面：

$$\int_C [f(z) \pm g(z)]\, dz = \int_C f(z)\, dz \pm \int_C g(z)\, dz$$

$$\int_A^B f(z)\, dz = -\int_B^A f(z)\, dz$$

$$\int_A^B f(z)\, dz = \int_A^P f(z)\, dz + \int_P^B f(z)\, dz$$

其中 P 為 A, B 之間積分路線 C 上之點。

例：求 $I = \int_C z^2\, dz$ 之值，積分路線如圖 5.7 所示：

(a)　積分路線 C_1：由原點 O 至 B 點之直線。
(b)　積分路線 C_2：由原點 O 至 A 點，再由 A 點至 B 點之直線。
(c)　積分線路 C_3：由原點 O 至 C 點，再由 C 點至 B 點之直線。

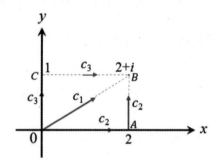

圖 5.7

$$z^2 dz = [(x^2 - y^2) + i\,(2xy)]\,(dx + idy)$$

$$= [(x^2 - y^2)\, dx - 2xydy] + i\,[2xydx + (x^2 - y^2)\, dy]$$

$$I = \int_C z^2 dz = \int_C [(x^2 - y^2)\, dx - 2xydy] + i \int_C [2xy\, dx + (x^2 - y^2)\, dy]$$

(a) 路線 C_1 由 $z = 0$ 至 B 點，方程式為 $x = 2y, dx = 2dy$，將線積分 I_1 以變數 y 表示：

$$\Rightarrow \quad I_1 = \int_{C_1} z^2 dz = \int_0^1 2y^2 dy + i \int_0^1 11\, y^2 dy = \frac{1}{3}\,(2 + 11i)$$

(b) 路線 C_2 為分段連續，在 OA 上 $y = 0, dy = 0$；在 AB 上 $x = 2, dx = 0$：

$$\Rightarrow \quad I_2 = \int_{C_2} z^2 dz = \int_0^A z^2 dz + \int_A^B z^2 dz$$

$$= \int_0^2 x^2 dz + \int_0^1 [-4y + i\,(4 - y^2)]\, dy = \frac{1}{3}\,(2 + 11i)$$

(c) 路線 C_3 為分段連續，在 OC 上 $x = 0, dx = 0$；在 CB 上 $y = 1, dy = 0$

$$\Rightarrow \quad I_3 = \int_{C_3} z^2 dz = \int_0^C z^2 dz + \int_C^B z^2 dz$$

$$= -i \int_0^1 y^2 dy + \int_0^2 (x + i)^2 dx = \frac{1}{3}\,(2 + 11i)$$

本例之 $f(z) = z^2$ 為解析函數，沿原點至 B 點之任意積分路線，I 值皆相同，亦即 I 值與兩點間之積分路線無關；任意閉合路線，I 值必為零。若 $f(z)$ 並非解析函數，I 值與兩點間之積分路線有關；閉合路線之 I 值不一定為零。

例：求 $I = \int_{C_3} \bar{z}\, dz$ 之值，積分路線如圖 5.8 所示。

(a) C_1：由單位圓上 A 點逆時針至 -1。

(b) C_2：由單位圓上 A 點順時針至 -1。

(c) C_3：由單位圓上 A 點逆時針返回 A 點之閉合路線。

(d) C_4：由單位圓上 A 點順時針返回 A 點之閉合路線。

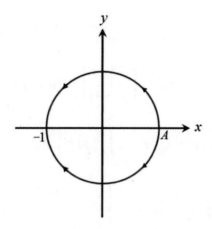

圖 5.8

在單位圓上 $z = e^{i\theta},\ dz = ie^{i\theta}\,d\theta,\ f(z) = \bar{z} = e^{-i\theta}$

(a)　$I_1 = \displaystyle\int_{C_1} \bar{z}\,dz = \int_0^\pi e^{-i\theta}\,(ie^{i\theta}\,d\theta) = \pi i$

(b)　$I_2 = \displaystyle\int_{C_2} \bar{z}\,dz = \int_{2\pi}^\pi e^{-i\theta}\,(ie^{i\theta}\,d\theta) = -\pi i$

(c)　$I_3 = \displaystyle\oint_{C_3} \bar{z}\,dz = \int_0^{2\pi} e^{-i\theta}\,(ie^{i\theta}\,d\theta) = 2\pi i$

(d)　$I_4 = \displaystyle\oint_{C_4} \bar{z}\,dz = \int_{2\pi}^0 e^{-i\theta}\,(ie^{i\theta}\,d\theta) = -2\pi i$

本例之 $f(z) = \bar{z}$ 並非解析函數，雖然路線 C_1 與 C_2 之起點與終點相同，但 I_1 與 I_2 值不同；C_3 與 C_4 皆為閉合路線，但 I_3 與 I_4 值非零，且不相同。

例：求 $I = \displaystyle\oint_C (z-a)^n\,dz$ （n 為整數）之值。

閉合路線 C 為以 $z = a$ 為圓心，半徑為 ρ 逆時針方向之圓：

$$z = a + \rho e^{i\theta} \qquad (0 \le \theta \le 2\pi)$$

$$I = \oint_C (z-a)^n \, dz = \int_0^{2\pi} \rho^n e^{in\theta} (\rho ie^{i\theta} \, d\theta) = i\rho^{n+1} \int_0^{2\pi} e^{i(n+1)\theta} \, d\theta$$

$$= \rho^{n+1} \left[\frac{e^{i(n+1)\theta}}{(n+1)} \right]_0^{2\pi} = 0 \quad (n \neq -1)$$

當 $n = -1$, $\quad I = \oint_C (z-a)^n \, dz = i \int_0^{2\pi} d\theta = 2\pi i$

$$\Rightarrow \quad I = \oint_C (z-a)^n \, dz = \begin{cases} 0 & (n \neq 1, \ n \ 為整數) \\ \\ 2\pi i & (n = -1) \end{cases} \tag{5.45}$$

以上數例表明 $f(z)$ 之線積分與 $f(z)$ 是否為解析函數有直接關係。

ML 定理

若 $f(z)$ 為連續函數，在積分路線上 $|f(z)| \leq M$，M 值為有限值，若積分路線 C 之全長為 L

$$L = \int_C dz = \int_C |dx + idy| \quad 則 \quad \left| \int_C f(z) \, dz \right| \leq ML \tag{5.46}$$

證明：$\quad \left| \int_C f(z) \, dz \right| \leq \int_C |f(z)| \, |dz| \leq M \int_C |dz| = ML \quad$ 得證。

在推展複變函數之路徑積分時，常運用 ML 定理估計線積分值之大小。

例：估計 $I = \int_C \bar{z}^2 \, dz$ 之上限值，C 為連接 $z = 0$ 與 $z = 1 + 2i$ 之直線。

在積分路線 C 上，$\bar{z}^2$ 之最大值在 $z = 1 + 2i$，其值為

$$|\bar{z}^2| = |(x-iy)^2| = x^2 + y^2 \leq 1^2 + 2^2 = 5$$

積分路線 C 之方程式為 $y = 2x$，全長為

$$L = \int_C dz = \int_C |dx + idy| = \int_0^1 |1 + 2i| \, dx = \sqrt{5}$$

根據 *ML* 定理：　　$I = \left| \int_C \bar{z}^2 \, dz \right| \le 5\sqrt{5}$

5.5. Cauchy 積分定理

　　若 *f(z)* 在單連通區域 *R* 內為解析，路徑 *C* 為 *R* 內連接 z_0 與 z_1 至少為分段連續的曲線，則由 z_0 至 z_1 之線積分值與積分路線無關。若 *C* 為簡單閉合曲線，則 *f(z)* 之積分值為零：

$$\oint_{C_3} f(z) \, dz = 0 \tag{5.47}$$

積分圍線 *C* 的走向以定義域 *R* 恆在邊界 *C* 之左手邊為正。

　　Cauchy 積分定理為複變函數理論的基礎，所有解析函數的定理與方法皆源自此定理。為證明 Cauchy 積分定理，首先回顧常微分方程式中的正合微分 (exact differential)。

　　若微分式 *P(x, y) dx + Q(x, y) dy* 為某函數之全微分，則此微分式稱為正合微分。

　　函數 $\phi(x, y)$ 之全微分為

$$d\phi = \frac{\partial \phi}{\partial x} \, dx + \frac{\partial \phi}{\partial y} \, dy$$

　　設　$P(x, y) = \dfrac{\partial \phi}{\partial x}, \quad Q(x, y) = \dfrac{\partial \phi}{\partial y}$，將 *P(x, y)* 對 *y* 微分，*Q(x, y)* 對 *x* 微分，若 $\phi(x, y)$ 之二階導數連續，兩者必相等，由此得正合微分之必要條件：

$$\frac{\partial P}{\partial y} = \frac{\partial Q}{\partial x} \tag{5.48}$$

例：　*dyx + xdy*;　$2x \sin 3y \, dx + 3x^2 \cos 3y \, dy$ 為正合微分，這兩個微分式分別為 $\phi(x, y) = xy$ 與 $\phi(x, y) = x^2 \sin 3y$ 之全微分。

若 $P(x, y)\, dx + Q(x, y)\, dy$ 為正合微分，則由 A 至 B 之線積分值與 A 至 B 之積分路線無關。證明如下：

設 $P(x, y)\, dx + Q(x, y)\, dy$ 為函數 $\phi(x, y)$ 之全微分，則

$$I = \int_C [P(x, y)\, dx + Q(x, y)\, dy] = \int_A^B d\phi(x, y) = \lim_{n \to \infty} \sum_{k=1}^n (\phi_k - \phi_{k-1})$$

$$= \phi(B) - \phi(A) \tag{5.49}$$

故線積分之值 I 僅與起點 A 及終點 B 之積分值有關，與積分路線無關。

例： $\int (y\,dx + x\,dy) = \int d(xy) = xy + c$

$\int (2x \sin 3y\, dx + 3x^2 \cos 3y\, dy) = \int d(x^2 \sin 3y) = x^2 \sin 3y + c$

Cauchy 積分定理亦可由正合微分證明如下：

複變函數 $f(z) = u(x, y) + iv(x, y)$ 沿積分路線 C 由 z_0 至 z_1 之線積分為

$$\int_C d(z)\, dz = \int_C (u + iv)(dx + idy)$$

$$= \int_C (u\,dx - v\,dy) + i \int_C (v\,dx + u\,dy) \tag{5.50}$$

若 $f(z)$ 在單連通區域 R 內及其邊界 C 上為解析，則 $u(x, y)$ 與 $v(x, y)$ 滿足 Cauchy-Riemann 方程式：

$$\frac{\partial u}{\partial x} = \frac{\partial v}{\partial y}, \qquad \frac{\partial u}{\partial y} = -\frac{\partial v}{\partial x}$$

故式 (5.50) 之實部與虛部積分函數適合式 (5.48)，兩者皆為正合微分。

設 $u\,dx - v\,dy = d\phi$, $v\,dx + u\,dy = d\varphi$, $f(z) = \phi(x, y) + i\varphi(x, y)$
則式 (5.50) 成為

$$\int_C f(z)\,dz = \int_C d\phi(x,\,y) + i\int_C d\varphi(x,\,y) = [\phi(x,\,y) + i\varphi(x,\,y)]_{z_0}^{z_1}$$

$$= F(z_1) - F(z_0)$$

若 C 為簡單封閉曲線，z_0 與 z_1 重合，則 $F(z_1) = F(z_0)$，

$$\therefore \quad \oint_C f(z)\,dz = 0$$

Cauchy 積分定理亦可引用向量之 Green's 定理：

$$\oint_C (Pdx + Qdy) = \iint_R \left(\frac{\partial Q}{\partial x} - \frac{\partial P}{\partial y}\right) dxdy$$

代入 Cauchy-Riemann 方程式，即證得式 (5.50) 之實部與虛部積分式皆為零。

例：定義域 R 之邊界為曲線 $C_1: y = x^2$ 與 $C_2: x = y^2$，如圖 5.9 所示。

設　$P(x,\,y) = x(2y - x)$,　$Q(x,\,y) = x + y^2$，以驗證 Green's 定理。

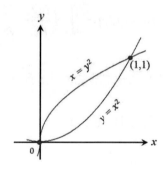

圖 5.9

R 之邊界 C_1 與 C_2 之交點為 $(0,\,0)$ 與 $(1,\,1)$，由 $(0,\,0)$ 沿 $C_1: y = x^2$ 至 $(1,\,1)$ 之線積分為

$$\int_{(0,\,0)}^{(1,\,1)} (Pdx + Qdy) = \int_{(0,\,0)}^{(1,\,1)} [x\,(2y - x)\,dx + (x + y^2)\,dy]$$

$$= \int_0^1 [x\,(2x^2 - x)\,dx + (x + x^4)\,2xdx] = \int_0^1 (2x^3 + x^2 + 2x^5)\,dx = \frac{7}{6}$$

由 $(1, 1)$ 沿 $C_2 : x = y^2$ 返 $(0, 0)$ 之線積分為

$$\int_{(1, 1)}^{(0, 0)} (Pdx + Qdy) = \int_{(1, 1)}^{(0, 0)} [x\,(2y - x)\,dx + (x + y^2)\,dy]$$

$$= \int_0^1 [y^2\,(2y - y^2)\,2ydy + (y^2 + y^2)\,dy] = \int_0^1 (4y^4 - 2y^5 + 2y^2)\,dy = -\frac{17}{15}$$

$$\Rightarrow \quad \oint_C (Pdx + Qdy) = \frac{7}{6} - \frac{17}{15} = \frac{1}{30}$$

而 $\qquad \iint_R \left(\frac{\partial Q}{\partial x} - \frac{\partial P}{\partial y}\right) dxdy = \iint_R (1 - 2x)\,dxdy$

$$= \int_0^1 \left[(1 - 2x) \int_{x^2}^{\sqrt{x}} dy\right] dx = \frac{1}{30}$$

$$\therefore \quad \oint_C (Pdx + Qdy) = \iint_R \left(\frac{\partial Q}{\partial x} - \frac{\partial P}{\partial y}\right) dxdy$$

例：求 $I = \oint_C \dfrac{1}{1 - z^2}\,dz$ 之值，積分圍線如圖 5.8 所示。

(a) $|z| = 1/2$;   (b) $|z - 1| = 1$;   (c) $|z + 1| = 1$

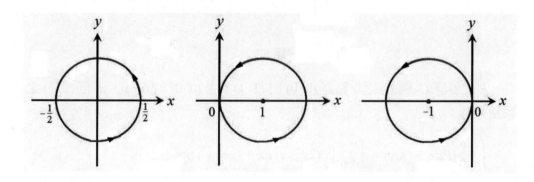

圖 5.10

$$\because \quad \frac{1}{1-z^2} = \frac{1}{2}\left(\frac{1}{1+z} + \frac{1}{1-z}\right)$$

$$\therefore \quad I = \oint_C \frac{1}{1-z^2}\,dz = \frac{1}{2}\oint_C \frac{1}{1+z}\,dz + \frac{1}{2}\oint_C \frac{1}{1-z}\,dz = I_1 + I_2$$

$\dfrac{1}{1+z}$ 在 $z = -1$ 並非解析； $\quad \dfrac{1}{1-z}$ 在 $z = 1$ 並非解析。

(a) 積分圍線 C: $|z| = 1/2$，奇異點 $z = 1$ 與 $z = 1$ 皆在區域外，
在 C 上及其區域內，函數 $1/(1 + z)$ 與 $1/(1 - z)$ 為解析。

$$\therefore \quad I_2 = I_2 = 0, \quad I = 0$$

(b) 積分圍線 C: $|z - 1| = 1$，僅奇異點 $z = 1$ 在區域內，
在 C 內與 C 上，函數 $1/(1 + z)$ 為解析　$\therefore \ I_1 = 0$
積分圍線 C 以極座標表示為　$z - 1 = e^{i\theta}$

$$I_2 = \oint_C \frac{1}{1-z}\,dz = \int_0^{2\pi} \frac{1}{e^{i\theta}}\,(ie^{i\theta}\,d\theta) = 2\pi i$$

$$\therefore \quad I = I_1 + I_2 = 2\pi i$$

(c) 積分圍線 C: $|z + 1| = 1$，僅奇異點 $z = -1$ 在區域內，
在 C 內與 C 上，函數 $1/(1 - z)$ 為解析　$\therefore \ I_2 = 0$
積分圍線 C 以極座標表示為　$z + 1 = e^{i\theta}$

$$I_1 = \oint_C \frac{1}{1+z}\,dz = \int_0^{2\pi} \frac{1}{e^{i\theta}}\,(ie^{i\theta}\,d\theta) = 2\pi i$$

$$\therefore \quad I = I_1 + I_2 = 2\pi i$$

例：　$I_1 = \oint_C (z^2 + 2z + 3)\,dz = 0, \quad I_2 = \oint_C \sin z\,dz = 0, \quad I_3 = \oint_C ze^z\,dz = 0$

因為以上積分圍線內之積分函數皆為全函數，故 I_1, I_2, I_3 之值為零。

對等積分圍線 (equivalent contour)

若 $f(z)$ 在簡單閉合曲線 C_1 與 C_2 上及其區域內皆為解析，則

$$\oint_{C_1} f(z)\, dz = \oint_{C_2} f(z)\, dz \tag{5.51}$$

積分圍線 C_1 與 C_2 對等，記作 $C_1 \sim C_2$。

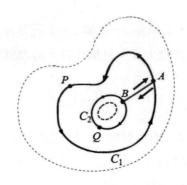

圖 5.11

證明：由 C_1 上任一點向 C_2 作切割線成為簡單閉合曲線 C，如圖 5.11 所示。

在簡單閉合曲線 C 內 $f(z)$ 為解析，根據 Cauchy 積分定理：

$$\oint_C f(z)\, dz = 0$$

積分圍線 C 由分段連續的曲線構成，以上圍線積分可改寫為

$$\int_{A^+PA^-} f(z)\, dz + \int_{A^-B^-} f(z)\, dz + \int_{B^-QB^+} f(z)\, dz + \int_{B^+A^+} f(z)\, dz = 0$$

當 $A^- \to A^+$, $B^- \to B^+$，上式沿 A^-B^-, B^+A^+ 之線積分路線相同，方向相反，兩者抵消；而 A^+PA^- 變為 C_1 (逆時針)，B^-QB^+ 變為 C_2 (順時針)，故上式變為

$$\oint_{C_1 \text{逆時針}} f(z)\, dz + \oint_{C_2 \text{順時針}} f(z)\, dz = 0$$

$$\Rightarrow \oint_{C_1 \text{逆時針}} f(z)\,dz = -\oint_{C_2 \text{順時針}} f(z)\,dz = \oint_{C_2 \text{逆時針}} f(z)\,dz \tag{5.52}$$

故 C_1 與 C_2 為對等積分圍線：

$$\oint_{C_1} f(z)\,dz = \oint_{C_2} f(z)\,dz \tag{5.53}$$

積分圍線的方向以沿 C_1 與 C_2 走向，定義域恆在 C_1 與 C_2 之左手邊為正。

如圖 5.12 所示，設 $f(z)$ 在單位圓 C_0： $z = z_0 + e^{i\theta}$ $(0 \le \theta \le 2\pi)$ 內與在任何簡單閉合曲線 C 內之解析性質相同，則 C 與單位圓 C_0 為對等積分圍線。

$$\oint_C f(z)\,dz = \oint_{C_0} f(z)\,dz \tag{5.54}$$

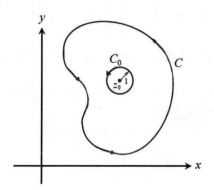

圖 5.12　C 與 C_0 為對等積分圍線

由此可知：若在簡單閉合曲線擴張或收縮過程中，解析函數 $f(z)$ 之性質不變，則 $f(z)$ 之對等圍線積分之值不變。

 習題三

求下列積分式之值。

1. $\displaystyle\int_C \bar{z}^2\,dz$　C: $z = 0$ 至 $z = 1 + 2i$ 之直線。

2. $\displaystyle\int_C \frac{z-1}{z}\, dz$ (a) C: -1 至 1 之上半圓周。   (b) C: -1 至 1 之下半圓周。

3. $\displaystyle\int_C e^z\, dz$ C: 任何連接 $z=0$ 至 $z=\pi i$ 之路線。

4. $\displaystyle\oint_C \frac{z+1}{z^2}\, dz$ C: 任何包含原點之簡單閉合路線。

5. $\displaystyle\oint_C \frac{1}{1-z^2}\, dz$ (a) C: $|z|=\dfrac{1}{2}$ (b) C: $|z|=2$ (c) C: $|z-1|=1$

6. 以 ML 定理證明：

    (a) $\left|\displaystyle\int_i^{2+i} z^2\, dz\right| < 10$ (b) $\left|\displaystyle\int_i^{2+i} \frac{dz}{z^2}\right| < 2$ (c) $\left|\displaystyle\int_i^{2+i} \frac{\sin z}{z}\, dz\right| < 2\cosh 1$

    各積分式之積分路線為連接 $z=i$ 與 $z=2+i$ 之直線。

5.6. Cauchy 積分公式

$f(z)$ 在單連通區域 R 內及其邊界 C 上為解析，α 為 C 內任意點，則

$$\frac{1}{2\pi i}\oint_C \frac{f(z)}{z-\alpha}\, dz = f(\alpha) \tag{5.55}$$

證明：簡單閉合曲線 C 與圓心在 $z=\alpha$，半徑為 $\varepsilon \to 0$ 之圓 C_ε 對等，如圖 5.13。

C_ε 之方程式為 $z = \alpha + \varepsilon e^{i\theta}$ $(0 \le \theta \le 2\pi)$

$$\oint_C \frac{f(z)}{z-\alpha}\, dz = \oint_{C_\varepsilon} \frac{f(z)}{z-\alpha}\, dz = \int_0^{2\pi} \frac{f(\alpha + \varepsilon e^{i\theta})}{\varepsilon e^{i\theta}}\, (i\varepsilon e^{i\theta}\, d\theta)$$

$$= i\int_0^{2\pi} f(\alpha + \varepsilon e^{i\theta})_{\varepsilon \to 0}\, d\theta = i\int_0^{2\pi} f(\alpha)\, d\theta = 2\pi i f(\alpha) \quad \text{得證。}$$

例：　$I = \oint_C \dfrac{\sin z}{z} \, dz$　積分圍線 C 為 $x^2 + 4y^2 = 1$

$f(z) = \sin z$ 為解析函數，$\alpha = 0$ 在積分圍線 C 內，根據 Cauchy 積分公式：

$$I = \oint_C \frac{\sin z}{z} \, dz = 2\pi i \, (\sin z)_{z=0} = 0$$

例：　$I = \oint_c \dfrac{e^{-z}}{z+1} \, dz$　積分圍線 C 為 $|z| = 2$

$f(z) = e^z$ 為解析函數，$\alpha = -1$ 在積分圍線 C 內，根據 Cauchy 積分公式：

$$I = \oint_c \frac{e^{-z}}{z+1} \, dz = 2\pi i \, (e^{-z})_{z=-1} = 2\pi i e \approx 5.437\pi i$$

將式 (5.55) 之變數 z 與 α 互換，Cauchy 積分公式可改寫為

$$\frac{1}{2\pi i} \oint_C \frac{f(\alpha)}{\alpha - z} \, d\alpha = f(z) \tag{5.56}$$

其中 z 為簡單連接區域 R 之內部點，α 為 R 邊界 C 上之點，$f(\alpha)$ 為函數 $f(z)$ 之邊界值。此式顯示定義域內之解析函數與其邊界值之關係，表明未知函數 $f(z)$ 可直接由其邊界值 $f(\alpha)$ 決定。

以恆態熱傳導為例，說明 Cauchy 積分公式在解析邊界值問題上之應用。

設圓形平面導熱體在圓周 $r = a$ 之溫度分佈為 $f(\theta)$，若熱量無散失，內部恆態溫度分佈之控制方程式為 Laplace 方程式：

$$\nabla^2 T = 0 \quad |r| \leq a$$

邊界條件為　$T(a, \theta) = f(\theta)$

第 4 章曾以分離變數法求得此問題之級數解與 Poisson's 積分式，見式 (4.89) 與式 (4.94)。茲以 Cauchy 積分公式求解。

設解析函數 $f(z) = T(r, \theta) + iS(r, \theta)$ 之實部 $T(r, \theta) = Re\{f(z)\}$ 為所求。根據解析函數之基本性質，$\nabla^2 T = 0$ 自動滿足，問題即變為如何有系統地決定滿足邊界條件的解析函數 $f(z)$。

將邊界條件改寫為

$$f(\alpha) + \overline{f(\alpha)} = 2Re\{f(z)\}_{z=\alpha} = 2f(\theta) \tag{5.57}$$

其中 $\alpha = ae^{i\theta}$ 為圓周 $r = a$ 上之點。

將式 (5.57) 兩邊分別乘以 $1/[2\pi i\,(\alpha - z)]$，沿圓之邊界 C 作圍線積分：

$$\frac{1}{2\pi i} \oint_C \frac{f(\alpha)}{\alpha - z}\, d\alpha + \frac{1}{2\pi i} \oint_C \frac{\overline{f(\alpha)}}{\alpha - z}\, d\alpha = \frac{1}{\pi i} \oint_C \frac{f(\theta)}{\alpha - z}\, d\alpha \tag{5.58}$$

由 Cauchy 積分公式，此式左邊第一項為 $f(z)$，第二項為 $\overline{f(0)}$ (證明見習題四第 6 題與習題五第 6 題)。

令 $\overline{f(0)} = b - ic$, b, c 為待定實數，式 (5.58) 可寫為

$$f(z) = \frac{1}{\pi i} \oint_C \frac{f(\theta)}{\alpha - z}\, d\alpha - b + ic \tag{5.59}$$

$$\therefore f(0) = b + ic = \frac{1}{\pi i} \oint_C \frac{f(\theta)}{\alpha}\, d\alpha - b + ic \quad \Rightarrow \quad b = \frac{1}{2\pi i} \oint_C \frac{f(\theta)}{\alpha}\, d\alpha$$

將常數 b 代入式 (5.59)，得

$$f(z) = \frac{1}{\pi i} \oint_C \frac{f(\theta)}{\alpha - z}\, d\alpha - \frac{1}{2\pi i} \oint_C \frac{f(\theta)}{\alpha}\, d\alpha + ic$$

$$= \frac{1}{2\pi i} \oint_C \frac{\alpha + z}{\alpha\,(\alpha - z)} f(\theta)\, d\alpha + ic$$

圓邊界可表示為 $\alpha = ae^{i\psi}$ $(0 \le \psi \le 2\pi)$，將 $z = re^{i\theta}$, $T(a, \psi) = f(\psi)$ 代入上式，求得 $f(z)$ 之實部為

$$T(r, \theta) = \frac{1}{2\pi} \int_0^{2\pi} \frac{a^2 - r^2}{a^2 - 2ar \cos(\theta - \psi) + r^2} T(a, \psi)\, d\psi$$

此式即第 4 章 4.7.3 節以分離變數法推導出的 Poisson's 積分式 (4.85)。

　　另一解法是假設解析函數 $f(z)$ 可以表示為無窮級數：

$$f(z) = \sum_{n=0}^{\infty} A_n z^n$$

問題即變為決定其中的係數 A_n，以適合邊界條件。

　　將設定的無窮級數代入式 (5.57)，得

$$\sum_{n=0}^{\infty} A_n z^n + \sum_{n=0}^{\infty} \overline{A_n z^n} = 2f(\theta) \quad 其中\ z = ae^{i\theta}$$

再將 $f(\theta)$ 表示為傅立葉指數級數：

$$f(\theta) = \sum_{n=0}^{\infty} c_n e^{in\theta}, \qquad c_n = \frac{1}{2\pi} \int_0^{2\pi} f(\theta)\, e^{-in\theta}\, d\theta$$

$$\Rightarrow \quad \sum_{n=0}^{\infty} A_n a^n e^{in\theta} + \sum_{n=0}^{\infty} \overline{A_n} a^n e^{-in\theta} = 2\sum_{n=0}^{\infty} c_n e^{in\theta}$$

比較上式兩邊之係數可決定 A_n，從而求得問題的級數解。

　　以上級數解法之關鍵在於：解析函數是否可以用無窮級數表示？該無窮級數是否唯一？是否收斂？是否可逐項運算？只有在這些疑問的答案皆為肯定的前提下，級數解法才適用。

　　以下說明複變函數之 Taylor 級數與 Laurent 級數。

習題四

1.　設　$f(z) = \oint_C \dfrac{2\alpha^2 + 7\alpha + 1}{\alpha - z}\, d\alpha$　$C: |z| = 2$　求 $f(1-i)$ 之值。

2.　已知函數 $f(z)$ 除 $z = 1, z = 2, z = 3$ 外皆為解析，而

$$\int_{C_k} f(z)\, dz = a_k \quad (k = 1, 2, 3)$$

其中 C_k 為圓心在 $z = k$，半徑為 $\dfrac{1}{2}$ 之圓，求 $\oint_C f(z)\,dz$ 之值，C 為

(a) $|z| = 4$;　(b) $|z| = 2.5$;　(c) $|z - 2.5| = 1$

3.　若 C 為半徑為 ρ，圓心為在 $z = a$ 之圓，在 C 上 $|f(z)| \leq M$，證明

$$|f^{(n)}(z)| \leq \frac{n!\,M}{\rho^n}$$

4.　已知　$\oint_C \frac{f(z)}{z}\,dz = 2\pi i, \quad \oint_C \frac{f(z)}{(z-1)^2}\,dz = 4\pi i,$

設　$f(z) = a + ib$，求 a, b。

5.　求　$I = \int_C \frac{a^2 - z^2}{a^2 + z^2}\,dz$　(a) $C\colon |z| = R\ (R > a)$　(b) $C\colon |z| = R\ (R < a)$

6.　設 $f(z)$ 在單位圓 C 內為解析，z 為單位圓內部之點

$$I = \frac{1}{2\pi i} \oint_C \frac{f(\alpha)}{1 - \bar{z}\alpha}\,\frac{d\alpha}{\alpha}$$

(a)　說明 $f(\alpha)\,/\,(1 - \bar{z}\alpha)$ 在單位圓 C 內為解析。

(b)　證明 $I = f(0)$。

(c)　取 I 之共軛，可證

$$\bar{I} = \frac{1}{2\pi i} \oint_C \frac{\overline{f(\alpha)}}{1 - z\bar{\alpha}}\,\frac{d\alpha}{\alpha} = \frac{1}{2\pi i} \oint_C \frac{\overline{f(\alpha)}}{\alpha - z}\,d\alpha = \overline{f(0)}$$

5.7. Taylor 級數

　　若函數 $f(z)$ 在圓心為 $z = a$，半徑為 ρ 之圓內及圓周上為解析，則 $f(z)$ 可表示為 Taylor 級數：

$$f(z) = \sum_{n=0}^{\infty} A_n \, (z-a)^n \qquad (|z-a| < \rho) \tag{5.60a}$$

其中　$A_n = \dfrac{1}{n!} f^{(n)}(a) \quad (n = 0,\, 1,\, 2,\, \cdots)$ $\hspace{3cm}$ (5.60b)

運用等比級數：

$$1 + u + u^2 + \cdots = \sum_{n=0}^{\infty} u^n = \frac{1}{1-u} \qquad (|u| < 1) \tag{5.61}$$

可將 Cauchy 積分公式：

$$f(z) = \frac{1}{2\pi i} \oint_C \frac{f(\alpha)}{\alpha - z} \, d\alpha \tag{5.62}$$

積分式內之 $1/(\alpha - z)$ 展開為無窮級數：

$$\frac{1}{\alpha - z} = \frac{1}{(\alpha - a) - (z - a)} = \frac{1}{\alpha - a} \frac{1}{1 - (z-a)/(\alpha - a)}$$

$$= \frac{1}{\alpha - a} \sum_{n=0}^{\infty} \left(\frac{z-a}{\alpha-a}\right)^n \qquad (|z-a| < |\alpha-a| = \rho) \tag{5.63}$$

將式 (5.63) 代入式 (5.62)，得

$$f(z) = \frac{1}{2\pi i} \oint_C \frac{f(\alpha)}{\alpha - z} \, d\alpha = \sum_{n=0}^{\infty} \left[\frac{1}{2\pi i} \oint_C \frac{f(\alpha)}{(\alpha - a)^{n+1}} \, d\alpha \right] (z-a)^n$$

此式可表示為

$$f(z) = \sum_{n=0}^{\infty} A_n \, (z-a)^n \qquad (|z-a| < \rho) \tag{5.64a}$$

其中　$A_n = \dfrac{1}{2\pi i} \oint_C \dfrac{f(\alpha)}{(\alpha - a)^{n+1}} \, d\alpha \quad (n = 0,\, 1,\, 2,\, \cdots)$ $\hspace{2cm}$ (5.64b)

將式 (5.64a) 微分 n 次，令　$z = a$，得

$$f^{(n)}(a) = n! \, A_n = \frac{n!}{2\pi i} \oint_C \frac{f(\alpha)}{(\alpha-a)^{n+1}} \, d\alpha \qquad (n = 0, 1, 2, \cdots)$$

$$\therefore \; A_n = \frac{1}{n!} f^{(n)}(a) \qquad (n = 0, 1, 2, \cdots)$$

將此式中之 a 換為 z，得以下公式：

$$f^{(n)}(z) = \frac{n!}{2\pi i} \oint_C \frac{f(\alpha)}{(\alpha-z)^{n+1}} \, d\alpha \qquad (5.65)$$

由此可知：若 $f(z)$ 在 $z = a$ 為解析，則 $f(z)$ 在 $z = a$ 之 n 階導數皆存在，$f(z)$ 可展開為 Taylor 級數：

$$f(z) = \sum_{n=0}^{\infty} \frac{f^{(n)}(a)}{n!} (z-a)^n \qquad (5.66)$$

此式與實函數 $f(x)$ 之 Taylor 級數形式相似；實變數之 Taylor 級數要求 $f(x)$ 之 n 階導數連續，複變函數之 Taylor 級數要求 $f(z)$ 為解析函數。

推導 Taylor 級數所引用的等比級數為一致收斂，故 Taylor 級數為一致收斂，其收斂範圍是以 $z = a$ 為圓心，$f(z)$ 在圓內為解析的最大圓，在最大收斂圓內 Taylor 級數為唯一，可逐項運算。

5.8. Laurent 級數

若函數 $f(z)$ 在圓心為 $z = a$，內外徑為 ρ_1, ρ_2 之同心圓內及圓周上為解析，則 $f(z)$ 可表示為 Laurent 級數：

$$f(z) = \sum_{n=-\infty}^{\infty} c_n (z-a)^n \qquad (\rho_1 < |z-a| < \rho_2) \qquad (5.67a)$$

其中 $\quad c_n = \dfrac{1}{2\pi i} \oint_C \dfrac{f(\alpha)}{(\alpha-a)^{n+1}} \, d\alpha \qquad (n = 0, \pm 1, \pm 2, \cdots) \qquad (5.67b)$

積分路線 C 為同心圓內任何逆時針包含內圓之簡單閉合曲線。

　　同心圓並非單連通區域，Cauchy 積分公式不適用；然而，將同心圓由外圓周 C_2 上任一點向內圓周 C_1 切割，由分段連續的曲線 C_2, C_3, C_1, C_4 所構成的簡單閉合曲線 Γ 包圍的區域為單連通區域，如圖 5.13 所示。

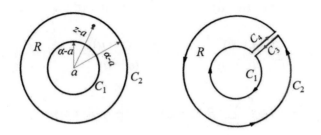

圖 5.13　Laurent 級數之積分路線

根據 Cauchy 積分公式：

$$f(z) = \frac{1}{2\pi i} \oint_\Gamma \frac{f(\alpha)}{\alpha - z}\, d\alpha$$

其中簡單閉合曲線 $\Gamma = C_2 + C_3 + C_1 + C_4$，$C_2$ 為逆時針，C_1 為順時針；切割線 C_3 與 C_4 之積分路線相同，方向相反，兩者之積分值抵消，此式變為

$$f(z) = \frac{1}{2\pi i} \oint_{C_2\,\text{逆時針}} \frac{f(\alpha)}{\alpha - z}\, d\alpha + \frac{1}{2\pi i} \oint_{C_1\,\text{順時針}} \frac{f(\alpha)}{\alpha - z}\, d\alpha = I_2 + I_1 \qquad (5.68)$$

　　對線積分 I_2 而言：α 在 C_2 上，z 在 C_2 內，故 $|(z-a)/(\alpha-a)| < 1$，運用等比級數式 (5.62)，將 $1/(\alpha-z)$ 展開為無窮級數如下：

$$\frac{1}{\alpha - z} = \frac{1}{\alpha - z} \sum_{n=0}^{\infty} \left(\frac{z-a}{\alpha-a} \right)^n, \qquad \left| \frac{z-a}{\alpha-a} \right| < 1$$

$$\Rightarrow \quad I_2 = \sum_{n=0}^{\infty} A_n\, (z-a)^n \qquad (|z-a| < \rho_2) \qquad (5.69a)$$

其中　$A_n = \dfrac{1}{2\pi i} \oint_{C_2\,\text{逆時針}} \dfrac{f(\alpha)}{(\alpha-a)^{n+1}}\, d\alpha \qquad (n = 0, 1, 2, \cdots)$ 　　　　$(5.69b)$

對線積分 I_2 而言：α 在 C_1 上，z 在 C_1 外，故 $|(\alpha-a)/(z-a)| < 1$，運用等比級數 (5.62)，將 $1/(\alpha-z)$ 展開為無窮級數如下：

$$\frac{1}{\alpha-z} = \frac{-1}{(z-a)-(\alpha-a)} = \frac{-1}{z-a} \frac{1}{1-(\alpha-a)/(z-a)}$$

$$= -\sum_{n=1}^{\infty} \frac{(\alpha-a)^{n-1}}{(z-a)^n} = -\sum_{n=-\infty}^{-1} \frac{(z-a)^n}{(\alpha-a)^{n+1}} \qquad (|z-a| > \rho_1)$$

$$\Rightarrow \quad I_1 = \sum_{n=-\infty}^{-1} B_n (z-a)^n \qquad (|z-a| > \rho_1) \tag{5.70a}$$

其中 $\quad B_n = \frac{1}{2\pi i} \oint_{C_1 \text{逆時針}} \frac{f(\alpha)}{(\alpha-a)^{n+1}} d\alpha \qquad (n = -1, -2, \cdots) \tag{5.70b}$

因 $f(z)$ 在同心圓內及 C_1, C_2 上為解析，而 C_1, C_2 與同心圓內任何逆時針包含內圓之簡單閉合曲線 C 對等，將式 (5.65) 之線積分 I_2 與 I_1 合併，以對等圍線 C 取代 C_1 與 C_2，則 $f(z)$ 可展開為 Laurent 級數：

$$f(z) = I_2 + I_1 = \sum_{n=-\infty}^{\infty} c_n (z-a)^n \qquad (\rho_1 < |z-a| < \rho_2) \tag{5.71a}$$

其中 $\quad c_n = \frac{1}{2\pi i} \oint_C \frac{f(\alpha)}{(\alpha-a)^{n+1}} d\alpha \qquad (n = 0, \pm1, \pm2, \cdots) \tag{5.71b}$

在同心圓內之對等積分圍線 C 為逆時針方向。

從以上推導可知：

1. $f(z)$ 在 C_1 內無定義，$f(z)$ 在包含內圓之對等積分圍線 C 內並非解析，因此，式 (5.67b) 之積分式不能引用 Cauchy 積分公式變為 $f^{(n)}(a)/n!$。

2. Laurent 級數之收斂範圍為 $R_1 < |z-a| < R_2$；R_1, R_2 是 $f(z)$ 為解析之最小與最大的同心圓之半徑；在收斂範圍內，$f(z)$ 之 Laurent 級數為唯一，可逐項運算。

3. 當 $\rho_1 \to 0$, $|z-a| < \rho_2$ 代表圓心在 $z = a$，半徑為 ρ_2 的圓 C_2 之內域，若 $f(z)$ 在 C_2 內與 C_2 上為解析，則 Laurent 級數之 $c_n = 0$ $(n = -1, -2, \cdots)$，n 為負數之項皆為零，Laurent 級數變為 Taylor 級數：

$$f(z) = \sum_{n=0}^{\infty} c_n (z-a)^n \qquad (|z-a| < \rho_2) \tag{5.72}$$

4. 當 $\rho_2 \to \infty$, $|z-a| > \rho_1$ 代表圓心在 $z = a$，半徑為 ρ_1 的圓 C_1 之外域，若 $f(z)$ 在 C_1 外與 C_1 上為解析，則 Laruent 級數為

$$f(z) = \sum_{n=-\infty}^{-1} c_n (z-a)^n = \sum_{n=1}^{\infty} \frac{c_{-n}}{(z-a)^n} \qquad (|z-a| > \rho_1) \tag{5.73}$$

5.9. 實用的級數展開法

　　Taylor 級數與 Laurent 級數之主要應用在推求二維數理問題的級數解，亦運用於推求複變函數奇異點之留數 (residues)。

　　基本上，Taylor 級數的係數可直接用公式 $(5.60b)$ 決定，而 Laurent 級數的係數難以公式決定，需要借助其他方法。

1. 利用基本函數展開式

　　等比級數：

$$\frac{1}{1-z} = 1 + z + z^2 + \cdots + z^n + \cdots \qquad (|z| < 1) \tag{5.74a}$$

$$\frac{1}{1-z} = \frac{-1/z}{1-(1/z)} = -\frac{1}{z}\left(1 + \frac{1}{z} + \frac{1}{z^2} + \cdots + \frac{1}{z^n} + \cdots\right) \qquad (|z| > 1) \tag{5.74b}$$

　　廣義等比級數：

$$令 \quad S_n = 1 + h(z) + h^2(z) + \cdots + h^n(z) \tag{a}$$

$$則 \quad h(z)\, S_n = h(z) + h^2(z) + h^3(z) + \cdots + h^{n+1}(z) \tag{b}$$

式 (a) 與式 (b) 相減： $\quad [1-h(z)]\, S_n = 1 - h^{n+1}(z) \quad \Rightarrow \quad S_n = \dfrac{1-h^{n+1}(z)}{1-h(z)}$

若 $h(z)$ 為連續，$|h(z)| < 1$，則

$$S = \lim_{n\to\infty} S_n = \lim_{n\to\infty} \frac{1-h^{n+1}(z)}{1-h(z)} = \frac{1}{1-h(z)}$$

$$\Rightarrow \quad \frac{1}{1-h(z)} = 1 + h(z) + h^2(z) + \cdots + h^n(z) + \cdots \qquad (|h(z)| < 1) \qquad (5.74c)$$

指數函數：

$$e^z = 1 + z + \frac{z^2}{2!} + \frac{z^3}{3!} + \cdots + \frac{z^n}{n!} + \cdots \tag{5.75}$$

三角函數：

$$\sin z = z - \frac{z^3}{3!} + \frac{z^5}{5!} - + \cdots \tag{5.76a}$$

$$\cos z = 1 - \frac{z^2}{2!} + \frac{z^4}{4!} - + \cdots \tag{5.76b}$$

雙曲線函數：

$$\sinh z = z + \frac{z^3}{3!} + \frac{z^5}{5!} + \cdots \tag{5.77a}$$

$$\cosh z = 1 + \frac{z^2}{2!} + \frac{z^4}{4!} + \cdots \tag{5.77b}$$

對數函數：

$$\mathrm{Log}(1+z) = z - \frac{z^2}{2!} + \frac{z^3}{3!} - \frac{z^4}{4!} + \cdots \qquad (|z| < 1) \tag{5.78}$$

$z = -1$ 為此函數之奇異點。對數函數為多值函數，5.10 節將詳加說明。

二項式展開：

$$(1 + z)^n = 1 + nz + \frac{n(n-1)}{2!} z^2 + \frac{n(n-1)(n-2)}{3!} z^3 + \cdots \qquad (|z| < 1) \qquad (5.79a)$$

$$\frac{1}{(1 + z)^n} = 1 - nz + \frac{n(n+1)}{2!} z^2 - \frac{n(n+1)(n+2)}{3!} z^3 + \cdots \qquad (|z| < 1) \qquad (5.79b)$$

例：　$f(z) = e^{1/z} = 1 + \dfrac{1}{z} + \dfrac{1}{2! \, z^2} + \dfrac{1}{3! \, z^3} + \dfrac{1}{4! \, z^4} + \cdots \qquad (z \neq 0)$

$$\frac{e^z}{z} = \frac{1}{2} \left(1 + z + \frac{z^2}{2!} + \frac{z^3}{3!} + \cdots \right) = \frac{1}{2} + 1 + \frac{1}{2!} z + \frac{1}{3!} z^2 + \cdots \qquad (z \neq 0)$$

例：將 $f(z) = \dfrac{1}{1 + z^2}$　$(|z| < 1)$ 對 $z = 0$ 展開為 Taylor 級數。

運用二項式展開：

$$f(z) = \frac{1}{1 + z^2} = (1 + z^2)^{-1} = 1 - z^2 + z^4 - z^6 + \cdots \qquad (|z| < 1)$$

例：將 $f(z) = \dfrac{1}{c - bz}$　$(c \neq ab, \, b \neq 0)$　對 $z = a$ 展開為 Taylor 級數。

$$\frac{1}{c - bz} = \frac{1}{c - ab - b(z - a)} = \frac{1}{(c - ab)\,[1 - b(z-a)/(c-ab)]}$$

$$= \frac{1}{c - ab} \sum_{n=0}^{\infty} \left[\frac{b(z-a)}{c-ab} \right]$$

$$= \frac{1}{c - ab} + \frac{b}{(c-ab)^2} (z - a) + \frac{b^2}{(c-ab)^3} (z - a)^2 + \cdots$$

當 $\left| \dfrac{b(z-a)}{c-ab} \right| < 1$，此級數為收斂，收斂範圍為 $|z - a| < \left| \dfrac{c}{b} - a \right|$

例：將 $\tan z$ 對 $z = 0$ 展開為 Taylor 級數。

$$\tan z = \frac{\sin z}{\cos z} = \frac{z - \dfrac{z^3}{3!} + \dfrac{z^5}{5!} - + \cdots}{1 - \dfrac{z^2}{2!} + \dfrac{z^4}{4!} - + \cdots} = z + \frac{1}{3}z^3 + \frac{2}{15}z^5 + \frac{17}{315}z^7 + \cdots \quad \left(|z| < \frac{\pi}{2}\right)$$

若以公式求 $\tan z$　$(|z| < \pi/2)$ 之 Taylor 展開式：

$$A_n = \frac{1}{n!}f^{(n)}(0) \quad (n = 0, 1, 2, \cdots)$$

$$f(0) = 0, \quad f'(0) = 0, \quad f''(0) = 0, \quad f'''(0) = 2, \cdots$$

$$A_0 = 0, \quad A_1 = 1, \quad A_2 = 0, \quad A_3 = 1/3, \cdots \text{ 結果相同。}$$

例：將 $f(z) = \dfrac{\sin z - z}{z^6}$ 對 $z = 0$ 展開為 Laurent 級數。

$$\frac{\sin z - z}{z^6} = \frac{\left(z - \dfrac{z^3}{3!} + \dfrac{z^5}{5!} - + \cdots\right) - z}{z^6} = -\frac{1}{3!}z^{-3} + \frac{1}{5!}z^{-1} - \frac{1}{7!}z + - \cdots \quad (|z| > 0)$$

例：將 $f(z) = \dfrac{1}{\sin z - z}$ 對 $z = 0$ 展開為 Laurent 級數。

$$\frac{1}{\sin z - z} = \frac{1}{\left(z - \dfrac{z^3}{3!} + \dfrac{z^5}{5!} - \dfrac{z^5}{7!} + \cdots\right) - z} = \frac{-1}{\dfrac{z^3}{3!} - \dfrac{z^5}{5!} + \dfrac{z^7}{7!} - \cdots}$$

$$= -\frac{3!}{z^3} \frac{-1}{1 - \left(\dfrac{3!}{5!}z^2 - \dfrac{3!}{7!}z^4 + \cdots\right)}$$

當 $|z| < 1$，則 $\left|\dfrac{3!}{5!}z^2 - \dfrac{3!}{7!}z^4 + \cdots\right| < 1$，根據式 (5.74$c$)：

$$\frac{1}{1-\left(\frac{3!}{5!}z^2-\frac{3!}{7!}z^4+\cdots\right)} = 1+\left(\frac{3!}{5!}z^2-\frac{3!}{7!}z^4+\cdots\right)+\left(\frac{3!}{5!}z^2-\frac{3!}{7!}z^4+\cdots\right)^2+\cdots$$

$$\Rightarrow \quad \frac{1}{\sin z-z} = -\frac{3!}{z^3}\left[1+\left(\frac{3!}{5!}z^2-\frac{3!}{7!}z^4+\cdots\right)+\left(\frac{3!}{5!}z^2-\frac{3!}{7!}z^4+\cdots\right)^2+\cdots\right]$$

2. 利用部分分式與等比級數展開

例：將 $f(z) = \dfrac{2}{z(z-1)(z-2)}$ 對 $z = 0$ 展開為 Laurent 級數。

　　$f(z)$ 之奇異點為 $z = 0, z = 1, z = 2$，其部分分式為

$$f(z) = \frac{2}{z(z-1)(z-2)} = \frac{1}{z}-\frac{2}{z-1}+\frac{1}{z-2}$$

(1)　考慮圓之內域　$0 < |z| < 1$：

$$-\frac{2}{z-1} = \frac{2}{1-z} = 2(1+z+z^2+\cdots) \qquad (|z| < 1)$$

$$\frac{1}{z-2} = \frac{-1/2}{1-(z/2)} = -\frac{1}{2}\left(1+\frac{z}{2}+\frac{z^2}{2^2}+\cdots+\frac{z^n}{2^n}+\cdots\right) \qquad (|z| < 1)$$

$$\Rightarrow \quad f(z) = \frac{1}{z}+2(1+z+z^2+\cdots)-\frac{1}{2}\left(1+\frac{z}{2}+\frac{z^2}{2^2}+\cdots+\frac{z^n}{2^n}+\cdots\right)$$

(2)　考慮同心圓區域　$1 < |z| < 2$：

$$\frac{2}{z-1} = \frac{-2/z}{1-(1/z)} = -\frac{2}{z}\left(1+\frac{1}{z}+\frac{1}{z^2}+\cdots+\frac{1}{z^n}+\cdots\right) \qquad (|z| > 1)$$

$$\frac{1}{z-2} = \frac{-1/2}{1-(z/2)} = -\frac{1}{2}\left(1+\frac{z}{2}+\frac{z^2}{2^2}+\cdots+\frac{z^n}{2^n}+\cdots\right) \qquad (|z| < 2)$$

$$\Rightarrow \quad f(z) = \frac{1}{z}-\frac{2}{z}\left(1+\frac{1}{z}+\frac{1}{z^2}+\cdots+\frac{1}{z^n}+\cdots\right)-\frac{1}{2}\left(1+\frac{z}{2}+\frac{z^2}{2^2}+\cdots+\frac{z^n}{2^n}+\cdots\right)$$

(3) 考慮圓之外域 $|z| > 2$：

$$\frac{2}{z-1} = \frac{-2/z}{1-(1/z)} = -\frac{2}{z}\left(1 + \frac{1}{z} + \frac{1}{z^2} + \cdots + \frac{1}{z^n} + \cdots\right) \qquad (|z| > 1)$$

$$\frac{1}{z-2} = \frac{1/z}{1-(2/z)} = \frac{1}{z}\left(1 + \frac{2}{z} + \frac{2^2}{z^2} + \cdots + \frac{2^n}{z^n} + \cdots\right) \qquad (|z| > 2)$$

$$\Rightarrow \quad f(z) = \frac{1}{z} - \frac{2}{z}\left(1 + \frac{1}{z} + \frac{1}{z^2} + \cdots + \frac{1}{z^n} + \cdots\right) + \frac{1}{z}\left(1 + \frac{2}{z} + \frac{2^2}{z^2} + \cdots + \frac{2^n}{z^n} + \cdots\right)$$

習題五

1. 將下列函數對 $z = 0$ 展開為無窮級數：

   (a) $z^2 / (z-2),\ |z| > 2$ (b) $e^z \cos z / z^3$ (c) $(z - \cos z) / z$

   (d) $\dfrac{1}{z^2(z-3)},\quad 1 < |z| < 2$

2. 將 $f(z) = \dfrac{1}{(z+1)^2(z^3+2)}$ 對 $z = -1$ 展開為無窮級數，說明其收斂範圍。

3. 將 $f(z) = \dfrac{1}{1-z^4}$ 對 $z = 0$ 展開為無窮級數，說明其收斂範圍。

4. 將 $f(z) = \dfrac{1}{(z+a)(z+b)}$ $(a, b$ 為實數，$b > a)$ 展開為 Laurent 級數。

   適用範圍為 (a) $a < |z| < b$ (b) $|z| > b$ (c) $|z| < a$

5. 設 C 為單位圓，z 為 C 的內部點，$f(z)$ 在 C 內為解析，運用等比級數將以下積分式之 $1/(\alpha - z)$ 展開為無窮級數，證明：

$$\frac{1}{2\pi i} \oint_C \frac{d\alpha}{\alpha^n(\alpha - z)} = \begin{cases} 0 & (n \neq 1) \\ 1 & (n = 1) \end{cases} \tag{a}$$

將 $f(\alpha)$ 對 $\alpha = 0$ 展開為 Taylor 級數：

$$f(\alpha) = f(0) + f'(0)\,\alpha + \frac{1}{2!}\,f''(0)\,\alpha^2 + \cdots$$

取其共軛，左右兩邊同乘以 $1/(\alpha - z)$ 作圍線積分，運用式 (a) 可證

$$\frac{1}{2\pi i} \oint_C \frac{\overline{f(\alpha)}}{\alpha - z}\,d\alpha = \overline{f(0)}$$

5.10. 多值函數

　　若複變函數 $w = f(z)$ 對應於一個 z，僅有一個 w 值，$f(z)$ 為單值函數；若對應於一個 z，有二個以上 w 值，$f(z)$ 為多值函數。

　　基本函數中最常見的多值函數是牽涉開根號的複變函數，對數函數與反三角函數。

5.10.1. 開根號的複變函數之多值性

　　考慮 $w = f(z) = z^{1/2}$，以極座標表示 z，則

$$w = z^{1/2} = [re^{i(\theta_p + 2n\pi)}]^{1/2} = r^{1/2}e^{i(\theta_p + 2n\pi)/2} \qquad (n = 0,\,1,\,2,\,\cdots)$$

$n = 0$：　$w_1 = r^{1/2}e^{i\theta_p/2}$

$n = 1$：　$w_2 = r^{1/2}e^{i(\theta_p + 2\pi)/2} = r^{1/2}e^{i\theta_p/2}\,e^{i\pi} = -r^{1/2}e^{i\theta_p/2}$

$n = 2$：　$w_3 = r^{1/2}e^{k(\theta_p + 4\pi)/2} = r^{1/2}e^{i\theta_p/2} = w_1$

$n = 3$：　$w_4 = w_2$，餘類推。

此例表明 $z^{1/2}$ 有兩個值，為二值函數。

　　考慮 $w = f(z) = z^{2/3}$，以極座標表示 z，則

$$w = z^{2/3} = [re^{i(\theta_p + 2n\pi)}]^{2/3} = r^{2/3}e^{i(2\theta_p + 4n\pi)/3} \qquad (n = 0,\,1,\,2,\,\cdots)$$

$n = 0$： $w_1 = r^{2/3} e^{i2\theta_p/3}$

$n = 1$： $w_2 = r^{2/3} e^{i(2\theta_p + 4\pi)/3} = r^{1/2} e^{i2\theta_p/3} e^{i4\pi/3}$

$n = 2$： $w_3 = r^{2/3} e^{i(2\theta_p + 8\pi)/3} = r^{1/2} e^{i2\theta_p/3} e^{i2\pi/3}$

$n = 3$： $w_4 = r^{2/3} e^{i(2\theta_p + 12P)/3} = r^{1/2} e^{i2\theta_p/3} = w_1$

$n = 4$： $w_5 = w_2$，餘類推。

此例表明 $z^{2/3}$ 有三個值，故為三值函數。

根據解析函數之定義，多值函數 $f(z)$ 並非解析函數，複變函數的理論建立在解析函數之基礎上，而上述之多值函數所在多有，無可避免，因此須設法使複變函數理論適用於多值函數。

假設 $w = z^{2/3}$ 由起點 $z = 1$，沿圓心在原點的單位圓環繞。

第一圈 ($n = 0$) 起點：$\theta = 0$, $w_1 = e^{i0} = 1$

第二圈 ($n = 1$) 開始：$\theta = 2\pi$, $w_2 = e^{i4\pi/3} = -1/2 - i\sqrt{3}/2$

第三圈 ($n = 2$) 開始：$\theta = 4\pi$, $w_3 = e^{i8\pi/3} = e^{i2\pi/3} = -1/2 + i\sqrt{3}/2$

第四圈 ($n = 3$) 開始：$\theta = 6\pi$, $w_4 = e^{i12\pi/3} = e^{i4\pi} = 1 = w_1$

結果顯示：$z^{2/3}$ 由起點環繞單位圓第一圈後，w 值改變，環繞第二圈後，w 值又改變，環繞第三圈後，w 值與開始之值相同。

從另一觀點，$z^{2/3}$ 由起點繞單位圓一圈後，未回到起點，換言之，複數平面上圓心在原點的單位圓，對 $f(z) = z^{2/3}$ 並不是閉合的。

考慮 $z^{2/3}$ 由起點 $z = 1$ 沿不含原點之路線 C 逆時針環繞，如圖 5.14 所示。在 C 上任一點 $w = z^{2/3} = r^{2/3} e^{i2\theta_p/3}$，幅角 θ_p 由零漸增，繞行至 A 點，幅角 θ_p 最大，隨即漸減，返回起點 $z = 1$，幅角 θ_p 歸零；繞一圈後，w 值並未改變。對 $z^{2/3}$ 而言，繞任何不包含原點之路線一圈後，仍回到起點，圖 5.14 之路線是閉合的；在路線 C 內與 C 上，$z^{2/3}$ 之多值性並未顯現。

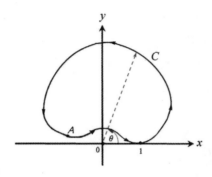

圖 5.14　不含原點之閉合路線

　　根據黎曼曲面 (Riemann surface) 之分支 (branch) 概念，$z^{2/3}$ 為三值函數，有三個分支，在任一分支上，$z^{2/3}$ 為單值函數。由第一分支上之起點出發，環繞含原點之路線一周後，回不到出發點，實際上是到達第二分支之上，所以此路線並非閉合的；繼續繞行一周後，到達第三分支之上，依然回不到出發點；繞行三周後，才回到第一分支上的起點。

　　圖 5.15 顯示 $w = z^{1/2}$ 與 $w = z^{2/3}$ 在黎曼曲面之分支與分支點 $z = 0$，展現多值函數之幾何意義。

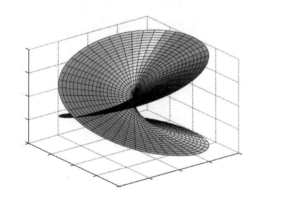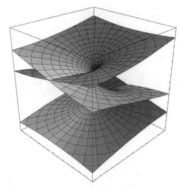

圖 5.15　$w=z^{1/2}$ 與 $w=z^{2/3}$ 之黎曼曲面與分支 (摘自維基百科)

　　函數 $f(z) = z^{2/3}$ 環繞任何包含原點的路線一圈後，其值改變，而環繞任何不含原點之路線一圈後，其值不改變，原點為 $z^{2/3}$ 之分支點 (branch point)。為避免

積分圍線內有分支點，由分支點沿 x 軸作分支切割 (branch cut)，其作用是標示分界線，任何積分圍線不得穿越分支切割。在黎曼曲面任何一分支上，未穿越分支切割的積分圍線 (如圖5.16) 是簡單閉合的；而穿越分支切割的積分圍線不合法，如圖 5.17 之路徑不是簡單閉合的，Cauchy 積分定理不適用。

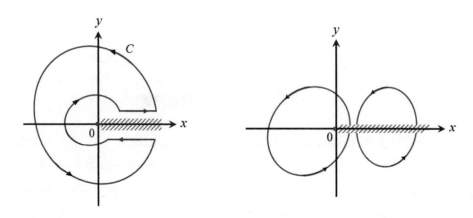

圖 5.16　同一分支上之簡單閉合路線　　圖 5.17　不合法之積分圍線

　　單值函數沒有分支，而多值函數有多個分支，每個分支的幅角為 2π，雖然 $f(z)$ 是多值函數，但是在黎曼曲面之分支上，其多值性並不顯現，複變函數理論即可適用。一般將第一分支的幅角範圍設定為 $0 \leq \theta < 2\pi$；視問題需要，第一分支亦可設定為 $-\pi \leq \theta < \pi$。

5.10.2. 對數函數與反三角函數之多值性

　　考慮對數函數：$w = f(z) = \text{Log } z$，以極座標表示 z，則

$$w = \text{Log } z = \text{Log } [re^{i(\theta_p + 2n\pi)}] = \ln r + i\,(\theta_p + 2n\pi) \qquad (n = 0, 1, 2, \cdots)$$

$n = 0$：　$w_1 = \ln r + i\theta_p$

$n = 1$：　$w_2 = \ln r + i\,(\theta_p + 2\pi)$

$n = 2$：　$w_3 = \ln r + i\,(\theta_p + 4\pi)$，以此類推。

　　除非 z 為正實數，否則 $\mathrm{Log}\, z$ 之虛部隨 n 值而變，$\mathrm{Log}\, z$ 為無限多值函數。為區別起見，以 $\ln$ 表示自然對數，以 Log 表示複數對數。

　　$\mathrm{Log}\, z$ 有無限個分支，分支點為 $z = 0$，如圖 5.18 所示。

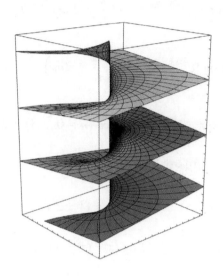

圖 5.18　$w=\mathrm{Log}\, z$ 之黎曼曲面與分支 (摘自維基百科)

考慮反三角函數：　$w = f(z) = \sin^{-1} z$

$$\because\ z = \sin w = \frac{1}{2i}\,(e^{iw} - e^{-iw}) \ \Rightarrow\ e^{2iw} - 2ize^{iw} - 1 = 0$$

此式為 e^{iw} 之二次方程式，解得

$$e^{iw} = iz + (1 - z^2)^{1/2} \ \Rightarrow\ w = -i\,\mathrm{Log}\,[iz + (1 - z^2)^{1/2}]$$

故 $\sin^{-1} z$ 可表示為複數之對數函數：

$$\sin^{-1} z = -i\,\mathrm{Log}\,[iz + (1 - z^2)^{1/2}]$$

可見 $\sin^{-1} z$ 為多值函數。

例： $\sin^{-1}\dfrac{1}{2} = -i \operatorname{Log}\left[\dfrac{i}{2} + \left(1 - \dfrac{1}{4}\right)^{1/2}\right] = -i \operatorname{Log}\left(\dfrac{i}{2} \pm \dfrac{\sqrt{3}}{2}\right)$

$\operatorname{Log}\left(\dfrac{i}{2} + \dfrac{\sqrt{3}}{2}\right) = \operatorname{Log}\left[e^{i(\pi/6 + 2n\pi)}\right] = i\left(\dfrac{\pi}{6} + 2n\pi\right)$ 　　$(n = 0,\ \pm 1,\ \pm 2,\ \cdots)$

$\operatorname{Log}\left(\dfrac{i}{2} - \dfrac{\sqrt{3}}{2}\right) = \operatorname{Log}\left[e^{i(5\pi/6 + 2n\pi)}\right] = i\left(\dfrac{5\pi}{6} + 2n\pi\right)$ 　　$(n = 0,\ \pm 1,\ \pm 2,\ \cdots)$

$\therefore\ \sin^{-1}\dfrac{1}{2} = \dfrac{\pi}{6} + 2n\pi$ 　或　 $\dfrac{5\pi}{6} + 2n\pi$ $(n = 0,\ \pm 1,\ \pm 2,\ \cdots)$ 為無限多值函數。

以此類推，下列反三角函數皆為無限多值函數：

$$\sin^{-1} z = -i \operatorname{Log}\left[iz + (1 - z^2)^{1/2}\right] \tag{5.80a}$$

$$\cos^{-1} z = -i \operatorname{Log}\left[z + (z^2 - 1)^{1/2}\right] \tag{5.80b}$$

$$\tan^{-1} z = -\dfrac{i}{2}\operatorname{Log}\dfrac{i - z}{i + z} \tag{5.80c}$$

$$\cot^{-1} z = -\dfrac{i}{2}\operatorname{Log}\dfrac{z - i}{z + i} \tag{5.80d}$$

$$\sinh^{-1} z = \operatorname{Log}\left[z + (z^2 + 1)^{1/2}\right] \tag{5.81a}$$

$$\cosh^{-1} z = \operatorname{Log}\left[z + (z^2 - 1)^{1/2}\right] \tag{5.81b}$$

$$\tanh^{-1} z = \dfrac{1}{2}\operatorname{Log}\dfrac{1 + z}{1 - z} \tag{5.81c}$$

$$\coth^{-1} z = \dfrac{1}{2}\operatorname{Log}\dfrac{z + 1}{z - 1} \tag{5.81d}$$

複數函數的多值性源自其幅角 $(\theta_p + 2n\pi)$ 非唯一，多值函數環繞任何含分支點之圍線一圈後，其值即改變，而環繞任何不含分支點之圍線一圈後，其值不變；根據幅角之變化可決定分支點所在。

例：說明 $w = (z^2 + 1)^{1/2}$ 之多值性，決定其分支點與適當的分支切割。

$$w = (z^2 + 1)^{1/2} = (z - i)^{1/2} (z + i)^{1/2}$$

考慮此式兩邊函數之幅角：

$$\arg w = \frac{1}{2} \arg (z - i) + \frac{1}{2} \arg (z + i)$$

在複數平面上，z 沿積分路線變動，幅角之變量為

$$\Delta \arg w = \frac{1}{2} \Delta \arg (z - i) + \frac{1}{2} \Delta \arg (z + i)$$

若繞圍線一圈，幅角之增量為 $\Delta \arg w = 2\pi$，則函數值不變。

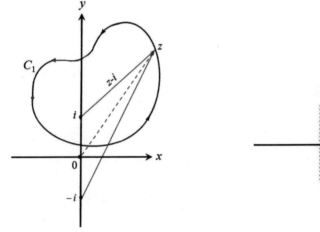

圖 5.19　$z = i$ 為此例分支點之一　　　圖 5.20　此例之分支切割

選取環繞 $z = i$ 點之圍線 C_1，如圖 5.19 所示。繞 C_1 一圈後

$$\Delta \arg (z - i) = 2\pi, \quad \Delta \arg (z + i) = 0 \quad \therefore \ \Delta \arg w = \pi$$

故 $z = i$ 為分支點。同理可知，$z = -i$ 亦為分支點。

多值函數必有某階導數在分支點不存在，這是決定分支點的快捷方法。

例如：$z^{1/2}$, $z^{2/3}$ 之一階導數分別為 $z^{-1/2}/2$,　$2z^{-1/3}/3$，在 $z = 0$ 不存在，$z = 0$ 為兩者之分支點。

$(z^2 + 1)^{1/2}$ 之一階導數為　$z\,(z^2 + 1)^{-1/2}$，在 $z = i,\ -i$ 不存在，其分支點為 $z = i,\ -i$。

$\text{Log}\,(z - a)$ 之一階導數為　$1/(z - a)$，在 $z = a$ 不存在，$z = a$ 為其分支點。

　　對多值函數而言，在複數平面上看似閉合的圍線，不見得是閉合的。為免積分路線由一分支越界到另一分支，首先須決定分支點所在，並作適宜的分支切割。分支切割之選取並非唯一，視問題需要，以在切割後之分支平面上，作圍線積分所受到的限制越少越好為原則，例如：$f(z) = (z^2 + 1)^{1/2}$ 之分支切割可採取圖 5.20 所示的方式，第 5.15 節將以實例說明多值函數之圍線積分。

習題六

1.　說明 $(z + 1)^{1/2}$ 之分支點與分支切割。

2.　說明 $\text{Log}\,(1 + i)$ 在第一分支之值。

3.　說明以下多值函數之分支點與分支切割。

　　(*a*)　$[z\,(z^2 - 1)]^{1/2}$;　(*b*)　$(z + 1)^{1/2} + (z - 1)^{1/2}$;　(*c*)　$\text{Log}\,(z^2 - 1)$

4.　說明 $\sin^{-1} z = -i\,\text{Log}\,[iz + (1 - z^2)^{1/2}]$ 之多值性與分支切割。

5.　求 (*a*)　$\cos^{-1} z = 2$;　(*b*)　$\text{Log}\,z = i\pi$ 之所有根。

6.　說明 $\tan z = \pm i$　與　$\cot z = \pm i$ 無解。

5.11. 解析函數之奇異點

　　依解析函數之定義，$f(z)$ 必須為單值函數且在 $z = a$ 及其鄰近區域導數存在且唯一；若導數在 $z = a$ 不存在，該點為 $f(z)$ 之奇異點；若 $f(z)$ 在 $z = a$ 非解析，而在 $z = a$ 鄰近區域為解析，則 $z = a$ 稱為孤立奇異點。

奇異點有以下數類：

1. 分支點 (branch point)

多值函數 $f(z)$ 的分支點與分支切割線上的點皆為奇異點；任何閉合路線不得包含分支點，亦不得越過分支切割，否則複變函數理論不適用。

2. 極點 (poles)

若 $f(z)$ 在 $z = a$ 之導數不存在，但 $(z-a)^m f(z)$ (m 為正整數) 在 $z = a$ 之導數存在，亦即 $(z-a)^m f(z)$ 為解析，則 $z = a$ 為 $f(z)$ 之 m 階極點；1 階極點 ($m = 1$) 稱為 $f(z)$ 之單極點。

若 $f(z) = P(z)/Q(z)$，$Q(z) = 0$ 之根 $z = a$ 可能是 $f(z)$ 的極點；若 $z = a$ 為 m 重根，則 $z = a$ 可能是 $f(z)$ 之 m 階極點。

例：　$f(z) = \dfrac{1}{z(z-1)^2}$，　$z = 0$ 為單極點，$z = 1$ 為二階極點。

$$f(z) = \frac{e^z \sin z}{z^3}, \quad z = 0 \text{ 為三階極點。}$$

設 $z = a$ 為函數 $f(z)$ 之 m 階極點，則 $(z-a)^m f(z)$ 在 $z = a$ 為解析，可對 $z = a$ 展開為 Taylor 級數：

$$(z-a)^m f(z) = \sum_{n=0}^{\infty} c_n (z-a)^n$$

$$= c_0 + c_1 (z-a) + \cdots + c_{m-1} (z-a)^{m-1} + c_m (z-a)^m + \cdots \tag{5.82a}$$

其中　$c_k = \dfrac{1}{k!} \dfrac{d^k}{dz^k} [(z-a)^m f(z))]_{z \to a} \quad (k = 0, 1, 2, \cdots)$ (5.82b)

將係數之指標稍作改變，式 (5.82a) 可寫為

$$f(z) = \frac{c_{-m}}{(z-a)^m} + \frac{c_{-m+1}}{(z-a)^{m-1}} + \cdots + \frac{c_{-1}}{z-a} + c_0 + c_1 (z-a) + \cdots \tag{5.83}$$

此為 $f(z)$ 之 Laurent 級數形式，可見 $f(z)$ 對 m 階極點 $z = a$ 展開為 Laurent 級數之係數 $c_n = 0$ $(n < -m)$。

3. 可移除的奇異點 (removable singularity)

若 $f(z)$ 在 $z = a$ 無定義，而 $f(z)$ 與 $f'(z)$ 在 $z = a$ 鄰近區域存在，則 $z = a$ 為可移除的奇異點，$f(a)$ 得以用 $\lim\limits_{z \to a} f(z)$ 表示。

若 $z = a$ 為可移除的奇異點，$f(z)$ 對 $z = a$ 之 Laurent 級數 $c_n = 0$ $(n < 0)$，亦即 $f(z)$ 對 $z = a$ 之級數展開式為 Taylor 級數。

例： $f(z) = \dfrac{\sin z}{z}$，$f(0)$ 無定義，而 $\lim\limits_{z \to 0} \dfrac{\sin z}{z} = 1$, $f'(z) = \dfrac{d}{dz}\left(\dfrac{\sin z}{z}\right)\Big|_{z \to 0} = 0$

故 $z = 0$ 為 $\dfrac{\sin z}{z}$ 可移除的奇異點，$f(z)$ 對 $z = 0$ 可展開為 Taylor 級數：

$$f(z) = \frac{\sin z}{z} = \frac{z - \dfrac{z^3}{3!} + \dfrac{z^5}{5!} - + \cdots}{z} = -\frac{z^2}{3!} + \frac{z^4}{5!} - + \cdots$$

4. 本質奇異點 (essential singularity)

若單值函數 $f(z)$ 之奇異點既非極點亦非可移除的奇異點，就是 $f(z)$ 之本質奇異點。若 $z = a$ 為 $f(z)$ 之本質奇異點，則 $f(z)$ 在 $z = a$ 之導數不存在，也沒有任何正整數 m 能使 $(z - a)^m f(z)$ 在 $z = a$ 之導數存在。

例： $z = 0$ 為 $f(z) = e^{1/z}$ 之本質奇異點。

$z = 1$ 為 $f(z) = \cos \dfrac{1}{z-1}$ 之本質奇異點。

若 $z = a$ 為 $f(z)$ 之本質奇異點，$f(z)$ 對 $z = a$ 展開之 Laurent 級數之係數 $c_{-n} \neq 0$ $(n \to \infty)$。

例： $e^{1/z}$ 對 $z = 0$ 之 Laurent 級數為

$$f(z) = e^{1/z} = 1 + \frac{1}{z} + \frac{1}{2!\, z^2} + \frac{1}{3!\, z^3} + \frac{1}{4!\, z^4} + \cdots \qquad (z \neq 0)$$

$\cos \dfrac{1}{z-1}$ 對 $z = 1$ 之 Laurent 級數為

$$\cos \frac{1}{z-1} = 1 - \frac{1}{2! \, (z-1)^2} + \frac{1}{4! \, (z-1)^4} - + \cdots$$

5. 無窮遠之奇異點

判別 $f(z)$ 在 無 窮 遠 之 性 質，可 令 $z = 1/\alpha$，則 $f(z) = f(1/\alpha) \equiv F(\alpha)$，$f(z)$ 在 $|z| \to \infty$ 之性質即與 $f(\alpha)$ 在 $\alpha = 0$ 之性質相當。

例：　$f(z) = z^5$，令 $z = 1/\alpha$，則 $f(\alpha) = 1/\alpha^5$，$\alpha = 0$ 為 $f(\alpha)$ 之五階極點，

故 $|z| \to \infty$ 為 $f(z) = z^5$ 之五階極點。

例：說明 $f(z) = \dfrac{\text{Log } z}{z + 1}$ 之奇異點性質。

Log z 為多值函數，有無限個分支，$z = 0$ 為分支點。若選取之分支切割不經過 $z = -1$，則 $z = -1$ 為 $f(z)$ 在分支上的單極點。

例：說明 $f(z) = \dfrac{\sin z - z}{z^2}$ 之奇異點性質。

$$f(0) \text{ 無定義，} \quad \lim_{z \to 0} \frac{\sin z - z}{z^2} = 0, \quad f'(z) = \frac{d}{dz} \left(\frac{\sin z - z}{z^2} \right) \bigg|_{z \to 0} = -\frac{1}{6}$$

故 $z = 0$ 為 $f(z)$ 可消除之奇異點，$f(z)$ 對 $z = 0$ 之 Taylor 級數展開式為

$$f(z) = \frac{\sin z - z}{z^2} = \frac{\left(z - \dfrac{z^3}{3!} + \dfrac{z^5}{5!} - + \cdots \right) - z}{z^2} = -\frac{z}{3!} + \frac{z^3}{5!} - + \cdots$$

例：　$f(z) = \dfrac{1}{\sin z - z}$ 之奇異點為 $z = 0$，但不易決定其屬性。

第 5.9 節曾將 $f(z) = \dfrac{1}{\sin z - z}$ 對 $z = 0$ 展開為 Laurent 級數如下：

$$\frac{1}{\sin z - z} = -\frac{3!}{z^3}\left[1 + \left(\frac{3!}{5!}z^2 - \frac{3!}{7!}z^4 + \cdots\right) + \left(\frac{3!}{5!}z^2 - \frac{3!}{7!}z^4 + \cdots\right)^2 + \cdots\right]$$

$f(z)$ 在 $z = 0$ 之導數不存在，但 $z^3 f(z)$ 在 $z = 0$ 為解析，故 $z = 0$ 為 $f(z)$ 之三階極點。

例：說明 $f(z) = \dfrac{1 + z}{1 - \cos z}$ 之奇異點性質。

當 $z = 2k\pi$ $(k = 0,\ \pm 1,\ \pm 2,\ \cdots)$，$f(z)$ 之分母為 0，這些點可能是 $f(z)$ 之奇異點。

$\because \cos z = \cos(z - 2k\pi) = 1 - (z - 2k\pi)^2/2! + (z - 2k\pi)^4/4! \mp \cdots$

$\therefore \dfrac{1 + z}{1 - \cos z} = \dfrac{1 + z}{1 - \cos(z - 2k\pi)} = \dfrac{1 + z}{1 - [1 - (z - 2k\pi)^2/2! + (z - 2k\pi)^4/4! - \cdots]}$

$$= \frac{2(1 + z)}{(z - 2k\pi)^2\,[1 - (z - 2k\pi)^2/12 \pm \cdots]}$$

$f(z)$ 在 $z = 2k\pi$ $(k = 0,\ \pm 1,\ \pm 2,\ \cdots)$ 之導數不存在，但 $(z - 2k\pi)^2 f(z)$ 在 $z = 2k\pi$ 為解析，故 $z = 2k\pi$ $(k = 0,\ \pm 1,\ \pm 2\cdots)$ 為 $f(z)$ 之二階極點。

5.12. Cauchy 留數定理

設 $z = a$ 為函數 $f(z)$ 之 m 階極點，則 $f(z)$ 對 $z = a$ 之 Laurent 級數形式為

$$f(z) = \frac{c_{-m}}{(z - a)^m} + \cdots + \frac{c_{-1}}{z - a} + c_0 + c_1\,(z - a) + \cdots \tag{5.84}$$

將式 (5.84) 兩邊作圍線積分：

$$\oint_{C_k} f(z)\,dz = \oint_{C_k} \frac{c_{-m}}{(z - a)^m}\,dz + \cdots + \oint_{C_k} \frac{c_{-1}}{z - a}\,dz + \sum_{n=0}^{\infty} \oint_{C_k} c_n\,(z - a)^n\,dz \tag{5.85}$$

圍線 C_k 為以 $z = a$ 為圓心，半徑為 ρ 逆時針之圓，C_k 內與 C_k 上無奇異點。

第 5.4. 節曾證明以下圍線積分：

$$I = \oint_C (z-a)^n \, dz = \begin{cases} 0 & (n \neq -1,\ n\ 為整數) \\ \\ 2\pi i & (n = -1) \end{cases} \tag{5.86}$$

圍線 C 為以 $z = a$ 為圓心，半徑為 ρ，方向為逆時針之圓。

根據式 (5.86)，式 (5.85) 僅 c_{-1} 之項不為零，故簡化為

$$\oint_{C_k} f(z) \, dz = 2\pi i c_{-1} \tag{5.87}$$

若 $f(z)$ 在簡單封閉曲線 C 內與 C 上為解析，根據 Cauchy 積分定理，$f(z)$ 之封閉積分值為零。而式 (5.87) 表明：當 $f(z)$ 在 C 內有 m 階極點 $z = a$，$f(z)$ 之積分值不為零，其值為 $2\pi i c_{-1}$。

令 $f(z)$ 對 m 階極點 $z = a$ 展開為 Laurent 級數，其係數 c_{-1} 為 $f(z)$ 在 C_k 內之留數 (residue)，記之為 $\mathrm{Res}\{f(z);\, a\}$，則式 (5.87) 可表示為

$$\oint_{C_k} f(z) \, dz = 2\pi i\, \mathrm{Res}\{f(z);\, a\} \tag{5.88a}$$

其中　　$c_{-1} = \mathrm{Res}\{f(z);\, a\} = \dfrac{1}{(m-1)!} \dfrac{d^{m-1}}{dz^{m-1}} [(z-a)^m f(z)]_{z \to a}$　　(5.88b)

若 $f(z)$ 在簡單閉合曲線 C 區域內有孤立奇異點：a_k $(k = 1,\ 2,\ \cdots,\ n)$，n 為正整數。由 C 上任一點向內作包圍奇異點 $z = a_k$ 互不相交之簡單閉合曲線 C_k $(k = 1,\ 2,\ \cdots,\ n)$，分段連續的曲線 C 與 C_k 以及其間之切割線構成簡單閉合曲線 Γ，所有的孤立奇異點皆在以 Γ 為邊界的單連通區域之外。

根據 Cauchy 積分定理：

$$\oint_\Gamma f(z) \, dz = 0 \tag{5.89}$$

其中 Γ 由分段連續的曲線 C, C_k $(k = 1,\ 2,\ \cdots,\ n)$ 以及切割線構成，各切割線之積分路線相同，方向相反，兩者之積分值抵消，故 (5.89) 變為

$$\oint_C f(z)\ dz + \sum_{k=1}^{n} \oint_{C_k} f(z)\ dz = 0 \tag{5.90}$$

其中 $C_k\ (k = 1, 2, \cdots, n)$ 的走向以定義域 R 恆在邊界 C 之左手邊為正，C_k 為順時針。

根據式 (5.87)，若 C_k 之圍線積分為逆時針，其值為 $2\pi i\ \text{Res}\{f(z); a_k\}$，而式 (5.90) C_k 閉合積分之方向為順時針，將該項改為負號成為逆時針，移項後可得

$$\oint_C f(z)\ dz = 2\pi i \sum_{k=1}^{n} \text{Res}\{f(z); a_k\} \tag{5.91}$$

Cauchy 留數定理：若 $f(z)$ 在簡單閉合曲線 C 內與 C 上為解析，$z = a_k\ (k = 1, 2, \cdots, n)$ 為 C 內有限個孤立奇異點，則

$$\oint_C f(z)\ dz = 2\pi i \sum_{k=1}^{n} f(z)\ \text{在奇異點}\ z = a_k\ \text{之留數} \tag{5.92}$$

其中 $f(z)$ 在奇異點 $z = a_k$ 之留數為 $f(z)$ 對 $z = a_k$ 展開之 Laurent 級數係數 c_{-1} 之值，若 $z = a_k$ 為 $f(z)$ 之 m 階極點，留數可根據式 (5.88b) 計算。

若 $z = a$ 為 $f(z)$ 之 m 階極點，$f(z)$ 在 $z = a_k$ 留數之公式為

$$c_{-1} = \text{Res}\{f(z); a\} = \frac{1}{(m-1)!} \frac{d^{m-1}}{dz^{m-1}} [(z-a)^m f(z)]_{z \to a} \tag{5.93}$$

若 $z = a$ 為 $f(z)$ 之單極點，則

$$c_{-1} = \text{Res}\{f(z); a\} = [(z-a)^m f(z)]_{z=a} \tag{5.94}$$

若 $f(z) = P(z)/Q(z)$，$Q(z) = 0$ 之根 $z = a$ 是 $f(z)$ 的單極點，則式 (5.94) 簡化為

$$c_{-1} = \text{Res}\{f(z); a\} = \frac{P(a)}{Q'(a)} \quad \text{其中} \quad Q'(a) = \left[\frac{dQ(z)}{dz}\right]_{z=a} \tag{5.95}$$

證明：若 $z = a$ 是 $Q(z) = 0$ 之單根，則 $Q(a) = 0$，式 (5.94) 變為

$$\text{Res}\{f(z); a\} = \left[(z-a)\frac{P(z)}{Q(z)}\right]_{z=a} = \left[\frac{P(z)}{[Q(z)-Q(a)]/(z-a)}\right]_{z=a} = \frac{P(a)}{Q'(a)}$$

例： $f(z) = \dfrac{2z + 3}{z^2 - 4z}$　$z = 0$，$z = 4$ 是 $f(z)$ 之單極點。

$$\text{Res}\{f(z);\, 0\} = \left[\frac{2z + 3}{(z^2 - 4z)'}\right]_{z \to 0} = -\frac{3}{4}$$

$$\text{Res}\{f(z);\, 4\} = \left[\frac{2z + 3}{(z^2 - 4z)'}\right]_{z \to 4} = \frac{11}{4}$$

根據 Cauchy 留數定理，若 $z = 0$，$z = 4$ 在簡單閉合路線 C 之內，則

$$I = \oint_C \frac{2z + 3}{z^2 - 4z}\, dz = 2\pi i \left(-\frac{3}{4} + \frac{11}{4}\right) = 4\pi i$$

若 $z = 0$，$z = 4$ 在簡單閉合路線 C 之外，則

$$I = \oint_C \frac{2z + 3}{z^2 - 4z}\, dz = 0$$

例： $f(z) = \dfrac{z^2}{(z^2 + 4)^2}$，　$z = \pm 2i$ 是 $f(z)$ 之二階極點。

$$\text{Res}\{f(z);\, 2i\} = \frac{d}{dz}\left[(z - 2i)^2 \frac{z^2}{(z^2 + 4)^2}\right]_{z \to 2i} = -\frac{i}{8}$$

$$\text{Res}\{f(z);\, -2i\} = \frac{d}{dz}\left[(z + 2i)^2 \frac{z^2}{(z^2 + 4)^2}\right]_{z \to 2i} = \frac{i}{8}$$

若 $z = \pm 2i$ 在簡單閉合路線 C 之內，

$$I = \oint_C \frac{z^2}{(z^2 + 4)^2}\, dz = 2\pi i \left(-\frac{i}{8} + \frac{i}{8}\right) = 0$$

若 $z = \pm 2i$ 在簡單閉合路線 C 之外，

$$I = \oint_C \frac{z^2}{(z^2 + 4)^2}\, dz = 0$$

往往 $f(z)$ 之極點不難決定，而其階數卻難判定；遇此情況，高估極點之階數，留數不受影響，若低估極點之階數，即發生錯誤。

例： $f(z) = \dfrac{\sin z - z}{z^6}$　不難看出 $z = 0$ 是 $f(z)$ 之極點，但不易判定其階數。

將 $f(z)$ 展開為 Laurent 級數：

$$\frac{\sin z - z}{z^6} = \frac{\left(z - \dfrac{z^3}{3!} + \dfrac{z^5}{5!} - \dfrac{z^7}{7!} + -\cdots\right) - z}{z^6} = -\frac{1}{3! \, z^3} + \frac{1}{5! \, z} - \frac{z}{7!} + -\cdots$$

故奇異點 $z = 0$ 為 $f(z)$ 之 3 階極點，留數為

$$c_{-1} = \mathrm{Res}\{f(z); 0\} = \frac{1}{5!} = \frac{1}{120}$$

若高估 $z = 0$ 為 6 階極點，根據式 (5.93) 計算留數為

$$\mathrm{Res}\{f(z); 0\} = \frac{1}{5!} \frac{d^5}{dz^5} \left[z^6 \, \frac{\sin z - z}{z^6} \right]_{z \to 0} = \frac{1}{120}$$

若低估 $z = 0$ 為單極點，由式 (5.95) 計算留數為

$$\mathrm{Res}\{f(z); 0\} = \left[\frac{\sin z - z}{6z^5} \right]_{z \to 0} = \frac{0}{0}$$

運用 L'Hospital 法則，求得此不定式之值為 $\dfrac{1}{720}$，發生錯誤。

若由求三階極點之留數公式求留數：

$$c_{-1} = \mathrm{Res}\{f(z); 0\} = \frac{1}{2!} \frac{d^2}{dz^2} \left[z^3 \, \frac{\sin z - z}{z^6} \right]_{z \to 0}$$

計算反而複雜。此例表明，若不確定極點之階數，可以高估，不能低估。

例：前已運用式 (5.74c) 將 $f(z) = \dfrac{1}{\sin z - z}$ 對 $z = 0$ 展開為 Laurent 級數：

$$\frac{1}{\sin z - z} = -\frac{3!}{z^3}\left[1 + \left(\frac{3!}{5!}z^2 - \frac{3!}{7!}z^4 + \cdots\right) + \left(\frac{3!}{5!}z^2 - \frac{3!}{7!}z^4 + \cdots\right)^2 + \cdots\right]$$

$z = 0$ 為 $f(z)$ 之 3 階極點，c_{-1} 項之係數為 $f(z)$ 在 $z = 0$ 之留數：

$$c_{-1} = \text{Res}\{f(z); 0\} = -\frac{3!\,(3!)}{5!} = -\frac{3}{10}$$

若由求三階極點之留數公式求留數：

$$c_{-1} = \text{Res}\{f(z); 0\} = \frac{1}{2!}\frac{d^2}{dz^2}\left[z^3 - \frac{1}{\sin z - z}\right]_{z \to 0}$$

可得相同結果，但計算頗複雜。

例：試求 $f(z) = \dfrac{1+z}{1-\cos z}$ 在奇異點 $z = 0$ 之留數。

$f(z)$ 對 $z = 0$ 之級數展開式為

$$\frac{1+z}{1-\cos z} = \frac{1+z}{1-\left(1 - \frac{z^2}{2!} + \frac{z^4}{4!} - \frac{z^6}{6!} + \cdots\right)} = \frac{2(1+z)}{z^2}\frac{1}{1-\left(\frac{2}{4!}z^2 - \frac{2}{6!}z^4 + \cdots\right)}$$

當 $|z| < 1$，則 $\left|\dfrac{2}{4!}z^2 - \dfrac{2}{6!}z^4 + \cdots\right| < 1$，根據式 $(5.74c)$ 之等比級數：

$$\frac{1}{1-\left(\frac{2}{4!}z^2 - \frac{2}{6!}z^4 + \cdots\right)} = 1 + \left(\frac{2}{4!}z^2 - \frac{2}{6!}z^4 + \cdots\right) + \left(\frac{2}{4!}z^2 - \frac{2}{6!}z^4 + \cdots\right)^2 + \cdots$$

$$\therefore\ \frac{1+z}{1-\cos z} = \frac{2(1+z)}{z^2}\left[1 + \left(\frac{2}{4!}z^2 - \frac{2}{6!}z^4 + \cdots\right) + \left(\frac{2}{4!}z^2 - \frac{2}{6!}z^4 + \cdots\right)^2 + \cdots\right]$$

可見 $z = 0$ 為 $f(z)$ 之二階極點，$f(z)$ 在 $z = 0$ 之留數為 c_{-1} 項之係數：

$$c_{-1} = \text{Res}\{f(z); 0\} = 2$$

例： $f(z) = \dfrac{\text{Log } z}{z + 1}$，Log z 為多值函數，有無限個分支，$z = 0$ 為分支點。

$z = -1$ 為 $f(z)$ 在任一分支上的單極點。

在第一分支 $0 \le \theta < 2\pi$：

$$\text{Res}\{f(z);\ -1\} = \left[(z + 1)\ \frac{\text{Log } z}{z + 1}\right]_{z \to -1} = \text{Log } (-1) = \ln (e^{i\pi}) = \pi i$$

在第二分支 $2\pi \le \theta < 4\pi$：

$$\text{Res}\{f(z);\ -1\} = \left[(z + 1)\ \frac{\text{Log } z}{z + 1}\right]_{z \to -1} = \text{Log } (-1) = \ln (e^{i(\pi + 2\pi)}) = 3\pi i$$

以此類推，在第三分支 $4\pi \le \theta < 6\pi, \quad \text{Res}\{f(z);\ -1\} = 5\pi i$

根據 Cauchy 留數定理，若 C 為第一分支上之簡單閉合路線，則

$$\oint_C \frac{\text{Log } z}{z + 1}\ dz = 2\pi i\ \text{Res}\{f(z);\ -1\} = 2\pi^2$$

在應用複變函數理論解析數理問題之前，特梳理其脈絡，以溫故知新。複變函數理論始於複變代數，循序漸進，環環相扣：首先定義解析函數，推導解析函數之充要條件 Cauchy-Riemann 方程式，闡明其基本性質，奠定複變函數微積分之基石；據此建立複變函數圍線積分之 Cauchy 積分定理，從而導出 Cauchy 積分公式，Taylor 級數與 Laurent 級數，以及 Cauchy 留數定理與求留數之方法。

以下說明如何運用複變函數之圍線積分於實函數之定積分，其中最重要的是如何運用圍線積分推求傅立葉反變換與 Laplace 反變換。

習題七

求下列圍線積分之值，C 為簡單閉合路線：$|z| = 2$

1. $\displaystyle\oint_C \frac{z - 1}{z^2 + 2z + 1}\ dz$ 2. $\displaystyle\oint_C \frac{z}{(z^3 + 2)\ (z + 1)}\ dz$ 3. $\displaystyle\oint_C \frac{\sin z}{z^2}\ dz$

4. $\oint_C \dfrac{z}{z^3 + z + 1}\, dz$　　　5. $\oint_C \dfrac{dz}{(1 + z^2)^n}$　　　6. $\oint_C \dfrac{2z + 1}{z^2 + 2z + 2}\, dz$

7. $\oint_C \tan z\, dz$　　　8. $\oint_C z^2\, e^{1/z}\, dz$　　　9. $\oint_C \dfrac{dz}{z \sin z}$

10. $\oint_C \dfrac{dz}{z^2 \sin z}$

5.13. 以圍線積分求實函數之定積分

類型 1.

$$I = \int_0^{2\pi} f(\sin \theta,\, \cos \theta)\, d\theta \tag{5.96}$$

其中 f 是有理函數，分子與分母可以表示為多項式。

作變數變換：　$z = e^{i\theta}\ (0 \le \theta \le 2\pi),\quad dz = ie^{i\theta}\, d\theta = iz d\theta$，則

$$\sin \theta = \frac{e^{i\theta} - e^{-i\theta}}{2i} = \frac{z - z^{-1}}{2i},\quad \cos \theta = \frac{e^{i\theta} + e^{-i\theta}}{2i} = \frac{z + z^{-1}}{2}$$

式 (5.96) 之定積分變為在複數平面對單位圓之圍線積分：

$$I = \oint_{C_0} f\Big(\frac{z - z^{-1}}{2i},\, \frac{z + z^{-1}}{2}\Big)\, \frac{dz}{iz} = \oint_{|z| = 1} F(z)\, dz$$

其中　$F(z) = \dfrac{1}{iz} f\,[(z - z^{-1})/2i,\, (z + z^{-1})/2]$

根據 Cauchy 留數定理：

$$I = \oint_{|z| = 1} f(z)\, dz = 2\pi i \sum_{k=1}^{n} f(z) \text{ 在單位圓內奇異點之留數} \tag{5.97}$$

例： $I = \displaystyle\int_0^{2\pi} \frac{d\theta}{a + b\cos\theta}$ $(a > b > 0)$

$$I = \oint_{|z|=1} \frac{1}{a + b(z + z^{-1})/2}\frac{dz}{iz} = \oint_{|z|=1} \frac{-i}{bz^2 + 2az + b}\, dz$$

$F(z) = \dfrac{-i}{bz^2 + 2az + b}$ 之奇異點為 $bz^2 + 2az + b = 0$ 之根：

$$z = \frac{-a \pm \sqrt{a^2 - b^2}}{b}$$

當 $a > b > 0$, $z = \dfrac{-a + \sqrt{a^2 - b^2}}{b}$ 為 $f(z)$ 在單位圓 $|z| = 1$ 內之單極點

$$\therefore \int_0^{2\pi} \frac{d\theta}{a + b\cos\theta} = 2\pi i\, \mathrm{Res}\left\{\frac{-i}{bz^2 + 2az + b}; \frac{-a + \sqrt{a^2 - b^2}}{b}\right\} = \frac{\pi}{\sqrt{a^2 - b^2}}$$

例： $I = \displaystyle\int_0^{2\pi} \frac{\cos 2\theta\, d\theta}{1 - 2p\cos\theta + p^2}$ $(0 < p < 1)$

其中 $\cos 2\theta = \dfrac{e^{i2\theta} + e^{-i2\theta}}{2} = \dfrac{z^2 + z^{-2}}{2}$

$$\frac{\cos 2\theta\, d\theta}{1 - 2p\cos\theta + p^2} = \frac{z^2 + z^{-2}}{2}\frac{dz/i}{1 - 2(z + z^{-1})/2 + p^2} = \frac{(1 + z^4)}{2iz^2(1 - pz)(z - p)}\, dz$$

$F(z) = \dfrac{1 + z^4}{2iz^2(1 - pz)(z - p)}$ 之奇異點為二階極點 $z = 0$；單極點 $z = p$; $z = \dfrac{1}{p}$

若 $0 < p < 1$，$F(z)$ 在單位圓內之奇異點為二階極點 $z = 0$；單極點 $z = p$

奇異點之留數為 $\mathrm{Res}\{F(z); 0\} = -\dfrac{1 + p^2}{2ip^2}$; $\mathrm{Res}\{F(z); p\} = \dfrac{1 + p^4}{2ip^2(1 - p^2)}$

$$\therefore I = 2\pi i\left[-\frac{1 + p^2}{2ip^2} + \frac{1 + p^4}{2ip^2(1 - p^2)}\right] = \frac{2\pi p^2}{1 - p^2}\quad (0 < p < 1)$$

類型 2.

$$I = \int_{-\infty}^{\infty} \frac{P(x)}{Q(x)} \, dz \qquad (5.98)$$

若 $P(z), Q(x)$ 為多項式，$Q(x)$ 比 $P(x)$ 高 2 階以上，定積分 I 得以複數平面之圍線積分求值。考慮圍線積分：

$$J = \oint_C \frac{P(z)}{Q(z)} \, dz, \quad Q(z) = 0 \text{ 之根為 } f(z) = \frac{P(z)}{Q(z)} \text{ 之奇異點。}$$

1. 若積分式 (5.98) 之 $Q(x) = 0$ 無實根

如圖 5.21 所示，選取由 $C_R : z = Re^{i\theta}$ $(R \to \infty, 0 \le \theta \le \pi)$ 與實數軸構成的簡單封閉路線 C，考慮圍線積分：

$$J = \oint_C \frac{P(z)}{Q(z)} \, dz = \int_{-\infty}^{\infty} \frac{P(x)}{Q(x)} \, dx + \int_{CR} \frac{P(z)}{Q(z)} \, dz = I + I_R$$

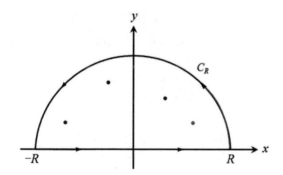

圖 5.21　上半平面之積分圍線

當 $R \to \infty$，C 為複數平面之上半平面，圍線積分 J 之值為

$$J = 2\pi i \sum_{k=1}^{n} \frac{P(z)}{Q(z)} \text{ 在上半平面奇異點之留數。}$$

若能求得 I_R 之值，則 $I = J - I_R$。

以下證明：若多應式 $Q(x)$ 比 $P(x)$ 高 2 階以上，當 $R \to \infty,\ I_R \to 0$。

根據線積分之 ML 定理：

$$|I_R| = \left| \int_{C_R} \frac{P(z)}{Q(z)}\, dz \right| \le \int_{C_R} \left| \frac{P(z)}{Q(z)} \right| |dz| \le M\pi R \qquad (5.99)$$

其中 $|R(z)/Q(z)| \le M$，πR 為大圓 C_R 之弧長。

已知多項式 $Q(z)$ 比 $P(z)$ 至少高 2 階以上，設

$$P(z) = a_n z^n + a_{n-1} z^{n-1} + \cdots + a_0$$

$$Q(z) = b_{n+m} z^{n+m} + b_{n+m-1} z^{n+m-1} + \cdots + b_0 \qquad (m \ge 2)$$

根據 Schwartz 不等式：

在大圓 C_R 上：

$$\left| \frac{P(z)}{Q(z)} \right| = \frac{|a_n z^n + a_{n-1} z^{n-1} + \cdots + a_0|}{|b_{n+m} z^{n+m} + b_{n+m-1} z^{n+m-1} + \cdots + b_0|}$$

$$\le \frac{|a_n| R^n + |a_{n-1}| R^{n-1} + \cdots + |a_0|}{|b_{n+m}| R^{n+m} + |b_{n+m-1}| R^{n+m-1} + \cdots + |b_0|}$$

$$\le \left(\left| \frac{a_n}{b_{n+m}} \right| + \left| \frac{a_{n-1}}{b_{n+m}} \right| + \cdots + \left| \frac{a_0}{b_{n+m}} \right| \right) \frac{1}{R^m}$$

設 $\quad M = \left(\left| \dfrac{a_n}{b_{n+m}} \right| + \left| \dfrac{a_{n-1}}{b_{n+m}} \right| + \cdots + \left| \dfrac{a_0}{b_{n+m}} \right| \right) \dfrac{1}{R^m} \qquad (m \ge 2)$

當 $R \to \infty$，式 (5.99) 為 $\quad |I_R| \le M\pi R = O\left(\dfrac{1}{R^{m-1}} \right) \to 0 \qquad (m \ge 2)$

$$\Rightarrow \quad I = \int_{-\infty}^{\infty} \frac{P(x)}{Q(x)}\, dx = 2\pi i \sum_{k=1}^{n} \frac{P(z)}{Q(z)} \text{ 在上半平面奇異點之留數} \qquad (5.100)$$

例： $I = \displaystyle\int_{-\infty}^{\infty} \frac{x^2}{x^4 + 1}\, dx$ 此積分式分母比分子高 2 階，$x^4 + 1 = 0$ 無實根。

$$\therefore\ I = \int_{-\infty}^{\infty} \frac{x^2}{x^4 + 1}\, dx = 2\pi i \sum_{k=1}^{n} \frac{z^2}{z^4 + 1}\ \text{在上半平面奇異點之留數。}$$

$F(z) = z^2/(z^4 + 1)$ 之奇異點為 $z^4 + 1 = 0$ 之根：

$$z = e^{i(\pi + 2n\pi)/4}\quad (n = 0, 1, 2, 3)$$

其中 $e^{i\pi/4},\ e^{i3\pi/4}$ 兩單極點在上半平面，留數分別為 $e^{-i\pi/4}/4,\ e^{i3\pi/4}/4$。

$$\therefore\ I = \int_{-\infty}^{\infty} \frac{x^2}{x^4 + 1}\, dx = 2\pi i\, (e^{-i\pi/4}/4 + e^{i3\pi/4}/4) = \frac{\pi}{\sqrt{2}}$$

例： $I = \int_{-\infty}^{\infty} \dfrac{x^2}{(x^2 + a^2)\,(x^2 + b^2)}\, dx$ 此積分式分母比分子高 2 階，分母無實根。

$$\therefore\ I = 2\pi i \sum_{k=1}^{n} \frac{z^2}{(z^2 + a^2)\,(z^2 + b^2)}\ \text{在上半平面奇異點之留數。}$$

$\dfrac{z^2}{(z^2 + a^2)\,(z^2 + b^2)}$ 之奇異點為 $(z^2 + a^2)\,(z^2 + b^2) = 0$ 之根： $z = \pm ai,\ \pm bi$

其中 $ai,\ bi$ 兩單極點在上半平面，留數分別為 $a/[2i\,(a^2 - b^2)],\ b/[2i\,(b^2 - a^2)]$

$$\therefore\ I = 2\pi i \left[\frac{a}{2i\,(a^2 - b^2)} + \frac{b}{2i\,(b^2 - a^2)} \right] = \frac{\pi}{a + b}$$

2. 若積分式 (5.98) 之多項式 $Q(x) = 0$ 有實根，表示 $f(z) = P(z)/Q(z)$ 在 x 軸上有奇異點；若積分圍線上有奇異點，路徑積分定理與公式不適用，選取積分圍線必須迴避奇異點。

　　事實上，在 $Q(x) = 0$ 之實根點位，$P(x)/Q(x)$ 無定義，積分式 (5.98) 為瑕積分，必須以第 1 章 1.3 節說明的方法求瑕積分之 Cauchy 主值。

　　茲以實例展示如何以複數平面之圍線積分推求瑕積分之 Cauchy 主值。

考慮瑕積分 $I = \int_{-\infty}^{\infty} \dfrac{1}{x^4 - 1}\, dz$，$x^4 - 1 = 0$ 的四個根為 $x = \pm 1,\ \pm i$

其中 $x = \pm 1$ 為實根，$z = i$ 是上半平面之奇異點。

選取如圖 5.22 所示之簡單閉合路線 C，

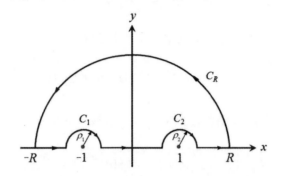

圖 5.22　迴避奇異點之積分圍線

則圍線積分：

$$J = \oint_C \frac{1}{z^4-1}\, dz = I + I_1 + I_2 + I_R = 2\pi i\, \text{Res}\left\{\frac{1}{z^4-1}; i\right\} = -\frac{\pi}{2}$$

其中　$I_1 = \int_{C_1} \frac{1}{z^4-1}\, dz,\qquad I_2 = \int_{C_2} \frac{1}{z^4-1}\, dz,\qquad I_R = \int_{C_R} \frac{1}{z^4-1}\, dz$

如前例，根據線積分之 ML 定理可證：當 $R \to \infty,\ |I_R| \leq \pi/R^3 \to 0$

根據 5.14 節線積分路線的極限定理 5：當 $\rho_1 \to 0,\ \rho_2 \to 0,\ I_1$ 與 I_2 之值為

$$I_1 = \int_{C_1} \frac{1}{z^4-1}\, dz = -\pi i\, \text{Res}\left\{\frac{1}{z^4-1}; -1\right\} = \frac{\pi i}{4}$$

$$I_2 = \int_{C_1} \frac{1}{z^4-1}\, dz = -\pi i\, \text{Res}\left\{\frac{1}{z^4-1}; 1\right\} = -\frac{\pi i}{4}$$

$$\Rightarrow\quad I = P\int_{-\infty}^{\infty} \frac{1}{x^4-1}\, dx = J - I_1 - I_2 - I_R = -\frac{\pi}{2}$$

此例亦可在實數域積分如下：

$$I = P\int_{-\infty}^{\infty} \frac{1}{x^4-1}\, dx = \int_{-\infty}^{-1-\varepsilon} \frac{1}{x^4-1}\, dx + \int_{-1-\varepsilon}^{1-\varepsilon} \frac{1}{x^4-1}\, dx + \int_{1+\varepsilon}^{\infty} \frac{1}{x^4-1}\, dx$$

$$= \frac{1}{4}\left[\log\left(\frac{x-1}{x+1}\right) - 2\tan^{-1}x\right]_{-\infty}^{\infty} = -\frac{\pi}{2}$$

兩種方法所得結果相同。

類型 3. 傅立葉變換、傅立葉反變換

$$I = \int_{-\infty}^{\infty} f(x)\, e^{i\omega x}\, dx \quad (\omega > 0) \tag{5.101}$$

其中 $f(x) = P(x)/Q(x)$ 為有理函數，多項式 $Q(x)$ 比 $P(x)$ 高 1 階以上。

若 $Q(x) = 0$ 無實根，選取由 C_R: $z = Re^{i\theta}$ ($R \to \infty$, $0 \le \theta \le \pi$) 與實數軸構成的簡單閉合路線 C，如圖 5.21 所示。考慮圍線積分：

$$J = \oint_C f(z)\, e^{i\omega z}\, dz = \int_{-\infty}^{\infty} f(x)\, e^{i\omega x}\, dx + \int_{C_R} f(z)\, e^{i\omega z}\, dx = I + I_R$$

根據 5.14 節有關線積分路線的極限定理 $2(a)$，當 $R \to \infty$, $I_R \to 0$ $\therefore$ $I = J$，而圍線積分 J 之值可由 Cauchy 留數定理求得。

若 $\omega > 0$，取上半平面之積分圍線：

$$I = \int_{-\infty}^{\infty} f(x)\, e^{i\omega x}\, dx = 2\pi i \sum_{k=1}^{n} f(z)\, e^{i\omega z} \text{ 在上半平面奇異點之留數。} \tag{5.102a}$$

若 $\omega < 0$，取下半平面之積分圍線：

$$I = \int_{-\infty}^{\infty} f(x)\, e^{i\omega x}\, dx = -2\pi i \sum_{k=1}^{n} f(z)\, e^{i\omega z} \text{ 在下半平面奇異點之留數。} \tag{5.102b}$$

運用 Euler 公式 $e^{i\omega x} = \sin \omega x + i\cos \omega x$，式 (5.102) 可分解為傅立葉餘弦與傅立葉正弦變換積分：

$$\int_{-\infty}^{\infty} f(x)\cos \omega x\, dx = Re\left\{\int_{-\infty}^{\infty} f(x)\, e^{i\omega x}\, dx\right\} \tag{5.103a}$$

$$\int_{-\infty}^{\infty} f(x)\sin \omega x\, dx = Im\left\{\int_{-\infty}^{\infty} f(x)\, e^{i\omega x}\, dx\right\} \tag{5.103b}$$

例： $I = \int_{-\infty}^{\infty} \dfrac{e^{i\omega x}}{x^2 + a^2}\, dx$ （w, a 為實數，$\omega \geq 0, a > 0$）

其中 $f(x) = 1/(x^2 + a^2)$ 為有理函數，分母比分子高 2 階，$x^2 + a^2 = 0$ 無實根。

$\dfrac{e^{i\omega z}}{z^2 + a^2}$ 在上半平面之奇異點為單極點 $z = ia$，留數為 $\dfrac{e^{-\omega a}}{2ia}$

$$I = \int_{-\infty}^{\infty} \dfrac{e^{i\omega x}}{x^2 + a^2}\, dx = 2\pi i \left(\dfrac{e^{-\omega a}}{2ia} \right) = \dfrac{\pi}{a}\, e^{-\omega a} \qquad (\omega \geq 0, a > 0)$$

將此式分解為傅立葉餘弦與傅立葉正弦變換積分：

$$\int_{-\infty}^{\infty} \dfrac{\cos \omega x}{x^2 + a^2}\, dx = \dfrac{\pi}{a}\, e^{-\omega a}, \qquad \int_{-\infty}^{\infty} \dfrac{\sin \omega x}{x^2 + a^2}\, dx = 0 \qquad (\omega \geq 0, a > 0)$$

例： $I = \int_{0}^{\infty} \dfrac{\sin \omega x \sin ax}{x^2 + b^2}\, dx$ （w, a, b 為實數，$a \geq 0, b \neq 0$）

本例為 $\sin ax / (x^2 + b^2)$ 之傅立葉正弦變換，積分函數為偶函數，故

$$I = \dfrac{1}{2} \int_{-\infty}^{\infty} \dfrac{\sin \omega x \sin ax}{x^2 + b^2}\, dx$$

其中 $\sin \omega x \sin ax = \dfrac{1}{2} \left[\cos (\omega - a)\, x - \cos (\omega + a)\, x \right]$

$$= \dfrac{1}{2}\, Re\, \{ e^{i(\omega - a)x} - e^{i(\omega + a)x} \}$$

令 $I_1 = \int_{-\infty}^{\infty} \dfrac{e^{i(\omega - a)x}}{x^2 + b^2}\, dx,\quad I_2 = \int_{-\infty}^{\infty} \dfrac{e^{i(\omega + a)x}}{x^2 + b^2}\, dx$，則 $I = \dfrac{1}{4}\, Re\, (I_1 - I_2)$

$1 / (x^2 + b^2)$ 為有理函數，分母比分子高 2 階，$x^2 + b^2 = 0$ 無實根。

$F(z) = \dfrac{e^{i(\omega \pm a)z}}{z^2 + b^2}$ 之奇異點為單極點 $z = \pm ib$

若 $\omega > a$, $\quad I_1 = \displaystyle\int_{-\infty}^{\infty} \dfrac{e^{i(\omega-a)x}}{x^2 + b^2}\, dx = 2\pi i \operatorname{Res}\left\{\dfrac{e^{i(\omega-a)z}}{z^2 + b^2}; ib\right\} = \dfrac{\pi}{b}\, e^{-(\omega-a)b}$

若 $\omega < a$, $\quad I_1 = \displaystyle\int_{-\infty}^{\infty} \dfrac{e^{i(\omega-a)x}}{x^2 + b^2}\, dx = 2\pi i \operatorname{Res}\left\{\dfrac{e^{i(\omega-a)z}}{z^2 + b^2}; ib\right\} = \dfrac{\pi}{b}\, e^{(\omega-a)b}$

此兩式可合併為

$$I_1 = \int_{-\infty}^{\infty} \frac{e^{i(\omega-a)x}}{x^2 + b^2}\, dx = \frac{\pi}{b}\, e^{-|\omega-a|b}$$

同理可得： $\quad I_2 = \displaystyle\int_{-\infty}^{\infty} \dfrac{e^{i(\omega+a)x}}{x^2 + b^2}\, dx = \dfrac{\pi}{b}\, e^{-|\omega+a|b}$

$$\Rightarrow \quad I = \frac{1}{4}\, Re\,(I_1 - I_2) = \frac{\pi}{4b}\,(e^{-|\omega-a|b} - e^{-|\omega+a|b})$$

習題八

證明下列定積分：

1. $\quad I = \displaystyle\int_0^{2\pi} \dfrac{d\theta}{1 - 2p\cos\theta + p^2} = \dfrac{2\pi}{1-p^2} \quad (0 < p < 1)$

2. $\quad I = \displaystyle\int_0^{2\pi} \dfrac{d\theta}{a^2 + \sin^2\theta} = \int_0^{2\pi} \dfrac{d\theta}{a^2 + \cos^2\theta} = \dfrac{\pi}{a(a^2+1)^{1/2}} \quad (a > 0)$

3. $\quad I = \displaystyle\int_0^{2\pi} \dfrac{1}{a^2 \sin^2\theta + b^2 \cos^2\theta}\, d\theta = \dfrac{2\pi}{ab}$

4. $\quad I = \displaystyle\int_{-\infty}^{\infty} \dfrac{1}{x^2 + x + 1}\, dx = \dfrac{2\pi\sqrt{3}}{3}$

5. $\quad I = \displaystyle\int_{-\infty}^{\infty} \dfrac{1}{(x^2 + a^2)(x^2 + b^2)}\, dx = \dfrac{\pi}{2ab(a+b)} \quad (a > 0,\, b > 0)$

6. $I = \displaystyle\int_{-\infty}^{\infty} \frac{\cos mx}{(x+a)^2 + b^2}\, dx = \frac{\pi}{b}\, e^{-bm} \cos am \quad (b > 0,\ m \geq 0)$

7. $I = \displaystyle\int_{-\infty}^{\infty} \frac{\sin mx}{(x+a)^2 + b^2}\, dx = -\frac{\pi}{b}\, e^{-bm} \sin am \quad (b > 0,\ m \geq 0)$

8. $I = \displaystyle\int_{0}^{\infty} \frac{\cos mx}{(x^2+a^2)(x^2+b^2)}\, dx = \frac{\pi}{2(b^2 - a^2)} \left(\frac{e^{-am}}{a} - \frac{e^{-bm}}{b} \right)$

$$(a > 0,\ b > 0,\ m \geq 0,\ a \neq b)$$

9.   將第六題積分式左右兩邊對 m 微分，證明

$$\int_{-\infty}^{\infty} \frac{x \sin mx}{(x+a)^2 + b^2}\, dx = \frac{\pi}{2b}\, e^{-bm} (b \cos am + a \sin am) \quad (b > 0,\ m > 0)$$

10.   選取積分圍線如圖 5.23 所示，證明：$\displaystyle\int_{-\infty}^{\infty} \frac{e^{ax}}{1 + e^{x}}\, dx = \frac{\pi}{\sin ax} \quad (0 < a < 1)$

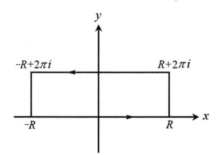

圖 5.23

5.14. 線積分之極限定理

以圍線積分求定積分之值須選取適當的簡單閉合路線，再根據 Cauchy 殘值定理求圍線積分之值，本節說明若干實用的線積分極限定理，以備應用之需。

定義：若沿半徑為 r 之圓弧路線 C_r，$|f(z)| \leq K(r)$，K 值與 C_r 之弧角無關，當

$r \to \infty$, $K(r) \to 0$，則 $f(z)$ 沿極大圓弧 C_r 均勻趨近於0；當 $r \to 0$, $K(r) \to 0$，則 $f(z)$ 沿極小圓弧 C_r 均勻趨近於 0。

例： $f(z) = \dfrac{z}{z^2 + 1}$ 在半徑為 r 之圓弧路線 C_r 上，$|z| = r$

$$|f(z)| = \left| \frac{z}{z^2 + 1} \right| \leq \frac{|z|}{|z^2| - 1} = \frac{r}{r^2 - 1} = K(r)$$

當 $r \to \infty$, $K(r) \to 0$，故 $f(z)$ 沿 C_r 均勻趨近於 0。

有理函數 $f(z) = P(z)/Q(z)$，若 $Q(z)$ 比 $P(z)$ 高 1 階以上，當 $r \to \infty$，$f(z)$ 沿圓弧路線 C_r 均勻趨近於0。

定理 1.

設 C_R 為圓心在原點，半徑為 R，圓心角為 α 之圓弧，若 $R \to \infty$，$zf(z)$ 均勻趨近於 0，則

$$\lim_{R \to \infty} \int_{C_R} f(z) \, dz = 0 \tag{5.104}$$

證明：當 $R \to \infty$，$zf(z)$ 沿 C_R 均勻趨近於 0。

$$\therefore \ |zf(z)| = |z||f(z)| = R|f(z)| \leq | K(R) |_{R \to \infty} \to 0 \ \Rightarrow \ |f(z)| \leq \frac{K(R)}{R}$$

根據線積分之 ML 定理：

$$\lim_{R \to \infty} \int_{C_R} f(z) \, dz \leq \left[\frac{K(R)}{R} \alpha R \right]_{R \to \infty} = \alpha K (R)|_{R \to \infty} \to 0$$

若有理函數 $f(z) = P(z)/Q(z)$，多項式 $Q(z)$ 比 $P(z)$ 高 2 階以上，則式 (5.104) 必成立。

定理 2.

設 C_R 為圓心在原點，半徑為 R，圓心角為 α 之半圓，如圖 5.24(a)~(d)，若 $R \to \infty$，$f(z)$ 一致趨近於 0，$\omega > 0$，則

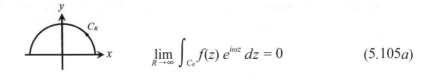

$$\lim_{R \to \infty} \int_{C_R} f(z)\, e^{i\omega z}\, dz = 0 \qquad (5.105a)$$

圖 5.24(*a*)

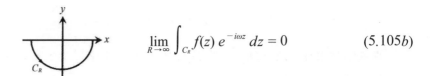

$$\lim_{R \to \infty} \int_{C_R} f(z)\, e^{-i\omega z}\, dz = 0 \qquad (5.105b)$$

圖 5.24(*b*)

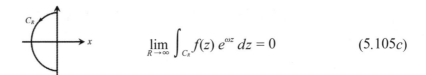

$$\lim_{R \to \infty} \int_{C_R} f(z)\, e^{\omega z}\, dz = 0 \qquad (5.105c)$$

圖 5.24(*c*)

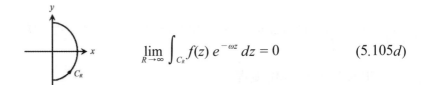

$$\lim_{R \to \infty} \int_{C_R} f(z)\, e^{-\omega z}\, dz = 0 \qquad (5.105d)$$

圖 5.24(*d*)

證明：當 $R \to \infty$，$f(z)$ 沿 C_R 均勻趨近於 0　∴　$|f(z)| \leq K(R)|_{R \to \infty} \to 0$

$$\Rightarrow \quad |f(z)\, e^{i\omega z}| = |f(z)||e^{i\omega z}| = |f(z)||e^{i\omega(x+iy)}| = |f(z)|e^{-\omega y}$$

圖 5.24(*a*) 之 $C_R: y > 0$　∴　$e^{-\omega y} < 1$,　$|f(z)\, e^{i\omega z}| \leq |f(z)| \leq K(R)|_{R \to \infty} \to 0$

根據線積分之 ML 定理：

$$I = \lim_{R \to \infty} \int_{C_R} f(z)\, e^{i\omega z}\, dz \le K(R)\, \alpha R|_{R \to \infty} \to 0$$

當 $R \to \infty$，$zf(z)$ 沿 C_R 均勻趨近於 0，即證得 $I = 0$；然而，當 $R \to \infty$，並不能保證當 $f(z)$ 均勻趨近於 0，$I = 0$。究其原因，以上推演將 C_R 以直角座標表示所設定的 M 值太寬鬆了。重新設定 M 值如下：

將積分路線 C_R 以極座標表示為 $z = Re^{i\theta} = R(\cos\theta + i\sin\theta)$，則

$$|dz| = Rd\theta, \quad |e^{i\omega z}| = e^{-\omega R \sin\theta}$$

$$\left| \int_{C_R} f(z)\, e^{i\omega z}\, dz \right| \le K(R)\, R \int_{\theta_0}^{\theta_1} e^{-\omega R \sin\theta}\, d\theta$$

其中積分上下限 $0 \le \theta_0 < \theta_1 \le \pi$。

圖 5.24(a) 之 C_R：$\theta_0 = 0,\ \theta_1 = \pi$

$$\left| \int_{C_R} f(z)\, e^{i\omega z}\, dz \right| \le K(R)\, R \int_0^{\pi} e^{-\omega R \sin\theta}\, d\theta = 2K(R)\, R \int_0^{\pi/2} e^{-\omega R \sin\theta}\, d\theta \qquad (a)$$

此式難以積出，但將其中的 $\sin\theta$ 以線性函數取代再積分，則可估計其值之大小，進而證明本定理如下：

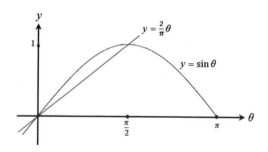

圖 5.25　$\sin\theta \ge 2\theta/\pi\ \ (0 \le \theta < \pi/2)$

由圖 5.25 可知，式 (a) 之值不大於：

$$\left| \int_{C_R} f(z)\, e^{i\omega z}\, dz \right| \le 2K(R)\, R \int_0^{\pi/2} e^{-2\omega R\theta/\pi}\, d\theta = \frac{\pi}{\omega}\, (1 - e^{-\omega R})\, K(R)$$

若 $f(z)$ 沿 C_R 均勻趨近於 0，則 $R \to \infty$, $K(R) \to 0$，故

$$\lim_{R \to \infty} \int_{C_R} f(z)\, e^{i\omega z}\, dz = 0$$

圖 5.24 (b), (c), (d) 之證明與圖 5.23(a) 類似，茲不贅述。

定理 2 可應用於以圍線積分求傅立葉正弦或餘弦反變換。由證明過程可知：不能直接設 $F(z) = f(z) \sin \omega z$ 或 $F(z) = f(z) \cos \omega z$，以圍線積分推求傅立葉正弦或餘弦正弦或傅立葉餘弦變換，因為線積分

$$\lim_{R \to \infty} \int_{C_R} f(z) \sin \omega z\, dz, \qquad \lim_{R \to \infty} \int_{C_R} f(z) \cos \omega z\, dz$$

不為零，亦難以圍線積分求其值。

定理 3.

設 C_R 為圓心在 $z = a$，半徑為 R 之圓弧，如圖 5.26a 所示，若 $R \to \infty$，$f(z)$ 均勻趨近於 0，則

$$\lim_{R \to \infty} \int_{C_R} f(z)\, e^{tz}\, dz = 0 \tag{5.106}$$

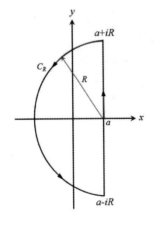

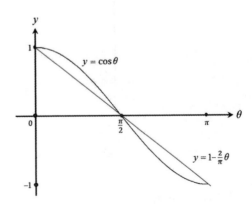

圖 5.26(a) 定理 3 之積分路線　　　圖 5.26(b)　$\cos \theta \geq 1 - 2\theta/\pi \ (0 \leq \theta < \pi/2)$

證明：將積分路線 C_R 以極座標表示為

$$z - a = Re^{i\theta} = R(\cos\theta + i\sin\theta)$$

$$|dz| = Rd\theta, \quad |e^{tz}| = e^{t(a-R\cos\theta)}$$

$$\left| \int_{C_R} f(z)\, e^{tz}\, dz \right| \le K(R)\, R \int_{\pi/2}^{3\pi/2} e^{t(a-R\cos\theta)}\, d\theta = -2K(R)\, Re^{ta} \int_0^{\pi/2} e^{-tR\cos\theta}\, d\theta$$

此式難以積出，由圖 5.26b 知 $\cos\theta \ge 1 - 2\theta/\pi$ $(0 \le \theta < \pi/2)$，則

$$\left| \int_{C_R} f(z)\, e^{tz}\, dz \right| \le -2K(R)\, R \int_0^{\pi/2} e^{-tR(1-2\theta/\pi)}\, d\theta = \frac{\pi}{t}\, K(R)\, e^{ta}\, (e^{-tR} - 1)$$

當 $R \to \infty$，$K(R) \to 0$，故 $f(z)$ 沿 C_R 均勻趨近於 0，$\displaystyle\lim_{R\to\infty}\int_{C_R} f(z)\, e^{tz}\, dz = 0$

此定理可應用於以圍線積分求 Laplace 反變換。

定理 4.

設 C_ρ 為圓心在原點，圓心角為 α 之圓弧，若半徑 $\rho \to 0$，$(z-a)f(z)$ 均勻趨近於 0，則

$$\lim_{\rho\to 0} \int_{C_\rho} f(z)\, dz = 0 \tag{5.107}$$

證明：當 $\rho \to 0$，$(z-a)f(z)$ 沿 $f_\rho\colon |z-a| = \rho$ 均勻趨近於 0，則

$$|(z-a)f(z)| = |z-a||f(z)| = \rho|f(z)| \le K(\rho) \quad \Rightarrow \quad |f(z)| \le K(\rho)/\rho$$

根據線積分之 ML 定理：

$$\lim_{\rho\to 0}\int_{C_\rho} f(z)\, dz \le \left[\frac{K(\rho)}{\rho}\, \alpha\rho\right]_{\rho\to 0} = \alpha K(\rho)|_{\rho\to 0} \to 0$$

故 $f(z)$ 沿 C_ρ 均勻趨近於 0，$\displaystyle\lim_{\rho\to 0}\int_{C_\rho} f(z)\, dz = 0$

定理 5.

設 $z = a$ 為 $f(z)$ 之單極點，C_ρ 為圓心在 $z = a$，半徑為 ρ，圓心角為 α 之弧，則

$$\lim_{\rho \to 0} \int_{C_\rho} f(z) \, dz = \pm \alpha i \operatorname{Res} \{f(z), \, a\} \tag{5.108}$$

若 C_ρ 方向為逆時針，取正號；若 C_ρ 方向為順時針，取負號。

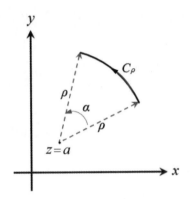

圖 5.27　定理 5 之積分路線

證明：　$z = a$ 為 $f(z)$ 之單極點，則 $f(z)$ 之 $z = a$ 之 Laurent 級數形式為

$$f(z) = \frac{c_{-1}}{z - a} + \sum_{n=0}^{\infty} c_n (z - a)^n$$

積分路線 C_ρ 以極座標表示為 $z - a = \rho e^{i\theta}$　$(\theta_0 \le \theta \le \theta_0 + \alpha)$,

$$\lim_{\rho \to 0} \int_{C_\rho} f(z) \, dz = i c_{-1} \lim_{\rho \to 0} \int_{\theta_0}^{\theta_0 + \alpha} d\theta + i \lim_{\rho \to 0} \sum_{n=0}^{\infty} c_n \rho^{(n+1)} \int_{\theta_0}^{\theta_0 + \alpha} e^{i(n+1)\theta} \, d\theta$$

$$= \alpha i c_{-1} = \alpha i \operatorname{Res} \{f(z), \, a\}$$

若積分路線 C_ρ 為順時針方向，積分由 $\theta_0 + \alpha$ 至 θ_0，則積分值為 $-\alpha i c_{-1}$。

此定理可應用於以圍線積分求瑕積分之值。

例：求瑕積分　$I = \displaystyle\int_{-\infty}^{\infty} \frac{\sin \omega x}{x}\, dx$　$(\omega > 0)$ 之值

$f(z) = \sin \omega z / z$ 的奇異點在 $z = 0$，選取積分圍線 C 如圖 5.28 所示。

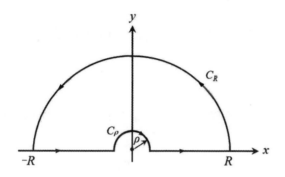

圖 5.28　迴避奇異點之積分路線

考慮圍線積分：

$$J = \oint_C \frac{e^{i\omega z}}{z}\, dz = P\!\int_{-\infty}^{\infty} \frac{e^{i\omega x}}{x}\, dx + \lim_{\rho \to 0} \int_{C_\rho} \frac{e^{i\omega z}}{z}\, dz + \lim_{R \to \infty} \int_{C_R} \frac{e^{i\omega z}}{z}\, dz$$

$$= I + I_\rho + I_R$$

根據線積分的極限定理 2，式 $(5.105a)$：　$I_R = 0$

$z = 0$ 是 $f(z) = \dfrac{e^{i\omega z}}{z}$ 的單極點，根據線積分的極限定理 5，式 (5.108)：

$$I_\rho = \lim_{\rho \to 0} \int_{C_\rho} \frac{e^{i\omega z}}{z}\, dz = -\pi i\, \mathrm{Res}\left\{ \frac{e^{i\omega z}}{z}; a \right\} = -\pi i$$

在圍線 C 之內與 C 之上，e^{imz}/z 為解析函數 $\therefore J = 0$

$$\Rightarrow\quad I = P\!\int_{-\infty}^{\infty} \frac{e^{i\omega x}}{x}\, dx = \pi i$$

運用 Euler 公式：$e^{i\omega x} = \cos \omega x + i \sin \omega x$，上式可分解為

$$P\int_{-\infty}^{\infty} \frac{e^{i\omega x}}{x}\,dx = P\int_{-\infty}^{\infty} \frac{\cos \omega x}{x}\,dx + iP\int_{-\infty}^{\infty} \frac{\sin \omega x}{x}\,dx = \pi i$$

$$\Rightarrow \quad P\int_{-\infty}^{\infty} \frac{\cos \omega x}{x}\,dx = 0, \qquad \int_{-\infty}^{\infty} \frac{\sin \omega x}{x}\,dx = \pi$$

由於 $x = 0$ 為 $\sin \omega x/x$ 可移除的奇異點， Cauchy 積分主值符號可忽略。

例： $I = \displaystyle\int_{-\infty}^{\infty} \frac{\cos x}{4x^2 - \pi^2}\,dx$

$f(z) = e^{iz}/(4z^2 - \pi^2)$ 的奇異點在 $z = \pm\pi/2$，積分圍線如圖 5.29 所示。

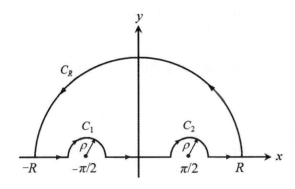

圖 5.29　迴避奇異點之積分圍線

考慮圍線積分：

$$J = \oint_C \frac{e^{iz}}{4z^2 - \pi^2}\,dz = P\int_{-\infty}^{\infty} \frac{e^{ix}}{4x^2 - \pi^2}\,dx + \lim_{\rho \to 0}\int_{C_1} \frac{e^{iz}}{4z^2 - \pi^2}\,dz$$

$$+ \lim_{\rho \to 0}\int_{C_2} \frac{e^{iz}}{4z^2 - \pi^2}\,dz + \lim_{R \to \infty}\int_{C_R} \frac{e^{iz}}{4z^2 - \pi^2}\,dz$$

$$= I + I_1 + I_2 + I_R$$

根據線積分的極限定理 2，式 $(5.105a)$： $I_R = 0$

$z = \pm\pi/2$ 是 $f(z) = \dfrac{e^{iz}}{4z^2 - \pi^2}$ 的單極點，根據線積分的極限定理 5，式 (5.108)：

$$I_1 = \lim_{\rho \to 0} \int_{C_1} \frac{e^{iz}}{4z^2 - \pi^2} \, dz = -\pi i \operatorname{Res}\left\{\frac{e^{iz}}{4z^2 - \pi^2}; -\frac{\pi}{2}\right\} = \frac{1}{4}$$

$$I_2 = \lim_{\rho \to 0} \int_{C_2} \frac{e^{iz}}{4z^2 - \pi^2} \, dz = -\pi i \operatorname{Res}\left\{\frac{e^{iz}}{4z^2 - \pi^2}; \frac{\pi}{2}\right\} = \frac{1}{4}$$

在積分圍線 C 之內與 C 之上，$e^{iz}/(4z^2 - \pi^2)$ 為解析函數　∴ $J = 0$

$$\Rightarrow \quad I = P\int_{-\infty}^{\infty} \frac{e^{ix}}{4x^2 - \pi^2} \, dx = -\frac{1}{2}$$

運用 Euler 公式，此式可分解為

$$P\int_{-\infty}^{\infty} \frac{e^{ix}}{4x^2 - \pi^2} \, dx = P\int_{-\infty}^{\infty} \frac{\cos x}{4x^2 - \pi^2} \, dx + iP\int_{-\infty}^{\infty} \frac{\sin x}{4x^2 - \pi^2} \, dx = -\frac{1}{2}$$

$$\Rightarrow \quad \int_{-\infty}^{\infty} \frac{\cos x}{4x^2 - \pi^2} \, dx = -\frac{1}{2}, \qquad P\int_{-\infty}^{\infty} \frac{\sin x}{4x^2 - \pi^2} \, dx = 0$$

習題九

1.　求下列兩式之 Fourier 反變換：

(a)　$\dfrac{1}{\omega^2 + 1}$　　(b)　$\dfrac{1}{(i\omega - 1)^n}$　　$(n = 1, 2, \cdots)$

2.　證明　$\displaystyle\int_{-\infty}^{\infty} \frac{x \sin x}{x^2 - \omega^2} \, dx = \pi \cos \omega$

3.　證明　$\displaystyle\int_{-\infty}^{\infty} \frac{\cos ax - \cos bx}{x^2} \, dx = \pi (b - a)$

令　$a = 0, b = 2 \Rightarrow \displaystyle\int_{-\infty}^{\infty} \frac{\sin^2 x}{x^2} \, dx = \pi$

4.　證明　$\displaystyle\int_{-\infty}^{\infty} \frac{2(1 - \cos \omega t)}{\omega^2} \, d\omega = 2\pi t$

5. 試求 $\displaystyle\int_{-\infty}^{\infty} \frac{dx}{(x+1)(x+2)(x+3)}$

6. $\displaystyle I = \int_{-\infty}^{\infty} \frac{\sin t}{t} e^{i\omega t}\, dt$

   證明：(a) 若 $|\omega| > 1,\ I = 0$ (b) 若 $|\omega| < 1,\ I = \pi$

7. 證明 $F_s(\omega) = \dfrac{1 - \cos a\omega}{\omega}$ $(a > 0)$ 之傅立葉反變換為

$$f(t) = \frac{2}{\pi} \int_0^{\infty} \frac{1 - \cos a\omega}{\omega} \sin \omega t\, d\omega = \begin{cases} 1 & (0 < t < a) \\ 1/2 & (t = a) \\ 0 & (t > a) \end{cases}$$

8. 選取積分圍線如圖 5.30 所示，證明：

$$\int_0^{\infty} \cos x^2\, dx = \int_0^{\infty} \sin x^2\, dx = \frac{1}{2}\sqrt{\frac{\pi}{2}}$$

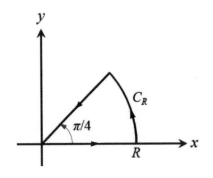

圖 5.30

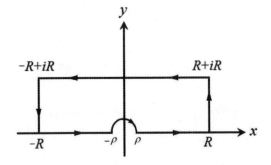

圖 5.31

9. 選取積分圍線如圖 5.31 所示，證明：

$$I = \int_{-\infty}^{\infty} \frac{\sin x}{x}\, dx = \pi$$

5.15. 多值函數之圍線積分

以圍線積分求多值函數 $f(z)$ 之定積分值必須在黎曼曲面同一分支上選取簡單閉合路線，積分路徑內不得有分支點，亦不得越過分支切割；如此 $f(z)$ 在切割平面之同一分支為單值，複變函數理論即適用。

例：　$I = \displaystyle\int_0^\infty \dfrac{x^{m-1}}{x+1}\, dx \quad (0 < m < 1)$

當 $0 < m < 1$，$f(z) = z^{m-1}/(z+1)$ 為多值函數，分支點在 $z = 0$，在切割平面第一分支 $0 \le \theta < 2\pi$，除 $z = -1$ 為單極點外，$f(z)$ 為解析。

選取積分圍線 C，如圖 5.32 所示，考慮圍線積分：

$$J = \oint_C \frac{z^{m-1}}{z+1}\, dz = \lim_{R \to \infty} \int_{C_R} \frac{z^{m-1}}{z+1}\, dz + \lim_{R \to \infty, \rho \to 0} \int_R^\rho \frac{z^{m-1}}{z+1}\, dz + \lim_{\rho \to 0} \int_{C_\rho} \frac{z^{m-1}}{z+1}\, dz$$

$$+ \lim_{\rho \to 0} \int_{C_\rho} \frac{z^{m-1}}{z+1}\, dz + \lim_{R \to \infty, \rho \to 0} \int_\rho^R \frac{z^{m-1}}{z+1}\, dz = I_R + I_1 + I_\rho + I_2 \qquad (a)$$

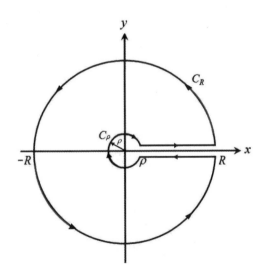

圖 5.32　在切割平面第一分支上之積分圍線

在 C_R 上，$|z| = R$, $|zf(z)| = \left| z\,\dfrac{z^{m-1}}{z+1} \right| \le \dfrac{|z^m|}{|z|-1} = \dfrac{R^m}{R-1}$ $(0 < m < 1)$

故當 $R \to \infty$，$zf(z)$ 沿 C_R 均勻趨近於0。

在 C_ρ 上，$|z| = \rho$, $|zf(z)| = \left| z\,\dfrac{z^{m-1}}{z+1} \right| \le \dfrac{|z^m|}{|z|-1} = \dfrac{\rho^m}{\rho-1}$ $(0 < m < 1)$

故當 $\rho \to 0$，$zf(z)$ 沿 C_ρ 均勻趨近於0。

根據線積分的極限定理 1 與 4，式 (5.104) 與式 (5.107)：$I_R = 0$, $I_\rho = 0$。

在第一分支 $0 \le \theta < 2\pi$ 上：

在 x 軸下緣，平行 x 軸由 R 至 ρ 之積分路線：$z = re^{2\pi i}$, $dz = e^{2\pi i}\,dr$

在 x 軸上緣，平行 x 軸由 R 至 ρ 之積分路線：$z = re^{i0} = r$, $dz = dr$

$$I_1 = \lim_{R \to \infty,\, \rho \to 0} \int_R^\rho \frac{z^{m-1}}{z+1}\,dz = \int_\infty^0 \frac{(re^{2\pi i})^{m-1}}{re^{2\pi i}+1}\,e^{2\pi i}\,dr = -e^{2m\pi i} \int_0^\infty \frac{r^{m-1}}{r+1}\,dr$$

$$I_2 = \lim_{R \to \infty,\, \rho \to 0} \int_\rho^R \frac{z^{m-1}}{z+1}\,dz = \int_0^\infty \frac{r^{m-1}}{r+1}\,dr$$

在第一分支 $z = -1$ 為 $f(z)$ 之單極點，由 Cauchy 留數定理：

$$J = \oint_C \frac{z^{m-1}}{z+1}\,dz = 2\pi i\,\mathrm{Res}\left\{ \frac{z^{m-1}}{z+1};\ -1 \right\} = 2\pi i\,(-1)^{m-1} = -2\pi i e^{m\pi i}$$

將以上各式代入式 (a)：

$$\Rightarrow\quad \int_0^\infty \frac{x^{m-1}}{x+1}\,dx = -\frac{2\pi i e^{im\pi}}{1-e^{2im\pi}} = \frac{\pi}{(e^{im\pi}-e^{-im\pi})/2i} = \frac{\pi}{\sin m\pi}$$

例： $I = \displaystyle\int_0^\infty \frac{x^{1/2}}{x^2+1}\,dx$

$f(z) = z^{1/2}/(z^2+1)$ 為二值函數，分支點在 $z = 0$。

在切割平面第一分支 $0 \le \theta < 2\pi$ 上，除 $z = \pm i$ 為單極點外，$f(z)$ 為解析函數。

選取積分圍線 C，如圖 5.32 所示，考慮圍線積分：

$$J = \oint_C \frac{z^{1/2}}{z^2 + 1}\, dz = \lim_{R \to \infty} \int_{C_R} \frac{z^{1/2}}{z^2 + 1}\, dz + \lim_{R \to \infty,\, \rho \to 0} \int_R^\rho \frac{z^{1/2}}{z^2 + 1}\, dz$$

$$+ \lim_{\rho \to 0} \int_{C_\rho} \frac{z^{1/2}}{z^2 + 1}\, dz + \lim_{R \to \infty,\, \rho \to 0} \int_\rho^R \frac{z^{1/2}}{z^2 + 1}\, dz = I_R + I_1 + I_\rho + I_2 \quad (b)$$

在 C_R 上，$|z| = R$，　$|zf(z)| = \left| z\, \frac{z^{1/2}}{z^2 + 1} \right| \leq \frac{|z^{3/2}|}{|z^2| - 1} = \frac{R^{3/2}}{R^2 - 1}$

故當 $R \to \infty$，$zf(z)$ 沿 C_R 均勻趨近於 0。

在 C_ρ 上，$|z| = \rho$，　$|zf(z)| = \left| z\, \frac{z^{1/2}}{z^2 + 1} \right| \leq \frac{|z^{3/2}|}{|z^2| - 1} = \frac{\rho^{3/2}}{\rho^2 - 1}$

故當 $\rho \to 0$，$zf(z)$ 沿 C_ρ 均勻趨近於0。

根據線積分的極限定理 1 與 4，式 (5.104) 與式 (5.107)：$I_R = 0,\ I_\rho = 0$。

在第一分支 $0 \leq \theta < 2\pi$ 上：

在 x 軸下緣，平行 x 軸由 R 至 ρ 之積分路線：　$z = re^{2\pi i},\ dz = e^{2\pi i}\, dr$

在 x 軸上緣，平行 x 軸由 R 至 ρ 之積分路線：　$z = re^{i0} = r,\ dz = dr$

$$I_1 = \lim_{R \to \infty,\, \rho \to 0} \int_R^\rho \frac{z^{1/2}}{z^2 + 1}\, dz = \int_\infty^0 \frac{(re^{2\pi i})^{1/2} e^{2\pi i}}{r^2 e^{4\pi i} + 1}\, dr = -e^{\pi i} \int_0^\infty \frac{r^{1/2}}{r^2 + 1}\, dr$$

$$I_2 = \lim_{R \to \infty,\, \rho \to 0} \int_\rho^R \frac{z^{1/2}}{z^2 + 1}\, dz = \int_0^\infty \frac{r^{1/2}}{r^2 + 1}\, dr$$

在第一分支 $0 \leq \theta < 2\pi$，$z = \pm i$ 為 $f(z)$ 之單極點，由 Cauchy 留數定理：

$$J = \oint_C \frac{z^{1/2}}{z^2 + 1}\, dz = 2\pi i \left[\text{Res} \left\{ \frac{z^{1/2}}{z^2 + 1}; i \right\} + \text{Res} \left\{ \frac{z^{1/2}}{z^2 + 1}; -i \right\} \right]$$

$$= 2\pi i \left[\frac{(e^{i\pi/2})^{1/2}}{2e^{i\pi/2}} + \frac{(e^{i3\pi/2})^{1/2}}{2e^{i3\pi/2}} \right] = 2\pi i \left(\frac{e^{i\pi/4}}{2i} - \frac{e^{i3\pi/4}}{2i} \right) = \sqrt{2}\, \pi$$

將以上各式代入式 (b) 得

$$I = \int_0^\infty \frac{x^{1/2}}{x^2 + 1}\, dx = \frac{\sqrt{2}\pi}{1 - e^{i\pi}} = \frac{\sqrt{2}}{2}\,\pi$$

例： $I = \int_0^\infty \dfrac{\ln x}{x^2 + a^2}\, dz$ （a 為實數）

$f(z) = \mathrm{Log}\, z/(z^2 + a^2)$ 為多值函數，分支點在 $z = 0$。

在切割平面第一分支 $0 \le \theta < 2\pi$ 上，除 $z = \pm ia$ 為單極點外，$f(z)$ 為解析。

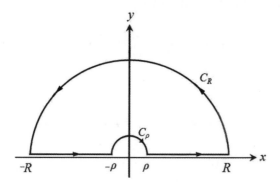

圖 5.33　在切割平面第一分支上之積分圍線

選取積分圍線 C，如圖 5.33 所示，考慮圍線積分：

$$J = \oint_C \frac{\mathrm{Log}\, z}{z^2 + a^2}\, dz = \lim_{R \to \infty} \int_{C_R} \frac{\mathrm{Log}\, z}{z^2 + a^2}\, dz + \lim_{R \to \infty,\, \rho \to 0} \int_{-R}^{-\rho} \frac{\mathrm{Log}\, z}{z^2 + a^2}\, dz$$

$$+ \lim_{\rho \to 0} \int_{C_\rho} \frac{\mathrm{Log}\, z}{z^2 + a^2}\, dz + \lim_{R \to \infty,\, \rho \to 0} \int_{\rho}^{R} \frac{\mathrm{Log}\, z}{z^2 + a^2}\, dz = I_R + I_1 + I_\rho + I_2 \tag{c}$$

在第一分支由 $-R$ 至 $-\rho$ 之路線上： $z = re^{i\pi},\quad dz = e^{i\pi}\, dz = -dr$

$$\mathrm{Log}\, z = \log(re^{i\pi}) = \ln r + i\pi, \quad z^2 + a^2 = (re^{i\pi})^2 + a^2 = r^2 + a^2$$

由 R 至 ρ 之路線上：　$z = re^{i0}, \quad dz = dr$

$$\text{Log } z = \log (re^{i0}) = \ln r, \qquad z^2 + a^2 = r^2 + a^2$$

根據線積分的極限定理 1 與 4，式 (5.104) 與式 (5.107)，$I_R = 0, \; I_\rho = 0$。

在第一分支上半平面 $z = i$ 為 $f(z)$ 之單極點，由 Cauchy 留數定理：

$$J = \oint_C \frac{\text{Log } z}{z^2 + a^2} \, dz = 2\pi i \, \text{Res} \left\{ \frac{\text{Log } z}{z^2 + a^2}; ia \right\} = 2\pi i \, \frac{\text{Log } ia}{2ia} = \frac{\pi}{a} \left(\ln a + i\, \frac{\pi}{2} \right)$$

將以上各式代入式 (c)：

$$\int_\infty^0 \frac{\ln r + i\pi}{r^2 + a^2} \, (-dr) + \int_0^\infty \frac{\ln r}{r^2 + a^2} \, dr = \frac{\pi}{a} \left(\ln a + i\, \frac{\pi}{2} \right)$$

$$\therefore \; 2 \int_0^\infty \frac{\ln r}{r^2 + a^2} \, dr + i\pi \int_0^\infty \frac{1}{r^2 + a^2} \, dr = \frac{\pi}{a} \left(\ln a + i\, \frac{\pi}{2} \right)$$

其中　　$\displaystyle \int_0^\infty \frac{1}{r^2 + a^2} \, dr = \left[\frac{1}{a} \tan^{-1} \frac{x}{a} \right]_0^\infty = \frac{\pi}{2a}$

$$\Rightarrow \; I = \int_0^\infty \frac{\ln r}{r^2 + a^2} \, dr = \int_0^\infty \frac{\ln x}{r^2 + a^2} \, dx = \frac{\pi}{2a} \ln a$$

習題十

1.　以圍線積分證明 $\displaystyle \int_0^\infty \frac{x^m}{(x + 1)(x + 2)} \, dx = \frac{(2^m - 1)\,\pi}{\sin m\pi}$ 　$(|m| < 1)$

2.　選取積分圍線如圖 5.34 所示，證明 $\displaystyle \int_0^\infty \frac{x^m}{(x + 1)^2} \, dx = \frac{m\pi}{\sin m\pi}$ 　$(|m| < 1)$

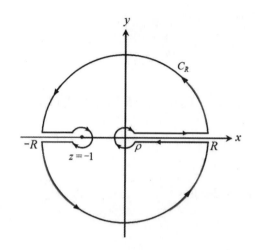

圖 5.34

3. 以圍線積分證明 $\displaystyle\int_0^\infty \frac{x^{m-1}}{x^2+1}\, dx = \frac{\pi}{\sin m\pi/2}$ $(0 < m < 2)$

4. 說明 $f(z) = \dfrac{a\sqrt{1-z}}{z^2}$ $(a>0)$ 之奇異點與留數。

5. 求圍線積分 $I = \displaystyle\oint_C \frac{a\sqrt{1-z}}{z^2}$ $(a>0)$ 之值，C 為任意簡單封閉路線。

5.16. Laplace 反變換

分段連續函數 $f(t)$, $t > 0$ 之 Laplace 變換與反變換為

$$L\{f(t)\} \equiv F(s) = \int_0^\infty f(t)\, e^{-st}\, dt \tag{5.109}$$

$$L^{-1}\{F(x)\} = f(t) = \frac{1}{2\pi i} \int_{a-i\infty}^{a+i\infty} F(s)\, e^{st}\, ds \tag{5.110}$$

式 (5.110) 為複數平面之圍線積分，其中之變數 s 實際上是複變數 z。

5.16.1. 單值函數之 Laplace 反變換

選取由 $z = a - iR$ 至 $z = a + iR$ 之直線與由圓心在 $z = a$，半徑為 R 之半圓 C_R: $z - a = Re^{i\theta}$ ($\pi/2 \leq \theta \leq 3\pi/2$) 構成的簡單閉合路線 C，如圖 5.35 所示。

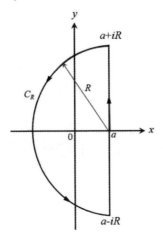

圖 5.35

考慮圍線積分：

$$J = \oint_C F(z)\, e^{tz}\, dz = \lim_{R \to \infty} \int_{a-iR}^{a+iR} F(z)\, e^{tz}\, dz + \lim_{R \to \infty} \int_{C_R} F(z)\, e^{tz}\, dz$$

此式右邊第一項積分式即為 $2\pi i L^{-1}\{F(x)\}$；根據線積分的極限定理 3，式 (5.106)，若 $R \to \infty$，$F(z)$ 一致趨近於 0，則第二項積分式為 0；左邊積分之值可依 Cauchy 留數定理計算，故以圍線積分求 Laplace 反變換之公式為

$$L^{-1}\{F(s)\} = \sum_k \{F(z)\, e^{tz};\, c_k\} \text{ 在 } x = a \text{ 左側所有奇異點 } c_k \text{ 之留數} \qquad (5.111)$$

若函數 $f(z) = P(z)/Q(z)$，$Q(z)$ 比 $P(z)$ 高 1 階以上，當 $r \to \infty$，$F(z)$ 沿圓弧路線 C_R 必均勻趨近於 0，可見式 (5.111) 之適用性頗廣。

式 (5.111) 中之參數 a 看似任意，不免令人懷疑結果是否為唯一。由第 3 章 3.17 節推導的傅立葉變換到 Laplace 變換的過程可知，參數 a 之作用是將 $f(t)$ 乘以指數衰減函數 e^{-at}，使得傅立葉變換之函數積分值為有限，以符合傅立葉變換成立的必要條件，故 a 必須是足夠大的正數，否則 $L\{f(t)\}$ 不存在。

以圍線積分求 Laplace 反變換 $L^{-1}\{F(s)\}$ 之原則是取參數 a 值，使所有 $f(z)$ 之奇異點皆位於 $x = a$ 之左側，亦即納入所有 $f(z)\, e^{tz}$ 之留數；若有疑慮，求得反變換後再作檢核。

例： $f(t) = L^{-1}\left\{\dfrac{s}{s^2 + 1}\right\}$

$\dfrac{z}{z^2 + 1}\, e^{tz}$ 之奇異點為單極點 $z = \pm i$，皆在 $x = a$ 左側。

$$\therefore f(t) = L^{-1}\left\{\frac{s}{x^2 + 1}\right\} = \text{Res}\left\{\frac{z}{z^2 + 1}\, e^{tz};\, i\right\} + \text{Res}\left\{\frac{z}{z^2 + 1}\, e^{tz};\, -i\right\} = \frac{e^{it}}{2} + \frac{e^{-it}}{2} = \cos t$$

例： $f(t) = L^{-1}\left\{\dfrac{1}{(s^2 + b^2)^2}\right\}$

$\dfrac{1}{(s^2 + b^2)^2}\, e^{tz}$ 之奇異點為二階極點 $z = \pm ib$，皆在 $x = a$ 左側。

$$f(t) = L^{-1}\left\{\frac{1}{(s^2 + b^2)^2}\right\} = \text{Res}\left\{\frac{e^{tz}}{(z^2 + b^2)^2};\, ib\right\} + \text{Res}\left\{\frac{e^{tz}}{(z^2 + b^2)^2};\, -ib\right\}$$

$$= \lim_{z \to ai} \frac{d}{dz}\left[\frac{e^{tz}}{(z + ib)^2}\right] + \lim_{z \to -ai} \frac{d}{dz}\left[\frac{e^{tz}}{(z - ib)^2}\right]$$

$$= \frac{1}{4b^3}\left(-bte^{ibt} - ie^{ibt}\right) + \frac{1}{4a^3}\left(-bte^{-ibt} + e^{-ibt}\right)$$

$$= \frac{1}{2b^3}\left(\sin bt - bt \cos bt\right)$$

5.16.2. 多值函數之Laplace反變換

若 Laplace 反變換函數 $f(s)$ 為多值函數，選取的積分圍線 C 因問題而異；原則是圍線必須在同一分支平面上，包含由 $z = a - iR$ 至 $z = a + iR$ 之直線，由 $z = a + iR$ 回到 $z = a - iR$ 的路線不得越過分支切割。

例：　$f(t) = L^{-1}\left\{\dfrac{1}{\sqrt{x}+1}\right\}$

　　$F(z) = 1/\sqrt{z}+1$ 為多值函數，分支點在 $z = -1$，選取簡單閉合路線 C 如圖 5.36 所示，為避免圍線越過分支切割，第一分支的幅角定為 $-\pi \leq \theta < \pi$。

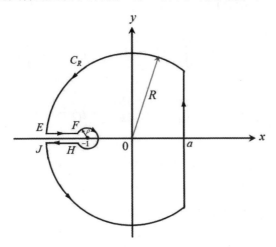

圖 5.36　在第一分支 $-\pi \leq \theta < \pi$ 上之積分圍線

　　在第一分支 $-\pi \leq \theta < \pi$ 上，$1/\sqrt{z+1}$ 為解析，考慮圍線積分：

$$J = \oint_C \frac{e^{tz}}{\sqrt{z+1}}\,dz = \lim_{R\to\infty}\int_{a-iR}^{a+iR} \frac{e^{tz}}{\sqrt{z+1}}\,dz + \lim_{R\to\infty}\int_{C_R} \frac{e^{tz}}{\sqrt{z+1}}\,dz$$

$$+ \lim_{R\to\infty}\int_{EF} \frac{e^{tz}}{\sqrt{z+1}}\,dz + \lim_{\rho\to 0}\int_{C_\rho} \frac{e^{tz}}{\sqrt{z+1}}\,dz + \lim_{R\to\infty}\int_{HJ} \frac{e^{tz}}{\sqrt{z+1}}\,dz$$

其中　$\displaystyle\lim_{R\to\infty}\int_{a-iR}^{a+iR} \frac{e^{tz}}{\sqrt{z+1}}\,dz = 2\pi i L^{-1}\left\{\dfrac{1}{\sqrt{z+1}}\right\}$

　　在積分路線 EF 上：　$z+1 = re^{i\pi}$ $\therefore$ $dz = e^{i\pi}\,dr = -dr$

　　$\sqrt{z+1} = r^{1/2}e^{i\pi/2} = ir^{1/2}$，$z$ 由 $-R$ 積至 -1，則 r 由 $R-1$ 積至 0。

　　在積分路線 HJ 上：　$z+1 = re^{-i\pi}$ $\therefore$ $dz = e^{-i\pi}\,dr = -dr$

　　$\sqrt{z+1} = r^{1/2}e^{-i\pi/2} = -ir^{1/2}$，$z$ 由 -1 積至 $-R$，則 r 由 0 積至 $R-1$。

當 $R \to \infty$, $\rho \to 0$，$F(z)$ 均勻趨近於 0，路線 C_R 與 C_ρ 之積分皆為零。

在簡單閉合路線 C 內無奇異點，圍線積分 $J = 0$。

$$\therefore \; J = 2\pi i L^{-1}\left\{\frac{1}{\sqrt{s+1}}\right\} + \lim_{R \to \infty} \int_{EF} \frac{e^{tz}}{\sqrt{z+1}}\,dz + \lim_{R \to \infty} \int_{HJ} \frac{e^{tz}}{\sqrt{z+1}}\,dz = 0$$

其中
$$\lim_{R \to \infty} \int_{EF} \frac{e^{tz}}{\sqrt{z+1}}\,dz = \lim_{R \to \infty} \int_{R-1}^{0} \frac{e^{-(1+r)t}}{ir^{1/2}}\,(-dr) = -i\int_0^\infty \frac{e^{-(1+r)t}}{r^{1/2}}\,dr$$

$$\lim_{R \to \infty} \int_{HJ} \frac{e^{tz}}{\sqrt{z+1}}\,dz = \lim_{R \to \infty} \int_0^{R-1} \frac{e^{-(1+r)t}}{-ir^{1/2}}\,(-dr) = -i\int_0^\infty \frac{e^{-(1+r)t}}{r^{1/2}}\,dr$$

$$\Rightarrow \quad L^{-1}\left\{\frac{1}{\sqrt{s+1}}\right\} = \frac{1}{\pi}\int_0^\infty \frac{e^{-(1+r)t}}{r^{1/2}}\,dr = \frac{e^{-t}}{\pi}\int_0^\infty \frac{e^{-rt}}{r^{1/2}}\,dr$$

令 $r = x^2$，運用誤差函數積分上式，可得

$$L^{-1}\left\{\frac{1}{\sqrt{s+1}}\right\} = \frac{2e^{-t}}{\pi}\int_0^\infty e^{-tx^2}\,dx = \frac{e^{-t}}{\sqrt{\pi t}}$$

例： $f(t) = L^{-1}\{s^{-m}\} \quad (0 < m < 1)$

$F(z) = z^{-m} \quad (0 < m < 1)$ 為多值函數，分支點在 $z = 0$，選取簡單閉合路線 C，如圖 5.37 所示，在分支切割平面第一分支 $-\pi \le \theta < \pi$ 上，$1/z^m$ 為解析。

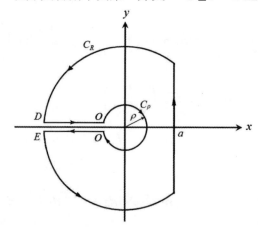

圖 5.37　在第一分支 $-\pi \le \theta < \pi$ 上之積分圍線

$$J = \oint_C z^{-m} e^{tz}\, dz = \lim_{R \to \infty} \int_{a-iR}^{a+iR} z^{-m} e^{tz}\, dz + \lim_{R \to \infty} \int_{C_R} z^{-m} e^{tz}\, dz$$

$$+ \lim_{R \to \infty} \int_{DO} z^{-m} e^{tz}\, dz + \lim_{\rho \to 0} \int_{C_\rho} z^{-m} e^{tz}\, dz + \lim_{R \to \infty} \int_{OE} z^{-m} e^{tz}\, dz$$

其中　$\displaystyle \lim_{R \to \infty} \int_{a-iR}^{a+iR} z^{-m} e^{tz}\, dz = 2\pi i L^{-1}\{s^{-m}\} \quad (0 < m < 1)$

在積分路線 DO 上：$z = re^{iP} \therefore dz = e^{i\pi} dr = -dr$

$z^{-m} = r^{-m} e^{-im\pi}$，$z$ 由 $-R$ 積至 0，則 r 由 R 積至 0。

在積分路線 OE 上：$z = re^{-i\pi} \therefore dz = e^{-i\pi} dr = -dr$

當 $R \to \infty, \rho \to 0$，$F(z)$ 均勻趨近於 0，路線 C_R 與 C_ρ 之積分皆為零。

在簡單閉合路線 C 內無奇異點，圍線積分 $J = 0$。

$$J = 2\pi i L^{-1}\{s^{-m}\} + \lim_{R \to \infty} \int_{DO} z^{-m} e^{tz}\, dz + \lim_{R \to \infty} \int_{OE} z^{-m} e^{tz}\, dz = 0$$

其中　$\displaystyle \lim_{R \to \infty} \int_{DO} z^{-m} e^{tz}\, dz = \lim_{R \to \infty} \int_R^0 z^{-m} e^{-im\pi} e^{-tr}\, (-dr) = e^{-im\pi} \int_0^\infty r^{-m} e^{-tr}\, dr$

$$\lim_{R \to \infty} \int_{OE} z^{-m} e^{tz}\, dz = \lim_{R \to \infty} \int_0^R r^{-m} e^{im\pi} e^{-tr}\, (-dr) = -e^{im\pi} \int_0^\infty r^{-m} e^{-tr}\, dr$$

$$\therefore L^{-1}\{s^{-m}\} = \frac{(e^{-im\pi} - e^{im\pi})}{2\pi i} \int_0^\infty r^{-m} e^{-tr}\, dr = \frac{\sin m\pi}{\pi} \int_0^\infty r^{-m} e^{-tr}\, dr$$

令 $tr = u$，則 $\displaystyle \int_0^\infty r^{-m} e^{-tr}\, dr = t^{m-1} \int_0^\infty u^{-m} e^{-u}\, du = t^{m-1} \Gamma(1-m)$

其中 $\Gamma(1-m)$ 為 Gamma 函數。運用 Gamma 函數恆等式：

$$\Gamma(m) = (m-1)!, \quad \Gamma(m)\,\Gamma(1-m) = \pi/\sin m\pi$$

$$\Rightarrow \quad L^{-1}\{s^{-m}\} = \frac{\sin m\pi}{\pi} \int_0^\infty r^{-m} e^{-tr}\, dr = \frac{t^{m-1}}{(m-1)!}$$

習題十一

1. 以圍線積分求下列函數之 Laplace 反變換

(a) $F(s) = \dfrac{1}{(s+a)(s+b)}$ (b) $F(s) = \dfrac{1}{(s+a)^2 + b^2}$ (c) $F(s) = \dfrac{s}{(s+a)^n}$

(d) $F(s) = \dfrac{e^{-as}}{s}$ $(a \geq 0)$ (e) $F(s) = \dfrac{2as}{(s^2+a^2)^2}$

2. 證明 $\displaystyle \lim_{R \to \infty} \int_{a-iR}^{a+iR} \dfrac{e^{tz}}{z^{1/2}} \, dz = 0$ $(a > 0, \, t > 0)$

3. 以圍線積分證明 $I = \displaystyle \int_0^\infty \dfrac{\ln x}{(x+a)(x+b)} \, dx = \dfrac{\ln(b/a)\ln(ab)}{2(b-a)}$ $(b > a > 0)$

4. 以圍線積分證明 $I = \displaystyle \int_0^\infty \dfrac{\ln x}{(x+a)^2} \, dx = \dfrac{\ln a}{a}$ $(a > 0)$

5.17. 保角映射與圖影變換

　　眾所周知，實函數關係 $y = f(x)$ 之幾何意義是表示 xy 實數平面上之曲線，但複變函數關係 $w = f(z)$ 並非表示複數平面上之曲線，其幾何意義是複數平面上之圖影映射 (mapping)。

　　複變數 $z = x + iy$ 與 $w = u + iv$ 表示兩個複數平面，稱之為 z 平面與 w 平面。設 z 平面之直角座標為 (x, y)，w 平面之直角座標為 (u, v)，z 平面上之點 $z_1 = x_1 + iy_1$ 經映射函數 (mapping function) $w = f(z)$ 映射至 w 平面的對應點為 $w_1 = f(x_1 + iy_1) = u_1(x_1, y_1) + iv_1(x_1, y_1)$，$z$ 平面上的定義域 R 映射至 w 平面的對應域為 R'，圖形 R' 稱為 R 之影像 (image)。

　　若 z 平面上之圖形為矩形，當以直角座標表示 (x, y) 與 (u, v) 之關係；若 z 平面上之圖形為圓形，則以極座標表示為宜。舉例而言，設映射函數為 $w = z^2$，以

直角座標表示 (x, y) 與 (u, v) 之關係為

$$w = (x + iy)^2 = (x^2 - y^2) + i\,(2xy) = u + iv \quad \Rightarrow \quad u = x^2 - y^2,\ v = 2xy$$

若以極座標表示：$w = (re^{i\theta})^2 = r^2\,e^{i2\theta} = re^{i\varphi} \quad \Rightarrow \quad r = r^2,\ \varphi = 2\theta$

映射函數 $w = z^2$ 之圖影變換關係，如圖 5.38 所示。

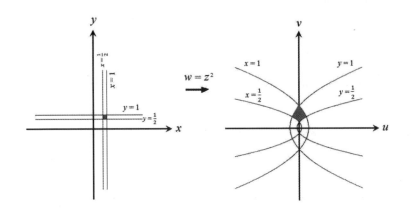

圖 5.38　z 平面的矩形經 $w=z^2$ 映射至 w 平面的影像

　　圖影映射的目的是，將在 z 平面上不規則的圖形，藉 $w = f(z)$ 映至 w 平面變為簡單規則的圖形，以便解析。最簡單的平面圖形是圓或半平面，如何尋求映射函數 $w = f(z)$ 將 z 平面上之不規則圖形映射至 w 平面成為圓或半平面為圖影映射的主要課題。

　　觀察圖 5.38 之圖影映射關係，z 平面上的矩形經 $w = z^2$ 映射至 w 平面成為較複雜的圖形，圖影映射並未發揮正面作用。映射函數 $w = z^2$ 為解析函數，1 個 z 平面上的圖形映至 w 平面為 1 個影像；而 w 平面至 z 平面之關係 $z = w^{1/2}$ 為二值函數，1 個 w 平面之影像對應於 2 個 z 平面上的圖形，圖 5.39 展示 $z = w^{1/2}$ 之圖影映射關係，w 平面之矩形影像對應的 z 平面上的 2 個圖形。

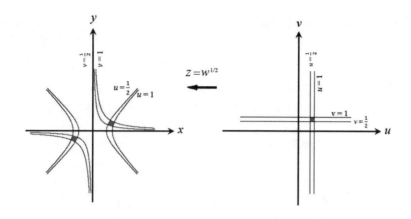

圖 5.39　$z=w^{1/2}$ 展開 w 平面之影像對應 2 個 z 平面圖形

設映射函數 $w=f(z)$ 將 z 平面上之兩交線映射為 w 平面兩交線，若 $f(z)$ 是解析函數，在 z 平面上相交的兩條曲線 C_1 與 C_2 之夾角為 α，經 $w=f(z)$ 映射至 w 平面，在所有 $f'(z)\neq 0$ 之點對應的曲線 C_1' 與 C_2' 亦相交，夾角亦為 α，轉向亦相同，此種變換關係稱為保角映射 (conformal mapping)，如圖 5.40 所示。

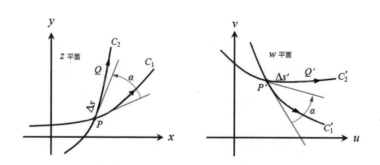

圖 5.40　解析函數之保角映射

證明：設映射函數 $w=f(z)$ 為解析，則 $f(z)$ 可展開為 Taylor 級數，記作

$$\Delta w \sim f'(z)\,\Delta z$$

在 z 平面上曲線 C_1 與 C_2 映射至 w 平面上為曲線 C_1' 與 C_2'；曲線 C_1, C_2 之交點 z_0 與曲線 C_1', C_2' 之交點 w_0 對應，以下標 1, 2 表示 C_1 與 C_2，則

$$\Delta w_1 \sim f'(z_0)\, \Delta z_1, \quad \Delta w_2 \sim f'(z_0)\, \Delta z_2$$

若 $f'(z_0) \neq 0$，則 $\Delta w_1 / \Delta w_2 \sim \Delta z_1 / \Delta z_2$，幅角之關係為

$$\beta = [\arg(\Delta w_1) - \arg(\Delta w_2)] \sim \alpha = [\arg(\Delta z_1) - \arg(\Delta z_2)]，當 \Delta \to 0, \beta = \alpha$$

此式表明：若 $w = f(z)$ 為解析，在 $f'(z) \neq 0$ 處，在 z 平面上相交的兩曲線 C_1 與 C_2 之夾角為 α，在 w 平面對應的曲線 C_1' 與 C_2' 之夾角亦為 α，轉向亦相同。

運用 $f(z)$ 為解極函數之必要條件 Cauchy-Riemann 方程式，可推得

$$|f'(z)|^2 = \left| \frac{\partial u}{\partial x} + i\,\frac{\partial v}{\partial x} \right|^2 = \left(\frac{\partial u}{\partial x}\right)^2 + \left(\frac{\partial v}{\partial x}\right)^2 = \frac{\partial u}{\partial x}\frac{\partial v}{\partial y} - \frac{\partial u}{\partial y}\frac{\partial v}{\partial x}$$

$$= \begin{vmatrix} \dfrac{\partial u}{\partial x} & \dfrac{\partial v}{\partial x} \\ \dfrac{\partial u}{\partial y} & \dfrac{\partial v}{\partial y} \end{vmatrix} = \left| \frac{\partial(u, v)}{\partial(x, y)} \right| \tag{5.112}$$

此為 $u = u(x, y)$, $v = v(x, y)$ 之 Jacobian，已知 $u = u(x, y)$, $v = v(x, y)$ 反變換存在之必要條件為

$$\frac{\partial(u, v)}{\partial(x, y)} \neq 0 \quad \Rightarrow \quad f'(z) \neq 0 \tag{5.113}$$

故 $w = f(z)$ 表示的圖影映射為 1 對 1 之必要條件為 $f'(z) \neq 0$。

若 $w = f(z)$ 為解析函數，運用微分連鎖律與 Cauchy-Riemann 方程式，可證明保角映射的優良性質如下：

1. 若 $\phi(x, y)$ 滿足 Laplace 方程式，經解析函數 $w = f(z)$ 之保角映射，$\phi(x, y)$ 變為 $\phi(u, v)$，在 w 平面亦滿足 Laplace 方程式；換言之，諧和函數經保角映射，仍為諧和函數。

此性質可應用於解析待定函數 $\phi(x, y)$ 須滿足 Laplace 方程式的數理問題，概述如下：

若定義域 R 不是矩形或圓形等形狀，一般難以分離變數或積分變換法求解。設 $f(z)$ 為解析函數，$w = f(z)$ 將 z 平面之定義域 R 映射至 w 平面成為圓或半平面，即可運用分離變數或積分變換法求解 w 平面上之待定函數 $\phi(u, v)$ 以滿足 Laplace 方程式以及圓或半平面之邊界條件，求得 $\phi(u, v)$ 之後，將變數 (u, v) 以(x, y) 表示，即得問題之解 $\phi(x, y)$。解析的關鍵是尋求 $w = f(z)$ 將 z 平面上之不規則圖形映射至 w 平面成為圓或半平面，一旦取得映射函數，問題迎刃而解。

2. 若 $\phi(x, y)$ 與 $\psi(x, y)$ 為解析函數之實部與虛部，$f(z) = \phi(x, y) + i\psi(x, y)$，根據解析函數之基本性質，$\phi(x, y)$ 與 $\psi(x, y)$ 所代表的兩組曲線：$\phi(x, y) = c_1$, $\psi(x, y) = c_2$ 在 z 平面上正交，經保角映射 $w = f(z)$，在 w 平面上，$\phi = c_1$ 與 $\psi = c_2$ 構成平行於座標軸 (ϕ, ψ) 之正交直線網，如圖 5.41 所示。保角映射下極座標之正交曲線網，如圖 5.42 所示。

此性質可應用於解析平面滲流與不可壓縮流體流動等問題。基於平面流線 $\phi(x, y) = c_1$ 與等勢能線 $\psi(x, y) = c_2$ 為正交，保角映射 $w = f(z)$ 將 z 平面上不規則的正交流線網變換為 w 平面上平行於座標軸之正交直線網，問題即大為簡化，從而可由等勢能線決定流速 $v_x = \partial\psi/\partial x$, $v_y = \partial\psi/\partial y$ 等物理量。

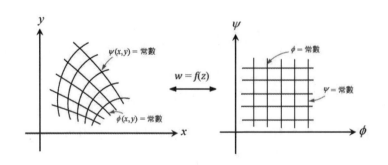

圖 5.41　保角映射下直角座標之正交流線網

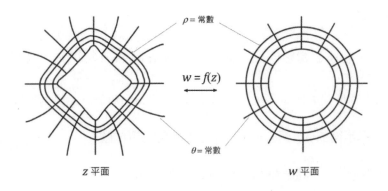

圖 5.42　保角映射下極座標之正交曲線網

5.18. 基本圖影映射

Bernhard Riemann (1826-1866) 於其博士論文證明非整個 z 平面或單獨一點之單連通開區域與 w 平面之單位圓內部必存在一對一的保角映射關係，這是複變函數最重要的定理之一，稱為黎曼映射定理 (Riemann mapping theorem)。此定理未涉及建構映射函數的方法，但表明此圖影保角映射必然存在。一般而言，建構適用的映射函數要靠經驗或近似方法，除特殊圖影映射外，並無通用法則。

基本的圖影映射如下：

1. 平移

$$w = z + (a + ib)，a, b 為實數 \quad \Rightarrow \quad u = x + a, \quad v = y + b$$

z 平面之圖形映射至 w 平面，影像由 u, v 軸平移 a, b 距離，形狀大小不變。

2. 旋轉

$$w = e^{i\alpha} z \quad \Rightarrow \quad \arg (w) = \arg (z) + \alpha, \quad |w| = |z|$$

z 平面之圖形映射至 w 平面，影像逆時針轉 α 角，形狀大小不變。

3. 旋轉與縮放

$$w = kz \ (k \ \text{為常數}) \quad \Rightarrow \quad \arg(w) = \arg(z) + \arg(k), \quad |w| = |k||z|$$

z 平面之圖形映射至 w 平面，影像逆時針轉 $\arg(k)$ 角，大小縮放 $|k|$ 倍。

例：將 z 平面半徑為 ρ，圓心在 (a, b) 之圓映射為單位圓。

z 平面半徑為 ρ，圓心在 (a, b) 之圓的方程式為

$$z = (a + ib) + \rho e^{i\theta} \quad (0 \le \theta \le 2\pi)$$

w 平面之單位圓的方程式為 $\quad w = e^{i\varphi} \ (0 \le \varphi \le 2\pi) \quad \Rightarrow \quad z = (a + ib) + \rho w$

故映射函數為 $w = [z - (a + ib)]/\rho$, w 平面之影像為平移與半徑縮放。

4. 倒影映射 (inversion)

$$w = 1/z \quad \Rightarrow \quad \arg(w) = 2\pi - \arg(z), \quad |w| = 1/|z|$$

以直角座標表示 z 平面 $(z = x + iy)$ 與 w 平面 $(w = u + iv)$ 的座標關係為

$$u + iv = \frac{1}{x + iy} \quad \Rightarrow \quad u = \frac{x}{x^2 + y^2}, \quad v = -\frac{y}{x^2 + y^2}$$

以極座標表示 z 平面 $(z = re^{i\theta})$ 與 w 平面 $(w = Re^{i\varphi})$ 的座標關係為

$$Re^{i\varphi} = \frac{1}{re^{i\theta}} \quad \Rightarrow \quad R = 1/r, \quad \varphi = -\theta$$

倒影映射可將 z 平面之單位圓內部 $|z| < 1$ 映射為 w 平面之單位圓外部 $|w| > 1$；z 平面之單位圓外部 $|z| > 1$ 映射為 w 平面之單位圓內部 $|w| < 1$。

例：圓心在 (a, b) 半徑為 c 之圓的方程式為

$$(x - a)^2 + (y - b)^2 = c^2 \quad \Rightarrow \quad x^2 + y^2 - 2ax - 2by + (a^2 + b^2 - c^2) = 0$$

此式以複變數 z 與 $\bar{z}$ 表示為

$$z\bar{z} - 2a\left(\frac{z+z}{2}\right) - 2b\left(\frac{z-z}{2}i\right) + (a^2 + b^2 - c^2) = 0 \qquad (a)$$

將倒影映射關係：$z = \dfrac{1}{w}$, $\quad z\bar{z} = \dfrac{1}{w\bar{w}} = \dfrac{1}{u^2 + v^2}$, $\quad z + \bar{z} = \dfrac{\bar{w} + w}{w\bar{w}} = \dfrac{2u}{u^2 + v^2}$,

$z - \bar{z} = \dfrac{\bar{w} - w}{w\bar{w}} = \dfrac{-2iv}{u^2 + v^2}$ 代入式 (a)，得 w 平面之方程式：

$$(a^2 + b^2 - c^2)(u^2 + v^2) - 2au + 2bv + 1 = 0 \qquad (b)$$

若 $a^2 + b^2 \neq c^2$，式 (b) 可化為圓方程式：

$$\left(u - \frac{a}{a^2 + b^2 - c^2}\right)^2 + \left(v + \frac{b}{a^2 + b^2 - c^2}\right)^2 = \left(\frac{c}{a^2 + b^2 - c^2}\right)^2 \qquad (c)$$

影像為圓心在 $\left(\dfrac{a}{a^2 + b^2 - c^2}, \ -\dfrac{b}{a^2 + b^2 - c^2}\right)$ 半徑為 $\dfrac{c}{a^2 + b^2 - c^2}$ 之圓。

若 $a^2 + b^2 = c^2$，式 (b) 成為 $au - bv = 1/2$；w 平面之影像為直線。

例：z 平面上圓心在 $(1/2, 0)$ 半徑為 $1/2$ 之圓 C_1 與 y 軸 C_2 方程式分別為

$$C_1: (x - 1/2)^2 + y^2 = 1/4 \quad \Rightarrow \quad x^2 + y^2 = x; \quad C_2: x = 0$$

由倒影映射 $w = 1/z$ 的座標關係：$u = x/(x^2 + y^2)$, $v = y/(x^2 + y^2)$ 可知圖影映射關係為

圓 C_1 外部區域 R_1：$x^2 + y^2 \geq x \quad \Rightarrow \quad R_1'$：$u \leq 1$, $v \leq -y/x$

y 軸 C_2 右邊區域 R_2：$x \geq 0 \quad \Rightarrow \quad R_2'$：$u \geq 0$, $v \leq -1/y$

此圖影關係表明：倒影映射將 z 平面上 y 軸右邊與圓 C_1 外部的區域映射為 w 平面 v 軸右邊與 $u = 1$ 左邊的長條區域，如圖 5.43 所示。

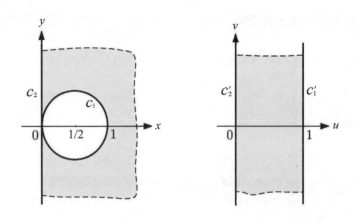

圖 5.43

5. 逐次變換 (successive transformation)

　　若 $t = g(z)$ 將 z 平面之定義域 R_z 映射至 t 平面為 R_t，$w = f(t)$ 將 t 平面之 R_t 映射至 w 平面為 R_w，則 $w = f[g(z)]$ 將 z 平面之 R_z 映射至 w 平面為 R_w。

6. 線性變換 $w = \alpha z + \beta$ (α, β 為待定係數)，影像為平移，旋轉，縮放之組合。

7. 雙線性變換 (bilinear transformation)

$$w = \frac{\alpha z + \beta}{\gamma z + \delta}$$

其中 $\alpha, \beta, \gamma, \delta$ 為待定係數，影像為平移，旋轉，縮放與倒影映射之組合。

例：映射函數　$w = \dfrac{z - a}{z + z}$ \hfill (5.114)

　　可將含偏心圓之圓形區域映射為 w 平面之同心圓，如圖 5.44 所示。

　　偏心圓與圓形區域之圓心分別在 $x = c_1,\ c_2$，半徑為 $r_1,\ r_2$；同心圓之半徑為 $\rho_1,\ \rho_2$；圖影點位的對應關係取決於參數 a。

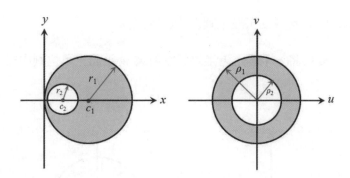

圖 5.44　解析函數 $w=(z-a)/(z+a)$ 將含偏心圓之圓形映射為同心圓

圓心在 $x = c_1$ 半徑為 r_1 之圓 C_1 與圓心在 $x = c_2$ 半徑為 r_2 之圓 C_2 的方程式分別為

$$C_1: (x - c_1)^2 + y^2 = r_1^2 \quad \Rightarrow \quad x^2 + y^2 = r_1^2 - c_1^2 + 2c_1 x$$

$$C_2: (x - c_2)^2 + y^2 = r_2^2 \quad \Rightarrow \quad x^2 + y^2 = r_2^2 - c_2^2 + 2c_2 x$$

設映射函數為 $w = (z - a)/(z + a)$，則

$$|w| = \frac{|z - a|}{|z + a|} = \frac{|x - a + iy|}{|x + a + iy|} = \left[\frac{(x - a)^2 + y^2}{(x + a)^2 + y^2} \right]^{1/2} = \left[\frac{x^2 + y^2 + a^2 - 2ax}{x^2 + y^2 + a^2 + 2ax} \right]^{1/2}$$

在 w 平面對應於 C_1 與 C_2 的同心圓影像為 $|w| = \rho_1$, $|w| = \rho_2$, 半徑分別為

$$\rho_1 = \left[\frac{r_1^2 - c_1^2 + a^2 + 2x(c_1 - a)}{r_1^2 - c_1^2 + a^2 + 2x(c_1 + a)} \right]^{1/2} \quad \rho_2 = \left[\frac{r_2^2 - c_2^2 + a^2 + 2x(c_2 - a)}{r_2^2 - c_2^2 + a^2 + 2x(c_2 + a)} \right]^{1/2}$$

而同心圓之半徑 ρ_1, ρ_2 與 x 無關，則必 $r_1^2 + c_1^2 + a^2 = 0$, $r_2^2 - c_2^2 + a^2 = 0$,

故 $r_1^2 = c_1^2 - a^2$, $r_2^2 = c_2^2 - a^2$;　w 平面上同心圓影像之半徑分別為

$$\rho_1 = \left(\frac{c_1 - a}{c_1 + a} \right)^{1/2} = \left[\frac{c_1^2 - a^2}{(c_1 + a)^2} \right]^{1/2} = \frac{r_1}{c_1 + a}$$

$$\rho_2 = \left(\frac{c_1 - a}{c_2 + a} \right)^{1/2} = \left[\frac{c_2^2 - a^2}{(c_2 + a)^2} \right]^{1/2} = \frac{r_2}{c_2 + a}$$

藉調整映射函數中的參數 a 可設定圖影的對應關係。

例：運用雙線性變換將 z 平面之上半平面映射為 w 平面之單位圓內部，如圖 5.45 所示。

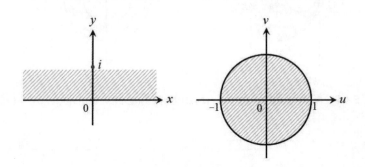

圖 5.45　$w=e^{i\theta}(z-\lambda)/(z-\bar{\lambda})$ 將上半平面映射為單位圓

雙線性變換為 $w = \dfrac{\alpha z + \beta}{\gamma z + \delta} = \dfrac{\alpha}{\gamma}\left(\dfrac{z + \beta/\alpha}{z + \delta/\gamma}\right)$，其中 $\alpha, \beta, \gamma, \delta$ 為待定係數。

設 w 平面之單位圓與 z 平面之 y 軸 $x = 0$ 對應，w 平面之單位圓之方程式為 $|w| = 1$，而

$$|w| = \left|\frac{\alpha}{\gamma}\right|\left|\frac{z + \gamma/\alpha}{z + \delta/\gamma}\right| = 1 \quad 設 \left|\frac{\alpha}{\gamma}\right| = 1, \quad \left|\frac{z + \beta/\alpha}{z + \delta/\gamma}\right| = 1$$

則 $|z - |-\beta/\alpha| = |z - (-\delta/\gamma)|$，此式表明 $(-\beta/\alpha)$ 與 $(-\delta/\gamma)$ 與 y 軸等距，$(-\beta/\alpha)$ 與 $(-\delta/\gamma)$ 為共軛複數。

令 $\lambda = -\beta/\alpha, \quad \bar{\lambda} = -\delta/\gamma, \quad \alpha/\gamma = e^{i\vartheta}$，則映射函數整形式為

$$w = \frac{\alpha z + \beta}{\gamma z + \delta} = \frac{\alpha}{\gamma}\left(\frac{z + \beta/\alpha}{z + \delta/\gamma}\right) = e^{i\vartheta}\left(\frac{z - \lambda}{z - \bar{\lambda}}\right) \tag{5.115}$$

其中參數 ϑ, λ 由圖影點位的對應關係決定。

$$\because |w| = |e^{i\vartheta}|\left|\frac{z - \lambda}{z - \bar{\lambda}}\right| = \frac{|z - \lambda|}{|z - \bar{\lambda}|} \leq 1 \quad \Rightarrow \quad |z - \lambda| \leq |z - \bar{\lambda}|$$

方程式 $|w| \leq 1$ 表示 w 平面之單位圓及其內部。

設點 $z = i;$　∞ 與 $w = 0;$　-1對應，由式 (5.115) 得兩個方程式：

$$0 = e^{i\vartheta} \left(\frac{z - \lambda}{z - \bar{\lambda}} \right), \qquad -1 = e^{i\vartheta} \left(\frac{\infty - \lambda}{\infty - \bar{\lambda}} \right)$$

解得　$\lambda = i,$　$e^{i\vartheta} = -1$，代入式 (5.115) 得映射函數：

$$w = \frac{i - z}{i + z} \tag{5.116}$$

此映射函數之虛部為

$$Im \,(w) = \frac{w - \bar{w}}{2i} = \frac{z + \bar{z}}{(z + i)\,(\bar{z} - i)}$$

設　$z = a + ib \ (a > 0),$

$$\because \ z + \bar{z} = 2a > 0, \quad (z + i)\,(\bar{z} - i) = a^2 + (b + 1)^2 > 0$$

$$\therefore \ Im \,(w) = \frac{z + \bar{z}}{(z + i)\,(\bar{z} - i)} > 0$$

則式 (5.116) 之映射函數將 z 平面之上半平面映射為 w 平面之單位圓內部，z 平面之上半平面第一象限與 w 平面之單位圓的上半部對應。

例：利用逐次變換，將圖 5.46 之楔形映射為單位圓。

映射函數 $t = z^4$ 將 z 平面角度為 $\pi/4$ 之楔形映射為 t 平面之上半平面，式 (5.116) 之映射函數 $w = (i - z)/(i + z)$，將 t 平面之上半平面映射為 w 平面之單位圓內部，故將 z 平面上夾角為 $\pi/4$ 之楔形映射為 w 平面上單位圓內部之映射函數為

$$w = \frac{i - t}{i + t} = \frac{i - z^4}{i + z^4} \tag{5.117}$$

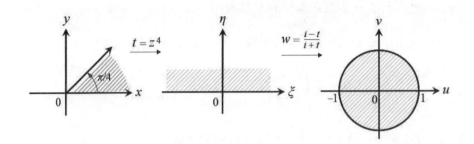

圖 5.46　$w = (i - z^4)/(i + z^4)$ 將楔形逐次變換為單位圓之內部

習題十二

1. 依據下列圖影映射，決定圓 $|z - 1| = 1$ 之影像。

   (a) $w = 2z + 1$　　(b) $w = z^2$　　(c) $w = 1/z$

2. 說明下列映射為 1 對 1，表明在 w 平面之對應區域，繪出正交直線 $u = c_1$，$v = c_2$ 對應之 z 平面上之圖形。

   (a) $w = z - 1/z, |z| > 1$　　(b) $w = 1/z, (1 < z < 1)$

   (c) $w = \text{Log } z, \text{Im}(z) > 0$

3. 決定下列圖影映射之非保角映射點。

   (a) $w = z + 1/z$　　(b) $w = \sin z$　　(c) $w = e^z$

4. 說明 $w = z + 1/z$ 將 z 平面之半圓區域 $|z| \leq 1$，$\text{Im}(z) > 0$ 映射為 w 平面之下半平面 $v \leq 0$。

5. 證明 $\phi(x, y) = x/(x^2 + y^2) - x - 1$，$(x \neq 0, y \neq 0)$ 為諧和函數；$\phi(x, y)$ 經 $w = \text{Log } z$ 映射至 w 平面為諧和函數。

6. 說明經 $w = 1/z$ 映射，$y - x + 1 = 0$ 與 $y = x$ 在 w 平面之影像。

7. 說明將 z 平面圓內部 $|z| \leq a$ 映射為 w 平面之上半平面的映射函數為

$$w = i\,\frac{a-z}{a+z}$$

設邊界上之對應點為 $(-a, 0^-) \leftrightarrow (-\infty, 0); (0, -a) \leftrightarrow (-1, 0); (a, 0) \leftrightarrow (0, 0);$ $(0, a) \leftrightarrow (1, 0); (-a, 0^+) \leftrightarrow (\infty, 0)$；繪出其圖影映射關係。

8. 說明將 z 平面半圓內部 $|z| \le a,\ y \ge 0$ 映射為 w 平面之上半平面的映射函數為

$$w = -\frac{1}{2}\left(\frac{z}{a} + \frac{a}{z}\right)$$

設邊界上之對應點為 $(0^+, 0) \leftrightarrow (-\infty, 0); (a, 0) \leftrightarrow (-1, 0); (0, a) \leftrightarrow (0, 0);$ $(-a, 0) \leftrightarrow (1, 0); (0^-, 0) \leftrightarrow (\infty, 0)$；繪出其圖影映射關係。

9. 說明將 z 平面之上半平面 $y \ge 0$ 映射為 w 平面單位圓內部的映射函數為

$$w = \frac{i-z}{i+z}$$

設邊界上之對應點為 $(-\infty, 0) \leftrightarrow (-1, 0^-); (-1, 0) \leftrightarrow (0, -1); (0, 0) \leftrightarrow (1, 0);$ $(1, 0) \leftrightarrow (0, 1); (\infty, 0) \leftrightarrow (-1, 0^+)$；繪出其圖影映射關係。

5.19. Schwarz-Christoffel 變換

Schwarz-Christoffel 變換是將 z 平面之多邊形一對一映射為 w 平面之上半平面的系統方法，推求此圖影映射函數 $w = f(z)$ 之反函數 $z = F(w)$ 的公式為

$$z = A\int_0^w (w-u_1)^{(\alpha_1/\pi)-1}\,(w-u_2)^{(\alpha_2/\pi)-1}\cdots(w-u_n)^{(\alpha_n/\pi)-1}\,dw + B \qquad (5.118)$$

其中 $\alpha_k\ (k = 1, 2, \cdots, n)$ 為多邊形之內角，常數 A, B 根據設定的對應點決定。

首先說明 w 平面之實數軸與 z 平面之多邊形邊界對應，如圖 5.47 所示。

考慮 w 平面與 z 平面幅角的對應關係，將式 (5.118) 改寫為

$$\frac{dz}{dw} = A\,(w-u_1)^{\beta_1}\,(w-u_2)^{\beta_2}\cdots(w-u_n)^{\beta_n} \qquad (5.119)$$

式 (5.119) 左右兩邊之幅角關係為

$$\arg (dz) = \arg (dw) + \arg (A) + \beta_1 \arg (w - u_1) + \beta_2 \arg (w - u_2)$$

$$+ \cdots + \beta_n \arg (w - u_n) \qquad\qquad (a)$$

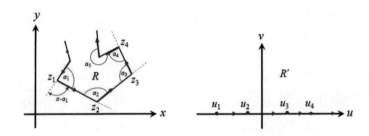

圖 5.47　Schwarz-Christoffel 變換將多邊形映射為上半平面

當 w 平面之點在 u_1 之左側：　$\arg (w - u_1) = \pi$

當 w 平面之點在 u_1 之右側：　$\arg (w - u_1) = 0$

當 w 平面之點由 u_1 之左側移至 u_1 之右側，$\arg (w - u_1)$ 之變化為

$$\Delta \arg (w - u_1) = 0 - \pi = -\pi$$

當 w 平面之點由 u_1 之左側移至 u_1 與 u_2 之間，僅幅角 $\arg (w - u_1)$ 有所改變，$\arg (w - u_k) \ (k \neq 1)$ 不變；由式 (a)，$\arg (dz)$ 之變化量為

$$\Delta \arg (dz) = (\alpha_1/\pi) \, \Delta \arg (w - u_1) = [(\alpha_1/\pi) - 1] \, (-\pi) = \pi - \alpha_1$$

令 w 平面之點 u_1 與 z 平面之 z_1 對應，當 w 平面之點由 u_1 之左側移至 u_1 與 u_2 之間，z 平面之對應點由多邊形第一邊通過 z_1 後，沿多邊形第二邊朝 z_2 移動，幅角變化量為逆時針 $\pi - \alpha_1$；同理，當 w 平面之點由 u_2 之左側移至 u_2 與 u_3 之間，z 平面之對應點由多邊形第二邊通過 z_2 後，沿多邊形第三邊朝 z_3 移動，幅角變化量為逆時針 $\pi - \alpha_2$；依此類推，可知 w 平面之實數軸與 z 平面之多邊形邊界對應。

　　由黎曼映射定理可知 z 平面之多邊形內部與 t 平面之單位圓內部必有一對一保角映射關係，而以雙線性變換，t 平面之單位圓與 w 平面之上半平面有一對一映射關係，運用逐次變換，z 平面之多邊形內部與 w 平面之上半平面對應，故 Schwarz-Christoffel 變換公式 (5.118) 將 z 平面之多邊形映射為 w 平面之上半平面，z 平面之多邊形邊界與 w 平面之實數軸對應。

　　運用 Schwarz-Christoffel 變換須注意：

1. 定義域在沿多邊形邊界移動之左邊。

2. z 平面與 w 平面之對應點必須按順序排列。

3. 式 (5.118) 之常數 A, B 可選取邊界上 2 個對應點決定；選取不同的對應點，常數 A, B 會不同，但圖影變換關係不變。

例：如圖 5.48 所示，以 Schwarz-Christoffel 變換推求角度為 π/n 之楔形映射至 w 平面成為半平面之映射函數。

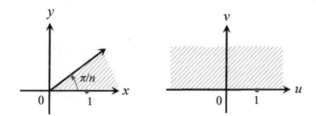

圖 5.48

設 z 平面與 w 平面之對應點為 $z = 0; 1 \iff w = 0; 1$，根據式 (5.118)

$$z = A \int_0^w (w-0)^{[(\pi/n)/\pi]-1} (w-1)^{(\pi/\pi)-1} \, dw + B$$

$$= A \int_0^w w^{(1/n)-1} \, dw + B = nAw^{1/n} + B$$

由對應點關係：$z = 0, w = 0 \Rightarrow B = 0; \quad z = 1, w = 1 \Rightarrow A = 1/n$

映射反函數為 $z = w^{1/n}$，映射函數為 $w = z^n$。

例：運用 Schwarz-Christoffel 變換推求圖 5.49 之映射函數

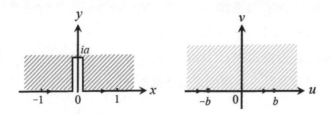

圖 5.49

設 z 平面與 w 平面之對應點為 $z = 0;\ ia;\ 0\ \Leftrightarrow\ w = -b;\ 0;\ b$，根據式 (5.118)：

$$z = A \int_0^w (w + b)^{[(\pi/2)/\pi] - 1}\ (w - 0)^{(2\pi/\pi) - 1}\ (w - b)^{[(\pi/2)/\pi] - 1}\ dw + B$$

$$= A \int_0^w \frac{w}{(w^2 - b^2)^{1/2}}\ dw + B = A\,(w^2 - b^2)^{1/2} + B$$

由對應點關係得 $A = a/b,\ B = 0$，故映射反函數為

$$z = (a/b)\,(w^2 - b^2)^{1/2}，映射函數為\quad w = (b/a)\,(z^2 + a^2)^{1/2}$$

例：運用 Schwarz-Christoffel 變換推求圖 5.50 之映射函數。

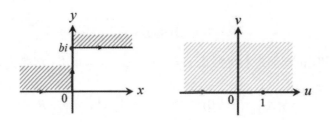

圖 5.50

設 z 平面與 w 平面之對應點為 $z = -\infty;\ 0;\ ib;\ \infty\ \Leftrightarrow\ w = -\infty;\ 0;\ 1;\ \infty$ 根據式 (5.118)

$$z = A \int_0^w [(w + \infty)^{(\pi/\pi) - 1} (w - 0)^{[(\pi/2)/\pi] - 1} (w - 1)^{[(3\pi/2)/\pi] - 1} (w - \infty)^{(\pi/\pi) - 1}] \, dw + B$$

$$= A' \int_0^w \left(\frac{1 - w}{w} \right)^{1/2} dw + B$$

$$= A' [\sin^{-1} \sqrt{w} + \sqrt{w(1 - w)}] + B$$

由對應點關係：$z = 0$, $w = 0$ $\Rightarrow$ $B = 0$; $z = ib$, $w = 1$ $\Rightarrow$ $A' = 2bi/\pi$

故映射反函數為 $z = (2abi/\pi) [\sin^{-1} \sqrt{w} + \sqrt{w(1 - w)}]$

若 z 平面之圖形為閉合多邊形，如圖 5.51 所示，多邊形之外角和為 2π，則

$$\sum_{k=1}^{n} (\pi - \alpha_k) = 2\pi \quad \Rightarrow \quad \sum_{k=1}^{n} \left(\frac{\alpha_k}{\pi - 1} \right) = -2 \tag{5.120}$$

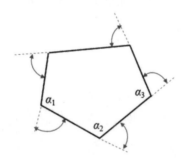

圖 5.51　閉合多邊形外角和為 2π

例：將 z 平面之多邊形映射為 w 平面之單位圓。

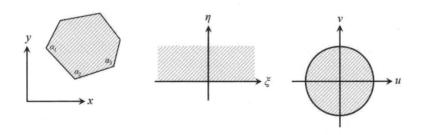

圖 5.52　運用 Schwarz-Christoffel 變換將多邊形逐次變換為單位圓

Schwarz-Christoffel 變換將 z 平面之多邊形映射為 $t = \xi + i\eta$ 之上半平面：

$$z = A \int_0^w (t - {}_1)^{(\alpha_1/\pi)-1} (t - {}_2)^{(\alpha_2/\pi)-1} \cdots (t - {}_n)^{(\alpha_n/\pi)-1} \, dt + B \qquad (5.121)$$

t 平面之上半平面變換為 w 平面之單位圓之映射函數為式 (5.116)：

$$w = \frac{1-t}{1+t} \quad \Rightarrow \quad t = i\left(\frac{1-w}{1+w}\right) \qquad (5.122)$$

運用逐次變換，設 t 平面之點 ξ_k ($k = 1, 2, \cdots, n$) 與 w 平面上單位圓之點 w_k ($k = 1, 2, \cdots, n$) 對應，則

$$t - \xi_k = i\left(\frac{1-w}{1+w}\right) - i\left(\frac{1-w_k}{1+w_k}\right) = \frac{-2i(w - w_k)}{(1+w)(1+w_k)}, \quad dt = \frac{-2i}{(1+w)^2} \, dw$$

將以上各式代入式 (5.121)，利用式 (5.120) 化簡，得映射反函數公式：

$$z = A' \int_0^w (w - w_1)^{(\alpha_1/\pi)-1} (w - w_2)^{(\alpha_2/\pi)-1} \cdots (w - w_n)^{(\alpha_n/\pi)-1} \, dw + B \qquad (5.123)$$

此公式與將 z 平面之多邊形映射為 w 平面之半平面的公式 (5.118) 一致，不同之處在於式 (5.123) 是 z 平面之多邊形之點與 w 平面之單位圓之點對應。

Schwarz-Christoffel 變換是推求 z 平面之多邊形映射為 w 平面之半平面 (或單位圓) 映射函數的系統方法，若式 (5.118) 與式 (5.123) 難以積分，無法求得映射函數之封閉形式，就需要運用近似方法推求圖影變換的映射函數了。

習題十三

1. 驗證以 Schwarz-Christoffel 變換將圖 5.53 之多邊形邊界以上區域映射為 w 平面之上半平面之映射反函數為

$$z = \frac{i}{\pi}\left[(1-w^2)^{1/2} - \cos^{-1}w + \pi\right]$$

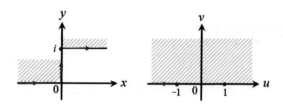

圖 5.53

若多邊形邊界以下區域映射為 w 平面之上半平面，則映射反函數為

$$z = \frac{i}{\pi} \left[\cos^{-1} w - (1 - w^2)^{1/2} \right]$$

2. 設映射反函數為

$$e^z = \frac{a - w}{a + w}$$

說明 z 平面之直線 $x = c_1$, $y = c_2$ 之影像與此圖影映射與曲線座標之關係。

3. 以 Schwarz-Christoffel 變換推求圖 5.54a 與圖 5.54b 圖影關係之映射函數。

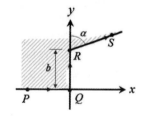 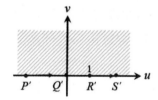

圖 5.54(a)

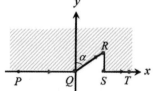 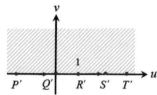

圖 5.54(b)

5.20. 近似圖影變換

本節說明一種建構圖影變換近似映射函數的方法。

設 R 為簡單閉合曲線 C 界定之單連通區域，映射函數 $w = f(z)$ 將 C 映至 w 平面成為單位圓。為配合 Schwarz-Christoffel 變換說明，圖影變換的映射函數以 $w = f(z)$ 之反函數 $z = F(w)$ 表示，兩者為一對一關係。

若 $F(w)$ 在單位圓之內 $|w| \leq 1$ 為解析，可將 $f(w)$ 以 Taylor 級數表示為

$$F(w) = \sum_{n=0}^{\infty} c_n w^n$$

其中常數項 c_0 代表平移，並不影響圖影形狀。

選取 w 平面之 u 軸使 $c_0 = 0$，$c_1 \neq 0$ 以保證 $F'(0)$ 存在，$z = F(w)$ 為保角映射，取 Taylor 級數前 n 項：

$$F_n(w) = c_1 w + c_2 w^2 + \cdots + c_n w^n \tag{5.124}$$

映射函數 $z = F_n(w)$ 將 z 平面之區域 R_n 映為 w 平面之單位圓，若 n 足夠大，R_n 與簡單閉合曲線 C 之內部 R 近似。

若 $F(w)$ 在單位圓之外 $|w| \geq 1$ 為解析，可將 $F(w)$ 以 Laurent 級數表示，為調整原點位置與圖影大小，加入 $c_0 + c_1 w$ 所表示的平移旋轉伸縮之線性變換，選取 w 平面之 u 軸使 $c_0 = 0$, $c_1 \neq 0$ 以保證 $z = F(w)$ 為保角映射，取 Laurent 級數前 n 項：

$$F_n(w) = c_1 w + \frac{b_1}{w} + \frac{b_2}{w^2} + \cdots + \frac{b_n}{w^n} \tag{5.125}$$

映射函數 $z = F_n(w)$ 將 z 平面之區域 R_n 映為 w 平面之單位圓，若 n 足夠大，R_n 與簡單閉合曲線 C 之外部 R 近似。

運用 Schwarz-Christoffel 變換，z 平面之簡單閉合多邊形邊界可映射至 w 平面成為單位圓，而任何以簡單閉合曲線 C 界定的區域 R 可用多邊形近似模擬，多邊形的邊數越多，兩者越相似，近似程度越好；因此，與 R 近似的區域 R_n 可

藉 Schwarz-Christoffel 變換映射為單位圓,從而求得將任意形狀之簡單連接區域映射為單位圓之近似映射函數。

根據 Schwarz-Christoffel 變換,z 平面之多邊形內部與 w 平面之單位圓內部的圖影變換映射函數 $z = F(w)$ 可由積分以下公式求得:

$$\frac{dz}{dw} = A(w - w_1)^{(\alpha_1/\pi) - 1} (w - w_2)^{(\alpha_2/\pi) - 1} \cdots (w - w_n)^{(\alpha_n/\pi) - 1} \tag{5.126}$$

考慮 n 邊正多邊形,其內角分別為 $\alpha_k = (n-2)\,\pi/n$　$(k = 1, 2, \cdots, n)$,則式 (5.126)成為

$$\frac{dz}{dw} = A[(w - w_1)(w - w_2) \cdots (w - w_n)]^{-2/n} \tag{5.127}$$

式 (5.127) 難以積分求得 $z = F(w)$ 之通式,若能設法將此式右邊以收斂的無窮級數表示,取級數有限項積分,所得的映射函數 $z = F_n(w)$ 應可將 z 平面之近似多邊形變換為 w 平面之單位圓。

基於此構想,設 $w_k (k = 1, 2, \cdots, n)$ 為 $w^n - 1 = 0$ 之 n 個根,則

$$(w - w_1)(w - w_2) \cdots (w - w_n) = w^n - 1$$

式 (5.127) 成為

$$\frac{dz}{dw} = A\,(w^n - 1)^{-2/n} \qquad (|w| < 1) \tag{5.128}$$

運用二項式展開,可將式 (5.128) 右邊之函數表示為收斂的無窮級數,而得

$$\frac{dz}{dw} = A\left[1 + \frac{2}{n} w^n + \frac{2+n}{n^2} w^{2n} + \frac{2(n+1)(n+2)}{3n^3} w^{3n} + \cdots\right] \tag{5.129}$$

積分此式得

$$z = A\left[w + \frac{2}{n(n+1)} w^{n+1} + \frac{2+n}{n^2(2n+1)} w^{2n+1}\right.$$

$$\left. + \frac{2(n+1)(n+2)}{3n^3(3n+1)} w^{3n+1} + \cdots\right] + B \quad (|w| < 1) \tag{5.130}$$

其中常數 A, B 由所選取的對應點 (z_k, w_k) 決定；w_k 為 $w^n - 1 = 0$ 之 n 個根。

例： z 平面之近似正三角形 $(n = 3)$ 映射為 w 平面之單位圓之映射函數為

$$z = w + \frac{1}{6} w^4 + \frac{5}{63} w^7 + \frac{4}{81} w^{10} + \cdots$$

取前七項之近似正三角形如圖 5.55 所示

例： z 平面之近似正方形 $(n = 4)$ 映射為 w 平面之單位圓之映射函數為

$$z = w + \frac{1}{10} w^5 + \frac{1}{24} w^9 + \frac{5}{208} w^{13} + \cdots$$

取前三項與前五項 z 平面之近似正方形如圖 5.56 所示，近似正方形頂點附近之折邊為弧線。

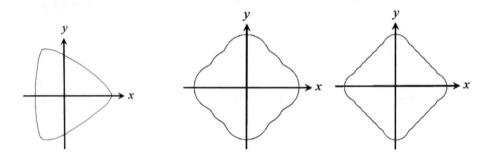

圖 5.55　z 平面之近似正三角形　　　圖 5.56　z 平面之近似正方形

考慮定義域 R 為簡單封閉曲線 C 之外部，將 z 平面之正多邊形外部映射為 w 平面之單位圓外部的圖影變換映射函數 $z = F(w)$ 可由積分以下公式求得：

$$\frac{dz}{dw} = A \left(1 - \frac{w_1}{w}\right)^{\alpha_1/\pi} \left(1 - \frac{w_2}{w}\right)^{\alpha_2/\pi} \cdots \left(1 - \frac{w_n}{w}\right)^{\alpha_n/\pi} \tag{5.131}$$

其中 $\alpha_1 + \alpha_2 + \cdots + \alpha_a = 2\pi$，如圖 5.57 所示。

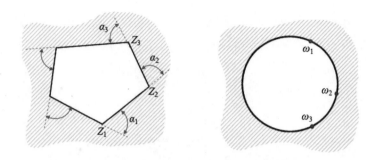

圖 5.57　多邊形外部與單位圓外部對應

n 邊正多邊形之外角分別為 $\alpha_k = 2\pi/n$ $(k = 1, 2, \cdots, n)$，則式 (5.131) 成為

$$\frac{dz}{dw} = Aw^{-2}\left[(w-w_1)(w-w_2)\cdots(w-w_n)\right]^{2/n} \tag{5.132}$$

設 w_k $(k = 1, 2, \cdots, n)$ 為 $w^n - 1 = 0$ 之 n 個根，則

$$(w-w_1)(w-w_2)\cdots(w-w_n) = w^n - 1$$

式 (5.132) 成為

$$\frac{dz}{dw} = Aw^{-2}(w^n-1)^{2/n} = A\left(1-\frac{1}{w^n}\right)^{2/n} \qquad (|w| > 1) \tag{5.133}$$

運用二項式展開，可將式 (5.133) 右邊之函數表示為收斂的無窮級數，而得

$$\frac{dz}{dw} = A\left[1 - \frac{2}{nw^n} + \frac{2-n}{n^2}\frac{1}{w^{2n}} - \frac{2(2-n)(1-n)}{3n^3}\frac{1}{w^{3n}} + \cdots\right] \tag{5.134}$$

積分此式得

$$z = A\left[w + \frac{2}{n(n-1)}\frac{1}{w^{n-1}} - \frac{2-n}{n^2(2n-1)}\frac{1}{w^{2n-1}}\right.$$

$$\left. + \frac{2(2-n)(1-n)}{3n^3(3n-1)}\frac{1}{w^{3n-1}} + \cdots\right] + B \qquad (|w| > 1) \tag{5.135}$$

其中常數 A, B 由所選取的對應點 (z_k, w_k) 決定；w_k 為 $w^n - 1 = 0$ 之 n 個根。

例： z 平面之正三角形 ($n = 3$) 外部變換為 w 平面單位圓外部之近似映射函數為

$$z = w + \frac{1}{3w^2} + \frac{1}{45w^5} + \frac{1}{162w^8} + \cdots$$

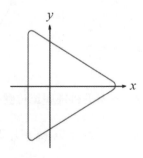

圖 5.58　取映射函數前兩項 z 平面之近似正三角形

例： z 平面之正方形 ($n = 4$) 外部變換為 w 平面之單位圓外部之近似映射函數為

$$z = w + \frac{1}{6w^3} + \frac{1}{56w^7} + \frac{1}{176w^{11}} + \cdots$$

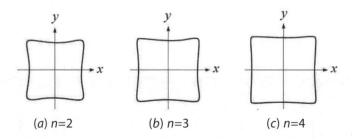

(a) n=2　　　(b) n=3　　　(c) n=4

圖 5.59　取映射函數(a)前兩項，(b)前三項，(c)前四項 z 平面之近似正方形

　　評估開孔對物體之影響是重要的工程物理問題。若孔洞遠小於物體尺寸，可將問題之定義域視為含有孔洞之無限大區域，藉圖影映射將不規則形狀的孔洞之外部變換為單位圓之外部，從而簡化問題，這是以複變函數解析彈性力學開孔應力集中問題的基本方法。

5.21. 實用的映射函數

考慮將 z 平面之簡單閉合曲線變換為 w 平面之單位圓之映射函數如下：

$$z = F(w) = a\,(w + mw^n), \qquad w = \rho e^{i\varphi} \tag{5.136}$$

其中參數 a, m, n 為實數。

1. 半徑為 a 的圓內部映射為單位圓外部 (圖5.60) 之映射函數為

$$z = F(w) = a/w \tag{5.137}$$

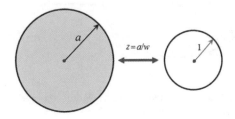

圖 5.60　$z=a/w$ 將半徑為 a 的圓內部映射為單位圓外部

2. 槽形圓內部映射為單位圓內部之映射函數為

$$z = F(w) = aw\,(1 + mw^n) \tag{5.138}$$

其中 a 為圓之半徑，n 表示刻槽之數目，圖 5.61 所示之槽形圓 $n = 12$, $m = 1/16$。

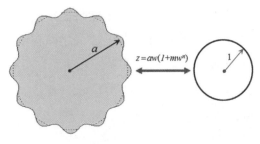

圖 5.61　$z=aw\,(1+mw^n)$ 將槽形圓映射為單位圓

3. 如圖 5.62 所示，將長軸為 $R(1+m)$, 短軸為 $R(1-m)$ 的橢圓邊界映射為單位圓邊界之映射函數為

$$z = F(w) = R\left(w + \frac{m}{w}\right), \quad R > 0, \quad m \ge 0 \tag{5.139}$$

橢圓之長軸為 a，短軸為 b，則 $\quad R = \dfrac{a+b}{2}, \quad m = \dfrac{a-b}{a+b}$

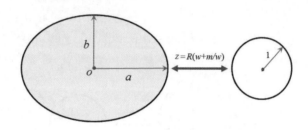

圖 5.62 $z=R\,(w+m/w)$ 將橢圓映射為單位圓

根據黎曼映射定理，z 平面之單連通開區域與 w 平面之單位圓內部必有一對一的保角映射 $z = F(w)$ 對應關係，而倒影映射可將單位圓內部映射為單位圓外部；運用逐次變換，保角映射 $z = F(1/w)$ 可將 z 平面之單連通區域映射至 w 平面成為單位圓孔洞之外部。

須注意的是，式 (5.139) 之映射函數有奇異點 $w = 0$，該點對應於橢圓之兩焦點 $x = \pm a$。由於橢圓之外部不含 $w = 0$，故此映射函數在橢圓之外部為解析函數，適用於將 z 平面之橢圓外部映射為 w 平面之單位圓外部。而奇異點 $w = 0$ 在橢圓內部，因此，式 (5.139) 之映射函數並不能將 z 平面之橢圓內部映射為 w 平面之單位圓內部。事實上，式 (5.139) 是將 z 平面之橢圓環狀區域映射為 w 平面之同心圓內部，如圖 5.63 所示，說明如下。

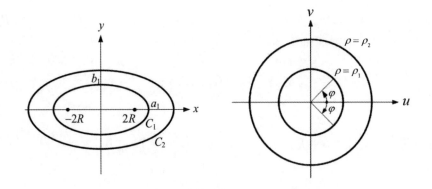

圖 5.63　橢圓環狀區域映射為同心圓內部

將 $w = \rho e^{i\varphi}$ 代入式 (5.139)，得

$$z = x + iy = R\left(\rho e^{i\varphi} + \frac{m}{\rho}\, e^{-i\varphi}\right) = R\left(\rho + \frac{m}{\rho}\right)\cos\varphi + iR\left(\rho - \frac{m}{\rho}\right)\sin\varphi$$

$$\therefore\ x = R\left(\rho + \frac{m}{\rho}\right)\cos\varphi, \qquad y = R\left(\rho - \frac{m}{\rho}\right)\sin\varphi \qquad (5.140)$$

在 z 平面上長軸為 a，短軸為 b 之橢圓之參數方程式為

$$x = a\cos\varphi, \qquad y = b\sin\varphi \qquad (0 \le \varphi \le 2\pi) \qquad (5.141)$$

比較式 (5.140) 與式 (5.141)，可知：

在 w 平面半徑為 ρ_1 之圓對應於 z 平面之橢圓 C_1，長短軸分別為

$$a_1 = R\left(\rho_1 + \frac{m}{\rho_1}\right), \qquad b_1 = R\left(\rho_1 - \frac{m}{\rho_1}\right), \qquad \rho_1^2 \ge m$$

在 w 平面半徑為 ρ_2 之圓對應於 z 平面之橢圓 C_2，長短軸分別為

$$a_2 = R\left(\rho_2 + \frac{m}{\rho_2}\right), \qquad b_2 = R\left(\rho_2 - \frac{m}{\rho_2}\right), \qquad \rho_2^2 \ge m$$

在 z 平面上由外橢圓 C_2 與內橢圓 C_1 所構成之環狀區域不含奇異點 $w = 0$，故式 (5.139) 之映射函數在該橢圓環狀區域為解析函數，可將此區域映射為 w 平面之同心圓。

當 $m = \rho_1^2$, $a = 2R\rho_1$, $b_1 = 0$，橢圓 C_1 變為 x 軸上 $x = -2R\rho_1$ 至 $x = 2R\rho_1$ 之裂縫。令 $m = 1$，則映射函數為

$$z = F(w) = R\left(w + \frac{1}{w}\right) \tag{5.142}$$

$$a = R\left(\rho + \frac{1}{\rho}\right), \quad b = R\left(\rho - \frac{1}{\rho}\right); \qquad \rho = \left(\frac{a+b}{a-b}\right)^{1/2.} \geq 1, \quad R = \frac{(a^2 - b^2)^{1/2}}{2}$$

設 $b = b_1 = 0$，則 $\rho_1 = 1$，此映射函數將 z 平面上由點 $(-2R, 0)$ 至點 $(2R, 0)$ 之裂縫映射為 w 平面上之單位圓。設 $b = b_2 > 0$，則 $\rho_2 > 1$，此映射函數將 z 平面上之橢圓 C_2 映射為 w 平面上半徑為 ρ_2 之圓。

式 (5.142) 之映射函數在橢圓內部含有裂縫的區域為解析，可將 z 平面上含有裂縫的橢圓映射為 w 平面之同心圓。

5.22. 曲線座標與圖影映射

第 2 章曾說明曲線座標與直角座標的變換，本節展示平面直角座標與曲線座標為圖影映射關係。

橢圓座標與直角座標之變換關係為 (見第 2 章習題三第六題之說明)

$$x = a \cosh\theta \cos\varphi, \quad y = a \sinh\theta \sin\varphi \qquad (\theta \geq 0, \ 0 \leq \varphi \leq 2\pi) \tag{5.143}$$

直線 $\theta = c_1$ 對應於 z 平面之橢圓： $\dfrac{x^2}{a^2 \cosh^2 c_1} + \dfrac{y^2}{a^2 \sinh^2 c_1} = 1$

直線 $\varphi = c_2$ 對應於 z 平面之雙曲線： $\dfrac{x^2}{a^2 \cos^2 c_2} - \dfrac{y^2}{a^2 \sin^2 c_2} = 1$

平面直角座標之橢圓與雙曲線族如圖 5.64 所示。

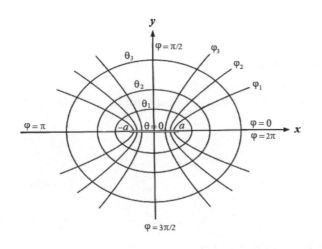
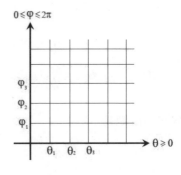

圖 5.64　z 平面之橢圓與雙曲線族　　　　圖 5.65　w 平面與座標軸平行之直線族

設直角座標 (x, y) 與曲線座標 (θ, φ) 分別為複變數 z 與 w 之實部與虛部：

$$z = x + iy, \qquad w = \theta + i\varphi$$

將式 (5.143) 代入複變數 z，得

$$z = x + iy = a\,(\cosh\theta\cos\varphi + i\sinh\theta\sin\varphi) = a\cosh(\theta + i\varphi) = a\cosh w$$

據此，將 z 平面上之橢圓與雙曲線族映射為 w 平面上與座標平行之直線族 (如圖 5.65) 之映射函數為

$$z = a\cosh w, \qquad w = \cosh^{-1}(z/a) \tag{5.144}$$

以參數方程式表示 z 平面上長軸為 a，短軸為 b 之橢圓為

$$x = a\cos\varphi, \quad y = b\sin\varphi \quad (0 \le \varphi \le 2\pi), \qquad z = x + iy = a\cos\varphi + i\,b\sin\varphi$$

已知 w 平面上之單位圓方程式為 $w = e^{i\varphi}\ (0 \le \varphi \le 2\pi)$，設將此橢圓由 z 平面映射至 w 平面為單位圓之映射函數為

$$z = f(w) = c_1\,w + c_2/w = c_1\,e^{i\varphi} + c_2\,e^{-i\varphi}$$

$$= (c_1 + c_2)\cos\varphi + i\,(c_1 - c_2)\sin\varphi = a\cos\varphi + i\,b\sin\varphi$$

則　　$c_1 + c_2 = a,\quad c_1 - c_2 = b,\quad c_1 = (a+b)/2,\quad c_2 = (a-b)/2$

故映射函數為

$$z = \frac{a+b}{2}\,w + \frac{a-b}{2}\,\frac{1}{w} \tag{5.145}$$

此映射函數與式 (5.139) 完全相同。

雙極座標與直角座標之變換關係為 (見第 2 章習題三第七題之說明)

$$x = \frac{a\sinh v}{\cosh v - \cos u},\quad y = \frac{a\sin u}{\cosh v - \cos u}\qquad (0 \le u \le 2\pi,\ -\infty \le v \le \infty) \tag{5.146}$$

直線 $u = c_1$ 對應 z 平面圓心在 y 軸之圓：　$x^2 + (y - a\cot c_1)^2 = a^2\csc^2 c_1$

直線 $v = c_2$ 對應 z 平面圓心在 x 軸之圓：　$(x - a\coth c_2)^2 + y^2 = a^2\operatorname{csch}^2 c_2$

直角座標之雙圓族如圖 5.66 所示，其圓心與半徑可藉調整參數 a, c_1, c_2 而定。

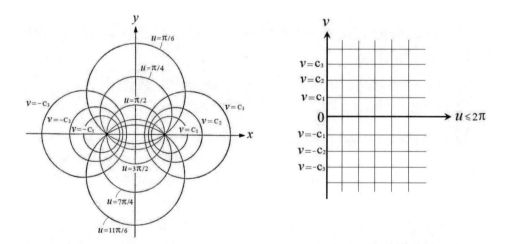

圖 5.66　z 平面上之對稱雙圓族　　　　圖 5.67　w 平面上與座標軸平行之直線族

設 $z = f(w)$ 將 z 平面之對稱雙圓族映射為 w 平面與 u, v 軸平行之直線族，則

$$f(w) = f(u + iv) = x + iy = a \left(\frac{\sinh v}{\cosh v - \cos u} + i \frac{\sin u}{\cosh v - \cos u} \right)$$

令 $u = 0$, 則　$w = iv, v = -w,$　$f(iv) = a \dfrac{\sinh v}{\cosh v - 1}$

運用式 (5.40a) 與以下恆等式：

$$\sinh(-iw) = -i \sin w, \qquad \cosh(-iw) = \cos w$$

$$\sin w = 2 \sin \frac{w}{2} \cos \frac{w}{2}, \qquad \sin^2 \frac{w}{2} = \frac{1 - \cos w}{2}$$

$$\Rightarrow \quad f(w) = a \frac{\sinh(-iw)}{\cosh(-iw) - 1} = -ia \frac{\sin w}{\cos w - 1} = ia \cot \frac{w}{2}$$

將 z 平面之雙圓族映射為 w 平面上與座標平行之直線族 (圖 5.67) 之映射函數為

$$z = f(w) = ia \cot \frac{w}{2} \tag{5.147}$$

5.23. 保角映射下Laplace方程式之解析

考慮二維恆態溫度分布問題，控制方程式為Laplace方程式：$\nabla^2 T = 0$。

Laplace 方程式經保角映射仍為 Laplace 方程式，若問題定義域之邊界條件複雜，難以求解，可設法將定義域以保角映射為簡單規則的區域，在複數平面求解，求得 w 平面之解後，代入 z 平面與 w 平面之座標對應關係，即得問題之解。

例：考慮含圓洞之半平面區域之恆態溫度分布，如圖 5.68 左邊之圖所示，在直線邊界之溫度為 100℃，在圓洞邊界之溫度為 50℃。

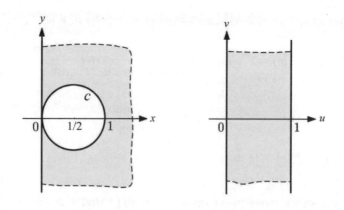

圖 5.68　$z=1/w$ 將含圓洞之右半平面區域映射為右半平面長條區域

此問題為求解溫度分布 $T(x, y)$ 以適合 Laplace 方程式：

$$\nabla^2 T = \frac{\partial^2 T}{\partial x^2} + \frac{\partial^2 T}{\partial y^2} = 0$$

邊界條件為　$T(0, y) = 100°, \ |y| < \infty$

$T(x, y) = 50°, \ (x, y)$ 為邊界 C: $(x - 1/2)^2 + y^2 = 1/4$ 上之點

此問題之定義域與邊界條件難以直角座標簡明地表達，以致不易在實數域求解。第 5.18 節曾證明倒影映射之映射函數 $z = 1/w$ 可將 z 平面上含圓洞之右半平面區域映射為 w 平面之右半平面長條區域，邊界 $x = 0$ 與邊界 C 映射至 w 平面分別為直線 $u = 0$ 與 $u = 1$，如圖 5.68 右邊之圖所示。

經保角映射 $z = 1/w$，Laplace 方程式在 w 平面仍為 Laplace 方程式，而問題的邊界條件簡化為 $T(0, v) = 100℃, T(1, v) = 50℃$。據此，在 w 平面溫度分布 $T(u, v)$ 之控制方程式為

$$\nabla^2 T = \frac{\partial^2 T}{\partial u^2} + \frac{\partial^2 T}{\partial v^2} = 0$$

邊界條件為　$T(0, v) = 100°, \quad T(1, v) = 50°$

在 w 平面上之溫度分布為　$T = T(u, v) = 100 - 50u$

由映射函數 $z = 1/w$，得 w 平面與 z 平面之座標對應關係為

$$u = \frac{x}{x^2 + y^2}, \qquad v = -\frac{y}{x^2 + y^2}$$

將此關係代入 $T(u, v)$，即得問題之解：

$$T = T(x, y) = 100 - \frac{50x}{x^2 + y^2}$$

例：考慮含有偏心圓洞之圓形區域之恆態溫度分布，如圖 5.69 左邊之圖所示，圓周 C_2 之溫度為 $50°$，偏心圓邊界 C_1: $(x - 1/4)^2 + y^2 = 1/16$ 之溫度為 $0°$。

雙線性變換映射函數

$$w = \frac{z - a}{az - 1}, \qquad a = 2 + \sqrt{3}$$

將 z 平面含有偏心圓洞之圓形區域映射為 w 平面之同心圓，如圖 5.69 右邊之圖所示，兩者邊界的對應關係為

偏心圓邊界 C_1: $|z - 1/4| = 1/4$ 與外圓邊界 C_1': $|w| = a$ 對應。

單位圓邊界 C_1: $|z| = 1$ 與內圓邊界 C_2': $|w| = 1$ 對應。

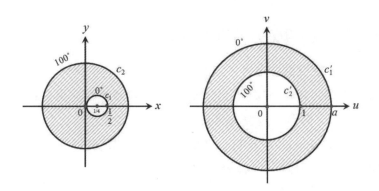

圖 5.69　$w=(z-a)/(az-1)$ 將含偏心圓洞之圓形區域映射為同心圓

在 w 平面上問題之控制方程式與邊界條件以極座標 (ρ, φ) 表示為

$$\frac{\partial^2 T}{\partial \rho^2} + \frac{1}{\rho}\frac{\partial T}{\partial \rho} + \frac{1}{\rho^2}\frac{\partial^2 T}{\partial \varphi^2} = 0 \qquad (1 < \rho < a, \ 0 \leq \varphi \leq 2\pi)$$

$$T(1, \varphi) = 100, \quad T(a, \varphi) = 0$$

運用分離變數法可求得 w 平面之解為

$$T = T(\rho, \varphi) = 100\left(1 - \frac{\ln \rho}{\ln a}\right)$$

$\because \ \rho = (u^2 + v^2)^{1/2}$，此式兩邊取對數得 $\quad \ln \rho = \dfrac{1}{2}\ln(u^2 + v^2)$

$$\Rightarrow \quad T = T(u, v) = 100\left[1 - \frac{\ln(u^2 + v^2)}{2\ln a}\right]$$

由映射函數 $w = (z - a)/(az - 1)$，w 平面與 z 平面的座標關係為

$$u = \frac{(ax - 1)(x - a) + ay^2}{(ax - 1)^2 + a^2 y^2}, \qquad v = \frac{(a^2 - 1)y}{(ax - 1)^2 + a^2 y^2}$$

將此對應關係代入 $T(u, v)$，即得問題之解 $T(x, y)$。

　　第 4 章曾以分離變數法求得在圓盤邊界溫度為給定的條件下，圓盤內部的溫度分布，並將其解以 Poisson's 積分式表示，本章第 5.6 節運用 Cauchy 積分公式亦推導出相同之解。設解析函數 $w = f(z)$ 將 z 平面之任意形狀之單連通區域變換為 w 平面之單位圓 $w = e^{i\varphi}$ $(\rho = 1)$，函數 $T(1, \varphi)$ 為單位圓邊界 $\rho = 1$ 的溫度，單位圓內部的溫度分布可以用 Poisson's 積分式表示為

$$T(\rho, \varphi) = \frac{1}{2\pi}\int_0^{2\pi} \frac{1 - \rho^2}{1 - 2\rho\cos(\psi - \varphi) + \rho^2}\, T(1, \psi)\, d\psi \qquad (\rho < 1) \tag{5.148}$$

　　由保角映射 $w = f(z)$ 可得座標 (ρ, φ) 與 z 平面直角座標 (x, y) 或極座標 (r, θ) 之對應關係，將此關係代入式 (5.148)，可得任意單連通區域之恆態溫度分布 $T(x, y)$ 或 $T(r, \theta)$。

習題十四

1.　令式 (5.136) 所表示之圖影映射中之參數 $n = 1/m = 8, 12, 16$；　$a > 0$，繪出 w 平面之單位圓所對應之 z 平面圖形。

2.　心臟線 (cardioid) 之參數方程式為

直角座標：　$x = 5c/3 + r \cos \theta$,　$y = r \sin \theta$；　極座標：　$r = 2c (1 - \cos \theta)$

其中參數 (r, θ) 之原點為心臟線梗點，如圖 5.70 所示。

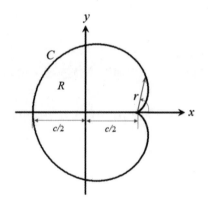

圖 5.70　心臟線

將 r 代入 x, y，令 $z = x + iy$，說明以下映射函數將心臟線映射為 w 平面之單位圓內部 $|w| \le 1$

$$z = 5c/3 - c (1 - w)^2$$

反變換為　$w = 1 + i (r/c)^{1/2} e^{i\theta/2}$　$(0 \le \theta \le 2\pi)$

其中　$z = 5c/3 + re^{i\theta}$,　$w = u + iv = Re^{i\varphi}$

3. 以保角映射將 z 平面之上半平面映射為 w 平面之單位圓,解析有關半平面之恆態溫度分布問題,邊界條件分別為

   (a) $T(x, 0) = 100,\ |x| < 1;\quad T(x, 0) = 0,\ |x| > 1$

   (b) $T(x, 0) = x/(x^2 + 1)$

4. 雙線性變換

$$w = \frac{z - a}{az - 1}, \quad a = (7 + 2\sqrt{6})/5$$

   將 z 平面上含兩圓洞 $|z| < 1$,$|z - 5/2| < 1/2$ 之區域映射至 w 平面,解析此區域之恆態溫度分布。
   設邊界條件為圓洞邊界 $|z| = 1$: $T(x, y) = 50$;圓洞邊界 $|z - 5/2| = 1/2$, $T(x, y) = 100$

5. 保角映射 $w = \mathrm{Log}\,z$ 將 z 平面上半徑為 a,圓心角為 α 之扇形映射至 w 平面,設兩直線側邊溫度為給定,圓弧邊為絕緣,邊界條件為

$$T(r, 0) = 0, \quad T(r, \alpha) = 100, \quad (\partial T/\partial n)_{r = a} = 0$$

   求解扇形區域之恆態溫度分布。

第 6 章

變分法與應用

　　長久以來，科學家認為自然界的狀態經連續變化成為另一種狀態，其中的作用量最小，大自然有所謂的最小作用量原理 (principle of least action)，例如：在重力作用下，自由落體由空中落到地面最短的路徑為直線，如此做功最小；向空中投放的物體在引力作用下會沿著阻力最小的路徑落下；光線從一點至另一點遵循所需時間最短的路徑；經濟行為與商業活動講求以最低的成本獲取最大的利益；類似問題的數學模式都是求某種形式目標函數之極大或極小的極值問題。

　　若極值問題的目標函數是連續函數，一般得以微積分方法解析；若目標函數為積分形式，其中有待定函數及其各階導數，微積分方法即不敷使用，必需以一種有效的數學方法解析，這種方法便是變分法。

　　變分法之英文名稱為 Calculus of Variations (變分微積分)，顧名思義，其基本理論是根據微積分發展而來。變分問題之歷史可溯至古希臘時代，當時地主思考的一個問題是：如何以有限的柵欄界定領地，使土地的面積越大越好？以文字表述此問題是：在周長一定的封閉曲線中，那種曲線所包圍的面積最大？這是一個在約束條件下求泛函數極值的問題，變分理論中所謂的等周問題 (isoperimetric problem)。在變分法開展之前，類似問題並未以明確的數學形式呈現，全憑猜想與經驗解決，第 6.8 節將以變分法解析等周問題。

　　本章從闡述幾個簡明的變分問題開始，說明變分的定義與基本性質以及運算法則，從而推導各種形式的泛函數變分之 Euler-Lagrange 方程式，解析在約束條件下泛函數之極值問題，並由質點之運動軌跡之變分推展 Hamilton 原理及其應用，最後說明如何將常見的微分方程式轉換為等效變分問題，以及如何運用 Ritz 法與 Galerkin 法求解，並以若干實例展示變分直接解法之應用。

6.1. 變分問題

1. 平面上兩點間之最短距離

　　眾所周知，平面上兩點之間的最短距離是連接兩點的直線，此一公理可建構為變分問題，加以證明。

　　設連接 xy 平面上兩點 (x_1, y_1) 與 (x_2, y_2) 之曲線為 $y = y(x)$, $x_1 \leq x \leq x_2$，則弧長

元素為

$$dl = [1 + (y')^2]^{1/2} \, dx$$

曲線 $y = y(x)$ 之全長為

$$L = \int_{x_1}^{x_2} [1 + (y')^2]^{1/2} \, dx \tag{6.1}$$

此問題之數學模式為在滿足 $y(x_1) = y_1,\ y(x_2) = y_2$ 條件下，求函數 $y(x)$ 使積分式 L 之值為極小。第 6.4 節將以變分法證明平面上兩點間的最短距離為直線。

2. 表面積最小之旋轉體

連接平面上兩點的曲線有無數條，各曲線繞固定軸旋轉所產生的旋轉體之表面積大小不同，什麼曲線所產生的旋轉體之表面積最小？

設連接 xy 平面上兩點 (x_1, y_1) 與 (x_2, y_2) 之曲線為 $y = y(x),\ x_1 \le x \le x_2$，以 x 軸為旋轉軸，則旋轉體之表面積元素為

$$dS = 2\pi y dl = 2\pi y [1 + (y')^2]^{1/2} \, dx$$

旋轉體之表面積為

$$S = \int_{x_1}^{x_2} 2\pi y \, [1 + (y')^2]^{1/2} \, dx \tag{6.2}$$

此問題之數學模式為在滿足 $y(x_1) = y_1,\ y(x_2) = y_2$ 條件下，求函數 $y(x)$ 使積分式 S 之值為極小。第 6.4 節將以變分法求得使旋轉體表面積最小的曲線為懸垂線 (catenary)。

3. 最速降線問題

16 世紀末 Johann Bernoulli (1667-1748) 解決了著名的最速降線問題，變分法研究隨之拓展。此問題如下：

連接 xy 平面上兩點 A 與 B 的平滑曲線中，一顆靜止的珠子在重力下由同一垂直面上之 A 點沿曲線滑降至 B 點，若不計摩擦力，珠子沿著什麼曲線降至 B

點所需的時間最短？

　　直覺上，平面上兩點之間的最短距離為直線，最速降線應該是連接 A, B 兩點的直線，解析與實驗結果並非如此。

　　設 xy 平面上 A, B 兩點，起點 A 定為原點，終點 B 之座標為 (x_b, y_b)，y 軸向下為正，最速降線為 $y = y(x), (0 \leq x \leq x_b)$，珠子從 A 點沿曲線滑動到 B 點的瞬時速度為 v，則由 A 點至 B 點所需的時間為

$$T = \int_A^B \frac{ds}{v} = \int_0^{x_b} \frac{[1 + (y')^2]^{1/2}}{v} \, dx \tag{6.3}$$

其中珠子之瞬時速度與所在位置 y 有關。

　　珠子之運動須符合能量守恆定律：

$$\frac{1}{2} mv^2 - \frac{1}{2} mv_a^2 = mg\,(y - y_a) \tag{6.4}$$

其中 m 為珠子之質量；v_a, y_a 為珠子在 A 點之速度與位置。

　　設珠子由靜止開始滑動，$v_a = 0$, 位能之基準點為 $y_a = 0$，由式 (6.4) 得

$$v = \sqrt{2gy}$$

代入式 (6.3)，得以下含待定函數 y(x) 及其導數的積分式：

$$T = \frac{1}{\sqrt{2g}} \int_0^{x_b} \frac{[1 + (y')^2]^{1/2}}{y^{1/2}} \, dx \tag{6.5}$$

　　最速降線問題之數學模式為：在滿足 $y(0) = 0, y(x_b) = y_b$ 條件下，求函數 y(x) 使 T 值為極小。第 6.4 節將以變分法求得最速降線為擺線 (cycloid)。

　　以上三個例子之通式為在滿足 $y(a) = y_a, y(b) = y_b$ 條件下，求函數 y(x) 使積分式

$$I = \int_a^b F(x, y, y') \, dx \qquad (a < x < b) \tag{6.6}$$

之值為極小的變分問題，其中 $F(x, y, y')$ 稱為 Lagrange 函數，其形式已知，I 稱為泛函數 (functional)。

函數表示在向量空間之變量與變量的關係，泛函數表示在函數空間之變量與函數的關係；簡言之，泛函數為函數的函數，可視為廣義的函數。

式 (6.6) 之泛函數為積分形式，其中只有一個自變數 x，求其極值是最基本的變分問題。直接的解法是，假設一組函數 $y_m(x)$ $(m = 1, 2, \cdots, n)$，代入式 (6.6) 求得對應的 I_m 值，一個函數對應一個 I 值，在所有 I_m 值中，最小的一個可視為相對極小 (relative minimum)。顯然，這種試誤法不可能窮盡所有的函數，無法求得 I 之絕對極小 (absolute minimum)。若將未知函數 $y(x)$ 以適當的級數表示，代入式 (6.6) 逐步求取泛函數 I 之極小，或可有系統地求得問題的近似解。基於此思維，發展出各種變分之直接解法，第 6.10 節說明其中最常用的 Ritz 法與 Galerkin 法。

以下由求式 (6.6) 之泛函數極值著手，建構變分的數學基礎與解析方法。

6.2. 變分之基本性質與運算

設使式 (6.6) 之 I 值為絕對極小之函數為 $y(x)$，定義其變分為

$$\delta y(x) = \widetilde{y}(x) - y(x) \tag{6.7}$$

其中符號 δ 為變分運算子 (variation operator)，函數上之「~」符號代表該函數之近似，則近似函數 $\widetilde{y}(x)$ 為

$$\widetilde{y}(x) = y(x) + \delta y(x) \tag{6.8}$$

以下說明變分運算之性質。

首先，自變數與已知函數為給定的，不能近似，其變分為零，故變分運算的基本法則是

$$\delta(\text{自變數}) = 0, \qquad \delta(\text{已知函數}) = 0 \tag{6.9}$$

其次，變分與微分之運算次序可交換 (commutative)；變分與積分之運算次序亦可交換。證明如下：

$$設 \quad y(x) \equiv \frac{d}{dx} f(x) \tag{6.10}$$

則近似函數 $\tilde{y}(x)$ 為近似函數 $\tilde{f}(x)$ 之導數：

$$\tilde{y}(x) = \frac{d}{dx} \tilde{f}(x) = \frac{d}{dx} [f(x) + \delta f(x)] = \frac{d}{dx} f(x) + \frac{d}{dx} [\delta f(x)] \tag{6.11}$$

根據式 (6.8) 與式 (6.10) 之定義，$y(x)$ 之近似為

$$\tilde{y}(x) = y(x) + \delta y(x) \equiv \frac{d}{dx} f(x) + \delta \left[\frac{d}{dx} f(x) \right] \tag{6.12}$$

比較式 (6.11) 與式 (6.12)，得

$$\delta \left[\frac{d}{dx} f(x) \right] = \frac{d}{dx} [\delta f(x)] \tag{6.13}$$

此式表示變分與微分之運算次序可交換。

$$設 \quad y(x) = \int f(x) dx \tag{6.14}$$

則近似函數 $\tilde{y}(x)$ 為近似函數 $\tilde{f}(x)$ 之積分：

$$\tilde{y}(x) = \int \tilde{f}(x) dx = \int [f(x) + \delta f(x)] dx = \int f(x) dx + \int \delta f(x) dx \tag{6.15}$$

根據式 (6.8) 與式 (6.14) 之定義，$y(x)$ 之近似為

$$\tilde{y}(x) = y(x) + \delta y(x) \equiv \int f(x) dx + \delta \int f(x) dx \tag{6.16}$$

比較式 (6.15) 與式 (6.16)，得

$$\delta \int f(x) \, dx = \int \delta f(x) \, dx \tag{6.17}$$

此式表示變分與積分之運算次序可交換。

考慮兩個變數的函數 $f(x, y)$，以符號 Δ 表示相差量，則

$$\Delta f = f(x + \Delta x, y + \Delta y) - f(x, y)$$

$$= f(x + \Delta x, y + \Delta y) - f(x, y + \Delta y) + f(x, y + \Delta y) - f(x, y)$$

$$= \frac{f(x + \Delta x, y + \Delta y) - f(x, y + \Delta y)}{\Delta x} \Delta x + \frac{f(x, y + \Delta y) - f(x, y)}{\Delta y} \Delta y \qquad (6.18)$$

令 $\Delta x \to 0, \Delta y \to 0$，則

$$\lim_{\Delta x \to 0} \frac{f(x + \Delta x, y + \Delta y) - f(x, y + \Delta y)}{\Delta x} = \frac{\partial f}{\partial x}$$

$$\lim_{\Delta y \to 0} \frac{f(x, y + \Delta y) - f(x, y)}{\Delta y} = \frac{\partial f}{\partial y}$$

取式 (6.18) 之極限，得函數 $f(x, y)$ 之全微分為

$$df = \frac{\partial f}{\partial x} dx + \frac{\partial f}{\partial y} dy \qquad (6.19)$$

此式不論 x 與 y 是否為自變數，恆成立。

以此類推，函數 $F(x, y, y')$ 之全微分為

$$dF = \frac{\partial F}{\partial x} dx + \frac{\partial F}{\partial y} dy + \frac{\partial F}{\partial y'} dy' \qquad (6.20)$$

定義函數 $F(x, y, y')$ 之變分為

$$\delta F = \frac{\partial F}{\partial y} \delta y + \frac{\partial F}{\partial y'} \delta y' \qquad (6.21)$$

此式與 $F(x, y, y')$ 之全微分相比，其中無 $(\partial F/\partial x)\, \delta x$ 項，因 x 為自變數，故 $\delta x = 0$, $(\partial F/\partial x)\, \delta x = 0$。

變分之定義可推廣至多個變數之函數，例如：

$$u = u(x, y), \quad v = v(x, y), \quad u_x \equiv \partial u/\partial x, \quad v_y \equiv \partial v/\partial y, \quad u_{xy} \equiv \partial^2 u/\partial x \partial y$$

其中 x, y 為自變數，則 $F(x, y, u, v, u_x, v_y, u_{xy})$ 之變分為

$$\delta F = \frac{\partial F}{\partial u}\,\delta u + \frac{\partial F}{\partial v}\,\delta v + \frac{\partial F}{\partial u_x}\,\delta u_x + \frac{\partial F}{\partial v_y}\,\delta v_y + \frac{\partial F}{\partial u_{xy}}\,\delta u_{xy}$$

$$= \frac{\partial F}{\partial u}\,\delta u + \frac{\partial F}{\partial v}\,\delta v + \frac{\partial F}{\partial u_x}\,\frac{\partial}{\partial x}\,(\delta u) + \frac{\partial F}{\partial v_y}\,\frac{\partial}{\partial y}\,(\delta v) + \frac{\partial F}{\partial u_{xy}}\,\frac{\partial^2}{\partial x\partial y}\,(\delta u)$$

設 $F_1 = F_1\,(x, y, y')$, $F_2 = F_2\,(x, y, y')$，由變分之定義可證明下列變分運算公式：

$$\delta(F_1 \pm F_2) = \delta F_1 \pm \delta F_2 \tag{6.22}$$

$$\delta(F_1 F_2) = \delta(F_2 F_1) = F_1\,\delta F_2 + F_2\,\delta F_1 \tag{6.23}$$

$$\delta\left(\frac{F_1}{F_2}\right) = \frac{F_2\,\delta F_1 - F_1\,\delta F_2}{F_2^2} \tag{6.24}$$

$$\delta(F^n) = nF^{n-1}\,\delta F \tag{6.25}$$

以下證明式 (6.23)，其餘留作習題。

$$\delta(F_1 F_2) = \frac{\partial(F_1 F_2)}{\partial y}\,\delta y + \frac{\partial(F_1 F_2)}{\partial y'}\,\delta y'$$

$$= \left(F_2\,\frac{\partial F_1}{\partial y}\,\delta y + F_1\,\frac{\partial F_2}{\partial y}\,\delta y\right) + \left(F_1\,\frac{\partial F_2}{\partial y'}\,\delta y' + F_2\,\frac{\partial F_1}{\partial y'}\,\delta y'\right)$$

$$= F_2\left(\frac{\partial F_1}{\partial y}\,\delta y + \frac{\partial F_1}{\partial y'}\,\delta y'\right) + F_1\left(\frac{\partial F_2}{\partial y}\,\delta y + \frac{\partial F_2}{\partial y'}\,\delta y'\right)$$

$$= F_2\,\delta F_1 + F_1\,\delta F_2$$

由以上推演可知，除自變數與已知函數的變分為零之法則外，變分運算與微分運算法則類似，運算公式 (6.22) − (6.25) 亦適用於多變數函數。

舉例而言，若 x 為自變數，$y = y(x)$ 為未知函數, $f(x)$ 為已知函數，則

1. $\delta(y^2) = 2y\delta y$

2. $\delta[(y')^3] = 3\,(y')^2\delta y' = 3(y')^2\,\dfrac{d}{dx}\,(\delta y)$

3. $\delta[f(x)\sin y] = f(x)\cos y\,\delta y$

4. $\delta(y'\cos y) = \cos y\,\delta y' - y'\sin y\,\delta y = \cos y\,\dfrac{d}{dx}\,(\delta y) - y'\sin y\,\delta y$

若 $\varphi = \varphi(x, y),\ \varphi_x \equiv \partial\varphi/\partial x,\ \varphi_y \equiv \partial\varphi/\partial y;\ a,\,b,\,c$ 為常數，則

$$\delta(a\varphi_x^2 + b\varphi_x\varphi_y + c\varphi_y^2) = 2a\varphi_x\delta\varphi_x + b(\varphi_y\delta\varphi_x + \varphi_x\delta\varphi_y) + 2c\varphi_y\delta\varphi_y$$

$$= 2a\varphi_x\,\frac{\partial}{\partial x}\,(\delta\varphi) + b\left[\varphi_y\,\frac{\partial}{\partial x}\,(\delta\varphi) + \varphi_x\,\frac{\partial}{\partial y}\,(\delta\varphi)\right] + 2c\varphi_y\,\frac{\partial}{\partial y}\,(\delta\varphi)$$

函數 $F(x, y, y')$ 之二階變分為

$$\delta^2 F = \delta(\delta F) = \frac{\partial(\delta F)}{\partial y}\,\delta y + \frac{\partial(\delta F)}{\partial y'}\,\delta y'$$

$$= \frac{\partial}{\partial y}\left(\frac{\partial F}{\partial y}\,\delta y + \frac{\partial F}{\partial y'}\,\delta y'\right)\delta y + \frac{\partial}{\partial y'}\left(\frac{\partial F}{\partial y}\,\delta y + \frac{\partial F}{\partial y'}\,\delta y'\right)\delta y'$$

$$= \left[\frac{\partial}{\partial y}\left(\frac{\partial F}{\partial y}\right)\delta y + \frac{\partial F}{\partial y}\,\frac{\partial}{\partial y}\,(\delta y) + \frac{\partial}{\partial y}\left(\frac{\partial F}{\partial y'}\right)\delta y' + \frac{\partial F}{\partial y'}\,\frac{\partial}{\partial y}\,(\delta y')\right]\delta y$$

$$+ \left[\frac{\partial}{\partial y'}\left(\frac{\partial F}{\partial y}\right)\delta y + \frac{\partial F}{\partial y}\,\frac{\partial}{\partial y'}\,(\delta y) + \frac{\partial}{\partial y'}\left(\frac{\partial F}{\partial y'}\right)\delta y' + \frac{\partial F}{\partial y'}\,\frac{\partial}{\partial y'}\,(\delta y')\right]\delta y'$$

$$= \left(\frac{\partial^2 F}{\partial y^2}\,\delta y + \frac{\partial^2 F}{\partial y\partial y'}\,\delta y'\right)\delta y + \left(\frac{\partial^2 F}{\partial y'\partial y}\,\delta y + \frac{\partial^2 F}{\partial y'^2}\,\delta y'\right)\delta y'$$

$$= \frac{\partial^2 F}{\partial y^2}\,(\delta y)^2 + 2\,\frac{\partial^2 F}{\partial y\partial y'}\,(\delta y)\,(\delta y') + \frac{\partial^2 F}{\partial y'^2}\,(\delta y')^2 \qquad (6.26)$$

其中 $\delta y,\ \delta y'$ 與 $y,\ y'$ 無關，故

$$\frac{\partial}{\partial y}\,(\delta y) = \frac{\partial}{\partial y}\,(\delta y') = \frac{\partial}{\partial y'}\,(\delta y) = \frac{\partial}{\partial y'}\,(\delta y') = 0$$

函數 $F(x, y, y')$ 之三階變分為

$$\delta^3 F \equiv \delta(\delta^2 F) = \frac{\partial(\delta^2 F)}{\partial y} \delta y + \frac{\partial(\delta^2 F)}{\partial y'} \delta y'$$

$$= \frac{\partial}{\partial y} \left[\frac{\partial^2 F}{\partial y^2} (\delta y)^2 + 2 \frac{\partial^2 F}{\partial y \partial y'} \delta y \delta y' + \frac{\partial^2 F}{\partial y'^2} (\delta y')^2 \right] \delta y$$

$$+ \frac{\partial}{\partial y'} \left[\frac{\partial^2 F}{\partial y'^2} (\delta y)^2 + 2 \frac{\partial^2 F}{\partial y \partial y'} \delta y \delta y' + \frac{\partial^2 F}{\partial y'^2} (\delta y')^2 \right] \delta y'$$

$$= \frac{\partial^3 F}{\partial y^3} (\delta y)^3 + 3 \frac{\partial^3 F}{\partial y^2 \partial y'} (\delta y)^2 \delta y' + 3 \frac{\partial^3 F}{\partial y \partial y'^2} \delta y (\delta y')^2 + \frac{\partial^3 F}{\partial y'^3} (\delta y')^3 \qquad (6.27)$$

6.3. 泛函數之極值

考慮泛函數

$$I = \int_a^b F(x, y, y') \, dx \qquad (a < x < b) \tag{6.28}$$

近似函數 $\tilde{y}(x)$ 所對應的近似值 $\tilde{I}$ 與函數 $y(x)$ 所對應的極值 I 之差為

$$\Delta I = \tilde{I} - I = \int_a^b \left[F(x, \tilde{y}, \tilde{y}') - F(x, y, y') \right] dx = \int_a^b \Delta F dx \tag{6.29}$$

將 ΔF 以 Taylor 展開式表示，再將 $\delta F, \delta^2 F, \delta^3 F$ 各式代入，得

$$\Delta F = F(x, \tilde{y}, \tilde{y}') - F(x, y, y') = F(x, y + \delta y, y' + \delta y') - F(x, y, y')$$

$$= \frac{\partial F}{\partial y} \delta y + \frac{\partial F}{\partial y'} \delta y' + \frac{1}{2!} \left[\frac{\partial^2 F}{\partial y^2} (\delta y)^2 + 2 \frac{\partial^2 F}{\partial y \partial y'} \delta y \delta y' + \frac{\partial^2 F}{\partial y'^2} (\delta y')^2 \right]$$

$$+ \frac{1}{3!} \left[\frac{\partial^3 F}{\partial y^3} (\delta y)^3 + 3 \frac{\partial^3 F}{\partial y^2 \partial y'} (\delta y)^2 \delta y' + 3 \frac{\partial^3 F}{\partial y \partial y'^2} \delta y (\delta y')^2 + \frac{\partial^3 F}{\partial y'^3} (\delta y')^3 \right] + \cdots$$

$$= \delta F + \frac{1}{2!} \delta^2 F + \frac{1}{3!} \delta^3 F + \cdots \tag{6.30}$$

利用變分與積分運算可交換的性質，式 (6.29) 變為

$$\Delta I = \int_a^b \Delta F \, dx = \int_a^b \left(\delta F + \frac{1}{2!} \, \delta^2 F + \frac{1}{3!} \, \delta^3 F + \cdots \right) dx$$

$$= \int_a^b \delta F \, dx + \int_a^b \frac{1}{2!} \, \delta^2 F \, dx + \int_a^b \frac{1}{3!} \, \delta^3 F \, dx + \cdots$$

$$= \delta \int_a^b F \, dx + \frac{1}{2!} \, \delta^2 \int_a^b F \, dx + \frac{1}{3!} \, \delta^3 \int_a^b F \, dx + \cdots$$

$$= \delta I + \frac{1}{2!} \, \delta^2 I + \frac{1}{3!} \, \delta^3 I + \cdots \tag{6.31}$$

I 之變分為

$$\delta I = \delta \int_a^b F \, dx = \int_a^b \delta F \, dx = \int_a^b \left(\frac{\partial F}{\partial y} \, \delta y + \frac{\partial F}{\partial y'} \, \delta y' \right) dx$$

$$= \int_a^b \frac{\partial F}{\partial y} \, \delta y dz + \int_a^b \frac{\partial F}{\partial y'} \, \frac{d}{dx} \, (\delta y) \, dx$$

$$= \int_a^b \frac{\partial F}{\partial y} \, \delta y dx + \left[\frac{\partial F}{\partial y'} \, \delta y \right]_a^b - \int_a^b \frac{d}{dx} \left(\frac{\partial F}{\partial y'} \right) \delta y dx$$

$$= \int_a^b \left[\frac{\partial F}{\partial y} - \frac{d}{dx} \left(\frac{\partial F}{\partial y'} \right) \right] \delta y dx + \left[\frac{\partial F}{\partial y'} \, \delta y \right]_a^b \tag{6.32}$$

其中之推演運用了分部積分以及變分與積分微分運算次序可交換的性質。

I 之二階變分為

$$\delta^2 I = \int_a^b \delta^2 F \, dx = \int_a^b \left[\frac{\partial^2 F}{\partial y^2} \, (\delta y)^2 + 2 \, \frac{\partial^2 F}{\partial y \partial y'} \, \delta y \delta y' + \frac{\partial^2 F}{\partial y'^2} \, (\delta y')^2 \right] dx \tag{6.33}$$

其中右邊第二項可運用分部積分變為

$$\int_a^b 2\frac{\partial^2 F}{\partial y \partial y'}\,\delta y \delta y' dx = \int_a^b 2\,\frac{\partial^2 F}{\partial y \partial y'}\,\delta y\,\frac{d}{dx}\,(\delta y)\,dx = \int_a^b \frac{\partial^2 F}{\partial y \partial y'}\,\frac{d}{dx}\,(\delta y)^2 dx$$

$$= \left[\frac{\partial^2 F}{\partial y \partial y'}\,(\delta y)^2\right]_a^b - \int_a^b \frac{d}{dx}\,\left(\frac{\partial^2 F}{\partial y \partial y'}\right)(\delta y)^2 dx$$

則式 (6.33) 變為

$$\delta^2 I = \int_a^b \left[\frac{\partial^2 F}{\partial y^2}\,(\delta y)^2 - \frac{d}{dx}\,\left(\frac{\partial^2 F}{\partial y \partial y'}\right)(\delta y)^2 + \frac{\partial^2 F}{\partial y'^2}\,(\delta y')^2\right] dx + \left[\frac{\partial^2 F}{\partial y \partial y'}\,(\delta y)^2\right]_a^b \quad (6.34)$$

其中積分式各項為 δy 與 $\delta y'$ 之平方，其正負不隨 δy 與 $\delta y'$ 之正負而變。

若 I 為相對極小，則任何近似之 I 必大於 I，　即　$\tilde{I} - I > 0$，故

$$\Delta I = \tilde{I} - I = \delta I + \frac{1}{2!}\,\delta^2 I + \frac{1}{3!}\,\delta^3 I + \cdots > 0 \quad (6.35)$$

若 I 為相對極大，符號「>」(大於) 改為「<」(小於) 即可。

由於 δI 之正負隨 δy 之正負而變，$\delta^2 I$ 與 $\delta^3 I$ 為 $\delta y, \delta y'$ 之高次項，若無論 δy 之正負與大小，式 (6.35) 恆成立，則必

$$\delta I = 0 \quad (6.36)$$

此為 I 有極值的必要條件。

當 I 有極值，式 (6.35) 變為

$$\Delta I = \frac{1}{2!}\,\delta^2 I + \frac{1}{3!}\,\delta^3 I + \cdots > 0 \quad (6.37)$$

其中 $\delta^2 I$ 之正負不隨 $\delta y, \delta y'$ 之正負而變，而 ΔI 之正負不受 $\delta^3 I$ 等高次項影響，故 I 有極大或極小的充分條件為

$$\begin{cases} \delta^2 I > 0 & \text{則 } I \text{ 為極小} \\ \delta^2 I < 0 & \text{則 } I \text{ 為極大} \end{cases} \quad (6.38)$$

根據必要條件 $\delta I = 0$ 得到的極值，往往可由問題的物理意義判斷是極小或極大，無需由充分條件決定。

當 $\delta I = 0$, 由式 (6.32) 得對應式 (6.28) 的 Euler-Lagrange 方程式與邊界條件：

$$\frac{d}{dx}\left(\frac{\partial F}{\partial y'}\right) - \frac{\partial F}{\partial y} = 0 \qquad (a < x < b) \tag{6.39}$$

$$\left[\frac{\partial F}{\partial y'}\,\delta y\right]_a^b = 0 \tag{6.40}$$

由式 (6.40) 可知在 $x = a, b$ 兩端須符合以下條件之一：

$$\delta y = 0 \quad 或 \quad \frac{\partial F}{\partial y'} = 0 \tag{6.41}$$

其中 $\delta y = 0$ 表示函數 $y(x)$ 在端點是給定的，不能近似，稱之為本質邊界條件 (essential boundary condition)；而 $\partial F/\partial y' = 0$ 是由變分而來，與假設的近似函數無關，稱之為自然邊界條件 (natural boundary condition)。若以近似方法求解，假設的試誤函數 (trial function) 必須滿足本質邊界條件，無需滿足自然邊界條件。

區分本質邊界條件與自然邊界條件的簡易方式是：若邊界值問題的微分方程式階數為 $2m$，以未知函數及其 $m - 1$ 階導數表示的條件是本質邊界條件，高於未知函數 $m - 1$ 階導數的條件是自然邊界條件。舉例而言，梁彎曲問題的微分方程式為 4 階，假設的試誤函數必須滿足以 y 與 y' 表示的本質邊界條件，但不一定要滿足以 y'' 與 y''' 表示的自然邊界條件。

若 $F = F(y, y')$, $y = y(x)$, F 為 x 之隱函數，則

$$\frac{dF}{dx} = \frac{\partial F}{\partial x} + \frac{\partial F}{\partial y}\frac{dy}{dx} + \frac{\partial F}{\partial y'}\frac{dy'}{dx} = \frac{\partial F}{\partial y}y' + \frac{\partial F}{\partial y'}\frac{dy'}{dx} \tag{6.42}$$

將 Euler 方程式 (6.39) 代入式 (6.42)，得

$$\frac{dF}{dx} = \frac{d}{dx}\left(\frac{\partial F}{\partial y'}\right)y' + \frac{\partial F}{\partial y'}\frac{dy'}{dx} = \frac{d}{dx}\left(\frac{\partial F}{\partial y'}y'\right) \tag{6.43}$$

積分此式得

$$F = \frac{\partial F}{\partial y'} y' + k \tag{6.44}$$

其中 k 為待定常數。

當 F 為 x 之隱函數，以式 (6.44) 取代 Euler-Lagrange 方程式 (10.39)，可簡化求解 $y(x)$ 之過程，稍後舉例說明。

6.4. 範例

泛函數

$$I = \int_a^b [p(x)\, y'^2 + q(x)\, y^2 + 2f(x)\, y]\, dx \tag{6.45}$$

有極值之必要條件為

$$\delta I = \delta \int_a^b [p(x)\, y'^2 + q(x)\, y^2 + 2f(x)\, y]\, dx = 0$$

經以下變分運算

$$\int_a^b \delta[py'^2 + qy^2 + 2fy]\, dx = \int_a^b [p\delta(y'^2) + q\delta(y^2) + 2f\delta y]\, dx$$

$$= 2\int_a^b (py'\delta y' + qy\delta y + f\delta y)\, dx$$

$$= 2\,[py'\delta y]_a^b - 2\int_a^b \frac{d}{dx}(py')\, \delta y dx + 2\int_a^b (qy + f)\, \delta y dx$$

$$= 2\,[py'\delta y]_a^b - 2\int_a^b [(py')' - qy - f]\, \delta y dx = 0$$

得 Euler-Lagrange 方程式：

$$(py')' - qy = f \qquad (a < x < b) \tag{6.46}$$

以及 $x = a, b$ 兩端須符合之條件：

$$py'\delta y = 0 \tag{6.47}$$

若 $p \neq 0$，則必 $y' = 0$ 或 $\delta y = 0$; $y' = 0$ 為自然邊界條件，$\delta y = 0$ 表示函數 $y(x)$ 在端點為已知，此為本質邊界條件。

若邊界值問題之微分方程式為

$$(py')' - qy = f \qquad (a < x < b) \tag{6.48}$$

是否有對應的泛函數與容許的邊界條件？換言之，是否可將式 (6.48) 轉換為等效變分問題？

考慮恆等式

$$\int_a^b [(py')' - qy - f]\, \delta y\, dx = 0 \tag{6.49}$$

將此式之第一項作分部積分如下：

$$\int_a^b (py')'\, \delta y\, dx = [py'\delta y]_a^b - \int_a^b py'\, \frac{d}{dx}(\delta y)\, dx$$

$$= [py'\delta y]_a^b - \int_a^b py'\delta y'\, dx = [py'\delta y]_a^b - \int_a^b \frac{1}{2} p\delta(y'^2)\, dx$$

則式 (6.49) 變為

$$\int_a^b [(py')' - qy - f]\, \delta y\, dx = [py'\delta y]_a^b - \frac{1}{2}\int_a^b [\delta(py'^2) + \delta(qy^2) + 2\delta(fy)]\, dx$$

$$= [py'\delta y]_a^b - \frac{1}{2}\delta\int_a^b (py'^2 + qy^2 + 2fy)\, dx = 0$$

此式恆成立，則必

$$\delta\int_a^b \left(py'^2 + qy^2 + 2fy\right) dx = 0$$

以及 $x = a, b$ 兩端須符合之條件： $\quad py'\delta y = 0$

　　由此可見，微分方程式 (6.48) 可轉換為等效變分問題，對應的泛函數為式 (6.45)，容許的邊界條件為式 (6.47)。

　　已知梁彎曲問題之微分方程式為

$$EIy'''' = q(x) \qquad (0 < x < l) \tag{6.50}$$

考慮恆等式

$$\int_0^l (EIy'''' - q)\, \delta y\, dx = 0 \tag{6.51}$$

將此式之第一項作分部積分如下：

$$\int_0^l EIy''''\delta y\, dx = [EIy'''\delta y]_0^l - \int_0^l EIy'''\delta y'\, dx$$

$$= [EI\, y'''\delta y]_0^l - [EIy''\delta y']_0^l + \int_0^l EIy''\delta y''\, dx$$

$$= [EIy'''\delta y]_0^l - [EIy''\delta y']_0^l + \int_0^l \frac{1}{2}\, EI\delta(y'')^2\, dx$$

則式 (6.51) 變為

$$\delta \int_0^l \left[\frac{1}{2}\, EI(y'')^2 - qy \right] dx + [EIy'''\delta y]_0^l - [EIy''\delta y']_0^l = 0$$

此式恆成立，則必

$$\delta \int_0^l \left[\frac{1}{2}\, EI(y'')^2 - qy \right] dx = 0 \tag{6.52}$$

以及 $x = 0,\, l$ 兩端須符合下列條件：

$$EIy'''\delta y = 0, \qquad EIy''\delta y' = 0 \tag{6.53}$$

梁彎曲問題之泛函數為

$$I = \int_0^l \left[\frac{1}{2} EI(y'')^2 - qy \right] dx \tag{6.54}$$

由式 (6.53) 推知，本質邊界條件為 $\delta y = 0$ 與 $\delta y' = 0$，亦即給定位移 y 與斜率 y' 之幾何邊界條件；自然邊界條件為 $EIy'' = 0$ 與 $EIy''' = 0$，亦即彎矩與剪力之受力邊界條件。

以下解析第 6.1 節提出的三個變分問題。

1. 平面上兩點間之最短距離

平面上兩點之間最短距離問題之泛函數為

$$I = \int_{x_1}^{x_2} [1 + (y')^2]^{1/2} dx \tag{6.55}$$

邊界條件為 $y(x_1) = y_1,\ y(x_2) = y_2$。

I 為極小值之 Euler-Lagrange 方程式為

$$\frac{d}{dx}\left(\frac{y'}{[1 + (y')^2]^{1/2}} \right) = 0 \tag{6.56}$$

將此式積分得

$$\frac{y'}{\sqrt{1 + (y')^2}} = c \quad \Rightarrow \quad y' = \frac{c}{\sqrt{1 + c^2}} = 常數 \tag{6.57}$$

積分此式，得 xy 平面之直線方程式：$y = c_1 x + c_2$，其中常數 c_1, c_2 由邊界條件 $y(x_1) = y_1, y(x_2) = y_2$ 決定。

2. 表面最小之旋轉體

此問題之泛函數為

$$I = \int_{x_1}^{x_2} 2\pi y [1 + (y')^2]^{1/2} dx \tag{6.58}$$

邊界條件為 $y(x_1) = y_1,\ y(x_2) = y_2$。

式 (6.58) 中 $F = F(y, y')$ 為 x 之隱函數，由式 (6.44) 得

$$y = c\,[1 + (y')^2]^{1/2} \quad (c = k/2\pi) \tag{6.59}$$

此式亦可由 Euler-Lagrange 方程式 (6.39) 求得，推導如下：

將 $F = 2\pi y\,[1 + (y')^2]^{1/2}$ 代入式 (10.39)，得

$$\frac{d}{dx}\left(\frac{yy'}{[1 + (y')^2]^{1/2}}\right) - [1 + (y')^2]^{1/2} = 0 \tag{6.60}$$

化簡此式得

$$yy'' - (y')^2 - 1 = 0 \tag{6.61}$$

令 $y' = p$，則

$$y'' = \frac{dp}{dx} = \frac{dp}{dy}\frac{dy}{dx} = p\,\frac{dp}{dy}$$

式 (6.61) 變為

$$yp\,\frac{dp}{dy} - (p^2 + 1) = 0 \quad \Rightarrow \quad \frac{dy}{y} = \frac{p\,dp}{p^2 + 1}$$

積分此式，得

$$y = c\,(1 + p^2)^{1/2} = c\,[1 + (y')^2]^{1/2}$$

此即式 (6.59)。式 (6.59) 可分解為　$y = c\,[1 + (y')^2]^{1/2} \quad (c = k/2\pi)$

$$\frac{dy}{(y^2 - c^2)^{1/2}} = \frac{dx}{c}$$

將此式兩邊積分，得

$$\int \frac{dy}{(y^2 - c^2)^{1/2}} = \frac{x}{c} + c' \tag{6.62}$$

令　$y = c \cosh \theta$，則

$$\theta = \cosh^{-1}(y/c), \qquad dy = c \sinh\theta d\theta, \qquad \cosh^2\theta - \sinh^2\theta = 1$$

式 (6.62) 變為

$$\int d\theta = x/c + c' \quad \Rightarrow \quad \theta = x/c + c'$$

由此得 xy 平面上曲線方程式：

$$y = c \cosh (x/c + c') \tag{6.63}$$

其中常數 c, c' 由邊界條件 $y(x_1) = y_1, \; y(x_2) = y_2$ 決定。

式 (6.63) 代表的曲線為懸掛於兩點間自然下垂的懸垂線 (catenary)。

3. 最速降線問題

此問題之泛函數為

$$I = \frac{1}{\sqrt{2g}} \int_0^{x_b} \frac{[1 + (y')^2]^{1/2}}{y^{1/2}} \, dx \tag{6.64}$$

邊界條件為 $y(0) = 0, \; y(x_b) = y_b$。

式 (6.64) 中 $F = F(y, y')$ 為 x 之隱函數，由式 (6.44) 得

$$\frac{[1 + (y')^2]^{1/2}}{y^{1/2}} = \frac{(y')^2}{y^{1/2}[1 + (y')^2]^{1/2}} + k \tag{6.65}$$

令 $k = a^2$，得

$$\frac{dy}{dx} = \frac{(a-y)^{1/2}}{y^{1/2}} \quad \Rightarrow \quad dx = \frac{y^{1/2}}{(a-y)^{1/2}} \, dy \tag{6.66}$$

將式 (6.66) 兩邊積分，得

$$x = \int \frac{y^{1/2}}{(a-y)^{1/2}} \, dy + c \tag{6.67}$$

　　由邊界條件 $y(0) = 0$, $y(x_b) = y_b$ 可決定其中之常數 a, c, 從而可得在 xy 平面上最速降線之曲線方程式 $y = y(x)$。

　　此曲線可用參數 $x = x(\theta)$, $y = y(\theta)$, $\theta_a < \theta < \theta_b$ 表示，其中待定參數 θ_a 與 θ_b 分別對應於 A 點與 B 點之座標。

$$\text{令} \quad y = a(1 - \cos \theta) = 2a \sin^2 (\theta/2) \quad (\theta_a < \theta < \theta_b) \tag{6.68}$$

將此式兩邊對 x 微分，得

$$\frac{dy}{dx} = a \sin \theta \, \frac{d\theta}{dx} \tag{6.69}$$

將式 (6.68) 與式 (6.69) 代入式 (6.66)，得

$$\frac{dx}{d\theta} = a \, (1 - \cos \theta) \tag{6.70}$$

將此式對 θ 積分，得

$$x = a \, (\theta - \sin \theta) + c \tag{6.71}$$

其中之常數 a, c 以及參數 θ_a 與 θ_b 由邊界條件 $y(0) = 0$, $y(x_b) = y_b$ 決定。

　　將 $y(0) = 0$ 代入式 (6.69) 與式 (6.72)，得

$$\begin{cases} a \, (\theta_a - \sin \theta_a) + c = 0 \\ a \, (1 - \cos \theta_a) = 0 \end{cases}$$

可解得 $\theta_a = 0$, $c = 0$。

　　將 $y(x_b) = y_b$ 代入式 (6.68) 與式 (6.71)，得

$$x_b = a \, (\theta_b - \sin \theta_b), \qquad y_b = a \, (1 - \cos \theta_b)$$

　　據此，將參數 a 與 θ_b 以 B 點之座標 (x_b, y_b) 表示，得最速降線之參數表示式：

$$\begin{cases} x = a \, (\theta - \sin \theta) \\ y = a \, (1 - \cos \theta) \end{cases} \quad (\theta_a < \theta < \theta_b) \tag{6.72}$$

　　式 (6.72) 代表的曲線為擺線 (cycloid)；擺線是在圓沿直線滾動時，圓邊緣上一固定點滑過的軌跡。曾有多人設計實驗以驗證最速降線理論，以圖 6.1 所示之曲線為例，擺線為最速降線，而珠子沿著直線下降最慢。

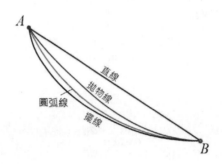

圖 6.1　連接 *A, B* 兩點之曲線中，擺線為最速降線

6.5. 含高階導數之泛函數

　　考慮一個自變數的泛函數，其中含有待定函數 $y(x)$ 及其導數如下：

$$I = \int_{x_1}^{x_2} F(x, y, y', y'') \, dx \tag{6.73}$$

泛函數 I 有極值之必要條件為 $\delta I = 0$,

$$\delta I = \int_{x_1}^{x_2} \delta F(x, y, y', y'') \, dx = \int_{x_1}^{x_2} \left(\frac{\partial F}{\partial y} \delta y + \frac{\partial F}{\partial y'} \delta y' + \frac{\partial F}{\partial y''} \delta y'' \right) dx = 0 \tag{6.74}$$

將上式相關項作部分積分如下：

$$\int_{x_1}^{x_2} \frac{\partial F}{\partial y'} \delta y' \, dx = \left[\frac{\partial F}{\partial y'} \delta y \right]_{x_1}^{x_2} - \int_{x_1}^{x_2} \frac{d}{dx} \left(\frac{\partial F}{\partial y'} \right) \delta y \, dx$$

$$\int_{x_1}^{x_2} \frac{\partial F}{\partial y''} \delta y'' \, dx = \left[\frac{\partial F}{\partial y''} \delta y' \right]_{x_1}^{x_2} - \int_{x_1}^{x_2} \frac{d}{dx} \left(\frac{\partial F}{\partial y''} \right) \delta y' dx$$

$$= \left[\frac{\partial F}{\partial y''} \delta y' \right]_{x_1}^{x_2} - \left[\frac{d}{dx} \left(\frac{\partial F}{\partial y''} \right) \delta y \right]_{x_1}^{x_2} + \int_{x_1}^{x_2} \frac{d^2}{dx^2} \left(\frac{\partial F}{\partial y''} \right) \delta y dx$$

代入 $\delta I = 0$，整理得

$$\int_{x_1}^{x_2} \left[\frac{\partial F}{\partial y} - \frac{d}{dx} \left(\frac{\partial F}{\partial y'} \right) + \frac{d^2}{dx^2} \left(\frac{\partial F}{\partial y''} \right) \right] \delta y dx + \left[\left(\frac{\partial F}{\partial y'} - \frac{d}{dx} \left(\frac{\partial F}{\partial y''} \right) \right) \delta y \right]_{x_1}^{x_2}$$

$$+ \left[\frac{\partial F}{\partial y''} \delta y' \right]_{x_1}^{x_2} = 0 \qquad\qquad (6.75)$$

由此恆等式得 Euler-Lagrange 方程式與兩端須符合之條件如下：

$$\frac{\partial F}{\partial y} - \frac{d}{dx} \left(\frac{\partial F}{\partial y'} \right) + \frac{d^2}{dx^2} \left(\frac{\partial F}{\partial y''} \right) = 0 \qquad (x_1 < x < x_2) \qquad (6.76)$$

$$\left[\left(\frac{\partial F}{\partial y'} - \frac{d}{dx} \left(\frac{\partial F}{\partial y''} \right) \right) \delta y \right]_{x_1}^{x_2} = 0 \quad 與 \quad \left[\frac{\partial F}{\partial y''} \delta y' \right]_{x_1}^{x_2} = 0 \qquad (6.77)$$

進而推得 $x = x_1, \, x = x_2$ 兩端項符合的邊界條件：

$y(x)$ 為給定 (本質邊界條件)　或　$\dfrac{\partial F}{\partial y'} - \dfrac{d}{dx} \left(\dfrac{\partial F}{\partial y''} \right) = 0$ (自然邊界條件)

以及 $y'(x)$ 為給定 (本質邊界條件)　或　$\partial F / y'' = 0$ (自然邊界條件)

類此，考慮含有待定函數 $y(x)$ 及其 n 階導數之泛函數如下：

$$I = \int_{x_1}^{x_2} F(x, y, y', y'' \cdots y^{(n)}) \, dx \qquad (6.78)$$

$$\delta I = \int_{x_1}^{x_2} \delta F(x, y, y', y'' \cdots y^{(n)}) \, dx$$

$$= \int_{x_1}^{x_2} \left(\frac{\partial F}{\partial y} \delta y + \frac{\partial F}{\partial y'} \delta y' + \frac{\partial F}{\partial y''} \delta y'' + \cdots + \frac{\partial F}{\partial y^{(n)}} \delta y^{(n)} \right) dx = 0 \qquad (6.79)$$

利用部分積分關係：

$$\int_{x_1}^{x_2} \delta y^{(n)} \frac{\partial F}{\partial y^{(m)}} \, dx = \delta y^{(n-1)} \frac{\partial F}{\partial y^{(m)}} \bigg|_{x_1}^{x_2} - \int_{x_1}^{x_2} \delta y^{(n-1)} \frac{\partial F}{\partial y^{(m)}} \, dx \tag{6.80}$$

將上式第 2, 3, ……n 項逐次作部分積分，可得 Euler-Lagrange 方程式：

$$\frac{\partial F}{\partial y} - \frac{d}{dx}\left(\frac{\partial F}{\partial y'}\right) + \frac{d^2}{dx^2}\left(\frac{\partial F}{\partial y''}\right) - \cdots + (-1)^n \frac{d^n}{dx^n}\left(\frac{\partial F}{\partial y^{(n)}}\right) = 0 \tag{6.81}$$

式 (6.81) 是一個自變數為 x 的 $2n$ 階常微分方程式，配合 $2n$ 個邊界條件解 $y(x)$，可求得使泛函數 I 為極值之函數。

6.6. 含數個因變數之泛函數

考慮含有待定函數 $x(t)$, $y(t)$, $z(t)$ 的泛函數如下：

$$I = \int_0^{t_1} F(x, y, z, \dot{x}, \dot{y}, \dot{z}, t) \, dt \qquad (0 \le t \le t_1) \tag{6.82}$$

其中函數 $x(t)$, $y(t)$, $z(t)$ 之二階導數存在，$\dot{x} \equiv dx/dx, \dot{y} \equiv dy/dt, \dot{z} \equiv dz/dt$。

泛函數 I 有極值之必要條件為 $\delta I = 0$,

$$\delta I = \int_0^{t_1} \left(\frac{\partial F}{\partial x} \delta x + \frac{\partial F}{\partial \dot{x}} \delta \dot{x} + \frac{\partial F}{\partial y} \delta y + \frac{\partial F}{\partial \dot{y}} \delta \dot{y} + \frac{\partial F}{\partial z} \delta z + \frac{\partial F}{\partial \dot{z}} \delta \dot{z} \right) dt = 0 \tag{6.83}$$

將上式相關項作部分積分，可得

$$\delta I = \int_{x_1}^{x_2} \left\{ \left[\frac{\partial F}{\partial x} - \frac{d}{dt}\left(\frac{\partial F}{\partial \dot{x}}\right) \right] \delta x + \left[\frac{\partial F}{\partial y} - \frac{d}{dt}\left(\frac{\partial F}{\partial \dot{y}}\right) \right] \delta y + \left[\frac{\partial F}{\partial z} - \frac{d}{dt}\left(\frac{\partial F}{\partial \dot{z}}\right) \right] \delta z \right\} dt$$

$$+ \left[\left(\frac{\partial F}{\partial \dot{x}}\right) \delta x \right]_{t_1}^{t_2} + \left[\left(\frac{\partial F}{\partial \dot{y}}\right) \delta y \right]_{t_1}^{t_2} + \left[\left(\frac{\partial F}{\partial \dot{z}}\right) \delta z \right]_{t_1}^{t_2} = 0 \tag{6.84}$$

其中變分 $\delta x, \delta y, \delta z$ 為任意，上式恆成立，則必

$$\frac{\partial F}{\partial x} - \frac{d}{dt}\left(\frac{\partial F}{\partial \dot{x}}\right) = 0, \qquad \frac{\partial F}{\partial y} - \frac{d}{dt}\left(\frac{\partial F}{\partial \dot{y}}\right) = 0, \qquad \frac{\partial F}{\partial z} - \frac{d}{dt}\left(\frac{\partial F}{\partial \dot{z}}\right) = 0 \qquad (6.85)$$

以及在 $t = 0$, $t = t_1$ 須符合的條件：

$$x(t), \quad y(t), \quad z(t) \text{ 為已知 （本質邊界條件）}$$

$$\text{或} \quad \frac{\partial F}{\partial \dot{x}} = 0, \qquad \frac{\partial F}{\partial \dot{y}} = 0, \qquad \frac{\partial F}{\partial \dot{z}} = 0 \quad \text{（自然邊界條件）}$$

6.7. 含二個以上自變數之泛函數

考慮泛函數

$$I = \iint_A F(x, y, u, v, u_x, u_y, v_x, v_y) \, dxdy \qquad (6.86)$$

其中待定函數 $u = u(x, y)$, $v = v(x, y)$ 在區域 A 為連續可微。

由 I 有極值之必要條件 $\delta I = 0$，經運算如下：

$$\delta I = \iint_A \left(\frac{\partial F}{\partial u_y}\,\delta u + \frac{\partial F}{\partial v}\,\delta v + \frac{\partial F}{\partial u_x}\,\delta u_x + \frac{\partial F}{\partial u_y}\,\delta u_y + \frac{\partial F}{\partial v_x}\,\delta v_x + \frac{\partial F}{\partial v_y}\,\delta v_y\right) dxdy$$

$$= \iint_A \left(\frac{\partial F}{\partial u}\,\delta u + \frac{\partial F}{\partial u_x}\,\delta u_x + \frac{\partial F}{\partial u_y}\,\delta u_y\right) dxdy$$

$$+ \iint_A \left(\frac{\partial F}{\partial v}\,\delta v + \frac{\partial F}{\partial v_x}\,\delta v_x + \frac{\partial F}{\partial v_y}\,\delta v_y\right) dxdy = 0 \qquad (6.87)$$

運用第 1 章之 Green 定理，將式 (6.87) 中之 δu_x, δu_y 與 δv_x, δv_y 項化為 δu 與 δv 之項，式 (6.87) 變為

$$\iint_A \left[\frac{\partial F}{\partial u_y} - \frac{\partial}{\partial u_x}\left(\frac{\partial F}{\partial u_x}\right) - \frac{\partial}{\partial u_y}\left(\frac{\partial F}{\partial u_y}\right)\right] \delta u \, dxdy - \oint_C \left(\frac{\partial F}{\partial u_x}\,\frac{dy}{ds} - \frac{\partial F}{\partial u_y}\,\frac{dx}{ds}\right) \delta u \, ds$$

$$+ \iint_A \left[\frac{\partial F}{\partial v} - \frac{\partial}{\partial v_x}\left(\frac{\partial F}{\partial v_x}\right) - \frac{\partial}{\partial v_y}\left(\frac{\partial F}{\partial v_y}\right)\right] \delta v \, dxdy - \oint_C \left(\frac{\partial F}{\partial v_x}\,\frac{dy}{ds} - \frac{\partial F}{\partial v_y}\,\frac{dx}{ds}\right) \delta v \, ds = 0$$

其中變分 $\delta u, \delta v$ 為任意。此式恆成立，則必

$$\frac{\partial F}{\partial u_y} - \frac{\partial}{\partial u_x}\left(\frac{\partial F}{\partial u_x}\right) - \frac{\partial}{\partial u_y}\left(\frac{\partial F}{\partial u_y}\right) = 0 \tag{6.88}$$

$$\frac{\partial F}{\partial v} - \frac{\partial}{\partial v_x}\left(\frac{\partial F}{\partial v_x}\right) - \frac{\partial}{\partial v_y}\left(\frac{\partial F}{\partial v_y}\right) = 0 \tag{6.89}$$

與在區域 A 之邊界 C 須符合的邊界條件：

$$u, v \text{ 為已知 (本質邊界條件)}$$

或 $\quad \dfrac{\partial F}{\partial u_x}\dfrac{dy}{ds} - \dfrac{\partial F}{\partial u_y}\dfrac{dx}{ds} = 0, \quad \dfrac{\partial F}{\partial v_x}\dfrac{dy}{ds} - \dfrac{\partial F}{\partial v_y}\dfrac{dx}{ds} = 0 \quad$ (自然邊界條件)

考慮泛函數：$\quad I = \iiint_\Omega F(x, y, z, w, w_x, w_y, w_z)\, d\Omega \tag{6.90}$

其中待定函數 $w = w(x, y, z)$ 在區域 Ω 為連續可微，$d\Omega = dxdydz$。

由 I 有極值之必要條件 $\delta I = 0$，經變分運算如下：

$$\delta I = \iiint_\Omega \left(\frac{\partial F}{\partial w}\delta w + \frac{\partial F}{\partial w_x}\delta w_x + \frac{\partial F}{\partial w_y}\delta w_y + \frac{\partial F}{\partial w_z}\delta w_z\right) d\Omega = 0 \tag{6.91}$$

運用第 1 章之 Gauss 散度定理，將式 (6.91) 之 $\delta w_x, \delta w_y, \delta w_z$ 項化為 δw 之項：

$$\iiint_\Omega \left(\frac{\partial F}{\partial w_x}\frac{\partial}{\partial x}\delta w + \frac{\partial F}{\partial w_y}\frac{\partial}{\partial y}\delta w + \frac{\partial F}{\partial w_z}\frac{\partial}{\partial z}\delta w\right) d\Omega$$

$$= \iiint_\Omega \left[\frac{\partial}{\partial x}\left(\frac{\partial F}{\partial w_x}\delta w\right) + \frac{\partial F}{\partial w_y}\left(\frac{\partial}{\partial y}\delta w\right) + \frac{\partial F}{\partial w_z}\left(\frac{\partial}{\partial z}\delta w\right)\right] d\Omega$$

$$- \iiint_\Omega \left[\frac{\partial}{\partial x}\left(\frac{\partial F}{\partial w_x}\right) + \frac{\partial}{\partial y}\left(\frac{\partial F}{\partial w_y}\right) + \frac{\partial}{\partial z}\left(\frac{\partial F}{\partial w_z}\right)\right] \delta w\, d\Omega$$

$$= \oiint_s \left(\frac{\partial F}{\partial w_x}n_x + \frac{\partial F}{\partial w_y}n_y + \frac{\partial F}{\partial w_z}n_z\right) \delta w d\Omega$$

$$- \iiint_\Omega \left[\frac{\partial}{\partial x}\left(\frac{\partial F}{\partial w_x}\right) + \frac{\partial}{\partial y}\left(\frac{\partial F}{\partial w_y}\right) + \frac{\partial}{\partial z}\left(\frac{\partial F}{\partial w_z}\right)\right] \delta w\, d\Omega$$

其中 $\mathbf{n} = n_x\,\mathbf{i} + n_y\,\mathbf{j} + n_z\,\mathbf{k}$ 為區域 Ω 之表面 S 之向外法線向量，則式 (6.91) 變為

$$\iiint_\Omega \left[\frac{\partial F}{\partial w} - \frac{\partial}{\partial x}\left(\frac{\partial F}{\partial w_x}\right) - \frac{\partial}{\partial y}\left(\frac{\partial F}{\partial w_y}\right) - \frac{\partial}{\partial z}\left(\frac{\partial F}{\partial w_z}\right) \right] \delta w\,d\Omega$$

$$+ \oiint_S \left(\frac{\partial F}{\partial w_x}\,n_x + \frac{\partial F}{\partial w_y}\,n_y + \frac{\partial F}{\partial w_z}\,n_z \right) \delta w\,d\Omega = 0 \qquad (6.92)$$

其中變分 δw 為任意。

式 (6.92) 恆成立，則必

$$\frac{\partial F}{\partial w} - \frac{\partial}{\partial x}\left(\frac{\partial F}{\partial w_x}\right) - \frac{\partial}{\partial y}\left(\frac{\partial F}{\partial w_y}\right) - \frac{\partial}{\partial z}\left(\frac{\partial F}{\partial w_z}\right) = 0 \qquad (6.93)$$

在區域 Ω 之表面 S 須符合之邊界條件為：

  w 為設定　(本質邊界條件)

或　$\dfrac{\partial F}{\partial w_x}\,n_x + \dfrac{\partial F}{\partial w_y}\,n_y + \dfrac{\partial F}{\partial w_z}\,n_z = 0$　(自然邊界條件)

考慮泛函數

$$I = \iiint_\Omega (\varphi_x^2 + \varphi_y^2 + \varphi_z^2)\,d\Omega \qquad (6.94)$$

其中　$\varphi_x = \dfrac{\partial \varphi}{\partial x},\quad \varphi_y = \dfrac{\partial \varphi}{\partial y},\quad \varphi_z = \dfrac{\partial \varphi}{\partial z}$

由 I 有極值之必要條件 $\delta I = 0$，經運算如下：

$$\delta I = 2 \iiint_\Omega (\varphi_x\,\delta\varphi_x + \varphi_y\,\delta\varphi_y + \varphi_z\,\delta\varphi_z)\,d\Omega = 0 \qquad (6.95)$$

運用 Gauss 散度定理，將式 (6.95) 之 $\delta\varphi_x, \delta\varphi_y, \delta\varphi_z$ 項化為 $\delta\varphi$ 之項，得

$$\iiint_\Omega (\varphi_{xx} + \varphi_{yy} + \varphi_{zz})\,\delta\varphi\,d\Omega - \oiint_S (\varphi_x\,n_x + \varphi_y\,n_y + \varphi_z\,n_z)\,\delta\varphi\,d\Omega = 0 \qquad (6.96)$$

其中 $\mathbf{n} = n_x\,\mathbf{i} + n_y\,\mathbf{j} + n_z\,\mathbf{k}$ 為區域 Ω 之表面 S 之向外法線法向量。

式 (6.96) 恆成立，則必

$$\varphi_{xx} + \varphi_{yy} + \varphi_{zz} = \nabla^2 \varphi = 0 \tag{6.97}$$

其中 $\nabla^2 = \dfrac{\partial^2}{\partial x^2} + \dfrac{\partial^2}{\partial y^2} + \dfrac{\partial^2}{\partial z^2}$ 為 Laplacian 運算子。

在區域 Ω 之表面 S 須符合之邊界條件為：

φ 為設定　(本質邊界條件)

或　$\varphi_x\, n_x + \varphi_y\, n_y + \varphi_z\, n_z = 0$　(自然邊界條件)

6.8. 在約束條件下之泛函數、Lagrange 乘子法

第 6.1 節曾探討平面上的曲線繞 x 軸旋轉形成之旋轉體的最小表面積，其變分泛函數為

$$I = \int_{x_1}^{x_2} 2\pi y\, [1 + (y')^2]^{1/2}\, dx$$

若該曲線為定長 l，則

$$l = \int_{x_1}^{x_2} [1 + (y')^2]^{1/2}\, dx$$

此變分問題為在滿足約束條件下，尋求使 I 值為極小的函數 $y(x)$。

首先解析簡單的泛函數在約束條件下之變分問題，考慮泛函數如下：

$$I = \int_{x_1}^{x_2} F(x, y, y')\, dx, \qquad y(x_1) = y_1, \quad y(x_2) = y_2, \tag{6.98}$$

約束條件為代數方程式：　$\varphi(x, y) = 0$ \tag{6.99}

根據 I 有極值之必要條件 $\delta I = 0$ 可推導得

$$\int_{x_1}^{x_2} \left[\frac{\partial F}{\partial y} - \frac{d}{dx} \left(\frac{\partial F}{\partial y'} \right) \right] \delta y dx = 0 \tag{6.100}$$

由於問題的泛函數受約束條件限制，δy 並非任意，不能由式 (6.100) 直接推論出 Euler-Lagrange 方程式。

約束條件 $\varphi(x, y) = 0$ 之變分為

$$\delta\varphi(x, y) = \frac{\partial \varphi}{\partial y} \delta y = 0$$

引入待定的 Lagrange 乘子 λ，將上式乘以 λ，作以下積分：

$$\int_{x_1}^{x_2} \lambda \left(\frac{\partial \varphi}{\partial y} \delta y \right) dx = 0 \tag{6.101}$$

將式 (6.100) 與式 (6.101) 相加，得

$$\int_{x_1}^{x_2} \left[\frac{\partial F}{\partial y} - \frac{d}{dx} \left(\frac{\partial F}{\partial y'} \right) + \lambda \frac{\partial \varphi}{\partial y} \right] \delta y dx = 0 \tag{6.102}$$

其中 δy 雖非任意，但可設 λ 滿足

$$\frac{\partial F}{\partial y} - \frac{d}{dx} \left(\frac{\partial F}{\partial y'} \right) + \lambda \frac{\partial \varphi}{\partial y} = 0 \tag{6.103}$$

則式 (6.102) 恆成立。

由式 (6.103) 與約束條件式 (6.99) 配合邊界條件，可解 $y(x)$ 與 λ。

考慮泛函數

$$I = \int_{x_1}^{x_2} F(x, u, v, u_x, v_x) \, dx \qquad 約束條件為 \quad \varphi(x, u, v) = 0 \tag{6.104}$$

其中 $u = u(x), v = v(x), u_x = \partial u/\partial x, v_x = \partial v/\partial x$

由 $\delta I = 0$ 可得

$$\int_{x_1}^{x_2} \left\{ \left[\frac{\partial F}{\partial u} - \frac{d}{dx} \left(\frac{\partial F}{\partial u_x} \right) \right] \delta u + \left[\frac{\partial F}{\partial v} - \frac{d}{dx} \left(\frac{\partial F}{\partial v_x} \right) \right] \delta v \right\} dx = 0 \tag{6.105}$$

將 $\varphi(x, u, v) = 0$ 之變分乘以 λ，再作積分，與式 (6.105) 相加得

$$\int_{x_1}^{x_2} \left\{ \left[\frac{\partial F}{\partial u} - \frac{d}{dx} \left(\frac{\partial F}{\partial u_x} \right) + \lambda \frac{\partial \varphi}{\partial u} \right] \delta u + \left[\frac{\partial F}{\partial v} - \frac{d}{dx} \left(\frac{\partial F}{\partial v_x} \right) + \lambda \frac{\partial \varphi}{\partial v} \right] \delta v \right\} dx = 0 \quad (6.106)$$

其中 $\delta u, \delta v$ 兩者之一為任意。

設待定的 λ 滿足 $\qquad \dfrac{\partial F}{\partial u} - \dfrac{d}{dx} \left(\dfrac{\partial F}{\partial u_x} \right) + \lambda \dfrac{\partial \varphi}{\partial u} = 0$ $\qquad$ (6.107)

則式 (6.106) 之 δv 可任意。

欲式 (6.106) 恆成立，則必

$$\frac{\partial F}{\partial v} - \frac{d}{dx} \left(\frac{\partial F}{\partial v_x} \right) + \lambda \frac{\partial \varphi}{\partial v} = 0 \qquad (6.108)$$

由式 (6.107) 與 (6.108) 以及約束條件 $\varphi(x, u, v) = 0$ 三個聯立方程式，配合邊界條件，可決定 $u(x), v(x)$ 與 Lagrange 乘子 λ。

式 (6.107) 與式 (6.108) 可設輔助泛函數：$H = F + \lambda \varphi$，視 H 沒有約束條件，由 $\delta H = 0$ 直接推導出。

推廣以上，考慮泛函數含數個因變數之變分：

$$I = \int_{x_1}^{x_2} F(t, u_1, u_2, \cdots u_n, \dot{u}_1, \dot{u}_2, \cdots \dot{u}_n) \, dt \qquad (6.109)$$

約束條件為 m 個代數方程式：

$$\varphi_k = \varphi_k(t, u_1, u_2, \cdots u_n, \dot{u}_1, \dot{u}_2, \cdots \dot{u}_n) = 0 \quad (k = 1, 2, \cdots, m) \qquad (6.110)$$

其中 $\quad u_k = u_k(t), \quad \dot{u}_k \equiv du_k/dt \quad (k = 1, 2, \cdots, n)$

約束條件為代數方程式或微分方程式，其數目必須少於待定函數 $(m < n)$，否則無法求解。

根據 Lagrange 乘子法，設輔助泛函數：$\quad H = F + \displaystyle\sum_{k=1}^{m} \lambda_k \varphi_k$ $\qquad$ (6.111)

可由 $\delta H = 0$ 推導出以下 Euler-Lagrange 方程式：

$$\frac{\partial H}{\partial u_k} - \frac{d}{dt}\left(\frac{\partial H}{\partial \dot{u}_k}\right) = 0 \quad (k = 1, 2, \cdots, n) \tag{6.112}$$

$$\Rightarrow \quad \frac{\partial F}{\partial u_k} - \frac{d}{dt}\left(\frac{\partial F}{\partial \dot{u}_k}\right) + \sum_{k=1}^{m} \lambda_k \left[\frac{\partial \varphi_k}{\partial u_k} - \frac{d}{dt}\left(\frac{\partial \varphi_k}{\partial \dot{u}_k}\right)\right] = 0 \quad (k = 1, 2, \cdots, n) \tag{6.113}$$

由 n 個微分方程式 (6.113) 與 m 個約束條件配合邊界條件，可決定 n 個 $u_k(t)$ 與 m 個 Lagrange 乘子 λ_k。

考慮泛函數： $\qquad I = \displaystyle\int_{x_1}^{x_2} F(x, u, v, u_x, v_x)\, dx \tag{6.114}$

約束條件之形式與泛函數相同：

$$J = \int_{x_1}^{x_2} G(x, u, v, u_x, v_x)\, dx = k \tag{6.115}$$

其中 F, G 為 2 階導數存在之已知函數，k 為已知常數。

由泛函數 I, J 之變分可得

$$\delta I = \int_{x_1}^{x_2} \left\{\left[\frac{\partial F}{\partial u} - \frac{d}{dx}\left(\frac{\partial F}{\partial u_x}\right)\right]\delta u + \left[\frac{\partial F}{\partial v} - \frac{d}{dx}\left(\frac{\partial F}{\partial v_x}\right)\right]\delta v\right\} dx = 0 \tag{6.116}$$

$$\delta J = \int_{x_1}^{x_2} \left\{\left[\frac{\partial G}{\partial u} - \frac{d}{dx}\left(\frac{\partial G}{\partial u_x}\right)\right]\delta u + \left[\frac{\partial G}{\partial v} - \frac{d}{dx}\left(\frac{\partial G}{\partial v_x}\right)\right]\delta v\right\} dx = 0 \tag{6.117}$$

將式 (6.117) 乘以待定的參數 λ，再與式 (6.116) 相加，得

$$\int_{x_1}^{x_2} \left\{\frac{\partial F}{\partial u} - \frac{d}{dx}\left(\frac{\partial F}{\partial u_x}\right) + \lambda\left[\frac{\partial G}{\partial u} - \frac{d}{dx}\left(\frac{\partial G}{\partial u_x}\right)\right]\right\} \delta u dx$$

$$+ \int_{x_1}^{x_2} \left\{\frac{\partial F}{\partial v} - \frac{d}{dx}\left(\frac{\partial F}{\partial v_x}\right) + \lambda\left[\frac{\partial G}{\partial v} - \frac{d}{dx}\left(\frac{\partial G}{\partial v_x}\right)\right]\right\} \delta v\, dx = 0 \tag{6.118}$$

其中 $\delta u, \delta v$ 兩者之一為任意。

設參數 λ 滿足 $\qquad \dfrac{\partial F}{\partial u} - \dfrac{d}{dx}\left(\dfrac{\partial F}{\partial u_x}\right) + \lambda\left[\dfrac{\partial G}{\partial u} - \dfrac{d}{dx}\left(\dfrac{\partial G}{\partial u_x}\right)\right] = 0 \tag{6.119}$

則式 (6.118) 之 δv 可任意。欲式 (6.118) 恆成立，則必

$$\frac{\partial F}{\partial v} - \frac{d}{dx}\left(\frac{\partial F}{\partial v_x}\right) + \lambda\left[\frac{\partial G}{\partial v} - \frac{d}{dx}\left(\frac{\partial G}{\partial v_x}\right)\right] = 0 \qquad (6.120)$$

由式 (6.119) 與式 (6.120) 以及約束條件式 (6.115) 三個聯立方程式，配合邊界條件，可決定 $u(x)$, $v(x)$ 與參數 λ。

設輔助泛函數：$H = F + \lambda G$，視 H 沒有約束條件限制，可由 $\delta H = 0$ 直接推導出式 (6.119) 與式 (6.120)。

將 Lagrange 乘子法推廣至泛函數 I 有 n 個約束條件 J_k $(k = 1, 2, \cdots, n)$

$$設 \quad H = I + \sum_{k=1}^{n} \lambda_k J_k \qquad (6.121)$$

由 $\delta H = 0$，可推導出 Euler-Lagrange 方程式，與 n 個約束條件構成 $n + 1$ 個聯立方程式，配合邊界條件，可決定未知數與 n 個參數 λ_k。

等周問題

等周問題是一個在約束條件下泛函數的極值問題。舉例而言：設連接 x-y 平面上兩點 (x_1, y_1) 與 (x_2, y_2) 之曲線為 $y = y(x)$, 曲線之長度為 l，若曲線與 x 軸所形成之面積 A 為極大，如何決定曲線 $y = y(x)$ 的方程式？

此問題可表述為

$$求 \quad A = \int_{x_1}^{x_2} y(x)\, dx \text{ 之極大值，約束條件為 } \int_{x_1}^{x_2} \sqrt{1 + (y')^2}\, dx = l \qquad (6.122)$$

若面積 A 一定，欲決定周長 L 為最小的曲線方程式 $y = y(x)$，問題可表述為：

$$求 \quad L = \int_{x_1}^{x_2} \sqrt{1 + (y')^2}\, dx \text{ 之極小值，約束條件為 } \int_{x_1}^{x_2} y(x)\, dx = A \qquad (6.123)$$

這兩個等價的變分問題，皆為求泛函數 I 在約束條件 J 限制下之極值：

$$I = \int_{x_1}^{x_2} F(x, y, y')\, dx \qquad y(x_1) = y_1, \quad y(x_2) = y_2 \qquad (6.124)$$

$$約束條件： \quad J = \int_{x_1}^{x_2} G(x, y, y')\, dx = k \qquad (6.125)$$

首先考慮通過 x 軸上兩定點 $(x_1, 0), (x_2, 0)$，長度為 l 之曲線 $y = y(x)$ 與 x 軸所形成的最大面積如下：

$$I = \int_{x_1}^{x_2} y(x)\,dx, \qquad y(x_1) = 0, \quad y(x_2) = 0 \tag{a}$$

約束條件：　$l = \int_{x_1}^{x_2} \sqrt{1 + (y')^2}\,dx \tag{b}$

根據 Lagrange 乘子法，設 $H = y + \lambda\,[1 + (y')^2]^{1/2}$，由 $\delta H = 0$ 可得

$$1 - \frac{d}{dx}\left(\frac{\lambda y'}{\sqrt{1 + (y')^2}}\right) = 0 \tag{c}$$

由此得二階常微分方程式：

$$\frac{y''}{[1 + (y')^2]^{3/2}} = \frac{1}{\lambda} \tag{d}$$

此式左邊為曲線 $y = y(x)$ 之曲率，而曲率為常數 $1/\lambda$，表示曲線 $y = y(x)$ 為圓的方程式。將式 (d) 積分得

$$\frac{y'}{\sqrt{1 + (y')^2}} = \frac{x - c_1}{\lambda} \quad \Rightarrow \quad y' = \frac{x - c_1}{\sqrt{\lambda^2 - (x - c_1)^2}} \tag{e}$$

將此式再積分，可得

$$y = -\sqrt{\lambda^2 - (x - c_1)^2} + c_2 \quad \Rightarrow \quad (x - c_1)^2 + (y - c_2)^2 = \lambda^2 \tag{f}$$

此方程式表示圓心在 (c_1, c_2) 半徑為 λ 之圓。將式 (f) 代入約束條件與邊界條件 $y(x_1) = 0,\ y(x_2) = 0$，稍加運算，可得

$$c_1 = \frac{x_1 + x_2}{2}, \qquad c_2 = 0, \qquad \lambda = \frac{l}{2\pi}$$

以上解析結果顯示：通過 x 軸上兩定點 $(x_1, 0), (x_2, 0)$，長度為 l 之曲線的最大面積是圓心在 $\left(\dfrac{x_1 + x_2}{2}, 0\right)$ 半徑為 $\lambda = \dfrac{l}{2\pi}$ 之圓。

考慮廣義的等周問題：決定在平面上定長的簡單封閉曲線所圍的最大面積。

設平面曲線之參數方程式為

$$x = x(t), \qquad y = y(t) \tag{6.126}$$

其中參數 t 沿反時針方向由起點 t_1 增至終點 t_2，邊界條件為

$$x(t_1) = x(t_2) = x_0, \quad y(t_1) = y(t_2) = y_0 \tag{6.127}$$

平面上簡單封閉曲線所圍的面積可表示為

$$I = \iint_A dxdy = \frac{1}{2} \oint_C (xdy - ydx) = \frac{1}{2} \int_{t_1}^{t_2} (x\dot{y} - y\dot{x})\, dt \tag{6.128}$$

其中利用 Green 定理將面積分化為線積分，$\dot{x} = dx/dt,\ \dot{y} = dy/dt$。

曲線為定長 l，故約束條件為

$$J = \int_{t_1}^{t_2} \sqrt{\dot{x}^2 + \dot{y}^2}\, dt = l \tag{6.129}$$

求泛函數 I 在約束條件 J 限制下之極值，可得定長曲線所圍的最大面積。

根據 Lagrange 乘子法，設 $H = \dfrac{1}{2}(x\dot{y} - y\dot{x}) + \lambda \sqrt{\dot{x}^2 + \dot{y}^2}$，由 $\delta H = 0$ 可得

$$\frac{1}{2}\dot{y} - \frac{d}{dt}\left(-\frac{1}{2}y + \frac{\lambda\dot{x}}{\sqrt{\dot{x}^2 + \dot{y}^2}} \right) = 0 \tag{6.130}$$

$$-\frac{1}{2}\dot{x} - \frac{d}{dt}\left(\frac{1}{2}x + \frac{\lambda\dot{y}}{\sqrt{\dot{x}^2 + \dot{y}^2}} \right) = 0 \tag{6.131}$$

將兩式對 t 積分得

$$y - \frac{\lambda\dot{x}}{\sqrt{\dot{x}^2 + \dot{y}^2}} = c_1, \qquad x + \frac{\lambda\dot{y}}{\sqrt{\dot{x}^2 + \dot{y}^2}} = c_2$$

$$\Rightarrow \quad y - c_1 = \frac{\lambda\dot{x}}{\sqrt{\dot{x}^2 + \dot{y}^2}}, \qquad x - c_2 = -\frac{\lambda\dot{y}}{\sqrt{\dot{x}^2 + \dot{y}^2}}$$

將此兩式平方再相加，得

$$(x - c_2)^2 + (y - c_1)^2 = \lambda^2 \tag{6.132}$$

此方程式代表圓心在 (c_1, c_2)，半徑為 λ 之圓，由題意知圓心之位置為平面上任意點。等周問題之解析結果符合認知：邊長一定的平面幾何圖形以圓形的面積為最大。

短程線問題

茲以 Lagrange 乘子法決定連接曲面上兩點之最短弧線，術語稱之為測地線或短程線 (geodesic)。

曲面上弧線之參數方程式可表示為

$$x = x(t), \quad y = y(t), \quad z = z(t) \tag{6.133}$$

曲面上兩點 $t = t_1$, $t = t_2$ 之距離為

$$I = \int_{t_1}^{t_2} \sqrt{\dot{x}^2 + \dot{y}^2 + \dot{z}^2}\, dt \tag{6.134}$$

該弧線必須在曲面上，所以約束條件為已知的曲面方程式：

$$G(x, y, z) = 0 \tag{6.135}$$

設 $H = \sqrt{\dot{x}^2 + \dot{y}^2 + \dot{z}^2} + \lambda\, G(x, y, z)$，由 $\delta H = 0$ 可得 Euler-Lagrange 方程式：

$$\lambda \frac{\partial G}{\partial x} - \frac{d}{dt}\left(\frac{\dot{x}}{R}\right) = 0, \quad \lambda \frac{\partial G}{\partial y} - \frac{d}{dt}\left(\frac{\dot{y}}{R}\right) = 0, \quad \lambda \frac{\partial G}{\partial z} - \frac{d}{dt}\left(\frac{\dot{z}}{R}\right) = 0 \tag{6.136}$$

其中　$R = \sqrt{\dot{x}^2 + \dot{y}^2 + \dot{z}^2}$。

消去式 (6.136) 中之 λ，得

$$\frac{\dfrac{d}{dt}\left(\dfrac{\dot{x}}{R}\right)}{\dfrac{\partial G}{\partial x}} = \frac{\dfrac{d}{dt}\left(\dfrac{\dot{y}}{R}\right)}{\dfrac{\partial G}{\partial y}} = \frac{\dfrac{d}{dt}\left(\dfrac{\dot{z}}{R}\right)}{\dfrac{\partial G}{\partial z}} \tag{6.137}$$

配合曲面方程式 $G(x, y, z) = 0$ 可解得曲面上最短弧線之方程式。

考慮球心在原點之圓球體曲面,其方程式為

$$G(x, y, z) = x^2 + y^2 + z^2 - a^2 = 0 \tag{a}$$

代入式 (6.137),得

$$\frac{R\dot{x} - \dot{x}\dot{R}}{2xR^2} = \frac{R\dot{y} - \dot{y}\dot{R}}{2yR^2} = \frac{R\dot{z} - \dot{z}\dot{R}}{2zR^2} \tag{b}$$

$$\Rightarrow \quad \frac{\dfrac{d}{dt}(y\dot{x} - x\dot{y})}{y\dot{x} - x\dot{y}} = \frac{\dfrac{d}{dt}(z\dot{y} - y\dot{z})}{z\dot{y} - y\dot{z}} = \frac{\dot{R}}{R} \tag{c}$$

將此式第一組兩次積分,可得

$$x - c_1 y + c_2 z = 0 \tag{d}$$

此式為通過原點之平面方程式,故通過球面上兩定點與球心所構成的平面在球體上的切弧為圓球體之短程線。

6.9. Hamilton 原理、Lagrange 方程式

Hamilton 原理是理論力學的基本原理,在大至宏觀的天體運行小至微觀的量子力學皆有廣泛的應用。

考慮質點受作用力 F 之運動,若質點之質量為 m 時間 t 之位置向量為 r,根據 Newton 定律,其運動方程式為

$$m \frac{d^2 \boldsymbol{r}}{dt^2} = \boldsymbol{F} \tag{6.138}$$

設質點的運動軌跡之初值與終值為已知，則位置向量在 $t = t_0$ 與 $t = t_1$ 之變分為零：

$$\delta \boldsymbol{r}|_{t_0} = \delta \boldsymbol{r}|_{t_1} = 0 \tag{6.139}$$

將運動方程式 (6.138) 與位置向量之變分 $\delta \boldsymbol{r}$ 作常量積，由 t_0 至 t_1 積分得

$$\int_{t_0}^{t_1} \left(m \frac{d^2 \boldsymbol{r}}{dt^2} - \boldsymbol{F} \right) \cdot \delta \boldsymbol{r} \, dt = 0 \tag{6.140}$$

運用分部積分：

$$\int_{t_0}^{t_1} m \frac{d^2 \boldsymbol{r}}{dt^2} \cdot \delta \boldsymbol{r} \, dt = m \left[\frac{d\boldsymbol{r}}{dt} \cdot \delta \boldsymbol{r} \right]_{t_0}^{t_1} - \int_{t_0}^{t_1} m \frac{d\boldsymbol{r}}{dt} \cdot \delta \frac{d\boldsymbol{r}}{dt} \, dt$$

因 $\delta \boldsymbol{r}|_{t_0} = \delta \boldsymbol{r}|_{t_1} = 0$，此式右邊第一項為零，第二項之積分函數可化為

$$m \frac{d\boldsymbol{r}}{dt} \cdot \delta \frac{d\boldsymbol{r}}{dt} = \delta \left[\frac{1}{2} m \left(\frac{d\boldsymbol{r}}{dt} \right)^2 \right] = \delta \left(\frac{1}{2} m v^2 \right)$$

以 T 代表質點之動能 (kinetic energy) $m v^2 / 2$，則式 (6.140) 可表示為

$$\int_{t_0}^{t_1} (\delta T + \boldsymbol{F} \cdot \delta \boldsymbol{r}) \, dt = 0 \tag{6.141}$$

其中 $\boldsymbol{F} \cdot \delta \boldsymbol{r}$ 為外力的虛功 (virtual work done)。

若作用力 $\boldsymbol{F}$ 為保守力場 (conservative field)，則 $\boldsymbol{F} = F_1 \mathbf{i} + F_2 \mathbf{j} + F_3 \mathbf{k}$ 可表示為單值可微的勢能函數 (potential function) Φ 之梯度：

$$\boldsymbol{F} = \nabla \Phi \quad \Rightarrow \quad F_1 = \frac{\partial \Phi}{\partial x}, \quad F_2 = \frac{\partial \Phi}{\partial y}, \quad F_3 = \frac{\partial \Phi}{\partial z}$$

$$\therefore \boldsymbol{F} \cdot \delta \boldsymbol{r} = F_1 \, \delta x + F_2 \, \delta y + F_3 \, \delta z = \frac{\partial \Phi}{\partial x} \delta x + \frac{\partial \Phi}{\partial y} \delta y + \frac{\partial \Phi}{\partial z} \delta z = \delta \Phi$$

定義動態系統之 Lagrangian L 為系統之動能 T 與勢能 U 的差：$L = T - U$，通常將勢能設定為勢能函數之負值：$U = -\Phi$，則式 (6.141) 可表示為

$$\delta \int_{t_0}^{t_1} L \, dt = \delta \int_{t_0}^{t_1} (T - U) \, dt = 0 \tag{6.142}$$

此為保守力場之 Hamilton 原理，表述如下：

設保守系統之運動軌跡的初值與終值為已知，所有由 t_0 至 t_1 可能的運動軌跡中，實際的運動軌跡使系統之 Lagrangian 函數 (動能減去勢能) 為極值。

系統的自由度 (degree of freedom) 為完整表達系統動態位置所需的獨立座標數目，n 個自由度的系統必需以 n 個獨立的數學量表達系統的動態位置，這些數學量以 $q_1, q_2, \cdots, q_n$ 表示，統稱為廣義座標 (generalized coordinates)，保守系統之勢能 U 為廣義座標 q_i $(i = 1, 2, \cdots, n)$ 之函數，與 q_i 對時間之變率 (廣義速度) $\dot{q}t$ 無關，動能 T 為廣義座標 q_i $(i = 1, 2, \cdots, n)$ 及 $\dot{q}_i$ 之函數，故 Lagrangian 為 $q_i, \dot{q}_i$ 之函數：

$$L = T - U = L(q_1, q_2, \cdots, q_n; \dot{q}_1, \dot{q}_2, \cdots, \dot{q}_n)$$

設系統動態位置之初值與終值為已知，則 $\delta q_i|_{t_0} = \delta q_i|_{t_1} = 0$，將式 (6.142) 作變分運算：

$$\delta \int_{t_0}^{t_1} L \, dt = \int_{t_0}^{t_1} \delta L \, dt = \sum_{i=0}^{n} \int_{t_0}^{t_1} \left(\frac{\partial L}{\partial q_i} \delta q_i + \frac{\partial L}{\partial \dot{q}_i} \delta \dot{q}_i \right) dt \tag{a}$$

$$\because \quad \int_{t_0}^{t_1} \frac{\partial L}{\partial \dot{q}_i} \delta \dot{q}_i \, dt = \int_{t_0}^{t_1} \frac{\partial L}{\partial \dot{q}_i} \frac{d}{dt} (\delta q_i) \, dt = \left(\frac{\partial L}{\partial \dot{q}_i} \delta q_i \right)_{t_0}^{t_1} - \int_{t_0}^{t_1} \frac{d}{dt} \left(\frac{\partial L}{\partial \dot{q}_i} \right) \delta q_i \, dt$$

$$= -\int_{t_0}^{t_1} \frac{d}{dt} \left(\frac{\partial L}{\partial \dot{q}_i} \right) \delta q_i \, dt \qquad (\because \ \delta q_i|_{t_0} = \delta q_i|_{t_1} = 0)$$

$$\therefore \quad \delta \int_{t_0}^{t_1} L \, dt = \sum_{i=0}^{n} \int_{t_0}^{t_1} \left[\frac{\partial L}{\partial q_i} - \frac{d}{dt} \left(\frac{\partial L}{\partial \dot{q}_i} \right) \right] \delta q_i \, dt = 0 \tag{b}$$

故式 (6.142) 泛函數之 Euler-Lagrange 方程式為

$$\frac{d}{dt}\left(\frac{\partial L}{\partial \dot{q}_i}\right) - \frac{\partial L}{\partial q_i} = 0 \qquad (i = 1, 2, \cdots, n) \tag{6.143}$$

定義廣義作用力為 $Q_i = \dfrac{\partial \Phi}{\partial q_i} = -\dfrac{\partial U}{\partial q_i}$，因保守系統之勢能與 $\dot{q}_i$ 無關，

$$\therefore\ \frac{\partial U}{\partial q_i} = 0, \qquad \frac{\partial L}{\partial \dot{q}_i} = \frac{\partial T}{\partial \dot{q}_i}, \qquad \frac{\partial L}{\partial q_i} = \frac{\partial T}{\partial q_i} - \frac{\partial U}{\partial q_i} = \frac{\partial T}{\partial q_i} + Q_i$$

代入式 (6.143) 得

$$\frac{d}{dt}\frac{\partial T}{\partial \dot{q}_i} - \frac{\partial T}{\partial q_i} = Q_i \qquad (i = 1, 2, \cdots, n) \tag{6.144}$$

式 (6.144) 稱為保守系統之 Lagrange 方程式。

　　設系統有 N 個質點，質點 k 之質量為 m_k，在時間 t 之位置向量為 r_k，則系統之動能與外力之虛功分別為

$$T = \sum_{k=1}^{N} \frac{1}{2} m_k \left(\frac{dr_k}{dt}\right)^2, \qquad U = \sum_{k=1}^{N} F_k \cdot \delta r_k \tag{6.145}$$

連續系統之動能與外力之虛功為

$$T = \iiint_\Omega \frac{1}{2} m \left(\frac{dr}{dt}\right)^2 d\Omega, \qquad U = \iint_s F \cdot \delta r dS \tag{6.146}$$

　　將 Lagrangian 泛函數視為作用量 (action)，Hamilton 原理可視為理論力學之最小作用量原理 (principle of least action)，由 Hamilton 原理導出的運動方程式與由牛頓力學導出的運動方程式等價。然而，牛頓力學是基於作用力與動量的關係演進而來，作用力與動量皆為向量函數，以直角座標表示比較容易，卻難以直接運用於推導曲線座標下系統的運動方程式；一般要先根據直角座標推求向量形式的方程式，再轉換為以曲線座標表示。而 Lagrangian 是純量函數，根據廣義座標表示的 Hamilton 原理，由 Lagrangian 函數變分導出的 Lagrange 方程式可直接求得曲線座標下系統的運動方程式，除了由 Hamilton 原理延伸的物理意義與應用之外，基於變分形式的泛函數推展數值計算模式也簡便得多。

以單擺之擺動為例 (圖 6.2a)，設擺長為 l，質量為 m，以擺動之角度 θ 為廣義座標 q，則動能 T 與勢能 U 為

$$T = \frac{1}{2} m(l\dot{\theta})^2, \qquad U = mgl\,(1 - \cos\theta)$$

代入式 (6.144) 得 Lagrange 方程式：

$$\frac{d}{dt}\frac{\partial}{\partial\dot{\theta}}\left[\frac{1}{2}m(l\dot{\theta})^2\right] - \frac{\partial}{\partial\theta}\left[\frac{1}{2}m(l\dot{\theta})^2\right] = -\frac{\partial}{\partial\theta}[mgl\,(1 - \cos\theta)]$$

由此得單擺之運動方程式：

$$\ddot{\theta} + \frac{g}{l}\sin\theta = 0 \qquad\qquad (6.147)$$

此式與考慮單擺之動態作用力平衡關係的結果完全相同。

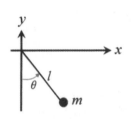

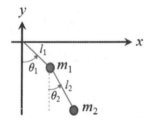

圖 6.2(a)　單擺之擺動　　　　　圖 6.2(b)　複合擺之擺動

考慮擺長為 l_1, l_2，質點之質量分別為 m_1, m_2 之複合擺 (圖 6.2b)，此為兩個自由度的動態系統，必須設定兩個廣義座標 $(q_1,\,q_2) \equiv (\theta_1,\,\theta_2)$ 以推求系統的運動方程式。

兩個質點的動態位置分別為

$$x_1 = l_1\sin\theta_1, \quad y_1 = -l_1\cos\theta_1 \qquad\qquad (a)$$

$$x_2 = l_1\sin\theta_1 + l_2\sin\theta_2, \quad y_1 = -l_1\cos\theta_1 - l_2\cos\theta_2 \qquad\qquad (b)$$

系統之動能 T 與勢能 U 為

$$T = \frac{1}{2} m_1 (\dot{x}_1^2 + \dot{y}_1^2) + \frac{1}{2} m_2 (\dot{x}_2^2 + \dot{y}_2^2), \qquad U = m_1 g y_1 + m_2 g y_2 \qquad (c)$$

將式 $(a), (b)$ 代入式 (c)，得

$$T = \frac{1}{2} (m_1 + m_2) (l_1\dot{\theta}_1)^2 + m_2 l_1 l_2 \dot{\theta}_1 \dot{\theta}_2 \cos (\theta_1 - \theta_2) + \frac{1}{2} m_2 (l_2 \dot{\theta}_2)^2$$

$$U = -(m_1 + m_2) g l_1 \cos \theta_1 - m_2 g l_2 \cos \theta_2$$

將 T 與 U 代入式 (6.144) 得

$$(m_1 + m_2) l_1 \ddot{\theta}_1 + m_2 l_2 (\ddot{\theta}_2 \cos \alpha + \dot{\theta}_2^2 \sin \alpha) + (m_1 + m_2) g \sin \theta_1 = 0 \qquad (6.148a)$$

$$l_1\ddot{\theta}_1 \cos \alpha + l_2 \ddot{\theta}_2 - l_1 \dot{\theta}_1^2 \sin \alpha + g \sin \theta_2 = 0 \qquad (6.148b)$$

其中　$\alpha = \theta_1 - \theta_2$。

聯立方程式 $(6.148a, b)$ 為複合擺系統之運動方程式，若由複合擺作用力之動態平衡關係推導此系統之運動方程式，顯然會很複雜。

第 2 章 2.7 節曾由曲線座標下位置向量之時間變率推導質點在曲面上運動的瞬時速度與加速度，茲以 Hamilton 原理推求其運動方程式。

在直角座標下，質量為 m 之質點之動能為

$$T = \frac{1}{2} m(\dot{x}^2 + \dot{y}^2 + \dot{z}^2)$$

設定廣義座標 $(q_1, q_2, q_3) \equiv (x, y, z)$，則

則　$\dfrac{\partial T}{\partial \dot{q}_1} = m\dot{x}, \qquad \dfrac{\partial T}{\partial \dot{q}_2} = m\dot{y}, \qquad \dfrac{\partial T}{\partial \dot{q}_3} = m\dot{z}, \qquad \dfrac{\partial T}{\partial q_i} = 0 \qquad (i = 1, 2, 3)$

代入式 (6.144) 得質點之運動方程式：

$$m\ddot{x} = Q_1, \qquad m\ddot{y} = Q_2, \qquad m\ddot{z} = Q_3 \qquad (6.149)$$

此即牛頓第二定律 **F** = **ma** 動量與作用力在直角座標 x, y, z 方向各分量的平衡關係。

直角座標與圓柱座標 (r, θ, z) 之關係為

$$x = r \cos \theta, \qquad y = r \sin \theta, \qquad z = z$$

設定廣義座標 $(q_1, q_2, q_3) \equiv (r, \theta, z), \quad (\dot{q}_1, \dot{q}_2, \dot{q}_3) \equiv (\dot{r}, \dot{\theta}, \dot{z})$
質點之動能 T 為

$$T = \frac{1}{2} m(\dot{x}^2 + \dot{y}^2 + \dot{z}^2) = \frac{1}{2} m \left\{ \left[\frac{d(r \cos \theta)}{dt} \right]^2 + \left[\frac{d(r \sin \theta)}{dt} \right]^2 + \left[\frac{dz}{dt} \right]^2 \right\}$$

$$= \frac{1}{2} m(\dot{r}^2 + r^2 \dot{\theta}^2 + \dot{z}^2)$$

則 $\quad \dfrac{\partial T}{\partial \dot{q}_1} = m\dot{r}, \quad \dfrac{\partial T}{\partial \dot{q}_2} = mr^2 \dot{\theta}, \quad \dfrac{\partial T}{\partial \dot{q}_3} = m\dot{z}, \quad \dfrac{\partial T}{\partial q_1} = mr\dot{\theta}^2, \quad \dfrac{\partial T}{\partial q_2} = \dfrac{\partial T}{\partial q_3} = 0$

代入式 (6.144) 得質點之運動方程式：

$$\frac{d}{dt}(m\dot{r}) - mr\dot{\theta}^2 = Q_r, \qquad \frac{d}{dt}(mr^2\dot{\theta}) = Q_\theta, \qquad \frac{d}{dt}(m\dot{z}) = Q_z$$

化簡得 $\quad m(\ddot{r} - r\dot{\theta}^2) = Q_r, \quad mr(r\ddot{\theta} + 2\dot{r}\dot{\theta}) = Q_\theta, \quad m\ddot{z} = Q_z$ \qquad (6.150)

其中座標 (r, θ, z) 之廣義作用力包括外力與質點運動所產生的慣性力。

若質點在平面 $z = c_3$，半徑為 a 之圓柱側表面作圓周運動，則 $r = a, \dot{r} = 0$, $\dot{z} = 0$，由式 (6.150) 得

$$Q_r = -ma\dot{\theta}^2, \qquad Q_\theta = ma^2\ddot{\theta}, \qquad Q_z = 0 \qquad (6.151)$$

設質點以角速度 $\omega = \dot{\theta}$ 作圓周運動，則質點所受的慣性力為

$$\boldsymbol{F} = F_r \, \mathbf{e}_r + F_\theta \, \mathbf{e}_\theta = ma\omega^2 \, \mathbf{e}_r - ma\dot{\omega}\mathbf{e}_\theta \qquad (6.152)$$

其中 $F_r = ma\omega^2$ 為質點之離心力，$F_\theta = -ma\dot{\omega}$ 為圓周切線方向之慣性力，若質點作等速圓周運動，則 $\dot{\omega} = 0, F_\theta = 0$。

直角座標與球體座標 (ρ, φ, θ) 之關係為

$$x = \rho \sin\varphi \cos\theta, \qquad y = \rho \sin\varphi \sin\theta, \qquad z = \rho \cos\varphi$$

設定廣義座標 $(q_1, q_2, q_3) \equiv (\rho, \varphi, \theta)$ 以推求其運動方程式。

質點之動能 T 為

$$T = \frac{1}{2} m(\dot{x}^2 + \dot{y}^2 + \dot{z}^2)$$

$$= \frac{1}{2} m \left\{ \left[\frac{d(\rho \sin\varphi \cos\theta)}{dt} \right]^2 + \left[\frac{d(\rho \sin\varphi \sin\theta)}{dt} \right]^2 + \left[\frac{d(\rho \cos\varphi)}{dt} \right]^2 \right\}$$

$$= \frac{1}{2} m(\dot{\rho}^2 + \rho^2 \dot{\varphi}^2 + \rho^2 \sin^2\varphi \, \dot{\theta}^2)$$

則 $\quad \dfrac{\partial T}{\partial \dot{q}_1} = m\dot{\rho}, \qquad \dfrac{\partial T}{\partial \dot{q}_2} = m\rho^2 \dot{\varphi}, \qquad \dfrac{\partial T}{\partial \dot{q}_3} = m\rho^2 \sin^2\varphi \, \dot{\theta}$

$$\frac{\partial T}{\partial q_1} = m\rho\dot{\varphi}^2 + m\rho \sin^2\varphi\dot{\theta}^2, \qquad \frac{\partial T}{\partial q_2} = m\rho^2 \sin\varphi \cos\varphi \, \dot{\theta}^2, \qquad \frac{\partial T}{\partial q_3} = 0$$

代入式 (6.144) 得聯立方程式：

$$\frac{d}{dt}(m\dot{\rho}) = Q_r + m\rho\dot{\varphi}^2 + m\rho \sin^2\varphi \, \dot{\theta}^2 \tag{6.153a}$$

$$\frac{d}{dt}(m\rho^2 \dot{\varphi}) = Q_\varphi + m\rho^2 \sin\varphi \cos\varphi\dot{\theta}^2 \tag{6.153b}$$

$$\frac{d}{dt}(m\rho^2 \sin^2\varphi \, \dot{\theta}) = Q_\theta \tag{6.153c}$$

若質點在半徑為 a 之球面上運動，則 $\rho = a, \dot{\rho} = 0$，由式 (6.153a) 得

$$Q_\rho = -ma\,(\dot\varphi^2 + \sin^2\varphi\,\dot\theta^2) \tag{6.154a}$$

由式 (6.153b) 與式 (6.153c) 得質點在球面上之運動方程式：

$$ma^2\,(\ddot\varphi - \sin\varphi\cos\varphi\,\dot\theta^2) = Q_\varphi \tag{6.154b}$$

$$ma^2\sin\varphi\,(\sin\varphi\,\ddot\theta + 2\cos\varphi\,\dot\varphi\dot\theta) = Q_\theta \tag{6.154c}$$

設質點由 $\varphi = 90°$ 沿經線 $\varphi = c_2$ 朝北以等角速度 ω_φ 運動，球體自轉角速度為 ω_θ，則 $\dot\varphi = \omega_\varphi,\ \dot\theta = \omega_\theta$，式 (6.153a, b, c) 簡化為

$$Q_\rho = -ma\,(\omega_\varphi^2 + \sin^2\varphi\,\omega_\theta^2) \tag{6.155a}$$

$$Q_\varphi = -ma^2\sin\varphi\cos\varphi\,\omega_\theta^2 \tag{6.155b}$$

$$Q_\theta = 2ma^2\sin\varphi\cos\varphi\,\omega_\varphi\,\omega_\theta \tag{6.155c}$$

Q_r 為移動質點的離心力，Q_φ 為 φ 方向之廣義慣性力，Q_θ 為球體自轉所產生的廣義科氏力 (generalized Coriolis force)。

6.10. 梁之撓度與振動

本節以 Hamilton 原理推導梁在外力作用下之振動模式。

1. Euler 梁振動模式

首先考慮梁承受與時間無關之靜態載重，可變形體 (deformable body) 之勢能為應變能 (strain energy) 減去外力之作功 (work done)。基於梁彎曲之 Bernoulli 假設，梁彎曲之應變能為

$$\int_0^l\int_A \frac{1}{2}\,\sigma_x\,\varepsilon_x\,dA dx = \int_0^l\int_A \frac{1}{2}\,E\varepsilon_x^2\,dA dx = \int_0^l\int_A \frac{1}{2}\,E(ky)^2\,dA dx$$

$$= \int_0^l\int_A \frac{1}{2}\,E(y''y)^2\,dA dx = \int_0^l \frac{1}{2}\,E(y'')^2\left(\int_A y^2\,dA\right)dx = \int_0^l \frac{1}{2}\,EI(y'')^2\,dx \tag{6.156}$$

其中 $y = y(x)$ 為梁之撓度，$k = y''$ 為梁線性變形之曲率，I 為梁斷面之慣性矩。

外力之作功為

$$\int_0^l qy\,dx + M_0\,y_0' + V_0\,y_0 - M_l y_l' - V_l y_l \tag{6.157}$$

其中　$y_0 = y(0),\ y_l = y(l),\ y_0' = y'(0),\ y_l' = y'(l)\ \ V_0,\ V_l,\ M_0,\ M_l$ 分別為梁兩端之剪力與彎矩，其方向如圖 6.3 所示。

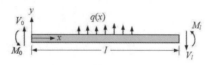

圖 6.3

梁彎曲之勢能 Π 為式 (6.156) 與式 (6.157) 相減：

$$\Pi = \int_0^l \frac{1}{2}\,EI(y'')^2\,dx - \int_0^l qy\,dx - M_0\,y_0' - V_0\,y_0 + M_l y_l' + V_l y_l \tag{6.158}$$

根據最小勢能原理，在平衡狀態下，線彈性體實際變形的勢能為極小，故

$$\delta\Pi = \int_0^l EI\,y''\,\delta y''\,dx - \int_0^l q\delta y\,dx + [M\delta y']_0^l + [V\delta y]_0^l = 0 \tag{6.159}$$

將此式第一項分部積分兩次，得

$$\int_0^l EIy''\delta y''\,dx = \int_0^l EIy''\,\frac{d}{dx}\,(\delta y')\,dx = [EIy''\,\delta y']_0^l - \int_0^l (EIy'')'\,\delta y'\,dx$$

$$= [EIy''\delta y']_0^l - [(EIy'')'\delta y]_0^l + \int_0^l (EIy'')''\delta y\,dx$$

則式 (6.159) 變為

$$\int_0^l [(EIy'')'' - q\delta y]\,dx + [(EIy'' + M)\,\delta y']_0^l - [((EIy'')' - V)\,\delta y]_0^l = 0 \tag{6.160}$$

此式對任意 δy 皆成立，故必

$$(EIy'')'' = q \qquad (0 < x < l) \tag{6.161}$$

以及在梁兩端 $x = 0, l$ 兩端：

$$(EIy'' + M)\,\delta y' = 0 \quad 且 \quad [(EIy'')' - V]\,\delta y = 0 \tag{6.162}$$

式 (6.161) 即結構力學的梁在靜態載重下撓度之控制方程式。由式 (6.162) 推知兩端容許的邊界條件為

y' 為給定 (本質邊界條件)　或　$EIy'' = -M$ (自然邊界條件) $\qquad$ (6.163a)

以及 y 為給定 (本質邊界條件)　或　$(EIy'')' = V$ (自然邊界條件) $\qquad$ (6.163b)

進而可知，兩端容許的邊界條件為以下四種組合：

1. y, y' 為給定 (固定端)。

2. y 為給定，$EIy'' = -M$ (承受力偶之簡支端)。

3. $EIy'' = -M, (EIy'')' = V$ (承受力偶與垂直力之自由端)。

4. y' 為給定，$(EIy'')' = V$ (承受垂直力之滑動支承)。

而 $y = 0, y''' = 0$ 或 $y' = 0, y'' = 0$ 之組合非容許邊界條件；由物理意義考量，亦不難理解這些邊界條件不存在。

以下由 Hamilton 原理推導梁動態反應之數學模式。首先在梁彎曲之勢能納入垂直作用力之慣性效應，推導最基本的 Euler 梁振動模式。

梁垂直振動之動能為

$$K = \frac{1}{2} \int_0^l \rho A \left(\frac{\partial y}{\partial t}\right)^2 dx \tag{6.164}$$

其中 ρ 為梁單位體積之質量密度，A 為均勻梁之斷面面積。

動能 K 之變分為

$$\delta \int_{t_0}^{t_1} K dt = \int_{t_0}^{t_1} \delta \left[\frac{1}{2} \int_0^l \rho A \left(\frac{\partial y}{\partial t} \right)^2 dx \right] dt = \int_{t_0}^{t_1} \int_0^l \rho A \left(\frac{\partial y}{\partial t} \right) \frac{\partial}{\partial t} (\delta y) \, dx dt$$

$$= \int_0^l \left[\rho A \left(\frac{\partial y}{\partial t} \right) \delta y \right]_{t_0}^{t_1} dx - \int_{t_0}^{t_1} \int_0^l \frac{\partial}{\partial t} \left[\rho A \left(\frac{\partial y}{\partial t} \right) \right] dx dt$$

$$= - \int_{t_0}^{t_1} \int_0^l \rho A \frac{\partial^2 y}{\partial t^2} \delta y \, dx dt \qquad (6.165)$$

其中對 t 分部積分引用 $\delta y(x, t_0) = 0, \ \delta y(x, t_1) = 0$。

將式 (6.165) 與梁彎曲之勢能式 (6.160) 代入 Hamilton 原理，得

$$\int_{t_0}^{t_1} \int_0^l \left[(EIy'')'' + \rho A \frac{\partial^2 y}{\partial t^2} - q \right] \delta y \, dx dt$$

$$+ \int_{t_0}^{t_1} \left\{ [(EIy'' + M) \, \delta y']_0^l - ([(EIy'')' - V] \, \delta y)_0^l \right\} dt = 0 \qquad (6.166)$$

此式恆成立，則必

$$\frac{\partial^2}{\partial x^2} \left(EI \frac{\partial^2 y}{\partial x^2} \right) + \rho A \frac{\partial^2 y}{\partial t^2} = q(x, t) \qquad (0 < x < l) \qquad (6.167)$$

梁兩端容許的邊界條件與靜態梁彎曲模式之式 (6.163a, b) 相同。

第 4 章 4.16 節曾直接將慣性力加入靜態梁彎曲方程式中得到式 (6.167)，並以傅立葉變換解析簡支梁之自由振動與在外力作用下的強迫振動。然而，基於 Bernoulli 假設的 Euler 梁理論僅考慮純彎曲變形之應變能，當梁在彎矩及剪力作用下，由考慮梁元素之變形與力平衡關係推求其運動方程式，頗費周章；而根據 Hamilton 原理可在 Lagrangian 泛函數納入轉動慣性之動能與剪切變形之動態效應，運用變分法有系統地推導梁振動的運動方程式。

以下運用 Hamilton 原理建構 Rayleigh 梁與 Timoshenko 梁振動模式。

2. Rayleigh 梁振動模式

在 Euler 梁振動模式的基礎上，除作用力之垂直慣性效應外，Rayleigh 梁振動模式尚考慮轉動慣性效應。據此，梁之動能為

$$K = K_1 + K_2 = \frac{1}{2} \int_0^l \rho A \left(\frac{\partial y}{\partial t}\right)^2 dx + \frac{1}{2} \int_0^l I_r \left[\frac{\partial}{\partial t}\left(\frac{\partial y}{\partial x}\right)\right]^2 dx \qquad (6.168)$$

其中 K_1 為垂直振動之動能，K_2 為轉動之動能，I_ρ 為梁斷面之轉動慣性矩。

變分 δK_1 與式 (6.165) 相同，變分 δK_2 為

$$\int_{t_0}^{t_1} \delta K_2 \, dt = \int_{t_0}^{t_1} \int_0^l I_\rho \frac{\partial^2 y}{\partial x \partial t} \frac{\partial}{\partial t}\left(\frac{\partial}{\partial x}(\delta y)\right) dx dt$$

$$= \left[\int_0^l I_r \frac{\partial^2 y}{\partial x \partial t} \frac{\partial}{\partial x}(\delta y)\, dx\right]_{t_0}^{t_1} - \int_{t_0}^{t_1} \int_0^l \frac{\partial}{\partial t}\left(I_r \frac{\partial^2 y}{\partial x \partial t}\right) \frac{\partial}{\partial x}(\delta y)\, dx dt \qquad (6.169)$$

將其中右邊第一項再對 x 分部積分，引用 $\delta y(x, t_0) = 0,\ \delta y(x, t_1) = 0$，證得

$$\left[\int_0^l I_\rho \frac{\partial^2 y}{\partial x \partial t} \frac{\partial}{\partial x}(\delta y)\, dx\right]_{t_0}^{t_1} = \left[\left(I_\rho \frac{\partial^2 y}{\partial x \partial t} \delta y\right)_0^l - \int_0^l \frac{\partial}{\partial x}\left(I_\rho \frac{\partial^2 y}{\partial x \partial t}\right) \delta y dx\right]_{t_0}^{t_1} = 0$$

將式 (6.169) 對 x 分部積分：

$$\int_{t_0}^{t_1} \int_0^l \frac{\partial}{\partial t}\left(I_\rho \frac{\partial^2 y}{\partial x \partial t}\right) \frac{\partial}{\partial x}(\delta y)\, dx dt$$

$$= \int_{t_0}^{t_1} \left[\frac{\partial}{\partial t}\left(I_\rho \frac{\partial^2 y}{\partial x \partial t}\right) \delta y\right]_0^l dt - \int_{t_0}^{t_1} \int_0^l \frac{\partial^2}{\partial x \partial t}\left(I_\rho \frac{\partial^2 y}{\partial x \partial t}\right) \delta y dx dt$$

故式 (6.168) 變為

$$\int_{t_0}^{t_1} \delta K dt = \int_{t_0}^{t_1} (\delta K_1 + \delta K_2)\, dt$$

$$= -\int_{t_0}^{t_1} \left[\frac{\partial}{\partial t}\left(I_\rho \frac{\partial^2 y}{\partial x \partial t}\right) \delta y\right]_0^l dt + \int_{t_0}^{t_1} \int_0^l \left[\frac{\partial^2}{\partial x \partial t}\left(I_\rho \frac{\partial^2 y}{\partial x \partial t}\right) - \rho A \frac{\partial^2 y}{\partial t^2}\right] \delta y dx dt \qquad (6.170)$$

將式 (6.170) 與勢能之變分代入 Hamilton 原理，得

$$\int_{t_0}^{t_1} \int_0^l \left[(EIy'')'' - \frac{\partial^2}{\partial x \partial t} \left(I_\rho \frac{\partial^2 y}{\partial x \partial t} \right) + \rho A \frac{\partial^2 y}{\partial t^2} - q(x, t) \right] \delta y \, dx \, dt$$

$$- \int_{t_0}^{t_1} \left\{ \left[(EIy'')' - \frac{\partial}{\partial t} \left(I_\rho \frac{\partial^2 y}{\partial x \partial t} \right) - V \right] \delta y + \left[(EIy'' + M) \, \delta y' \right] \right\}_0^l dt = 0 \qquad (6.171)$$

此式恆成立，則必

$$\frac{\partial^2}{\partial x^2} \left(EI \frac{\partial^2 y}{\partial x^2} \right) - \frac{\partial^2}{\partial x \partial t} \left(I_\rho \frac{\partial^2 y}{\partial x \partial t} \right) + \rho A \frac{\partial^2 y}{\partial t^2} = q(x, t) \qquad (0 < x < l) \qquad (6.172)$$

梁兩端容許的邊界條件為

$$EI \frac{\partial^2 y}{\partial x^2} = -M \quad 或 \quad \frac{\partial y}{\partial x} \text{ 為設定} \qquad (6.173a)$$

$$\frac{\partial}{\partial x} \left(EI \frac{\partial^2 y}{\partial x^2} \right) - \frac{\partial}{\partial t} \left(I_\rho \frac{\partial^2 y}{\partial x \partial t} \right) = V \quad 或 \quad y \text{ 為設定} \qquad (6.173b)$$

考慮簡支梁之自由振動，令

$$y(x, t) = Y(x) \, e^{i\omega t} \qquad (6.174)$$

將式 (6.174) 代入式 (6.172) 或式 (6.173a, b)，得

$$EI \frac{d^4 Y}{dx^4} + \omega^2 I_\rho \frac{d^2 Y}{dx^2} - \omega^2 \rho A Y = 0 \qquad (0 < x < l) \qquad (6.175)$$

$$Y(0) = Y(l) = 0, \qquad Y''(0) = Y''(l) = 0 \qquad (6.176)$$

解式 (6.175) 與式 (6.176) 得自然頻率與振態：

$$\omega_n = \left(\frac{n\pi}{l} \right)^2 \sqrt{\frac{EI}{\rho A + (n^2 \pi^2 / l^2) I_\rho}} \qquad (6.177)$$

$$Y(x) = \sin\frac{n\pi x}{l} \quad (n = 1, 2, \cdots) \tag{6.178}$$

解析結果顯示：Rayleigh 梁加入轉動慣性效應之動能，因而剛度降低，其自然頻率低於 Euler 梁振動模式估算之自然頻率。

3. Timoshenko 梁振動模式

在 Rayleigh 梁振動模式上，Timoshenko 進一步考慮剪切變形效應，假設梁之變形斜率由彎曲與剪切變形兩部分構成：

$$\frac{\partial y}{\partial x} = \varphi \,(\text{彎曲變形}) + \beta \,(\text{剪切變形}) \tag{6.179}$$

彎曲變形之應變能為

$$U_b = \frac{1}{2}\int_0^l EI\left(\frac{\partial \varphi}{\partial x}\right)^2 dx \tag{6.180}$$

剪切變形之應變能為 β 之二次式，假設其形式為

$$U_s = \frac{1}{2}\int_0^l k\beta^2\, dx = \frac{1}{2}\int_0^l k\left(\frac{\partial y}{\partial x} - \varphi\right)^2 dx \tag{6.181}$$

其中 k 為剪切變形調整因子 (shear correction factor)，其值與梁之斷面形狀有關。

梁之總應變能為

$$U = U_b + U_s = \frac{1}{2}\int_0^l \left[EI\left(\frac{\partial \varphi}{\partial x}\right)^2 + k\left(\frac{\partial y}{\partial x} - \varphi\right)^2\right] dx \tag{6.182}$$

據此，梁之勢能為

$$\Pi = \frac{1}{2}\int_0^l \left[EI\left(\frac{\partial \varphi}{\partial x}\right)^2 + k\left(\frac{\partial y}{\partial x} - \varphi\right)^2\right] dx - \int_0^l qy\,dx + [M\,\delta\varphi]_0^l + [V\,\delta y]_0^l \tag{6.183}$$

其中 φ 與 y 為未知之變量

經變分運算與分部積分，式 (6.183) 成為

$$\delta\Pi = -\int_0^l \frac{\partial}{\partial x}\left(EI\,\frac{\partial \varphi}{\partial x}\right)\delta\varphi dx - \int_0^l\left[k\,\frac{\partial}{\partial x}\left(\frac{\partial y}{\partial x}-\varphi\right)+q\right]\delta y dx - \int_0^l k\left(\frac{\partial y}{\partial x}-\varphi\right)\delta\varphi dx$$

$$+\left[\left(EI\,\frac{\partial \varphi}{\partial x}+M\right)\delta\varphi\right]_0^l + \left\{\left[k\left(\frac{\partial y}{\partial x}-\varphi\right)+V\right]\delta y\right\}_0^l \qquad (6.184)$$

梁之動能包括垂直慣性效應之動能與轉動慣性效應之動能：

$$K = K_1 + K_2 = \frac{1}{2}\int_0^l \rho A\left(\frac{\partial y}{\partial t}\right)^2 dx + \frac{1}{2}\int_0^l I_\rho\left(\frac{\partial \varphi}{\partial t}\right)^2 dx \qquad (6.185)$$

經變分運算再對 t 分部積分，並引用 $\delta y(x, t_0) = 0,\ \delta y(x, t_1) = 0$，得

$$\int_{t_0}^{t_1}\delta K dt = \int_{t_0}^{t_1}\int_0^l \rho A\,\frac{\partial y}{\partial t}\,\frac{\partial}{\partial t}\left(\delta y\right)dxdt + \int_{t_0}^{t_1}\int_0^l I_\rho\,\frac{\partial \varphi}{\partial t}\,\frac{\partial}{\partial t}\left(\delta\varphi\right)dxdt$$

$$= -\int_{t_0}^{t_1}\int_0^l \frac{\partial}{\partial t}\left(\rho A\,\frac{\partial y}{\partial t}\right)\delta y dxdt - \int_{t_0}^{t_1}\int_0^l \frac{\partial}{\partial t}\left(I_\rho\,\frac{\partial \varphi}{\partial t}\right)\delta\varphi dxdt \qquad (6.186)$$

將式 (6.184) 與式 (6.186) 代入 Hamilton 原理，得

$$-\int_{t_0}^{t_1}\int_0^l\left[\frac{\partial}{\partial x}\left(EI\,\frac{\partial \varphi}{\partial x}\right)+k\left(\left(\frac{\partial y}{\partial x}-\varphi\right)-\frac{\partial}{\partial t}\left(I_\rho\,\frac{\partial \varphi}{\partial t}\right)\right)\right]\delta\varphi dxdt$$

$$+\int_{t_0}^{t_1}\int_0^l\left[\rho A\,\frac{\partial^2 y}{\partial t^2}-k\,\frac{\partial}{\partial x}\left(\frac{\partial y}{\partial x}-\varphi\right)-q\right]\delta y dxdt$$

$$+\int_{t_0}^{t_1}\left[\left(EI\,\frac{\partial \varphi}{\partial x}+M\right)\delta\varphi\right]_0^l + \left\{\left[k\left(\frac{\partial y}{\partial x}-\varphi\right)+V\right]\delta y\right\}_0^l dt = 0 \qquad (6.187)$$

此式恆成立，在 $0 < x < l$ 區間則必

$$\frac{\partial}{\partial x}\left(EI\,\frac{\partial \varphi}{\partial x}\right)+k\left(\frac{\partial y}{\partial x}-\varphi\right)-\frac{\partial}{\partial t}\left(I_\rho\,\frac{\partial \varphi}{\partial t}\right)=0 \qquad (6.188)$$

$$\rho A\,\frac{\partial^2 y}{\partial t^2}-k\,\frac{\partial}{\partial x}\left(\frac{\partial y}{\partial x}-\varphi\right)=q(x, t) \qquad (6.189)$$

梁兩端容許的邊界條件為

$$EI \frac{\partial \varphi}{\partial x} = -M \quad \text{或} \quad \varphi \text{ 為設定} \tag{6.190}$$

以及 $\quad k\left(\frac{\partial y}{\partial x} - \varphi\right) = -V \quad$ 或 $\quad y$ 為設定 $\tag{6.191}$

由式 (6.188) 與式 (6.189) 消去 φ，得均勻斷面梁撓度 $y(x, t)$ 之控制方程式：

$$EI \frac{\partial^4 y}{\partial x^4} - \left(I_\rho + \frac{EI\rho A}{k}\right) \frac{\partial^4 y}{\partial x^2 \partial t^2} + \rho A \frac{\partial^2 y}{\partial t^2} + \frac{\rho A I_\rho}{k} \frac{\partial^4 y}{\partial t^4}$$

$$= q(x, t) + \frac{I_\rho}{k} \frac{\partial^2 q}{\partial t^2} - \frac{EI}{k} \frac{\partial^2 q}{\partial x^2} \tag{6.192}$$

梁彎曲變形之傾角 φ 為

$$\frac{\partial \varphi}{\partial x} = \frac{q}{k} - \frac{\rho A}{k} \frac{\partial^2 y}{\partial t^2} + \frac{\partial^2 y}{\partial x^2} \tag{6.193}$$

若不計剪切變形對斜率之影響，令 $\beta = 0, k \to \infty$，式 (6.193) 為恆等式，而式 (6.192) 簡化為 Rayleigh 梁振動模式之控制方程式 (6.172)。

考慮簡支梁之自由振動，兩端的邊界條件為

$$y = 0, \qquad \frac{\partial \varphi}{\partial x} = -\frac{\rho A}{k} \frac{\partial^2 y}{\partial t^2} + \frac{\partial^2 y}{\partial x^2} = 0 \tag{6.194}$$

令 $\quad y(x, t) = Y(x) e^{i\omega t} \tag{6.195}$

式 (6.192) 變為

$$EI \frac{d^4 Y}{dx^4} + \omega^2 \left(I_\rho + \frac{EI\rho A}{k}\right) \frac{d^2 Y}{dx^2} + \omega^2 \left(\omega^2 \frac{\rho A I_\rho}{k} - \rho A\right) Y = 0 \tag{6.196}$$

兩端 $x = 0, l$ 之邊界條件

$$Y(x) = 0, \qquad Y''(x) + \frac{\rho A}{k} \omega^2 Y(x) = 0 \tag{6.197}$$

式 (6.196) 之解為

$$Y(x) = c_1 \cos \lambda x + c_2 \sin \lambda x + c_3 \cosh \lambda x + c_4 \sinh \lambda x \tag{6.198}$$

其中 $EI\lambda^4 + \omega^2 \left(I_\rho + \dfrac{EI\rho A}{k}\right)\lambda^2 + \omega^2 \left(\omega^2 \dfrac{\rho AI_\rho}{k} - \rho A\right) = 0$

由此解得

$$\lambda^2 = \frac{-\omega^2 \left(I_\rho + \dfrac{EI\rho A}{k}\right) \pm \left[\omega^4 \left(I_\rho + \dfrac{EI\rho A}{k}\right)^2 - 4EI\omega^2 \left(\omega^2 \dfrac{\rho AI_\rho}{k} - \rho A\right)\right]^{1/2}}{2EI} \tag{6.199}$$

將式 (6.198) 代入式 (6.197)，得

$$
\begin{bmatrix}
1 & 0 & 1 & 0 \\
\cos \lambda l & \sin \lambda l & \cos \lambda l & \sinh \lambda l \\
\alpha\omega^2 - \lambda^2 & 0 & \alpha\omega^2 + \lambda^2 & 0 \\
\alpha\omega^2 - \lambda^2 & \alpha\omega^2 - \lambda^2 & \alpha\omega^2 + \lambda^2 & \alpha\omega^2 + \lambda^2
\end{bmatrix}
\begin{bmatrix}
c_1 \\ c_2 \\ c_3 \\ c_4
\end{bmatrix}
=
\begin{bmatrix}
0 \\ 0 \\ 0 \\ 0
\end{bmatrix}
\tag{6.200}
$$

其中 $\alpha = \rho A/k$。此式有非零解，則必

$$
\begin{vmatrix}
1 & 0 & 1 & 0 \\
\cos \lambda l & \sin \lambda l & \cos \lambda l & \sinh \lambda l \\
\alpha\omega^2 - \lambda^2 & 0 & \alpha\omega^2 + \lambda^2 & 0 \\
\alpha\omega^2 - \lambda^2 & \alpha\omega^2 - \lambda^2 & \alpha\omega^2 + \lambda^2 & \alpha\omega^2 + \lambda^2
\end{vmatrix}
= 0
\tag{6.201}
$$

由此行列式可得 Timoshenko 梁之自然頻率 ω 的特徵方程式。若剪切模數趨近無限大，梁無剪切變形，Timoshenko 梁振動模式簡化為 Rayleigh 梁振動模式。相較於 Rayleigh 梁，Timoshenko 梁之剛度降低，因而其自然頻率低於 Rayleigh 梁振動模式估算之結果。

相關研究顯示，Euler 梁與 Rayleigh 梁模式不足以預測梁之高頻振動反應，應採取 Timoshenko 梁模式，特別是在探討短梁與複合梁等之結構振動，剪切變形之影響不可忽略。

6.11. 等效變分問題

由變分推求問題的泛函數之極值，解對應的 Euler-Lagrange 方程式與容許的邊界條件，可求得問題的精確解。反過來說，當微分方程式難以求解時，若能將其轉換為等效變分問題，直接求取泛函數之極值，應可求得問題的解。此思路開拓了以近似方法求解變分問題的途徑。

本節說明如何將數學模式常見的微分方程式轉換為等效變分問題。

1. 自伴常微分方程式

考慮區域 R 內之 $2m$ 階之線性微分方程式：

$$L_{2m}(\phi) = f \tag{6.202}$$

邊界條件為 $B_i(\phi) = 0 \ (i = 1, 2, \cdots, m)$。

若任何兩個滿足邊界條件之可微函數 u 與 v 符合以下關係：

$$\int_R u L_{2m}(v) \, dR = \int_R v L_{2m}(u) \, dR \tag{6.203}$$

稱為自伴 (self-adjoint) 系統，運算子 L_{2m} 為自伴運算子，一維系統可運用分部積分判明是否為自伴系統，二維系統可運用 Green 定理判明。

自伴四階線性常微分方程式的標準形式為

$$(sy'')'' + (py')' + qy = f \qquad (a < x < b) \tag{6.204}$$

其中 s, p, q, f 為 x 的函數或常數。

彈性弦索之撓度與 Euler 梁振動之微分方程式為式 (6.158) 之特例。許多重要的常微分方程式可寫為式 (6.158) 之形式。例如：

Bessel 方程式 $(s = 0, p = x^2, q = c_1 + c_2 x^{2s}, f = 0)$:

$$x^2 y'' + 2xy' + (c_1 + c_2 x^{2s}) y = 0$$

Legendre 方程式 $(x = 0, p = 1x^2, q = n(n+1), f = 0)$:

$$(1 - x^2)\, y'' - 2xy' + n(n+1)\, y = 0$$

當微分方程式 (6.158) 的係數是 x 的函數，需以冪級數求解，以下將式 (6.158) 轉換為等效變分問題。

考慮恆等式

$$\int_a^b [(sy'')'' + (py')' + qy - f]\, \delta y\, dx = 0 \tag{6.205}$$

將式 (6.205) 的各項作分部積分，表示如下：

$$\int_a^b (sy'')''\delta y\, dx = [(sy'')'\delta y]_a^b - \int_a^b (sy'')'\delta y'\, dx$$

$$= [(sy'')'\delta y]_a^b - [(sy'')\,\delta y']_a^b + \int_a^b sy''\delta y''\, dx$$

$$= [(sy'')'\delta y]_a^b - [(sy'')\delta y']_a^b + \int_a^b \frac{1}{2}\, s\delta(y'')^2\, dx$$

$$\int_a^b (py')'\,\delta y\, dx = (py'\,\delta y)_a^b - \int_a^b \frac{1}{2}\, p\delta(y')^2\, dx$$

$$\int_a^b (qy - f)\,\delta y\, dx = \int_a^b \left[\frac{1}{2}\, q\delta(y^2) - f\delta y\right] dx$$

則式 (6.205) 變為

$$\delta\int_a^b \left[\frac{1}{2}\, s(y'')^2 - \frac{1}{2}\, p(y')^2 + \frac{1}{2}\, qy^2 - fy\right] dx$$

$$+ \{[(sy'')' + py']\,\delta y\}_a^b - [(sy'')\delta y']_a^b = 0 \tag{6.206}$$

此式恆成立，則必

$$\delta\int_a^b \left[\frac{1}{2}\, s(y'')^2 - \frac{1}{2}\, p(y')^2 + \frac{1}{2}\, qy^2 - fy\right] dx = 0 \tag{6.207}$$

在　$x = a, b$:　$[(sy'')' + py'] \delta y = 0,$　$(sy'') \delta y' = 0$　(6.208)

據此，微分方程式 (6.207) 之等效變分問題為求以下泛函數 I 之極值：

$$I = \int_a^b [s(y'')^2 - p(y')^2 + qy^2 - 2fy] \, dx \tag{6.209}$$

在 $x = a, b$ 容許的邊界條件為

$$(sy'')' + py' = 0 \quad 或 \quad y \text{ 為設定} \tag{6.210}$$

$$以及 \quad sy'' = 0 \quad 或 \quad y' \text{ 為設定} \tag{6.211}$$

其中 y 與 y' 為本質邊界條件，與 y 之高階導數相關的條件為自然邊界條件。

Bessel 微分方程式：

$$x^2 y'' + 2xy' + (c + dx^{2s}) y = 0 \tag{6.212}$$

對應的泛函數變分為

$$\delta I = \delta \int_{x_1}^{x_2} [x^2 y'^2 - (c + dx^{2s}) y^2] \, dx = 0 \tag{6.213}$$

或　　$$\delta I = \delta \int_{x_1}^{x_2} [x^2 y'' + 2xy' + (c + dx^{2s}) y] \, \delta y dx = 0 \tag{6.214}$$

Legendre 微分方程式

$$(1 - x^2) y'' - 2xy' + n(n + 1) y = 0 \tag{6.215}$$

對應的泛函數變分為

$$\delta I = \delta \int_{x_1}^{x_2} [(1 - x^2) y'^2 - n(n + 1) y^2] \, dx = 0 \tag{6.216}$$

或　　　$\delta I = \delta \displaystyle\int_{x_1}^{x_2} [(1-x^2)\,y'' - 2xy' + n(n+1)\,y]\,\delta y\,dx = 0$　　　(6.217)

微分方程式與泛函數變分不一定存在對應關係，換言之，並非所有的微分方程式都是某泛函數的 Euler-Lagrange 方程式。若微分方程式是自伴形式 (見習題 6.13)，則該微分方程式可轉換為對應的等效變分問題。

考慮四階線性常微分方程式：

$$b_1\,y'''' + b_2\,y''' + b_3\,y'' + b_4\,y' + b_5\,y = b_6 \qquad (6.218)$$

其中 $b_k\,(k = 1, 2, \cdots, 6)$ 為 x 的函數或常數。

將式 (6.218) 乘以轉化因子 (reducing factor) $\varphi(x)$, 與式 (6.204) 比較，若兩者相同，則必

$$\frac{1}{2}\,(b_2\,\varphi)'' - (b_3\,\varphi)' + b_4\,\varphi = 0 \qquad (6.219)$$

此微分方程式若無解，則式 (6.218) 非自伴方程式；若有解，則式 (6.218) 可化為標準的自伴常微分方程式 (6.204)，其中

$$s = b_1\,\varphi(x), \quad p = \int b_4\,\varphi(x)\,dx, \quad q = b_5\,\varphi(x), \quad f = b_6\,\varphi(x) \qquad (6.220)$$

考慮二階線性常微分方程式

$$py'' + ry' + qy = h \qquad (6.221)$$

此為式 (6.204) 之特例 ($b_1 = b_2 = 0$, $b_3 = p$, $b_4 = r$), 式 (6.219) 簡化為

$$(p\varphi)' - r\varphi = 0 \qquad (6.222)$$

其解為

$$\varphi(x) = exp\left(\int \frac{r - p'}{p}\,dx\right) \qquad (6.223)$$

故可將式 (6.221) 表示為

$$[p\varphi(x) \, y']' + q\varphi(x) \, y = h\varphi(x) \tag{6.224}$$

對應的泛函數為

$$I = \int_a^b [p\varphi(x) \, (y')^2 - q\varphi(x) \, y^2 + 2h\varphi(x) \, y] \, dx \tag{6.225}$$

在 $x = a, b$ 容許的邊界條件為

$$py' = 0 \quad \text{或} \quad y \text{ 為設定} \tag{6.226}$$

任何二階線性常微分方程式皆可表示為標準的自伴常微分方程式,故可轉換為對應的等效變分問題。

2. 自伴二階線性偏微分方程式

自伴二階線性偏微分方程式的標準形式為

$$\frac{\partial}{\partial x} \left(p \, \frac{\partial \phi}{\partial x} \right) + \frac{\partial}{\partial x} \left(q \, \frac{\partial \phi}{\partial y} \right) + \frac{\partial}{\partial y} \left(q \, \frac{\partial \phi}{\partial x} \right) + \frac{\partial}{\partial y} \left(r \, \frac{\partial \phi}{\partial y} \right) + s\phi + t = 0 \tag{6.227}$$

其中 p, q, r, s, t 為 x, y 的函數或常數。扭轉問題的 Poisson 方程式 ($p = r = 1$, $q = s = 0$) 與 Laplace 方程式 ($p = r = 1$, $q = s = t = 0$) 為其特例。

若 R 為單連通平面區域,考慮恆等式

$$\iint_R [(p\phi_x)_x + (q\phi_y)_x + (q\phi_x)_y + (r\phi_y)_y + s\phi + t] \, \delta\phi dxdy = 0 \tag{6.228}$$

其中 $\phi_x = \partial\phi/\partial x$, $(p\phi_x)_x = \partial (p\phi_x)/\partial x$ 等。

運用 Green 定理,將式 (6.228) 中的各項表示如下:

$$\iint_R [(p\phi_x)_x + (r\phi_y)_y]\, \delta\phi dxdy$$

$$= \oint_C (p\phi_x\, n_x + r\phi_y\, n_y)\, \delta\phi ds - \iint_R (p\phi_x\, \delta\phi_x + r\phi_y\, \delta\phi_y)\, dxdy$$

$$= \oint_C (p\phi_x\, n_x + r\phi_y\, n_y)\, \delta\phi ds - \delta\iint_R \frac{1}{2}\, (p\phi_x{}^2 + r\phi_y{}^2)\, dxdy$$

$$\iint_R [(q\phi_y)_x + (q\phi_x)_y]\, \delta\phi dxdy$$

$$= \oint_C (q\phi_y\, n_x + q\phi_x\, n_y)\, \delta\phi dx - \iint_R (q\phi_y\, \delta\phi_x + q\phi_x\, \delta\phi_y)\, dxdy$$

$$= \oint_C (q\phi_y\, n_x + q\phi_x\, n_y)\, \delta\phi ds - \delta\iint_R (q\phi_x\, \phi_y)\, dxdy$$

$$\iint_R (s\phi + t)\, \delta\phi\, dxdy = \iint_R \delta(\frac{1}{2}\, s\phi^2 + t\phi)\, dxdy$$

則式 (6.228) 變為

$$-\delta\iint_R \frac{1}{2}\, (p\phi_x{}^2 + 2q\phi_x\, \phi_y + r\, \phi_y{}^2 - s\phi^2 - 2t\phi)\, dxdy$$

$$+ \oint_C [p\phi_x\, n_x + r\phi_y\, n_y + q(\phi_y\, n_x + \phi_x\, \phi_y)]\, \partial\phi ds = 0 \tag{6.229}$$

此式恆成立，則必

$$\delta\iint_R (p\phi_x^2 + 2q\phi_x\, \phi_y + r\phi_y^2 - s\phi^2 - 2t\phi)\, dxdy = 0 \tag{6.230}$$

在邊界上　$[p\phi_x\, n_x + r\phi_y\, n_y + q(\phi_y\, n_x + \phi_x\, \phi_y)]\, \delta\phi = 0$ \tag{6.231}

據此，偏微分方程式 (6.227) 的等效變分問題之泛函數為

$$I = \iint_R (p\phi_x{}^2 + 2q\phi_x\phi_y + r\phi_y{}^2 - s\phi^2 - 2t\phi)\, dxdy \tag{6.232}$$

容許的邊界條件為

$$\phi \text{ 為設定} \quad (\text{本質邊界條件}) \tag{6.233}$$

$$p\phi_x\, n_x + r\phi_y\, n_y + q(\phi_y\, n_x + \phi_x\, n_y) = 0 \quad (\text{自然邊界條件}) \tag{6.234}$$

或為混合邊界條件：在部分邊界 ϕ 為設定，其餘邊界為式 (6.188) 之邊界條件。

Poisson 方程式

$$\nabla^2\phi = f \tag{6.235}$$

為式 (6.227) 之特例。將 $p = r = 1,\ q = s = 0$ 代入式 (6.232)，其等效變分問題之泛函數為

$$I = \iint_R \left[(\phi_x)^2 + (\phi_y)^2 + 2f\phi \right] dxdy \tag{6.236}$$

容許的邊界條件為

$$\phi \text{ 為設定} \quad (\text{本質邊界條件}) \tag{6.237a}$$

$$\phi_x\, n_x + \phi_y\, n_y = \frac{\partial \phi}{\partial n} = 0 \quad (\text{自然邊界條件}) \tag{6.237b}$$

或為混合邊界條件：在定義域部分邊界 ϕ 為設定，其餘邊界之條件如式 (6.237b)。

以上推演顯示：若函數 ϕ 滿足問題的邊界條件，式 (6.228) 與式 (6.232) 等效；由式 (6.228) 或式 (6.232) 推求問題的之解，結果相同。

並非所有偏微分方程式都是自伴方程式，只有在適合某些條件下，線性偏微分方程式方能表示為自伴偏微分方程式的標準形式。以二階線性偏微分方程式為例，說明如下：

$$a\phi_{xx} + 2b\phi_{xy} + c\phi_{yy} + d\phi_x + e\phi_y + f\phi + g = 0 \tag{6.238}$$

其中 a, b, c, d, e, f, g 為 x, y 的函數或常數。

將式 (6.238) 乘以 $\varphi(x)$, 與式 (6.227) 比較，若兩者相同，則 $\varphi(x, y)$ 必須滿足下列方程式：

$$a\frac{\partial\varphi}{\partial x} + b\frac{\partial\varphi}{\partial y} = (d - a_x - b_y)\,\varphi \tag{6.239}$$

$$b\frac{\partial\varphi}{\partial x} + c\frac{\partial\varphi}{\partial y} = (e - b_x - c_y)\,\varphi \tag{6.240}$$

此聯立方程式不見得有解；若有解，則式 (6.238) 可化為標準的自伴常微分方程式 (6.227)，其對應的等效變分泛函數為

$$I = \iint_R (a\,\phi_x^2 + 2b\,\phi_y\phi_x + c\,\phi_y^2 - f\phi^2 - 2g\phi)\,\varphi dxdy \tag{6.241}$$

3. 自伴四階線性偏微分方程式

自伴四階線性偏微分方程式的標準形式為

$$(a\phi_{xx})_{xx} + (b\phi_{yy})_{xx} + (b\phi_{xx})_{yy} + (c\phi_{yy})_{yy} = f \tag{6.242}$$

其中 a, b, c, f 為 x, y 的函數或常數。平面問題的雙諧和方程式 ($a = b = c = 1$, $f = 0$)，薄板彎曲之控制方程式 ($a = b = c = 1, f \neq 0$) 為其特例。

若 R 為單連通平面區域，考慮恆等式

$$\iint_R [(a\phi_{xx})_{xx} + (b\phi_{yy})_{xx} + (b\phi_{xx})_{yy} + (c\phi_{yy})_{yy} - f]\,\delta\phi dxdy = 0 \tag{6.243}$$

運用 Green 定理：

$$\iint_R \frac{\partial\varphi}{\partial x}\,\delta\phi dxdy = \oint_C \varphi\delta\phi n_x\,ds - \iint_R \varphi\delta\phi_x\,dxdy$$

$$\iint_R \frac{\partial\varphi}{\partial y}\,\delta\phi dxdy = \oint_C \varphi\delta\phi\,n_y\,ds - \iint_R \varphi\delta\phi_y\,dxdy$$

可將式 (6.243) 中之項表示為

$$\iint_R (a\phi_{xx})_{xx}\, \delta\phi dxdy = \oint_C (a\phi_{xx})_x\, \delta\phi n_x\, ds - \oint_C a\phi_{xx}\, \delta\phi_x\, n_x\, ds + \iint_R a\phi_{xx}\, \delta\phi_{xx}\, dxdy$$

$$\iint_R (c\phi_{yy})_{yy}\, \delta\phi dxdy = \oint_C (c\phi_{yy})_y\, \delta\phi n_y\, ds - \oint_C c\phi_{yy}\, \delta\phi_y\, n_y\, ds + \iint_R c\phi_{yy}\, \delta\phi_{yy}\, dxdy$$

$$\therefore \quad \iint_R [(a\phi_{xx})_{xx} + (c\phi_{yy})_{yy}]\, \delta\phi\, dxdy = \iint_R \frac{1}{2}\, \delta(a\phi_{xx}^2 + c\phi_{yy}^2)\, dxdy$$

$$-\oint_C [a\phi_{xx}\, \delta\phi_x - (a\phi_{xx})_x\, \delta\phi]\, n_x\, ds + \oint_C [(c\phi_{yy})_y\, \delta\phi - c\phi_{yy}\, \delta\phi_y]\, n_y\, ds \qquad (6.244)$$

類此可得

$$\iint_R [(b\phi_{yy})_{xx} + (b\phi_{xx})_{yy}]\, \delta\phi dxdy = \iint_R \delta(b\phi_{xx}\, \phi_{yy})\, dxdy$$

$$-\oint_C [b\phi_{xx}\, \delta\phi_y - (b\phi_{xx})_y\, \delta\phi]\, n_y\, ds + \oint_C [(b\phi_{yy})_x\, \delta\phi - b\phi_{yy}\, \delta\phi_x]\, n_x\, ds \qquad (6.245)$$

將式 (6.244) 與式 (6.245) 代入式 (6.243)，得

$$\delta\iint_R \left(\frac{1}{2}\, a\phi_{xx}^2 + b\phi_{xx}\, \phi_{yy} + \frac{1}{2}\, c\phi_{yy}^2 - f\phi\right) dxdy$$

$$-\oint_C [a\phi_{xx} + b\phi_{yy})\, \delta\phi_x\, n_x + (b\phi_{xx} + c\phi_{yy})\, \delta\phi_y\, n_y]\, ds$$

$$+\oint_C [(a\phi_{xx} + b\phi_{yy})_x\, n_x + (b\phi_{xx} + c\phi_{yy})_y\, n_y]\, \delta\phi ds = 0 \qquad (6.246)$$

此式恆成立，則必

$$\delta\iint_R \left(\frac{1}{2}\, a\phi_{xx}^2 + b\phi_{xx}\, \phi_{yy} + \frac{1}{2}\, c\phi_{yy}^2 - f\phi\right) dxdy = 0 \qquad (6.247)$$

在邊界上 $\quad [(a\phi_{xx} + b\phi_{yy})_x\, n_x + (b\phi_{xx} + c\phi_{yy})_y\, n_y]\, \delta\phi = 0 \qquad (6.248)$

$$(a\phi_{xx} + b\phi_{yy})\,\delta\phi_x\,n_x + (b\phi_{xx} + c\phi_{yy})\,\delta\phi_y\,n_y = 0 \tag{6.249}$$

據此，對應於式 (6.242) 的等效變分泛函數為

$$I = \iint_R (a\phi_{xx}{}^2 + 2b\phi_{xx}\,\phi_{yy} + c\phi_{yy}{}^2 - 2f\phi)\,dxdy \tag{6.250}$$

容許的邊界條件由滿足式 (6.248) 與式 (6.249) 之組合決定。

考慮雙諧和方程式：

$$\nabla^2\nabla^2\phi = \frac{\partial^4\phi}{\partial x^4} + 2\,\frac{\partial^4\phi}{\partial x^2\partial y^2} + \frac{\partial^4\phi}{\partial y^4} = f(x,\,y) \tag{6.251}$$

若 R 為單連通平面區域，對應的等效變分泛函數為

$$I = \iint_R [(\nabla^2\phi)^2 - 2f\phi]\,dxdy \tag{6.252}$$

邊界條件由下列兩式決定：

$$[(\nabla^2\phi)_x\,n_x + (\nabla^2\phi)_y\,n_y]\,\delta\phi = \frac{\partial}{\partial n}\,(\nabla^2\phi)\,\delta\phi = 0 \tag{6.253}$$

$$(\nabla^2\phi)\,(\delta\phi_x\,n_x + \delta\phi_y\,n_y) = (\nabla^2\phi)\,\delta\left(\frac{\partial\phi}{\partial n}\right) = 0 \tag{6.254}$$

容許的邊界條件組合為

1. $\phi,\ \dfrac{\partial\phi}{\partial n}$ 為給定　(本質邊界條件) $\tag{6.255a}$

2. ϕ 為給定　(本質邊界條件),　$\nabla^2\phi = 0$　(自然邊界條件) $\tag{6.255b}$

3. $\dfrac{\partial}{\partial n}\,(\nabla^2\phi) = 0,\ \ \nabla^2\phi = 0$　(自然邊界條件) $\tag{6.255c}$

4. $\dfrac{\partial\phi}{\partial n}$ 為給定　(本質邊界條件),　$\dfrac{\partial}{\partial n}\,(\nabla^2\phi) = 0$　(自然邊界條件) $\tag{6.255d}$

6.12. 變分的直接解法、Ritz 法與 Galerkin 法

變分的直接解法之基本概念是將問題的未知函數以級數表示，求取泛函數之極值，以函數最小化的必要條件決定所設定級數中的待定係數，從而求得問題的級數解。應用近似解法無需瞭解問題的物理意義，只需選取適當的試誤函數組成級數，試誤函數必須滿足問題的本質邊界條件，無需滿足自然邊界條件。

直接解法應用於求解問題是否有效，取決於未知函數是否可以用級數表示。關鍵是：級數解是否存在？解是唯一的嗎？設定的級數是否收斂？能否逐項運算(逐項加減、微分、積分)？一般而言，由完整序列組成的級數，包括冪級數、傳立葉級數，以及各種由正交座標函數組成的廣義傅立葉級數，在其均勻收斂範圍內，具有這些性質，常用於求問題的級數解。

前已展示如何將數學模式中的微分方程式轉換為等效變分問題，以下說明兩種最常用的直接解法：Ritz 法與 Galerkin 法。

1. Ritz 法

設泛函數中的未知函數 $y(x)$ 形式如下：

$$y(x) = \sum_{n=1}^{\infty} c_n \varphi_n(x) \tag{6.256}$$

其中 c_n 為待定係數，$\varphi_n(x)$ 為預選的函數，$\varphi_n(x)$ 為完整序列，必須滿足問題的本質邊界條件。

取級數之前 k 項，記之為 $y_k(x)$：

$$y_k(x) = \sum_{n=1}^{k} c_n \varphi_n(x) \tag{6.257}$$

代入泛函數積分後，得對應的 $I_k = I_k(c_1, c_2, \cdots, c_k)$。$I_k$ 有極值的必要條件為

$$\frac{\partial I_k}{\partial c_i} = 0 \qquad (i = 1, 2, 3, \cdots, k) \tag{6.258}$$

由此可解得係數 c_i ($i = 1, 2, 3, \cdots, k$)，記之為 $c_i = a_i$，故得

$$y_k(x) = \sum_{n=1}^{k} a_n \, \varphi_n(x) \tag{6.259}$$

若式 (6.256) 之級數是由完整序列組成，且均勻收斂，可證明：當 $k \to \infty$，則 $y_k(x) \to y(x)$, $I(y_k) \to I(y)$。由於實際上只能取級數之有限項計算，當 k 足夠大，$I(y_k) < I(y_{k-1}) < \cdots < I(y_1)$, $y_k(x)$ 為問題的近似解。

2. Galerkin 法

考慮在區域 R 之線性微分方程式與齊次線性邊界條件如下：

$$L\,[\phi(x, y)] = f \tag{6.260}$$

$$B\,[\phi(x, y)] = 0 \tag{6.261}$$

設 $\phi(x, y)$ 為無窮級數，形式如下：

$$\phi(x, y) = \sum_{n=1}^{\infty} c_n \, \varphi_n(x, y) \tag{6.262}$$

其中 c_n 為待定係數，函數 $\varphi_n(x)$ 為完整序列，並滿足問題的齊次邊界條件。

取無窮級數之有限項：

$$\phi_k(x, y) = \sum_{n=1}^{k} c_n \, \varphi_n(x, y) \tag{6.263}$$

假設的 $\phi_k(x, y)$ 自然不滿足微分方程式 (6.260)，以函數 $\varepsilon_k(x, y)$ 表示誤差，則

$$L\,[\phi_k(x, y)] - f = \varepsilon_k(x, y) \neq 0 \tag{6.264}$$

定義區域 R 之平方差為

$$E = \iint_R [\varepsilon_k(x, y)]^2 \, dR = \iint_R [L(\sum_{n=1}^{k} c_n \, \varphi_n) - f]^2 \, dR \tag{6.265}$$

平方差 E 有極小值之必要條件為

$$\frac{\partial E}{\partial c_m} = 0 \quad (m = 1, 2, 3, \cdots, k) \tag{6.266}$$

由此得

$$\iint_R [L(\sum_{n=1}^{k} c_n \varphi_n) - f] \varphi_m \, dR = 0 \quad (m = 1, 2, 3, \cdots, k) \tag{6.267}$$

解此聯立代數方程式,可求得係數 c_n。

式 (6.267) 亦可由以下恆等式求得:

$$\iint_R \{L [\phi(x, y)] - f\} \delta\phi dR = 0 \tag{6.268}$$

將式 (6.263) 之變分

$$\delta\phi = \sum_{m=1}^{\infty} \varphi_m(x, y) \, \delta c_m \tag{6.269}$$

代入式 (6.268),得

$$\left(\sum_{m=1}^{\infty} \iint_R [L(\phi) - f] \varphi_m \, dR\right) \delta c_m = 0 \tag{6.270}$$

此式恆成立,則必

$$\iint_R [L(\phi) - f] \varphi_m \, dR = 0 \quad (m = 1, 2, 3, \cdots) \tag{6.271}$$

取 $\phi(x, y)$ 之有限項,即得式 (6.267)。

應用 Galerkin 法的前提是邊界條件必須為齊次線性,若邊界條件為非齊次,須設法將其轉為齊次,說明如下。

考慮非齊次邊界條件:

$$B [\phi(x, y)] = h \tag{6.272}$$

設 $\quad \phi(x, y) = \varphi(x, y) + G(x, y) \tag{6.273}$

則線性微分方程式變為

$$L [\varphi(x, y)] = f - L [G(x, y)] \tag{6.274}$$

式 (6.272) 之邊界條件變為

$$B\left[\varphi(x, y) + G(x, y)\right] = B\left[\varphi(x, y)\right] + B\left[G(x, y)\right] = h$$

令 $B\left[G(x, y)\right] = h$，則邊界條件變為齊次性：

$$B\left[\varphi(x, y)\right] = 0 \tag{6.275}$$

得以運用 Galerkin 法求式 (6.274) 之解 $\varphi(x, y)$, 從而由式 (6.233) 得 $\phi(x, y)$。

一般而言，求取滿足 $B\left[G(x, y)\right] = h$ 之函數 $G(x, y)$ 並不困難。應用 Galerkin 法，可直接列出求解問題的方程式組 (6.267)，無需考慮其物理意義，而應用 Ritz 法，必須建構問題的變分泛函數。若泛函數為已知，兩者的解完全相同。

以下舉例以 Ritz 法與 Galerkin 法分別求解。

考慮泛函數　$I = \int_0^1 (y'^2 - xy - 2xy)\, dx, \quad y(0) = 0, \; y(1) = 0 \tag{a}$

由 $\delta I = 0$ 得 Euler-Lagrange 方程式：

$$y'' + xy + x = 0 \tag{b}$$

此式為變係數常微分方程式，不易求解。

若以 Ritz 法求其近似解，可設

$$y_n(x) = \sum_{k=1}^{n} c_k\, x^k (1 - x) \tag{c}$$

此近似函數 $y_n(x)$ 適合齊次邊界條件　$y(0) = 0, \; y(1) = 0$。

取式 (c) 之第一項：$y_1(x) = c_1 x(1 - x)$, 代入式 (a)，運算得

$$I(c_1) = -\frac{19}{120} c_1^2 + \frac{1}{12} c_1$$

求 $I(c_1)$ 之極值：　$\dfrac{dI}{dc_1} = -\dfrac{19}{60} c_1 + \dfrac{1}{12} = 0 \quad \Rightarrow \quad c_1 = \dfrac{5}{19}$

取式 (c) 第一項之近似解為　$y_1(x) = \dfrac{5}{19} x(1-x)$。

取式 (c) 前兩項：$y_2(x) = c_1 x(1-x) + c_2 x^2(1-x)$, 代入式 (a)，運算得

$$I(c_1, c_2) = -\frac{19}{120} c_1^2 - \frac{11}{70} c_1 c_2 + \frac{1}{12} c_1 - \frac{107}{420} c_2^2 + \frac{1}{20} c_2$$

求 $I(c_1, c_2)$ 之極值，得聯立方程式如下：

$$\begin{cases} \dfrac{\partial I}{\partial c_1} = -\dfrac{19}{60} c_1 - \dfrac{11}{70} c_2 + \dfrac{1}{12} = 0 \\[3mm] \dfrac{\partial I}{\partial c_2} = -\dfrac{11}{70} c_1 - \dfrac{107}{840} c_2 + \dfrac{1}{20} = 0 \end{cases} \qquad (d)$$

解得　$c_1 = 0.177, \quad c_2 = 0.173$

取式 (c) 前兩項之近似解為　$y_2(x) = (0.177 + 0.173x) x(1-x)$

設近似函數為傅立葉正弦級數：$y(x) = \displaystyle\sum_{n=1}^{\infty} c_n \sin n\pi x$ $\qquad (e)$

此容許函數 $y(x)$ 適合邊界條件：$y(0) = y(1) = 0$

取式 (e) 第一項：$y_1(x) = c_1 \sin \pi x$ 代入式 (a) 得

$$\delta I = \int_0^1 (y'' + xy + x)\, \delta y\, dx$$

$$= \int_0^1 (-c_1 \pi^2 \sin \pi x + c_1 x \sin \pi x + x) \sin \pi x\, \delta c_1\, dx$$

$$= (-\pi^2 c_1/2 + 1/\pi)\, \delta c_1 = 0 \quad \Rightarrow \quad c_1 = 2/\pi^3$$

取傅立葉正弦級數第一項之近似解為　$y_1 = \dfrac{2}{\pi^3} \sin \pi x$

比較取傅立葉正弦級數一項與取多項式兩項之近似解，在考慮區間 $0 \le x \le 1$ 兩者的相對誤差為 1.5%；欲提高精度，可取傅立葉級數兩項計算。

以 Galerkin 法求解如下：

$$\delta I = \int_0^1 (y'' + xy + x)\, \delta y\, dx = 0 \tag{f}$$

設容許函數為 $\quad y_n(x) = \sum_{k=1}^{n} c_k x^k (1-x)$ $\qquad$ (g)

取 $n = 2$,

$$y_2(x) = \sum_{k=1}^{2} c_k \phi_k(x) = \sum_{k=1}^{2} c_k x^k (1-x) \tag{h}$$

由 (6.267) 得

$$\int_0^1 [(y_2)'' + xy_2 + x]\, x(1-x)\, dx = 0 \tag{i}$$

$$\int_0^1 [(y_2)'' + xy_2 + x]\, x^2(1-x)\, dx = 0 \tag{j}$$

積分此兩式得以下聯立方程式：

$$\begin{cases} -\dfrac{19}{60} c_1 - \dfrac{11}{70} c_2 + \dfrac{1}{12} = 0 \\[3mm] -\dfrac{11}{70} c_1 - \dfrac{107}{840} c_2 + \dfrac{1}{20} = 0 \end{cases} \tag{k}$$

式 (k) 與式 (d) 完全相同，故以 Galerkin 法求近似解，亦得

$$y_2(x) = (0.177 + 0.173x)\, x(1-x)$$

圖 6.4 展示本例各近似解，Galerkin 法與 Ritz 法所得之解相同。

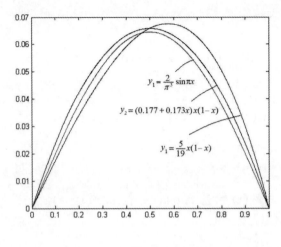

圖 6.4

若邊界條件非齊次性，必須將邊界條件轉變為齊次性，才能用 Galerkin 法求近似解。以下將此例之齊次邊界條件改為非齊次性，展示如何運用 Galerkin 法求微分方程式之近似解。

考慮　$y'' + xy + x = 0,\quad y(0) = 0,\ y(1) = 2$

設 $y(x) = \varphi(x) + G(x) = \varphi(x) + 2x$，則原微分方程式與邊界條件變為

$$\varphi'' + x\varphi + 2x^2 + x = 0,\quad \varphi(0) = 0,\ \varphi(1) = 0$$

對應的泛函數 $\delta I = 0$ 為　$\delta I = \int_0^1 (\varphi'' + x\varphi + 2x^2 + x)\,\delta\varphi\,dx = 0$

設　$\varphi_n(x) = \displaystyle\sum_{k=1}^{n} c_k\, x^k(1-x)$　取　$\varphi_2(x) = \displaystyle\sum_{k=1}^{2} c_k\,\phi_k(x) = \displaystyle\sum_{k=1}^{2} c_k\, x^k(1-x)$

由 (6.267) 得

$$\int_0^1 [(\varphi_2)'' + x\varphi_2 + 2x^2 + x]\,x(1-x)\,dx = 0$$

$$\int_0^1 [(\varphi_2)'' + x\varphi_2 + 2x^2 + x]\,x^2(1-x)\,dx = 0$$

由此兩式得

$$
\begin{cases}
\dfrac{1}{12}\, c_1 - \dfrac{11}{70}\, c_2 + \dfrac{59}{60} = 0 \\[4mm]
\dfrac{23}{210}\, c_1 + \dfrac{107}{840}\, c_2 - \dfrac{47}{60} = 0
\end{cases}
$$

解得　　$c_1 = -9.35, \quad c_2 = 14.18$

此例之近似解為　$y_2(x) = 2x - (9.35 - 14.18x)\, x(1 - x)$

6.13. 應用例

1. 彈性弦索之撓度

考慮一弦索兩端受張力 T，其上受垂直力 $q(x)$ 作用，第 4 章 4.11 節推導出弦索撓度之控制方程式為

$$
\frac{y''}{[1 + (y')^2]^{1/2}} + \frac{q(x)}{T} = 0 \qquad (0 < x < l) \tag{6.276}
$$

此為非線性微分方程式，不易求解。由二項式展開：

$$
[1 + (y')^2]^{1/2} = 1 + \frac{1}{2}\,(y')^2 + \cdots \approx 1
$$

在小變形情況下，$y' < 1$, 式 (6.276) 可線性化為線性微分方程式：

$$
y'' + \frac{q(x)}{T} = 0 \qquad (0 < x < l) \tag{6.277}
$$

以 $q(x) = -px/l$ 為例，式 (6.277) 為

$$
y'' - \frac{p}{Tl}\, x = 0 \qquad (0 < x < l) \tag{6.278}
$$

邊界條件為 $y(0) = 0,\ y(l) = h,\ (h$ 為定值$)$。

此問題之精確解為　$y = \dfrac{h}{l} x + \dfrac{p}{6Tl} x(x^2 - l^2)$ (6.279)

前已證明任何二階線性常微分方程式皆可轉換為等效變分問題，根據第 6.11 節之推導，微分方程式 (6.277) 對應之等效變分泛函數為

$$\Pi = \int_0^l \left[\frac{1}{2} T(y')^2 - qy \right] dx$$ (6.280)

茲以 Ritz 法求問題之近似解。設解為冪級數形式：

$$y(x) = \frac{h}{l} x + \sum_{k=1}^{\infty} c_k x^k (x - l)$$ (6.281)

$y(x)$ 滿足問題的邊界條件：$y(0) = 0, y(l) = h$。

取式 (6.281) 之第一項：

$$y_1 = \frac{h}{l} x + c_1 x(x - l)$$

代入式 (6.280)，得

$$\Pi = \int_0^l \frac{1}{2} T \left[\frac{h}{l} + c_1 (2x - l) \right]^2 - p \frac{x}{l} \left[\frac{h}{l} x + c_1 x(x - l) \right] dx$$

積分得

$$\Pi = \frac{T}{2} \left(\frac{h^2}{l} + \frac{l^3}{3} c_1^2 \right) + p \left(\frac{hl}{3} - \frac{l^3}{12} c_1 \right)$$

函數 $\Pi = \Pi (c_1)$ 有極小值之必要條件為 $d\Pi/dc_1 = 0$, 由此得

$$c_1 = p/4T, \qquad y_1 \approx \frac{h}{l} x + \frac{p}{4T} x(x - l)$$

若取式 (6.281) 之前兩項：

$$y_2 = \frac{h}{l} x + x(x - l) (c_1 + c_2 x)$$

可解得　$y_2 = \dfrac{h}{l} x + \dfrac{p}{6Tl} x(x^2 - l^2)$，此與式 (6.279) 所示之精確解完全相同。

本問題未經線性化之控制方程式為式 (6.276)，運用 Ritz 法求泛函數之極小值，可避免求解此非線性微分方程式。

2. 梁之彎曲

第 6.10 節推導出梁彎曲之勢能 Π 為

$$\Pi = \int_0^l \frac{1}{2} EI(y'')^2 \, dx - \int_0^l qy dx - M_0 y_0' - V_0 y_0 + M_l y_l' + V_l y_l \tag{6.282}$$

茲以 Ritz 與 Galerkin 法求解簡支梁承受均佈載重 q 之撓度。

設解之形式為傅立葉正弦級數：

$$y = \sum_{n=1}^{\infty} c_n \sin \frac{n\pi x}{l} \tag{6.283}$$

所假設的 $y(x)$ 滿足梁兩端的邊界條件：$y(0) = y''(0) = 0, \quad y(l) = y''(l) = 0$。

將式 (6.283) 代入式 (6.282) 得

$$\Pi = \int_0^l \frac{1}{2} EI(y'')^2 \, dx - \int_0^l qy dx = \frac{EI\pi^4}{4l^3} \sum_{n=1}^{\infty} n^4 c_n^2 - \frac{2ql}{\pi} \sum_{n=1,3,5,}^{\infty} \frac{c_n}{n}$$

$$\frac{\partial \Pi}{\partial c_n} = 0 \quad \Rightarrow \quad \left(\frac{EI\pi^4}{4l^3} \sum_{n=1}^{\infty} n^4 c_n - \frac{ql}{\pi} \sum_{n=1,3,5,}^{\infty} \frac{1}{n} \right) \delta c_n = 0$$

此式恆成立，則必

$$\frac{EI\pi^4}{4l^3} \sum_{n=1}^{\infty} n^4 c_n - \frac{ql}{\pi} \sum_{n=1,3,5,}^{\infty} \frac{1}{n} = 0$$

由此得 $\quad c_n = \frac{4ql^4}{EI\pi^5} \frac{1}{n^5} \quad (n = 1, 3, 5, \cdots)$

$$\Rightarrow \quad y = \frac{4ql^4}{EI\pi^5} \sum_{n=1,3,5,}^{\infty} \frac{1}{n^5} \sin \frac{n\pi x}{l} \tag{6.284}$$

以 Galerkin 法求解此問題，將式 (6.283) 代入式 (6.267) 得

$$\int_0^l \left(\frac{EI\pi^4}{l^4} \sum_{n=1}^{\infty} n^4 c_n \sin \frac{n\pi x}{l} - q \right) \sin \frac{k\pi x}{l} \, dx = 0 \qquad (k = 1, 2, 3, \cdots)$$

$$\Rightarrow \quad \frac{EI\pi^4}{4l^3} \sum_{n=1}^{\infty} n^4 c_n - \frac{ql}{\pi} \sum_{n=1,3,5,}^{\infty} \frac{1}{n} = 0$$

此式與以 Ritz 法求 c_n 之方程式相同，故式 (6.286) 亦為以 Galerkin 法求得之解。

根據式 (6.284)，梁之最大撓度為

$$y(l/2) = \frac{4ql^4}{EI\pi^5} \left(1 - \frac{1}{3^5} + \frac{1}{5^5} - \cdots \right)$$

取第一項近似，得 $\quad y(l/2) = \frac{4ql^4}{76.6EI}$ ，與本問題之精確解比較：

$$y(l/2) = \frac{5ql^4}{384EI} \approx \frac{ql^4}{76.8EI} \quad \text{兩者極為相近。}$$

設簡支梁於 $x = a$ 承受集中力 P，梁之勢能為

$$\Pi = \int_0^l \frac{1}{2} EI(y'')^2 \, dx - Py(a) \tag{6.285}$$

其中 $Py(a)$ 為集中力之作功。

將式 (6.283) 代入式 (6.284)，經 $\delta\Pi = 0$ 變分運算，得

$$y = \frac{2Pl^3}{EI\pi^4} \sum_{n=1}^{\infty} \frac{1}{n^4} \sin \frac{n\pi a}{l} \sin \frac{n\pi x}{l} \tag{6.286}$$

此級數收斂很快，以集中力作用於梁中點為例，梁之最大撓度為

$$y \left(\frac{l}{2} \right) = \frac{2Pl^3}{EI\pi^4} \left(1 + \frac{1}{3^4} + \frac{1}{5^4} + \cdots \right)$$

取第一項近似，得

$$y\left(\frac{l}{2}\right) = \frac{Pl^3}{48.7EI}$$

與精確解 $y(l/2) = \dfrac{Pl^3}{48EI}$ 比較，誤差僅 1.5%。

3. 梁柱之屈曲

考慮一端固定之梁柱自由端 $x = l$ 承受軸向壓力 P，如圖 6.5 所示。當 P 到達臨界載重時，一微小之增量或微小擾動會導致梁柱突發的側向位移，此軸向力稱為臨界屈曲載重 (critical buckling load)。

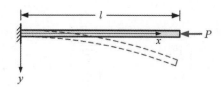

圖 6.5

茲由最小勢能原理推求此問題的控制方程式與邊界條件。

在屈曲剛發生時，此系統之勢能為

$$\Pi = \int_0^l \frac{1}{2} EI(y'')^2 \, dx - \int_0^l P\left\{[1 + (y')^2]^{1/2} - 1\right\} dx \qquad (6.287)$$

其中第一項為梁柱之應變能，第二項為軸向壓力 P 之作功。

在小變形假設下，式 (6.287) 可線性化為

$$\Pi = \frac{1}{2} \int_0^l [EI(y'')^2 - P(y')^2] \, dx \qquad (6.288)$$

勢能 Π 為極小，則必

$$\delta\Pi = \int_0^l (EIy''\delta y'' - Py'\delta y') \, dx = 0 \qquad (6.289)$$

經分部積分，此式成為

$$\int_0^l [(EIy'')'' - Py''] \, \delta y \, dx + (EI \, y'' \delta y')_{x=0}^{x=l} - ([(EIy'')' + Py'] \, \delta y)_{x=0}^{x=l} = 0 \qquad (6.290)$$

由於 $x = 0$ 為固定端，而自由端 $x = l$ 之撓度與斜率為未知，故 $\delta y_0 = \delta y_0' = 0$, $\delta y_l \neq 0$, $\delta y_l' \neq 0$，式 (6.290) 對任意 δy 皆成立，則必

$$(EIy'')'' - Py'' = 0 \qquad (0 < x < l) \qquad (6.291)$$

以及在端點 $x = l$ 之自然邊界條件：

$$y''(l) = 0, \quad EIy'''(l) + Py'(l) = 0 \qquad (6.292)$$

式 (6.291) 之解為

$$y = c_1 \sin \sqrt{\frac{P}{EI}} \, x + c_2 \cos \sqrt{\frac{P}{EI}} \, x + c_3 \, x + c_4 \qquad (6.293)$$

此式必須滿足固定端 $x = 0$ 與式 (6.292) 之自由端 $x = l$ 邊界條件，據此得 $c_1 = c_3 = c_4 = 0$，以及

$$c_2 \cos \sqrt{\frac{P}{EI}} \, l = 0 \quad \Rightarrow \quad P = \frac{(2n-1)^2 EI\pi^2}{4l^2} \quad (n = 1, 2, \cdots) \qquad (6.294)$$

取 $n = 1$, 得臨界屈曲載重 P_{cr} 與對應的屈曲模態：

$$P_{cr} = \frac{EI\pi^2}{4l^2}, \qquad y = c \left(\cos \frac{\pi x}{2l} - 1 \right) \qquad (6.295)$$

其中常數 c 與模態之大小有關。

茲以 Ritz 法求近似解。設解為冪級數形式：

$$y = \sum_{k=1}^{\infty} c_k \, x^{k+1} \qquad (6.296)$$

所設的 $y(x)$ 滿足問題的本質邊界條件：$y(0) = y'(0) = 0$, 但不滿足自然邊界條件：$y_l'' = 0, \quad EIy_l''' + Py_l' = 0$。

取式 (6.296) 級數的第一項 $y_1 = c_1 x^2$, 將 $\delta y_1' = 2x\delta c_1$, $\delta y_1'' = x\delta c_1$ 代入式 (6.289)，經運算得

$$4l \left(EI - \frac{P}{3} l^2 \right) c_1 \delta c_1 = 0$$

此式恆成立，則必

$$EI - \frac{P}{3} l^2 = 0 \;\; \Rightarrow \;\; P = 3 \frac{EI}{l^2}$$

與式 (6.295) 之精確解 $P \cong 2.47 EI/l^2$ 比較，誤差為 21.5%，顯然不理想。

為改善精度，取式 (6.296) 級數的前兩項：

$$y_2 = c_1 x^2 + c_2 x^3$$

$$\delta y_2' = 2x \, \delta c_1 + 3x^2 \, \delta c_2, \qquad \delta y_2'' = 2\delta c_1 + 6x\delta c_2$$

代入式 (6.289)，經運算得

$$3 \left[(4EI - 3Pl^2/5) \, lc_2 + (2EI - Pl^2/2) \, c_1 \right] \delta c_2$$

$$+ \left[3 \, (2EI - Pl^2/2) \, lc_2 + 4 \, (EI - Pl^2/3) \, c_1 \right] \delta c_1 = 0$$

對任意的 δc_1 與 δc_2 變分，此式恆成立，則必

$$\begin{cases} (4EI - 3Pl^2/5) \, lc_2 + (2EI - Pl^2/2) \, c_1 = 0 \\ 3 \, (2EI - Pl^2/2) \, lc_2 + 4 \, (EI - Pl^2/3) \, c_1 = 0 \end{cases}$$

此齊次方程式有非零解，係數行列式必須為零：

$$\begin{vmatrix} (4EI - 3Pl^2/5) \, l & (2EI - Pl^2/2) \\ 3 \, (2EI - Pl^2/2) \, l & 4 \, (EI - Pl^2/3) \end{vmatrix} = 0$$

由此得

$$3 \left(\frac{Pl^2}{EI} \right)^2 - 112 \left(\frac{Pl^2}{EI} \right) + 240 = 0$$

此式之兩個根為 $Pl^2/EI = 2.28; 35.09,$ 其小者為臨界屈曲載重 $P = 2.28EI/l^2$，與式 (6.295) 之精確解比較，誤差約為 7.7%。

一般而言，採用冪級數形式之近似函數，收斂較慢；取多項冪級數可提升近似解之精度，但計算量隨之增加。

4. 矩形斷面桿件之扭轉

考慮矩形斷面桿件之 Saint-Venant 扭轉，以應力函數 ψ 表示之控制方程式為

$$\nabla^2 \psi = \frac{\partial^2 \psi}{\partial x^2} + \frac{\partial^2 \psi}{\partial y^2} = -2 \quad |x| < a, \, |y| < b \tag{6.297}$$

邊界條件為

$$\psi(\pm a, y) = \psi(x, \pm b) = 0 \tag{6.298}$$

根據式 (6.236)，式 (6.297) 的等效變分問題泛函數為

$$I = \int_{-b}^{b} \int_{-a}^{a} \left[\left(\frac{\partial \psi}{\partial x} \right)^2 + \left(\frac{\partial \psi}{\partial y} \right)^2 - 4\psi \right] dxdy \tag{6.299}$$

茲以 Ritz 法求近似解。此問題之解為 x 與 y 之偶函數，設應力函數為冪級數形式：

$$\psi_n(x, y) = (x^2 - a^2)(y^2 - b^2)(c_1 + c_2 x^2 + c_3 y^2 + c_4 x^4 + c_5 y^4 + \cdots) \tag{6.300}$$

此近似函數滿足問題的邊界條件，式 (6.298)。

取式 (6.302) 之第一項：

$$\psi_1(x, y) = c_1 (x^2 - a^2)(y^2 - b^2) \tag{6.301}$$

代入式 (6.299)，得

$$I = 4c_1 \int_{-b}^{b} \int_{-a}^{a} \{c_1 [x^2 (y^2 - b^2)^2 + y^2 (x^2 - a^2)^2] - (x^2 - a^2)(y^2 - b^2)\} \, dxdy$$

$$= \frac{64}{45} c_1 [2c_1 a^3 b^3 (a^2 + b^2) - 5a^3 b^3]$$

由　$\dfrac{dI}{dc_1} = 0$，　得　$c_1 = \dfrac{5}{4\,(a^2 + b^2)}$

若將式 (6.301) 代入

$$I = \int_{-b}^{b} \int_{-a}^{a} (\nabla^2 \psi_1 + 2)\, \delta\psi_1\, dxdy = 0 \tag{6.302}$$

$\Rightarrow\ \ \dfrac{128}{45}\, a^3 b^3\, (a^2 + b^2)\, c_1 - \dfrac{32}{9}\, a^3 b^3 = 0\ \ \therefore\ \ c_1 = \dfrac{5}{4\,(a^2 + b^2)}$

亦得相同結果：　$\psi_1\,(x,\,y) = \dfrac{5}{4\,(a^2 + b^2)}\,(x^2 - a^2)\,(y^2 - b^2)$

為提高精度，取二次近似：

$$\psi_2\,(x,\,y) = (x^2 - a^2)\,(y^2 - b^2)\,(c_1 + c_2\,x^2 + c_3\,y^2)$$

代入式 (6.302)，得

$$140\,(a^2 + b^2)\,c_1 + 4a^2\,(5a^2 + 7b^2)\,c_2 + 4b^2\,(7a^2 + 5b^2)\,c_3 = 175$$
$$12\,(5a^2 + 7b^2)\,c_1 + 4a^2\,(5a^2 + 33b^2)\,c_2 + 12b^2\,(a^2 + b^2)\,c_3 = 105$$
$$12\,(7a^2 + 5b^2)\,c_1 + 12a^2\,(a^2 + b^2)\,c_2 + 4b^2\,(33a^2 + 5b^2)\,c_3 = 105$$

若 $a = b$，則 $c_2 = c_3$，解此聯立方程式得

$$c_1 = \dfrac{1295}{2216a^2},\qquad c_2 = \dfrac{525}{4432a^4}$$

據此，正方形斷面桿件應力函數之近似解為

$$\psi = \left[\dfrac{1295}{2216a^2} + \dfrac{525}{4432a^4}\,(x^2 + y^2)\right](x^2 - a^2)\,(y^2 - a^2)$$

此式與精確解之誤差小於 5%。

6.14. 結語

本章旨在說明變分法之基本理論與方法，並未廣泛探討其物理應用。變分法在數理問題之建模與數值模擬上應用廣泛，它為電磁學、光學、理論物理等領域的最小作用量原理提供了數學基礎。在推展理論力學的 Lagrange 體系與 Hamilton 體系，彈性力學的變分原理，諸如：虛功原理，最小勢能原理，最小補能原理，動力學的 Hamilton 原理，以及最優控制理論等方面，變分法不可或缺。此外，在變分原理的基礎上發展出許多數值模擬與計算方法，其中有限元素法是求取數理問題數值解的重要工具；這些課題已超出本書範圍了。

習題

1. 證明以下變分公式，其中 $F = F(x, y, y')$ 為給定的函數：

$$\delta \left(\frac{F_1}{F_2} \right) = \frac{F_2 \delta F_1 - F_1 \delta F_2}{F_2^2}, \qquad \delta(F^n) = nF^{n-1} \delta F$$

2. 決定 $y(t)$ 使以下泛函數 I 為極值：

$$I = \int_0^{\pi/2} [(y')^2 - y^2 + 2ty] \, dt, \qquad y(0) = 0, \quad y(\pi/2) = 0 \qquad (6.303)$$

   (a) 證明 Euler-Lagrange 方程式為

$$y'' + y = t, \qquad y(0) = 0, \quad y(\pi/2) = 0 \qquad (6.304)$$

   其解為 $\quad y = t - \dfrac{\pi}{2} \sin t$

   (b) 證明對應於式 (6.304) 的泛函數為式 (6.303)，並推導容許的端點條件。

3. 推求以下泛函數之 Euler-Lagrange 方程式與 $y(a)$, $y(b)$ 須滿足的邊界條件：

$$I = \int_a^b [F(x, y, y') + \alpha y(a) - \beta y(b)] \, dx$$

4.　推求以下泛函數之 Euler-Lagrange 方程式與容許的邊界條件：

$$I = \int_a^b [A(x)\,(y'')^2 + B(x)\,(y')^2 + C(x)\,y^2]\,dx$$

5.　推求以下泛函數之 Euler-Lagrange 方程式與容許的邊界條件：

$$I = \int_a^b [A(x)\,(y')^2 + 2B(x)\,yy' + C(x)\,y^2 + D(x)\,y' + 2E(x)]\,dx$$

6.　(*a*)　證明泛函數

$$I = \int_a^b [p(x)\,(y')^2 - q(x)\,y^2]\,dx \qquad y(a) = 0,\quad y(b) = 0$$

在約束條件　$\int_a^b r(x)\,y^2\,dx = 1$　下之 Euler-Lagrange 方程式為

$$\frac{d}{dx}\left(p\,\frac{dy}{dx}\right) + (q + \lambda r)\,y = 0 \qquad (a \le x \le b)$$

(*b*)　證明容許的邊界條件須滿足

$$\left[p\,\frac{dy}{dx}\,\delta y\right]_a^b = 0$$

7.　(*a*)　證明泛函數

$$I = \int_a^b [s(x)\,(y'')^2 - p(x)\,(y')^2 + q(x)\,y^2]\,dx$$

在約束條件　$\int_a^b r(x)\,y^2\,dx = 1$　下之 Euler-Lagrange 方程式為

$$\frac{d^2}{dx^2}\left(s\,\frac{d^2y}{dx^2}\right) + \frac{d}{dx}\left(p\,\frac{dy}{dx}\right) + (q - \lambda r) = 0 \qquad (a \le x \le b)$$

(*b*)　推求其容許邊界條件。

8. 決定質點由曲面 $\phi(x, y, z) = 0$ 上之點 A: (x_1, y_1, z_1) 運動至點 B: (x_2, y_2, z_2) 之總動能為最小的運動軌跡。

此問題之數學模式為在約束條件 $\phi(x, y, z) = 0$ 下,求泛函數 I 之極小值:

$$I = \frac{m}{2} \int_0^T [(\dot{x})^2 + (\dot{y})^2 + (\dot{z})^2] \, dt$$

證明此質點之運動軌跡 $x = x(t)$, $y = y(t)$, $z = z(t)$ 滿足以下方程式:

$$\frac{\ddot{x}}{\partial\phi/\partial x} = \frac{\ddot{y}}{\partial\phi/\partial y} = \frac{\ddot{z}}{\partial\phi/\partial z}$$

9. 以 Ritz 法,由式 (6.276) 求彈性弦索撓度之近似解。

10. 以 Ritz 法求以下微分方程式之近似解。

$$y'' + xy + x = 0 \qquad y(0) = 0, \quad y(1) = 0$$

令 $\int_0^l (y'' + xy + x) \, \delta y dx = 0$, 設 $y = x(1 - x) (c_0 + c_1 x + c_2 x + \cdots)$

證明第一項與前兩項之近似解為

$$y_1 = 0.263x(1 - x), \qquad y_2 = x(1 - x) (0.177 + 0.173x)$$

兩者之相對誤差小於 1%。

11. 考慮懸臂梁在端點 $x = l$ 受垂直力 P 作用,此系統的勢能為

$$I = \int_0^l \frac{1}{2} EI(y'')^2 \, dx - Py(l)$$

設 $y = c_1 x^2 + c_2 x^3$, 以 Ritz 法求梁撓度之近似解。
證明其解與梁彎曲理論的精確解相同:

$$y = \frac{P}{2EI} \left(lx^2 - \frac{1}{3} x^3 \right)$$

12. 考慮簡支梁柱在兩端受軸向壓力 P 下的屈曲問題。

(a) 解微分方程式 (6.291)，驗證臨界屈曲載重與模態為

$$P_{cr} = \frac{EI\pi^2}{l^2}, \qquad y = \sin\frac{\pi x}{l}$$

(b) 以 Ritz 法，設試誤函數為 $y = \sum_{n=1}^{\infty} A_n \sin\frac{n\pi x}{l}$，決定近似的屈曲載重。

13. 考慮區域 R 內之 $2m$ 階之線性微分方程式：

$$L_{2m}(\phi) = f$$

邊界條件為 $B_i(\phi) = 0$ $(i = 1, 2, \cdots, m)$

若任何兩個滿足邊界條件之可微函數 u 與 v 符合以下關係：

$$\int_R u L_{2m}(v)\, dR = \int_R v L_{2m}(u)\, dR$$

稱為自伴系統，運算子 L_{2m} 為自伴運算子。

證明以下兩個線性系統為自伴系統。

(1) $L_4(y) = (sy'')'' + (py')' + qy = f$ $(a < x < b)$

　　邊界條件：$(sy'')' + py' = 0$ 或 $y = 0$ 與 $sy'' = 0$ 或 $y' = 0$。

(2) 在區域 R 內：$L_2(\phi) = \dfrac{\partial^2 \phi}{\partial x^2} + \dfrac{\partial^2 \phi}{\partial y^2} = f$，在邊界上 $\phi = 0$ 或 $\dfrac{\partial \phi}{\partial n} = 0$

14. 將偏微分方程式

$$x^2 \frac{\partial^2 \phi}{\partial x^2} + 2x \frac{\partial^2 \phi}{\partial x \partial y} + x^3 \frac{\partial^2 \phi}{\partial y^2} + 3x \frac{\partial \phi}{\partial x} + 2 \frac{\partial \phi}{\partial y} + x\phi + g = 0$$

乘以轉化因子 $\varphi(x)$，可變換為自伴形式 (6.227)。

(a) 證明轉化因子為 $\varphi(x) = x$。

(b) 寫出此偏微分方程式對應之泛函數。

1. Arfken, G., *Mathematical Methods for Physicists*, 2nd edition, Academic Press, 1970

2. Carslaw, H. S. and J. C. Jaeger, *Conduction of Heat in Solids*, Oxford University Press, 1959

3. Churchill, R. V., *Fourier Series and Boundary Value Problems*, McGraw-Hill, 1941

4. Churchill, R. V., *Complex Variables and Applications*, 2nd edition, McGraw-Hill, 1960

5. Courant, R. and D. Hilbert, *Methods of Mathematical Physics*, Vol. I and II, Wiley, 1953, 1962

6. Crandall, S. H., *Engineering Analysis*, McGraw-Hill, 1956

7. Erdelyi, A. ed., *Tables of Integral Transforms*, Vol. 1 and 2, McGraw-Hill, 1954

8. Forsyth, A. R., *Calculus of Variations*, Dover, 1960

9. Fowler, A. C., *Mathematical Models in the Applied Sciences*, Cambridge University Press, 1997

10. Greenberg, M. D., *Foundations of Applied Mathematics*, Prentice-Hall, 1978

11. Hildebrand, F. B., *Methods of Applied Mathematics*, 2nd edition, Prentice-Hall, 1965

12. Hildebrand, F. B., *Advanced Calculus for Applications*, 2nd edition, Prentice-Hall, 1976

13. Jeffreys, H. and B. S. Jeffreys, *Methods of Mathematical Physics*, 3rd edition, Cambridge University Press, 1956

14. Kantorovich, L. V. and V. I. Krylov, *Approximate Methods of Higher Analysis*, Noordhoff, 1958

15. Kellogg, O. D., *Foundations of Potential Theory*, Dover, 1953

16. Kober, H., *Dictionary of Conformal Representation*, Dover, 1957

17. Korn, G. and T. Korn, *Mathematical Handbook for Scientists and Engineers*, 2nd edition, McGraw-Hill,1968

18. Lin, C. C. and L. A. Segel, *Mathematics Applied to Deterministic Problems in the Natural Sciences*, Macmillan, 1974

19. Mikhlin, S. G., *Variational Methods in Mathematical Physics*, Macmillan, 1964

20. Morse, P. M. and H. Feshbach, *Methods of Theoretical Physics*, Vol. I and II, McGraw-Hill, 1953

21. Nehari, Z., *Conformal Mapping*, McGraw-Hill, 1952

22. Riley, K. F., M. P. Hobson and S. J. Bence, *Mathematical Methods for Physics and Engineering,* 3rd edition, Cambridge University Press, 2006

23. Sneddon I. N., *Elements of Partial Differential Equations*, McGraw-Hill, 1957

24. Sneddon, I. N., *Fourier Transforms*, McGraw-Hill, 1951

25. Sokolnikoff, I. and R. Redheffer, *Mathematics of Physics and Modern Engineering*, 2nd edition, McGraw-Hill, 1966

26. Spencer, A. J. M. et al. *Engineering Mathematics*, Vol. 1 and 2. Van Nostrand Reinhold, 1977

27. Stakgold, I., *Boundary Value Problems of Mathematical Physics*, Vol. I and II, Macmillan, 1967, 1968

28. Tychonov, A. V. and A. A. Samarski, *Partial Differential Equations of Mathematical Physics*, Pergamon, 1964

29. Von Karman, T. and M. Biot, *Mathematical Methods in Engineering*, McGraw-Hill, 1940

30. Weinstock, R., *Calculus of Variations with Applications to Physics and Engineering*, McGraw-Hill, 1952

31. Tarn, J. Q. and R. Q. Xu, *A Course in Theory of Elasticity*, Zhejiang University Press, 2019

32. 譚建國，《彈性力學》，滄海書局，2019。

索引

本書經成大出版社出版委員會審查通過

高等工程數學

作　　者 | 譚建國

發 行 人　蘇芳慶
發 行 所　財團法人成大研究發展基金會
出 版 者　成大出版社
總 編 輯　徐珊惠
執行編輯　吳儀君
地　　址　70101台南市東區大學路1號
電　　話　886-6-2082330
傳　　真　886-6-2089303
網　　址　http://ccmc.web2.ncku.edu.tw

排　　版　菩薩蠻數位文化有限公司
印　　製　方振添印刷有限公司
初版一刷　2023年8月
定　　價　900元
I S B N　978-986-5635-92-3

政府出版品展售處

· 國家書店松江門市
　10485台北市松江路209號1樓
　886-2-25180207

· 五南文化廣場台中總店
　40354台中市西區台灣大道二段85號
　886-4-22260330

國家圖書館出版品預行編目（CIP）資料

高等工程數學/譚建國著. -- 初版. -- 臺南市：成大出
　版社出版：財團法人成大研究發展基金會發行，
　2023.08
　面；　公分
ISBN　978-986-5635-92-3（平裝）

1.CST: 工程數學

440.11　　　　　　　　　　　　　　112011826